彩叶植物栽培技术及园林应用

朱志发　杨朝霞　张　曼　主编

中国农业大学出版社
·北京·

内 容 简 介

本书共分总论和各论两大部分。总论部分主要介绍了我国彩叶植物资源（暂不包括未引种驯化的野生资源）、分类、良种选育技术、繁殖及栽培应用等。各论部分分别记述了目前我国栽培的主要彩叶植物 328 种，其中包括春色叶类 18 种，常色叶类 116 种，秋色叶类 67 种，一二年生及多年生草本类 26 种，球根宿根类 10 种，温室类 41 种，观赏竹类 41 种，水生及多肉植物类 9 种。同时，均简要论述了彩叶植物形态特征、繁殖栽培、分布范围及园林应用等。

图书在版编目(CIP)数据

彩叶植物栽培技术及园林应用/朱志发，杨朝霞，张曼主编. —北京：中国农业大学出版社，2017.5

ISBN 978-7-5655-1805-8

Ⅰ.①彩… Ⅱ.①朱… ②杨… ③张… Ⅲ.①观赏植物-观赏园艺 Ⅳ.①S68

中国版本图书馆 CIP 数据核字(2017)第 093483 号

书　名 彩叶植物栽培技术及园林应用

作　者 朱志发　杨朝霞　张　曼　主编

策划编辑 张秀环　　**责任编辑** 张秀环

封面设计 郑　川　　**责任校对** 王晓凤

出版发行 中国农业大学出版社

社　址 北京市海淀区圆明园西路 2 号　　**邮政编码** 100193

电　话 发行部 010-62818525，8625　　读者服务部 010-62732336

编辑部 010-62732617，2618　　出　版　部 010-62733440

网　址 http://www.cau.edu.cn/caup　　**e-mail** cbsszs@cau.edu.cn

经　销 新华书店

印　刷 涿州市星河印刷有限公司

版　次 2017 年 5 月第 1 版　2017 年 5 月第 1 次印刷

规　格 787×1092　16 开本　25.25 印张　626 千字

定　价 68.00 元

编 委 会

主 编 朱志发 杨朝霞 张 曼

副主编 刘素芹 李留振 赵平丽 李 捷 张 鲁 卢 斌

编 委 (按单位拼音排序,排名不分先后)

李 宁(河南省绿洲园林有限公司)
李 捷(河南龙源风景园林建设有限公司)
李世强(河南农大春景园林工程有限公司)
张 曼(河南农业大学)
张爱花(河南鑫泰园林绿化有限公司)
赵艳玲 赵彦征(河南亚伟市政工程有限公司)
李明娟 马秀琴 赵 月 赵平丽(鹤壁市淇滨区园林局)
吴奇航(吉林市园林管理处)
杨朝霞(商丘学院)
李留振 辛国奇(许昌市林业技术推广站)
尚慧珍 孙士杰 王金霞(许昌市园林绿化管理处)
段玉玲(郑州市环道绿化管理处)
刘素芹(郑州市森林公园)
卢 斌 李公宗 王拾杰 张永战(郑州绿元市政园林有限公司)
张 鲁(郑州市园林规划设计院)
祝万新(郑州市园林绿化实业有限公司)
郭晓宁(中城建华北市政环境工程有限公司)
朱志发(驻马店市园林管理局)

前　言

彩叶植物具有花朵一样的绚丽叶色，在春季盛花期过后，与绿叶相互映衬，极大地丰富了城市的色彩。尤其是木本类彩叶植物枝叶繁茂，易于形成大面积群体景观，成为目前城市绿化美化的新宠。发展彩叶植物对于提升园林绿化景观效应，提升城市园林绿化水平具有十分重要的意义。

为适应城市园林绿化新的发展要求，笔者对我国彩叶植物资源及其栽培应用进行了长期的调查研究，在此基础上编写了本书。在本书的编写过程中，力求使本书科学性、先进性、实用性和可操作性融为一体，能够真正起到服务生产、发展生产的作用，主要参考了马杰，李留振等:《彩叶植物生产栽培及应用》，中国农业大学出版社，2014。李振卿，陈建业等:《彩叶植物栽培与应用》，中国农业大学出版社，2011。熊济华，等:《观赏树木学》，中国农业出版社，2004。张天麟:《园林树木1000种》，学术书刊出版社，1990。刘青林，等:《鄢陵花卉》，中国林业出版社，2004。张宜河，等:《花卉栽培技术》，高等教育出版社，1989。侯元凯，等:《新世纪最有开发价值的树种》，中国环境科学出版社，2001。《北方竹林栽培》编写组:《北方竹林栽培》，中国农业出版社，1978。并广泛查阅了"360百科"、"中国园林网"、"中国农业科学网"、"青青花木网"等。还充分吸收了来自河南省尤其是鄢陵等地的花木生产一线的有关彩叶植物良种选育、快繁、栽培及园林应用等方面的先进经验和技术。由于参阅文献比较多，不在此一一列举，自此一并向各位老师、作者表示感谢。

本书共分总论和各论两大部分。总论部分主要介绍了我国彩叶植物资源（暂不包括未引种驯化的野生资源）、分类、良种选育技术、繁殖及栽培应用等。各论部分分别记述了目前我国栽培的主要彩叶植物328种，其中包括春色叶类18种，常色叶类116种，秋色叶类67种，一二年生及多年生草本类26种，球根宿根类10种，温室类41种，观赏竹类41种，水生及多肉植物类9种。同时，均简要论述了彩叶植物形态特征、繁殖栽培、分布范围及园林应用等。

本书具体编写分工如下:2 彩叶植物分类、4 彩叶植物与环境条件的关系和5 彩叶植物的繁殖方法由杨朝霞同志编写，7 木本类彩叶植物容器育苗与大棚育苗、9 彩叶树种的应用和14 一二年生及多年生草本类彩叶植物由张曼同志编写，1 彩叶植物的定义及美化特性、3 彩叶植物良种选育、6 木本类彩叶植物的大苗培育、8 彩叶植物栽培技术、10 彩叶树种的发展前景、11 春色叶树种、12 常色叶树种、13 秋色叶树种、15 球根宿根类彩叶植物、16 温室类彩叶植物、17 彩色观赏竹、18 水生及多肉植物类彩叶植物由朱志发、李捷、李世强、张爱花、赵艳玲、赵彦征、李明娟、马秀琴、赵月、赵平丽、吴奇航、李留振、辛国奇、尚慧珍、孙士杰、王金霞、段玉玲、刘素芹、卢斌、李公宗、王拾杰、张永战、张鲁、祝万新、郭晓宁、李宁同志编写。

由于编者水平有限，经验不足，缺点错误在所难免，敬请读者不吝指教。

编　者

2017年3月

目　　录

第一部分　总　　论

第二部分　各　　论

第一部分

总　　论

1 彩叶植物的定义及美化特性

1.1 彩叶植物的定义

植物种类繁多,资源丰富,凡其茎、叶、花、果或个体、群体有较高观赏价值的种类称为园林植物。在园林植物中,凡在生长季节或生长季节的某一阶段其叶色可以较稳定地呈现非绿色的、具有较高观赏价值的园林植物(因出现失调、病虫危害、栽培失当等环境条件造成的非绿色除外)称彩叶植物。在彩叶植物中,不仅包括了具有观赏价值的草本植物,而且还包括许多木本类植物,这其中有阔叶树、针叶树,有乔木、灌木和木质藤本等。

值得指出的是,木本类观赏植物是园林植物的重要组成部分,是园林植物的主体和骨架;若没有木本类观赏植物,便无法美化大的环境,无法创造美丽的园林城市、森林城市。

1.2 彩叶植物的美化特性

彩叶植物是园林植物非常重要的组成部分,其美化特性是能够向人们呈现色彩美、花果美、香味美等,以及季相美、姿态美和声响美等。

1.2.1 色彩美

色彩美是最重要的、是第一位的,因为色彩最容易引起人们的视觉器官的注意,并使人们感到愉悦和兴奋。在自然界中,当各种色彩和谐地组合在一起时,必然给人一种很美的感觉。彩叶植物的色彩美,主要表现于叶色。因为叶色与花色、果色等相比,在一年中呈现的时间最长,其群体效果最显著,最能起到突出园林植物的形体美感。因此,叶色被认为是园林色彩的创造者。园林植物常见的叶色呈绿色,绿色是大自然的基本色彩,它是一种柔和的、舒适的色彩,它给人以生气,给人以愉悦,“本真的,毫无一丝污染的‘绿’,不仅仅是一种颜色,更是一种‘气’,一种‘神’,一种蓬勃的生命力。……使你一见了它就想与之融合,连同肉体带灵魂都化掉。”绿色是美的,然而在这一片绿色世界中,若没有色彩缤纷,没有不同季相的色彩变化,没有红色的热情奔放,没有黄色的雍容华贵,没有蓝色、紫色、白色等的素雅和柔和,世界就会显得十分单调和乏味。现代园林绿化不仅需要绿色,而且也需要异于绿色的五彩缤纷。彩叶植物具有色彩鲜艳,成景快,季相变化多,栽培容易,观赏期长的特点,在现代园林绿化中具有重要作用。

1.2.2 花果美

和其他园林植物一样,彩叶植物也有丰富的花色和果色。在花色方面,有白的、黄的、红的、紫的、蓝的,有单色花,有复色花,其中以白、黄、红花色最多,单色花最多;蓝、紫、黑色花较少，复色花较少；这是植物长期自然选择的结果。在果色方面，有白色，如乌桕；有黄色，如银杏；有红色，如广东万年青种子；有黑色，如美人蕉种子、女贞子等。果色以红紫为贵，黄色次之。彩叶植物的美花佳果，也为园林绿化美化增辉不少。

1.2.3 香味美

一些彩叶植物都具有香味，如紫叶桂、樟树等，花的香味来源于花器官内的油脂或其他复杂化合物，它们随花朵的开放，不断地分解为挥发性的芳香油，刺激人的嗅觉，产生愉快的感觉，沁人心脾，催人振奋。

1.2.4 姿态美

最突出的是木本类彩叶植物，木本类彩叶植物的形态是其外形轮廓、形状、体量、质地、结构等特征的综合体现。研究表明，彩叶植物不仅具有色彩美的重要特性，而且也具备观赏园林植物的所有形态美学特性。在其高矮大小方面，有乔木类的高大挺拔、气势恢宏之美，又有灌木类的协调，柔和之美；在树形方面，有尖塔形的静中有动、动中有静、轮廓分明、形象生动之美，又有圆柱形的雄健、庄严与安稳之美；有圆球形（包括球形、卵圆形、扁球形、半球形等）的圆润、柔和、生动，与多种树协调之美；又有垂枝形（如垂柳）的柔和、飘逸、优雅之美；柳树习惯上会使人联想到水，其在风中摇曳的枝叶往往使人臆想到绵绵雨丝，感受到景物的多姿多态，柔和生动。

1.2.5 季相美

彩叶植物美的表现是多方面的。其中，木本类彩叶植物，即彩叶树种的美的表现更为突出。彩叶树种的叶色变化多端、五彩缤纷，其根本原因在于，叶片内含有叶绿素、叶黄素、类胡萝卜素、花青素等色素，因受外界环境条件的影响和自身遗传特性的制约，相对含量处于动态平衡之中，由此导致了叶色的变化和叶色不同季相的变化，它可以在春季、秋季或整个生长季节都呈现出异样的色彩，如垂柳、连翘、银杏、乌桕的黄色，柿树、槭树的红色，水杉的古铜色以及冬青属植物呈现的银色和金属色等。即使是被人们传统地认为是绿叶树种，因其叶片对光线的吸收和反射差异的影响，也可在不同的季节显现出特有的色彩，如柏类的墨绿，翠柏、桉树的蓝绿，雪松的灰绿等。不同季相的色彩变化，形成了园林景观的季相美和动态美感。

1.2.6 声响美

主要指的是彩叶植物受风、雨的作用，常会发声，发声不受视线限制，属听觉艺术，能加强气氛，使宁静的环境更加宁静，令人遐想，引人入胜。当风吹拂叶片相互摩擦而发出婆娑声时，就会使人联想到宁静的乡村，带来迥异于城市噪声的情趣。植物的发声，会给人带来情感上的多种体验，如松涛阵阵、气势磅礴，雄壮有力，犹如千军万马，具有排山倒海之势；又如白杨萧萧，悲哀惨淡，催人泪下等。

1.3 彩叶植物景观的人文情怀

对彩叶植物，尤其是对木本类彩叶植物及其群体景观，我国历代均有诗人、文学家以诗、词、赋的形式咏之。如唐代诗人杜牧的“远上寒山石径斜，白云生处有人家；停车坐爱枫林晚，霜叶红于二月花。”明代诗人林若的“花发炎方想刺桐，谁知秋叶幻春红；朝华忽散朝阳后，万艳都迷晚烧中。”徐渭的“才见芳华照眼新，又看红叶点衣频；只言春色能娇物，不道秋霜更迷人。”等佳句，把枫类、槭类等的秋日红叶描绘得十分动人。又如，宋刘僎的“枫叶不耐冷，露下胭脂红。”秦观《秋辞》中“云惹低空不更飞，斑斑红叶欲辞枝；秋光未老仍微暖，恰似梅花结子时。”宋人赵成穗“黄红紫绿岩峦上，远近高低松竹间，山色未应秋后老，灵枫方为驻童颜”等，把枫叶夏绿秋黄，以至入冬红紫各种颜色的美景都描绘得有声有色。

以诗、词、赋咏彩叶树种个体之美的更是比比皆是，如：

槭树：《花经》云：“枫（指槭树）叶一经秋霜，酡然而红，灿若朝霞，艳如鲜花，杂厝常绿树中，与绿叶相衬，色彩明媚，秋色满林，大有铺锦列绣之致。”

柿树：古人颂喻柿树红叶的诗词颇多。如明·陈汝秩“晚风吹雨过林庐，柿叶飘红手自书，无限潇潇江海意，一樽相对忆鲈鱼。”金·高士谈杨休烈村居“柿叶经霜菊在溪，天寒落日见鸡栖，西家有客酌新酒，红叶萧萧盖芋畦。”晋韩愈在《游表龙寺呈崔大补阙》中记载了佛寺附近大片柿林的秋景，“秋灰初吹季月管，日出卯南晖景短。友生招我佛寺行，正值万株红叶满。燃云烧树大实骈，金乌下啄橙虬卵。去岁羁帆汀水名，霜枫千里随归伴……。”朱庆余的《题青龙寺》中也有“寺好因岗势，登临值夕阳，青山当佛阁，红叶满僧廊”的佳句。

槲树：树形奇雅，入秋叶片呈现紫红色，鲜艳夺目。宋·陆游有“三峰二室烟尘静，要试霜天槲叶衣。”的诗句。柳宗元也有“上苑年年古物华，飘零今日在天涯，只因长作龙城守，剩种庭前木槲花。”

乌桕：乌桕叶不必等到重霜渲染，比枫叶红的还早，故而宋朝林逋有“巾子峰头乌桕树，微霜未落已先红”的诗句。

石楠：我国著名的观叶树种。权德舆的《石楠树》中，“石楠红叶透帘春，忆得妆成下锦茵；试折一枝含万恨，分明说向梦中人。”则向我们展示了石楠春日红叶的妩媚动人。

银杏：宋梅尧臣《鸭脚子》中有：“江南有佳树，修耸入天插，叶如栏边迹，子剥杏中甲；持之奉汉宫，百果不相压……”的诗句。《学圃馀疏》云：“银杏树……秋冬叶纯黄，间枫林中，相错如锈。”《花经》也有“霜后叶色转黄，映以丹枫，灿若披锦，秋林黯淡，得此生色……”

黄栌：唐代诗人于佑“红叶题诗”指的就是黄栌，“一联佳句随流水，十载幽思满素怀；今日却成鸾凤友，方知红叶是良媒。”徐凝《上阳红叶》也有“洛下三分红叶秋，二分翻作上阳愁；千声万片御沟上，一片出宫何处流”的佳句。

柳树：在中国传统文化中，柳以其独特的气质点缀古诗词，使其成为中国古典文学中一个符号化的重要意象，也是一个最优美动人、缠绵多情的意象。

柳在古诗词中，常常表示多种含义。古人常借柳来抒发离别深情。早在《诗经·采薇》中便有了以咏柳表离别的诗句：昔我往矣，杨柳依依；今我来思，雨雪霏霏。北朝乐府诗中《折杨柳枝》也表达了这种离别之意。到了唐宋，灞桥折柳更是成为一种风俗。“春风知别苦，不遣杨柳青。”（李白《劳劳亭》）“渭城朝雨浥轻尘，客舍青青柳色新。”（王维《送元二使安西》）“西城杨柳弄春柔，动离忧，泪难收，犹记多情，曾为系归舟。”（秦观《江城子》）这些佳句，以柳传情，缠绵悱恻。

柳以其柔长的枝条，唤起并契合了离人的缠绵情意，所以，古诗词中，柳也用来表相思之情或优美爱情。“谁家玉笛暗飞声，散入春风满洛城。此夜曲中闻《折柳》，何人不起故园情！”（李白《春夜洛城闻笛》)作者闻笛声而激起乡愁,触动离忧,涌起缕缕相思之情。李贺的《致酒行》中有"主父西游困不归,家人折断门前柳"的诗句,通过写家人望眼欲穿,写出自己的久居异乡之苦。

柳给人的审美情趣还体现在对爱情的描写上。"去年元夜时,花市灯如昼。月上柳梢头,人约黄昏后。"(欧阳修《生查子》)在观灯赏月的好时节,眉目传情,甜情蜜意溢于言表。"杨柳青青江水平,闻郎江上唱歌声。"(刘禹锡《竹枝词》)多美的意境,多美的爱情,诗歌以杨柳起兴,寓情于景,写出主人公的希望和眷恋之情。

柳芽初绽,色似鹅黄,历来就出现在诗人的笔下,借以歌颂美好的春光。"最是一年好去处,绝胜烟柳满皇都。"(韩愈《初春小雨》)"一川烟草,满城风絮,梅子黄时雨。"(贺铸《青玉案》)"村路初晴雪作泥,径旬不到小桥西;出来频觉春来早,柳染轻黄已蘸泥。"(陆放翁的《柳桥》),好一派乡村早春气象!

另外,古诗词中柳的意象还往往表达生活中的哲理,隋堤柳、隋宫柳也往往成为悼亡伤古的原型,柳的内涵之美真的无法用语言赘述。

2 彩叶植物的分类

彩叶植物种类繁多，习性各异，各自有着各种不同生态要求；同时，在园林中的用途和观赏特性也不同。对彩叶植物进行科学的分门别类，对于其栽培应用具有十分重要的意义。

2.1 按生态学特性分类

这种分类方法是以园林植物的性状为分类依据，不受地区和自然环境条件的限制。

2.1.1 草本植物

没有主茎，或虽有主茎但不具木质或仅基部木质化的花卉称之为草本植物。

2.1.1.1 一二年生草本

这类植物从种子到种子的生命周期在1年之内，春季播种秋季采种，或于秋季播种至翌年春末采种。根据其耐寒性，可分为耐寒、半耐寒及不耐寒三类。不耐寒者在北方多为春播，但在南方多作秋播或冬播。耐寒及半耐寒者在南方多作秋播，但在北方多作春播。如百日草、凤仙花、半支莲、三色堇、金盏菊等。另外有些多年生草本植物，如雏菊、金鱼草、石竹等常作一二年生栽培。

2.1.1.2 宿根草本植物

本类包括冬季地上部分枯死、根系在土壤中宿存、来年春暖后重新萌发生长的多年生落叶草本植物，如菊花、芍药、蜀葵、耧斗菜、落新妇等。

2.1.1.3 球根草本植物

本类包括地下部分肥大呈球状或块状的多年生草本花卉。按形态特征又将其分为五类。即：

①球茎类。地下茎呈球形或扁球形，外被革质外皮，内部实心，质地坚硬，顶部有肥大顶芽，侧芽不发达，如唐菖蒲、仙客来、小苍兰等。

②鳞茎类。地下部分的茎部极短缩，形成鳞茎盘。外被纸质外皮的叫有皮鳞茎，如水仙、朱顶红、郁金香等。在鳞片的外面没有外皮包被的叫无皮鳞茎，如百合等。

③块茎类。地下茎呈不规则的块状或条状，新芽着生在块茎的芽眼上，须根着生无规律，如马蹄莲、大岩桐、花叶芋等。

④根颈类。地下茎肥大呈根状，肉质有分枝，具明显的节，每节有侧芽和根，每个分枝的顶端为生长点，须根自节部簇生而出，如美人蕉、德国鸢尾、玉簪等。

⑤块根类。主根膨大呈块状，外被革质厚皮，新芽着生在根颈部分，根系从块根的末端生出，如大丽花等。

2.1.1.4 多年生常绿草本植物

本类草本植物无明显的休眠期，四季常青，地下为肉质须根系，南方多露地栽培，在北方均作为温室培养，如吊兰、万年青、君子兰、文竹等。

2.1.1.5 兰科草本植物

本类按其性状原属于多年生草本植物，因其种类繁多，在栽培中有其独特的要求，为了应用方便，将其单另提出。兰科植物因其性状和生态习性不同，又可分成以下两类。

①中国兰花。原产于我国亚热带及暖温带地区，为草本丛生性植物，属地生类型，如墨兰、建兰、春兰、蕙兰、台兰等。

②西洋兰花。又称洋兰，原产于热带雨林中，植株呈攀缘状，多为气生根，附生在其他物体上生长，属附生类型，如卡特兰、兜兰、石斛、贝母兰等。

2.1.1.6 水生草本植物

本类属多年生宿根草本植物，地下部分多肥大呈根茎状，除王莲外，均为落叶。它们都是生长在浅水或沼泽地上，在栽培技术上有明显的独特性，如荷花、睡莲、石菖蒲、凤眼莲等。

2.1.1.7 蕨类植物

本类属多年生草本植物，多为常绿，其生活史分有性和无性世代，不开花，也不产生种子，依靠孢子进行繁殖，如肾蕨、铁线草等。

2.1.2 木本植物

2.1.2.1 落叶木本植物

本类园林植物大多原产于暖温带、温带和亚寒带地区，按其性状又可分为以下三类。

①落叶乔木类。地上有明显的主干，侧枝从主干上发出，植株直立高大，如鹅掌楸、悬铃木、紫薇、樱花、海棠、梅花等。再分细一点，还可根据其树体大小分为大乔木、中乔木和小乔木。

②落叶灌木类。地上部无明显主干和侧主枝，多呈丛状生长，如月季、牡丹、迎春、绣线菊类等。亦可将其分为大灌木、中灌木和小灌木。

③落叶藤本类。地上部不能直立生长，茎蔓攀缘在其他物体上，如葡萄、紫藤、凌霄、木香等。

2.1.2.2 常绿木本植物

本类植物多原产于热带和亚热带地区，也有一小部分原产于暖温带地区，有的呈半常绿状态。在我国华南、西南部分地区可露地越冬，有的在华东、华中也能露地栽培。在长江流域以北地区则多数作温室栽培。按其性状又可分为以下四类。

①常绿乔木类。四季常青，树体高大。其中又分阔叶常绿乔木和针叶常绿乔木。阔叶类多为暖温带或亚热带树种，针叶类中在温带及寒温带亦有广泛分布。前者如云南山茶、白兰花、橡皮树、棕榈、山玉兰、桂花等，后者有白皮松、华山松、雪松、五针松、柳杉等。

②常绿灌木类。地上茎丛生，或没有明显的主干，多数为暖地原产，不少还需酸性土壤，如杜鹃、山茶、含笑、栀子、茉莉、黄杨等。

③常绿亚灌木类。地上主枝半木质化，髓部常中空，寿命较短，株型介于草本与灌木之间，如八仙花、天竺葵、倒挂金钟等。

④常绿藤本类。株丛多不能自然直立生长，茎蔓需攀缘在其他物体上或匍匐在地面上，如常春藤、络石、非洲凌霄、龙吐珠等。

2.1.3 地被植物

从广义的概念上讲，草坪植物也属于地被植物的范畴。但按照习惯和草坪在园林绿化中的重要作用，把草坪单独列为一类。

2.1.3.1 草坪植物

草坪植物按其形态特征分为：

①宽叶类。茎粗叶宽，生长健壮，适应性强，多在大面积草坪地上使用，如结缕草、假俭草等。

②狭叶类。茎叶纤细，呈绒毯状，可形成致密的草坪，要求良好的土壤条件，不耐阴，如红顶草、早熟禾、野牛草等。

草坪植物根据其对温度的要求不同又可分为：

①冷地型草坪。又叫寒季型或冬绿型草坪植物，主要分布在寒温带、温带地区。生长发育的最适温度为15～24℃。冷地型草种的主要特征是：耐寒冷，喜湿润冷凉气候，抗热性差，春、秋两季生长旺盛，夏季生长缓慢，呈半休眠状态，生长主要受季节炎热强度和持续时间，以及干旱环境的制约。这类草种茎叶幼嫩时抗热、抗寒能力均比较强。因此，通过修剪、浇水，可提高其适应环境的能力，如匍匐茎剪股颖、草地早熟禾、小羊胡子草等。

②暖地型草种。又称夏绿型草种，生长最适温度为26～32℃。主要分布于亚热带、热带。其主要特征是：早春开始返青，入夏后生长旺盛，进入晚秋，一经霜打，茎叶枯萎褪绿。性喜温暖、空气湿润的气候，耐寒能力差，如结缕草、马尼拉草、细叶结缕草(天鹅绒草)、野牛草等。

2.1.3.2 地被植物

地被植物是指覆盖在裸露地面上的低矮植物。其中包括草木、低矮匍匐灌木和蔓性藤本植物。

按生活型可分为：

①木本地被植物。包括矮生藤本类，这类植物一般枝叶茂密，丛生性强，观赏效果好。如铺地柏、鹿角柏、爬行卫矛等；攀缘藤本类，这类植物具有攀缘习性，主要用于垂直绿化，覆盖墙面、假山、岩石等。如爬山虎、扶芳藤、凌霄、蔓性蔷薇等；矮竹类、竹类中有些茎干低矮、耐阴，是极好的地被植物，如菲白竹、箬竹、倭竹等。

②草本地被植物。这类植物在实际中应用最为广泛。其中又以多年生宿根、球根最受欢迎。一二年生地被植物繁殖容易，自播能力强，如紫茉莉、二月兰等，球宿根地被植物如鸢尾、麦冬、吉祥草、玉簪、铃兰等。

③蕨类。自然界中，蕨类植物常在林下附地生长，如贯众、铁线蕨、凤尾蕨等，是园林绿地林下地被的好材料。

2.1.4 多肉植物

这类植物多原产于热带半荒漠地区，它们的茎部多变态成扇状、片状、球状或多形柱状；叶则变态成针刺状；茎内多汁并能贮存大量水分，以适应干旱的环境条件。这类植物除仙人掌类之外，还有其他科的多肉植物，分别属于十几个科，如景天科和百合科植物等。

2.2 按自然分布分类

这种分类方法以花卉植物的原产地为依据，能反映出各种花卉的生态习性和需要满足的生长发育条件，可供栽培养护时参考。

2.2.1 热带植物

本类植物在脱离原产地后，需进入高温温室越冬，如变叶木、红桑、龙吐珠、鸳鸯茉莉等。

2.2.2 热带雨林植物

它们都要求夏季凉爽，冬季温暖，空气相对湿度在 80%以上的荫蔽环境。在栽培中夏季需进入荫蔽养护，冬季需进入高温温室或中温温室越冬，如海芋、热带兰花、龟背竹、棕竹等。

2.2.3 亚热带植物

它们都喜温暖而湿润的气候条件，冬季要在中温温室越冬，盛夏季节需适当遮阳防护，如山茶、米兰、白兰花等。

2.2.4 暖温带植物

在我国长江流域及其以南地区均可露地自然越冬，北方可进入低温温室越冬，如映山红、云南素馨、夹竹桃、棕榈、栀子等。

2.2.5 温带植物

在我国北方可在人工保护下露地越冬，在黄河流域及其以南地区，均可露地栽培，如月季、牡丹、石榴、碧桃等。

2.2.6 亚寒带植物

在我国北方可露地自然越冬，多露地栽培，如紫薇、丁香、榆叶梅、连翘等。

2.2.7 高山植物

它们大多原产在亚热带和暖温带地区，但多生长在海拔 2 000 m 以上的高山上，因此既不耐暑热，也怕严寒，如倒挂金钟、仙客来、朱蕉等。

2.2.8 热带及亚热带沙生植物

包括仙人掌类和多肉植物，如南非的生石花属、芦荟属等。它们喜充足的阳光、夏季高温而又干燥的环境条件，怕水湿。在栽培中均作温室花卉培养。

2.2.9 温带和亚寒带沙生植物

多分布在我国北部和西北部的半荒漠中，可在全国各地露地越冬，但不能忍受南方多雨的环境条件，如锦鸡儿、沙拐枣、麻黄等。

2.3 按用途和栽培方式分类

2.3.1 露地园林植物

①开花乔木。以观花为主的乔木，某些种类如湖北海棠、山楂、秤锤树等，秋冬兼可观果或赏叶。

②开花灌木。以观花为主的灌木，如榆叶梅、毛樱桃、丁香、紫玉兰、绣线菊等，有些种类兼可观果，如火棘、南天竹、枸子等。

③花境草花。多年生草本花卉，如芍药、萱草、鸢尾等。

④花坛草花。一二年生草本花卉及少数鳞茎植物，如郁金香等。

⑤地被植物。用以被覆不规则地形或坡度太陡的地面，如细叶美女樱、蔓长春花、络石等。

2.3.2 温室观叶盆栽植物

①热带植物。越冬夜间最低温度为12℃，如凤梨类、橡皮树、变叶木、喜林芋等。

②副热带植物。越冬最低温度为5℃，如文竹、鹅掌柴、吊竹梅等。

2.3.3 温室园林植物

①低温温室。夜间最低温度维持在5℃即可，如藏报春、报春花、仙客来、香雪兰、金鱼草等亚热带花卉。

②暖温室。室内夜间最低温度为10～15℃，日温为20℃以上，如大岩桐、玻璃翠、红鹤芋、扶桑及一般热带花卉。

2.3.4 切花栽培

①露地切花栽培。如唐菖蒲、桔梗、菊花、蜡梅、桂花以及各种地栽草花。

②大棚及低温温室切花栽培。如香石竹、香雪兰、满天星、月季、非洲菊、球根鸢尾、马蹄莲等。

③暖温室切花栽培。如六出花、嘉兰、红鹤芋等。

2.3.5 切叶栽培

①露地切叶栽培木本植物。如胡颓子、桃叶珊瑚、夹竹桃。

②温室或大棚切叶栽培。如文竹、天门冬、蕨类等。

2.4 其他分类方法

按色素分布、色素种类、彩叶时间和生长习性划分。

2.4.1 根据色素分布划分

①单色叶类。指叶片仅呈现一种色调，如黄色或紫色。

②双色叶类。叶片的上下表面颜色不同。

③斑叶类或花叶类。叶片上呈现不规则的彩色斑块或条纹。

④彩脉类。叶脉呈现彩色,如红脉、白脉、黄脉等。

⑤镶边类。叶片边缘彩色,通常为黄色。

2.4.2 根据色素种类划分

①黄(金)色类。包括黄色、金色、棕色等黄色系列。

②橙色类。包括橙色、橙黄色、橙红色等橙色系列。

③紫(红)色类。包括紫色、紫红色、棕红色、红色等。

④蓝色类。包括蓝绿色、蓝灰色、蓝白色等。

⑤多色类。叶片同时呈现两种或两种以上的颜色,如粉白绿相间或绿白、绿黄、绿红相间。

2.4.3 根据彩叶时间划分

①全年彩叶植物。从叶子发出到叶子脱落一直为彩色,如红叶小檗、金心黄杨、红花檵木、紫叶李、红枫、红叶碧桃等。

②季节性彩叶植物。叶子从发出到脱落,植物叶子在某一个季节是彩色的,如银杏、三角枫、五角枫、元宝枫、乌桕等。

2.4.4 根据生长习性划分

①非落叶彩叶植物。如金心黄杨、金边黄杨、红花檵木、金叶女贞、洒金柏等。

②落叶彩叶植物。红枫、红叶李、红叶碧桃、红叶小檗等。

2.4.5 根据彩叶植物色彩显现时间进行分类

①春色叶类。凡春季新发生的嫩叶有显著不同叶色的,在彩色植物分类上称为春色叶类。春色叶植物的主流色系为红色,类型不是很多,主要有中华红叶杨、山麻杆、紫叶桃、红叶臭椿,香椿等,但也有其他色系。如垂柳叶片在早春呈现鹅黄色;另外还有国内引种栽培的金叶皂荚、金叶槐、金叶莸等,春天叶色也呈黄色。黄连木、紫叶桂以及近年来从北美引进栽培的紫叶加拿大紫荆,春叶呈紫红色,尤其紫叶加拿大紫荆彩叶期长,特别是春叶艳红靓丽,且生长势强,适应性强,养护容易。

②秋色叶类。凡在秋季叶子能有显著的变化,均成为“秋色叶类”。

在秋色叶植物内,秋叶呈红色或紫红色者:鸡爪槭、五角枫、茶条槭、糖槭、枫香、地锦、五叶地锦、小檗、樱花、漆树、盐肤木野藤、黄连木、柿、黄栌、南天竹、花楸、百花花楸、乌桕、红槲、石楠、卫矛、山楂等。秋叶呈黄或黄褐色者:银杏、白蜡、鹅掌楸、加拿大杨、柳、梧桐、榆、槐、白桦、无患子、复叶槭、紫荆、栾树、麻栎、栓皮栎、悬铃木、胡桃、水杉、落叶松、金钱松等。

以上仅示秋叶之一般变化,实则在红与黄中,又可细分为许多类别。在园林实践中,由于秋色期较长,故早为各国人民所重视。例如,在我国北方每于深秋观赏黄栌红叶,而南方则以枫香、乌桕的红叶著称。在欧美的秋色叶中,红槲、桦类等最为夺目。而在日本,则以槭树最为普遍。

③常色叶类。有些植物的变种或变型,其叶常年均呈异色,而不必待秋季来临,特称为常

色叶植物。全年叶色呈紫色的有紫叶小檗、紫叶欧洲槲、紫叶李、紫叶桃等;全年叶色均为金黄色的有金叶鸡爪槭、金叶雪松、金叶圆柏等;全年叶色均具斑驳彩纹的有金心黄杨、银边黄杨、变叶木、洒金珊瑚、红花复叶槭等;全年叶色具翠蓝的有翠柏、克罗拉多蓝杉等。

④双色叶类。某些植物,其叶背与叶表的颜色显著不同,在微风中就形成特殊的闪烁变化的效果,这类特称为“双色叶植物”。例如,银白杨、胡颓子、文冠果、青紫木等。

⑤斑色叶类。绿叶上具有其他颜色的斑点或花纹。例如,洒金桃叶珊瑚,锦华栾,花叶复叶槭,金心、银边大叶黄杨,变叶木,斑叶山梅花等。

3 彩叶植物良种选育

积极开展彩叶植物良种研究工作,努力创造更多的适应现代化城市园林绿化需要的彩叶植物良种,是彩叶植物良种选育的主要任务。

彩叶植物的育种是一个复杂的专门学科,其主要内容除了种质资源的调查、收集、保存和利用研究外,还包括选引种驯化、选择育种、杂交育种以及诱变和倍性育种等。鉴于本书编撰的指导思想和彩叶植物育种的生产实践,现择其容易操作、效果快捷的几种方法做以介绍,供读者参考。

3.1 选择育种

从现有种类、品种的自然变异群体中,选出符合人类需要的优良变异类型,经过比较、鉴定,培育出新品种的方法,称为选择育种(selection breeding)。

选择育种具有最悠久的历史,是应用最广泛的一种选种途径。在原始的农业生产活动中,人类就开始了有意识或无意识的选种过程。长期以来,人们把许许多多的野生类型驯化为半栽培或栽培植物,或在长期栽培的园林植物中通过选择育种方式培育出许多越来越优良的品种或类型。如现在广泛栽培的栾树,其叶与新枝均为绿色,许昌范军科等在栾树播种育苗中,发现了叶色呈玫瑰红—金黄—乳白—翠绿色、小枝为橘红色的变异单株,最后培育出了叶色多变,观赏价值更高的新品种——锦华栾。其他如金心大叶黄杨,金边、银边大叶黄杨,花叶复叶槭等,都是选择育种的成功范例。

所以,在未来的园林植物育种中,选择育种仍然是不可忽视的重要育种途径。

3.1.1 选择育种的意义及选种目标

3.1.1.1 选择育种可直接培育和创造新品种

纵观世界各国植物育种的历史,选择育种是人类改造动植物的最原始的,而且是应用最普遍的一种育种方法,过去如此,现在亦如此。如许昌范军科、陈建业等目前正在进行的金叶毛白杨、金叶朴树、金叶、红叶黄连木、玫瑰红叶百日红、金叶珊瑚朴、金叶巨紫荆、金边青檀、金边泰青杨 20 余种良种选择工作,已初见成效,有的已经在推广应用。

3.1.1.2 选择育种方法简单,见效快,新品种能很快在生产上繁殖推广

和杂交育种相比,选择育种可以省去杂交亲本的选配、人工杂交等过程,并且选择育种是对本地的品种或类型进行选择,选出的个体对当地的环境条件具有较大的适应能力,可简化一些育种程序,使新品种能及时应用到生产当中。

3.1.1.3　选种目标即为改良现有园林植物品种和创造新类型、新品种所要求达到的目的和指标

由于彩叶树种种类和品种很多，栽培季节和栽培方法各异，生产上有多方面不同的要求，因此，选种目标制定时要充分了解当地生产的现状、发展趋势和市场变化，制定合理的选种目标。彩叶树种的选种目标一般应是叶色独特，彩叶期长，观赏价值高，抗性、适应性强等。

3.1.2　选择育种的主要方法

3.1.2.1　实生选种

实生选种是在自然授粉产生的种子播种后形成的实生植株群体中，采用混合选择和单株选择得到新品种的方法。选择的方法有两种：一是通过逐代的混合选择，按照一定的目标来改进植株群体的遗传组成，形成以实生繁殖为主的群体品种；二是从实生树群体中选择优株，通过嫁接繁殖以形成营养系品种。

(1)混合选择法　又称表现型选择法。是按照某些观赏特性和经济性状，从混杂的原始群体中，选取符合选择标准的优良单株，将其种子或无性繁殖材料混合留种，混合保存，下一代混合播种在混选区内，相邻种植标准品种(当地同类优良品种)及原始群体进行比较、鉴定，从而培育出新品种的方法。

混合选择必须在田间条件下进行，室内选择和贮藏期间的选择也是在田间选择的基础上进行的，这样才能提高选择效果。生产上应用的片选、株选、果选、粒选等多属于混合选择法。对原始群体只进行一次混合选择，当选群体就表现优于原始群体或对照品种，即进行繁殖推广的，称为一次混合选择法(图 3-1)。对原始群体进行多次混合选择后，性状表现一致，并优于对照品种，然后进行繁殖推广的，称为多次混合选择法(图 3-2)。

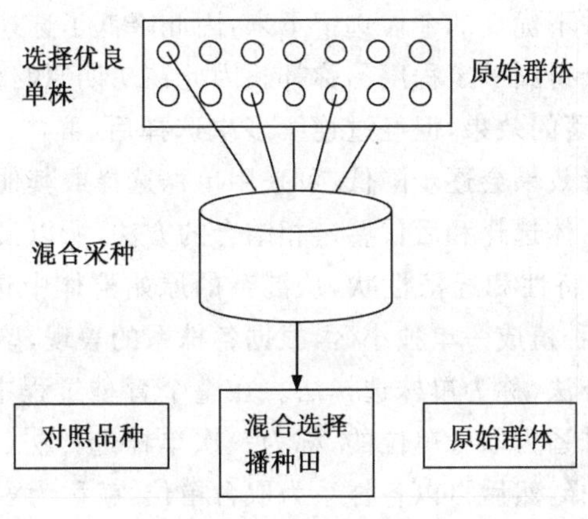

图 3-1　一次混合选择法

混合选择法的优点：方法简单易行，不需要较多的土地、劳力、设备就能迅速从杂的原始群体中分离出优良类型，便于掌握；一次选择就能获得大量种子或繁殖材料，便于及早进行推广；混合选择的群体能保留较丰富的遗传性，用以保持和提高品种的种性。

混合选择法的缺点：选择效果较差，系谱关系不明确。由于所选优良单株的种子是混收混种，不能鉴别每一单株后代遗传性的真正优劣，这样就有可能把仅在优良的环境条件下外形表

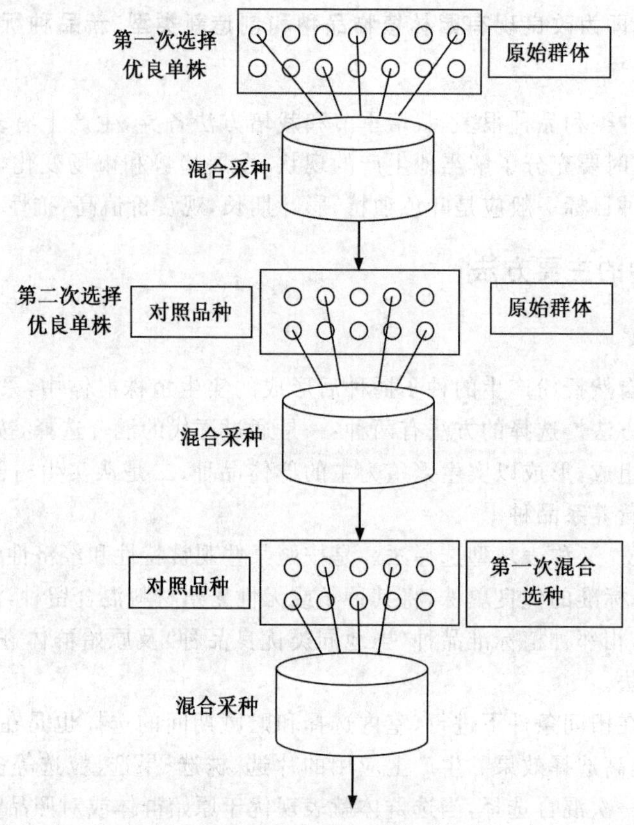

图 3-2　多次混合选择法

现优良，而实际上遗传性并不优良的个体选留下来，因此降低了选择效果。但在连续多次混合选择的情况下，这种缺点会得到一定程度的弥补。因此在初期原始群体比较复杂的情况下，进行混合选择易得到比较显著的效果，但经过连续多次选择后，群体基本上趋于一致，在环境条件相对不变的情况下，选择效果会逐步降低，可采用单株选择或其他育种措施。

(2)单株选择法　是个体选择和后代鉴定相结合的方法，所以又称为系谱选择法或基因型选择法。即按照某些观赏特性和经济性状，从混杂的原始群体中选出若干优良单株，分别编号、分别采种，下一代分别种植成一单独小区，根据各株系的表现，鉴定各入选单株基因型的优劣，从而选育出新品种的方法，称为单株选择法。在整个育种过程中，若只进行一次以单株为对象的选择，以后就以各株系为取舍单位的，称为一次单株选择法(图 3-3)。如果先进行连续多次的以单株为对象的选择，然后再以各株系为取舍单位，就称为多次单株选择法(图 3-4)。

单株选择法的优点：一是选择效果较高。由于单株选择是根据所选单株后代的表现，对所选单株进行遗传性优劣的鉴定，这样可以消除环境条件造成的影响，淘汰不良的株系，选出真正属于遗传性变异的优良类型。二是多次单株选择可以定向积累有利的变异。许多用种子繁殖的园林植物，如百日草、翠菊、凤仙花、水仙等重瓣品种，就是用这种方法选择出来的。

单株选择法的缺点：首先，需要较多的土地、设备和较长的时间。由于单株选择法工作程序比较复杂，需要专门设置试验地，有些植物还需隔离，成本较高。其次，有可能会丢失一些有利的基因。因为在选择过程中，会淘汰许多的株系，其中某些个体可能含有一些有价值的基

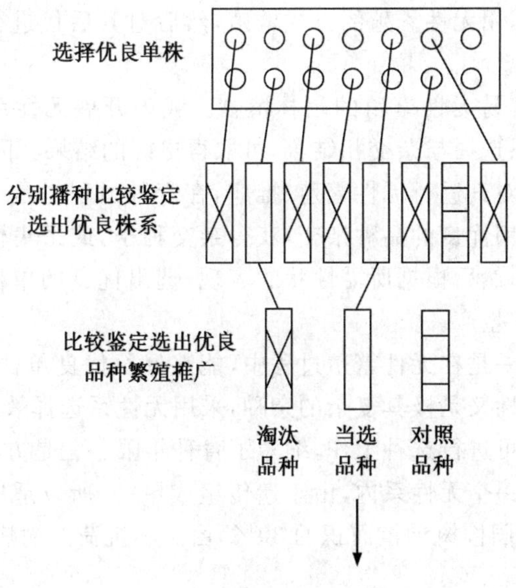

图 3-3 一次单株选择法

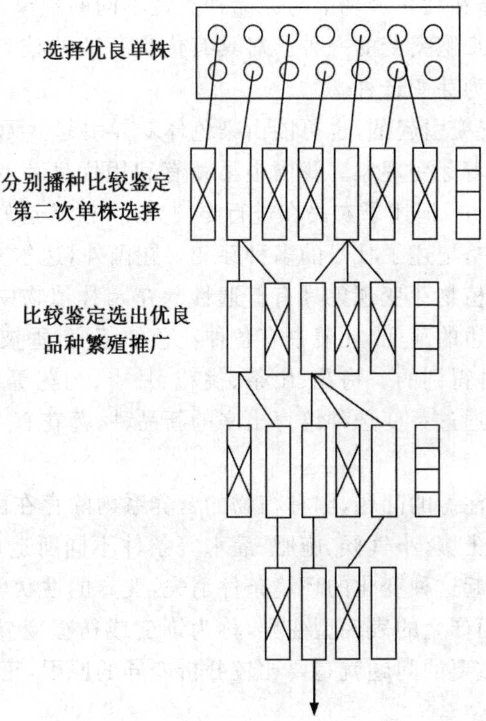

图 3-4 多次单株选择法

因。再次，单株选择法一次选择所得的种子数量有限，难以迅速在生产上应用。最后，异花授粉植物多次隔离授粉生活力容易衰退。

(3)无性系选择法 植物的无性繁殖，又称为植物营养繁殖，由同一植株经无性繁殖得到的后代群体，为无性系。无性系选择法是指从普通的种群中，或从人工杂交及天然杂交的原始群体中，挑选优良的单株，用无性繁殖的方式繁殖，然后对其后代进行比较、选择，从而获得新品种的方法。

无性系选择适用于容易无性繁殖的园林植物。我国开展无性系选种的有杨树、柳树、泡桐、水杉等。另外，无性系选择与杂交相结合，可取得更好的结果。因为通过杂交，可以获得具有明显优势的优良单株，对其进行无性繁殖、推广，在育种过程中是一条捷径。如在杂种香水月季的育种过程中，就是用优良的品种杂交，获得杂交种子，或采集优良植株上自由授粉的种子，培育其实生苗至开花，然后根据所需性状的表现，选出优良的单株，进行无性系鉴定，将其中总评最好的无性系投入生产。

无性系选择的优点：一是在无性繁殖过程中，能够保留优良单株的全部优良性状，对那些可采用营养繁殖，而遗传性又是极其复杂的杂种，采用无性系选择效果较好。二是不必等世代更替，在个体发育早期即可进行选种工作，缩短了育种年限。三是方法简单，见效快。

无性系选择的缺点：一个无性系内，由于遗传组成单一，所以适应性一般较差。如荷兰有一榆树品种 *Belgin*，占全国榆树种植面积的 30%，由于不抗荷兰榆病，在发病年份全部死亡。

3.1.2.2　芽变选种

(1)芽变的概念　芽变，即突变发生在植物体芽的分生组织细胞中，当变异的芽萌生成枝条及由此枝条长成的植株在性状表现上与原品种类型不同的现象。植物的芽、叶、枝、花、果都可能发生芽变，芽变是体细胞突变的一种。对具有优良芽变的枝条或植株进行选择、鉴定，进而培育出新品种的方法，为芽变选种。

芽变通常是由基因突变引起的，也可能由染色体变异引起。无论是无性繁殖植物，还是有性繁殖植物，都普遍存在着芽变现象。我国很早就有利用优良芽变选育新品种的记载。公元 533—544 年，《齐民要术》中，记述了农民在进行枣树繁殖时“常选好味者留之”；公元 1031 年，欧阳修在《洛阳牡丹记》中，记述了牡丹的多种芽变。在国外，达尔文在对植物芽变现象进行广泛调查后指出：无性繁殖植物芽变现象具有普遍性。在园林植物中，也有很多芽变发生，如黄杨、万年青中有金心或银边的芽变，杜鹃中有各种花色的芽变，垂枝白蜡、龙柏、龙爪柳、银边六月雪等都是通过芽变选种得到的。梅花、山茶、桃花、月季、菊花等观赏植物中，也常有芽变类型出现。据不完全统计，通过芽变选种培育出来的新品种，菊花有 400 多个，月季有 300 多个，郁金香有 200 多个。

另外，还有一个需要注意的问题，园林植物的营养系内除存在由于遗传物质发生突变而引起的变异外，还存在由于土壤、小气候、施肥、灌水等条件不同所造成的差异，植物本身遗传物质组成没有改变，一旦引起这种变化的环境条件消失，变异的性状就不再存在。这种由于环境条件或栽培措施的影响而产生的表现型变异，称为饰变或彷徨变异。这种变异不能遗传给后代，在芽变选种过程中，重要的问题就是要比较分析变异的原因，正确鉴定芽变和饰变，把真正优良的芽变选择出来。

(2)芽变选择的意义

①可直接选育新品种。优良的芽变一经选出，即可进行无性繁殖，供生产利用。

②和杂交育种方法相比较，方法简单，见效快，便于开展群众评选。我国园林植物栽培历史悠久，资源丰富，可为开展芽变选种提供极其丰富的原始资料，也可为其他育种途径提供新的种质资源。我们应充分利用这些有利条件，采取专业机构和群众选择相结合的方法，深入细致地开展芽变选种工作，选出更多更好的产品，以满足人们的需要。

③改良品种。通过芽变选种，对现有的园林植物品种进行改良，以提高其商品价值。如苹果、柑橘、葡萄的无籽果实变异，大大提高了其商品价值。花冠颜色的芽变，如蓝色的月季、双色非洲菊、橙色的牡丹和白色的孔雀草，在价格上比原来普通品种提高很多。

(3)芽变的特点

1)芽变的嵌合性。体细胞突变最初仅发生于个别细胞。就发生突变的个体、器官或组织来说，它只是由突变和未突变细胞组成的嵌合体。只有在细胞分裂、发育过程中异型细胞间的竞争和选择的作用下才能转化成突变芽、枝、植株和株系，如园林植物中的'二乔''跳枝'类型，竹类的黄金间碧玉类型就要求有某种程度的异型嵌合状态。

2)芽变表现的多样性。芽变的表现是多方面的，有形态特征的变异，有生物学特性的变异，有的是营养器官发生变异，有的是生殖器官发生变异。

①形态特征的变异。芽变最明显的表现是在形态特征，最容易被人们发现。如叶的形态变异，包括大叶与小叶、宽叶与窄叶、平展叶与皱缩叶、叶的颜色以及叶刺的有无等变异。花器的变异，包括花冠的大小、花瓣的多少、颜色及形状、花萼的形状等变异。枝条形态的变异，包括梢的长短、粗细，节间的长度，枝条颜色等。植株型态的变异，包括蔓生型、扭枝型、垂枝型、乔木型、灌木型及矮化型等变异。果实形态的变异，包括果实的大小、形状、果蒂或果顶特征及果皮颜色等的变异。如园林植物中出现了红叶李、红枫、六月雪、双色非洲菊、蓝色月季、垂柳、龙爪槐、匍地柏等品种，为园林丰富了种类，增添了色彩。

②生物学特性的变异。如生长结果习性的变异，包括枝干生长特点、分枝角度、长短枝的比例及密度、枝梢萌芽能力及成花能力，结果习性等，这些都与树体形态和观赏价值有关。物候期的变异，包括萌芽期、开花期、种子成熟期、落叶休眠期等变异。开花期与开花次数的变异较多，利用的价值最高。抗逆性变异，包括抗病、抗虫、抗旱、抗寒、抗盐碱、耐热性等变异。其中抗寒型变异较多，利用价值也较高。育性变异，包括雄性不育、雌性不育、种胚中途败育及单性结实等变异。

3)芽变的重演性。芽变的重演性是指同一品种相同类型的芽变可以在不同时期、不同地点、不同单株上重复发生。这与基因突变的重演性是联系在一起的，如'金心海桐''银边黄杨'等为叶绿素的突变，过去发生过，现在也有，将来还可能出现，并且在我国发生过，在国外也发生过。所以对调查中发现的芽变类型，要经过分析、比较、鉴定，确定其是否为新出现的芽变类型。

4)芽变的稳定性。有些芽变很稳定，性状一旦发生改变，在其生命周期中就可以延续下去，并且不管采取哪种繁殖方式，变异的性状均能代代相传，这就是芽变的稳定性。

5)芽变的可逆性。又称为回归芽变。有些芽变，虽然不经过有性繁殖，但在其继续生长发育过程中，可能失去芽变性状，恢复为原有类型，这种变异特点，为芽变的可逆性。如树梅上产生无刺的芽变，但从无刺的枝条上采条繁殖时，后代全部都是有刺的。究其原因，一方面与基因突变的可逆性有关，另一方面与芽变的嵌合体有关。

6)芽变的局限性和多效性。芽变一般是少数性状发生变异，是原类型遗传物质发生突变的结果。因为在自然条件下，基因突变的频率很低，且多个基因同时发生突变的概率更是少而又少，所以这种突变引起的变异性状是有局限性的。如月季品种中，'东方欲晓'是'伊丽莎白'的芽变品种，它们只是花色不同，其他性状基本是一致的。但是，也有少数芽变，它们发生变异的性状有时不是几个而是几十个，这些性状之间可能是基因的一因多效的关系。

(4)芽变的原理

1)嵌合体及芽变的发生。被子植物梢端分生组织都有几个相互区分的细胞层,称为组织发生层,用 L_1,L_2,L_3 代表。植物的所有组织都是由这三层细胞分别衍生而来的。在正常情况下,这三层细胞具有相同的遗传物质基础,如果各层或层内不同部分细胞的遗传物质发生变化,那么变与不变的组织同时存在,就形成了嵌合体。如果层间不同部分含有不同的遗传物质基础,叫周缘嵌合体。又分为内周、中周、外周、外中周、外内周和中内周 6 种类型。如果在层内或层内与层间都有不同遗传物质基础的变异细胞,叫扇形嵌合体。又分为外扇、中扇、内扇、外中扇、中内扇、外中内扇 6 种类型(图 3-5)。嵌合体发育阶段越早,则扇形体越宽;发育阶段越晚,则扇形体越窄。

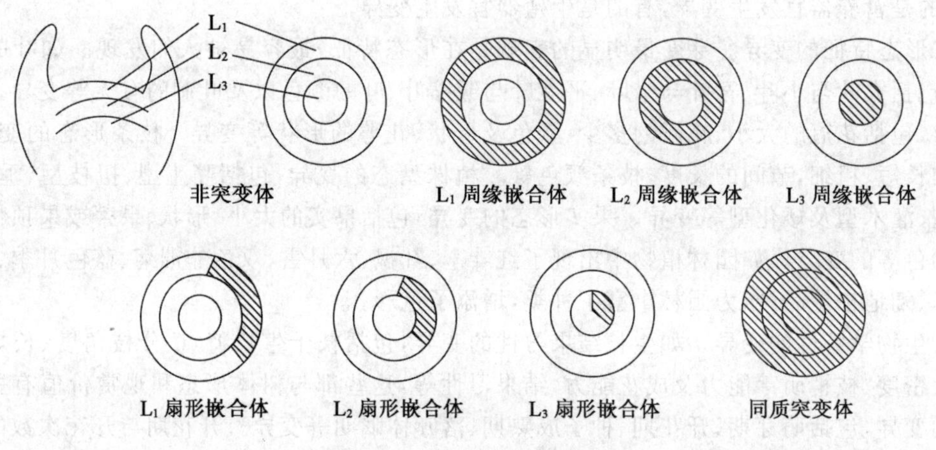

图 3-5 嵌合体的主要类型

各个组织发生层按不同的方式进行细胞分裂,衍生成特定的组织。L_1 的细胞在分裂时与生长锥呈直角,为垂周分裂,形成一层细胞,衍生为表皮;L_2 的细胞在分裂时与生长锥垂直或平行,既有垂周分裂,又有平周分裂,形成多层细胞,衍生为皮层的外层及胞原组织;L_3 的细胞分裂与"K"相似,也形成多层细胞,衍生为皮层的内层及中柱。芽变是遗传物质发生突变,但只有发生在梢端组织发生层的细胞时,突变才有可能成为一个芽变,所以,突变发生在哪一层细胞就会引起相应的组织和器官产生变异。如突变发生在 L_1 层,一般来说,表皮出现变异;如发生在 L_2 层,皮层的外层及胞原组织出现变异;如发生在 L_3 层,皮层的内层及中柱就会出现变异。通常只有其中一层细胞中个别细胞发生突变,三层细胞同时发生同一种突变的可能性几乎不存在。所以,芽变开始时总是以嵌合体的形式出现。

2)芽变的转化。一个扇形嵌合体在发生侧枝时,由于芽的部位不同,产生的结果也不同。处于变异扇形内的芽,萌发后将转化为具有周缘嵌合体的新枝;处于扇形边缘的芽,萌发后长成仍具有扇形周缘嵌合体的新枝;而恰好正处于扇形边缘的芽,萌发后将长成仍然是扇形嵌合体结构的枝条;还有些侧枝为非突变体。所以,可通过短截、修剪等措施控制发枝,改变扇形嵌合体的类型,使其出现不同情况的转化。

3)芽变的遗传学基础。芽变是细胞内遗传物质改变的结果,其改变形式有以下几种:

①染色体数目变异。即染色体数目发生改变,产生不同的变异类型,包括单倍性、多倍性、非整倍性变异。染色体数目变异如果发生在生长点细胞中,就会形成多倍体芽变,其特征是各

种器官具有巨大性,因为其细胞具有巨大性。

②染色体结构变异。包括缺失、重复、倒位、易位。由于染色体结构发生变化,导致基因原来的排列顺序发生变化,使有关的性状发生变异。这种变异在无性繁殖植物中可以得到保存,在有性繁殖植物中,会由于减数分裂而消失。

③基因突变。指控制显隐性的等位基因发生突变,导致性状变异。包括正突变和逆突变,一般来讲,正突变的频率高于逆突变。用基因型表示,有4种情况:AA—Aa,Aa—aa,aa—Aa,Aa—AA,在完全显性的条件下,一般自交植物正突变的形式是AA—Aa,这种突变在当代不表现,只能在下一代有性世代的分离中才表现出来。在异花授粉的园林植物中,正突变的形式有AA—Aa,Aa—aa,前者不表现变异性状,后者可表现出来。另外AA—Aa,可在体细胞中保存下来,成为发生Aa—aa突变的基础,如采用无性繁殖,突变的性状可以固定下来。aa—Aa是逆突变,突变的性状当代就表现出来,但自花授粉植物必须通过自交纯化,变异性状才能稳定。

④细胞质基因突变。是细胞质中遗传物质发生突变。目前已经知道,由细胞质基因控制的变异有:雄性不育、性分化、质粒和线粒体控制的性状变异、叶绿素形成等。

(5)芽变选种的方法

1)芽变选种的目标。由于芽变选种是以原有的优良品种为对象,进一步发现更优良的变异,要求在保持原有品种优良性状的基础上,通过选择,修缮其个别缺点,或者是获得具有有利的特殊性状的新类型,所以育种目标的针对性要强,且要简单,明确。如女贞树四季常绿,适应性强,比较耐寒,此时的育种目标应注重特殊叶色的选择,如紫色、金色、花色等。

2)芽变选种的时期。芽变选种原则上在植物整个生长发育过程中的各个时期均可进行观察和选择。但为了提高芽变选种的工作效率,除了进行经常性的观察和选择外,还必须根据育种目标的要求,抓住最易发生芽变的关键时期,进行集中的选择。如要想得到开花期提前或延迟的类型,应在初花期前或终花期后进行观察和选择;选择抗逆性强的类型,应在自然灾害发生后或在诱发灾害的条件下进行观察和选择。

3)分析变异,筛出饰变。在芽变选种的过程中,对于发现的变异,首先要区分它是芽变还是饰变,所以,最好在鉴定之前,先通过分析,筛出显而易见的饰变,肯定具有充分证据的优良芽变,然后对不能肯定的变异个体进行鉴定,这样可以节省土地及人力和物力。一般从以下几方面进行分析:

①变异的性质。一般来讲,质量性状不容易受环境条件的影响,所以只要是典型的质量性状变异,即可判断为芽变。如花色的变异、育性的变异等可判定为芽变。

②变异体发生的范围。变异体是指枝变、单株变和多枝变。如果在不同地点、不同栽培技术条件下,出现多株相同的变异,就可以排除环境条件和栽培技术的影响,肯定为芽变;对于枝变,观察它是否为嵌合体,如果为明显的扇形嵌合体,则肯定为芽变;如果是单株变异,则可能为芽变,也可能为饰变,还需要进行进一步的分析。

③变异的方向。凡是与环境条件的变化不一致的,则可能为芽变。如在病害流行的年份,大部分植株被感染,个别植株未被感染,表现出较强的生命力,可能为芽变。

④变异的稳定性。芽变的表现一般是比较稳定的,而饰变只有在能引起饰变的环境条件下存在,该条件不存在时,变异就会消失,所以,通过了解变异性状在历年的表现,结合分析其所处环境条件的变化,对变异做出正确的判断。

⑤变异的程度。如果是饰变,它的变化范围应该是在某一基因型的反应范围之内,超出这个范围,就可能是芽变。

⑥变异性状间的相关性。有些数量性状的变异,可利用同时出现的与其具有相关性的质量性状或较稳定的数量性状的变异,进行间接的分析判断。

4)芽变的鉴定。通过分析,对可能为芽变的个体,还要进行进一步的鉴定。鉴定的方法有两种:

①直接鉴定法。直接检查其遗传物质,包括染色体的数目、染色体的组型、DNA 的化学测定。这种方法可以节省大量的人力、物力和时间,但是有些变异如基因突变这种方法不能鉴定,况且还需要一定的设备和技术,所以在生产上很难大量地推广使用。

②间接鉴定法。将变异部分通过嫁接、扦插或组织培养等方式分离出来,进行繁殖,并与原品种类型种植在相同的环境条件下,鉴定变异的稳定性,如果变异性状能稳定遗传,则为芽变。这种方法简单易行,但需要大量的人力、物力和较长的时间,在生产上应用得较多。

5)芽变选种的程序。芽变选种分两级进行:第一级是从生产园或花圃中选出优良的变异类型,包括单株变异和枝变,为初选阶段;第二级是对初选的变异类型进行无性繁殖,然后进行比较、鉴定、选择,包括复选阶段和决选阶段(图 3-6)。

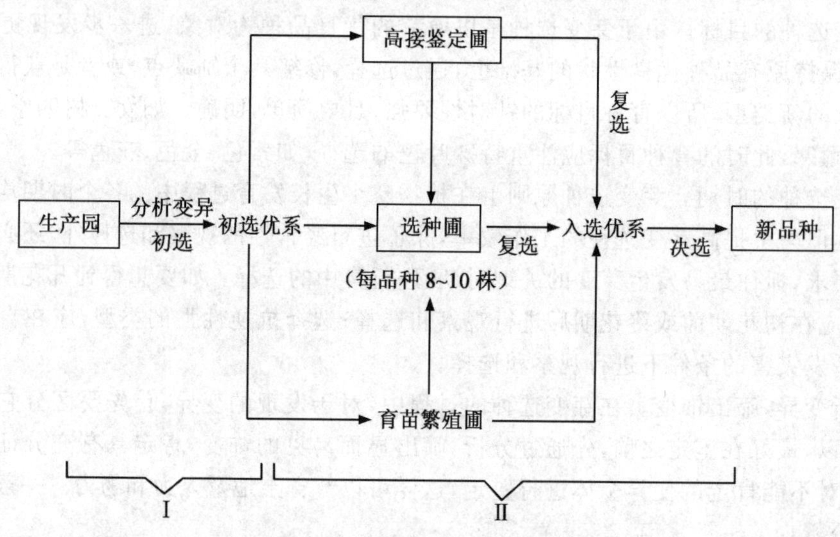

图 3-6 芽变选种的一般程序

①初选。初选一般是从生产园或苗圃中进行,为目测预选。为了挖掘优良的变异,要将经常性的专业选种和群众性选种结合起来,由专业人员向群众宣传芽变选种的意义,讲解芽变选种的基本知识和基本技能,建立必要的选种组织,根据已确定的选种目标,开展多种形式的选种活动。在生产园中,对符合育种目标要求的植株进行编号并做出明显的标志,填写记载表格,然后由专业人员进行现场调查,对记录材料进行整理,并选好生态环境相同的对照树,对变异体进行分析。对有充分证据可以肯定为饰变的,应及时淘汰;对变异不明显或不稳定的,要继续观察,如果枝变的范围太小,不足以进行分析鉴定,可通过修剪、嫁接、组织培养等方式,使变异部分迅速膨大后再进行鉴定;对变异的性状十分优良,但不能证明是否为芽变,可先进入高接鉴定圃,进一步观察其性状表现,再确定下一步的工作;对有充分证据可以肯定为优良芽

变,但还有一些性状不十分了解,可不经过高接鉴定圃,直接进入选种圃;对有充分证据可以肯定为优良芽变,而且没有相关的劣变,可以不经过高接鉴定圃和选种圃,直接进入决选;对于嵌合体形式的优良芽变,应先使其分离纯化,成为稳定的突变体后,再进行下一步工作。

②复选。这个阶段是对初选中所选植株再次进行评选,主要在选种圃进行,包括高接鉴定圃和选种圃。高接鉴定圃的作用是为深入鉴定变异性状及变异的稳定性提供依据,同时为扩大繁殖准备接穗材料。在高接鉴定中,为了消除砧木的影响,所用砧木必须力求一致,并且在同一砧木上嫁接对照,高接时应注意选用砧木的中上部、发育健壮、无病虫害的良好枝条。高接鉴定圃一般比选种圃开花早,特别是对变异较小的枝变,通过高接鉴定可以在较短的时间内为鉴定提供一定数量的花,但容易受中间砧的影响,而且不能全面鉴定树体结构的特点,所以高接鉴定的同时仍需在选种圃再次进行鉴定。选种圃的主要作用是全面、精确的对芽变系进行综合鉴定。因为在选种初期往往只注意特别突出的少数优良性状,容易忽视一些微小的数量性状的变异,同时还要了解所选个系对环境条件和栽培技术可能有的不同反应和要求,所以,在投入生产之前,在选种圃对各芽变单系进行系统地观察、鉴定、比较,获得一个比较全面的鉴定材料,为繁殖推广提供可靠依据。选种圃要求土地平整,土质肥力均匀一致,将选出的多个芽变系和对照进行种植,每系一般以 10 株为宜(不得少于 10 株),单行小区,每行 5 株,株行距根据株型来定,两次重复,同时要求品系确切,严防混杂,苗木年龄一致,生长势相近。在圃地周围可用对照品种作保护行。对照品种用原品种的普通类型,砧木宜用当地习用类型。在选种圃内应逐株建立田间档案,进行观察记载,从开花的第一年开始,连续 3 年(不得少于 3 年)的组织鉴定,对花、叶及其他性状进行全面的评价,同时与其母树及对照进行对比,将结果记载入档,根据鉴定结果,由负责选种单位写出复选报告,将最优秀的品系定为复选入选优系,提交上级部门组织决选。为了对不同单系进行风土条件适应性的鉴定,要求尽快在不同的地区进行多点试验。对个别认为可靠的初选优良单株也可在进入选种圃的同时,进行多点试验。

③决选。选种单位对复选合格的品系提出复选报告后,由主管部门组织有关人员进行决选的评审工作。参加决选的优良单系,应由选种单位提供下列完整的资料和实物:a. 该品系的来源、选育历史、群众评价及发展前途的综合报告;b. 该品系在选种圃内连续 3 年的鉴评结果;c. 该品系在不同自然区内的生产试验结果和有关的鉴定意见;d. 该品系及对照的实物。经过评审,各方面都认为该品系确实为有发展前途的品系,然后由选种单位命名,由组织决选的主管们作为新品种予以推荐公布,可在规定的范围内推广。选种单位在发表新品种时,应提供该品系的详细说明书。

3.1.3 影响选择效果的因素

在选择育种过程中,为了取得良好的选择效果,达到选种目的,必须了解和掌握影响选择效果的因素。现介绍如下:

3.1.3.1 选择群体的大小

选择群体越大,选择的效果越好。因为供选群体越大,群体内变异类型越复杂,选择机会就越多,选择效果会相对提高。反之,供选群体越小,对所需变异选择的机会就少,选择效果相对降低。所以,选择育种要求有足够大的供选群体,但不宜过大。

3.1.3.2 供选群体的遗传组成

无性繁殖群体和有性繁殖群体相比，遗传组成的杂合程度不同，无性繁殖群体遗传组成的纯合性高，性状稳定，新性状出现的概率低，所以选择效果差。有性繁殖群体中又分自花授粉植物群体和异花授粉植物群体，二者相比较，前者性状比较稳定，变异的概率低，选择机会少，选择效果差；对于异花授粉植物，原始群体遗传组成复杂，变异概率高，选择效果好，但对于经多次选择的群体，特别是经多次单株选择的群体来讲，其遗传组成就简单得多，性状比较稳定，选择效果相对异花授粉植物群体要差。总之，供选群体的遗传组成越复杂，其变异类型就越丰富，选择效果就越好。

3.1.3.3 质量性状和数量性状

质量性状通常由一对或少数几对主基因控制，变异性状明显，容易区别，能稳定遗传给后代，不易受环境条件的影响，一般通过一次选择即可成功，选择效果好，如园林植物的色泽、香味、株型等变异。而数量性状由多基因控制，变异性状不明显，一般不易区分，而且受环境条件的影响大，所以数量性状的选择效果受几个因素影响。一是性状遗传力的大小。遗传力是直接影响选择效果的重要因子，所选性状的遗传力高，选择效果就好；所选性状遗传力低，选择效果就差。如树干通直度这一性状的遗传力较高，所以通过选择改进树干通直度的效果较好，树木的高、粗度等性状的遗传力不如前者，故选择效果就较差。二是入选率。入选率是指入选个体在原群体中所占的百分率。入选率越低，选择效果越好；入选率越高，选择效果越差。在实际工作中，常以降低入选率来增大选择强度。降低入选率就是提高选择标准，但不能为了提高某一性状的选择效果，把选择标准定得过高，使入选群体过小而影响对其他性状的选择。三是性状的变异幅度。一般来说性状在原始群体内的变异幅度越大，则选择的潜力越大，选择的效果也就越好。因此，选种过程中，开始确定供选群体时，除了考虑群体具有较高的性状平均值外，还必须考虑供选群体在主要改进性状上有较大的变异幅度。

3.1.3.4 直接选择和间接选择

直接选择是指对目标性状本身进行直接的选择，选择效果好。如根据开花早晚和花径大小选择早开花的大花品种；根据园林植物的收获量选择丰产性等。间接选择是指对目标性状的构成性状或相关性状进行选择。选择效果低于直接选择，但可在直接选择之前应用。如抗性选择，在不发病的情况下对抗病性基本无法进行选择。特别是在生育后期表现的目标性状，如花形、花色等进行早期测定时，无法进行直接选择，可根据与其相关的间接性状来选择。

3.1.3.5 所需选择性状的数目

所需选择的性状数目越多，符合要求的个体越少，选择效果越差。特别是几个选择性状呈负相关时，更为明显。相反，选择性状的数目越少，选择效果越好。一般来讲，对单个性状直接选择效果较好，随着性状数目的增多，选择效果会降低。选择时，一般以目标性状为重点性状，同时兼顾综合性状，重点性状不宜太多，否则会降低选择标准。

3.1.3.6 环境条件

在环境条件相对一致的条件下进行选种，可以消除由环境因素所引起的误差，对所选个体进行正确的评价，选择效果较好。相反，环境条件不同时，不能正确地判断所选个体遗传性的优劣，选择效果较差。

3.2 引种驯化

3.2.1 引种驯化的意义

引种驯化即把具有发展前景的名、优、特、新、稀有园林植物种类或品种从外地(国)引入当地进行培育繁殖;或者将野生园林植物种质资源通过驯化、繁殖、栽培,成为园林绿化新的并有地方特色的园林植物种类。引种可以丰富品种资源,提升品种档次,提高市场竞争力。

3.2.2 引种驯化的步骤

3.2.2.1 引种对象与材料

引种对象　我国园林植物的育种工作比较落后,而且地区之间很不平衡。因此,新品种的引进实际上已成为植物企业新产品开发的快捷途径。在选择引种对象时,以下几个原则值得考虑。

1)当地已有园林植物的新品种。一般来讲,同一种园林植物的不同品种的适应性比较接近,引进更新的园林植物的新品种,不会出现生存困难。如与槭树同属的红花槭品种,就是河南的选择之一。

2)常绿彩叶植物。

3)稀有的彩叶植物。主要包括色彩独特的如"蓝色"叶类,"白色"叶类,多色叶类等的引进,应引起高度重视,这是增加城市色彩的稀有的重要素材。

3.2.2.2 引种驯化的途径

(1)野生彩叶植物的引种驯化　野生彩叶植物的引种驯化是引种的基本途径。虽然我国野生彩叶植物资源十分丰富,但真正用于栽培的园林植物却很贫乏。野生的彩叶植物引种,可大大丰富彩叶植物的可利用资源。

(2)直接从省外、国外引种　目前国内的北林科技苗木公司、北京市植物园新优植物种苗中心、汉枫园艺、鸿宝园林、鄢陵县内的多家园林植物企业等,利用各种渠道,已从国内外引进了不少新优品种,在我国园林绿化中已经起到了很好的作用。

(3)种子交换　种子交换也是引种的重要途径。目前有中国科学院北京植物园等多家植物园坚持对外交换种子,取得了良好的效果。

3.2.2.3 引种试验

在引种材料确定及引入之后,为保证引种的成功,必须先对其进行试种。即根据所引品种的原有特性,在当地自然条件下进行试验栽培,以观察其适应性、抗逆性(如耐寒、耐旱、耐盐碱及抗病虫性)。此项工作一定要在做好引种材料记录的基础上,配合良好的栽培管理措施来进行。同时,为加大试验初选的代表性,每一个引种材料一次引入数量一般不少于50株,而且最好在引入小苗的同时引入接穗,并用本地最适宜的砧木进行嫁接培育,以尽量避免漏选、错选。

引种试验除了观测引进材料的生长发育情况之外,还要注意植物的变异性。这里的变异主要包括环境饰变和实生变异两类。引进种苗的多为无性繁殖的品种,一般不会发生遗传变异,但环境条件会影响性状的表现,此即环境饰变。如彩叶植物的叶色,就受到土壤(pH)、温度(昼夜温差)、光照(时数、强度)、水分(降水量、空气湿度)等环境条件的影响,可能引种后的叶色没有原产地的色彩鲜艳;而且不同地区也表现不一。如果引进的是种子,播种繁殖的实生苗一般都会发生实生变异(性状分离)。品种的实生变异往往大于种的变异。在预见实生变异的同时,还可以从中选择不同性状的植株,进一步培育新品种。

引种试验还需要对初选试种的优良品种,采用不同的栽培管理方法进行栽培试验,从中总结出当地最佳的管理方法。这项工作对于那些引入时尚无成熟栽培技术的品种尤为重要。

3.2.2.4　区域试验

区域试验就是将引进的品种在不同生态条件的地区进行多点试种,从而确定其适宜的推广地区,预测市场前景。对此尤其要注意各种树种能忍耐的极限温度。

此项工作原则上应进行 3 年以上的时间。但为缩短时间,早日进入市场,也可以将栽培试验和区域试验同时进行。

3.2.3　引种驯化原则

3.2.3.1　因地制宜,目的明确

切忌漫无目的滥引或为猎奇追风而乱引。对那些目前了解甚少无把握的品种,或虽有了解但技术能力、设施条件不具备的品种不宜引进。如在南方表现良好而在北方不易存活的红木、云南山茶花等,要慎重引种。就自然及社会条件而言,鄢陵就是立足三北地区市场,以引种耐寒、耐旱、耐盐碱品种及城市园林绿化所必需的常绿品种(尤其是常绿阔叶树种)和彩色品种为主要目标。如红叶石楠、平枝枸子、金叶槐、四照花、美国白蜡、卫矛、花叶常春藤等。

3.2.3.2　严格检疫,杜绝入侵

种子引入前要充分调查其成龄树在原生长地区的病虫害情况。一方面要避免引入新的病虫害,同时也为驯化期的病虫防治提供参考。引种时要坚决杜绝危险性病虫害的引入。对当地目前没有的一般性病虫害也要避免引入。严防因工作失误而给当地园林植物生产造成难以挽回的损害。

3.2.3.3　精心抚育,优选劣汰

分批分期播种,进行适应性、抗性试验及优选。稀有、珍贵种子要使用容器育苗(如营养钵、营养袋、穴盘等)。幼苗期要精细管理,做好苗木生长发育的各项记录。

对于那些经试种不如当地原有种的品种,要坚决予以淘汰,禁止充当优良品种出售(如引入的许多实生蜡梅)。若留用时只能作嫁接用砧木或杂交育种的种质资源。

3.3　杂交育种

3.3.1　杂交育种概述

3.3.1.1　杂交育种的概念及分类

基因型不同的类型或个体间配子的结合叫作杂交。杂交育种(cross breeding)是通过两个遗传性不同的个体之间进行有性杂交获得杂种,继而选择培育以创造新品种的育种方法。

根据杂交亲本亲缘关系的远近，可分为近缘杂交和远缘杂交。近缘杂交是品种内、品种间或类型间的杂交；远缘杂交是种间、属间或地理上相隔很远不同生态类型间的杂交。根据杂交效应的利用方式可分为组合育种和优势育种。组合育种是“先杂后纯”，培育的新品种在遗传上是纯合体，其种子可连续种植；优势育种是“先纯后杂”，培育的新品种在遗传上是杂合体（F_1 代），需要年年制种。

3.3.1.2 杂交育种的意义

（1）杂交育种是创造新品种新类型的重要手段　通过杂交育种，可以把 2 个或多个亲本的优良特性结合于杂种，把野生的优良性状输送到栽培品种中，把不同种间、属间的性状集中于杂种，从而培育新品种。如杂种元宝枫（*Acer truncatum*）就是由元宝枫（*Acer truncatum Bunge*）和挪威槭（*Acer platanoides*）通过有性杂交而获得的新的杂交种，特点是叶色更加艳丽，色叶期更长，观赏效果更好。又如杂种鹅掌楸，是鹅掌楸和北美鹅掌楸的杂交种，其特点是生长更加迅速，适应性更强等。因此，杂交育种在植物育种上特别是在园林植物育种上仍然占据着重要地位，园林植物新品种绝大部分仍来自杂交育种。

（2）杂交育种可加速生物进化　在自然界不同基因型的植物间杂交是经常发生的，由于基因的重组分离，产生植物的多样性，通过自然选择使植物向着适应自然方向进化。自然进化受到自然条件的限制，发展速度慢。杂交育种可创造植物进化的条件，促进植物的遗传物质的相互交流，从而加速植物的进化。例如蔷薇属全世界原来共约 150 个种，现在通过多次种间杂交而育成的近代月季已发展到 16 000 多个品种，其中我国四季开花的月季花和香水月季是两个决定性的杂交亲本。

（3）杂交育种可使植物向着人类需要的方向发展　在自然界中，植物在自然选择的作用下，向着有利于自身的繁衍和生存的方向发展。而杂交育种是以满足人类的需要为目的，并使植物沿着此方向发展。通过杂交育种，观赏植物的花色越来越鲜艳，花形越来越丰富，姿态越来越美，观赏价值越来越高。杂交育种方法适用于绝大部分园林植物，无论是自花授粉植物、常异花授粉植物还是异花授粉植物，只要植株间杂交可产生正常后代，就可应用杂交育种方法。自花授粉植物如香豌豆等，自然个体往往是纯合的，选择的余地不大，杂交可以出现新的变异类型。由于自花授粉的习性，使该类植物杂种后代的纯化与选择工作大为简化，因此，杂交育种特别适用于自花授粉植物。对于异花授粉植物与常异花授粉植物，其自交后代可能产生衰退，育种的难度可能会大一些，但只要科学计划，精心管理，同样可以使植物向着人类需要的方向发展。

3.3.2 杂交育种的准备工作

3.3.2.1 杂交方式

（1）单杂交（又称成对杂交）　一个母本与一个父本的成对杂交称为单杂交，以 A×B 表示。当两个亲本优缺点能互补，性状基本上能符合育种目标时，应尽可能采用单杂交，因单杂交只需杂交一次即可完成，杂交及后代选择的规模不是很大。单杂交时，两个亲本可以互为父母本，即 A×B 或 B×A，前者称为正交，后者称为反交。在某种情况下，母本具有遗传优势，所以习惯上多以优良性状较多、适应性较强的作为母本。如紫茉莉的彩斑性状具有母性遗传的特点，其正反交的结果不同，杂交时应加以注意。为了比较正反交不同的效果，尽可能正反交同时进行。

(2)复合杂交　用两个以上亲本杂交通称为多交或复合杂交。一般先配成单交,然后根据单交的缺点再选配另一单交组合或亲本,以使多个亲本优缺点能互相弥补。复交的方式又因采用亲本的数目及杂交方式不同分为不同的方式:

1)三交。单交的 F_1,再与第三个亲本杂交,即(A×B)×C。

A×B　　　　A—轮回亲本

↓

F_1×A　　　　B—非轮回亲本

2)双交。两个不同单交的杂种再进行一次杂交,即(A×B)×(C×D)或(A×B)×(A×C)。

3)四交。将三交的杂种后代再与另一个亲本杂交,即[(A×B)×C]×D。依此类推还有五交、六交等复交方式。

复交各亲本的次序究竟如何排列,这就需要全面衡量各个亲本的优缺点和相互弥补的可能性,一般将综合性好的或者具有主要目标性状的亲本放在最后一次杂交,这样后代出现具有主要目标性状的个体可能性就大些。

(3)回交　回交是指两亲本杂交后代 F_1 再与亲本之一进行杂交。一般在第一次杂交时选具有优良特性的亲本作母本,这一亲本在以后各次回交时作父本,这个亲本叫轮回亲本。回交的目的是使轮回亲本的优良特性在杂种后代中慢慢加强,回交育种主要应用于培育抗性品种或远缘杂交中恢复可孕性或恢复栽培品种优点等。

(4)多父本混合授粉杂交　选择一个以上的父本,把它们的花粉混合后,授给一个母本的杂交方式,即 A×(B+C+D…)。将某一选定的母本与选定的多个父本混合种植,母本去雄后任其自然授粉。这种方法简单易行,杂种后代的遗传基础比较丰富,容易选出优良品种。但该方法由于无法控制花粉来源,后代中往往会出现某些退化性状。

3.3.2.2　杂交亲本的选择

亲本选择包括杂交组合的选择和杂种母树的选择。前者是指确定什么树种作杂交亲本,哪个作父本,哪个作母本;后者是用哪个地方、哪一株具体的树作为杂交的父本和母本。

在考虑亲本的时候,必须明确育种目标,对不同地区和不同树种都要有明确的要求,目的性很明确,或是为了取得叶色艳丽,色彩独特的新类型;或是为了解决抵抗不良环境;或是为了某种特殊需要等。以杂种鹅掌楸为例,杂交育种的目标是培育与鹅掌楸形态相似,但抗寒性更强,生长速度更快的新品种等,为此,育种者选择了鹅掌楸、北美鹅掌楸等作为亲本。

对于如何正确选择亲本,应遵循以下原则:

(1)考虑主要育种目标。如果育种主要目标是培育彩叶、多花色、结果多的品种,就必须选择具有这两种性状的某一性状的树种做亲本,否则,想达到培育彩叶、多花色、结果多的新品种就十分困难。许多杂交成功的例子可以说明这个问题。如原种红叶桃只开花,很少结果,且多为单花型;河南马玉玺、杜文义等用红叶桃做母本,冬桃做父本进行杂交,培育出了红花复花型红叶桃和粉花复花型红叶桃,新的品种不但可以观花观叶,且果实美味可口。

(2)亲本双方的优缺点要能够互相弥补,才能满足育种目标要求。如果双方的缺点多,又不能互补,就不易育出所期望的杂种。此外,还要考虑生态互补,生态型差异的大小,对杂种优势的高低有明显的影响。

选择亲本时,要注意选择优点多,缺点少的亲本,亲本双方可以有共同的优点,绝不可以有共同的缺点。如两个亲本都是耐寒的,虽然其中一个生长较慢,另一个生长较快,还是可以作为一个杂交组合;如果两个亲本生长都是慢的,则难以培育出耐寒性强、速生的品种。

同时,还要注意母本遗传优势的特点,应选择具备有利性状多的个体作母株。如榆树杂交试验证明,榆树具有较强的母本遗传优势,以速生为目标进行榆树杂交育种时,尽可能以速生的高大乔木如白榆作母本,才能获得较好的效果。

(3)选择亲本要考虑生态适应性。亲本的生态型不同,后代的适应范围就较广,从其子代中能选出最能适应当地生长期的后代。杨树育种经验表明,用两个高纬度起源的种在中纬度不能育出生长期长的速生类型;两个低纬度起源的种在中纬度不能育出适时封顶木质化的类型;一低纬度的种与一高纬度的种杂交,在中纬度可能形成最适应的速生类型。另外,同纬度不同经度的种杂交往往能获得较好的生态适应性。亲本的生态差异在速生育种上十分重要,必须予以重视。

(4)根据亲本性状遗传传递能力大小进行选配,分析已知各树种重要性状遗传规律,将会有助于有目的地选配新本组合。如银白杨的抗寒性、抗旱性,箭干杨,钻天杨的窄冠性状的传递力较强。在培育抗寒耐旱,窄冠品种时,可考虑用它们做亲本等。

(5)杂交母树的选择。如何选好杂交母树,也是杂交育种成败的关键之一,因为往往同一个杂交组合,由于母树个体的不同,杂交的效果也不相同。在杨树杂交中特别明显,如小叶杨的类型很多,生长差异很大,应选择性状优良的单株做母本,这是提高杂交效果的有效措施。

(6)亲本间亲和性的大小,直接关系到杂交的成败。因此,在选配时,要考虑各种树种间的可配性。一般种内杂交比较容易成功,因为种内双亲有较大的亲和力。种间和属间杂交不容易成功,因为双亲在生理、生化、形态特征和生态特征上差异太大,或使花粉在柱头上不能萌发,即使发了芽但不能正常长入柱头组织,或长入了柱头又不能达到胚囊,或有的虽能受精,但胚胎发育不正常,不能获得有发芽力的种子。总之,由于遗传性差异过大,配偶之间在生物学性质和新陈代谢类型方面非常不适合,导致受精过程成为不可能或在受精后引起生活力的显著降低。

影响杂交亲和性的因子有两方面:一是亲缘关系的远近。种内杂交:树木的变种,生态型,地理型,品种之间的杂交,由于亲缘关系近,一般都没有困难。有的类型或品种,虽因为分布区距离远,花期不一致,但若进行控制授粉,则无明显的遗传障碍。如南京林业大学曾用贵州锦屏灰叶杉等的花粉与南京本地生长的杉木杂交,获得了明显的杂种优势。在南京地区,表现为二年生苗高比自由授粉的大 27%以上。种间属间杂交:由于亲缘关系远,杂交不易成功。但有的树种种间杂交困难不大,如江南槐与刺槐的杂交。二是地理分布的远近。根据地理上的分布情况,也可提供一些杂交难易的线索:①分布同一地区,同一生态条间的,其种间通常不能杂交。因为它们之间显然产生了某种杂交障碍,才能保持种的独立性,否则不能单独存在。②分布相邻的种,种间通常容易杂交,种分化的时间愈近,即系统发育历史愈短,杂交愈容易;分布邻近的两个种,其分化的时间大概比分布区遥远的要近些,所以容易杂交。③分布遥远的种,种间不易杂交。④在某个地区,只有一个种组成的属,或属以下的分类单位,交配性高。这是由于地理隔离没有造成交配的可能,它们一旦交配,往往能够成功。

3.3.2.3 花粉处理技术

(1)花期调整　由于亲本种类不同,其开花时间有时不一致,造成杂交工作困难。为了使不同的亲本花期相遇,就要采取相应的措施,促进或推迟某一亲本的花期。一般可采用以下方法：

1)调节温度。对温度敏感的园林植物如玫瑰，通常适当增加温度，可促进花期提前；降低温度，则推迟花期。如外界气温低时采用塑料棚、温室栽培，可提前开花。

2)调节光照时间。对光周期敏感的植物，可调节光照时间的长短。短光照植物在光周期较短的条件下开花，如菊花、大丽花等秋冬季节开花的植物；长光照植物在日照时间较长的条件下开花，如某些春夏开花的植物。对长日照植物，延长日照时间，可促进开花，如夜间加光；对短日照植物，缩短日照时间，可促进开花，如白天遮光。反之，则推迟花期。

3)栽培措施。通过摘蕾、修剪、环剥、嫁接、肥水供给等调节花期。例如，生长期多施氮肥，多浇水，可推迟花期；适当增加磷肥、钾肥可促进花期提前。

4)调整播种期。对光周期要求不严格的园林植物，可以分期播种。例如，每隔两周播一批，提前播种的，花期会提前；推迟播种的，花期会推迟，就有可能花期相遇了。

5)应用化学药剂。某些化学药剂可促进或推迟植物的花期。如赤霉素处理牡丹、杜鹃、山茶等，可促进提前开花。

(2)花粉的收集　花粉采集一般在杂交授粉前一天进行。把次日将要开放的花蕾采集回来，夹取花药或直接将花蕾放于铺有硫酸纸的容器中，在干燥、室温条件下，一般2～3 h内花药会破裂，散出花粉，然后将杂物去除，收集花粉于小瓶中，贴上标签，注明品种名、采集时间，用透气薄膜、硫酸纸等封口，用于次日的授粉工作。杨柳科的某些物种则可以切取花枝瓶插，下铺硫酸纸，散粉时轻轻敲击花序，使花粉落于纸上，然后去杂收集。

(3)花粉的贮藏　花粉贮藏可以解决花期不遇和远地亲本的杂交问题，可以打破杂交亲本的时间隔离和空间隔离，扩大杂交育种的范围。花粉寿命的长短，除了受遗传因素的影响外，还与温度、湿度有密切关系。贮藏的方法是将花粉采集后阴干，除净杂物，分装在小瓶里，小瓶内装花粉的数量为小瓶的1/5，瓶口用双层纱布封扎，然后贴上标签，注明花粉品种和采集日期。小瓶置于干燥器内，干燥器内底部盛有干燥剂无水氯化钙，干燥器放于阴凉、黑暗的地方，最好放于冰箱内，冰箱温度保持在0～2℃。也可把装有花粉的小瓶放入盛有石灰的箱子内，置于阴凉、干燥、黑暗处。大多数植物的花粉在干燥、低温、黑暗的条件下能保持较高的生活力。

(4)花粉生活力的测定　贮藏的花粉进行杂交之前，必须对花粉生活力进行测定。常用的方法有直接测定法、培养基萌发法以及化学染色法。一般认为花粉萌发率大于40%，可用于杂交。

1)直接测定法。直接测定法是直接将花粉授予柱头上，隔一定时间后将其染色压片，在显微镜下观察，统计花粉萌发情况。此种方法最为准确，但受花期限制，费时、费力，且大柱头的物种不易压片成功。

2)培养基萌发法。培养基萌发法即配制一定的培养基，然后将花粉撒在培养基表面，于适当温度下培养，定时镜检，统计萌发率。培养基一般含有5%～20%的蔗糖及微量的硼酸，有时还含有$Ca(NO_3)_2$，$MgSO_4$等，因物种而异，有时也可加入激素以促进花粉萌发。该法简单，但准确性较差，且有些物种如棉花的花粉在培养基上很难萌发。

3)化学染色法。活的花粉粒都有呼吸作用，用一些特殊的化学染料与之作用时，过氧化物酶与过氧化氢或其他过氧化物反应释放出活化的氧可以氧化这些染色剂，使之变色，由此可测定有活力的花粉数。常用的染色剂有TTC(2,3,5-氯化三苯基唑)等。染色后花粉粒从无色变为有色。用该法测定的花粉生活力可能比实际高,因为有生活力的花粉粒并不一定会萌发。

3.3.3 杂交技术

3.3.3.1 植株上授粉

(1)去雄 凡是两性花,为防止母本发生自交,必须在杂交前除去母本花中的雄蕊,称为去雄。去雄一般在花朵开放前1～2天进行,闭花授粉的植物应提前3～5天。此时花蕾比较松软,花药多绿黄色。去雄时,可先用手轻轻地剥开花蕾,然后用镊子或尖头小剪刀剔去花中的雄蕊,注意不要把花药弄破。去雄要彻底,特别是重瓣花品种,要仔细检查每片花瓣的基部,是否有零星散生的雄蕊。操作时要小心,不要损伤雌蕊,花瓣也要尽量少伤。如果连续对多个材料去雄,则要将镊子等工具用70%的酒精消毒。菊科植物因花药很小,可用喷壶冲洗花序,但以这种方式去雄的后代务必认真剔除假的杂种。

去雄的花朵以选择植株的中上部和向阳的花为好。每枝保留的花朵数一般以3～5朵为宜。种子和果实小的可适当地多留一些,多余的摘去,以保证杂种种子的营养。

(2)隔离 去雄后立即套袋以防止天然杂交。隔离袋的材料必须轻、薄、防水、透光、透气。一般采用透明的亚硫酸纸和玻璃纸,虫媒花可用细纱布做袋子。对于不去雄的母本花朵(如自交不孕或雌雄异花、异株的类型)亦必须套袋,以杜绝其他花粉授粉的可能性。套袋后挂上标签,用铅笔注明去雄日期。

(3)授粉 去雄后要及时观察雌蕊发育情况,待柱头分泌黏液而发亮时即可授粉。对虫媒花,授粉时将套袋的上部打开,用毛笔、棉球或圆锥形橡皮头蘸取花粉涂抹于柱头上。授粉后立即将套袋折好、封紧。风媒花的花粉多而干燥,可用喷粉器喷粉。为确保授粉成功,最好连续授粉2～3次。授粉后在标签上注明杂交组合、授粉日期等。数日后,柱头萎蔫,子房膨大,已无受精的可能时,说明杂交成功,可将套袋去除,以免妨碍果实生长。

3.3.3.2 室内切枝杂交

种子小而成熟期短的某些园林植物,如杨树、柳树等可剪下花枝,在室内水培杂交。剪取健壮枝条,如杨树雄花枝应尽量保留全部花芽,以收集大量花粉;雌花枝则每枝留1～2个叶芽和3～5个花芽,多余的去掉,以免过多消耗枝条养分,影响种子的发育。把剪修好的枝条插在盛有清水的广口瓶或其他容器中,每隔2～3天换水1次,如发现枝条切口变色或黏液过多,必须在水中修剪切口。室内应保持空气流通,防止病虫发生。去雄、隔离和授粉等与上述相同。

3.3.3.3 杂交后的管理

杂交后要细心管理,创造良好的有利于杂种种子发育的条件,并注意观察记载,及时防治病虫害和防止人为的破坏。

杂交种子成熟随品种而异,有的分批成熟,要分批采收。对于种子细小而又易飞散的植物,或幼果发育至成熟阶段易被鸟兽危害的植物,在种子成熟前要套上纱布袋。种子成熟采收时将种子或果实连同标签放入牛皮纸袋中,并注明收获日期,分别脱粒贮藏。

3.3.3.4 杂交后代的培育与选择

(1)杂交后代的培育 杂种的贮藏、催芽处理以及播种管理等具体方法,与一般栽培育种技术基本相同。在培育过程中还要注意以下几个问题:

1)提高杂种苗的成活率。提高种子出苗率、成苗率是培育杂种苗的一个首要前提。为此,一般都采用在温室内盆播、箱播或营养钵育苗的方法。同时注意培养土的配制、消毒。移植时尽量带土,精细管理。

为了避免混杂或遗失,播种前先对种子编号登记。播种按组合进行,播种后插好标牌,标记杂交组合的名称、数量。绘制播种布局图,做好记载工作。

2)培育条件均匀一致。为了减少因环境对杂种苗的影响而产生的差异,要求培育条件均匀一致,以便正确选优汰劣。

3)根据杂种性状的发育规律进行培育。杂种的某些性状在不同的环境条件下、不同的年龄时期都可能有不同的反应和表现,培育条件应适应这个特点。例如,一般重瓣性只有在营养条件充分得到满足时才能得到表现。又如有些园林树木的抗寒力,一般幼年时期比较弱,随着树龄的增加而得到加强。因此,虽然是抗寒育种也应在幼年期给予适合的肥水条件以及必要的保暖措施。

4)做好系统的观察记载。从杂种一代起就要系统观察、记载各杂交组合的有关内容。对园林植物主要记载内容为:萌芽期、展叶期、开花初期、开花盛期、开花末期、落叶期、休眠期等物候期;植株高度、花枝长度、叶形、茎态、花径、花型、瓣型、花色、花瓣数、雌雄蕊育性、香味、有无皮刺等植物学性状;抗寒性、抗旱性、抗污染等抗逆性性状;产花量、品质、综合观赏性、贮运特性等经济性状的记载。通过观察、记载及分析,可以掌握杂种的具体表现,有利于选出优良后代。

(2)杂交后代的选择　园林植物大多进行异花授粉,亲本本身往往存在着高度的杂合性,所以杂种一代就发生分离,这样在杂种一代就可以进行单株选择。如选出符合要求的优良单株,能无性繁殖的可以建立无性系。如不能无性繁殖的,可以选出几株优良单株,在它们之间进行授粉杂交,再从中选出优良单株。

对木本植物来说,杂种的优良性状往往要经过一段生长才能逐步表现出来,一般要经过3～5年观察比较。特别是初期生长缓慢的树种,时间更要放长一些,不可过早淘汰。

杂种后代的选择,要在实生苗的各种性状表现明显的物候期进行观察比较,例如早花的选择在孕蕾期,月季经济性状的选择重点在花期等。

3.3.4 远缘杂交

不同种、属或亲缘关系更远的物种之间的杂交叫远缘杂交。用远缘杂交的方法,可以创造出更多的、前所未有的、具有良好综合性状的杂种或新的类型。由于本书篇幅所限,故不做详细介绍,有兴趣的读者可参阅其他有关园林植物遗传育种的书籍。

4 彩叶植物与环境条件的关系

彩叶植物赖以生存的主要生态因子有温度(气温与地温)、光照(光的强度、光照长度、光的组成)、水分(空气湿度与土壤湿度)、土壤(土壤组成、物理性质及土壤 pH 等)、大气因子及生物因子等。彩叶植物的生长发育除决定于其本身的遗传特性外,还决定于上述外界生态因子。正确了解和掌握彩叶植物生长发育与外界生态因子的相互关系,是彩叶植物生产和应用的前提。

4.1 温度

4.1.1 温度的变化规律

地球表面上各地的温度条件随所处的纬度、海拔高度和地形、时间等的不同而有很大的变化。

从纬度来说,随着纬度的增高,太阳高度角减小,太阳辐射量也随之减少,温度也就逐渐降低,一般纬度角增加 1°(距离约 111 km),平均温度下降 0.5～0.9℃(1 月份为 0.7℃,6 月份为 0.3℃)。

温度还随海拔高度发生规律性变化。随着海拔升高,虽太阳辐射增强,但由于大气层变薄,大气密度下降,导致大气逆辐射下降,地面有效辐射增多,因此温度下降。海拔每升高 100 m,气温下降 0.5℃左右。

温度与坡面也有关系。南向阳坡受太阳辐射量大,气温和土温均比北向坡高。而西南坡由于蒸发耗热较少,用于土壤、空气增温的热量较多,其土壤温度比南坡更高。所以南向、西南向的坡地以阳性喜温、耐旱植物为宜,而北向坡地应以耐阴喜湿植物为宜。

温度随时间变化尤为明显。由于我国大部分地区属亚热带和温带,春、夏、秋、冬四季分明,一般春、秋季平均气温在 10～22℃,夏季平均气温高于 22℃,冬季平均气温多低于 10℃。温度也随昼夜变化,一般在日出之前气温最低,日出后,气温逐渐上升,在中午 1:00～2:00 最高,然后开始逐渐下降,一直到日出前为主。

4.1.2 彩叶植物对温度的要求

温度是影响植物生长发育的重要因子之一,它影响着植物体内一切生理的变化。每一种植物的生长发育,对温度都有一定的要求,主要包括:最低温度、最适温度和最高温度。分别指彩叶植物开始生长的温度、生长既快又好最适宜生长的温度和停止生长的最高温度。由于原产地气候不同,不同彩叶植物对温度的要求也有很大差异。如原产热带的植物开始生长的基点温度较高,一般在 18℃左右开始生长;而原产温带的植物生长的基点温度较低,一般在 10℃

左右就开始生长；而原产亚热带的植物，其生长的基点温度介于二者之间，一般在15～16℃开始生长。一般地讲，植物生长的最适温度在25℃左右，从最低温度到最适温度范围内，随着温度升高而生长加快，而当温度高于最适温度时，随着温度升高，生长反而变缓慢了。

另外，由于原产地气候差异大，不同彩叶植物耐寒力也有很大差异，通常依据耐寒力不同而将彩叶植物分成三大类：

4.1.2.1 耐寒性彩叶植物

大多原产于寒带或温带地区，主要包括露地一年生草本花卉、部分宿根花卉，部分球根花卉和落叶阔叶及常绿针叶木本观赏植物。此类植物抗寒力较强，一般在－10～－5℃的低温下不会受冻，甚至在更低温度下也能安全越冬，在我国北方大部分地区可以露地生长，不需保护。如二年生草本花卉中的三色堇、羽衣甘蓝、金光菊等，多年生彩叶植物如花叶玉簪、荷兰菊、滨菊、菊花、雪滴花、郁金香、风信子等，木本植物如日本花柏、金叶桧柏、榆叶梅、紫藤、凌霄、金叶白蜡、云杉、白桦、毛白杨、金叶榆、金叶连翘等。

4.1.2.2 半耐寒性彩叶植物

大多原产于温带南缘或亚热带北缘地区，耐寒力介于耐寒性与不耐寒性园林植物之间，通常能忍受较轻微霜冻，在－5℃以上温度下一般能露地越冬。大多在长江流域可以安全越冬。但因种类不同而耐寒力也有差异，部分种类在长江或淮河以北即不能越冬，而有些种类则有较强耐寒力，在华北地区通过适当保护可以越冬。

常见种类如草本花卉的紫罗兰、桂竹香、鸢尾、红叶酢浆草、万年青、虎耳草、葱兰等，木本植物如香樟、广玉兰、鸡爪槭、梅花、山麻杆、桂花、夹竹桃、花叶木槿、花叶冬青、构骨、南天竹等，此类植物在北方引种栽培应注意引种试验，选择适合的小气候环境及抗寒性强的品种，冬季要有针对性地加强保护，其中一些树种如香樟、广玉兰、夹竹桃等则更应慎重。

4.1.2.3 不耐寒性彩叶植物

多原产于热带及亚热带地区，包括一年生草本植物、春植球根类及不耐寒的多年生常绿草本和木本温室植物等。这类植物在生长期间要求温度较高，冬季不能忍受0℃，甚至5℃或更高的温度，低于该温度就停止生长甚至出现伤害。因此这些植物中的一年生种类的生长发育在一年中的无霜期进行，春季晚霜后播种发芽生长，秋末早霜到来时死亡，如鸡冠花、凤仙花、万寿菊、一串红、紫茉莉、麦秆菊、翠菊、矮牵牛、美女樱、千日红、百日菊等和春植球根类如唐菖蒲、美人蕉、晚香玉、大丽花等。其中，需在保护地越冬的园林植物称为温室植物。依据其对越冬温度要求不同，温室植物可分为三类：

(1)低温温室植物　大部分原产于温带南部，也有产于亚热带地区种类。生长期间只要大于0℃则不至于出现严重冻害，但维持生长最好保持5℃以上。这些种类在长江以南地区有些可以露地越冬，如八角金盘、桃叶珊瑚、山茶、杜鹃、含笑、柑橘、春兰、一叶兰等，有些则需在大棚或不加温温室越冬，如瓜叶菊、报春类、五色草、小苍兰、文竹、苏铁、倒挂金钟、香石竹、马蹄莲等，但淮河以北地区这些种类基本上不能露地越冬，需要在温室中越冬，加温与否应视各地气候而异。

(2)中温温室植物　大多原产于亚热带及对温度要求不高的热带地区，温度在5℃以上不易受伤害，如肾蕨、仙客来、秋海棠、天竺葵、扶桑、橡皮树、龟背竹、棕竹、白兰花、五色梅、一品红、冷水花等，这些种类在华东南部、华南地区大多可以露地越冬。

(3)高温温室植物　大多原产于热带地区，冬季温度要求在 10℃以上，有些种类要求在 15℃以上，低于该温度，则生长不良，落叶甚至死亡。常见种类如变叶木、热带兰、火鹤花、王莲、龙血树、朱蕉等。

4.1.3 温度对彩叶植物生长发育的影响

4.1.3.1 温度与生长

同一植物在不同物候期对温度的要求不同，如休眠期与生长期不一，生长期的不同阶段对温度要求也不同，如先花后叶的梅花，其开花需要温度就比叶芽萌发的温度要求低；二年生花卉种子萌芽在较低温度下进行，而在幼苗期间需求温度更低，以便顺利通过春化阶段。此外温周期对植物生长有很大影响，所谓温周期即昼夜温度有节奏的变化。一般植物夜间生长比白天快，这是由于白天光合作用制造的养料积累后，供给夜间细胞伸长和新细胞的形成，这种因昼夜变化影响到生长反映的情况，即为温周期现象。温周期现象在温带植物上反应比热带植物明显。较大的温差可使白天温度在光合作用的最佳温度范围内，夜间温度应尽量在呼吸作用较弱的温度范围内，以得到较大差额，积累更多有机营养物质，促进植物生长。当然温差并非越大越好，大多数植物以 8℃为最佳，如温差过大，不论是昼温过高或夜温过低，均不利于植物的生长与发育。

4.1.3.2 温度与花芽分化和发育

植物在发育的某一时期，需经受较低温度后，才能促进花芽形成，这种现象即为春化作用。春化作用是花芽分化的前提，不同植物对通过春化所要求的温度和时间有很大差异。一般来讲，秋播的二年生花卉较严格，需 0～10℃才能通过，而春播一年生花卉则所需温度较高。彩叶植物通过春化阶段后，也必须在适宜的温度条件下，花芽才能正常分化和发育，植物种类不同对花芽分化和发育的温度要求不同，同种植物花芽分化和发育的适宜温度也往往不尽相同。和其他植物一样，彩叶植物花芽分化所要求适温大体上有两种情况：

(1)高温下花芽分化　许多春花类植物在 6～8 月份气温在 25℃以上时进行花芽分化，花芽形成后经过冬季的一段低温过程，才能在春季开花。否则花芽发育会受障碍，影响正常开花。这些种类如桃、李、梅、樱花、海棠、杜鹃、山茶、白兰花、紫藤等。另外一些一年生草本如凤仙、鸡冠、牵牛、太阳花等也需在生长季较高温度下花芽才能分化。

许多球根花卉在夏季较高温度下进行花芽分化，如春植类球根的唐菖蒲、晚香玉、美人蕉等于夏季生长期进行，而郁金香、风信子、水仙等秋植球根则在夏季休眠进行花芽分化。当然夏季花芽分化并不意味花芽分化需很高温度，有些种类花芽分化要求适温并不是很高，如郁金香为 20℃，水仙为 13～14℃，杜鹃为 19～23℃等。而在一些地区，高温恰恰是影响这些种类的花芽分化、导致开花阻碍、植株退化的重要原因。

(2)低温下花芽分化　许多原产温带中北部及产各地高山地区的彩叶植物，在春、秋等季的花芽分化，要求温度偏低，如三色堇、雏菊、矢车菊等及宿根类如秋菊、八仙花等。

温度对花芽分化后的发育也有很大影响，有些种类花芽分化温度较高，而花芽发育则需一段低温过程，如郁金香 20℃左右处理 20～25 天促进花芽分化，其后在 2～9℃下处理 50～60 天，促进花芽发育，再用 10～15℃进行处理促进发根生长。

4.1.4 低温与高温对彩叶植物的伤害

4.1.4.1 低温对植物的伤害

低温可使彩叶植物生理活性下降，甚至停止而死亡，常见的低温伤害有多种，分别有：

(1)寒害　又称冷害，是指0℃以上的低温对植物造成的伤害作用。多发生于原产热带和亚热带南部地区喜温的彩叶植物，是南树北移的主要障碍。

(2)冻害　是指0℃以下的低温对植物造成的伤害作用。尤其是在温度变化剧烈时，冻害更为严重。

(3)霜害　由于霜的出现而使植物受害。早霜和晚霜都会对园林植物引起伤害。早霜一般在植物生长尚未结束或未进入休眠时发生，多危害一年生草本植物，不耐寒的多年生草本花卉和部分木本花卉。

(4)生理干旱　又称冻旱，由于土壤结冰，植物根系吸不到水分，而地上部分不断蒸腾失水，就会引起枝条甚至整个植株干枯死亡。冻旱多发生于土壤未解冻前的早春，风又能大大增加蒸腾作用，所以在多风、干旱的北方地区，冻旱发生较为严重。

(5)冻拔　由于冬季土壤结冻，使土壤体积增大，带同苗木上拔，而春季土壤解冻后，土层下陷，而苗木留于原处，导致根系裸露，甚至倒伏死亡，对苗木伤害尤为严重。多发生于冬季气温低、土壤含水量高的地区。

前面已述及不同种类植物对温度要求不同，而同一植物在不同生长状态对低温的忍受能力也有很大差异。休眠种子的抗寒力最高，休眠中的植株的抗寒力也较高，而生长中的植物抗寒力就比较低，其中经过初秋季和初冬凉冷气候的锻炼，可以忍耐较低的温度，可是在春季萌动后，尤其新芽萌发后，抵抗力就明显下降。因此植株的耐寒力除了本身遗传特性决定外，在一定程度上是在外界环境条件作用下获得的。增强花卉耐寒性是一项综合性工作，在秋季来临前应让植株接受一定的抗寒锻炼，增加磷钾肥，少施氮肥，减少水分供应，并采取覆盖、堆土等防寒措施。温室花卉春季出房前应加强通风，逐渐降温以增强抗寒力。此外，在早春较冷时播种，也有利幼苗对早春霜冻的抵抗力的提高。

适当的低温不仅有利于抗寒力的提高，同时，对一些植物的生长也是有利的。对一些春植木本植物及一些宿根类植物打破休眠，常常是必需的，如菊花、满天星等打破莲座，有利于一些种子的萌发等。

4.1.4.2 高温对植物的伤害

当气温升高，超过植物生长的最适温度时，植物生长速度反而下降，如继续升高，则生长不良甚至死亡。一般当气温达35～40℃时，很多种类生长就变得缓慢甚至停滞，这是由于高温下呼吸作用加强，而光合作用下降，营养物质的积累小于消耗，植物饥饿难以生长，气温再升高至45℃以上时，除少数原产热带干旱地区的多浆植物外，大多数植株会造成伤害甚至死亡。如观叶植物在高温下叶片先褪绿色，观花类植物花期缩短，花瓣焦灼，一些皮薄树种如檫树、金钱松等的树皮易受日灼损伤等。还有一些树种的叶片在高温日灼下其边缘常焦黄枯死，如银杏、槭树类等。植物不同，对高温忍耐力不同，一般耐寒力强的其耐热力偏弱，如二年生草花以及一些耐寒的球根、宿根类植物等，往往在夏季全株枯死或地上部枯死而以地下部分休眠越夏。而耐寒力弱的其耐热力往往较强，如一年生露地草花、大部分温室植物等。当然也有些种类既不耐寒也不耐高温的，尤其是一些原产热带高原地区的植物种类。

4.2 光照

4.2.1 光的组成与变化

4.2.1.1 光的组成

光是太阳的辐射能以电磁波的形式投射到地球表面上的辐射。其主要波长范围是150～4 000 nm，占太阳辐射总能量的99%，其中可见光波长在380～760 nm，可见光中红光波长为760～626 nm，橙光为626～595 nm，黄光为595～575 nm，绿光为575～490 nm，蓝光为490～435 nm，紫光为435～380 nm。而不见光中，波长大于760 nm的光谱段叫红外光，波长小于380 nm叫紫外光。而被植物色素吸收具有生理活性的波段为400～700 nm。与可见光的波段基本相符。

4.2.1.2 光的变化

(1)光照强度　光照强度随纬度增加而减弱，这是因为纬度越高，太阳高度角越小，太阳光通过大气层的距离越长，光照强度就越小。在赤道，太阳直射光的射程最短，光强最强。光照强度随着海拔高度升高而增强，这是由于海拔升高，大气厚度减小，空气密度也减小。光照强度也随时间而变化，一年中以夏季光照强度最大，冬季最弱，一天中以中午光照强度最大，早晚最弱。

(2)光照长度　光照长度，即所谓日长、昼长；在北半球、夏半年(春分到秋分)昼长夜短，其中夏至的白昼最长，夜最短；冬半年(秋分到春分)则昼短夜长，以冬至的昼最短，夜最长。

日照长度的季节变化随纬度而不同，在赤道附近，终年昼夜平分；随着纬度升高，昼夜长短变化越大，纬度越高，夏半年昼越长，夜越短。冬半年则昼越短，夜越长，以至在南北两极则夏季全是白天，冬季全是黑夜。

4.2.2 光照强度对彩叶植物的影响

光照强度的变化对植物体细胞的增大和分化、分裂和生长有密切关系。在一定光强范围内，随着光强增大，植株生长速度加快，干重增加。光强增加还能促进植物组织和器官的分化，制约器官的生长和发育速度。充足的光照可使植物节间变短，茎变粗；促进木质化程度的提高，改善根系的生长，从而形成较大的根/冠比；此外还可影响花青素的形成，促使花色鲜艳等。

不同的彩叶植物对光照强度的要求是不同的，这是由于植物长期适应不同的光照环境，从而形成了不同的生态习性。根据彩叶植物对光照强度的要求，可以分为阳性植物、中性植物和阴性植物三类。

(1)阳性植物　喜强光，要求在全光照下生长，不耐荫蔽。具有较高的光补偿点和光饱和点。如光照不足，则生长缓慢，发育受阻，出现枝叶徒长而纤细、叶色发黄、花小而稀少、不香不艳的现象。阳性植物包括绝大部分观花类、观果类的草本、木本植物、多浆植物、松、柏类等大部分针叶树种和一些阔叶落叶及常绿的林木类等。如一串红、百日菊、万寿菊、茉莉、米兰、月季、石榴、五针松、黑松、紫薇、木槿、银杏、悬铃木、白杨、泡桐等。

(2)中性植物　比较喜光，在全日照条件下生长良好，但稍受荫蔽亦正常生长，夏季光照过强时适当遮阳则有利生长。如花毛茛、香雪球、紫茉莉、翠菊、萱草、麦冬等草本花卉及木本类的香樟、榔榆、七叶树、三角枫、鸡爪槭、女贞、蜡梅、云南素馨、络石等。

(3)阴性植物　需光量少，具有较高的耐阴能力，常不能忍受强光照射，尤其在气候较干旱的环境下，适宜在保持50%～80%的遮阳下生长。如草本兰科植物和蕨类及杜鹃花、桃叶珊瑚、常春藤、八角金盘、珊瑚树、竹柏、六道木等木本植物。

此外，植物的耐阴性，一般常受年龄、不同发育阶段气候、土壤等的影响。如幼年期和以营养生长为主的时期较耐阴，而成年后和进入生殖生长阶段则需较强的光照，特别是由枝叶生长转向花芽分化的期间对光照需要较高。而在湿润肥沃和温暖条件下，植物耐阴性表现较强；而在干旱、瘠薄、寒冷条件下，则趋向喜光。

光照强度对花蕾开放时间也有影响。大多数花卉为晨开夜闭，但如半支莲(太阳花)、酢浆草等必须在强光下开花，月见草、紫茉莉、晚香玉则傍晚时盛开，牵牛、蓝亚麻在每日清晨开放，昙花、含羞草则于深夜时开花。其中如紫茉莉开花的适宜光强在 290～960 lx。早晨光强在 1 000 lx 之上即闭合，而牵牛花在早上光强达 1 600 lx 以上也易闭合。

光照强度对花色也有影响，强光有利花青素形成从而使花色艳丽，而在弱光下，花青素不易产生，则往往花色暗淡。

4.2.3　光照长度对彩叶植物的影响

植物体各部分的生长发育，包括茎的伸长、根的发育、休眠、发芽、开花、结果等常常与光照长度有密切关系。有些植物需在低于它的临界日照的情况下才能开花，有的则需在高于它的临界日照情况下才能开花。这种对光照的昼夜长短(即光周期)的反应称为植物的光周期性反应。

根据彩叶植物花芽分化和开花对光周期的不同要求，可将它们分成三类：

(1)长日照植物　这类植物要求较长时间的光照才能成花，一般要求每天 14～16 h 或更长的日照，即在长于它们各自临界日照下才能实现由营养生长转向生殖生长。若在昼夜不间断的光照下，能起更好的促进作用。如满天星冬季促成栽培，全夜补光比夜间光中断提前出花 1 个月左右。

长日照植物大多为原产温带和寒带地区植物，自然花期多为春末和夏季，如唐菖蒲、荷花、满天星及许多春季开花的二年生草花等。

(2)短日照植物　这类植物要求较短的光照才能成花，一般每天 8～12 h 的短日照才有利于花芽形成和开花。它们常在夏季长日照环境下只进行营养生长，只有入秋以后，随着光照时间缩短，当低于它们各自的临界日照后，才开始进行花芽分化。

短日照植物常多在秋、冬季节开花，如秋菊、一品红、长寿花及多数一年生草花等。

(3)日中性植物　这类植物对日照长度不敏感，在较长或较短的光照中都能开花。只需温度适合大多在 10～16 h 光照下均能正常开花。常见种类如月季、非洲菊、扶桑、天竺葵等。

光照长度除与植物开花有关外，还常与植物分布有关。由于日照长度随纬度变化，植物的分布也因纬度而异。因此日照长度也必然与植物分布有关。在低纬度的亚热带南缘和热带地区，由于全年日照长度变化较小，昼夜都为 12 h，所以原产该地区的植物属于短日照植物。而纬度较高的温带地区则夏季日照长，黑夜短，冬季日照短而黑夜长，所以原产该地区的植物则为长日照植物。也就是说长日照植物多分布在温带，而短日照植物常分布于热带和亚热带。

日照长度与某些彩叶植物的营养繁殖有关。如落地生根属的一些种类，叶缘上的幼小植物体只能在长日照下产生，虎耳草的匍匐茎的发育，也需要长日照。而大丽花的一些品种经短日照诱导能促进块根形成，块茎类的秋海棠，其块茎的发育也为短日照所促进。

日照长度对许多木本植物，尤其是温带树种的休眠有重要影响。这些树种已在遗传性上适应了一种光周期，使它们在寒冷或干旱等特定环境因子到达临界值以前就进入休眠。一般来讲短日照促进休眠，长日照促进营养生长。树木从原产地北移到日照较长地区，它们生长活跃期就会延长，树形也长得高大些，但植物易受早霜危害，而如果南移到日照较短地区，生长活跃期就会缩短。

4.2.4 光组成对彩叶植物的影响

不同的光组成部分对植物生长发育各有不同作用。其中可见光中红光与橙光对植物的光合作用最有效，并加速长日照植物的发育，延迟短日照植物发育。而蓝紫光加速短日照植物发育，延迟长日照植物发育。此外，长波长的光线使植物茎迅速生长，而短波长的光线能抑制茎的伸长。同时短波长光线能促进花青素的形成。

紫外线有极重要的化学作用，其波长越短，活力越大，它对抑制植物的徒长和促进各种色素的形成有重要作用。高山地区和热带地区由于白光中含紫外线较多，而使花色艳丽，也正是这个原因。而红外线不能引发植物的生化反应，仅具有增热效应，供给植物热量。

4.3 水分

4.3.1 水及其形态

地球表面约有70%以上是水域，总水量的94%是海水，6%是淡水。在淡水中，冰川与地下水约占99%，大约只有1%的水与植物生命活动有关。

地球上的水是循环的，水因蒸发和植物蒸腾作用变成水汽进入大气，同时大气中的水汽又以不同形态降落至地表，其中降水的主要形态有：

4.3.1.1 雨

雨的形成是空气运动的结果。空气上升，绝热膨胀冷却，水汽凝结而形成雨。雨是降水中最重要的一种，也是对植物生态意义最大的一种。一般雨水充足的地方，植物生长旺盛，种类丰富，而干旱少雨的地方，植物生长缓慢，种类稀少。

4.3.1.2 雪、冰雹

在高空中当空气的露点温度达到0℃以下时，水汽就直接凝结成冰晶，降落地面就是雪或冰雹。

雪不易传热，是很好的保温层。在冬季雪能保护植物免受低温冻害。而在早春的干旱地区，雪是主要的水源。此外，雪中的氮化合物比雨水多5倍，可增加土壤中的氮肥。

雪也对植物造成伤害，尤其是机械损伤，如大雪重压而出现的折断枝干等现象。

4.3.1.3 水汽、雾、露水

空气中的水汽含量我们通常用相对湿度来表示，相对湿度是指大气中的实际水汽压与最

大水汽压之比。相对湿度越小,表明空气中水汽越小,空气就越干燥,植物的蒸腾作用和地表的蒸发作用就越大。在我国,冬季受干燥的大陆气流控制,相对湿度最小;夏季受湿热海洋气流影响,相对湿度最大,空气中的水汽达到饱和就形成雾。雾能减低植物蒸腾和地面蒸发,能补充植物水分的不足。

露水一般在晚上形成,由于地温下降,相对湿度增加,当温度降至露点温度时,就形成露水。露水也是补充水分的一个来源。

4.3.2　不同彩叶植物对水分的要求

水是植物体的基本组成部分,也是植物生命活动的必需条件,植物体的一切生命活动都是在水的参与下进行的,如光合作用、呼吸作用、蒸腾作用、矿质营养的吸收、运转和合成等。水能维持细胞的膨压,使枝条挺直,叶片开展,花朵丰满,同时植物还依靠叶面的水分蒸腾来调节本身体温。由于植物种类不同,需水量差异很大,这与不同植物各自的原产地的雨量及其分布状况有关。为了适应环境的水分状况,植物体在形态上和生理机能上形成了特殊的要求。通常根据园林植物对水分的要求不同,可分为四大类:

4.3.2.1　旱生植物

这类植物具极强的、能忍受较长期的空气或土壤的干燥,它们在长期的系统发育过程中形成了在生理与形态方面适应干旱的特性。如叶片变小或退化成刺状,毛状或肉质化,表皮角质层加厚,气孔下陷,叶片质地硬而呈革质,且有光泽或具厚茸毛;细胞液浓度和渗透压变大等,从而减少了植物体水分的蒸腾;同时该类植物根系较发达,吸水力强,更加强了适应干旱的能力。草本中如仙人掌科、景天科植物,以及番杏科、萝藦科、大戟科等多肉多浆植物,木本中如壳斗科的栎类、柽柳、旱柳、黑松、夹竹桃等。

4.3.2.2　湿生植物

该类植物耐旱性弱,需生长在潮湿环境中,在干燥和中等湿度环境下,常生长不良或枯死。其特点是通气组织较发达,渗透压低,根系不发达,控制蒸腾作用的结构弱,叶片常薄而软,常见种类如草本中的热带兰、蕨类、凤梨科植物,天南星科植物、秋海棠类、湿生鸢尾类等;木本植物如水杉、水松、落羽杉、枫杨、垂柳等。

4.3.2.3　中生植物

这类植物宜生长在干湿适中的环境中,过干或过湿不利于其生长,对水分需求介于以上两者之间。当然有些种类偏向于旱生植物特性,喜中性偏干燥环境;有些种类偏向于湿生植物特性,喜中性偏湿环境。绝大部分园林植物均属此类。

4.3.2.4　水生植物

这类植物生长期要求有饱和的水分供应,通气组织极发达,尤喜生长水中。如荷花、莲、凤眼莲、王莲、香蒲、金鱼藻等。

4.3.3　彩叶植物在不同的生长期对水分的要求

同一种植物在不同生长期对水分的需要量亦不同。种子发芽时,需要较多的水分,以便于营养物的转化分解,利于胚根抽出,并供给种胚必需的水分。种子萌发后,在幼苗状态时期因根系弱小,在土壤中分布较浅,抗旱力较弱,必须经常保持一定的湿润,但水分多又会造成徒长，甚至过多时会引起苗木窒息烂根。到成长期抗旱力逐渐增强，但生长旺盛，对水分需求也较大。开花结实时，对土壤水分仍有一定要求，以维持正常代谢，但对空气湿度要求宜小，以免影响开花、授粉和种子成熟。

水分对花芽分化及花色有重要影响。植物生长一段时期后，营养物质积累至一定程度后，营养生长便转向生殖生长，进行花芽分化、开花和结实。花芽分化期间，如水分过于缺乏，则花芽分化困难，如水分过多，长期阴雨营养物质积累少，也难以进行花芽分化。因此对很多植物，水分是花芽分化早迟和难易的主要决定因素之一。园艺栽培中，常在花芽分化期适当控制水分的供给，以达到控制营养生长、促进花芽分化的作用。如梅花的"扣水"，就是控制水分供给致使新梢顶端自然干梢，叶面卷曲，停止生长而转向花芽分化。球根花卉中凡球根含水量小，则花芽分化也早，早掘的球根或含水量高的球根，花芽分化就迟。广州等地盆栽金橘也就是在7月份控制水分，促使花芽分化，从而使花繁果茂。

在花芽发育孕蕾期和开花期如水分缺乏，则花朵难以完全绽开，不能充分表现出品种固有的花形与色泽，而且缩短花期，影响到观赏效果。此外，水分的多少，常对花色的浓淡有影响。正常的色彩需适当的湿度才能显现，如水分不足，花色常变浓，这是由于色素形成较多而引起的。为保持品种的固有特性，应及时进行水分的调节。

在彩叶植物栽培中，当水分不足时，即呈现萎蔫现象，叶片及叶柄皱缩下垂，尤其是新叶及较薄的叶片更易出现。中午由于叶面蒸发量大于根的吸水量，常出现暂时萎蔫现象，此时若使它处在温度较低、光照较弱和通风减小的条件下就能恢复。适当控制水分，使其在处于一定时间内的暂时萎蔫状态，在一定程度上有利于控制植株高度、抑制枝叶徒长，如盆栽秋菊的栽培常有运用。但若土壤水分不足而长时间在萎蔫状况下，就会出现老叶及下部叶片脱落死亡，形成"脱脚"而影响植物，尤其是盆栽植物的观赏价值。据实验，一般植物当土壤含水量达10%～15%时，地上部分就停止生长，当土壤含水量低于7%时，根系生长也停止，并易木栓化，同时常因土壤溶液浓度过高，根系发生外渗现象，引起烧根甚至死亡。水分是影响春季栽植植物成活的关键，同时影响植物春季开花的数量和质量。在夏季如土壤干旱，植物体内调节温度的能力下降，易引起日灼，叶片焦边而降低观赏价值。如银杏冬季土壤水分不足时，使土壤温度过低而造成冻害。

当然水分偏多也不利于植物生长，如秋季水分偏多易使枝叶再生长，秋梢生长过旺，枝条成熟度差，易受冻害。土壤水分过高，就会使土壤空气不足，造成缺氧，根系呼吸作用减弱，影响水分、养分的吸收，会引起根系窒息死亡。而且使土壤有毒物质积累，使根系中毒、腐烂。此外水分过多，会引起土壤板结，根系不能伸入底土，形成浅根系，根毛不发达，而影响地上部分生长。

4.4　土壤

土壤是植物进行生命活动的场所，植物根系生活于土壤中，与土壤之间有着极大的接触面。植物从土壤中吸收生长发育所需的营养元素、水分和氧气，只有当土壤满足植物对水、肥、气、热的要求，植物才能良好生长。

4.4.1　土壤物理性状与彩叶植物的关系

土壤的物理性状主要包括土壤质地、结构、孔隙度等。

土壤质地又称机械组成，是指组成土壤的大小不同的矿物质颗粒的相对含量。

通常按照矿物质颗粒粒径的大小将土壤分为三类，即沙土类、黏土类和壤土类，各自有不同的特点：

4.4.1.1 沙土类

土壤质地较粗，含沙粒多，黏粒少，土粒间隙大，土壤疏松，黏结性小。通气透水性强，但保水性差，易干旱；土温易增易降，昼夜温差大；有机质分解快，养料易流失，保肥性能差，肥劲强但肥力短。适用于培养土的配制成分和改良黏土的成分，也可作扦插、播种基质和一些耐干旱植物的栽培。

4.4.1.2 黏土类

土壤质地较细，含黏粒和粉沙多，结构致密，干时硬、湿时黏。由于含黏粒多，表面积大，含矿质元素和有机质较多，保水保肥能力强且肥力长久。但通气透水性差。土壤昼夜温差小，早春土温上升慢，植物生长偏迟缓，尤其不利于幼苗生长。除少数喜黏性土的植物外，绝大部分植物不适应此类土壤，常需与其他土壤或基质混配使用。

4.4.1.3 壤土类

土壤质地较均匀，沙粒、黏粒和粉沙按一定比例配置，土壤颗粒大小居中，性状介于沙土与黏土之间，既有较好的通气排水能力，又能保水保肥，有机质含量多，土温也比较稳定。对植物生长有利，适应大部分种类彩叶植物的要求。

土壤结构是指土壤颗粒排列的状况，有团粒状、块状、核状、柱状、片状等结构，其中以团粒结构土壤最适宜植物生长，这是由于团粒结构是由土壤中的腐殖质把矿质颗粒相互黏结成直径为0.25～10 mm的小团块而形成的。具团粒结构的土壤能较好地协调土壤中水、肥、气、热等之间的矛盾，保水保肥力强。

此外，土壤空气、土壤温度和水分也直接影响植物的生长、发育。土壤内水分和空气的多少主要与土壤质地和结构有关，而由于水分因其热容量大，对土温有调节作用。

植物根系进行呼吸作用时要消耗大量氧气，土壤中微生物活动也要消耗氧气，所以土壤中的氧含量低于大气中的含量。一般土壤中氧含量在10%～21%，当土壤含量在12%时，根系能正常生长和更新，当降到10%左右时，多数植物根系的正常机能开始衰退，下降到2%时，植物根系只能维持生存。而土壤中二氧化碳含量却远高于大气中的含量，有时可超过2%或更多。而二氧化碳积累过多时，则产生毒害作用，对根系的呼吸作用和吸收机能产生危害，严重时使植物根系窒息死亡。

土壤中水分与空气是相辅相成的，当土壤中含水量过高时，土壤空隙全为水分占据，根系得不到氧气，而且二氧化碳积累产生毒害，时间一长则根系腐烂，严重时叶片失绿，植株枯死。而一定限度的水分缺少，则常使根系因出于对环境的适应，迫使根系向土壤含水层生长，同时又有较充足的氧气供应，所以根系发达。土壤黏重时透气性差，夏季暴雨后植物根系吸收不到氧气，而地上部分又因阳光曝晒，蒸腾加强，而出现萎蔫，为生理干旱。

4.4.2 土壤化学性状与彩叶植物的关系

土壤化学性状主要指土壤的酸碱度及土壤有机质和矿质元素等，它们与植物的营养状况有密切关系。在此主要述及土壤酸碱度的影响。

土壤酸碱度一般指土壤溶液中的 H^+ 浓度，用 pH 表示，土壤 pH 多为 4～9。由于土壤酸碱度与土壤理化性质和微生物活动有关，因此土壤有机质和矿质元素的分解和利用，也与土壤酸碱度密切相关。因此土壤酸碱度对园林植物生长的影响往往是间接的。如在碱性土壤中，植物对铁元素吸收困难。常造成喜酸性土壤的植物产生失绿症，这是由于过高的 pH 条件下，不利于铁元素的溶解，导致吸收铁元素过少，影响了叶绿素的合成，而使叶片发黄。

土壤反应有酸性、中性、碱性三种。过强的酸性或碱性对植物的生长不利，甚至无法适应而死亡。各种园林植物对土壤酸碱度的适应力有较大差异。大多数要求中性或弱酸性土壤，仅有少数适应强酸性(pH 4.5～5.5)和碱性(pH 7.5～8.0)土壤。根据植物对土壤酸碱度要求的高低可将其分为三类：

(1)酸性植物　土壤 pH 6.8 以下，才能生长良好。其中种类不同对酸性要求差异也较大，如凤梨科类、蕨类、兰科植物、栀子、山茶、杜鹃等对酸性要求严格，而仙客来、朱顶红、秋海棠、马尾松、柑橘、棕榈等相对不甚严格。

(2)中性植物　要求土壤 pH 为 6.5～7.5，绝大多数彩叶植物属于此类。

(3)碱性植物　能耐 pH 7.5 以上土壤的植物，如石竹、香豌豆、扶郎、天竺葵、侧柏、紫穗槐、柽柳等。

在碱性或微碱性土壤上栽培喜酸性花卉，必须对土壤进行改良。露地花卉可施用硫黄粉或硫酸亚铁使土壤变酸，一般每 10 m^2，加入 250 g 硫黄粉或 1.5 kg 硫酸亚铁，可降低 pH 0.5～1.0，对于黏性重的碱性土，用量可适当增加。

盆栽植物可浇灌硫酸亚铁等的水溶液。如杜鹃鸟等的栽培可用每千克水加 2 g 硫酸铵和 1.2～1.5 g 硫酸亚铁混合施用。又如用矾肥水浇灌酸性植物，配制方法是以饼肥或蹄片 10～15 kg，硫酸亚铁 2.5～3 kg，水 200～250 kg 共同放入缸内置阳光下曝晒发酵，夏季 1 个月左右，冬、春季应相应延长。腐熟后取上清液对水使用。

如土壤酸性过高，则可根据土壤情况用生石灰中和以提高 pH。

此外，在一些地区由于盐碱化而影响彩叶植物的生存。盐碱土包括盐土和碱土两大类。盐土是指含有大量可溶性盐的土壤，多由海水浸渍而成，为滨海地带常见。其中以氯化钠及硫酸钠为主，不呈碱性反应。碱土是以含碳酸钠和重碳酸钠为主，pH 呈强碱性反应，多发生在雨水少、干旱的内陆。

植物在盐碱土中，植物生长极差甚至死亡。盐碱土的盐分浓度高，植物发生反渗透，造成死亡或枯萎。对园林树木而言，落叶树当土壤中含盐量达 0.3%时会引起伤害，常绿针叶树则在含盐量为 0.18%～2%时，即可引起伤害。因此在盐碱地进行园林绿化时既要注意土壤的改造，更要选择一些抗盐碱性强的彩叶植物，如柽柳、紫穗槐、海桐、无花果、刺槐、白蜡等。

在玻璃温室中种植植物时，由于化学肥料的施用，又缺少雨水淋溶，土壤会产生次生盐渍化现象，切花中仅月季与菊花表现尚可，其他大多生长不好。故可采用离地的种植床经常更换栽培基质，或无土栽培，来防止次生盐渍化发生。

4.4.3　培养土的配制与消毒

4.4.3.1　培养土配制

露地栽培的观赏植物由于根系能够自由伸展，对土壤的要求一般不甚严格，只要土层深厚，通气和排水良好，并具一定肥力即可。但在盆栽时，由于根系伸展受限制，浇水频繁而易破坏土壤结构,养分易流失等因素影响,培养土的好坏,就成了植物正常发育的关键。

培养土的物理特性比营养成分更为重要,因为土壤营养状况,通过施肥还是能够调节的,但是土壤的物理性状,一旦植物栽上后再要改变它的特性,调节其通透性就困难了。良好的透气性应是培养土的重要物理性质之一,因为盆壁与底部使排水受限制,气体交换也受影响,且盆底易积水,影响根系呼吸,所以盆栽培养土的透气性要求较高。盆栽培养土还应有较好的持水能力,这是由于盆栽土体积有限,可供利用的水少,而壁面蒸发水量相当大,约占全散失水的50%,而叶面蒸腾仅30%,盆土表面蒸发20%。因此,盆栽培养土应具良好的通气性、持水量,当然也应有丰富的有机养分和适宜的pH。

培养土通常由园土、沙、腐叶土、泥炭、松针土、谷糠及蛭石、珍珠岩、腐熟的木屑等材料按一定比例配制而成。园土一般取自菜园、果园、苗圃等表层土壤。由于园林植物的种类不同,对培养土要求不一,各地容易获得的材料不一,加上各地栽培管理的方法不一等的原因,实践中很难拟定统一的配方。但总的趋向是要降低土壤的容重,增加孔隙度和增加水分和空气的含量,提高腐殖质的含量。一般讲混合后的培养土,容重应低于1 g/cm^3,通气孔隙应不小于10%为好。

盆栽植物培养土除了以土壤为基础的培养土外,还可不用土壤而全用人工配制的无土混合基质,如用腐熟的木屑或树皮、珍珠岩、谷糠灰、泥炭、蛭石等的一种或数种按一定比例混合使用。如香石竹扦插基质可用泥炭与珍珠岩按1∶1体积配制。由于无土混合基质有质地均匀、重量轻、消毒便利、通气透水等优点。随着盆栽植物专业化、规模化生产的需要,将越来越受到重视,尤其是在一些小盆花的生产上日趋广泛,如杜鹃、兰科植物、秋海棠等。

4.4.3.2 培养土消毒

为了防止土壤中存在的病毒、真菌、细菌、线虫等的危害,对一些较为名贵的彩叶植物的栽培土壤应进行消毒处理。土壤消毒方法很多,可根据设备条件和需要来选择。

(1)物理消毒　用物理方法进行消毒,常用的是蒸汽消毒,即将100～120℃的蒸汽通入土壤中,消毒40～60 min,或以混有空气的水蒸气在70℃通入土壤,处理1 h,可以消灭土壤中的病菌。由于蒸汽消毒对设备、设施要求较高,当对土壤消毒要求不高时,可用日光曝晒方法来消毒,尤其是夏季,将土壤翻晒,可有效杀死大部分病原菌、虫卵等。在温室中土壤翻新后灌满水再曝晒,效果更好。因此水稻田用来种花可免除消毒。家庭栽培时,可用铁锅翻炒法灭菌,将培养土在120～130℃铁锅中不断翻动,30 min后即达到消毒的目的。

(2)化学药剂消毒　化学药剂消毒有其操作方便、效果好的特点。但因成本高只能小面积使用,常用的药剂是福尔马林溶液。用40%的福尔马林500 mL/m。均匀浇灌,并用薄膜盖严密闭1～2天,揭开后翻晾7～10天,使福尔马林挥发后使用。也可用稀释50倍的福尔马林均匀泼洒在翻晾的土面上,使表面淋湿,25 kg/m^2,然后密闭3～6天,再晾10～15天即可使用。

氯化苦在土壤消毒时也常有应用。使用时在每平方米面积内,打25个左右深约20 cm的小穴。每穴喷氯化苦药液约5 mL。然后覆盖土穴,踏实,并在土表浇上水,提高土壤湿度,使药效延长,持续10～15天后,翻晾土2～3次,使土壤中氯化苦充分散失,2周以后可使用。或将培养土放入1 m×0.6 m面积木箱中,每10 cm一层,每层喷氯化苦25 mL,共4～5层,然后密封10～15天,再翻晾后使用。因氯化苦是高效、剧毒的熏蒸剂,使用时要戴橡皮手套和合适的防毒面具。

此外,每 667 m^2 用 70%五氯硝基苯药粉 3～5 kg,均匀撒于土层,耕翻入土后,也可防治病虫害。

4.5 营养

4.5.1 营养元素与彩叶植物

维持植物正常生长所必需的大量元素,一般认为有 10 种,其中构成有机物的元素有 4 种,即碳、氢、氧、氮,占植物干重的 93%以上;形成灰分的矿物质元素有 6 种,磷、钾、硫、钙、镁、铁,一般占植物干重的千分之几。植物生活所必需的微量元素,如硼、锰、铜、锌、钼等,在植物体内含量较少,仅占万分之几到十万分之几。

以上不同元素对彩叶植物生长各有重要作用,如缺乏则会使植物出现病症。严重时会影响其生存。在栽培中主要是大量元素需以不同形态肥料供给植物,而微量元素除了在沙质碱性土壤和水培时,一般在土壤中已有充足供应,不需要另外补充。

常见一些元素对彩叶植物的影响如下所列:

(1)氮　促进植物的营养生长,增加蛋白质合成,促进叶绿素的产生,使叶面积增加,植株生长旺盛。但如供应过多,会使茎叶徒长,组织幼嫩,抗病虫能力下降,花芽分化和开花延迟等。氮素缺乏时,常出现叶色淡绿甚至发黄,尤其老叶更严重,叶片变小,严重时叶黄化干枯,但少有脱落。

(2)磷　促使花芽分化,提早开花结实;使茎发育坚韧,不易倒伏,增强根系发育,调整氮肥过多而产生的缺点,增强对不良环境和病虫害的抗性。磷缺乏时,叶暗绿色,生长迟缓而叶小,老叶上首先表现。且老叶叶脉间易黄化,常带紫色,叶早落。

(3)钾　促使生长强健,增加茎的坚韧性,不易倒伏;促进叶绿素的形成和光合作用进行;促进根系扩大,尤其有利球根花卉球根的发育;提高抗性等。钾缺乏时,老叶上首先出现病斑,叶尖及边缘出现褐色枯死,严重时老叶脱落,茎干柔软,易倒伏。如钾过量则使植株低矮,节间缩短,叶发黄、变褐皱缩,严重时整枝枯萎。

(4)钙　用于细胞壁、原生质及蛋白质形成,促进根系发育;使植物组织坚固,增强抗性,尤其抗病力;降低土壤酸度,改善土质。缺钙时,嫩叶失绿,尖端和边缘腐败,叶尖卷曲成钩状,根系死亡。

(5)铁　促进叶绿素的形成,缺铁时,叶片尤其是新叶首先黄化失绿,严重时叶缘及叶尖干枯,甚至全株死亡。

(6)镁　镁是构成叶绿素的成分之一,植物需要量很小,但对植物生长却有重要作用。植物缺镁时,叶片向上卷曲,叶面皱缩,从叶片边缘或中部变白,叶脉间出现紫色斑纹,植株生长受到抑制。

(7)硼　硼能促进根系发育、开花、结实。缺硼时植物嫩叶失绿,叶缘向上卷曲,顶芽及幼根生长点死亡。

(8)锰　对种子发芽、幼苗生长及结实有良好作用。缺锰时植物叶片变成橘黄色,叶缘及叶尖向下卷曲。

(9)硫　硫为蛋白成分之一,与叶绿素形成有关。能促进根系生长及土壤中微生物活动,缺硫时植物幼叶及中部叶变淡绿，严重时变白，基部叶片叶脉变成紫褐色，甚至死亡。

此外，还有锌、铜等，对植物生长也有一定的作用。

4.5.2 施肥

4.5.2.1 常用肥料种类

彩叶植物栽培，施肥是关系到植物生长好坏的重要因素，合理地施用肥料可以显著促进植物生长、开花和结果。生产中，不同地区和栽培者选用肥料种类很多，大体上可分为两大类，即有机肥料、化肥和微量元素。

(1)有机肥　有机肥多以基肥形式施入土壤中，但也可作追肥施用。有机肥必须经充分腐熟才能使用，否则常带来副作用。常用的有机肥种类有：人粪尿、厩肥、鸡鸭粪、饼肥、草木灰、骨粉等。

人粪尿主要提供氮素，但因有异味、水分多、施用不便，故不能直接在园林和盆花栽培上使用，可用于苗圃或晒成粪干使用。厩肥也以氮为主，也含一定的磷、钾等元素，肥力较柔和，有效成分含量较少，而植物茎秆等较多，多用于基肥，既可增加土壤肥力，又可改善土壤质地，疏松土层。鸡鸭粪含磷、钾肥较多，肥劲足，肥效长，用于观花、观果植物尤其适合，主要作基肥施用，也可加水沤熟后作追肥，现今许多地区利用微生物使之发酵除臭后作为商品肥，既可作基肥，也可作追肥，效果很好。饼肥(豆饼、花生饼、菜籽饼、棉籽饼等)，既含有大量的氮素，又含有较多磷，且 pH 在 6 或 6 以下，属酸性肥料，干施时肥效较慢，可作基肥，也可用追肥；水施时为速效肥，多作追肥。饼肥可与硫酸亚铁等沤制矾肥水，既可作肥料，又可调节土壤酸碱度。草木灰是钾素的主要来源，含钙较多，常呈碱性，不宜用于酸性植物。骨粉等以磷、钾含量较多，多用于肥料的沤制，较少直接施用。

(2)化肥和微量元素　化肥和微量元素主要用作追肥，兼作基肥或根外追肥。常用的种类有：尿素、硫酸铵、硝酸铵、碳酸氢铵、硫酸亚铁、磷酸二氢钾、过磷酸钙、硼酸等，其中尿素、硫酸铵、硝酸铵、碳酸氢铵等主要提供速效氮肥，过磷酸钙提供速效磷，硫酸亚铁除提供铁以外，还可调整酸碱度，磷酸二氢钾、硼酸则常以根外施肥形式来补充植物体内的磷、钾、硼等。

化肥除了以上种类外，还有复合肥和专用花肥。营养元素按科学配方，方便卫生，营养全面，尤其适用小规模花卉生产和家庭栽培施用。

4.5.2.2 施肥时应注意的问题

科学的施肥方法是彩叶植物生长良好的保证，正确施肥可事半功倍，而不讲科学，盲目施肥则往往事倍功半，甚至适得其反，造成危害。

首先，施肥要掌握好施肥的时期和施用肥的种类。一年之中，早春根系恢复生长之前和秋季落叶休眠之前施入基肥和追施磷、钾速效肥，对根系生长是极为有利的。植物在春季萌芽抽枝发叶期，需吸收较多氮肥，以保证营养生长旺盛进行，但应注意不可过早，如过早，一则根系尚未完全恢复生长，吸收力差，肥分流失；二则根系尚幼嫩，如土壤溶液浓度偏高，易引起根系灼伤。而进入 6 月份后，许多木本彩叶植物开始花芽分化，此时应控制氮肥并保证磷钾肥的供应。

其次，施肥要根据植物的生长习性和观赏特性而定。如观叶植物和林木类，荫木类树木在植株不徒长，不影响抗寒力等基础下，可适当在生长季多施氮肥，促使枝叶茂盛，叶色浓绿光亮。而早春开花种类，则应保证冬季充足的基肥供应，以使花大而多。1 年多次开花的植物种类，除休眠期施基肥外，每次开花后应及时补充因抽梢、开花消耗的养分以保证下一茬花的正常开放。

此外一些肥料有其特殊作用，也应注意使用。如钾肥的使用，可促进光合作用，改善冬季温室中光线不足带来的不良后果。而生石灰可以降低土壤酸度，在南方酸性土壤地区是重要的肥料，它还可使黏土变得疏松。硼酸的使用除促进根系生长外，还能促进开花结实，增强抗寒力。

根外追肥是常见的一种叶面追施肥料的方法，该方法用量少，肥效快，操作方便，尤其适用于解决某一元素缺乏而造成的营养缺乏症，保花保果，促进花芽分化等。常用根外追肥的种类有尿素、磷酸二氢钾、硫酸亚铁、硼酸等，浓度为 0.1%～0.5%。

以上施肥方法还是根据植物的生长发育习性及传统经验制定的。先进的方法是定期（1～2 周）进行叶片分析，根据叶片中各营养元素成分的多寡，再配以土壤中元素的分析资料来确定施肥的量，称为营养诊断。

4.6 气体

大气中空气的组成是很复杂的，在标准状态下（0℃，1 个大气压，干燥）空气成分按体积计算为：氮占 78.08%，氧气占 20.95%，二氧化碳占 0.035%，其他为氩、氢、氖、氦、臭氧、尘埃等。在非标准状态下，空气中还含有水汽，其含量因时因地而异，按体积计常在 0～4%。随着工业的发展与城市的集中，许多工业及交通废气、烟尘等排入大气中，而使空气污染日益严重，对植物造成危害。

4.6.1 氧气

植物生命各个期都需氧气进行呼吸作用，释放能量维持生命活动。空气中的氧足够植物的需要，很少出现氧气不足的情况，只有当土壤过于紧实或表土板结时才会引起氧气不足，并使二氧化碳聚集在土壤的板结层之下，使氧气不足，有氧呼吸困难，无氧呼吸增加，产生大量乙醇等有害物质而使植物中毒甚至死亡。植物种子发芽对氧气有一定要求，大都是种子发芽时需较高的氧气含量，如翠菊、波斯菊等种子泡于水中，往往因缺氧，呼吸困难而不能发芽，石竹、含羞草等种子部分发芽。但有些却能在含氧量极低的水中发芽，如矮牵牛、睡莲、荷花、王莲等种子。

4.6.2 二氧化碳

空气中二氧化碳的含量虽然很少，但对植物生长影响却很大，是植物光合作用的重要物质。二氧化碳含量与光合强度密切相关。空气中二氧化碳的含量对植物的光合作用来说，并不是最有效的，适当增加空气中二氧化碳的含量，就会增加光合作用的强度，从而增加植物的光合效率。这一点可在温室或大棚内做到，称为二氧化碳施肥。当空气中二氧化碳的含量比一般含量高出 10～20 倍时，光合作用可有效增加，但并非越高越好，当含量增加至 2%～5% 及以上时就会引起光合作用过程的抑制。一般来讲，施放量以阴天为 500～800 cm^3/m^3，晴天 1 300～2 000 cm^3/m^3。为宜。此外应以气温高低、植物生长时期等的不同而有所区别。温度较高时二氧化碳浓度可稍高，植物在开花期、幼果膨大期时对二氧化碳需求量为最多。

4.6.3 有害气体

4.6.3.1 二氧化硫

二氧化硫主要由工厂燃烧燃料而产生，当空气中二氧化硫含量达 20 cm^3/m^3，甚至 10 cm^3/m^3 时，便会使花卉受害。敏感植物则在 0.3～0.5 cm^3/m^3 时便产生危害症状，浓度愈高，危害愈严重。植物吸收二氧化硫后首先叶从叶片气孔周围细胞开始并逐渐扩散，破坏叶绿体使细胞脱水坏死。表现症状为叶脉间发生许多褐色斑点，严重时变为白色或黄褐色，叶缘干枯，叶片脱落。由于生理活动旺盛的叶片吸收二氧化硫多，速度快，受害重，而新枝与幼叶伤害却较轻。

不同植物种类对二氧化硫的敏感程度不相同，其中抗性强的有美人蕉、鸡冠花、晚香玉、凤仙花、菊花、石竹、夹竹桃、海桐、冬青、银杏、合欢、无花果、黄杨等。

4.6.3.2 氟化氢

氟化氢是氟化物中毒性最强、排放量也最大的一种，主要是来自磷肥厂、炼铝厂、砖瓦厂等工业企业排放出的废气中，它的毒性比二氧化硫大 30～300 倍。氟化氢通过气孔进入叶肉组织后，小部分被叶肉细胞吸收，大部分在叶尖与叶缘积累。它首先危害植株的幼芽和嫩叶，先使叶尖和叶缘出现褐色病斑，再向内扩散。

针叶树对氟化物尤其敏感，常从针叶顶端开始受害。氟化氢引起的病斑多发生于新枝的幼叶上，与二氧化硫不同。常见抗氟化氢的植物有：石竹、鸡冠花、万寿菊、凤尾兰、月季、海桐、大叶黄杨、夹竹桃、桂花、金钱松等。

4.6.3.3 氯气

氯气与氯化氢浓度较高时，对植物也极易产生危害，受害症状常与二氧化硫相似，但受伤组织与健康组织之间常常没有明显的界限，这是与二氧化硫毒害的不同之处。毒害症状也大多出现在生理旺盛的叶片上，而下部的老叶和顶端新叶受害较少。常见抗氯的植物有矮牵牛、凤尾兰、紫薇、桧柏、龙柏、刺槐、夹竹桃、海桐、广玉兰、丁香等。

5 彩叶植物的繁殖方法

和其他植物一样，彩叶植物的繁殖的方法有很多，可分为有性繁殖和无性繁殖两大类。一般草本类园林植物和春色叶类、秋色叶类的彩叶植物以应用有性繁殖的较多，木本类的彩叶植物良种应用无性繁殖较多。

5.1 有性繁殖

有性繁殖即种子繁殖，也称实生繁殖。种子繁殖的最大特点是繁殖率高，投资相对较小、风险低等。同时，种子繁殖的实生苗还具有适应性强、抗逆能力强、生长发育健壮、寿命长等特点。

种子繁殖容易产生变异现象，不能保持母本的优良特性，但是，有变异还可以从变异中发现培养新的品种。

5.1.1 种子的采集与贮藏

5.1.1.1 采种

种子繁殖种子是关键，种子质量决定育苗的成败。因此在种子采集时，首先要认真选择生长健壮、发育充实、无病虫害的成龄母株。其次要适时采种，所有待采种子必须在籽粒充分成熟(主要是外观成熟)时进行。一般情况下，种子成熟时在果实或种子本身的颜色、硬度及光泽上会有所表现。如南天竹、冬青等成熟果实为红色，石楠果实呈紫褐色，女贞果实呈蓝黑色，乌桕种子呈白色或褐色，栾树种子呈黑色，七叶树、合欢种子为深褐色等。同时大多数种子成熟时都会有一定光泽。对容易弹失的种子，采种时间一般选择在早晨带露时进行。以免种子飘落流失。种子采收后应及时去杂、脱粒、晾晒风干。然后精选出饱满整齐、无病虫害的籽粒。

5.1.1.2 贮藏

(1)干藏　采用此法贮藏的种子，贮藏前应充分干燥，然后装入纱(布)袋、塑料编织袋或木桶内，放置于通风、干燥、阴凉的室内。有条件时，可以低温储藏，以 0～5℃为宜。对于一些容易丧失发芽力的种子及需要长期贮藏的种子，如桑、榆、豆瓣黄杨等可密封干藏。即将充分干燥的种子放于密闭的容器内，并加放适量的干燥剂进行贮存。此法可有效保持种子的发芽率，延长种子寿命。如果能增加低温措施，则效果更佳。采用此法也要注意适时检查种子情况，及时更换干燥剂。

(2)湿藏　即沙藏，适用于含水量较高或需要进行生理成熟及催芽的种子，生产上多用于越冬贮藏。

(3)混沙贮藏　如辛夷、栾树、银杏等种子常用此法。即将种子和湿沙按 1∶(2～3)的比例混合掺拌,埋于排水良好的地下或堆放于室内。湿沙的含水量以手握能成团、轻触可散为宜。贮藏期间要经常检查并保持湿度。

(4)层积贮藏 主要用于那些种皮坚硬不易吸水或需要完成生理后熟的种子,如桂花、核桃、木本海棠、桃、杏等。具体做法为:选地势较高,排水良好并尽可能背阴的地方,挖深 30～50 cm 的沟,长宽以种子量而定,在沟底铺 5 cm 湿沙,然后将需层积的种子平摊上面,厚度一般为 3 cm 左右,种子上面再覆沙 3 cm。这样分层铺覆,直至距沟上沿 10 cm 为止,最上层覆土即可。此法所用沙土湿度与混沙法相同,但需注意的是,在大批量贮藏时,由于贮藏沟的深度及长宽度较大,所以应在贮藏沟里按每平方米中间竖直设置一秫秸(高粱、玉米)把,以利通气,防止闷种。贮藏期间沟内温度应保持在 0～5℃。贮藏期间,要防止藏坑积水,防治鼠害等。沙藏天数因种子特性不同而异。

5.1.2 播种时期

5.1.2.1 春播

春播在早春土壤解冻后进行。在保证不受晚霜危害的前提下,宜适当早播。适当早播可增加幼苗生长时间,增强抗性。河南省适宜的春播时间一般在 3～4 月份,最佳时期在 3 月中旬至 4 月中旬(当地清明节断霜)。多数树木适于春播,如槐树、栾树、合欢、木瓜、白蜡、紫荆、紫薇、桃、杏等。

5.1.2.2 秋播

秋播能省去种子贮藏、催芽等工序,有简便易行的优点,但种子易遭到鼠害、虫害等应引起注意。秋播在土壤封冻之前进行,具体播期因树种种类不同而异。秋播多在秋末冬初上大冻(封冻)前进行。

5.1.2.3 随采随播

对一些寿命短,含水量大,失水后易丧失发芽力的种子,应随采随播,如杨、柳、榆、桑、七叶树、枇杷等。

无论何时播种,播前都要在选好苗圃地的基础上施足基肥,细致整地,并根据当地情况做成垅或平床,然后播种。

5.1.3 播种方式

播种方式因种子大小、催芽情况、圃地条件不同而异。其中主要因素是种子大小。常用的播种方式有以下几种:

5.1.3.1 撒播

即将种子均匀地撒在苗床上。适用于小粒种子的播种。撒播时,因种子很小,不易撒匀,故多将种子先按面积计算出播量再分 2～3 次撒播,或将种子与适量细沙土混合后,再撒于苗床。

5.1.3.2 条播

即先按一定行距开沟,然后将种子按一定密度撒播在沟内的播种办式。它适用于中、小粒种子的播种。其行距和播幅以苗木生长快慢而定,一般行距为 10～25 cm,播幅宽 8～15 cm。

此外，条播时，行向应尽量采用南北向，以使苗木受光均匀。条播由于具有播种和管理方便，苗木受光好，生长健壮，成苗率高等优点，故在生产上广泛使用，如槐树、女贞、栾树、合欢、辛夷等。

5.1.3.3　点播

即先按一定行距在苗床上开沟，再按一定株距将种子点(摆)于沟内，或按一定株行距进行穴播的播种方式。此方式适用于粒大、发芽势强及种子较少的树种。一般每穴点 1～3 粒，有些树种点播时还要注意种脐方向(如七叶树)。点播较费工，但点播出苗健壮，后期管理方便。

5.1.3.4　营养钵及穴盘播种

即将种子点播在营养袋(钵)或穴盘里。适用于珍稀树种的育苗，其播种管理比一般育苗精细，成本相对较高，但管理方便，尤其是便于在必要时采取相应手段养护，如覆盖保护、加温、增减光照、水肥调控等，以保证出芽顺利，培育优质苗木。

上述各种方式，在播种后均应及时覆土，覆土厚度要以种子大小而定，一般为种子直径的 3 倍左右。此外对具有种翅、种毛类的种子播后还应适当镇压。主要彩叶植物播种量参数见表 5-1。

表 5-1　主要彩叶植物播种量参数

树种	每千克种子粒数	发芽率(%)	播种量(kg/亩)
水杉	44 000～58 000	8	1 左右
马褂木	3 000	2～35(丛植)	25～30
枫香	18 000～32 000	20～30	5 左右
垂柳	2 400 000	70～80	0.2～0.3
麻栎	220	85～95	150～200
化香	110 000	30～40	7～10
重阳木	150 000	30～40	2.5～3
乌桕	5 800	70～80	10 左右
臭椿	30 000～34 000	60～85	5～7
香椿	65 000	50～60	3～4
无患子	850	60～80	50～60
漆树	18 000～22 000	50～70	5 左右
黄栌	116 000	65	6～7
黄山栾	10 000	60～70	12～13
银杏	380	85～95	50～60
金钱松	22 000～25 000	50～60	13～15
雪松	8 000	80	3～4
三角枫	5 400	75	3～4
洒金柏	40 000～50 000	70	5～7.5

5.1.4 播后管理

播种后，在幼苗出土前后的生长过程中，为了满足种子发芽和苗木生长的需要，必须进行一系列的抚育管理工作。俗话说“三分种，七分管”，种是基础，管是关键。只有加强苗期的抚育管理，才能培育出优质、高产的苗木。

苗木的抚育管理包括覆盖、遮阳、松土除草，灌溉、排水、间苗、补苗、移植、追肥以及苗木保护等工作。

5.1.4.1 覆盖

在播种工作完成后，用草或其他物料覆盖苗床。其目的是为了防止床面土壤板结，杂草生长，鸟类啄食种子；同时覆盖还可以起到保持土壤水分，调节地表温度，减少灌溉，提高场圃发芽率的作用。对于中、小粒种子，如杨、柳、榆、杉木、柏木等树种覆盖更为重要。

覆盖可以就地取材，如用稻草、麦秆、松针、谷壳、锯末等。也可用塑料薄膜覆盖，效果良好。

覆盖厚度以不见土面为宜。过薄起不到覆盖的作用；过厚不仅浪费材料，还会降低土壤温度，延迟种子发芽，甚至使种子和幼芽腐烂。覆盖后要经常检查，当幼苗大部分出土时，应即时撤除覆盖物，以免幼茎弯曲，生长不良，形成“高脚苗”。覆盖物撤除的时间最好在阴天或傍晚，以免由于环境的突变影响幼芽的生存。需要遮阳的苗木，应将覆盖物一次撤除，并立即进行遮阳。不需要遮阳的苗木，覆盖物可分 2～3 次撤除。若采用条播，则可将覆盖物移至行间，以减少土壤水分蒸发，防止杂草生长，待幼苗生长比较健壮时再全部撤除。若覆盖物是谷壳、锯末时可不必撤除。

5.1.4.2 遮阳

遮阳能够降低表土温度，减少苗木本身的蒸腾和土壤水分的蒸发，防止地表温度过高，使苗木地径受日灼危害。因此有些针叶树种如红松、落叶松、云杉、杉木等以及有些幼苗嫩弱的阔叶树种如杨、柳、泡桐、桉树等，在撤除覆盖物后应采取适当的遮阳措施。据观察，当气温升高到 30～45℃时，有些植物的光合作用显著减弱甚至停止，尤其是幼苗，组织幼嫩、抵抗力弱，更难以适应高温、炎热、干旱的不良环境条件，常常因干旱、高温造成死亡。实践证明，遮阳能减轻苗木生长初期的死亡率和日灼的危害程度。所以在干旱地区，降雨量少、蒸发量大、灌溉条件差的苗圃，适当的遮阳是非常必要的。

遮阳的方法很多，一般常用的有搭阳棚、插阴枝和间种农作物等方法。无论哪种方法，遮阳透光度的大小和遮阳时间的长短对苗木生长都有很大影响。为了保证苗木质量，透光度宜大，遮阳时间宜短。一般情况透光度应为 1/2～2/3。遮阳时间因树种和当地气候条件而异，通常遮阳是从撤除覆盖物开始，至于停止的时间各地差异较大，如我国北方当雨季到来时就可停止遮阳。

①荫棚。在苗床四周每隔 8 m 左右打木桩，桩高出地面 40～50 cm，用铁丝拉线并固定在木桩上搭成架子，然后将遮阳帘子放在铁丝上即成。帘子可用苇秆、秸秆、竹子做成。荫棚的式样有平顶式，斜顶式两种。平顶式荫棚南北两侧等高，斜顶式南低北高。采用这种遮阳方法，透光较均匀，通风良好，有利苗木生长。为了、增强光照，可在每日上午 10:00 左右开始遮阳，下午 4:00～5:00 打开荫棚，阴雨天不必遮阳。

②插阴枝。是利用不落叶的松、杉、竹的枝条插在苗床四周为幼苗遮阳的方法。

③间种农作物。在苗床侧面播种生长快、叶片较大、茎秆较高的农作物,如玉米、高粱等为苗木遮阳。

插阴枝和间种农作物的方法多用于临时苗圃或山地苗圃,优点是节省劳力和管理费用。

遮阳是一项费工费钱的工作,遮阳不当由于光照不足还可能导致苗木生长细弱,叶片色浅,主根缩短侧根减少、苗木总重量下降。经过实践,人们已经认识到遮阳并不是一项不可缺少的苗木抚育措施。只要认真做好细致整地、适当早播、及时松土除草,尤其是适时合理地进行灌溉等工作来促进苗木生长,增强苗木的抗性,是可以获得全光育苗的成功。

5.1.4.3 灌溉

水是种子萌发和苗木生长不可缺少的重要因素。灌溉的目的是要增加土壤的含水量,保证苗木在不同生长发育时期对水分的需要;灌溉还可以调节苗木体温和土壤温度,防止日灼,所以灌溉是苗木抚育管理工作中的一项重要措施。

灌溉并非越多越好。土壤水分过多会使种子腐烂,苗木根系生长不良或死亡,过量的灌溉还会引起土壤盐渍化,所以灌溉要做到适时适量。灌溉次数与灌溉量要根据树种生物学特性、苗本生长发育的不同时期以及苗圃地的气候、土壤条件来确定。对于喜湿树种,如柳、水杉等幼苗,由于生长细弱,根系生长发育慢,则应少量多次进行灌溉;而金叶刺槐、白蜡、臭椿、华北落叶松等树种的幼苗比较耐旱,对土壤水分要求不严,灌溉的次数可适当少些。在出苗期和幼苗期的苗木对水分的要求虽然不多,但比较敏感,应及时少量灌溉;在速生期需水量较大,应少次多量每次灌透。在气候干旱、土壤水分缺乏时,灌溉次数应多些,灌溉量可大些。沙土保水力差,可以多次、少灌;黏壤土保水力强,则应少次多量。总之,每次灌溉量能保证苗木根系分布层处于湿润状态即可。

每次灌溉的具体时间,最好是在早晨或傍晚进行。这样不仅可以减少水分的蒸发,而且不会因土壤温度发生急剧的变化而影响苗木的生长。

灌溉方法有侧方灌溉、漫灌、喷灌及滴灌等。

(1)侧方灌溉　又称自流灌溉。一般应用于高床和高垄式作业。侧方灌溉是由灌溉渠把水引入步道或垄沟里,水从苗床或垄的侧方渗入床或垄内。这种方法的优点是灌后不会引起床面或垄面土壤板结,但耗水量太大,还会引起土温下降。

(2)漫灌　是将水直接引入播种地,水从床面或地面流过而渗入土壤中,进行漫灌时要缓慢灌水,以免冲倒或淹没苗木叶子。漫灌是低床或大田平床育苗中常用的灌溉方法。缺点是灌后土壤容易板结,同时费水,灌溉效果较差。

(3)喷灌　喷灌就是喷洒灌溉,又称人工降雨。是比较先进而又经济的科学灌溉方法。其优点是灌溉及时而均匀,省水省工,效率高,同时灌后不仅能湿润土壤和苗木,而且能使近地表层的空气湿度增大,温度降低,使苗木免受高温危害。但喷灌需要基本建设投资较高。目前,我国各地有条件的一些大、中型苗圃已经采用喷灌方法,定时定量地对播种地进行灌溉。

喷灌分固定式和移动式两种:

①固定式喷灌。是利用水压使水通过输水管道和喷头将水喷到空中雾化成细小水滴再降到地面进行灌溉的方法。固定式喷灌要设置一定数量的管道,管道的间隔距离应根据输水管道的粗细、水压大小、喷头的位置来决定。固定式喷灌需要大量的管道材料,设备投资大,因此大力推广还有一定困难。

②移动式喷灌。适用于中小型苗圃,设备简单,投资少,喷灌效率高。但由于苗床距离喷头远近不等,会出现灌水不均的现象,在水滴过大时还会冲击苗木。

(4)滴灌　滴灌是近几年发展起来的一种先进的灌溉技术。它是通过滴灌系统把水一滴一滴地缓慢地较长时间地滴入土壤,使土壤经常保持湿润状态,源源不断地供应苗木生长所需水分。

滴灌的全部设备装置称为滴灌系统,包括首部枢纽、各级输水管道及滴头几部分。每套滴灌系统一般可控制 30 亩左右土地的灌溉。

首部枢纽部分,由水泵、肥料罐、过滤器,压水表、水表以及流量调节器等设备组成。水泵是形成整个系统所需水压的来源,山坡可利用自然水头压力,也可直接从自然水管道取水。一般系统中的水压为$(0.5\sim3.0)\times10^5$ kPa。过滤器是要滤出灌溉水中的悬浮物质,保证整个系统畅通无阻。

输水管道分主管、支管及毛管等几部分。主管为输水管,支管是配水管,毛管为灌水管。主、支管一般埋入土中,而毛管则多用黑色胶管安装在地面。

滴头是滴灌系统的重要设备。它的作用是使水流经过微小的孔隙,将有压水变成无压水形成水滴,缓慢地灌入土壤中。因此滴头直接影响着灌水的均匀程度和质量。滴头安装在毛管上,滴头之间的间隔距离取决于滴头的流量及土壤种类等因素。

滴灌可以省水保墒。试验证明滴灌比喷灌省水 30%～35%。滴灌可以防止土壤板结,又不致破坏土壤的团粒结构,使土壤透气良好。由于滴管是由黑色聚乙烯塑料制成,能吸收太阳辐射热和地表热,所以可以提高水温,据观测一般可提高 10～15℃,有利于苗木的生长。

5.1.4.4　排水

排水也是苗木管理工作中的重要环节。土壤水分过多,会使土壤通气不良,妨碍土壤中好气细菌的活动,影响有机质的分解和苗木根系的正常呼吸,时间长了还会使苗根腐烂。

要做好排水工作,除在建立苗圃时认真进行区划作好排水系统的设置外,在育苗时要做好圃地及床面的整平以及排水沟和步道的疏通工作,保证在暴雨后能及时排出积水。

5.1.4.5　松土除草

在苗木生长期内,由于降水、灌溉等原因使苗床表土变得板结,加速了土壤水分的蒸发,造成土壤通气不良,透水困难,影响了苗木的生长发育。而松土可以疏松土壤,改善通气条件,减少水分蒸发,所以松土又称"无水灌溉"。苗圃中的杂草,不仅与苗木争夺水分和养分,而且影响苗木的光照条件以及传染病虫害,因此人们都把杂草比作苗木的敌人。所以在苗木生长期间应经常进行松土除草。

松土时应注意不要损伤苗根。松土深度视苗木的不同生长时期而异。苗木生长初期,根系分布浅,松土深度为 2～4 cm;苗木速生期,根系不断伸长,而且根幅增宽,松土深度可增到 6～12 cm。一般针叶树苗木松土可稍浅,阔叶树苗木松土可深些。

除草应掌握"除早、除小、除了"的原则。在杂草生长很快、繁殖力强的苗圃,一般在整个苗木生长期要除草 6～8 次。除草是苗木抚育管理工作中一项十分繁重的任务,不仅劳动量大,费工,而且不易彻底。

近年来国内、外广泛应用化学除草剂消灭杂草,效果良好。

除草剂除草是通过药物接触杂草或被杂草吸收后,破坏杂草的生理机能,使杂草死亡。如

2,4-D是属激素型的除草剂。进入植物体内后会使植物体内生长激素含量失调,根系停止生长,茎端生长点萎缩,叶片变皱,叶柄弯曲,基部变粗、肿裂、霉烂而导致植株的死亡。我国出产的除草剂种类很多,如除草醚、阿特拉律、扑草净、杀草安、敌草隆等。实践证明,不同种类的除草剂其性质和除草效果不同。同一种除草剂的除草效果也是随着用药量的大小而变化,一般用药量少除草效果低,用药量大除草效果高,当超过合理的用药量时,不但除草效果不再提高,而且还会使苗木产生一定程度的药害,严重时甚至会造成苗木大量死亡。因此为了提高除草剂的使用效果,用药时必须根据苗木种类、苗龄、杂草种类、滋生情况,苗圃地自然环境条件等因素准确选用药物,掌握好药物用量和施药时间。一般情况下针叶树苗较阔叶树苗抗药性强;常绿阔叶树比落叶树抗药性强;同一树种2年生以上的留床、换床苗较当年生播种苗抗药性强。因此阔叶树苗可选用药量下限,常绿针叶树苗可选用药量上限。同一树种中当年播种苗可用药量中、下限;2年生以上留床、换床苗可选用药量的上限。播种前可用药量的上限;播种后发芽前可用药量中、下限;幼苗出齐后第一次用除草剂时可选用药量的下限;第二次可选用药量的中限。对于1年生杂草,草少、草小时可用药量的中、下限;多年生的深根性杂草,草多、草大时可用药量的上限。当苗圃内温度高于20℃以上,土壤湿度保持在60%左右,土壤为沙壤土的自然条件下,由于能使药剂充分发挥药效,可选用药量下限;相反则要用药量上限。各种除草剂的具体用药量请参看苗圃常用除草剂使用表。

试验结果表明,第一次用药时间在播种后出苗前是最安全而且杀草效果高。因为这时苗木尚未出土,抗性自然很强,而杂草已萌动出土,抗性较弱;同时多数杂草此时主要分布在土壤表层容易杀死。若采用除草醚、杀草安对于草芽或刚萌发小草杀伤力强,效果更好。第二次用药时间一般在苗木出齐后比较适宜,但应注意两次施药相距时间一般不宜超过30天以上,否则影响杀草效果。如除草醚田间试验结果,两次施药相隔20天左右,除草效果高达95%以上。

除草剂有粉剂、可湿性粉剂、水溶剂、乳粉剂、乳剂及颗粒剂等不同剂型。对于各种不同剂型应采用不同的施药方式。苗圃常用除草剂使用法见表5-2。常用的施药方式有喷雾法和毒土法。

(1)喷雾法　适用于可湿性粉剂、乳剂及水溶剂等。用前先将定量药剂溶于少量水中进行搅拌,再加入定量水混匀即可使用。水量一般为30～50 kg/667 m^2。

(2)毒土法　适用于粉剂、可湿性粉剂及乳剂。毒土的配制方法是取筛过的细土(土壤湿度用手捏成团,手松即散)用30～40 kg/667 m^2 与一定药量均匀混拌即成。若用乳剂应先加少量水稀释喷洒在细土上拌匀即成。然后将毒土撒施在苗圃地上。这种方法配制容易,撒施简便,效率也高。

施药时一般应选在无风晴天进行(要求在施药后12～48 h内无大雨),最好是在早晨叶面露水干后,傍晚露水出现以前进行。无论是喷雾法或是毒土法都要求用药均匀,防止漏施或重施。

5.1.4.6 间苗

在播种育苗时,往往由于播种量偏大或播种不均匀,使幼苗过密,互相拥挤,造成光照不足,通风不良,每株苗木营养面积减少,苗木生长纤细弱小,易受病虫危害,难以培育成壮苗,因此需要间苗。

表 5-2 苗圃常用除草剂使用法

药名	亩用量(kg)	主要性能	适用树种	使用时间和方法	注意事项
除草醚	0.3～0.6	选择性、触杀型兼有内吸作用。移动性小,药效期 20～30 天	针叶树类,杨柳插条,白蜡属,榆树等	播后出芽前或苗期。喷雾法作茎叶处理	①喷药均匀。②杨、柳插条出芽后要有毒土法
草枯醚	0.25～0.5				
灭草灵	0.2～0.4	选择性、内吸型兼有触杀作用。药效期约 30 天	针叶树类	播后出芽前或苗期。喷雾法作茎叶、土壤处理	①施药后保持表土层湿润。②用药时气温不低于 20℃
茅草枯	0.2～0.4	选择性、内吸型。药效期 20～60 天	杨、柳	播后出芽前或苗期。喷雾法作茎叶、土壤处理	药液现用现配,不宜久存
五氯酚钠	0.3～0.5	灭生性、触杀型。药效期短 3～7 天	针叶、阔叶树	播种前、后,出芽前。喷雾法作茎叶、土壤处理	苗期禁用
西马津	0.15～0.25	选择性、内吸型。溶解度低。药效期长,分别为 30～90 天	针叶树类	播种后、出芽前或苗期。喷雾法作茎叶、土壤处理	注意后茬苗木的安排
朴草净	0.15～0.25				
阿特拉津	0.15～0.25				
杀草安	0.15～0.3	选择性、触杀型。药效期 15～20 天	针叶树,水曲柳	播种前、后,出芽前。喷雾法作茎叶、土壤处理	喷药均匀,保持表土层湿润

间苗应掌握"适时间苗,去弱留壮,间密留稀,合理定苗"的原则。间苗的时间和次数应根据各树种生长快慢和病虫危害的程度而异。生长快,病虫害较少的阔叶树种,如刺槐、榆树、臭椿等间苗宜早。即在幼苗出齐后长出两对真叶时进行第一次间苗,相隔 10～20 天幼苗出现拥挤妨碍生长时进行第二次间苗,这次间苗也就是定苗。针叶树种,如杉木、落叶松、侧柏等生长较缓慢,病虫害较多,第一次间苗可在幼苗出齐后 10 天左右进行,第二次间苗一般是在第一次间苗后 1～2 周,苗木叶片相重叠时进行。当苗木生长基本稳定时就可进行定苗。定苗数量的标准是根据各地区育苗规定的单位面积产量来决定。一般定苗数量可略大于规定的产苗量以备弥补损耗。

间苗应在雨后或灌溉后阴天进行,间苗后最好用清粪水浇灌,以便保证苗木成活。

5.1.4.7 幼苗移植

对于种子特别小而幼苗生长又快的树种,为了提高种子的场圃发芽率和创造一定的营养、光照条件,可预先在特别细致的苗床上撒播种子,精细管理,待长出几片真叶后带土进行移植,这种工作就叫幼苗移植。

幼苗移植应掌握在适宜的时间进行,一般在幼苗长出 2～5 片真叶时,移植成活率较高。幼苗移植的株行距应根据幼苗生长快慢、苗圃地的气候、土壤条件来决定,一般行距为 20～25 cm,株距为 15～20 cm,但生长快而且叶片较大的树种,行距还应适当增加。移植工作应在阴天或小雨天进行。移植后要及时灌水,以利幼苗成活。

对种子来源困难的珍贵树种，也可以采用这种方法进行育苗。

5.1.4.8　追肥

在苗木生长期间，为了促进苗木生长，及时供给苗木在同生长期所需要的各种营养元素，增加合格苗的产量，因此要用速效肥料进行追肥。

合理追肥的原则。在苗木生长期间应该施用哪种肥料必须通过对苗木的营养诊断来判断、选择。

苗木的营养诊断主要是通过对植物组织中养分含量的测定和对土壤养分测定来判断苗木缺少哪些营养元素，此法诊断结果比较可靠。在对植物组织进行养分测定时，由于叶部集中养分最多，所以一般多对叶部进行鉴定，结果也较准确。如广东省怀集县对杉木黄化症的苗木进行测定，结果表明随着黄化病的严重程度的增加，叶部和根部的氮、磷、钾含量均呈现出有规律的下降，特别是针叶里磷的含量显著下降，严重黄化苗与健康苗相差约为5倍，当磷含量降为30 mg/kg左右时针叶便会出现紫红色。

单方面的植物组织的养分测定只能说明植物体本身缺乏某种元素，但是并不能说明土壤中也缺乏这种元素。如马尾松针叶出现紫色，经分析表明苗木本身缺磷，但是土壤分析的结果并不缺磷，原因是土壤过湿过紧，pH过高，影响了苗木对土壤中磷的吸收。所以化学诊断必须是对植物组织和土壤两方面同时进行鉴定分析，才能得出正确的结论。

在不具备养分含量测定的条件下可根据苗木外部形态发生的变化来判断苗木缺乏哪些营养元素。如土壤氮素不足，苗木生长就矮小瘦弱，叶小而少、色黄绿，老叶枯黄或脱落，侧芽死亡，枝梢停止生长。苗木严重缺磷时表现出侧芽退化，枝梢短、叶为古铜色或紫色，苗木茎下部的叶易枯萎脱落。苗木若缺钾时苗茎和叶片变得柔弱。

对判断微量元素缺乏症可根据经验或外部形态的诊断结果提出追肥措施，经过追肥后观察症状的变化情况来判断缺乏某种营养元素。如经过施肥治疗后症状消失或减轻则说明苗木缺乏这种元素。

总之对苗木的营养诊断是一项全面的综合性的诊断方法。因为苗木由于缺乏某种营养元素表现出来的症状往往与干旱、霜冻、病虫害和正常的秋季颜色有类似的状况，所以需要几方面综合考虑，认真分析才能得出正确的诊断结果。

追肥的种类、用量和方法。追肥一般采用速效肥或经腐熟过的人粪尿。苗圃中常用的速效肥有硫酸铵、硝酸铵、氯化铵、尿素、过磷酸钙、氯化钾以及氮素为主的三元复合肥等化学肥料。

追肥的施用量应根据树种、苗木生长期、施用肥料种类以及土壤中所含营养元素的情况来确定。

追肥的次数要根据苗圃土壤保肥情况和降雨量多少而定。如在土壤保肥力好，降雨量不大的地区，追肥每次用量可多些次数可少些；在土壤保肥力差的沙土或雨量较多的地区，追肥次数宜多而每次用量要少。一般在苗木生长期中可追肥2～6次。第一次在幼苗出土后1个月左右，幼苗长出数片真叶时施用。以后每隔10天左右追施一次。但要注意最后一次追施氮肥的时间应在苗木停止生长前1个月进行。总之施用追肥时要掌握由稀到浓，量少次多，适时适量，分期巧施的办法。苗圃中常用的几种追肥每667 m^2 每次施用量如表5-3所示。

表 5-3　苗圃中常用的几种追肥每 667 m^2 每次施用量　kg

肥料名称	每 667 m^2 用量	肥料名称	每 667 m^2 用量
人粪尿	225～350	硝酸铵	4～8
尿素	3～5	过磷酸钙	4～6
硫酸铵	7～12	氯化钾	4～6
氯化铵	4～8		

追肥的方法可分为土壤追肥和根外追肥两种。

土壤追肥　是将肥料干施或湿施在苗圃地上。干施可将肥料沟施或撒施。沟施时要注意挖沟的深度应在根系的分布层以利苗木对肥料的吸收。撒施要均匀,并且要避免将肥料撒在苗木叶面上。湿肥是将肥料兑成液体全面均匀地浇施在育苗地上。不论哪种施肥方法在追肥后都应立即浇水冲洗苗木上的肥料,以免苗木遭受灼伤。

根外追肥　是在苗木生长期间将速效肥料的溶液直接喷洒在苗木叶子上,让肥料溶液通过叶面的气孔和角质层逐渐渗入叶内合成苗木急需的营养物质。据测定在喷洒 0.5～2 h,苗木就开始吸收,经 24 h 能吸收 50%。2～5 天可全部吸收。所以根外追肥效果快,但是由于肥料溶液滞留在叶表面,时间过长,易使叶面遭受灼伤危害。因此根外追肥只作补给营养元素的辅助措施,不能完全代替土壤施肥。应用根外追肥时使用的浓度和用量随肥料种类不同而异。如尿素一般采用浓度为 0.2%～0.5%,每亩每次施用量为 0.5～1 kg;过磷酸钙为 0.5%～1%,每亩每次施用量为 1.5～2.5 kg;氯化钾或硫酸钾为 0.3%～0.5%,每亩每次用量为 0.75～1.5 kg;微量元素所用浓度为 0.25%～0.5%。为了使溶液能以极细的微粒均匀地分布在叶面上,有利于叶子的吸收,应使用压力较大的喷雾器进行喷洒。喷洒的时间最好在傍晚或晚上。喷后 2 天内若遇雨失效应在雨停后补喷 1 次。

此外,近年来也有利用植物激素根外喷洒苗木。如吉林省林科所利用不同浓度的九二〇对落叶松、樟子松、红松、黑松等一年生播种苗进行处理,均有促进苗木高生长的作用。测定结果各处理区苗木高度比对照区提高的幅度是:落叶松为 8.5%～91.4%、樟子松为 24.7%～93.5%、黑松为 16.3%～47.5%、红松为 48.5%～87.8%。同样,用适量浓度的萘乙酸、吲哚乙酸以及 2,4-D 等对椴树、槭树的幼苗进行喷洒或施于根部均有刺激苗木生长的作用。其根系与直径较未处理的苗木大 2～3 倍。目前常用的激素有赤霉素、九二〇、增产灵、萘乙酸、吲哚乙酸、吲哚丁酸、2,4-D 等。这些激素对于加速苗木生长,缩短育苗期限都有较好效果。

5.1.4.9　幼苗截根

截根主要是截断主根,控制主根的生长,促进侧根和须根的生长。截根还能抑制苗木高生长,防止徒长促进苗木木质化。此外在苗木出圃时截根还可减少起苗时根系的损伤,提高出圃苗木的质量。

苗木截根适用于主根发达的树种,如栎类、樟树等。据试验经过截根的樟树苗,主根短,侧根、须根发达,造林成活率高。如表 5-4 所示。

1 年生苗木截根应在速生期到来之前进行,二年生以上的留床苗可在第一年秋季生长停止后进行。截根可用截根刀,从苗床表面呈 45°斜角插入土中迅速将苗木主根截断。截根深度应根据苗木主根长度而定,一般为 10～15 cm。有些主根发达的阔叶树种,如栎类,采用“催芽断根"法育苗,也可起到截根作用。即在播种前,种子经过催芽长出胚根时断去部分胚根,然后进行播种。用这种方法培育的苗木,改变了原有根系形态,主根变短而侧根较长,形成簇状根系,有利于造林成活和生长。

表 5-4 樟树苗截根与不截根的生长情况

处理	生长情况				
	苗高(cm)	主根长(cm)	侧根长(cm)	须根长(cm)	成活率(%)
截根深度 8 cm	16.17	17.03	19.92	31	82.76
未截根	22.76	28.97	14.43	26	77.36

5.1.4.10 苗木保护

苗木防寒 我国北方冬季气候寒冷,春季风大干旱,气候变化剧烈,对苗木危害很大。为了防止苗木遭受霜冻和生理干旱,对一些针叶树种和抗寒力弱的阔叶树种的幼苗要采取防寒措施。苗木防寒可采用土埋、盖草、设防寒障、设暖棚、熏烟以及灌溉防霜等方法。

(1)埋土法 土埋法是用土将苗木覆盖起来。覆土防寒的关键是覆土时间不宜过早,过早了苗木易腐烂,一般在土壤结冻前进行。埋土厚度应因地因树而异。一般以不见苗稍为宜。翌春撤土时间不宜过早,过早仍然容易遭受生理干旱达不到防寒目的。但也不能过迟,迟了苗木会捂坏甚至腐烂。一般是在土壤解冻以后苗术开始生长前撤土。撤土后应立即进行一次灌溉,以满足早春苗木生长所需水分。

埋土法是防止苗木生理干旱较好的方法,适用于大多数春季易患生理干旱的苗木,如红松、云杉、冷杉、油松、樟子松、核桃和板栗等,此法在河南应用的一般较少。

(2)盖草 对于春旱不太敏感的苗木可用盖草法。此法是在降雪后用稻草、麦秆或其他草类将苗木加以覆盖。覆盖厚度应超过苗梢 3～4 cm。为了防止草被风吹走可用草绳压住覆草。在翌春起苗前 1 周左右撤草。盖草法比土埋法效果差,同时费工又费料。

(3)设防寒障 在冬、春风大干旱的北方,可采用设防寒障的方法来防止苗木的生理干旱。防寒障一般是在土壤冻结前用秫秸搭成。针叶树苗地每隔 2～3 床,用单棵秫秸夹一道防寒障,防寒障方向应与主风方向垂直。在覆草防寒的育苗地和假植区设立防寒障时,一般间隔 20～25 m,夹一道用整捆秫秸做成的防寒障。防寒障应于春季起苗前 8～5 天分次撤除。防寒障不仅可以降低风速,减少苗木水分蒸腾,而且可以积雪保墒,防止春旱等作用,但费料、费工,增加了育苗成本。

(4)设暖棚 暖棚也叫霜棚。暖棚不仅有防寒作用而且到春季还可起到防霜冻的作用。暖棚的构造与荫棚相似,不过暖棚要密,且北面要低,与地面相接,南面可稍高。

(5)熏烟法 是防止霜冻危害苗木的方法。因为熏烟扩散的烟雾在吸收一部分水蒸气凝结成水滴时所放出的潜热能使地表温度提高 1～2℃。所以在预知有霜冻的晚间,可提前准备好熏烟材料,如半干不湿的稻草、麦秸、锯末、秫秸、枝条等。每亩堆放 3～4 堆,每堆 20～25 kg,当温度下降到 0℃时点火熏烟。火要小、烟要大,保持有较浓的烟幕,直到日出以后的 1～2 h 为止。

(6)灌溉防霜法 是在霜冻来临前用喷灌或地面灌溉来防止霜害的方法。因水的比热较大,冷却迟缓,在水结成冰时放出的潜热可以提高地表温度。据试验,地面灌溉后,地温可提高

2℃以上。在春季灌水不仅可以防霜害,同时还能防止春旱。

5.1.4.11 病虫害防治

在苗木生长过程中,常常会受到病虫危害,严重时甚至会造成无法挽回的损失,所以防治苗圃病虫害是培育壮苗的重要措施。在防治病虫害时必须贯彻"防重于治"的精神,首先应该从提高育苗技术,加强苗圃经营管理工作着手。如认真选好苗圃地,做好苗圃地耕作,彻底除去杂草,做好种子、土壤、粪肥和覆盖物的消毒以及加强田间各项管理工作,促进苗木健壮生长,增强苗木对病虫的抵抗能力。除此以外,在苗木生长期中,特别是在生长初期,要经常进行观察,一旦发现病虫发生立即进行防治。

苗圃病虫害种类繁多,现仅就其中主要的几种列举如下。

(1)立枯病　为一种世界性的病害。主要危害松、杉苗木。多发生在梅雨季节。苗木发病后蔓延迅速,常造成成片死亡。

立枯病按发病时间、症状和部位的不同可以分为四种类型。第一种腐烂型,主要发生在幼苗尚未出土时,种子或幼芽产生腐烂现象。第二种梢腐型,发生在幼苗出土后茎梢腐烂,幼苗死亡。第三种猝倒型,发生在幼苗出土后1个月左右,在接近地面的苗茎基部发生腐烂变成褐色使苗木倒伏。第四种根腐型,发病时苗木根部腐烂使苗木直立枯死。

防治立枯病的方法主要是提高育苗技术,把好"三关"。即"土壤关"、"种子关"、"水肥关"。"土壤关"就是要选好苗圃地,做好苗圃地的土壤消毒工作。"种子关"就是要在做好选种、种子消毒、催芽等工作的基础上适时、适量进行播种。"水肥关"就是在苗木生长过程中要做好合理灌溉和施肥工作,防止旱涝发生,从而使幼苗能健壮生长。在防治病害时还需采用化学药剂,如用1∶1∶100的波尔多液(即由1份硫酸铜,1份生石灰加100份水配成),每亩用药液75 kg,在苗木出土后,每隔10天左右喷洒一次,连续4～5次,对防治立枯病有一定效果。但应用化学药剂防治只不过是一种重要的辅助措施,切不可以用来代替一系列的培育壮苗的技术措施。如果病害已经发生应立即将病苗拔掉烧毁,并用浓度为2%～3%的硫酸亚铁(青矾)药液进行喷洒后过10～30 min后喷一次清水,洗掉叶子上的药液,以免发生药害。

(2)苗木茎腐病　危害多种针、阔叶树木,如银杏、香榧、水杉、金钱松、马尾松、杜仲、枫香、板栗、槭类以及刺槐等。其中以危害银杏幼苗最为严重。

苗木茎腐病的症状为茎腐,但也有根腐、猝倒、立枯、干腐等症状。引起这种病害的原因是由病菌对生长衰弱或因土温过高被灼伤根部的苗木的入侵而发病,因此采用搭荫棚、插阴枝、降低土温、增施有机肥料做基肥等措施,对防病有一定效果。另外施用草木灰及钾肥也可起到防病作用。

(3)地老虎　地老虎又叫土蚕、地蚕,是苗圃中的一种主要地下害虫。食性杂,危害多种苗木,各地苗圃都有不同程度的为害。地老虎主要是在夜间出土咬断幼苗嫩茎基部,每年4～5月份尤为严重。防治方法可用敌百虫与切碎的鲜草或炒香曲麦麸、细糠混合做成饵料,撒在育苗地上诱杀幼虫。也可用人工于清晨在断苗周围拨土6～8 cm捕杀或在幼虫盛发时期于晚上8:00～10:00逐畦捕杀,都有较好效果。

(4)金龟子　金龟子在我国各地都有,也是苗木的主要害虫。金龟子成虫白天躲在土中,夜晚出来咬食多种苗木的叶子。它的幼虫——蛴螬食性更杂,主要是咬断苗木的幼茎、侧根以及主根,造成苗木枯黄而死。幼虫对苗木的危害程度随幼虫的不断长大而加剧。防治方法可用敌敌畏或水胺硫磷进行喷洒,另外,还可以用黑光灯诱杀成虫。

(5)蝼蛄　是苗圃常见的害虫,全国各地苗圃都能见到。蝼蛄食性杂,主要危害苗木幼根,还能咬食种子。同时蝼蛄喜在育苗地的表层土里打洞,使苗根与土壤分离,从而使幼苗成片死亡。防治的方法,可以在做苗床时,将毒土翻入土中,也可把毒土做诱饵撒在苗床内。毒土可用5%的西维因粉剂,每亩1.5～2 kg配置,或用90%的敌百虫原药0.5 kg,加50 kg米糠或稻谷等,做成毒饵,于傍晚撒在苗床内诱杀。

播种苗在整个生长过程中,虽有各种不同的抚育管理措施,但应掌握苗木的生长规律,根据苗木在不同生长时期的特点,各有侧重的,不失时机地认真做好抚育管理工作,才能培育出优质、高产的苗木。

5.2　扦插繁殖

扦插繁殖就是剪(截)取植株的根、茎、叶等营养器官插入土壤或其他介质(如沙、蛭石、水等),使其生根发芽,形成新个体的繁殖方法。扦插繁殖具有简单易行、材料来源广、生产成本低、成苗快并能保持原有母株特性等优点。

5.2.1　扦插时间

5.2.1.1　硬枝扦插

在植株秋冬落叶后到春季发芽前(河南一般为10月下旬至翌年3月份)进行扦插。

5.2.1.2　嫩枝扦插

在树木当年生枝条未木质化或半木质化时,在夏秋生长期进行扦插。如丹桂、金心大叶黄杨、红叶石楠等。

5.2.2　插床与基质

5.2.2.1　插床

插床形式主要有两种。①低床及平床(畦)。即在排灌条件良好的地方应用,一般情况下,床宽1～1.2 m,长度视育苗情况而定。②高(架)床。即在架高于地面50～100 cm的平台上做床或放置平盘进行扦插。主要在温室内应用于生长期扦插。

5.2.2.2　基质

主要是沙、珍珠岩、蛭石及当地的沙质壤土以及泥炭土等作为扦插基质。其中珍珠岩和蛭石不宜单独使用,要与沙或沙壤土按1∶(3～5)的比例混合后使用。扦插土壤基质的处理可参照播种育苗中土壤处理方法。

5.2.3　插穗的选择与截取

5.2.3.1　硬枝插穗

一般选成龄母株上生长健壮、成熟度好(芽饱满)、无病虫害的一二年生枝条。插穗剪成10～15 cm长,并且下剪口尽量靠近节(芽)部位,每段一般应有3～4个芽。一般来说选枝条中段作插穗较佳,因其生长发育比较充实。

5.2.3.2　嫩枝插穗

选择半木质化的枝条，剪取时保留适量叶片，或将每个叶片剪去1/2。要尽可能做到随采随插，否则要注意保湿、保鲜。

5.2.3.3　根插

选择幼龄树并结合春秋季苗木出圃或移栽，剪取粗1～2 cm，长5～10 cm的根段进行根插，如臭椿、梓树等。

5.2.4　插穗处理

5.2.4.1　割伤或环剥

插穗剪取前在母树上对枝条进行人工割伤或环剥。目的是提高插穗营养积累，利于生根。如桂花、辛夷等。

5.2.4.2　激素处理

插前用萘乙酸、吲哚乙酸、吲哚丁酸50～500 mg/L速蘸，或用生根粉浸泡等。

5.2.4.3　沙藏

对冬季采条春季扦插的插穗，应按要求剪截并沙藏于土窖或沟内。

5.2.5　扦插方法

一般使用直插形式(插穗与床面垂直)。插穗入土深度为穗长的1/2～2/3。根据插穗特性不同又分为湿插、干插和泥浆插。湿插即在插前灌水，并在水未下渗时插，如黄杨、石楠、樱花等用湿插较好；干插即对插床整理后不灌水，插后再灌水。嫩枝扦插常采用干插方式，扦插时先用适当粗度的竹(木)棍在插床上打孔，然后再进行扦插。泥浆插即插前先对插床灌水，并将土壤与水搅拌成泥浆，随即将插穗插入。此法常用于金球桧、金叶桧等树种，据鄢陵植物盆景园于水中等试验扦插成活率达90%以上。全光雾插：应用自动喷雾装置在全光照条件下的扦插。此法具有设备简单、不需遮阳、成活率高的优点，值得大力推广。

5.2.6　插后管理

覆土　在插床上的水完全下渗，床面土壤出现裂缝时要及时填土，以防插穗下部离土受风，造成插穗失水死亡。

覆膜及遮阳　硬枝插一般在扦插后都要及时覆膜，以保温、保湿。如果春季扦插稍晚，遇气温高时，还要注意在生根前采取适当遮阳措施。嫩枝插因多在夏季进行，所以必须做好遮阳及通风降温、补充水分工作。

温湿度控制　扦插生根的适宜温度因植物种类不同而有差异，一般在15～25℃。如气温低于生长适温，而床土温度保持稍高，则能使生根速度加快。床土温度以高出空气温度3～5℃为宜。生产上常通过铺施马粪或地热管等方法使床土温度升高。扦插育苗对空气湿度的要求是，硬枝扦插空气相对湿度不低于60%；嫩枝及常绿植物带叶扦插湿度应保持在80%～90%。插床基质(土壤)的含水量一般保持在最大持水量的60%左右。温、湿度的控制一般是通过覆膜、遮阳、喷水、通风等措施来实现。但如能采用全光照喷雾扦插，效果更佳。

其他管理　扦插后必须注意及时除草、防病、治虫。插穗生根后用适当方式适时、适量补施肥料等。

5.3　嫁接繁殖

人们按照一定目的,将一种植物的枝或芽(即接穗)接到另一种植物(即砧木)上,使它们愈合在一起,形成一个新的独立个体的手段,称为嫁接。主要用于:①具有优良观赏价值,但很难获得种子,或即使有少量种子却又不能保持原有母株优良性状的园林植物;②扦插压条很难成活的树种;③用扦插压条方法虽然生根,但后期生长不良,甚至严重退化的品种。其主要优点:①能保持品种的优良特性;②提高接穗品种的适应能力和抗逆能力;③繁殖系数相对提高。

5.3.1　影响嫁接成活的主要因素

嫁接成活的生理基础是植物的再生能力和细胞分化能力。嫁接后,砧木和接穗的形成层密切结合,嫁接部位各自形成层薄壁细胞大量分裂,形成愈伤组织;尔后,不断增加的愈伤组织充满砧、穗间隙,并相互结合,进一步分化形成完整的输导组织,且与砧木、接穗的输导组织相连通,成为一个整体,保证了水分、养分的上下输送交流,从而达到砧、穗结合,生长发育成一个新的独立植株。影响嫁接成活的因素有:

5.3.1.1　内部主要因素

(1)亲和力　嫁接亲和力是指砧木与接穗在内部组织结构、生理、遗传上彼此相同或相近,能通过嫁接相互结合在一起并正常生长的能力。亲和力强的两种植物嫁接后成活率就高,并且后期生长发育良好;亲和力弱的嫁接难以成活,即使成活,后期生长发育也会不良,开花、结果不正常。

亲和力的强弱,主要取决于砧木、接穗之间的亲缘关系。二者亲缘关系越近,亲和力越强。同种间的亲和力最强,如月季不同品种间的嫁接极易成活;同属不同种之间嫁接亲和力次之,不同属之间的嫁接,亲和力一般更低。但也有不少嫁接成活的实例,如以石楠砧木嫁接枇杷等;不同科植物之间亲和力极弱,一般很难嫁接成活。

(2)砧木、接穗的营养贮藏及生活力　生长发育健壮的砧木和接穗,体内养分的积累和贮藏多,嫁接后愈合生长就快,嫁接成活率就高;反之,就会因愈合生长时养分供应不足而影响嫁接成活。

5.3.1.2　外部环境条件

外部环境条件对嫁接成活的影响主要表现在愈伤(合)组织的形成和发育速度上。凡是影响愈合组织形成及发育的外界因素都会影响嫁接成活。如温度、湿度、光照等。

(1)温度　嫁接植株的愈合组织只有在一定的温度条件下才能够形成,一般植株的愈伤组织生长的适宜温度为20～30℃,温度低于10℃或高于40℃,愈伤组织基本上停止生长,高温甚至会引起组织死亡。不同植物的愈伤组织生长适温不同,一般与其自然萌芽、生长发育的最适温度相关。如桃、梅等愈伤组织的生长适温为20℃左右。所以要根据植物的自然物候期,合理安排嫁接时间。

(2)湿度　湿度对愈伤组织的生长影响最大。它包括两个方面:一是愈伤组织本身生长需要一定的湿度环境;二是接穗只有在一定的湿度条件下,才能保持活力。空气湿度越大,越有利于愈合;湿度过小,会造成失水死亡。需要注意的是,嫁接后既要保持湿度又不能使嫁接部位浸水,否则会造成愈伤组织生长不良甚至坏死,如雨水进入接口会使接芽霉变、腐烂,造成嫁接失败。长期的生产实践证明,一般情况下,枝接后 15～20 天,芽接后 7～15 天,是砧木与接穗愈合的关键时期。在这段时间里,能否保持土壤湿度,也是影响嫁接成活的主要原因。

(3)光照　弱光条件有利于愈伤组织的生长,强光照则会抑制愈伤组织生长。如嫁接时接口在砧木背阴(北)面时,愈伤组织生长发育就快,外观表现为接口处愈伤组织增长快,积累多,且质嫩色白,砧、穗很快愈合。若接口长期处于强光照射条件下,愈伤组织就生长慢,外观积累少,而且质感硬,呈浅绿或褐色,嫁接口不易愈合。

(4)嫁接技术　嫁接技术对嫁接成活率的影响,主要表现在操作要点的准确掌握和具体应用时的熟练程度,如嫁接面的削切是否平滑,形成层对接是否准确,绑缚技术好坏等,都会直接影响到嫁接成活情况。

5.3.2 砧木与接穗的选择

砧木的选择　要选择健壮、无病虫害的植株,同时还要考虑到砧木和接穗的亲缘关系愈近嫁接后愈容易成活。一般来说,砧木和接穗都是同科同属,嫁接最容易成活。

接穗的选择与采集　接穗的好坏,是嫁接成活的关键。一般情况下,应选择树冠外围生长健壮、充实,芽体饱满、通直、光洁的枝条作接穗。且尽量选用 1 年或当年生枝的枝条中部。否则会因穗芽发育不充分而影响成活率或生长势。

接穗的采集时间　最好随采随用。需短期存放的,一般用塑料薄膜或湿润后的土布、草袋包扎并置于阴凉处。少数确需在休眠期采集,而在春季使用的接穗,则放在土窖或贮藏沟内沙藏越冬。

5.3.3 嫁接方法

5.3.3.1 枝接

枝接包括切接、劈接、腹接、靠接、插皮接等。枝接时间分为休眠期和生长期两个时期,河南一般在 2～4 月份,最佳时间为 2 月 15 日。3 月 25 日,即在树液开始流动(芽刚萌动)时进行;腹接和靠接则可延长到 9 月份。

(1)切接法　切接时间一般在 3 月份。具体操作步骤分为以下五步:

1)采接穗　接穗剪截长度一般为 5～8 cm,有 2～3 个芽为宜。

2)削接穗　首先在接穗最下一个芽的背面或侧面下刀,向内切入木质部,随即向下并与接穗中轴平行快速切削到底。切削深度以占接穗粗度的 1/3 左右为宜。切面长为 2～3 cm。然后在已削好的切面对侧削一个长 1 cm 左右的小斜面,两个削切面呈 45°角,小斜面切削深度以不带或稍带木质部为宜。两侧削面均要求平滑,切削时尽可能不回刀(即重复削切)。

3)削砧木　首先将砧木苗在距地面 5 cm 左右处截干(此工序可提前进行),然后选桩子比较光滑的一面,在桩顶呈小斜角削一刀,以便于看清形成层与木质部的界限,随即在小斜面部位的砧木顶端稍带木质部向下垂直切一刀,并使切口长度与接穗长削面等长。切削砧木时必须注意以下两点:一是要用利刀下切,不可生硬掰劈。二是要稍带木质部,否则容易使干皮削落,无法插接穗。但带木质部过多,又会减少形成层与接穗的接触面积,不易成活。

4)插接穗　在砧、穗削切完成后,要尽快将接穗以大斜面向内插入砧木切口,并且要插到底,同时尽可能使砧、穗形成层多接触。至少要将接穗长削面一侧形成层与砧木一侧的形成层对齐(密接)。

5)绑扎　用塑料条将插接好的砧穗由下向上缠扎,注意绑扎时不能碰动接穗,并且缠绕方向有利于压紧形成层对齐的部位。最后再套上大小适宜的塑料食品袋,并将袋口扎紧在砧木上。袋子大小以能套住接穗与砧木切口下部为宜(图 5-1)。

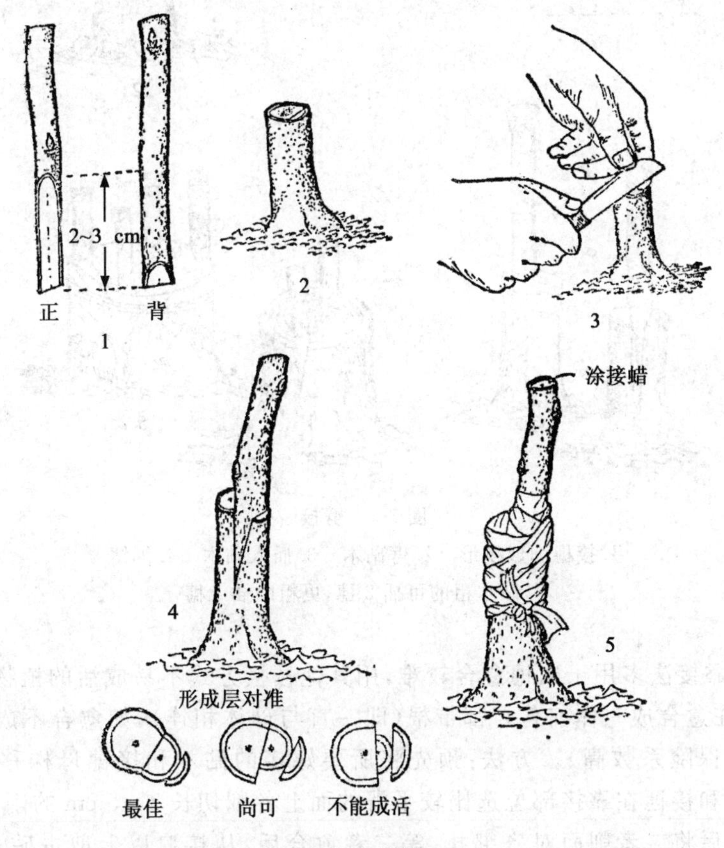

图 5-1　切接

1. 接穗削面　2. 砧木削肩　3. 略带木质部纵接切口　4. 插入砧木　5. 绑缚

(2)劈接法　用于在较粗砧木上接较细的接穗。具体操作时,先用劈接刀从砧木顶部中心垂直下切,切口深 3～4 cm,再将接穗下部从芽两侧斜剥两刀,使接穗下端呈梯形状,并使带芽一侧稍厚。然后用刀撬开砧木劈口插入接穗。注意将接穗所留厚皮质一侧向外,并与砧木形成层对齐。最后绑扎、套袋即可(图 5-2)。

(3)腹接　五针松、翠柏(鄢陵称翠蓝松)、龙柏嫁接应用较多。腹接时间在苗木生长期,以 6～7 月份最佳。“腹接”时一般不剪砧,而是视需要在其适当部位由上向下斜切一刀,深度以适当切入木质部为宜,切口长 2～3 cm,将接穗下端削成斜楔形。并注意使内侧(最下方芽眼的对侧)削面长,外侧(有芽眼侧)稍短,将接穗插入砧木绑扎。

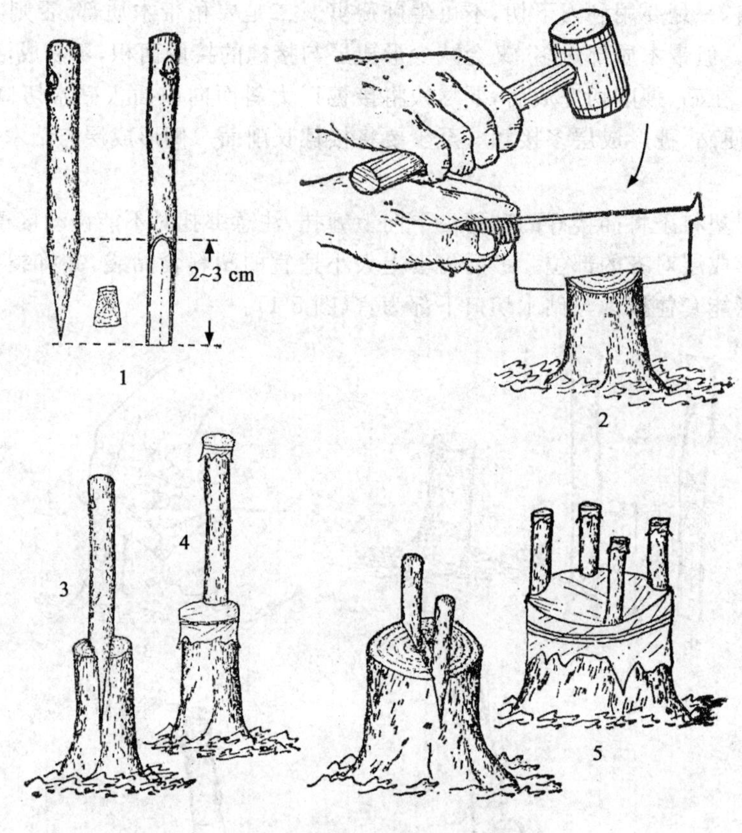

图 5-2　劈接

1. 接穗削成楔形　2. 劈砧木　3. 插入砧木　4. 绑缚

5. 砧木粗的可插 2 穗，更粗的插 4 穗

(4)靠接　靠接法多用于砧穗愈合较难，用其他枝接方式不易成活的植物。靠接的特点是砧木和接穗在愈合成一体前各自都带根(即一直与母体相连)，如愈合不成功不会影响各自继续生长(即保险系数高)。方法：预先将所要嫁接的砧木和接穗母株移植或放置在一起，然后将砧木和接穗在靠接部位选比较平滑的面上各削切长 3～5 cm 的削面，深度以稍带木质部为宜，然后将二者削面对齐绑扎，等二者愈合后，从接口以上剪去砧木，从接口下部将接穗与母体切离即可。为促进砧穗愈合，可在嫁接时对砧木接口以上的枝干进行疏枝、折伤或刻伤处理(图 5-3)。

(5)插皮接　对较大的树干或大枝进行高接或造型枝接时多采用“插皮接”。此法由切接衍生出来，即在枝(干)顶端光滑处用利刀竖直向下划切一刀，深度仅到木质部而不划入木质部，长度 3～5 cm。接穗削切同切接法，或削切成一个大面，两个相等小面的三棱锥形，并尽量多留皮质，然后将接穗由上向下插入砧木切口，进行绑扎、套袋即可。亦有在砧木上不切口而用手指挤压，或用竹签插入使皮层与木质部分离后，直接插入接穗再绑缚好即成的(图 5-4)。

5.3.3.2　芽接

芽接俗称为“热粘皮”或“贴鬼脸”。芽接时间因植物种类不同而异，一般在 5 月中旬至 9 月上旬。即树木生长旺盛、树皮易剥落(芽片易剥离)时进行，但以 5 月中旬至 6 月中旬最佳。

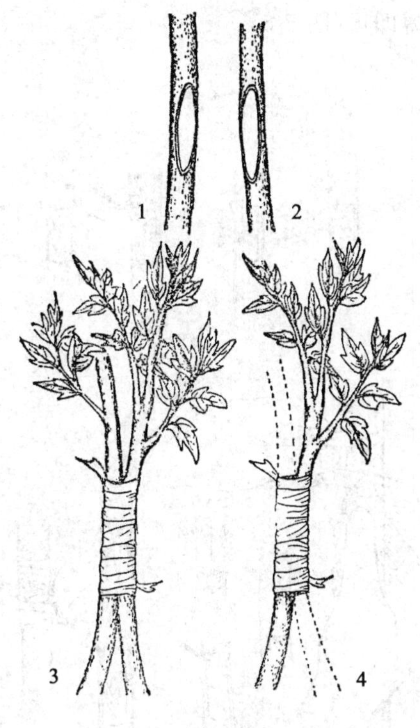

图 5-3 靠接

1.砧木株 2.接穗株 3.靠接绑缚
4.切去砧木的梢部,切去砧木的下部

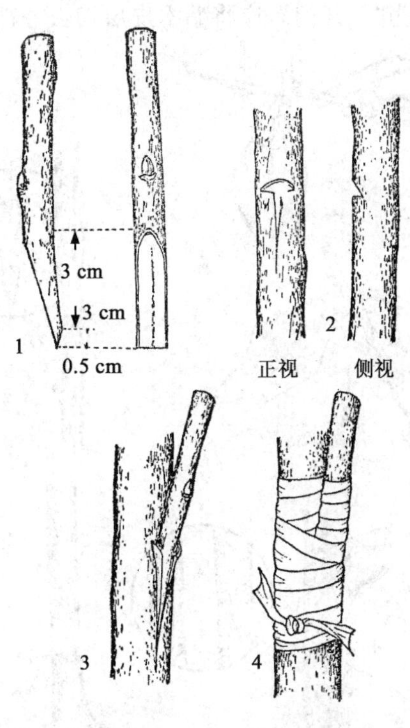

图 5-4 插皮腹接

1.削接穗 2.砧木切口
3.接穗插入砧木 4.绑缚

芽接的方式一般有"T"字形、块状、嵌芽接等。采集芽接的接穗时,剪取枝条后必须随即剪掉嫩梢和叶片,只留叶柄并保湿放置。

(1)"T"字形芽接 又称"盾"形芽接,因其砧木切口为"T"字形,接芽削切成盾形芽片而得名。其嫁接操作步骤是:

削芽片 先在接穗枝条芽的上方 0.5~1 cm 处横切入木质部,再从芽下方 1~1.5 cm 处向上斜切入木质部,然后向上平削至横切处,剥下芽片(一般不带木质部)。

切砧木 在砧木嫁接部位选光滑处横、纵成"丁"字形各切一刀,深度至木质部,长宽应略大于芽片。

插芽片 先将砧木切口用芽接刀骨柄挑开,再将芽片(码子)插入,并使芽片上端与砧木切口上沿对齐密接,整个芽片与砧木贴紧。

绑扎 用塑料条绑缚,但要将芽及叶柄露出。为了提高嫁接速度,花农在生产上有采用砧木一刀法的,具体操作是在砧木削切时,仅在适宜部位横切一刀,刀口长度为接芽宽度的 1~3 倍,然后将接芽插入刀口(接芽时先用手指挤压开刀口),再绑缚即可(图 5-5)。

(2)块状芽接 又称"门"字形芽接,"工"字形芽接。也有将砧木切成"]"形的叫"单开门",切成"工"字形的叫"双开门"。方块芽接多用于砧木较粗或愈合时间长或树皮较厚的树种。其操作过程是,先在接穗上切取芽片。即用芽接刀以芽(码)为中心四周各切一刀,深达木质部使芽片呈长 2 cm 左右,宽 1 cm 左右的长方块。再在砧木上切成"]"形或"工"形切口,长宽与芽片大小相应(最好采用双刃刀)。然后将切好的芽片不带木质部从接穗上剥下,插入砧木切口内(若为“单开门”,应将砧木皮层切去一部分),最后绑缚即可(图 5-6)。

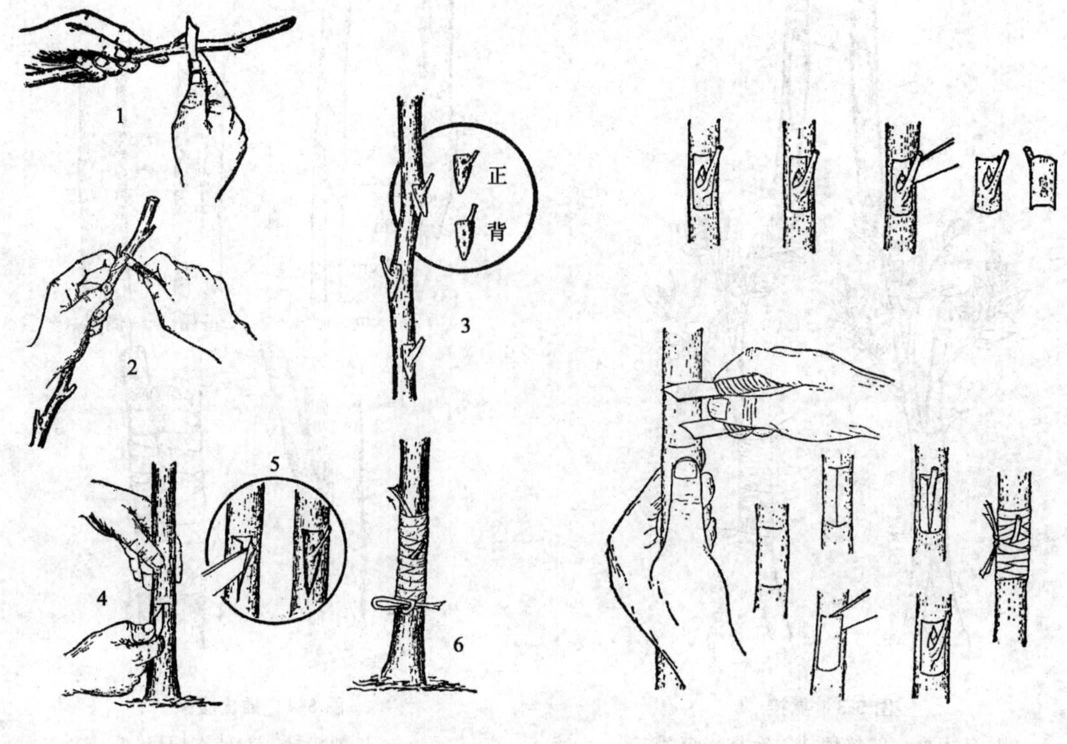

图 5-5　“T”字形芽接

1、2. 削芽　3. 盾形芽片　4. 砧木切口呈丁字形　5. 撬开皮层嵌入芽片　6. 绑缚

图 5-6　块状芽接

(3)嵌芽接　又称带木质芽接,在砧穗不易离皮时用此方法(如秋接玉兰)。嵌芽接时间分别是 2 月中旬,或 7 月中旬至 9 月中旬。用此法削芽片时,先从芽上方 0.5～1 cm 处下刀,斜切入木质部少许,向下切过芽眼至芽下 0.5 cm 处,再在此处向内横切一刀取下芽片,含入口中。随即在砧木嫁接部位切一与芽片相应的切口,并将切开部分切去上端 1/2～2/3,用留下部分夹合芽片,然后将芽片插入切口,对齐形成层(甜皮),并注意使芽片上端略露砧木皮层,最后绑好即成。

5.3.4　嫁接后的管理

(1)对枝接的苗木,应在接穗萌芽生长至叶片放大时(在接后 1 个月左右),破袋放风。初放时开口要小,以后逐步加大,使幼芽在经过 5～7 天适应锻炼后再全部去除套袋。对未接活的植株及时补接。

(2)对芽接的苗木,芽接后 7～10 天应及时检查成活情况,如芽体新鲜、叶柄手触即落,则表明有望成活,反之则可能死亡,应及早进行补接。对接芽已成活萌发的植株要及时剪砧。一般应依接芽发育情况分两次剪去。但对秋接后砧芽仅愈合而芽眼不萌发的越冬“芽苗”,则不能剪砧,否则易将芽(码)冻死。应在第 2 年春季再进行剪砧工作。

在芽接成活半个月、枝接成活 1 个月后,应视具体情况(主要是愈合情况)分别解绑,不可过早或过晚，过早则砧穗愈合不牢固，过晚则会产生缢伤现象，影响生长。解绑时只需在接芽(枝)对侧的砧木绑缚处纵切一刀割断绑缚物即可，以后绑缚物会随枝条生长自然脱落。

(3)对已接活的苗木应及时抹去砧木上的萌芽和剪除根蘖。

(4)对易遭风折的枝接苗及横向生长的芽接苗，应设置"标杆"加固与引导。

5.4 压条繁殖

压条繁殖就是将植物的枝条在不切离母体的情况下，压(埋)入土中或包裹于湿润的生根基质中，待其生根后再割离母体，形成独立的新个体的方法。由于压条法在枝条生根期内一直与母体相连，能从母体不断获取水分和营养，所以不会枯死。此法是一种安全可靠的繁殖方法，而且还能获得大苗。生产上常用压条法繁育大苗，或扦插不易生根，或极具特殊用途的少量用苗，如桂花、樱花、毛白杨等。主要方法有：

5.4.1 曲枝压

适用于枝条离地近又较易弯曲的植物，如木香、紫叶加拿大紫荆、石榴、桂花等。其操作方法为，一般选 1～2 年生枝条作压条，特殊情况下亦用 3 年生枝作压条。先在其下方地面挖沟或穴，沟(穴)深度依枝条生根特性而定，一般为 10～15 cm。沟(穴)靠近母株的地方应挖成斜面，另一面则尽可能呈直面(与地面垂直)。然后将枝条预定生根的节(芽)部位，在芽下刻、割或折伤(有条件时还应适当涂抹生根剂)，再压入沟(穴)内，埋土压实。为防止枝条压后翎起，可在埋土上加压砖石等物或设木桩固定。对枝条长而柔软的植物，特别是藤蔓类植物，可采用多点曲压(也称波状压条)，即将枝条全长间隔压入沟(穴)内，呈波浪状，波峰(上突)部位留芽露出地面，且芽前割伤，波谷(凹下)部分也尽可能有节(芽)埋入土中。待地下部生根，地上部发育成枝时，分段切离即可成苗(图 5-7)。

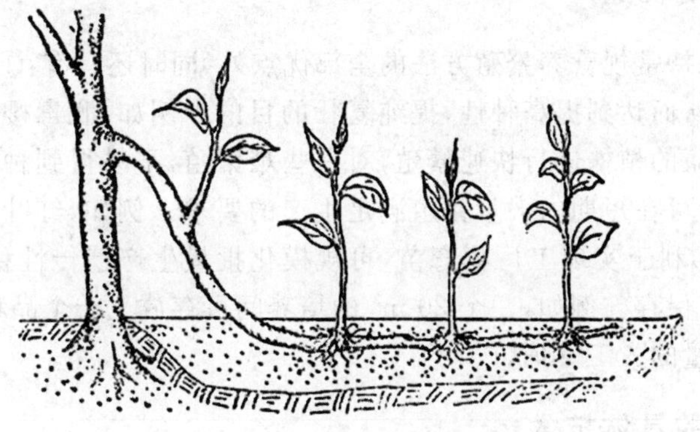

图 5-7 曲枝压示意

5.4.2 高压

用于枝条硬度大、不易弯曲或距地面较高的情况，如樱花、桂花等。此外还用于压取大枝，快速获得大苗。高压时选当年至多年生健壮枝，先将预选部位刻伤或环剥，必要时可涂抹适宜的生根剂，再包裹上湿润的泥土等，外用塑料薄膜包好即可。

5.4.3　堆土法

适用于丛生或根蘖较多的植物，如樱桃、黄杨等。春季先将各待压的枝条在近地面处刻伤，然后封土使其生根，于秋季或第 2 年春季切离分栽。刻伤后如能配合使用适宜的生根剂效果更佳。

压条繁殖全年均可进行，但以春季和雨季最好。压后主要检查入土及高压包裹部分是否松动，土壤或基质是否缺水等，对松动、缺水的应及时压紧、扎牢和补充水分。

5.5　分株繁殖

亦称为分墩，即将已生长出根须的植株根部萌蘖（芽）条切下分栽。

分株繁殖多在春秋季结合移栽进行。具体操作又可分为全分（掘分）和半分（侧分）两种。全分法就是将母株整株连根挖出后，用利刃将其从根部切分成几份，然后分别栽植；半分（侧分）法是不起出母株，只将根蘖、脚芽切离，挖出另行栽植。

5.6　组织培养

5.6.1　组织培养的定义

植物组织培养是近二三十年发展起来的一项生物新技术，它是依据植物细胞的“全能性”理论，在无菌的条件下，把离体的植物器官、组织放在人工控制的培养基及环境条件下，使其分化、增殖，在短时间内分生大量完整新植株的一种营养繁殖方法。

5.6.2　组织培养的优点

组织培养除了保持常规营养繁殖方法的全部优点外，同时还具有：①能获得无病原菌和无病毒的无性系苗木，从而达到提高种性，提纯复壮的目的。例如，脱毒樱花的生长量是未脱毒的 3～5 倍。②对健康的植株进行快速繁殖，对一些难繁殖，不易得到种子以及新引进的优良品种，利用组培技术，可在短期内大量繁殖满足生产的要求。例如，红叶石楠的组培快繁一年可生产几十万株。③利于实现工厂化育苗，可规模化批量生产遗传性稳定一致的优良种苗。④对作物种资源进行保存。例如，一个 20 m^2 的培养间可存放上千个品种，不但可以节省大量的土地，还可省去大量的人工管理。

5.6.3　组织培养的具体技术

5.6.3.1　外植体

（1）外植体的选择　所谓外植体，就是第一次接种用的植物材料，一般采用茎尖、茎段、叶芽作为外植体。外植体的选择是否适当对以后的启动、增殖都有很大的影响，因此在选择的过程中应注意以下几个方面。

1）取材植株的年龄及生理状况。树龄越大启动越不易成功，培养越难，因此应选用幼龄树或萌蘖苗。总的趋势是芽、梢及根形成的能力随年龄的增加而迅速下降。因此在选取外植体时，一般应选处在营养生长状态、膨大而鳞片尚未裂开时为宜。针叶树还可采用夏末冬初的芽，此时芽内已形成叶原基，若在休眠期采取应进行催芽处理打破休眠后再取材。

2)取材的种类和部位。根据培养品种的特性，选择相应的器官或组织，因为不同植物的不同器官产生不定芽和侧芽的能力不同，较幼嫩部位容易分化、繁殖，形成新植株的器官。同时还应注意外植体在植株上的位置以及所取的芽在枝上的位置等。

从外界取得的植株由于含杂菌多，消毒不易彻底，因此一般情况下先将植株栽入温室里培养，并在培养过程中经常喷施杀菌剂、杀虫剂以及抗菌类药物；如果是在冬季取材应在培养间内进行催芽处理或沙藏处理。无论是外界取得的植物还是催芽得到的嫩芽都要利用其新生的健康的材料作外植体。

3)外植体的处理。外植体取得后如果离实验室较近即可进行处理，若是较远或异地应进行保温、保湿、防霉处理，携带时严禁挤压、暴晒、损伤；如果取来后不能及时接种，应在低温保湿卫生的条件下存放，最好是保存在冰箱里，但时间不宜过长。从经过处理的植株或枝条上切取新生的嫩枝冲洗后切分，若是直接从外界取的材料还应用中性肥皂水冲洗，剥去外植体的外层、去叶、去鳞预处理后，再次分割。

(2)外植体的消毒

1)消毒原则。为彻底杀死外植体表面附着的多种微生物，必须对外植体表面进行严格的消毒。由于外植体是活的植物组织，消毒时既要将表面的微生物杀死，又不致伤害或杀死植物组织。解决的途径是根据不同的树种、不同的培养材料对试剂的敏感程度，采用与之相适应的药剂、浓度和处理时间。选用消毒剂的原则是既要消毒效果好，又要对组织的分化与生长没有不良的影响。

最常用的消毒剂、使用浓度、消毒时间以及消毒效果见表 5-5。

表 5-5 常用消毒剂的消毒效果表

消毒剂	使用浓度(%)	消毒时间(min)	消毒效果
次氯酸钠	2	5～30	很好
次氯酸钙	9～10	5～30	很好
过氧化氢	10～12	5～15	好
溴水	1～2	2～10	很好
硝酸银	1	5～30	好
氯化汞	0.1～1	2～10	最好
抗生素	4～50 mg/L	30～60	较好

2)消毒方法。外植体取来后用自来水冲洗，同时用软毛刷去掉枝芽上的泥土，用吸水纸吸干，75%的酒精洗 10～30 s，随后用无菌水冲洗。根据不同的植物种类及材料，选择消毒剂、消毒时间。在消毒的过程中要不停地晃摆，消毒后立即用无菌水冲洗 3～5 次，然后清理工作台，进行切分接种，一般 1 瓶只接 1 个外植体。

5.6.3.2 培养基

培养基是外植体分化、生长和发育的基质，同时也是植物细胞、组织和器官吸取各种营养物质的来源。

(1)培养基组成　各种培养基的配方各不相同,但所含的主要成分除水以外基本上可以归纳为四类,即无机盐类、有机物质、生长调节物质、介质或载体。

无机盐类根据含量不同分为大量元素和微量元素。大量元素包括氮、磷、钾、硫、镁、钙。大量元素几乎在任何配方的培养基中都是不可缺少的,是植物生长所需的最基本的矿质营养。微量元素包括铁、硼、锰、铜、锌、钼、氯等。植物对微量元素的需要量极微,稍多即发生毒害作用。

有机物质主要包括维生素、氨基酸、肌醇和其他附加物质。离体培养时,植株自身难以合成足够的维生素,通常需要加入一种至数种维生素。氨基酸等对芽、根、胚状体的生长有良好的促进作用。

生长调节物质主要包括有生长素类、细胞分裂素、赤霉素、脱落酸和乙烯。在组织培养中最常用的是生长素和细胞分裂素。生长素类有吲哚乙酸(IAA)、萘乙酸(NAA)、吲哚丁酸(IBA)、2,4-二氯苯酸乙酸(2,4-D)等,细胞分裂素类有激动素(KT)、6-苄基氨基嘌呤(6-BA)、异戊烯腺嘌呤(zip)等。

介质或载体主要是琼脂、卡拉胶等,主要起固定外植体的作用。

(2)母液的配制　为了减少各种物质的称量次数,使用方便和用量准确,一般按培养基配方中规定的各种化合物的重量扩大10倍、100倍或1 000倍称量,溶解成为浓缩液称为母液。常被配成的母液有大量元素母液、微量元素母液、有机物母液、激素母液、铁盐母液等,现以目前最常用的Ms培养基为例,说明培养基各成分的含量。

1)大量元素母液。应注意按配方中的排列顺序,对每种化合物以其10倍(或100倍)用量单独称量,分别溶解,再按先后顺序混合在一起,避免发生反应沉淀,最后加蒸馏水定容到1 L。

2)微量元素母液。为达到称量精确,以每种化合物的100倍(或1 000倍)分别称量溶解,再混合在一起,最后加蒸馏水定容。

3)有机物母液。叶酸应用稀氨水溶解,一般情况下肌醇应单独配置。

4)铁盐母液。铁盐宜单独配制,因为$FeSO_4 \cdot 7H_2O$不宜被植物直接吸收,常配成螯合铁的形式,以利于植物吸收。配好后的母液应存放在棕色瓶内。

5)激素母液(表5-6)。所有激素都要单独称量、溶解,然后定容备用。

但应注意一般无机物类、维生素类都是水溶性的,故可用蒸馏水溶解;而生长素类是醇溶性的应用酒精溶解,细胞分裂素类应用盐酸溶解。

(3)培养基的配制　根据培养基配方中各种物质的具体需要量,用量筒或移液管从各种母液中逐项按量吸取,并不断搅拌。加入琼脂,用蒸馏水定容,将pH调节至5.8～6.2,具体数值应根据不同植物而定。然后分装,在分装的过程中要不断搅拌,盖盖标记、装锅灭菌。

(4)培养基的灭菌　固体培养基常用高压灭菌法,在消毒前应先将消毒锅内的水加满,然后打开电源开关进行预热,同时放出锅内的冷空气,冷气放完后进行消毒。当锅内温度达到120℃,压力稳定在1.1个大气压时开始计时,20～25 min后可以结束消毒,关闭电源开关后,慢慢放气。消毒时间不宜过长,否则容易使培养基内的某些有机物质分解失效,当锅内没有压力时应立即取出培养基,使其迅速降温加速凝固。培养基的存放时间不宜过长,一般情况下,两周内用完。

表 5-6 MS 培养基母液配制表

母液编号	药 品	1 000 mL 母液含量(g)	每升培养基用量(mL)
1	NH_4NO_3	82.5	20
	KNO_3	95.0	
2	$MgSO_4 \cdot 7H_2O$	37.0	10
	$MnSO_4 \cdot 4H_2O$	2.23	
	$ZnSO_4 \cdot 7H_2O$	1.06	
	$CuSO_4 \cdot 5H_2O$	0.002 5	
3	$CaCl_2 \cdot 2H_2O$	44.0	10
	KI	0.083	
	$CoCl_2 \cdot 6H_2O$	0.002 5	
4	KH_2PO_4	17.0	10
	H_3BO_3	0.62	
	$Na_2MoO_4 \cdot 2H_2O$	0.025	
5	$FeSO_4 \cdot 7H_2O$	2.785	10
	Na · EDTA	3.725	
6	维生素 B_1	0.4	1
	维生素 B_6	0.5	
	维生素 B_3	0.5	
	甘氨酸	2	
7	肌醇	5	2
8	激素	按要求浓度添加	

(5)快速繁殖的阶段

1)启动培养。该阶段是整个培养过程的基础,其效果的好坏,直接影响以后几个阶段。基本培养基多采用 MS 培养基,细胞分裂素以 6-BA 最好,但浓度一般情况下都比较低,生长素常用 IBA 或 NAA,一般情况下只用一种并且浓度也很低或不用。通常情况下两者配合使用,并且细胞分裂素浓度要比生长素高,这样才能分化产生不定芽,提高芽的诱导率。

2)增殖培养。该阶段主要是繁殖大量的有效芽,芽的增殖方式:第一是侧芽增殖,有利于保持该物种的遗传稳定性,但增殖率较低;第二是不定芽增殖,对物种的遗传稳定性保持不佳,在增殖过程中易产生变异,但增殖速度相对较高。此阶段是整个培养过程中的关键,因为只有大量产生幼芽才能快速繁殖,在生产中才有应用价值。对芽的增殖所用的激素一般以 6-BA 最有效,也有与 NAA 或 IBA 混合应用,但其浓度不宜过高,否则会抑制芽的增殖又易形成愈合组织影响增殖系数增殖,培养时期一般为 25~30 天。在增殖阶段要求的培养条件为温度(25±3)℃,光照强度 1 000~2 000 lx,光照为 12~16 h。

3)生根培养。诱导生根主要是将长到一定高度的试管苗,单株转接到生根培养基上继续培养使其生根。该阶段对培养基的要求是,总盐浓度较低,无机盐含量较低,通常为增殖培养基的 1/2,细胞分裂素含量极低或不含,添加适当浓度的生长素,也可添加活性炭。降低糖的浓度,提高试管苗的自养能力,促进生根,为将来的驯化移栽打下基础。该阶段对环境条件的要求主要是温度降低，光照增强，温度在 20℃左右，光强为 3 000～5 000 lx 时生根效果好。

4)驯化移栽。该阶段是将已生根的完整植株从培养室移植到温室，使小苗继续长大，形成发达的根系和长成健康的幼苗，它是整个培养过程的最后阶段，决不能忽视，否则前功尽弃。在该阶段经常会遇到的问题是，小苗移栽后环境条件突变以至死亡，移栽后失水变干，基质消毒不彻底产生病害引起死亡等，因此要采取一系列行之有效的技术才能提高小苗移栽成活率。移栽应注意以下几点：

要进行光培炼苗：将培养室内的生根苗移至室外后，不能直接移栽而要放在较卫生的环境条件下，存放 5～7 天，以使其充分适应外界的环境，然后进行洗苗移栽。

要进行分级处理：将洗后的幼苗根据苗的高度、生根多少以及根系有无，分别移栽至不同基质里进行不同的管理，使试管苗的成活率达到预期的目的，同时也使试管苗生长整齐一致。

移栽基质的选择与消毒：为确保试管苗移栽成活，应选择洁净、疏松、通气而又保水的基质。通常选用的基质有蛭石、珍珠岩、草炭等。对放置太久或用过的要消毒。常用的消毒措施有蒸汽消毒、熏蒸消毒以及化学消毒等。

严格把握移栽技术：分级后的幼苗在移栽的过程中应注意洗净培养基、幼苗消毒严禁伤茎、损根，精心移栽后浇定根水，确保成活。

重视栽后管理：移栽后及时放入塑料拱棚内进行保温、保湿培养，同时要定期进行检查及时去除污染苗，通风透气，增加营养。当发现根开始生长，有新叶发生时慢慢揭开拱棚，促进光合，加快生长。当苗叶变绿，生长明显时，可根据不同品种的特性，移至棚外炼苗或移栽至大田，整个快繁过程至此结束。

6 木本类彩叶植物的大苗培育

大苗也称工程大苗。在城市、居民区、公园、道路等绿化中，一般都采用不同规格的大苗。因此，大苗培育是苗木生产中一项不可缺少的工作。培育大苗必须进行移植，因为通过移植增加了苗木的营养面积，改善了苗木的养分、水分、光照和通风状况；通过移植减免了由于苗木留床时间过长造成主根深，侧根、须根少，起苗困难，容易伤根，而使降低苗木质量、影响造林成活的弊病。同时，还可以节约用地，提高土地利用率，因为培育大苗不经移植，就需要在播种或扦插时加大株行距，这样不仅浪费土地，而且抚育管理费用增多，提高了育苗成本。此外，采用苗木移植对节约用种量还具有现实意义，尤其是对种子稀少的珍贵树木，为了争取粒粒种子成苗，开始可适当密播，待出苗后生长到一定高度时再行移植，这样不仅在幼苗期可集中管理，以利提高场圃发芽率和保苗率，而且节约了种子。

大苗培育一般应选择土壤肥沃，排灌方便，pH 适当，交通方便的地方作为大苗培育苗圃，圃地选好后要施足基肥，深耕细耙，打畦做床，以备苗木移植。

6.1 苗木的移植

6.1.1 苗木移植的时间

应根据当地的气候条件和树种的生物学特性而定。一般在早春土壤解冻后，苗木开始生长前进行，因为此时苗木地上部分开始萌发，苗木的根系已恢复了吸收水分的功能，使苗木体内水分能保持平衡。在春季移植时应根据各树种发芽的先后安排移植的顺序。如我国北方可按落叶松—油松—榆树—杨树—柳树—板栗—刺槐—栎属—紫穗槐等的顺序进行。南方的金钱松、柳杉需要早移，樟树、喜树、枫杨则不宜过早，应在开始发芽前移植。

在春旱严重，秋季温暖、湿润的地区可在秋季移植。秋季移植应在苗木地上部分停止生长后进行。因为这时苗木地上部分虽已停止生长而地下根系仍在生长，移植后根系可以得到恢复，有利于苗木成活。

除此之外，北方常绿针叶树种的苗木还可以在雨季进行移植。移植的具体时间，最好在阴天或晴天的早晨及傍晚进行。不宜在雨天或土壤过湿的情况下移植，以免土壤过于泥泞而影响苗根的舒展，使苗木不易成活或成活后生长不良。

6.1.2 移植苗的株行距

主要决定于苗木生长速度、苗冠、根系的发育状况以及苗木的培育年限。生长快、苗冠开展、侧根、须根发达、培育年限长的苗木株行距应大些，反之应小些，一般针叶树株行距比阔叶树小。生产中比较适用的株距为 10 cm、20 cm、50 cm、100 cm；行距为 15 cm、25 cm、60 cm、

100 cm、150 cm。

6.1.3 移植前苗木的处理

移植前对苗木的根系要进行适当的修剪,目的是促进须根的生长。一般修剪后的根系保留 15～20 cm 长即可。根系过长在移植时易形成窝根,过短又会影响苗木的成活和生长。为了减少蒸腾作用保持苗木体内水分平衡,常绿阔叶树种的苗木在移植时,还要剪去部分枝叶。另外对萌发性较强的泡桐、刺槐、杨树等还可以进行截干。

6.1.4 移植方法

苗木移植可采用穴植、沟植及孔(缝)植等方法。对于根系发达的树种应采用穴植或沟植。穴植就是按预定的株行距定出栽植点,然后用移植铲或其他工具挖穴栽植的方法。沟植法是按预定的行距开沟植苗的方法。采用以上两种方法移植时,必须做到苗正、根系舒展、苗木栽植的深度比原根际深 2～3 cm。主根长而侧根不发达的树种可采用孔(缝)植法。即用移植铲或移植锥按株行距锥一个孔,然后把苗木栽入的方法。

总之,不论采用哪种方法移植,为了保证移植苗的成活,在移植前都要将苗根用水或泥浆浸湿,移植后要立即灌水。

6.2 大苗的抚育管理

移植苗的抚育管理工作,除了与播种苗相同的松土除草、灌溉、施肥、防治病虫害等项内容外,对大苗还需进行干形培育、树冠整形以及起苗包装等工作。

6.2.1 干形培育

在自然生长的情况下,有些树木往往形成主干低矮尖削、侧枝粗大的不良干形。因此可在育苗时期,通过人为的截干、修枝、抹芽等措施对苗干整形。截干就是在春季苗木发芽前,把干形细弱、弯曲、顶芽瘦小或梢头受害的移植苗主干齐地面截去,使其重新长出端直而强壮的主干。截干又称平茬,是彻底改变干形的一种方法,适用于萌芽力强的阔叶树,如泡桐、苦楝、白榆及刺槐等。截干后对留下的部分要覆盖 3～5 cm 厚的细土,防止水分蒸发和伤口干燥。待发出萌芽条后,只保留一株做主干,其余除掉。

修枝也可以达到截干的目的。在苗干通直有饱满芽处剪去上部弯曲、细弱的梢部,可培育成具有单一主干的苗木。在修枝时还应结合抹掉剪口芽以下的 5～6 个芽苞,以促进剪口芽的生长。在苗木生长过程中,要及时调整竞争枝,修去过密枝条,保证主梢正常生长。

6.2.2 树冠整形

在自然生长的情况下,树冠的形状常常不能满足园林绿化的要求,必须通过人为的修枝和改变枝条形状把树冠培育成不同形状,这种工作就是树冠整形。把树冠培育成什么形状,主要根据用途不同而定,一般有伞形、塔形、圆锥形、球形、扇形等。

修枝整形时间多数树种在秋季落叶后,春季发芽前进行。

6.2.3　起苗

包装起苗是移植苗抚育管理的最后环节，也是关系苗木成活的关键。

起苗时，为了使苗木具有完整的根系，要根据苗木的大小、树种特性、根系再生能力的强弱等因素确定苗木根系的长度和根幅的大小。在生产中常根据地际直径的粗细来决定，如表 6-1 所示。

表 6-1　大苗起苗的范围　cm

地际直径	根幅	垂直根长度
3～4	40～50	30～40
5～6	60～70	45～50
7～8	70～80	50

大苗出圃可带土团或不带土团。一般落叶阔叶树起苗时多不带土团。而常绿针阔叶树种应带土团。土团直径的大小一般为苗木地际直径的 6～12 倍。带土团的苗木起出时要做好包装工作。包装时先用拇指粗的草绳打好土团的腰箍(6-1)，以防土团碎裂。然后再采用井字包、五角包方法包扎，土壤疏松时可用橘子包包扎，具体方法见图 6-2 至图 6-4。

苗木包装妥善后，应立即运往栽植地点栽植。若遇天气干旱时，还要适当淋水保持土团湿润。

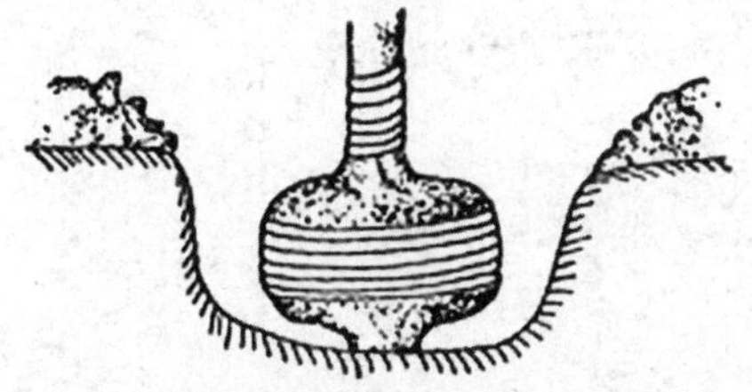

图 6-1　打好腰箍和土球

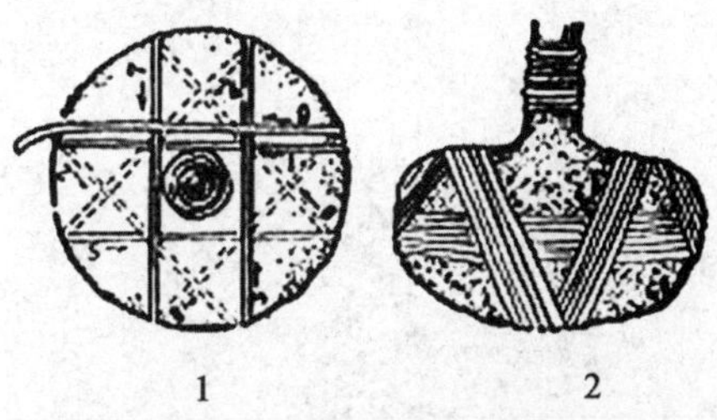

图 6-2　井字包包扎法示意

1. 包扎顺序平面图示(实线表示土球面绳，虚线表示土球底绳)　2. 扎好后的土球

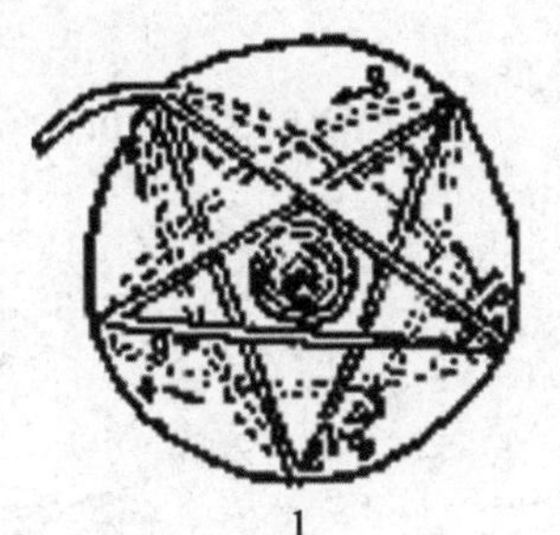

图 6-3　五角包包扎法示意

1. 包扎顺序平面图示(实线表示土球面绳，虚线表示土球底绳)　2. 扎好后的土球

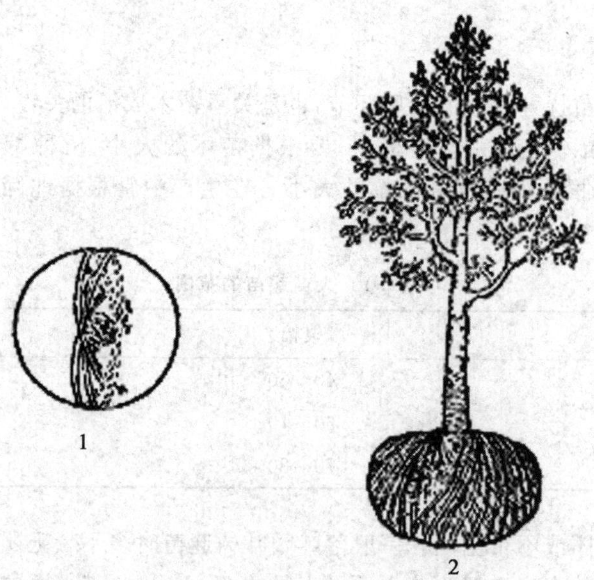

图 6-4 橘子包包扎法示意

1. 包扎顺序平面图示(实线表示土球面绳,虚线表示土球底绳) 2. 扎好后的土球

7 木本类彩叶植物容器育苗与大棚育苗

为了缩短育苗年限，提高苗木质量和造林成活率，目前，国内外已广泛采用了新型的育苗方法——容器育苗和大棚育苗。实践证明这些育苗方法在我国北方、南方都适用。特别是在春季干旱多风，土壤瘠薄干燥，自然条件比较恶劣的地区，更有实践意义。

7.1 容器育苗

在装有营养土的容器中培育苗木的方法就是容器育苗，所培育出的苗木叫容器苗。

7.1.1 容器育苗的优点

(1)可提高造林成活率。容器苗为全根、全苗造林，根部不受损伤，所以成活率一般都在90%以上。特别在立地条件差的造林地收效更为显著。

(2)播种量少可节约用种。据报道国外容器育苗每千克欧洲松种子可培育出6万株苗木，而在我国樟子松育苗(特性与欧洲松相近)，每千克种子的出苗量仅为0.75万株。所以容器育苗法对于珍贵树种的育苗具有特别重要的意义。

(3)容器育苗不受造林季节的限制，可以延长造林时间，合理安排劳力，有计划地进行造林。

(4)缩短了育苗周期，提高了苗木质量。一般苗床育苗需要8～12月份才能出圃，而容器育苗，由于苗木生长在配制合理的营养土中，所以只需3～4个月便能出圃。

(5)有利于实现育苗机械化，提高工作效率。如日本用纸质营养杯育苗，采用自动化作业线，一次就能完成装填营养土、播种、覆土等工序，6人操作每日可完成40万个营养杯的播种作业任务，大大提高了工作效率。除此而外，容器育苗还可以省去起苗、假植等作业。

(6)容器育苗不需要占用肥力较好的土地。

容器育苗虽然具有不少优点，但也还存在问题。如为了配制营养土需要运输大量泥土，因此容器育苗费用高。据日本报道，用泥炭容器育苗的成本比裸根苗贵60%，运费高2倍。

7.1.2 容器种类和制作方法

目前世界上用于育苗的容器种类繁多，分类方法也不一致，归纳起来主要有两类。一类是和苗木一起栽植入土；另一类是在苗木栽植时要取下容器。前者如芬兰和美国的蜂窝纸杯、细毡纸营养杯；北欧的泥炭容器；加拿大华特氏枪弹形容器等。这些容器在土中可被水、植物根系以及微生物所分解。后者如加拿大的多孔聚苯乙烯(泡沫塑料)营养砖、瑞典的多孔硬质聚苯乙烯营养杯、芬兰的薄塑料杯等。

制作容器的材料有软塑料、硬塑料、合成纤维、泥炭、黏土、纸浆、特制的纸和纸板以及竹篾等。容器的形状有六角形、四方形、圆柱形和圆锥形等。据试验证明其中以六角形最为理想，因为这种形状有利于根系的舒展。容器的大小因受苗木大小和费用开支的限制相差较大。小型容器的直径 2～3 cm，高 10 cm；大型容器直径可达 10 cm，高 20 cm。但随着容器体积的增大，育苗和造林费用也相应提高，同时还会给运输带来困难。现结合我国林业生产现状，对育苗容器的制作方法作如下介绍。

(1)纸质容器　是用纸浆和合成纤维(维尼伦)制成。纸杯为六角形柱体，直径 4～10 cm、高 7.5～13 cm。纸杯与纸杯可用溶解胶粘连形成蜂窝状，故日本叫蜂窝纸杯，不用时可折叠起来。这种容器容易腐烂，不妨碍苗根的生长(图 7-1)。

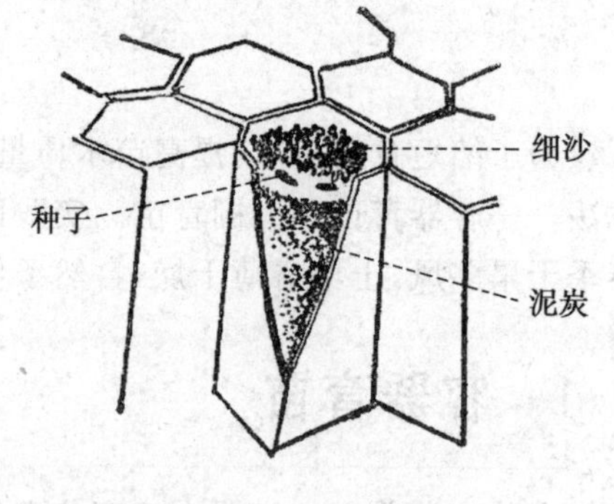

图 7-1　蜂窝纸杯

(2)塑料容器　是用聚苯乙烯、聚乙烯、聚氯乙烯所制成的塑料袋。一般高 8～20 cm，直径 5～12 cm，袋的四周有排水、通气孔。这种容器在国内外应用较广泛。

(3)泥浆稻草杯　是用泥浆和切碎的稻草充分混拌后做成的高 15 cm，直径 10 cm 的圆柱形土杯。做时可用竹筒、酒瓶做模型将混合好的稻草泥浆糊在模型上并封上底，然后将模型取出晒干即成。

(4)泥炭容器　是用泥炭和纸浆黏合而成。泥炭的保水性和通气性有利于苗根的呼吸和生长，同时造林后苗根也容易穿过容器壁扎根入土壤中(图 7-2)。

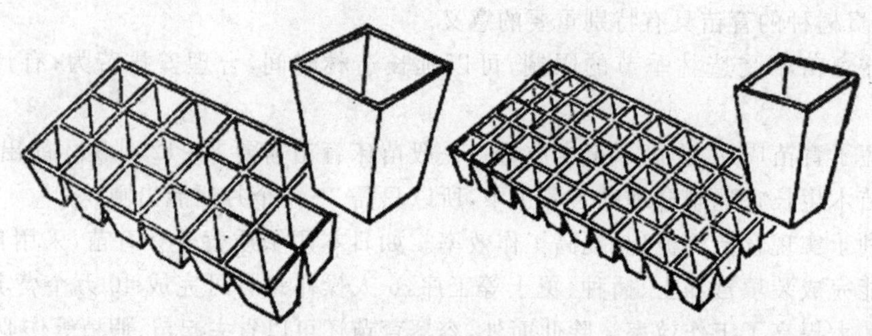
图 7-2　两种泥炭杯

7.1.3　营养土的配制

营养土的原料：通常用来制作营养土的原料有腐殖质土、泥炭土、蛭石、未经耕作的山地土、碎阔叶树皮粉和碎稻壳等。国外营养土主要是用泥炭和蛭石混合而成。也有用 50%的表土，25%～50%泥炭及 25%以下的蛭石混合成。

这种营养土具有重量轻，持水量大，通气好，肥效较高等特点。

营养土配制比例：我国营养土的配制各地不同，应因地制宜，就地取材。现介绍几种较好的营养土配制比例。

黄心土 78%～88%，完全腐熟的堆肥 10%～20%，过磷酸钙 2%进行混合。

泥炭、黄心土各1/2混合。

山坡土和黄心土各1/2混合。

培育有菌根树种的苗木，营养土中还可加入菌根土10%左右，过磷酸钙2%～3%。

营养土的酸碱度：营养土的酸碱度应根据培育树种的特性而定。一般针叶树种要求pH为4.5～5.5，阔叶树要求pH为5.7～6.5。在苗木生长过程中，营养土的酸碱度应随时进行调节，如果需要酸性，则在营养土中加入适量的硫酸铵或硫酸，相反，酸性过强，则应在营养土中放入适量的硝酸钙或苛性钠。

7.1.4　容器苗的培育

装营养土：播种前要把营养土装到容器中，不要装得过满，一般比容器口低1～2 cm即可，边装边将营养土压紧。营养土中若加入了基肥，必须进行充分混合后堆放4～5天再用，以免烧伤幼苗。

播种：播种时将容器整齐地排列在苗床上。泥炭制的容器要与地面隔绝，防止苗根穿出容器壁直接长入土中，不能形成发达的根团。再用沙或土填好各容器间的空隙并培好床边。然后将经过精选、消毒和催芽的种子播入容器内。一般要求每个容器出幼苗2～3株，所以松树播种为2～5粒，桉树为6～9粒。播后用黄心土或火烧土覆盖，再加盖锯末或切碎的稻草。

抚育管理：育苗过程中土壤要经常保持湿润，这是容量育苗的关键之一。幼苗出土后要即时做好揭草、除草、间苗、补苗、灌溉、追肥、防治病虫害等工作。

7.2　塑料大棚育苗

塑料大棚是用塑料薄膜建成的温室，有拱圆形、屋脊形。大棚的构架可用普通的金属或木材制成，棚顶和四周棚壁用0.12～0.15 mm的塑料薄膜遮盖。棚的高度中央最高点为2.3～4.2 m，宽度为4.5～15 m，长度可为几十米。大棚两端开门，顶部和侧面开设窗户，以便通风和调节温度。条件好的塑料大棚还可装置暖气、冷气、喷雾和二氧化碳发生器等来控制、调节温度、湿度和二氧化碳的含量。

利用塑料大棚育苗成败的关键是要抓好大棚的管理。具体地说，就是要控制好棚内的温度和湿度。棚内的温度主要是通过门窗的开闭来调节。当棚内温度达到30℃以上时要打开门窗通风降温；当温度下降到25℃以下时就应关闭门窗使温度回升。棚内温度一般情况在白天应保持在30℃左右，最高不能超过40℃，夜间则在15℃左右为宜。大棚内要经常保持床面湿润，出苗后应适时适量进行喷灌使棚内相对湿度保持在70%以上。在棚内温度高，苗木蒸腾量大时要适当增加喷灌量，这样不仅可以供给苗木生长所需用水，同时还可起到降温和调节空气相对湿度的作用。在大棚管理工作中还有一个值得注意的问题就是防治病害。由于棚内温度高、湿度大，病菌繁殖快，尤其是培育松苗，极易发生猝倒病。因此要经常进行观察，一旦发现病害要及时采用药剂和其他方法进行防治。

大棚育苗具有以下优点：

(1)能提高温度，延长苗木的生长期。据测定在凉爽的天气，大棚的气温比空旷地温度高2.5～5℃，热天可增温6～8℃，所以能延长苗木生长期1个月左右。

(2)种子发芽率高。如在北欧培育欧洲云杉苗木,在露天地育苗,每千克种子产苗量为3万~4万株,而在大棚内可产苗木10万株以上。

(3)幼苗可免受风、霜、干旱等的危害,同时杂草也少。

(4)苗木生长量大而且比较整齐。一般苗木高生长比同龄露地苗大1~2倍,径生长大1倍左右。

因此在我国植物生长期短比较寒冷的地区;风沙灾害严重,条件恶劣的地区可以采用塑料大棚育苗。

8 彩叶植物栽培技术

8.1 露地栽培技术

8.1.1 整地

(1)整地　露地植物在播种或定植前必须先整地。整地不仅可以改进土壤物理性质,使土壤松软,有根系伸展,而且可以促进土壤风化和有益微生物的活动,增加土壤中可溶性养分含量。通过整地还可将土中的病虫翻于表层,暴露于日光或严寒等环境中加以杀灭。整地深度依植物种类和土壤状况而定。一二年生花卉整地宜浅,约 20 cm;宿根、球根及木本类花木宜深,约 30 cm。沙土宜浅,黏土宜深。整地时,先翻土壤,清除石块、瓦片、残根、杂草等。

整地时间　春播或移植的土地应在前一年入冬前整地,秋播的在上茬苗出圃后立即进行。

(2)做畦　一般畦面宽度不超过 1.6 m,特殊的花坛、草坪和畦面按规划设的要求进行。做畦要做到畦面平整,松软,无土块、石块、杂草等。

(3)挖穴　根据园林规划设计的株行距挖穴或沟,穴(沟)的大小、深度依苗木种类而定,一般大苗或带土球的苗挖坑要大,反之,可适当酌情减小。

8.1.2 移植和定植

(1)草本类　一二年生草本花木多在秋季或早春播种育苗,或先进行温床育苗、营养钵育苗、盆钵育苗,然后根据需要进行移植。一般移植在小苗长出 4～5 片真叶时进行。宿根花卉的定植,一般在秋末地上部分枯萎停止生长或在早春发芽前将老根挖出,结合分株进行。球根花卉多于早春挖出,结合分株繁殖,在温床催芽,待新芽长至 10 cm 左右时进行。

(2)落叶树种　移植或定植时间一般在秋末落叶后或早春发芽前进行。栽植前,坑底施适当有机肥,并与土拌匀,然后放入苗木填土夯实。栽植深度以苗木根颈与地表相平为宜。种植后,连续浇 1～2 次透水,待表土略干后,坑表覆土保墒。

(3)常绿树种　移植或定植时间为早春萌发新梢前或梅雨季节。定植前后要适当疏枝及摘叶。一般应带土球起苗。土球大小依树苗大小而定,不大于 30 cm 的土球可用草包包扎。大的土球,可先裹草席,再用草绳紧密缠严捆牢或挖成正方形后用木板附四周钉槽。定植后,最好在树顶上部进行遮阳,并经常向树冠和附近地面洒水,以保持较高的空气湿度,减少叶面蒸腾,以利于成活;树冠较大的苗木,还需设立支架,以防风倒。

8.2 管理技术

8.2.1 施肥和浇水

(1)施肥　彩叶植物的施肥可分为基肥和追肥两大类。基肥以有机肥料为主,主要施入栽植沟或定植穴的底部。基肥的施用量应视土质、土壤肥力状况和植物种类而定,一般厩肥、堆肥应多施;饼肥、骨粉、粪干宜少施。所施基肥应充分腐熟,否则易烧坏根系。

追肥是补充基肥的不足,以满足观赏植物不同生长发育阶段的需求。常用的有化肥、人粪尿、饼肥水等。根外追肥的化肥施用浓度一般不宜超过 0.1%～0.3%。在生长旺盛期及开花初期,可进行叶面喷施。

彩叶植物的施肥不宜单独施用只含某一种肥分的单纯肥料,氮、磷、钾三种营养成分应配合使用。不同的彩叶树种种类对肥料的要求也不一样,各种肥料的具体施用量可按其中所含的营养成分计算。

(2)浇水　浇水一般在春季和夏季干旱时进行,原则是水分供应能保证植株正常生长。

8.2.2 中耕除草

在降雨或浇水后,土壤容易板结,中耕能疏松表土,减少水分蒸发,增加土温,使土壤内空气疏通,以利于土中有益微生物的繁殖与活动,从而促进土壤中有机质的分解,为彩叶植物根系生长和养分吸收创造良好的条件。中耕的同时,可以除去杂草,避免杂草与观赏植物争夺水分、养分及阳光,但除草不能代替中耕。

中耕深度依彩叶树种根系的深浅及生长时期而定。根系分布较浅的彩叶植物应浅耕,根系分布较深的,中耕可适当深些。幼苗期中耕宜浅,以后随苗株生长逐渐加深。中耕时株行中间应较深,近植株处应浅,中耕深度一般为 3～5 cm。

除草工作应在杂草发生的初期及早进行,在杂草结实之前必须清除干净。不仅要清除栽培地上的杂草还应将环境中的杂草除净。对多年生宿根杂草应把根系全部挖出深埋或烧掉,否则地下部分仍能萌发,难以全部消除。小面积除草以人工为主,大面积可用机械或化学药剂除草。

8.2.3 整形与修剪

8.2.3.1 整形

彩叶植物的整形方式比较简单,一般以自然形态为主,也可根据需要进行整形。整形的形式主要有:

(1)单干式　只留一个主干,不留分枝。如金枝国槐、金叶大叶女贞等。

(2)多干式　留主枝数个。

(3)丛生式　通过植株的自身分蘖或生长期多次摘心、修剪,促使发生多数枝条。全株成低矮丛生状。如榆叶梅、棣棠、紫荆等。

(4)匍匐式　利用枝条自然匍匐地面生长的特性,使其覆盖于地面或山石上。如铺地柏等。

(5)支架式　通过人工牵引,使植株攀附于一定形式的支架上,形成透空花廊或花洞,多用于蔓性彩叶树种,如金银花、紫藤、葡萄等。

(6)圆球式　通过多次摘心和修剪,使形成稠密的侧枝,然后对突出的侧枝进行短截,将整个树冠剪成圆球形或扁球形,如大叶黄杨、红叶石楠、金叶女贞、红叶小檗、红檵木、龙柏等。

(7)象形式　把整个植株修剪成或蟠扎成动物或建筑物的形状。如圆柏、刺柏等。

8.2.3.2 修剪

(1)摘心　摘除枝梢顶芽。摘心可以抑制主枝生长,促进分枝形成,增加枝条数目,并能使植株矮化,达到花繁枝密的目的。

(2)曲枝　为使枝条生长均衡,将生长势过旺的枝条向侧方压曲,将长势较弱的枝条顺直,可得抑强扶弱的效果。直立向上生长的木本植物,可用绳索将其向下拉平,或拉向左右两侧,使枝条分布均匀。

(3)修枝　剪除枯枝、病虫害枝、交叉枝、密生枝、徒长枝及花后残枝等,改善通风透光条件,减少养分消耗。修枝应从分枝点上部斜向剪下,伤口较易愈合,且不残留桩。

8.2.4 防寒越冬

防寒越冬是对耐寒能力较差的观赏植物实行的一项保护措施,以免除过度低温危害,保证其成活和正常的生长发育。防寒方法很多,常见应用的主要方法有:

遮盖法　在霜冻到来前,在树冠上遮盖草席、蒲帘等,直到翌年春晚霜过后去除。

灌水法　冬灌能减少或防止冻害,春灌有保温、增温效果,由于水的热容量大,灌水后能提高土的导热量,使深层土壤的热量容易传导到土表面。从而提高近地表空气温度。灌溉可提高地面温度 2～2.5℃。在严寒来临前 1～2 天,常灌水防止冻害。

浅耕法　浅耕可降低因水分蒸发而产生的冷却作用,同时,因土壤疏松,有利于太阳热的导入,对保温和增温有一定效果。

包扎法　一些大型观赏植物常用草或塑料薄膜包扎防寒,如芭蕉、香樟等。

设立风障　对一些耐寒能力较强,但怕寒风的观赏植物,可在植物西北部设立风障防寒。

密植　密植可以增加单位面积茎叶的数目,降低地面土热辐射,起到保温作用。

喷洒药剂　如硼酸,可以提高植物的抗寒能力。

8.2.5 降温越夏

夏季温度过高会对植株产生危害,可行人工降温保护植株安全越夏。人工降温措施包括叶面喷水、遮阳网覆盖或草帘覆盖等。

8.3 温室栽培技术

温室栽培主要有地栽和盆栽两种。温室地栽主要用于切花生产;温室盆栽主要用于不耐寒的温室花卉,也用于为冬春缺花季节或供应节日应用的盆花。温室栽培也是彩叶植物栽培的主要内容。

北京林业大学刘清林等在《鄢陵花卉》一书中,科学总结了鄢陵县日光温室的种类、构造和温室盆栽技术，现介绍如下。

8.3.1 日光温室的种类和构造

8.3.1.1 塑料大棚

塑料大棚结构比较简单，造价也较低。它主要由山墙、拱架、塑料薄膜、横梁等几部分组成。施工前首先要将地基夯实，山墙多数用砖砌成并留有小门，有“人”字形和拱形两种。“人”字形大棚墙厚 50 cm，中上端留有玻璃窗户，可用来通风。两山墙顶部加一横梁，横梁有的用水泥，内加有钢筋筑成，有的用钢管或用适当粗细的木头。梁下视温室大小均匀地加几个立柱，防止横梁下坠。拱形大棚前后用水泥混凝土砌成矮墙，墙体宽 24 cm，出地平 30 cm，间距 1 m 处设一个混凝土预埋体，预埋体中心设一圆孔，前后墙的圆孔中心要对称一致，便于拱架的安装，在拱架的顶部加上横梁，以防拱架倾倒或歪斜。前后墙外侧角做成圆角以防划破薄膜，砌墙时在墙体外侧向下 12 cm 处装上卡膜槽，用以固定薄膜。塑料薄膜现在多采用无滴膜，避免了水汽凝聚下滴对植株造成伤害。

安装时先将顶部横梁架好，再将拱架插入预埋体的圆孔，在横梁至前后墙之间加一道横管，使拱架更为稳定。将塑料薄膜盖好，两端用卡膜槽卡好，最外层铺草席。草席一般在夜间或天气特冷时使用。白天可去掉草席，一是让棚内作物见光，二是利用太阳的辐射热增温。

8.3.1.2 玻璃温室

玻璃温室能大量利用太阳的光与热，室内空间较大，但在晚上由于玻璃散热快，上面要用保温设备盖好，以减少热量的散失。

玻璃温室的地基部分采取素土夯实，山墙筑成“人”字形，后墙用打墙板逐段夯实(可用砖砌成，墙厚不低于 50 cm)。根据温室的长度和宽度，将前柱的点定好，用夯打实。再挖柱坑，并在与前柱相对的后墙上挖 10 cm^2 左右的洞，洞距后墙顶 10 cm，以便上梁。

将梁抬起，北面放在后墙洞内，最好伸出墙外，再用砖堵紧，不使梁层摇动。同时将前柱顶立在梁南端接头处，前柱柱基一般向外移出 15 cm 左右，使柱向内微斜，这样能稳固地支撑屋顶。所有的梁都要安装在同一高度。前檩的东西两端与山墙相接，中间的檩要成一条直线。北面第一根檩要装在距后墙约 15 cm 处，以防下雨时因重量增加而使与后墙相连处的垫衬物折断。

一般温室在南面只安一个门，门要造得轻便易开。根据温室南立面除去门以后的大小来设窗框，窗框最好用有弹性、不易变形的木材，中间由横框和竖框构成长方形框用以固定玻璃，上下各做 7～8 个活动的窗框作为气窗，用以通风。按所做整个立面窗的大小，立好窗柱，在窗柱上架横梁，将窗框上端固定在此横梁上，下端立于铺有平砖的地上，或在地上筑一矮侧壁，把它立于侧壁上，最后用“灰土泥”涂好缝隙，以防漏风。

8.3.1.3 装配式日光温室

装配式日光温室的建筑结构与焊接式目光温室基本相同，焊接式日光温室钢骨架的连接是采用焊接的方式，虽然做了防锈处理，但是一般两三年后便会出现生锈现象，既影响了美观，又缩短了寿命。而装配式日光温室的钢骨架都做了热镀锌处理，最大限度的避免了生锈。

装配式日光温室的走向也是东西走向，北高南低，成一面坡式，用薄膜覆盖，白天接受光照时间长，阳光充足，且保温性能理想。一般都具有自然通风系统、卷铺系统、灌溉系统、施肥系统、外遮阳系统、补温系统、配电及照明系统等。

温室四周采用条形基础，开槽挖地面(地平线)以下 50～70 cm，素土夯实，三七灰厚度大于 20 cm。装配式温室的拱架有单拱和双拱之分，其双拱的分有上下弦。拱架间距约为 1 m，这个间距越小越好，不过投资也会相应增加。安装时前面设有预埋件，与后墙上的卡槽相对应，以便装拱架，将拱架装上后再加两道横梁将拱架固定为一个整体。温室的后墙现多采用中空保温结构，分有内墙和外墙，中间夹保温板。内墙 24 cm，外墙 12 cm，这种结构的墙保温效果极好。管理房设在温室的一头，中间有门直接通往室内。管理房有的设计成尖顶形，有的设计成平顶形。管理房与温室主体之间设有楼道，以便工作人员上下。

温室的覆盖材料多用无滴膜，因为该膜透光好，有外防紫外线、内防滴露的效果。温室后屋面的坡度一般不超过 20°，方便工作人员在冬季清扫顶部的积雪或进行其他操作。根据温室的长短在后墙安装数个小窗，通过小窗的开启，可实现自然通风，达到除湿降温的效果。

8.3.1.4　灌溉、遮阳与保湿

根据生产和使用要求来选择灌溉系统，有滴灌、喷灌等灌溉设施，这些设施要求进水有一定的压力方可使用。施肥系统多安装在水管的主管道上与灌溉系统配套使用，用于对作物进行液肥的施用。此系统含有注肥泵、过滤设备以及其他附件等，可以在灌溉的同时施肥，提高工作效率。

日光温室也可实现外遮阳，遮阳幕覆盖于无滴膜上、保温被下。夏季卷起无滴膜时，可以放下遮阳幕，既可实现通风降温，又可以阻挡阳光直射，起到降温作用。不需要遮阳时，可用卷膜器将遮阳幕卷起。对于冬季的保温要选用优质防水保温被作为保温材料，若防水不好，在夏季雨水极易进入内层。既增加了温室顶部的重量，又大大缩短了使用寿命。在冬季当内层进水后，短时间内不易干，重量的增加不利于卷被；如果结成了冰，卷被时又易将被子折断。所以在选被时最好选用铆合工艺的保温被，缝制工艺的保温被一般防水方面都处理不好。在购置保温被时起码要含有保温层、隔热层、防水层共挤而成。

配电及照明系统要按标准要求去安装，确保用电安全，温室及管理房内要设有照明灯，方便夜间管理。

8.3.1.5　加温温室

加温温室是指除了充分利用太阳光进行增温之外，再通过人工补充加温的温室。由于增加了加温设施，使温室内的温度得到了保证。目前加温设施主要有火炕、热风炉、热水锅炉、蒸气锅炉等。热风炉、热水锅炉和蒸气锅炉的增温效果好，但投资也大，所以在花卉生产区的使用率并不是太高，应用最多的是火炕，现对用火炕增温温室作一介绍。

火炕的位置大都是在温室中间，这样可使整座温室增温均匀。火炕的进火口位置视温室的走向而定，温室若是东西走向的，进火口就放在西面；若是南北走向的就放在北面，这是因为鄢陵的冬季西北风较多，用“顺风炕”不会发生倒风。炉坑是比地面低 80～100 cm 的长方形坑，坑长 100 cm，宽 60 cm，专供工作人员管理火炉时添煤、搜火及除灰之用，炉体用砖砌成，一般高 80 cm，宽 60 cm，长 60 cm，炉体分有燃烧室和泄灰室，它们中间以炉条相隔。燃烧室的后壁是爬火道。爬火道宽 35 cm，垂直高度和燃烧室高度相同，爬火道的长度在 3～4 m，管道部分与爬火道相连，长度一般是 9 m，管道常用的是瓦管。整个管道从爬火道上口起到管道末端逐渐升高，一般相差 10～25 cm，这样火炕才有抽力。管道末端不能低于炕头部分，因为烟

火总是向高处移动的。爬火道因其离燃烧室近，温度较高，所以要用方砖砌成，而不能用管道，并且外面涂上一层泥巴，否则燃烧室冒出来的火焰会烧裂管道，也会把附近的植株烤坏。烟筒与管道相连接，烟筒的下面有个回风窝，深 1 m，底直径 50 cm，上口直径 20 cm，烟筒至少要高出屋顶的最高点，才能防止倒风入炉，建回风窝的作用也是为了防止倒风。当大风从烟筒吹进来的时候，即冲入回风窝，在里面回旋后便随烟一同冒出，不会冲入管道，所以能够避免倒风。

8.3.2 盆栽技术

8.3.2.1 盆土准备

盆栽花木由于根系只能在有限的范围内生长，因而对盆土的要求比较严格。不同花要求不同性质的土壤，但总的要求是土壤肥沃、营养全面、疏松通气和排水保水性能良好，酸碱度适合花木习性。因此盆花用土需要选用人工配制的培养土。配制培养土常用的材料有：①园土，即通常说的园圃熟土。②堆肥土，由油渣、棉籽壳、人粪尿、生活垃圾、土壤等堆置，经过充分发酵腐熟而成。③厩肥土，厩肥土由家畜粪便和土壤堆置腐熟而成。常选用牛粪和猪粪，应尽量少用鸡粪(花农认为鸡粪是热性粪肥，易烧根，并易发生病虫害)。另外还有针叶土、柳叶土、木屑、酒糟、炉渣、蛭石、珍珠岩等。鄢陵花农自行配制的盆土有以下几种：

(1)粪肥土　用于较粗放的盆花。配制方法：腐熟的粪干 40%，放入盆内底部，上面再放入 60%的园土。

(2)三合土　用于对土壤要求较高的具肉质根的花木。配制方法：筛过的园土和炉渣各 1/3，其余 1/3 用腐熟的粪干或泡过肥水的残渣。三者等量混匀，即可使用。

(3)普通营养土　用于一般草花和普通盆花。配制方法：粪肥土、堆肥土、炉渣三者等量混匀过筛即可，或者腐熟的粪干、棉籽壳和园土各 1/3，三者混匀即可使用。

8.3.2.2 盆栽管理

鄢陵盆栽花卉管理常水、肥混用。秋末至初春，只浇清水，使盆土湿润即可，仲春至仲秋，浇"肥水"，且肥水越来越浓，至立秋后，则越来越淡。北方花卉只用"肥水"，茶梅、茶花等非肉质性根系的南方花卉则每月要至少施一次"矾肥水"。

(1)浇水　浇水时间因季节而异，夏秋宜早晨和傍晚，一般早 9:00 和晚 6:00 左右较好；冬春宜气温稍高时进行，主要目的是避免盆土温度发生剧烈变化，对花木生长不利。盆栽花卉浇水量与花卉品种、生长时期、气候状况、土壤条件等各个方面有关，花农们总结为"十多十少"：

草本多浇，木本少浇；

喜阳多浇，喜阴少浇；

天热多浇，天冷少浇；

旱天多浇，阴天少浇；

湿生多浇，旱生少浇；

苗大盆小多浇，苗小盆大少浇；

叶大软质多浇，叶小蜡质少浇；

沙质土多浇，黏质土少浇；

旺盛期多浇，休眠期少浇；

孕蕾时多浇，开花时少浇。

(2)施肥　盆栽花卉施肥要注意适时、适量、选对肥料种类。合理施肥与花卉品种、生长时期、生长季节有关,一般应掌握薄肥勤施,忌重肥、窝肥、浓肥、热肥。施用有机肥料,一定要充分腐熟,不可用生肥。农谚说:"冷粪花木热粪菜,生粪上地连根坏。"施入生肥会腐熟发酵发热,烫伤花木根系。施用化肥宜选用含有较多微量元素的复合肥。施肥前宜先松土,施肥时沿盆边四周施匀,随即喷水冲洗叶面。

①矾肥水。又称黑矾水,配法为:水 200～250 L(雨水最好,其次河塘水,再次为井水);粪 10～15 kg(猪粪最好);油粕饼 5～6 kg(以芝麻饼最好,棉籽饼或豆饼亦可);黑矾 2～3 kg。将 4 种原料按比例放入水泥池或缸内,置于露天暴晒约 20 天后,全部腐熟成黑色液体时即可用其清液浇花。

②普通肥水。其配制方法除不加黑矾和暴晒的时间稍短外,其他与"矾肥水"相同。

8.4 主要病害诊断与防治

8.4.1 病害的症状

植物侵染性病害表征通常称为症状,它是受侵染植物发生生理病变、细胞病变和组织病变最终导致的肉眼可见的形态病变。症状一般指外部观察到的病变,有不少植物病理学家试图从病株组织、细胞和生理变化来诊断一种病害,并把这些内部变化称作"内部症状"。依据"内部症状"进行诊断类似于人类医学中的解剖诊断,例如维管束病害除造成整株萎蔫外,植株表面往往没有任何异样,需要切茎或剖茎检查才能看到维管束变褐坏死;染病毒病的植物细胞中常可以镜检到不同类型的内含体。

植物发生病害后,酶和其他化学成分会有所改变,但这种变化大多是非特异性的,不同病害可能发生相似的变化。又由于植物病害种类很多,作为化验诊断的实际应用远不及人类医学。然而,随着近年分子生物学和免疫学方面的发展,出现了多种现代诊断技术,它们显著地提高了诊断的速度和灵敏性。甚至在植物尚未表现出肉眼可见症状之前就能对植物中的病原物进行检测。如电镜检查、酶联免疫法(ELISA)、单克隆抗体免疫技术、核酸杂交技术、波谱技术等。

8.4.1.1 形态病变(症状)

症状由病征和病状组成,病状是植物全身或受侵染的局部所显露出来的种种病变,如变色、坏死、腐烂、萎蔫、畸形等。病征是在病株或病部出现的病原物繁殖体或营养体,如霉状物、粉状物、小黑点等。

症状特点和类型与病原物之间往往有着十分密切的关系。症状常常作为病害命名的主要依据,既好记又容易识别。如小麦叶锈病,顾名思义是在小麦叶片上发生椭圆形疱状突起,其夏孢子堆,破裂后散出红褐色夏孢子如铁锈一般。病毒病害则经常以寄主和病状相结合来命名,如烟草花叶病,顾名思义是发生在烟草上的一种花叶症病毒病。对于常见病来说,往往根据某些典型症状就能确定是哪一种病害。由于许多病害具有比较独特的症状,也可以依此作出诊断。至少我们可以根据菌脓判断是细菌病害,根据病部产生黑粉判断该病害是由一种黑粉菌引起的。

一种病害的病状可以出现在植物的某一部位,也可以出现在不同部位或整株。这与病原物寄生专化性和侵染是局部的还是系统的有关，相应的病状也有点发性症状（或局部症状）和散发性症状（或系统性症状）。前者只表现在受到侵染或有病原物的个别器官或局部，看不到明显的连续性；后者在同一寄主个体上可以从侵染点到其他器官、部位，甚至整株都表现症状。

(1)常见的病害病状　可以归纳为下列数种：

①变色(discoloration)。指寄主被侵染后细胞内色素发生变化而引起的外观颜色改变，主要发生在叶片、果实及花上。变色部分的细胞并未死亡，这一点可以区别坏死症的褐色病斑。变色又可分为均匀变色和不均匀变色。

均匀变色：指变色在单位器官上表现是均匀一致的，包括：

褪绿　叶绿素减少，叶片均匀褪绿，使叶片呈浅绿色。

黄化　叶绿素减少，胡萝卜素突出所致叶片色泽变黄。

红化　叶绿素减少，花青素突出所致茎叶变为红色。

白化　叶片不形成叶绿素。

褐化　黑化和古铜色化，绿色组织褐变，形成褐色乃至黑色。

银灰化　如水仙黄色条纹病毒病，由于细胞间隙增大而表观呈银灰色。

花叶　是指变色和不变色部分相间排列，变色部分轮廓清晰，色泽可以是一种也可以是多种。典型的花叶症发生在叶片上，根据变色的分布规律又可以分为以下几种类型：

明脉　主脉及支脉半透明，为花叶病早期表现。

斑驳　变色的斑区为圆形或近圆形，大小、分布有种种不同。

条纹　发生在单子叶植物上，形成与叶脉平行的条形变色。或形成矩条形变色，称条斑。形成虚线状态变色，称条点。

线纹　发生在单子叶植物上，形成与叶脉平行的长条形变色。发生在双子叶植物上的形成连续的曲线形变色。

环斑　发生在双子叶植物上，叶片或果实表面形成圆形环纹，其中心有一个侵染点或斑，侵染点与环纹之间的组织色泽是正常的。

环纹　发生在双子叶植物上，形状基本同环斑，只是不具备侵染点或斑。

橡叶纹　发生在双子叶植物上，变色的花纹似橡树叶片的轮廓。

②坏死(necrosis)。植物细胞和组织死亡，但仍然保持原有的表观形状，这一点可以和腐烂变形相区别。依坏死发生的部位、形状和表现特点。又可以细分为以下类型：

斑点或病斑　寄主组织局部坏死形成形状、色泽不同的斑点。如圆斑（柿子圆斑病）、角斑（受植物叶脉限制，形成多角形病斑。如黄瓜角斑病）、黑斑（大白菜黑斑病）、胡麻斑（斑点较小，形状像胡麻种子，如水稻胡麻斑病）、轮纹斑（坏死部颜色深浅不一，呈几层同心轮纹）或网状坏死。前述变色症中，条纹、条斑、环纹、环斑等也可以发展成同样形状的坏死斑纹。

蚀纹　只有表皮坏死的病斑，多发生在双子叶植物叶片上。

穿孔　病斑坏死部分与健康部分之间形成离层，使病部脱落形成孔洞。

枯焦　早期发生斑点或病斑，迅速扩大并互相愈合，造成寄主组织大片坏死干枯，颜色变褐。

日烧　叶尖、叶缘、果实或其他幼嫩组织迅速死亡，色泽变白或变褐。

立枯　幼苗根部或茎基部坏死，以致全株迅速枯死。一般不造成倒伏。

猝倒　幼苗茎基部坏死软腐，植株迅速倒伏。

疮痂 局部组织坏死,病部表面粗糙,有的形成木栓化组织而使病部隆起。

溃疡 病斑大于疮痂,病部界线明显,稍有凹陷。病害发生在皮层,一般不开裂,周围组织增生。

③腐烂(rot)。植物细胞死亡,组织败坏以致外形也发生改变。由真菌引致的腐烂伴有特殊的酒香味,由细菌引致的腐烂则发出臭味。由于病原物致病机制不同,可以细分为以下几个类型:

干腐 坏死细胞消解和组织腐烂过程中水分及时蒸发,病部呈干缩状。

湿腐 腐烂组织内的水分不能及时散失,病部保持潮湿状态或水浸状。多发生在植物果实、块根、块茎或其他幼嫩多汁的器官上。

软腐 先是寄主细胞中胶层被破坏,细胞膨胀压降低,组织变软,然后是组织消解、腐烂。

流胶 植物内部坏死组织分解成胶状物并从病部溢出。

④萎蔫(wilting)。寄主植物全部或局部由于水分供应不足或失水过多,细胞缺乏正常的膨压而使枝叶变软,呈下披状。由于土壤水分平衡的短期失调称为暂时性萎蔫,及时补充水分后可以恢复正常。由于种种原因,失水严重导致细胞死亡的症状则无法复原。依其失水速度和表观颜色,可以分为以下几个类型:

青枯 由于茎部维管束发生病变,水分供应受阻。全株或其局部迅速失水、萎蔫并迅速干枯,颜色仍保持原有绿色。

枯萎 病变过程比较缓慢,轻则萎蔫,伴有部分叶片的局部或全部变色、坏死。重病者整株枯死,颜色变褐。

黄萎 轻病株叶片下披,颜色变黄,重病株全株萎蔫以至枯死。解剖检查,维管束变色坏死。

⑤畸形(malformation)。由于受害部分的细胞分裂不正常,或发生促进性病变,或发生抑制性病变,以致使植物整株或局部发生畸形。依据病变性质、部位、形状,细分为以下类型:

矮化 由于整株抑制性病变引致各器官成比例缩小,株型并未发生变化。

矮缩 从整株观察,仅节间缩短或停止生长,植株变矮,叶片大小仍保持正常。

徒长 从整株观察,节间过度伸长,植株显著高于正常株高,植株细弱。

丛簇 发生在茎基部。主茎节间缩短,分蘖明显增多,整株呈丛生状。

丛枝 发生在木本植物上。从一个芽上同时长出很多瘦弱的枝条,形状如扫帚,常被称为疯病。

肿枝 枝条肿大。

扁枝 枝条变扁。

拐节 茎节两侧生长不平衡而使茎节发生拐折。

皱缩 由于叶脉的生长受到抑制而叶肉继续生长,造成叶面凹凸不平。

疱斑 叶片生长不均,正常生长的部分被停止生长或生长较慢的组织受限制,形成一个个突起,且颜色较深。

卷叶 叶片向上或向下卷曲,质地变脆。

小叶 叶片缩短或缩小,单子叶植物叶片呈上尖下宽的矛状,叶片明显变小。

蕨叶和线叶 叶片变窄,形状与蕨类植物叶片相似,称为蕨叶,或变成线形,称为线叶。

耳突　指叶脉上长出一些像耳朵一样的增生物。

根癌或根结　均为根部出现肿瘤。前者主要发生在接近茎基部的主要根系上，肿瘤明显。后者发生在较细的侧根上。肿根病的根膨大，呈手指状。有的根数减少，变短，呈鸡爪状。

发根　根系分枝明显增加，变细，很像一团头发。

肿瘤　植物的局部组织增生，形成形状不一的肿物。

瘿　由真菌、细菌、线虫等病原物或昆虫刺激引起植物在受侵部位发生的球状或半球状突起。

花变叶或花器退化变形　花瓣变成叶片状并失去原来的色泽，变成绿色。

(2)病征　常见的病征可以归纳为以下数种：

①霉状物(mold or mildew)。在病部表面形成由真菌的菌丝、孢子梗、孢子构成的霉层。由于颜色、疏密程度、结构不同而细分为以下数种：

霜霉　由伸出寄主表皮的霜霉菌无性繁殖体构成霜般霉层，比较稀疏，白色或夹杂一些黑色。

黑霉　形成黑色霉层。

灰霉　形成灰色霉层。

绿霉　形成绿色霉层。

青霉　形成青色霉层。

赤霉　形成红色霉层。

②粉状物(dust or powder)。由某些真菌的大量孢子密集而成，孢子成熟后容易脱落。依其颜色又分为：由白粉菌菌丝上长出的孢子梗和分生孢子构成的白粉；由黑粉菌厚垣孢子密集而成的黑粉和由镰刀菌分生孢子构成的红粉。

③绵丝状物(cotton wadding)。由大量的藻状菌菌丝及其繁殖体构成，一般为白色。

④锈状物(rist)。真菌孢子堆成熟后，寄主表皮破裂散出孢子而形成的类似铁锈状物。由锈菌引起的呈红、黄、褐色，如小麦叶锈病、条锈病、秆锈病。由白锈菌孢子囊堆构成的病征称为白锈。

⑤粒状或刺状物(granule or thorn)。由真菌子实体构成，如白粉病菌在病部表面菌丝体上生成的闭囊壳称为粒状或小黑点，寄主表皮下生成分生孢子器并造成小突起称刺状物。其颜色一般为黑色。

⑥菌脓或菌胶团(zoogloea)。是细菌病害所具有的特殊病征。由溢出病部表面的细菌和胶质组成，或呈液滴状或呈黏稠的脓状。白色或黄色，干燥后形成黄色小颗粒称菌胶粒或片状菌膜。

⑦菌核(sclerotium)。真菌中丝核菌在菌丝体上生成的一种休眠体，形状、大小不一，成熟时为褐色、灰色或黑色。

⑧根状菌索(rhizomorph)。真菌菌丝缠结在一起而成的绳索状物。

一种病害的病征可能有一定的显现过程，也可能表现出不止一种类型。如小麦白粉病在潮湿环境下，初期生长白色菌丝，属绵丝状病征；后期环境不太适宜时在其上长出闭囊壳，显示小黑粒的病征。

8.4.1.2　组织病变

凡需要进行解剖并借助显微工具才能观察到的病变，称为组织病变。

(1)特殊病原物结构　在病组织中可以观察到真菌菌丝体、子实体、细菌个体、病毒颗粒、线虫个体,它们的形态、大小、结构各异,存在的部位也不同,是病害诊断的有力依据。用于观察的显微工具和制片技术也大有不同。在显微镜下可以看到真菌、线虫、细菌。病毒颗粒以及类病毒、类立克次氏体则必须借助电子显微镜观察。为了观察清楚,常常要对病组织进行透明、染色或其他处理,详见显微镜技术和电镜技术。在具体鉴别一种微生物时,必须借助微生物或病原物分类检索表。应该特别注意观察的是:

真菌菌丝体有隔、无隔、菌丝变形,吸器及其形状,原生质团,子实体。

细菌的形状,鞭毛着生位置、鞭毛数量、荚膜。

病毒颗粒的形状、大小。

线虫的形状、大小、生殖器结构。

内含体(inolusionbody)　它是病毒侵染后一定期间,在寄主细胞中出现的一类正常细胞中不曾见过的小体,也曾称作X-小体。早在1903年俄国的Ivanowski就使用光学显微镜在感染TMV的烟草叶片细胞中观察到一非晶体的及晶体的内含体。其后,人们进行了内含体分布、形态结构的电子显微镜观察及染色方法的研究。一般认为:不同病毒在不同种类的植物上,会形成不同形式的内含体。因此,用光学显微镜(包括相差显微镜)来观察病细胞的内含体,也是病毒病诊断的重要方法之一。形成内含体是病毒病害的特性,但并非所有病毒和在任何时候及任何场合都能形成内含体,在这种情况下,不能妄下不是病毒病的结论。

内含体是由病毒粒体组成的,它的基本部分是病毒核蛋白。由于病毒粒体集结后其排列方式不同或病毒粒体、寄主的微器官以及由病毒引致的蛋白质结构集结的形式不同,内含体的形态多种多样,但在绝大多数情况下是固定不变的。常见的内含体有柱状、六角状、球状、层片状、风轮状、卷筒状、梭形条纹体、六角晶体等。非晶状内含体是一团与细胞原生质不同的物质,一般为圆形、椭圆形或变形虫形和风轮状。其大小不一,其中包含病毒粒体、微管、泡囊、各种微器官如核糖体、内原质网及高尔基小体等。晶状内含体形状比较固定。

用光学显微镜观察内含体,最重要的技术是选择适当的部位、观察时间和染色方法。快速染色法利用1,3-2-原甲苯胍(DOTG)及酸性绿(acid green)两者配制后混合使用,称作O-G染色法。此外也使用噻嗪染料如天青A、天青B或天青C等。

(2)寄主细胞和组织的异常形态　包括细胞死亡,组织消解。寄主细胞加速分生,数目增多,导致部分组织膨大增生;寄主细胞体积明显增加形成巨细胞,导致部分组织变大的细胞肥大;寄主细胞分裂速度下降,数目减少,器官形成过程受阻所致的细胞减生和由于种种原因细胞营养不良,体积减小而使组织变小的抑缩生长等内部表现。

(3)代谢产物　包括胼胝质和侵填体,前者可以用间苯二酚蓝染色后进行观察,凡未能着色的部分为胼胝质,它阻止木质部及管胞上的木质形成;后者从柔膜组织发生,通过胞壁小孔而侵入木质部的导管中膨大成囊状,从而阻塞了导管,使植株上部水分供应不足而萎蔫。

8.4.1.3 生理病变

植物受到侵染后会发生种种生理变化,包括呼吸强度、光合作用、核酸和蛋白质代谢、营养物质和水分的运转,通过对这些变化的测定,可以诊断植物是否生病,甚至对病原物发挥致病作用的酶、毒素、生长调节物质的测定都可以作为病害诊断的佐证。然而,由于这些生理生化指标的测定并不比症状鉴别和病原物鉴定来得容易,其观察结果也缺乏特异性,一些代谢反应并不是病原物侵染所专有的,所以大多用于病理学或植物抗病性研究而较少用于病害诊断。

8.4.1.4 植物受害表征的复杂性

植物侵染性病害的表征是病原物侵染寄主以至建立寄生关系后，病体或病害系统在一定的环境条件下发展变化的结果。因此，表征一方面在其显现过程中的不同阶段，在同一寄主的不同部位以及在不同的环境下都可能有所差异。另一方面在不同寄主（包括属、种和品种）上和寄主的不同生育期也会有所不同，由此造成了病害表征的多样性和复杂性。具体表现为以下数种：

(1)同症(homo symptom)　指不同属种的病原物所致相同的症状。如桃树上常见的桃穿孔病，典型的症状都是在叶片上形成圆形或不规则形，直径为几毫米的病斑，病斑最后脱落，形成穿孔。而引致这种症状的病原物可以是细菌 *Xanthomonas pruni* (Smith) Dowson、真菌 *Clasterosporium carpophilum* (L. ew) Aderh. 和 *Cercospora circumscissa* Saec.，所致病害分别称为细菌性穿孔病、霉斑穿孔病和褐斑穿孔病。

(2)异症(hetero symptom)　指同一病原物所致不同的症状。不同的症状可能发生在不同部位或器官上，如水稻稻瘟病菌(*Pyricularia oryzae*)侵染叶片形成叶斑，侵染茎节使全节变黑腐烂，侵染穗颈和枝梗造成较长的坏死并导致白穗或瘪粒，侵染颖壳及护颖形成暗灰或褐色、梭形或不整形病斑，以致分别被称为叶瘟、节瘟、穗颈瘟、谷粒瘟。最典型的异症现象莫过于谷子白发病。谷子白发病菌(*Sclerospora grarminicola* (Sacc.) Schrot)卵孢子主要在土壤中越冬，其次是带菌厩肥，再次是带菌种子。初侵染侵入根、中胚轴或幼芽鞘，扩展到生长点下的组织以后形成系统性侵染，在各生育阶段和不同器官上，陆续显露出不同的症状，包括"灰背"(幼苗期叶片略变厚，出现污黄色、黄白色不规则条斑，潮湿时叶背面生出灰白色霜霉状物，即病菌的孢囊梗和游动孢子囊)、"白尖"(株高 60～70 cm 后，病株新叶正面出现平行于叶脉的黄色大型条斑，背面生白色霜霉状物，以后条斑连片呈白色，新叶不能展开，称白尖。白尖不久变褐枯干，直立田间，称"枪杆")、"白发"("枪杆"心叶组织逐渐解体，散发出大量黄粉，为病菌的卵孢子。余下的病组织呈丝状、略卷曲如白发)、"看谷老"(能抽穗但造成穗畸形。内外颖受刺激变形，呈小叶状、筒状或尖状横向伸张，病穗呈"刺猬头"，不结粒或很少结粒。病穗初显绿色或带红晕，以后变褐枯干，可散出黄粉，为卵孢子)。除去这些典型症状以外，该病还可以引起芽腐，造成死苗和少量游动孢子囊再侵染引起局部叶斑。一株受病植物上各种症状的综合表现叫作综合症状，也称为病象或并发症。

(3)隐症或症状的隐潜(masking)　在一定环境条件下症状暂时消失，一旦具备适宜发病的条件时症状又能重新出现。在马铃薯的病毒病害中，所有表现花叶型的症状在高温下都会隐潜。覆盆子花叶病毒，在高温(28℃)下不表现症状，气温降低就开始出现斑驳症。番茄感染菟丝子潜花叶病毒后，先在幼叶上造成水渍状斑点，这种斑点很快变褐，随之叶片出现斑驳。而这种症状只出现在头 2～3 个叶片上，以后生长的叶片都很正常，不过在这种叶片上再接种 TMV，除了表现 TMV 的症状外，菟丝子潜花叶病毒所致症状也会再次显现。再如樱桃感染了西方 X-病毒，如果嫁接在 Mahaleb 或 Morello 品种的根砧上可以使症状隐潜(裘维蕃，1984)。隐潜的定义也可以扩大到有些病毒侵入一定的寄主后由于寄主细胞高度耐病的生理状态，允许病毒自由增殖而不能引起任何异常表征，这就形成了无症侵染，这样的寄主被称为无症带毒体。例如北美在 1908 年从中国引去一种观赏的柑橘植物，据称带有速衰病毒但并不表现症状。由此，可以把症状的隐潜理解为寄生和共生关系的有条件转化。

裘维蕃(1984)指出：症状的隐潜对研究植物病毒的人来说，是极为重要的。从病毒的流行学来说，无症寄主往往是流行病的病毒来源；对育种工作者来说，无症寄主也可能被误选为生产之用，但是它对感病的同类植物是一种威胁，而且有些无症寄主也能导致严重的减产；从生物学观点来说，深入研究无症的原因将对寄生性的本质和病毒的生活规律有更进一步的认识。

(4)潜伏侵染 (latent infection) 由于寄主抗扩展作用或环境条件不适宜，病原物侵入后可以较长时期存活而不向四周扩展，也不表现任何症状；一旦寄主抗病性减弱或遇到适宜的环境条件，病原物就会增殖和扩展，植物才表现症状。这种现象被称为潜伏侵染。这种现象在果树和林木炭疽病和轮纹病上比较常见，如苹果炭疽病(*Glomerella cingulata*(Stonem.) Schr. et Spauld.)。根据北京观察，5月上中旬降雨时，炭疽病分生孢子便飞散传播，至7月中下旬果实近成熟期才发病。据国外资料，没有成熟的果实中存在着一种胶质—蛋白质一矿物质的复合物，这是果实抗病的基础。苹果轮纹病(*Physalospora piricola* Nose)也具有潜伏侵染特点，菌丝在枝干组织中可存活4～5年，北方果园每年4～6月份生成分生孢子，为初侵染来源。病菌从5月下旬的幼果期便开始侵染，而且据青岛市农业科学研究所等的试验证实果实在幼果期抗扩展而不抗侵入。被侵染的幼果并不立即发病，待果实近成熟期、贮藏期或生活力衰退后，潜伏菌丝才迅速蔓延，显现椭圆形轮纹斑和果腐症。潜伏侵染的研究对于明确寄主—病原物相互关系来说具有重要的价值，同时也为适时采取措施防止初侵染提供科学的理论依据。

(5)复合症状或复合症 (compound symptom) 是由两种以上的病原物(多指病毒)侵染后共同发生的症状。这种症状不同于两种病原物单独侵染所致的症状。例如，TMV侵染番茄只产生花叶症及轻微的坏死条斑，而马铃薯X-病毒侵染番茄只产生轻微的斑驳症，当两种病毒复合侵染时，就会出现一种新的严重的坏死条斑症状。

8.4.2 病害综合防治

植物害源具有多种多样，害源与害源之间、害源与植物之间存在着复杂的关系，环境条件与植物害源之间也存在着协调与制约关系。人的活动与植物害源之间的关系也很复杂。因此，植物害源的治理工作是一项复杂的系统工程。曾士迈等(1994)认为生物害源的治理应在IPM思想指导下，对各种防治技术进行选择、协调、组装和优化。他们认为单项防治技术本身是硬技术(hard technology)，而确定防治对象的主次、损失估计、策略分析、经济阈值、因素间和防治技术间工作协调、效益评估等为软技术(soft technology)。软技术对硬技术起调节控制作用，以充分发挥硬技术的作用，而硬技术的改进，又可促进软技术的提高，两者相辅相成以最优的防治方案保证总体效益最佳。我们认为植物非生物害源的治理技术同样存在硬技术与软技术及其协调的问题。下面就植物的生物害源经常采用的治理技术(硬技术)分述如下。

8.4.2.1 植物检疫

植物检疫是减少害源的根本性措施，主要包括两方面的内容：

(1)防止将危险性有害生物随同植物及植物产品(如种子、苗木、块茎、块根、植物产品的包装材料等)由国外传入和由国内传出，这称为对外检疫。

(2)当危险性有害生物由国外传入或国内局部地区发生时，将其限制、封锁在一定范围内，防止传播蔓延到未发生的地区，并采取积极措施，力争彻底肃清，这称为对内检疫。

8.4.2.2 农业防治

农业防治是有害生物综合治理的基础措施，包括使用抗性品种、轮作、倒茬、田园卫生、培育抗性种苗、种苗处理、调节播种期、合理施肥、浇水、安全收贮等多种农艺措施相结合的方法。

(1)选用抗病品种　是防治花卉病害最经济最有效的一种方法。品种抗病能力主要是由于形态特征或生理生化上的原因形成的。有些植物含有植物碱、单宁、挥发油等,对许多病菌有抑止或杀死的作用。目前已有一些花卉育成了抗病性较强的品种,如蔷薇、香石竹、金鱼草等花卉育成了抗锈病品种,翠菊抗立枯病的品种等。

(2)培育无病苗木　有一些花卉病害是随苗木、接穗、插条等繁殖材料而扩大传播。对于这类病害的防治,需要把培育无病的苗木,作为一个重要措施。例如,橘柑疮痂病和桃根癌病等可以通过苗木传播;一些花木病毒病,可以通过嫁接传播,因此选用无病苗木和接穗、播条等,就能减少病害的发生。

(3)合理修剪　不仅有利于促进树势、控制徒长,从而使苗木株型整齐、姿态优美,而且有利于通风透光,生长健壮,提高抗病能力。同时,结合修剪可以剪除病枝、病梢、病芽、病根、刮治病疤等,减少病原菌的数量。但是,也要注意因修剪造成的伤口,常常又是多种病菌侵入的门户,因此,需要用喷药或涂药等措施,保护好伤口不受侵染。

(4)调整播种期　许多病害的发生,因温度、湿度及其他环境条件的影响而有一定的发病期,且在某一时期最为严重,如提早或延期播种可以避开发病期,则可减轻为害。

(5)实行轮作　连作消耗了地力,易使苗木生长不良,因而降低了苗木的抗病能力。同时,也会造成土壤中病原物的大量积累,使病害逐年增加。而合理轮作可以缓和土壤养分供应的失调,有利于苗木茁壮生长,提高抗病能力。通过轮作还可以改变田间环境条件,土壤微生物群落和土壤性质,使之不利于一些土传病菌的生存。例如,菊花、唐菖蒲、翠菊等忌连作重茬,应每年换进新的培养土或异地栽种,即可减少发病机会。

(6)及时除草　杂草丛生,不仅与花卉争夺养分,影响通风透光,使植株生长不利,而且还是一些病菌繁殖的场所,一些病毒病常以杂草作为寄主。因此,及时清除杂草是防治病害的一项重要措施。除下的草可以堆积腐烂作肥料用,或晒干作燃料用。

(7)深耕细耙　适时深耙细耙,可以将地面或浅土中的病菌和残茬埋入深土层,还可将原在土中的病菌翻至地面,受天敌和其他自然因子,如光、温、湿度的影响而增加其死亡率。

(8)消灭害虫　病毒及其他一些病菌由昆虫传播的。例如,软腐病、煤烟病,病毒病等由蚜虫、介壳虫、叶蝉、蓟马等害虫传播,故消灭害虫即可以防止或减少病害发生和传播。

(9)及时处理病害株　发现病害严重的植株要及早拔掉,深埋或烧毁。同列,对残茬及落地的花瓣、病叶、枯叶等,均应及时清除烧掉,收获后应对苗圃彻底清扫。

(10)病害发生地的处理　温室或苗圃如果发生病害时,应及时将健株与病株隔离开。并对温室进行彻底消毒。同时也要对苗圃内的土壤进行消毒。贮藏的球根等感染上病菌时,须先用化学药剂消毒处理后再行栽种。

(11)加强水肥管理　合理的肥水管理,可以促进花卉生长发育良好,提高抗病能力,起到防病的作用。反之,浇水过多,施氮肥过量,均易引起枝叶徒长,组织柔软,降低抗病性。

多施混合的有机肥料,可以改良土壤,促进根系发育,提高抗病性。但是如所施的有机肥未经充分腐熟,肥料中混入的病原菌(如立枯病菌等),可以加重病害的传播。因此,必须施用充分腐熟的有机肥料。

苗圃的水分状况和排灌直接影响病害的发生与发展。排水不良是引起花卉根部腐烂病的主要原因,并易引起病害的蔓延。故在低洼或排水不良土地上种植花卉时,需挖排水沟或筑高畦。盆栽花卉也应注意选用排水良好的培养土及在盆底设排水层。及时排除积水和进行中耕,可以大大减病菌的危害。

(12)做好贮藏期的管理 球根类花卉要适时挖掘,晒干后进行贮藏。在挖掘时如不小心,造成伤口,往往会加重各种霉菌的侵染;贮藏地点温度过高、湿度过大、通风不良也是引起球根类花卉发生腐烂病等的重要原因。因此,在挖掘或运输过程中均要细心,防止并尽量避免造成伤口,同时注意贮藏场所的通风及适宜的温、湿度条件,这样就能减少病害的发生和危害程度。

一般种子的贮藏也要注意干燥、低温和通风。此外,适时间苗、定苗、拔除病弱苗木等措施,既可以减少病菌数量,又能恶化寄生条件,并能防止相互接触传染等。

总之,农业防治方法是通过改进栽培技术措施防病的。这些措施本身都是苗木茁壮成长的一个手段,是一种经济快捷的方法。同时农业防治法又是通过改善病害的生活条件,改造自然环境进行的,很多是长期起作用的措施,而且可以预防病害发生。

8.4.2.3 生物防治

生物防治是利用生物及其产物控制有害生物的方法。如利用天敌、益菌、益鸟、益兽、辐射不育、人工合成激素及基因工程等新技术、新方法来防治病虫害。

生物防治主要是指以菌防病。这方面的工作在国内的历史还不长,但发展较快,近几年来中国农业大学植物病理生物防治研究室在这方面做了次量的研究工作,并取得了不少成果。

利用抗生菌直接防治植物病害并大面积推广的实例虽然不很多,但它却有效果。如早在20世纪50年代就开始推广的"5406"菌肥(放线菌),不仅能控制一些土壤侵染的病害,同时还有一定的肥效;又如鲁保一号(真菌)是防治寄生性种子植物菟丝子的一种生物制剂。

在花木上可以利用链霉素防治细菌性软腐病,而灰黄霉素内曝性能好,对多种真菌病害都有效果。

8.4.2.4 化学防治

化学防治是利用不同来源的化学物质及其加工品控制有害生物的方法。化学防治见效快、应急性强,但应注意其副作用。如要符合卫生、生态和环境保护的要求,并要在经济阈值指导下进行合理用药。

药剂防治病害,首先要做好喷药保护,防止病菌入侵。一般地区可在早春各种苗木将进入生长旺期以前,确切地说,在花卉苗木临发病之前等量式波尔多液1次,以后每隔两周喷1次,连续喷3~4次,或每隔7~10天喷1次65%代森铵400~600倍液。这样就可以防止多种真菌或细菌性病害的发生。一旦发病,要及时喷药防治。因病害种类不同,所用的药剂种类也各异。

8.4.2.5 物理和机械防治

物理和机械防治即利用各种物理因子、人工或器械防治有害生物的方法。包括捕杀、诱杀、趋性利用、温湿度利用、阻隔分离及激光照射等新技术的使用。

(1)热力作用 利用热力处理是防治多种病害的有效方法。此法主要用于苗木、接穗、插条等繁殖材料的热力消毒。例如,用50℃的温水浸桃种或苗10 min,可以消灭桃黄化病病毒。对于潜伏于接穗及苗木中的柑橘黄龙病病毒,可以用41~51℃的湿热空气处理45~60 min。对于一二年生花卉的圆粒状种子,可用温汤浸种法,杀死种子内部带的病原菌。一般地说,用50~55℃温水处理10 min,既能杀死病原体而不伤害种子。花卉的无性繁殖器官也可以用温汤浸种的方法。

此外，刮除花木枝干上的病疤，剪掉病根，对病树进行桥接等法也属于物理防治范围。

(2)精选种子

①筛选法。利用筛子、簸箕等，把夹杂在健康种子中间的病原体除去。

②水选法。一般带病种子比健康种子轻，可用盐水、泥水、清水等法漂除病粒。

③石灰水浸种法。石灰水的主要作用在于造成水面与空气隔绝的条件，使种子上带的病菌因缺氧而窒息死亡，而种子是可以进行无氧呼吸的，处理后能够正常萌发。

8.4.2.6 消灭病原菌初侵染来源

土壤、种子、苗木、田间病株、病株残体以及未腐熟的肥料等，是绝大多数病原物越冬和越夏的主要场所。因此，消灭初侵染源，是防止花卉发病的重要措施之一。

(1)土壤消毒　为了消灭土壤中存在的病菌和害虫，必须进行土壤消毒。消毒的方法很多，比较简单的方法有药剂、蒸汽、热水及电热等法。

①药剂消毒法。用于土壤消毒的药剂，主要有福尔马林、升汞、氯化苦、硫酸铜等。最常用的是福尔马林。福尔马林是含甲醛40%的水溶液，大多用于温室或温床，其稀释倍数和用量，福尔马林：水=1：40每平方米用量为10～15 L；福尔马林：水=1：50每平方米用量为20～25 L。

②福尔马林消毒时，土壤需要干燥。土层厚15～20 cm时用40倍稀释液10 L，或用50倍稀释液20 L。如果土层再厚，则需相应增加用量。可用喷壶等将消毒液浇注于耕松的土壤中，喷布要均匀，待药液渗入后，用湿草帘或塑料薄膜等覆盖，使药剂充分发挥作用，经2～3天即可除去覆盖物，并耕翻土壤，促使药味挥发，再经10～14天已无气味后即可播种或栽植。

③蒸汽消毒法。土壤用量不多时，可用大蒸笼熏蒸。用土较多时可用胶管将锅炉中的蒸汽导入一个木制(或铁制)装有土壤的密闭容器中。蒸汽喷头由几根在管壁上打了许多小孔的钢管制成。蒸汽通用喷头均匀散布在土壤上。蒸汽温度在100℃左右。消毒时间为40～60 min。如果温室或苗圃进行大规模土壤消毒时，须在地下20～30 cm深处埋下铁管，然后通蒸汽。有条件的地方，可将扦插用土装在花盆或无纺布容器里，然后将花盆或无纺布容器浸湿，放入高压灭菌锅中，在1 kg/cm^{2}的气压下，15～20 min即可杀死病菌和孢子。

④火烧消毒法。此法是一种简便易行的消毒方法。对少量土壤的消毒可在苗圃内设一炉子，将土壤置于铁锅或铁板上加火烧，烧前要湿润土壤，目的是使土壤内发生蒸汽，提高消毒效果。一般30 cm厚的土壤，烧到土温达到90℃左右时，经4～6 h即可完成消毒工作。对花圃表土消毒时，可将燃料堆在地面上，集四周的表土盖在燃料上，燃火熏烧约1 h。

对于扦插用的河沙，可用开水直接灌注消毒。

(2)种苗消毒　种苗消毒分温汤浸法和药剂浸法两种。在花木上常用的有：

①石灰水。先将石灰溶于90～400倍的水中，制成石灰水，然后把种子浸入其中。一般种子的浸种时间为20～30 min，球根为0.5～3 h(根据球根有无外皮及皮的硬度而定)。

②升汞水。用升汞水1 000～4 000倍溶液浸种(浓度根据颗粒大小以及中皮的厚薄而定)，浸泡时间与石灰水相同。

③福尔马林。一般用福尔马林1%～2%的稀释浸种子或做种用的球根20～60 min，浸后取出用水洗净，晾干后播钟或栽植。

④代森铵。球根类的种球栽种前已发病的可用0.2%浓度代森铵冷浸10 min。

(3)清除病株残体　绝大多数非传性寄生的真菌、细菌都能在受害寄主的枯枝、落叶、落果、残根等植株残体内存活，或者以腐生的方式存活一定时期。这些病株残体遗留在苗圃内越冬，成为来年病害发生的初浸染来源。所以每年都要清理苗圃地，彻底清除病株残体，并集中烧毁或深埋。或采取促进残体分解的措施，都有利于减轻病害的发生。

8.4.3 常见病害防治

8.4.3.1 黑斑病

主要危害桂花、丁香、柿树等。

症状：真菌病害。叶、叶柄、嫩枝、花梗均可危害，但主要危害叶片。发病初期呈褐色放射性状病斑，边缘明显，直径5～10 mm，斑上有黑色小点，严重时叶片早期枯萎脱落，影响生长。

发病特点：病原体以菌丝体或分生孢子在病叶、枯枝、土壤中越冬，也可潜藏在植株芽鳞、叶痕及枝梢上。初夏及秋末为发病盛期。分生孢子借助风力、雨水传播，扩大浸染。雨水多、湿度大、光照不足、通风不良有利于发病。

防治方法：①秋冬季剪除病枝病叶，清除地下落叶及残株，集中烧毁以减少侵染病菌来源。②选用抗病耐病品种。③加强栽培管理，增强树势，提高抗病能力，注意整形修剪，透光通风，注意排水，减少灌溉，降低湿度。④展叶期喷施50%多菌灵可湿性粉剂500～1 000倍液，或70%甲基托布津1 000倍液，或75%百菌清1 000倍液，或80%代森锌500倍液，7～10天喷1次，共2～3次。

8.4.3.2 白粉病

主要危害月季、大叶黄杨、紫薇、红叶小檗、黄栌等。

症状：真菌病害。在叶片上常见此病，亦可危害枝条、花柄、花蕾、花芽及嫩梢等。发病初期，病部表面出现一层白色粉状霉层，即病菌无性世代的分生孢子，后期白粉状霉层变成淡灰色，受害部位出现闭囊壳的小黑点。受害植株矮小，嫩叶扭曲、畸形、枯萎，叶片不开展、变小，枝条发育畸形，花芽被毁，影响开花，严重时整株死亡。

发病特点：病菌以菌丝体或分生孢子在病芽、病枝条或落叶上越冬，分生孢子借助风雨传播，对温度、湿度适应能力强。以夏初和秋末发病较重。偏施氮肥、阳光不足或通风不良有利于发病。

防治方法：①结合修剪，剪除病枝病叶集中烧毁。②加强栽培管理，增施磷、钾肥，控制氮肥，使植株生长健壮，提高抗病力。③选用抗病、耐病品种。④发病初期可喷施50%多菌灵可湿性粉剂800～1 000倍液，或70%甲基托布津可湿性粉剂800倍液，或25%粉锈宁可湿性粉剂1 000～1 500倍液。

8.4.3.3 褐斑病

主要危害黄杨、丁香、紫薇、火棘、珍珠梅、木槿、凌霄、榆叶梅等。

症状：真菌性病害。从植株下部叶片开始发病，逐渐向上部叶片蔓延，病斑初期为圆形或椭圆形，紫褐色，后期变为黑色，直径为5～10 mm。病斑与健康部分界线分明，严重时多数病斑可连接成片，使叶片枯黄脱落，影响开花。

发病特点：病原以菌丝体或分生孢子器在枯叶或土壤里越冬，借助风雨传播，该病夏初开始发生，以秋季危害严重。高温高湿、植株过密、光照不足、通风不良、土壤连作均有利病害的发生。

防治办法：①清除病枝病叶，集中烧毁或深埋，减少病菌来源。②加强管理，注意通风，避免密植。地下水位高的要开沟排水，降低湿度。盆栽每年更换新土。③喷施 50% 多菌灵可湿性粉剂 500 倍液，或 0.5%～1% 波尔多液，或 50% 代森锌铵 1 000～1 500 倍液，或 25% 百菌清 500 倍液，每隔 7～10 天喷药 1 次，共 2～3 次。

8.4.3.4 炭疽病

主要危害桂花、迎春、柿树等。

症状：真菌病害。多发生在叶尖和叶缘，也可以发生在叶部绿枝上，发病初期为圆形或椭圆形红褐色的病斑，上有轮纹状排列的小黑点即病菌的分生孢子盘。

发病特点：病菌以菌丝体在植物残体或土壤中越冬，分生孢子借助风雨、浇水等传播后从伤口侵入，梅雨季节发病较重，使叶子一段或整片发黑，影响生长，严重时植株枯死。

防治方法：①选用抗病优良品种。②及时剪除病叶并烧毁。③种植及摆放距离适当放宽，保持通风透光，浇水时尽量减少叶面水。④喷施 50% 多菌灵可湿性粉剂 800～1 000 倍液，或 50% 炭福美可湿性粉剂 500 倍液，或 70% 托布津可湿性粉剂 800～1 000 倍液，或 75% 百菌清 500 倍液。

8.4.3.5 锈病

主要危害国槐、合欢、柏树类、松树、海棠等。

症状：真菌病害。主要危害叶片和芽。春季展叶后开始发病，在叶背及叶柄、叶脉上产生黄色锈孢子器，突破表皮后散出橘红色锈孢子，侵入植物。到初夏大量蔓延，形成橘黄色或黄褐色粉状复孢子堆，使枝叶失绿变黄，病斑明显隆起，严重时，全株叶片枯死，或花蕾干瘪脱落。

发病特点：病菌以菌丝体或冬孢子在病芽、病枝上越冬，孢子借助风雨传播，由气孔侵入，在生长季节可反复再侵染。四季温暖地区危害严重，而冬季寒冷、夏季高温的地区发病较轻。

防治方法：①结合修剪，清除锈病枝叶，集中烧毁或深埋，减少侵染来源。②合理施用氮、磷、钾肥，防止徒长，注意通风透光，做好排水工作，降低温度，提高植株抗性。③喷洒 3～4°Be 石硫合剂，或 25% 粉锈宁 1 500～2 000 倍液，或 65% 代森锌可湿性粉剂 500～600 倍液，或 75% 氧化萎锈灵 3 000 倍液。

8.4.3.6 叶斑病

主要危害大叶黄杨、连翘、银杏、石楠、地锦等。

症状：可侵染叶片、茎秆和花蕾。下部枝叶发病较多，叶上病斑圆形或长条形，后期扩展呈不规则状红褐色大病斑，中央灰白色，散生小黑点。茎及枝上病斑多分布在分叉处和摘芽的伤口处，灰褐色长条形，后期产生黑色霉层。

发病特点：病菌在寄主残体或土壤中越冬，发病期随风雨传播，侵染植物，温室内四季均可发病，露地栽培秋季发病最为严重。连作密植，通风不良，湿度过高均易促进病害发生。

防治方法：①清除病株残体，减少侵染来源。②选用抗病品种，适当增施磷、钾肥，提高植株抗病性。③实行轮作。④沿土壤表面浇灌，避免在植株上喷水。⑤喷洒 1% 的波尔多液，或 25% 多菌灵可湿性粉剂 300～600 倍液，或 50% 托布津 1 000 倍液，或 80% 代森锰锌 400～600 倍液。

8.4.3.7 煤污病

主要危害杨树、松树、柳树、桦树、黄杨、樟树、紫薇、桂花等。

症状：该病的主要特征是在树木的叶和嫩枝上覆盖一层黑色“煤烟层”，这是病菌的营养体

(菌丝)和繁殖体(孢子),表面还常伴有蚜虫、介壳虫、粉虱及它们的分泌黏液。在叶面和枝上面出现黑色小霉斑,逐渐扩大连成片。霉层布满叶面及枝梢,有的呈黑色片状翘起,可剥离。此煤烟物可用手擦掉。严重时会使植物逐渐枯萎。

发病特点:每年的4~6月份、8~10月份为发病高峰。煤污病由风、雨、昆虫传播,在蚜虫、介壳虫的分泌物及排泄物或植物自身分泌物上发病。夏季高温、干燥及多暴雨的地方病害较轻。

防治方法:①植株种植不要过密,湿度不要太大。②休眠期喷3~5°Be石硫合剂,消灭菌源。③防治介壳虫、蚜虫、粉虱,可有效控制煤污病的发生。④发病期可喷代森铵500~800倍液,灭菌丹400倍液。喷洒石硫合剂(冬季3°Be,春秋1°Be,夏季0.3~0.5°Be)既可杀菌又可治虫。

8.4.3.8 溃疡病

主要危害槐树、杨树等。近年来合欢上发生也较多。

病状:溃疡病又称腐烂病。一般幼苗、幼树最易感染。病斑多发生在苗木的绿色主干或大树的绿色小枝上。镰孢菌属引起的病斑初期近圆形,褐色水渍状,渐发展为梭形,中央稍下陷,呈典型的湿腐状;病斑继续扩展可包围树干,使上部枝干枯死;后期病斑上出现橘红色的分生孢子堆。小穴壳菌属引起的病斑初为圆形,黄褐色较前者稍深,边缘为紫黑色;后病斑逐渐扩展为椭圆形,长径可达20 cm以上,并可环绕枝干;后期病斑上出现许多小黑点(分生孢子器),最后病部逐渐干枯下陷或开裂。

发病特点:两种类型的病斑都在3~4月份发病,以早春和初夏时发展最快。小穴壳菌多自皮孔侵入,镰孢菌多自叶痕侵入。此外,二者均可从断枝、修剪伤口、害虫危害伤口或死亡的芽处侵入。在雨天或雾天等潮湿天气排出孢子角,孢子借风、雨和昆虫传播。

防治方法:①加强管理,提高树木自身抗病能力。注意在起苗、运输、假植和栽植过程中避免苗木失水,栽后及时灌水。②树干涂白,防止冻害和日灼。③保护伤口。可涂5°Be石硫合剂保护。④药剂防治。对发病枝干可刮去病斑,然后用70%甲基托布津1份加植物油25份,或50%多菌灵可湿性粉剂1份加植物油15份混合均匀后涂抹于病部。也可涂40%福美砷50倍液,以防止复发。

8.4.3.9 茎腐病

主要危害银杏、金钱松、水杉、火炬松、侧柏、鸡爪槭、枫香、麻栎、乌桕、刺槐等。

症状:病害的发病部位在苗木的茎基部接近地面的皮层组织。发病初期茎基部出现水渍状黑褐色病斑,随即包围全茎,并迅速向上扩展。此时叶片失去正常绿色,并稍下垂,但不脱落,随病部逐渐扩展,植株逐渐枯萎死亡。

发病特点:一般在高温季节苗床土表温度升高,苗木幼嫩部分受到高温灼伤后容易发生。即在梅雨季节结束后10天开始发生,7~8月份进入高发期,9月份以后停止发展。

防治方法:①夏秋之间降低苗床土表温度,防止灼伤苗木基部,以免出现伤口导致病菌侵入,可采用遮阳覆盖等方法降低苗床温度。②增施有机肥,促进幼苗生长,增强抗病能力。

8.4.3.10 白绢病

主要危害楸树、梓树、槐树等。

症状:白绢病又称菌核根腐病。病起初期,茎基部产生水渍状褐色不规则病斑,其后产生白色菌丝，逐渐成为菜籽状菌核。菌核初为白色，后为黄色，最终成褐色，茎基部腐烂坏死，植株地上和地下部分即发生分离，植株枯萎死亡。

发病特点：以菌核在病株体或土壤中越冬，菌丝萌发后即可侵害寄主。病菌喜高温高湿，梅雨季节发病严重。其生长适温为 30～35℃，低于 15℃或高于 40℃则停止发展。

防治方法：①加强管理，注意通风透光。盆土要严格消毒，切忌使用带菌土壤。②拔除病株、挖去病株周围的土壤，并在病穴四周撒五氯硝基苯或风化的石灰，以控制病情发展。③用 50％甲基托布津可湿性粉剂 500 倍液，或 50％多菌灵可湿性粉剂 500 倍液浇灌植株的茎基部及周围土壤。

8.4.3.11 立枯病

主要危害雪松、刺槐、榆树、枫杨等。

症状：属半知菌类病害，病菌从土壤表层侵染幼苗的根部和茎基部，使病部下陷缢缩，呈黑褐色，幼苗组织木质化时造成猝倒现象，幼苗自土面倒伏，幼苗已半木质化或木质化时，表现立枯症状，幼苗出土 10～20 天危害最严重。病部常出现粉红色霉层。

发病特点：病菌以菌丝体或厚垣孢子在土壤中越冬，主要通过土壤和肥料传播，湿度过大，土温 15～20℃时，有利病害发生。

防治方法：①及时拔除病株，集中烧毁。②对土壤进行消毒，可用 40％福尔马林，用药 50 mL/m^2，加水至 8～12 kg 后浇灌土面，或用 70％的五氯硝基苯粉剂与 80％代森锌可湿性粉剂等量混合均匀的药剂，用量 8～10 g/m^2。③幼苗出土前期，适当控制浇水。④发病初期用 50％的代森铵水溶液 300～400 倍液或 70％甲基托布津可湿性粉剂 1 000 倍液浇灌。

8.4.3.12 根结线虫病

主要危害楸树、泡桐、桃树、梓树、槭树、黄杨、杨树、榆树等。

症状：属线虫类病害，地下部分表现为侧根及须根上形成大小不等的瘤状物，光滑坚硬，后变为深色，内有乳白色发亮的粒状物，即线虫虫体。可影响根部吸收，使地上部分生长衰落，植株矮小，叶片发黄，花小，严重时可导致植株死亡。

发病特点：根结线虫在土壤中越冬，可通过灌溉、种球及农事操作进行传播，带病土壤和残株是侵染的主要来源，幼虫侵入根部后固定寄生，30～50 天完成 1 代，土温 20～27℃，土壤湿度 15％左右时，有利于线虫的活动。

防治方法：①实行检疫，以免病害传播到无病区。②进行土壤消毒。可用 20％二溴氯丙烷 5～8 g/m^2，或 4％的涕灭威颗粒剂 20 g/m^2，或 3％呋喃丹颗粒剂 15～20 g/m^2。处理。③带病球根，可用 50℃温水处理 10 min。④发病期施用 10％苯线磷，约 60 kg/hm^2。

8.5 主要害虫诊断与防治

8.5.1 害虫综合防治技术

8.5.1.1 植物检疫

害虫除凭借自身的飞翔活动扩大传播外，远距离的传播，主要是靠苗木种子、苗木及包装物品等的调运。害虫侵入新的地区后，如该地区气候、营养等方面条件适宜，又没有抑制它的某些天敌，往往会大量繁殖并猖獗为害，从而给某些花卉带来严重威胁，特别是在当代交通运输工具十分发达，不断扩大与国外交流的情况下，更是如此。所以，加强检疫工作显得尤为重要。凡由国外或国内各地区引进的种子、苗木等，必须按照国家公布的检疫法规，严格进行检查。若发现有检疫对象立即采取烧掉或熏蒸或消毒等措施，以防蔓延成灾。

8.5.1.2　农业防治

(1)冬耕深翻　冬季寒冷地区，冬耕深翻土地，对消灭害虫有着显著作用。如潜伏在土壤中的幼虫、蛹和卵等，冬耕后大部分暴露于地表被冻死，或被益鸟所啄食，同时还可以进行人工捕杀。另外一些忌光线的害虫，曝晒在阳光下即死亡，这样可以消灭大量越冬害虫。

(2)及时处理　被害株一二年生草本花卉开花后的残株及被害株，应立即拔掉，烧毁或深埋土中；宿根性花卉及苗木类秋季枯萎或落叶后，应及时清理枯枝落叶集中烧掉。以减少害虫的数量。

(3)合理修剪　整枝修剪既能使花卉植株健全、优美、提高观赏价值，又可消灭在枝条上越夏、越冬的虫卵、幼虫及成虫，减少虫源。

(4)实行轮作　轮作可以提高土壤的肥力，有利于花卉的生长和发育，从而提高花卉的抗虫能力。同时也可使某些单食性或寡食性的害虫不易得到必需的食物，不利其生活。例如，白粉蝶仅限于为害十字花科花卉。实行轮作，则可显著地减轻为害。

(5)选用抗虫品种有些品种由于形态和结构的作用，具有抗虫特性；有些品种内含有毒素或抑制害虫的物质，可抑制其繁殖或增加死亡率。因此，选用或培育抗虫品种，是防止害虫为害的一个重要途径。

(6)调整播种期和移栽期　某些害虫的发生，每年往往在某一时间最为猖獗，如提早或延迟播种和移植，则可减轻为害。例如，翠菊在幼苗时最易受瓜守为害，如能提早播种，即可减轻被害程度。这种方法对于1年发生1代，食性单一，发生整齐的害虫，具有一定的防治效果。

(7)中耕除草　既可改变小气候，改善花卉的生育环境，抑制虫害的发生和为害，也能直接消灭杂草上(多是某些害虫的野生寄主或越冬场所)的害虫。因此，及时中耕除草，并彻底清除苗圃及树盘内的杂草及各种残余物，在防治害虫上具有重要意义。

(8)合理施肥与灌溉　合理施肥可以改善花卉的营养条件，提高花卉的抗虫能力。但要注意所施的有机肥料，常有害虫潜伏，施用前要进行高温发酵充分腐熟，或拌以辛硫磷等粉剂农药加以消灭。同时不能偏施过多氮肥，否则易引起枝条徒长，易受害虫为害。合理灌溉可防止土壤水分过多或过少，以使花卉生长健壮。

8.5.1.3　人工防除

人工防除法即是用人工直接杀灭害虫的一种方法。此法主要包括捕杀、诱杀和烧杀3种方法。

(1)捕杀法　是用人力和一些简单的器械，消灭各发育阶段的害虫。例如，刮取枝干上的卵块，刷除枝干上的介壳虫、振落捕杀具有假死性的害虫，如金龟子、卷叶虫、舟蛾等。此外对吉丁虫幼虫、大丽花钻心虫、蛴螬等都可以进行人工捕捉。

(2)诱杀法　利用害虫的趋光性(如多数蛾类、某些金龟子、蝼蛄、叶蝉等)、嗜好物和某些雌性昆虫(主要是蛾类)性腺的分泌物等进行诱杀。在花卉栽培中常设置黑光灯诱杀成蛾，用毒饵诱杀地下害虫，用糖醋液诱集夜蛾类害等。

(3)烧杀法　冬季搜集枯枝、落叶、杂草及害虫群栖的枝叶等进行烧杀,直接杀死虫卵、幼虫、蛹及成虫。

(4)防护法　幼苗用纸罩,金属网或纱罩遮盖,可以防止瓜守、种蝇及金龟子等对幼苗的为害。在月季花蕾上套纸袋,可以防止叶蝉等害虫为害。

8.5.1.4　生物防治

生物防治是利用害虫的天敌去防治害虫。害虫的天敌是很多的,每一种害虫都有天敌。在春暖农忙的季节里,就经常见到天敌在田野或森林里消灭害虫。许多育雏的鸟,忙于找寻害虫来哺育幼鸟;在草地或森林里,许多泥蜂在忙于找寻害虫带回巢穴哺育子代;当害虫发生较多时,不时出现成片病死的虫尸。上述的鸟、蜂、病原体都是害虫的天敌,都随时随地在消灭害虫。如果用科学的术语来说,害虫的天敌主要是这三类生物:一是病原微生物;二是捕食性或寄生性的昆虫(统称天敌昆虫);三是捕食害虫的脊椎动物。昆虫的病原微生物主要有病毒、细菌、真菌、原生动物、立克次体、螺旋体等,这些微生物类群与人类致病的微生物类群是相同的,不过种类不同而已。泥蜂、瓢虫、蚂蚁都是重要的捕食性昆虫的类群;赤眼蜂、金小蜂、平腹小蜂都是重要的寄生性昆虫的类群。捕食害虫的脊椎动物有捕食性鱼类如柳条鱼,以及蛙类;食虫的鸟知啄木鸟、山雀、伯劳、燕子、杜鹃、黄鹂等。

一种害虫的个体数目很多,一只雌虫所产的子代,少的数十,多的数千,甚至以万计。但在生长过程中,死亡很多,可高达80%～99%,剩下来的个体是很少的。死亡的原因有的是受不良气候(如冷、热、风、雨、冰雪、干、湿等)的影响;有的是由于缺乏食物;有的是受天敌的袭击;当然还受人类活动的影响。一种害虫的子代,陆续受到各种环境因素(主要是气候因素及天敌)的冲击而死亡,这现象叫作自然制约,也叫自然控制。在南方的夏季,一场台风暴雨之后,许多害虫大量被冲洗掉;北方的一场早春大雪,可以冻死许多害虫,气候因素影响害虫的生存的确是很大的。天敌因素影响害虫的生存也是很大的,例如,在一种害虫大发生的末期,有时见到害虫因感受传染病而大量死亡,虫尸挂满林木秸秆枝头。总地说来,环境因素对害虫发生的抑制作用很大,但在一般情况下,表现不十分明显。

害虫的天敌有多少呢?单就几种水稻主要害虫来说,三化螟的天敌有记载的已达40种,二化螟约有56种,黏虫约有80种,稻叶蝉及稻飞虱有200多种。这些还是不完全的统计,未知的天敌还很多。天敌能消灭多少害虫呢?一般在50%以上。例如,浙江省嘉兴县一些地方,1962年的二化螟卵单被稻螟赤眼蜂寄生的达90.74%。1964年,广西玉林县三化螟卵单被螟卵啮小蜂寄生的就达91.18%。1959年,广州近郊晚造秧田的稻瘿蚊被寄生蜂寄生的达96%～98%。当然有时寄生率是比较低的。

害虫被天敌消灭了那么多,是不是不必要搞防治了?当然不是这样。因为昆虫的繁殖力和适应性都很强,一个雌害虫一次产卵二三百是常事,如果能存活50%,其为害就很严重。一般说来,害虫天敌比害虫本身的气候适应范围较小,而且还有两重寄生(即寄生昆虫的寄生),如果在那一段时间里的气候有利于害虫的繁育,而不利于天敌的繁育,则当时天敌的作用就要降低。因此,单靠自然制约中天敌的力量是不能经常把害虫压下去的。我们不能等待天敌在自然制约中替我们消灭害虫,而是要积极地应用各种防治措施去压制害虫的发生。害虫与天敌是自然界矛盾的两个方面,这对矛盾是客观长期存在的,天敌从这一矛盾的斗争中,始终保持着消灭害虫的潜在力量。如果我们设法提高有利于天敌生存和繁育的条件,充分发挥天敌防治害虫的作用,以消灭害虫,就达到生物防治的目的了。害虫天敌的种类很多,在花卉上常用的有捕食性和寄生性昆虫、真菌、细菌以及病毒等。

(1)以虫治虫　利用天敌昆虫消灭害虫，叫作以虫治虫。按照取食害虫的方式分为捕食性天敌和寄生性天敌两大类。

①捕食性天敌。昆虫中约有28%的种类是捕食其他昆虫的。常见的有瓢虫、草蛉，胡蜂、蚂蚁、食蚜蝇、食虫虻、猎蝽、步行虫、捕食螨等。如利用瓢虫防治介壳虫和蚜虫；利用草蛉防治蚜虫、蛾蝶类的卵及幼虫；利用捕食螨防治红蜘蛛等，都已取得了较好成效。这些天敌在自然界抑制害虫的作用十分显著。

此外，还有些捕食性天敌在自然界活动频繁，消灭了大量。如蜘蛛、螳螂、蜻蜓等。

②寄生性天敌。寄生在害虫体内，以害虫体液和组织为食，造成害虫死亡。寄生性天敌主要包括寄生蜂和寄生蝇。例如，赤眼蜂防治苹果小卷叶蛾、玉米螟、豆天蛾、地老虎、松毛虫等害虫已取得了良好效果。寄生蝇多寄生在蝶蛾类幼虫体内或蛹内。

(2)以菌治虫　以菌治虫就是利用害虫的病原微生物(真菌、细菌、病毒)防治害虫。具有繁殖快、用量少，不受作物生长期限制，与一些化学农药混用可以增效，残效期一般较长等优点。目前我国已生产应用的病原微生物有以下几类：

①细菌。已应用于生产的主要是苏云金杆菌(包括青虫菌、杀螟杆菌、松毛虫杆菌等变种)。一般害虫食菌1天后即大量死亡，有些害虫在2～3天后达到死亡高峰。防治的主要对象是鳞翅目幼虫。如菜青虫、银纹夜蛾、天幕毛虫、蓑蛾、刺蛾、玉米螟等。

②真菌。我国目前主要用白僵菌来防治害虫。白僵菌能寄生于200多种害虫体内。我国应用白僵菌防治玉米螟、地老虎、菜青虫、甘蓝夜蛾、松毛虫等数十种害虫，都取得了较好的防治效果。

③病毒。利用病毒防治害虫，目前仍处于试验阶段。据调查现已发现对昆虫致病病毒有300多种。对200多种鳞翅目、膜翅目、双翅目等害虫蚜能感染。感染虫态都是幼虫，成虫可带病毒，但不致死。近年来我国已分离出桑毛虫核多角体病毒、斜纹夜蛾核多角体病毒、刺蛾及杨天社蛾病毒等，初步试验都取得了一定效果。

(3)利用昆虫激素防治害虫　昆虫激素分为外激素和内激素两种。外激素是昆虫分泌到体外的挥发性物质。是昆虫对它的同伴发出的信号，有利于寻找异性和食物等。

外激素一般由雌虫分泌，称为性引诱物。引诱雄虫寻觅雌虫，进行交尾受精。这种性外激素可以从雌蛾体内提取，也可以人工合成。目前我国已合成的有梨小食心虫、苹果小卷叶蛾、棉红铃虫等的性外激素，已用于预测预报，并正在利用它进行防治试验。

利用外激素诱杀雄蛾，用粘胶、毒药等法杀死。另外还可以在花圃内，喷洒人工合成的性引诱剂，使空气中充满这种性引诱物的挥发气体，使该种害虫的雄虫无法寻觅到雌虫的所在，使雌虫得不到交配，产下的卵不能孵化。

内激素主要有保幼激素、蜕皮激素和脑激素。如果这些激素不足或过多时，会引起昆虫生理的不正常，因而影响其正常发育。人工合成这些激素并加以扩散，就能干扰它的正常发育，造成畸形，甚至死亡。如将人工合成的保幼激素喷在虫体上，可使昆虫不蜕皮、不化蛹，从而减少下一代的发生。

(4)利用遗传不育治虫　遗传不育治虫是利用遗传的方法防治害虫。也就是改变害虫的遗传成分，使它们杂交所产生的后代变为生活力弱，生殖力不强或引起遗传不育，从而使害虫的后代数量逐渐减少或者完全消灭。

(5)利用其他有益动物防治害虫　在自然界有许多捕食害虫的野生动物和鸟类,对控制害虫的为害起了很大的作用。据中科院动物所1967年在河北昌黎果园调查,主要食虫益鸟有53种,其中37种几乎完全以昆虫为食,如被食者有梨星毛虫、食心虫、舟形毛虫、刺蛾幼虫、吉丁虫、椿象等许多覆要害虫。最常觅的益鸟是大山雀、黄鹂、布谷鸟(大杜鹃)、家燕、大斑啄木鸟和灰喜鹊等。有资料介绍,家燕能捕食盲蝽、象虫、金龟子,蛾类、蚊蝇等多种害虫。1对成鸟每天喂幼鸟达180次,能消灭很多害虫。青蛙和蟾蜍是众所周知的有益动物。蛙类能捕食多种蝼蛄、蟋蟀、蚜虫、叶蝉、椿象、象鼻虫、金龟子、叩头虫、天牛、负泥虫、蚊、蝇、白蚁和多种鳞翅目幼虫和成虫。

据统计,一只青蛙每天平均可吃50头左右害虫。因此,对蛙类要加以保护。蜥蜴和壁虎能捕食地面上活动的害虫及具有趋光性的夜间活动的害虫。蝙蝠能消灭大量夜晚飞行的害虫,如蛾类、蚊类及金龟子等。

对于这些有益动物,要采取积极的保护措施,改善它们的生态环境,以便加强它们的有益活动。

8.5.1.5　化学防治

化学防治法是指用化学农药防治害虫的方法。目前它在害虫防治中仍占有重要地位。其主要优点是:①杀虫效率高;②杀虫速度快,③对有些害虫有特效。但是也存在不少缺点:第一,污染环境,农药的残毒对人畜安全造成威胁;第二,杀死害虫天敌。多数杀虫剂在消灭害虫的同时,常常杀伤天敌,打乱了自然种群平衡及生态系统,造成一些害虫的再度猖獗,第三,长期连续使用一种杀虫剂,容易使一些害虫产生抗药性。因此,使用化学农药时必须注意发挥它的优点,克服它的缺点,注意和其他防治方法互相配合,合理使用农药,才能获得良好的效果。

化学农药种类很多,根据药剂的性能和进入虫体的用途,分为胃毒剂、接触剂、熏蒸剂、内吸剂及综合剂等。

(1)胃毒剂　这类药物多为无机化合物(以砒素为主要成分):它们不能直接进入害虫体内,必须和食物一同进入害虫的消化道,经吸收、分解后才能引起害虫中毒死亡。如砒酸铅、砒酸钙及砷酸铅等,通常是把药喷洒在植株上或制成毒饵、毒谷撒施,以防治咀嚼式口器的害虫。

(2)接触剂　药剂接触到害虫体壁后,通过体壁进入体内,破坏内部组织及神经系统,或是封闭害虫的气门,使害虫中毒或窒息而死。适用于花卉的接触剂很多,常用的有石硫合剂、石油乳剂、松脂合剂:肥皂液、除虫菊、烟草石灰水、辛硫磷等。

(3)熏蒸剂　以有毒的气体通过害虫的气门进入虫体引起害虫中毒死亡。常施用于温床、冷床及温室等处。也可熏蒸种苗、插条和土壤。常用的农药有二硫化碳、氯化苦、氢氰酸、溴甲烷、硫黄、甲醛等。

(4)内吸剂　药剂喷到植物上,先被植株吸收,并在体内传导而分散,当害虫(主要是刺吸口器害虫)取食带毒植物汁液时,药剂进入虫体而引起中毒死亡。如乐果、氧化乐果、乙酰甲胺磷等。

(5)综合剂　兼具胃毒、触杀及熏蒸作用。使用范围广泛,数量最多。如乐果、敌敌畏、敌百虫等。

此外,药剂喷洒到植物体后,散发特殊气味,害虫嗅到这种气味即避开,这种作用称为忌避作用。如香茅油能驱避柑橘吸果夜蛾等。

除此之外,还应注意拒食和忌避作用。当害虫取食含毒植物后,正常生理机能遭到破坏,不再取食植物,引起害虫因饥饿而死亡。具有这种拒食作用的药剂称拒食剂。如杀虫脒,此药除了熏蒸和触杀作用外,还有拒食作用。

8.5.2 化学杀虫农药对害虫及天敌的影响

近代防治害虫的措施,很大程度依赖于化学杀虫农药。用农药杀虫确也收到了显著治虫效果,保证了农作物丰收,防治了卫生昆虫,但由于不少地方使用农药种类不当、过量或时间不准确,又没有考虑农药对害虫天敌杀伤的程度,因此经过数十年的农业生产实践,世界各地都出现这样一种情况:农药越用越多,却未能经常压制虫害的发生,相反地往往会出现更多种类的害虫;而且偶一放松施药,害虫就大量地出现为害。

大量用化学杀虫农药治虫,效果有时会适得其反,这主要是因为:

(1)农药引起害虫产生抗药性　据 1960 年报道,已肯定获得抗药性的害虫达到 139 种,我国试验出用滴滴涕毒杀家蝇,经过 30 代,家蝇对滴滴涕的抗性增加约 300 倍。前几年我国一些植棉区的棉红蜘蛛,由于长期使用对硫磷的结果,使红蜘蛛产生强烈的抗药性,造成了防治上的困难。广东许多地区前十年防治三化螟每亩用 0.5 kg 六六六就有效,现在用到 1.5～2.5 kg,效果也不明显了。由此可见,害虫抗药性是普遍出现的。害虫还可以产生多种抗药现象,即同时对几种农药有抗性,而且增加了用农药杀虫的困难。

(2)农药毒杀害虫的天敌　农药毒杀害虫,也毒杀它的天敌。1971 年在浙江省东阳调查,未用杀虫农药喷洒的稻田,黑尾叶蝉卵寄生蜂羽化率是 93.3%,一般水平用药的是 73.6%,而高水平用药的却只有 13.7%～23.3%;一般农药对黑尾叶蝉卵的杀伤却很少,即使高水平用药田,叶蝉卵的孵化率仍有 86.1%～94.6%。浙江省余姚县 1954 年第二、第三代二化螟卵的寄生率为 80.82%和 87.70%,对二化螟有很大抑制作用,可是近 20 年来农药用量不断增加,到 1972 年,二化螟卵寄生率仅 23.47%。以上的例子都说明农药对害虫天敌杀伤的严重性。

(3)农药杀死天敌,导致次要害虫上升为主要害虫　施用杀虫农药不当,往往使原来为害不严重的害虫成为重要害虫。例如,浙江省出现过以前为害很轻而近年来为害严重的害虫——稻小潜叶蝇和条纹螟蛉,过去这两种害虫被寄生的多,发生不起来;可能近年来用农药多了,杀伤了它们的天敌,害虫也就多起来了。

由此看来,农药引起害虫的抗药性,又杀伤害虫的天敌。一种农药使用多了,使用时间长了,也会引起“新害虫”的严重为害。许多地方近 10 年来用农药数量增多 10 倍,而害虫问题并没有解决,主要是这个道理。

化学杀虫农药污染环境,易引起人畜中毒。例如,美国由于许多地方的水、空气、土壤都受到不同程度的农药污染,而致农作物、家禽、家畜及其产品,甚至人体内部都有微量农药。自然界各类动物,不少受到了农药的毒害,如有些鸟类、鱼类,因它们的卵残留有农药而影响繁殖。如何减少农药污染环境,已日益受到人们的重视。

上面所说的用药杀虫所引起的问题,主要是用药不当和一段时期内制造的农药性能不够理想所致。事实上,用化学农药防治害虫有许多优点,如杀虫效果快,有的一种农药能杀多种害虫,有些杀虫时则具有选择性(如只杀害虫不伤害蜜蜂和寄生蜂等),有些是对害虫高效而对人畜低毒,而且农药杀虫方式多种多样,如有的是接触杀虫剂,有的是熏蒸杀虫剂,有的是胃毒杀虫剂,有的是避忌剂、引诱剂、昆虫代谢干扰剂等。长期以来,化学防治成为防治害虫的主流,是可理解的。今后在化学防治方面要考虑合理用药和研制理想的新杀虫剂,决不可因杀虫农药有种种缺点而完全放弃使用。

8.5.3 生物防治与综合防治

害虫生物防治的好处是:对人畜及农作物无毒害;不伤害自然界有益的虫、鱼、蛙、蛇、鸟、兽等动物;不造成环境污染;许多生物防治方法,能收到长期或较长期抑制害虫的效果;而且天敌这种自然资源,是用之不竭的,不像化学农药工业生产有时会受到原料的限制。生物防治中所用的天敌,既可工厂生产,也可土法上马,设备简单,易在农村推广,符合"备战、备荒、为人民"及"自力更生"的精神。

但是,生物防治并不是防治害虫的唯一方法,更不是万灵丹。它也有一些缺点,如杀虫作用比较缓慢(特别是与化学杀虫药相比),一种天敌能杀的害虫种类一般不多,天敌昆虫(如寄生蜂、蝇、瓢虫等)不能与化学杀虫农药混用,一种天敌能够达到利用的程度需要经过相当长时间的试验研究等。事实上,我们前面提到的各种害虫防治措施,每一种都有其优缺点,不能片面强调哪一种防治是万能的。在防治某一类害虫或某一种害虫时,往往发现某一种防治措施特别有效;但如果据此而认为哪一种防治方法在防治一切害虫中就是唯一的或领先的,便不科学了。

因此,应当反对单打一的办法,要提倡害虫的综合防治。害虫的综合防治,就是在农业"八字宪法"的指导下,有效地、经济地协调使用各种适宜的防治方法来防治一种或多种害虫,达到全面防治害虫和改造自然的目的。使用综合防治,须充分考虑保护田野或森林中的害虫天敌,以提高自然防治的效能;又要考虑这些环境中的其他有益生物,以增加自然界的资源,使自然界向着有益于人类的需要方面发展。

综合防治涉及的问题是比较多的,除了具体措施的应用外,首先涉及的是生态系问题。生态系是指存在于一定环境中的各种生物种类和各种非生物因素,以及这些东西的变化。譬如在一个大森林里,主要有树木及各种较低等的植物,又有各种动物,这些生物在生存过程中相互联系着,其间又不断出现各种矛盾。这个大森林的生物种类及非生物因素,在长期生息演化过程中,而使其间的矛盾趋于暂时的相对统一,出现暂时静止的状态。在这个相对静止的生态系中,各种生物的数量在一定条件影响下是不断变化的。譬如在一个森林中每年有相当数量的大杜鹃鸟来啄食害虫,限制了某种害虫数量的发展;如果有一年由于某种原因大杜鹃少了,这种害虫发生数量就会多起来,树木受虫害也就严重,甚至有些林地的树木会受虫害而削弱生势,以至枯死。这样一来,这些林地的荫蔽变少了,地面上的植被跟着也少了,土壤也会变得干旱;生息于原来土壤中的小动物也会因缺少水分而不能生存。显然,一个生态系中一个因素的变动,就产生一系列的连锁反应,在一定时间内,连续地发生数量的变化。大森林是个生态系,大农田、大果园等也各是生态系。在防治一个生态系的害虫时,必须考虑如何保护和发展这个生态系中有益的生物。用任何一种防治方法防治害虫,都会导致生态系中各种因素的变动,尤其用化学杀虫农药,更易殃及各种害虫的天敌及其他动物。如果生态系向有益方面移动,就可提高自然防治的效能,帮助我们消灭更多的害虫。生物防治一般不杀伤自然界的害虫天敌,近年来在我国南方用生物防治措施去防治水稻害虫,稻田里的天敌数量比用化学农药的多得多,生物防治的效果加上农田里天敌消灭害虫的效果,更有力地抑制害虫的发生。由此,可以看出生物防治在综合防治中的重要位置。综合防治也将会促进生物防治的发展与生态系的理论研究。

8.5.4　常见虫害的发生与防治

8.5.4.1　介壳虫

介壳虫有数十种之多，常见的有吹绵蚧、长白蚧、日本龟蜡蚧、红蜡蚧等，主要危害紫薇、柿树、红叶杨、国槐、红叶桃、月季、海棠、丁香、木槿、金叶黄杨等。

形态与生活习性：介壳虫是小型昆虫，体长一般1～7 mm，最小的只有0.5 mm，大多数虫体上被有蜡质分泌物，繁殖迅速，常群聚于枝叶及花蕾上吸取汁液，造成枝叶枯萎甚至植株死亡。

防治方法：①少量的可用棉花球蘸水抹去或用刷子刷除。②剪除虫枝、虫叶，集中烧毁。③注意保护寄生蜂和捕食性瓢虫等介壳虫的寄生天敌。④在产卵期、孵化盛期(4～6月份)，用40%氧化乐果乳油1 000～2 000倍，或50%杀螟松乳油1 000倍液喷雾1～2次。

8.5.4.2　蚜虫

蚜虫主要有桃蚜和棉蚜，可危害桃、梅、木槿、石榴、黄杨等。

形态及生活习性：蚜虫个体细小，繁殖力很强，能进行孤雌生殖，在夏季4～5天就能繁殖1个世代，1年可繁殖几十代。蚜虫积聚在新叶、嫩芽及花蕾上，以刺吸式口器刺入植物组织内吸取汁液，使受害部位出现黄斑或黑斑，受害叶片皱曲、脱落，花蕾萎缩或畸形生长，严重时可使植株死亡。蚜虫能分泌蜜露，导致细菌生长，诱发煤烟病等病害。此外还能形成虫瘿。

防治方法：①通过清除附近杂草，冬季在寄主植物上喷5°Be的石硫合剂，消灭越冬虫卵。②喷施乐果或氧化乐果1 000～1 500倍液，或杀灭菊酯2 000～3 000倍液，或2.5%鱼藤精1 000～1 500倍液，1周后复喷1次。③注意保护瓢虫、食蚜蝇及草蛉等天敌。

8.5.4.3　叶螨(红蜘蛛)

叶螨是一类重要的叶部害虫，种类较多，主要有朱砂叶螨、柑橘全爪螨、山楂叶螨、苹果叶螨等，可危害菊花、柏树、银杏、月季、桃等。

形态及生活习性：叶螨个体小，体长一般不超过1 mm，呈圆形或卵圆形，橘黄或红褐色，可通过有性杂交或孤雌生殖进行繁殖。繁殖能力强，一年可达十几代，以雌成虫或卵在枝干、树皮下或土缝中越冬，成虫、若虫用口器刺入叶内吸吮汁液，被害叶片叶绿素受损，叶面密集细小的灰黄点或斑块，严重时叶片枯黄脱落，甚至因叶片落光造成植株死亡。

防治方法：①冬季清除杂草及落叶或圃地灌水以消灭越冬虫源；②个别叶片上有灰黄色斑点时，可摘除病叶，集中烧毁；③虫害发生期喷20%双甲脒乳油1 000倍液，20%三氯杀螨砜800倍液，或40%三氯杀螨醇乳剂2 000倍液，每7～10天喷1次，共喷2～3次；④保护深点食螨瓢虫等天敌。

8.5.4.4　白粉虱

白粉虱是温室花木的主要害虫。可危害兰花、菊花、一串红，以及露地栽培的百日红等。

形态及生活习性：体小，长1 mm左右，淡黄色，翅上被覆白色蜡质粉状物。以虫和幼虫群集在花木叶背面，刺吸汁液进行危害。使叶片枯黄脱落。成虫及幼虫能分泌大量蜜露，导致煤污病发生。该虫一年10代左右，成虫多集中在植株上部叶背面产卵，幼虫和蛹多集中在植株中下部的叶片背面。

防治方法：①及时修剪、疏枝、去除虫叶，加强管理，保持通风透光，可减少危害。②40%氧化乐果、80%敌敌畏、50%马拉松乳剂对成虫、若虫有良好的防治效果。③利用天敌生物防治。

8.5.4.5 绿盲蝽

可危害月季、木槿、石榴、花桃等。

形态及生活习性:成虫体长 5 mm 左右,绿色,较扁平,前胸背板深绿色,有许多小黑点,小盾片黄绿色,翅革质部分全为绿色,膜质部分半透明,呈暗灰色。一年发生 5 代左右,以卵在木槿、石榴等植物组织的内部越冬。成虫或若虫用口针刺害嫩叶、叶芽、花蕾,被害的叶片出现黑斑或孔洞,发生扭曲皱缩。花蕾被刺害后,受害部位渗出黑褐色汁液,叶芽嫩尖被害后呈焦黑色,不能发叶。该虫在气温 20℃、相对湿度 80%以上发生严重。

防治方法:①清除苗圃内及其周围的杂草,减少虫源;②用 80%敌敌畏乳油 1 000 倍液或 40%氧化乐果乳液 1 000 倍液,或 50%杀螟松乳油 1 000 倍液,或 50%辛硫磷乳油 2 000 倍液,或 50%杀灭菊酯 2 000~3 000 倍液,或 50%二溴磷乳油 1 000 倍液喷雾防治。

8.5.4.6 蚱蝉

可危害白玉蓝、桃、桂花、木槿等。

形态及生活习性:成虫体长约 4 cm,黑色有光泽,被金色细毛,头部前面有金黄色斑纹,中胸背板呈"×"形隆起,棕褐色,翅膜质透明,基部黑色,卵乳白色,梭形。若虫黄褐色,长椭圆形。12 天左右发生 1 代,若虫吸食植物根汁液,成虫刺吸植物组织汁液。雌成虫可将产卵器插在枝干上产卵,造成枝条干枯。

防治方法:①人工捕杀刚出土的老熟幼虫或刚羽化的成虫。②8~9 月份及时剪除产卵枝,集中烧毁。③利用熬黏的桐油粘捕成虫。

8.5.4.7 黄刺蛾

可危害紫薇、月季、五角枫、桃、梅等。

形态及生活习性:成虫体长 1.5 cm 左右。头和胸部背面金黄色,腹部背面黄褐色,前翅内半部黄色,外半部褐色,后翅淡黄褐色。幼虫黄绿,背面有哑铃状紫红色斑纹。黄刺蛾 1 年发生 1~2 次,以老熟幼虫在受害枝干上结茧越冬,以幼虫啃食造成危害。严重时叶片吃光,只剩叶柄及主脉。

防治方法:①点灯诱杀成虫。②人工摘除越冬虫茧。③在初龄幼虫期喷 80%敌敌畏乳油 1 000 倍液,或 25%亚胺硫磷乳油 1 000 倍液,或 2.5%溴氰酯乳油 4 000 倍液。

8.5.4.8 金龟子

主要有铜绿金龟子、白星金龟子、小青花金龟子、苹毛丽金龟子等,可危害樱花、梅花、花桃、木槿、月季等。

形态及生活习性:体卵圆或长椭圆形,鞘翅铜绿色、紫铜色、暗绿色或黑色等,多有光泽。成虫主要夜出危害。有趋光性,受害部位多为叶片和花朵,严重时可将叶片和花朵吃光。金龟子的幼虫称为蛴螬,是危害苗木根部的主要地下害虫之一。金龟子 1 年发生 1 代,以幼虫在土壤内越冬。

防治方法:①利用黑色灯锈杀成虫。②利用成虫假死性可于黄昏时人工捕杀成虫。③喷施 40%氧化乐果乳油 1 000 倍液,或 90%敌百虫原液 800 倍液。

8.5.4.9 咖啡蠹蛾

可危害石榴、月季、木槿等。

形态及生活习性:成虫体灰白色,长 15～28 mm。触角黑色,丝状,胸部背面有 3 对蓝青色斑,翅灰白色,半透明。幼虫红褐色、头部淡褐色。1 年发生 1～2 代,以幼虫形式在枝条内越冬。以幼虫蛀入茎部危害,造成枝条枯死、植株不能正常生长开花,或茎干蛀空而折断。

防治方法:①剪除受害嫩枝、枯枝集中烧毁。②用铁丝插入虫孔,钩出或刺死幼虫。③向虫孔注入 80%敌敌畏或 40%氧化乐果 100～200 倍液,虫孔用湿泥封闭,以杀死幼虫。④孵化期喷施 40%氧化乐果,或 80%敌敌畏乳油 1 000～1 500 倍液,或 50%杀螟松乳油 1 000 倍液。

8.5.4.10 蔷薇叶蜂

主要危害月季、蔷薇等。

形态及生活习性:成虫体长 7.5 mm 左右,翅黑色、半透明,头、胸及足有光泽,腹部橙黄色。幼虫体长 20 mm 左右,黄绿色。蔷薇叶蜂 1 年可发生 2 代,以幼虫在土中结茧越冬。有群集习性,常数十头群集于叶上取食,严重时可将叶片吃光,仅留粗叶脉。雌虫产卵于枝梢,可使枝梢枯死。

防治方法:①人工连叶摘除孵化幼虫。②冬季挖茧消灭越冬幼虫。⑧喷施 80%敌敌畏乳油 1 000 倍液,或 90%敌百虫原液 800 倍液,或 50%杀螟松乳油 1 000～1 500 倍液,或 2.5%溴氰菊酯乳油 2 000～3 000 倍液。

8.5.4.11 叶蝉

可危害碧桃、樱桃、梅、李、杏、月季等。

形态及生活习性:成虫体长约 3 mm,外形似蝉。黄绿色或黄白色,可行走、跳跃,非常活泼。若虫黄白色,常密生短细毛。1 年可发生 5～6 代,以成虫在侧柏等常绿树上或杂草丛中越冬。若虫或成虫用嘴刺吸汁液,使叶片出现淡白色斑点,危害严重时斑点呈斑块状,或刺伤表皮,使枝条叶片枯萎。

防治方法:①冬季清除苗圃内的落叶、杂草,减少越冬虫源。②利用黑色灯锈杀成虫。③喷施 2.5%溴氰菊酯可湿性粉剂 2 000 倍液、或 50%杀螟松乳油 1 000 倍液或 90%敌百虫 1 000 倍液。

8.5.4.12 天牛

主要有桃红颈天牛、菊天牛、咖啡灰天牛等。可危害桃、石楠、杨树等。

形态及生活习性:各种天牛形态及生活习性均差异较大。成虫体长 9～40 mm,多呈黑色,1 年或 2～3 年发生 1 代,以幼虫或成虫在根部或树干蛀道内越冬,卵多产在主干、主枝的树皮缝隙中,幼虫孵化后,蛀入木质部危害。蛀孔外堆有锯末和虫粪。受害枝条枯萎或折断。

防治方法:①人工捕杀成虫。成虫发生盛期可喷 5%西维因粉剂或 90%敌百虫 1 000 倍液。②成虫产卵期,经常检查树体,发现产卵伤痕,及时刮除虫卵。③用铁丝钩杀幼虫或用棉球蘸敌敌畏药液塞入洞内毒杀幼虫。④成虫发生前,在树干和主枝上涂白涂剂,防止成虫产卵。白涂剂用生石灰 10 份,硫黄 1 份,食盐 0.2 份,兽油 0.2 份,水 40 份配成。

8.6 常用农药的使用

8.6.1 杀虫剂

敌百虫:是种高效低毒的有机磷制剂,对害虫有强烈的胃毒作用,也有触杀作用。毒杀速度快,在田间药效期 4～5 天,常用原液 1 000～1 500 倍液喷雾防治蔷薇叶蜂、大蓑蛾、拟短额负蝗、棉卷叶螟、尺蠖、叶蝉、玫瑰巾夜蛾、小地老虎等害虫。敌百虫不能和碱性药剂混用。

敌敌畏:是一种高效低毒的有机磷制剂,有强烈的触杀、熏蒸、胃毒作用,杀虫范围广,速度快,药效期短,残毒小。常用 50%乳油 1 000 倍液或 80%乳油 1 500 倍液喷雾防治白粉虱、叶螨、绿盲蝽、蚜虫、蚧虫、石榴夜蛾、玫瑰茎蜂等害虫。注意不能与碱性药剂混用。敌敌畏乳油易挥发,取药后须将瓶盖盖好。浓度高时,对樱花、梅花易产生药害。

氧化乐果:具有触杀、内吸和胃毒作用,能防治许多刺吸式和咀嚼式口器害虫,对人畜的急性胃毒性较大。常用 40%乳油 1 000～1 500 倍液喷雾防治蚧虫、蚜虫、白粉虱、朱砂叶螨,绿盲蝽、蓟马、叶蝉、柑橘潜夜蛾等害虫。不能与碱性农药混用。

乐果:是一种高效低毒的广谱有机磷农药,具有触杀、内吸和胃毒作用,药剂期 3～5 天,一般用 40%乳油 1 000～1 500 倍液或 60%可湿性粉剂 3 000～5 000 倍液喷雾防治蚜虫、红蜘蛛、叶蝉、潜叶蛾、粉虱等害虫,也可使用 1 g 药加水 20～40 g 后,拌种 400～500 g 防治蝼蛄等地下害虫,梅花、樱花对乐果敏感,应慎用。乐果不能和碱性药剂混用。

马拉硫磷:有触杀、胃毒和熏蒸作用,药效高,杀虫范围广,残效期一般 1 周左右,对人畜毒性小,较安全。常用 50%乳油 1 000～2 000 倍液喷雾防治蚜虫、红蜘蛛、叶蝉、蓟马、蚧虫、金龟子等害虫。马拉硫磷稳定性较差,药效时间不太长,不能与碱性或强酸性农药混用。

久效磷:有强烈触杀作用,兼有内吸和胃毒作用,杀虫范围广,药效期一般 1 周左右,对人畜毒性较大。常用 50%乳油 2 000～4 000 倍液喷雾防治蚜虫、红蜘蛛、叶蝉、蓟马、绿盲蝽等害虫,不能与碱性农药混用。

杀螟松:是一种广谱性杀虫剂,具有触杀和胃毒作用,可杀死蛀食害虫。药效一般 3～4 天。一般采用 50%乳油 1 000～2 000 倍液防治蚜虫、刺蛾类、叶蝉、食心虫、蚧虫、蓟马、叶螨等害虫,也可利用 2%的粉剂喷粉防治,用量一般为 1.5～3 g/m²。对十字花科植株易生药害,不能与碱性农药混用。

杀虫脒:是一种高效低毒的杀虫剂,对鳞翅目幼虫有拒食和内吸杀虫作用,对其成虫具有较强的触杀和拒避作用。一般使用 25%水剂 500～1 000 倍液喷雾防治螟虫、卷叶蛾、食心虫、红蜘蛛、蚧虫等害虫。杀虫脒还具有较好的灭卵作用,对防治红蜘蛛、卷叶蛾等虫卵效果较明显。

溴氰菊酯:有强烈的触杀和胃毒作用,药效期长,可达数个月之久,对皮肤有较大毒性。常用 2.5%乳油 3 000～8 000 倍液喷雾防治刺蛾类、青蛾类、棉卷叶螟、小地老虎、蓟马、叶蝉等。

三氯杀螨醇:有很强的触杀作用,作用快,对螨的卵、幼虫、若虫、成虫均有效,残效期 10～20 天。常用 20%乳油 600～1 000 倍液或 40%乳油 1 000～1 500 倍液喷雾防治各种螨类,不能与碱性农药混用。

三氯杀螨砜:是一种含有机氯的杀螨剂,有强烈触杀作用,具有杀幼螨及卵的效能,能破坏成螨的生理机能,使其不能生育,残效期可达 1 个月左右。常用 20%可湿性粉剂 800～1 000 倍液,或 50%可湿性粉剂 1 500～2 000 倍液喷雾防治螨类害虫。

呋喃丹:是一种广谱性、低残毒的杀虫剂,具有内吸作用和一定的触杀作用,能防治咀嚼式和刺吸式口器的昆虫和线虫。常用 3%、5%、10%的颗粒剂和 75%可溶性粉剂,可防治线虫、蚧虫、螨虫、叶蝉、螟虫、刺蛾、蚜虫、蓟马等害虫,不能与碱性农药混用。

松脂合剂:由松香和烧碱熬制成的黑褐色液体,呈强碱性,具有触杀作用。常在冬季休眠期喷 8～12 倍液或生长季节喷 10～18 倍液防治蚧虫、粉虱、红蜘蛛等害虫。不能和忌碱性农药和含钙的农药混用。

速灭威：有触杀、内吸、熏蒸作用，作用快，药效一般只有 2～3 天，常用 25%可湿性粉剂 200～400 倍液，或 20%乳油 1 000～1 500 倍液喷雾防治叶蝉、蚜虫、粉虱、蚧虫等害虫，不能与碱性农药混用。

8.6.2 杀菌剂

波尔多液：是一种良好的保护性杀菌剂，由硫酸铜、生石灰和水配制而成，根据硫酸铜和生石灰用量不同可分为等量式(1∶1)，半量式(1∶0.5)，多量式(1∶3)和倍量式(1∶2)等数种。配制时，先各用一半的水化开硫酸铜和生石灰，然后将硫酸铜倒入生石灰溶液中，并用棍棒搅拌均匀即可。配成的波多液呈天蓝色的胶体悬浮液，呈碱性，黏着能力强，能在植物表面形成一层薄膜，有效期可维持半个月左右。波尔多液不耐贮存，必须现配现用，不能与忌碱农药混用。可防治黑斑病、锈病、霜霉病、灰斑病等多种病害。

石硫合剂：也是一种保护性杀菌剂，以生石灰、硫黄粉和水按 1∶2∶10 的比例经过熬制而成，原液为深红褐色透明液体，有臭鸡蛋味，呈碱性。配制时，先将水放锅中煮开，倒入 1 份生石灰，待石灰溶解后，再加入先用少量水调成糊状的 2 份硫黄粉，边加边搅拌，加毕用大火烧沸 1 h 左右，待药液呈红褐色时停火，冷却后，滤去沉渣，即为石硫合剂原液，其一般为 20～24 Be°。原液在使用前必须稀释，休眠期喷洒可用 3～5 Be°，生长期只能用 0.3～0.5 Be°的稀释液。能防治白粉病、锈病、霜霉病、穿孔病、叶斑病等多种病害，还可防治粉虱、叶螨、介壳虫等害虫。石硫合剂可密封贮藏。

百菌清：有保护和治疗作用，杀菌范围广，残效期长，对皮肤和黏膜有刺激作用。常用 75%百菌清可湿性粉剂 600～1 000 倍液喷雾防治锈病、霜霉病、白粉病、黑斑病、炭疽病、疫病等病害，也可用 40%粉剂喷粉，用量 3～4.5 g/m^2。不能与强碱性农药混用，对梨、柿、梅等易发生病害。

多菌灵：是一种高效低毒、广谱的内吸杀菌剂，具有保护和治疗作用，残效期长。一般用 50%可湿性粉剂 1 000～1 500 倍液喷雾防治褐斑病、菌核病、炭疽病、白粉病等病害，也可用拌种和土壤消毒，拌种时用量一般为种子重量的 0.2%～0.3%。

托布津：是一种高效低毒、广谱的内吸杀菌剂，残效期长，其杀菌范围和药效和多菌灵相似，对人畜毒性低，对植物安全。常用 50%的可湿性粉剂 500～1 000 倍液喷雾防治白粉病、炭疽病、煤污病、白绢病、菌核病、叶斑病、灰病、黑斑病等病害，常用的还有甲基托布津和乙基托布津。

代森锌：是一种广谱性有机硫杀菌剂，呈淡黄色，稍有臭味。在空气中或日光下极易分解，常用 65%的可湿性粉剂 400～600 倍液喷雾防治褐斑病、炭疽病、猝倒病、穿孔病、灰霉病、白粉病、锈病、叶枯病、立枯病等，不能与碱性或含铜、汞的药剂混用。

退菌特：是一种有机砷、有机磷混合杀菌剂，白色粉末，有鱼腥臭味，难溶于水，易溶于碱性溶液中，在酸性高温及潮湿的环境中易分解。一般用 50%的可湿性粉剂 1 000～1 500 倍液，或 80%的可湿性粉剂 2 000～2 500 倍液喷雾防治炭疽病、锈病、立枯病、白粉病、菌核病等病害。

苯来特：是一种广谱性的内吸性杀菌剂，兼有保护和治疗作用，不溶于水，微有刺激性臭味，药效期长，常用50%的可湿性药剂粉剂 2 000～5 000 倍液喷雾防治灰霉病、炭疽病、白粉病、菌核病等病害。

代森铵：杀菌力强，兼有保护和治疗作用，分解后还有一定肥效作用，呈淡黄色液体，常用 1 000 倍液喷雾防治白粉病、霜霉病和叶斑病，也可用 200～400 倍液浇灌土壤防治白粉病、霜霉病和叶斑病，也可用 200～400 倍液浇灌土壤防治立枯病。

硫黄粉：是一种黄色粉末，有明显气味，具有杀菌、杀虫作用，药效期 5～7 天，常用 50%粉剂喷粉，用量为 1.5～3 g/m^2，或用于熏蒸，用量 1 g/m^3，可防治白粉病。

链霉素：是一种三盐酸盐，为白色粉末，一般用 100～200 mg/L 浓度喷雾、灌根或注射，防治细菌性病害、霜霉病等。

9 彩叶树种的应用

9.1 彩叶树种的色彩艺术

彩叶树种色彩美常见的表现手法多种多样，一般以对比色、邻补色、协调色体现较多。对比色相配的景物能产生对比的艺术效果，应用最为广泛。搭配效果好的对比，如红色与绿色、白色与紫色等，能给人以新颖、亮丽、醒目、强烈的美感；邻补色和协调色（也叫调和色）相配的景物，则较为缓和，搭配效果好的如黄色与绿色、橙色与紫色、灰绿（云杉）与墨绿（桧柏）等，能给人以淡雅、清爽、融合之美感。

色彩美的另一种表现形式就是色块效果。色块是指颜色的面积或体量。体量可以直接影响绿地中的对比与协调，对绿地的情趋有决定性作用。就配色与色块体量而言，原则上，色块大的色，彩度应低；色块小的色，彩度应高；明色弱色，色块应大；暗色强色，色块应小。布置近景时，要色块大小适中，布置远景时，色块要大，因为"量大即是美"。

9.2 彩叶树种在园林绿化中的配置

9.2.1 彩叶树种在园林景观中的配置地位

无论是城市园林还是风景区，彩叶树种都可以用来点缀、配色或与其他的园林要素合理配置，创造出层次丰富、多姿多彩的园林景观，充分表现园林的季相色彩，烘托园林气氛，形成赏心悦目的图画。但彩化只是丰富园林景观的一种手段、一种方式。园林美源于自然，园林工作者不可能只通过彩化来完全表现自然美，彩叶树种的景观效果也只能是自然美的一部分，彩化的效果需要绿色景观来对比和衬托。在园林艺术表现过程中，只有通过园林植物色彩构图，把众多植物种类合理安排于园林中，才能创造出秀丽的园林景观效果。

9.2.2 园林景观中合理配置彩叶树种的基本原则

配置彩叶树种时既要考虑美学原理，又要考虑植物生物学特性和色彩的季相变化等，通常应遵循以下原则。

(1)依从景观主题需要，并融入其他造景元素　不同彩叶树种的配置方式都要依从景观主题的需要，培植于重要位置或视线的集中点，并注意与周围景观形成强烈对比，以取得"万绿丛中一点红"的效果。如开阔的中央广场中，景墙、雕塑和观景平台等周围可丛植或列植彩叶乔木，或种植彩叶模纹灌木，作为硬质景观的背景，烘托主题。色彩鲜艳的彩叶树种，必须与园林景观中风格各异、变化丰富的建筑、水体和山石等造景元素有机融合，才能创造优美的园林景观。如在长条形的水池边可种植带状彩叶灌木，形成统一的节奏感。

(2)满足园林景观的功能与观赏性　合理配置彩叶树种应因地制宜，选择适宜的彩叶树种种类。高大乔木一般作为植物景观中的主景，适宜孤植于居住区公园的中央花坛中，或列植于道路的两侧作为行道树，起到引导视线的作用。小乔木高度介于乔木和灌木之间，枝叶较舒展(如红叶李)，适合丛植于花坛一角，也适合与灌木和地被植物配植，形成丰富的植物群落；整形或模纹波浪的彩叶灌木具有韵律感，可植于道路两侧，引导视线；也可植于带状的水系旁，与水景呼应。

(3)遵循园林景观的色彩调和美学　色彩是组成园林艺术的最基本要素之一，色彩的对比与和谐是彩叶树种造景所必须遵循的美学原则。完美的植物景观必须具备科学性与艺术性的高度统一，既满足植物与环境在生态适应性上的统一，又要合理配置，体现彩叶树种个体及群体的形式美及由此产生的意境美。要取得彩叶树种在园林植物中色彩搭配的特殊效果，一般以对比色、邻补色和协调色的形式加以表现。如北京香山秋天，元宝枫、红栌与栎属等植物的红色叶在深绿色、灰绿色叶的圆柏和油松等针叶树的衬托下，更加明艳而富有感染力。

(4)充分利用彩叶树种的色彩季相变化　彩叶树种分为常色植物、春色植物和秋色植物。在配置时，应考虑不同彩叶树种的季相变化。根据不同彩叶树种季节物候变化而产生"色、形和姿"等的变化，将不同花期、色相和形态的植物协调搭配，可延长观赏期，使园林景观随春、夏、秋、冬四季而变换，构成月月有花、季季有景的植物景观。春季桃红柳绿、夏季浓荫蔽日、秋季丹桂飘香、冬季寒梅傲雪，展现出一幅幅色彩绚丽的四季美景，赋予园林景观多彩变化的勃勃生机，令城市人感觉到大自然的四季转换。

(5)适应彩叶树种的生理生态特性　按绿化地点所处的地理纬度、地形地势等生态条件和配置的景观类型科学合理地选择彩叶树种，将乔木、灌木和藤本等彩叶树种因地制宜地配置为一个适宜的生态群落，使种群间相互协调，有复合的层次和相宜的季相色彩，而具有不同特性的植物又能各得其所，使之能够充分利用各种环境因子，构成一个和谐有序、稳定的园林绿化系统。

9.2.3　彩叶树种在园林景观中的主要功能及配置手法

彩叶树种单独种植称为孤植。彩叶树种颜色鲜艳和醒目，尤其是高大、树姿优美和叶色亮丽的乔木或灌木类孤植于庭院、草坪中，充分表现个体美，引导视线，成为视觉焦点，常作为中心景观发挥的作用。但不能孤立地只注意到植物本身而必须考虑其与环境间的对比及烘托关系。此类配置应用较少，主要是作为局部空旷地段的主题或园林庇荫与构图艺术相结合的需要。

对植是指对称地种植大致相等数量的彩叶树种，多应用于建筑物入口、广场或桥头的两旁。植物必须统一，形态必须均衡，体型大小和姿态宜相当。成行成带栽植彩叶树种称为列植(也称带植)，多应用于街道、公路两旁或规则式广场的周围。彩色乔木列植于道路两侧，艳丽的色彩丰富了道路和建筑的色调。如将栾树、紫叶稠李植于道路两侧的便道上、草坪或隔离带中，既可遮阳滞尘和降低噪声，又可形成两道亮丽的风景线。

在同一视野内明显可见彩叶树种环绕一周的列植称为环植，一般处于陪衬地位，常用于树(或花)坛及整形水池的四周，植物多为灌木和小乔木。列植植物一般比较单一，但考虑冬、夏的变化，也可两种以上间植。

3 株以上同种或异种的彩叶植物较紧密地种植在一起称丛植。丛植既美化环境，又增添更多色彩，活跃园林气氛，是园林中普遍应用的方式，可作主景或配景，也可作背景或隔离措施。配置宜自然，符合艺术构图规律，务求既能表现植物群体美，也能展现植物个体美，做到既突出色彩、又协调统一。如将紫色或黄色的彩叶植物紫叶李、槭树类、北美枫香和茶条槭等丛植于浅色的建筑物前或将绿色乔木作背景、彩叶树种作前景处理；将花叶、金叶植物与绿色植物丛植，均能起到锦上添花的作用，获到较好的景观效果。

篱植是指由灌木或小乔木以近距离种植成紧密结构的单行或双行，主要作用和功能是规定范围和围护作用，分割空间和屏障视线，可作为花境、喷泉和雕塑等园林小品的背景、美化挡土墙。紫叶小檗、珍珠绣线菊等株丛紧密且耐修剪，是极为优良的彩篱材料。

群植是将相同彩色的植物群体组合成片、成块地大量栽植，构成林地或森林景观，营造出气势宏伟的景观，是景观设计的常用手法，但要做到疏密有致、有断有续和自由错落。群植多用于草坪、道路交叉处、池畔、岛屿或丘坡、大面积公园安静区、风景游览区、休息区、疗养区及卫生防护林带，如北京"香山红叶"的黄栌，宝钢厂区狮子林的银杏林，金陵十景之一的"栖霞丹枫"，苏州太平山的"怪石、清泉、红枫"等，都是著名的风景旅游景点。

以单株在一定面积上进行有韵律、有节奏的散点种植，有时也可双株或三株丛株作为一个点来进行疏密有致的扩展。不是强调每个点，而是着重点与点间有呼应的动态关系。散点植既能表现个体特性，又能各点处于无形的联系之中，好似许多优美的音符组成一个动人的旋律一样令人心旷神怡。

色块种植广泛应用在城市公共绿地、花坛、小游园、厂矿企业院内和住宅小区等中，将彩叶树种组成各种图案或修剪成色带与绿色基础种植材料相互搭配，构成美丽的镶边、组字或图案等。如广州东站绿化广场就利用彩叶植物与草坪组成 20 000 m^2 的模纹图案，成为广州的地标之一。

9.3 彩叶树种应用中应注意的问题

(1)要强调适地适树，其中土壤、光照、温度尤为重要　如有的树种需要酸性土壤，若在碱性土壤的条件下则生长不良，进而影响色彩美的表现；有的树种需要较高的温度条件，若冬季温度过低，则易引起冻害甚至冻死；有的树种如金叶女贞、紫叶小檗等，要求较强的光照才能体现其色彩美，一旦处于半阴或全阴的环境中，则叶片恢复绿色，失去色彩效果等。

(2)要注重色彩搭配　彩叶树种与色彩反差较大的背景植物或建筑物相互搭配最能获得最佳观赏效果。

(3)要注意形态造型与四周环境的协调性　比如在建筑物前或立交桥侧，将彩叶植物修剪成圆形、直线形、拱形或波浪形，则更彰显协调美感。

(4)要注意防治病虫害　及时修剪、施肥、管理才能确保植株生长正常、色彩表现充分。

10 彩叶树种的发展前景 >>>

彩叶树种自古以来就被人们广泛地栽培和利用。从秦汉上林苑的枫香、魏晋华林园的柿树，到明清皇家园林、山庄别墅的银杏、黄连木、乌桕、榉树、垂柳等，彩叶树种对园林景观的构成都起到了重要作用。

在我国著名的苏州古典园林中，构成主要风景画面的高大阔叶树多为彩叶树种，如银杏、榉树、乌桕、枫香、槭树、垂柳、朴树等，与梧桐、石榴、松柏、枇杷、芭蕉、竹子一起，形成了富有诗情画意的"城市山林"，可以说是自然山水风景的艺术提炼和概括。苏州留园西部景区有苏州最大的土石假山，满山遍植槭树、银杏和枫香等秋色叶树种，盛夏浓阴蔽日，金秋红叶似锦，构成绝妙的山林美景，从曲溪远眺，颇有"枫叶飘丹，宜重楼远眺"的意境；苏州听枫园则因园中古枫婆娑而得名，园内设有待霜亭。在杭州西湖，十景之一的平湖秋月突出表现秋景，在水边大量配植鸡爪槭，红叶倒影水中色彩斑斓，与孤山上黄连木、枫香、柿树的秋色相呼应；夕照山也以乌桕和丹枫而闻名，近年又大量种植了鸡爪槭；苏堤则以重阳木、三角枫、无患子等作为主要行道树种，与樟树间植，红绿相衬；花港公园之牡丹亭附近，红枫与松柏、牡丹配植，景色迷人。在现代城市广场和道路绿化中，金叶女贞、紫叶小檗等多种常色叶灌木，通过园林工作者的精心设计，构成了各种美丽、壮观的模纹图案，对提高城市景观具有重要意义。

在山地风景区，大量栽种秋色叶树种则可形成壮丽的群体景观。每当深秋季节，或漫山红遍、层林尽染，或杂生林中、红绿相间，把秋冬的山野装扮得绚丽多彩，"万片作霞延日丽，几株含露苦霜吟，自见秋色胜春光。"我国不少风景名胜区以秋季闻名，如北京香山、南京栖霞山、江西庐山、苏州天平山、长沙岳麓山、川西高原等。尽管这些风景区均以红叶见长，但其主要树种不同，给人的感受也不一样。北京香山红叶为黄栌，立于玉笏峰顶，极目远眺，红叶环绕，层林尽染。南京栖霞山被誉为金陵十景之一，曰栖霞丹枫，主要树种为枫香，东峰太虚亭附近的枫林深处，似梦幻世界，"放目苍崖万丈，拂头红叶千枝"，枫林中还夹杂青翠欲滴的松类。苏州天平山素以"怪石、清泉、红枫"三绝而与虎丘、灵岩、天池齐名，此处"红枫"多为数百年之枫香古树，气势非凡。爱晚亭前石柱刻对联"山径晚红舒，五百夭桃新种得；峡云深翠滴，一双驯鹤待笼来。"古亭附近，枫树环绕，古木参天，秋气肃然，丹枫如画。川西高原如米亚罗、九寨沟、卧龙、四姑娘山等，不但秋色叶树种丰富，如落叶松类、桦木类、槭树类、花楸类、小檗类、四川黄栌等，而且面积巨大，气势不凡。如米亚罗红叶景区群山连绵、江河纵横，沿秀丽的谷脑河两岸，红叶观赏区可长达百余里。此外福建武夷山、浙江天目山的红叶也各具特色。

河南太行山自然风景区，彩叶树种与其他树种一起，构成了美不胜收的壮丽景观。春季，连翘、迎春、野樱桃、绣线菊等，簇簇金黄，处处堆"雪"；夏季，栓皮栎、鹅耳枥等高大乔木万木争荣，浓阴密枝，远处眺望，犹如万顷碧波；秋季，漫山黄栌、栎树、槭树、银杏、漆树、黄连木、柿树等秋叶相继变红、变黄，呈现出团团深红，处处金黄，加上野菊花等的"山花烂漫"，使得千里太行色彩斑斓，令人陶醉。

在现代城市的园林绿化中，彩叶树种的应用也日益广泛。21 世纪，上海率先提出和实施了“春景秋色”计划，相继引进种植了相当数量的优良的彩叶树种，如银杏、乌桕、黄连木、枫香以及石榴、樱花等，以后又先后从国外引进了包括‘夕阳红’、‘十月辉煌’、‘秋火焰’等美国红枫品种，尤其在 2005 年，又首次从加拿大温哥华规模引进了红花槭、挪威槭以及北美枫香等欧美优良的秋色叶树种，成功地营造了与加拿大、美国等有关国家相媲美的园林风景，极大地提升了上海城市园林绿化的建设水平。另外，在 2010 年，常州市园林局确定将北美枫香列为全城园林绿化改造升级的主导树种并进行了认真的实施，扬州市瘦西湖风景管理处也在“万花园”景区的色彩工程中应用了许多优良的彩叶树种，双双取得了良好的景观效果。

彩叶树种不但在我国南方应用越来越多，在我国北方的应用也越来越多。如河南的郑州、洛阳、平顶山、许昌、漯河等地，近年来引进种植了我国自主培育的常色叶树种新品种红花檵木，引进种植了金叶女贞，从欧美、日本引进了红叶石楠、紫叶矮樱、紫叶加拿大紫荆以及蓝剑柏、金线柏等彩叶树种，以其靓丽的色彩性状和耐寒易栽易管的优良特性扮靓南北园林，至今不衰。

在现代城市园林绿化中，我国北方的一些中小城市，也能把彩叶树种科学地规划和使用，尤其值得高兴。如许昌市的行政大道，行道树两排，内侧为悬铃木，外侧为大叶女贞、合欢。一个中心花坛，分车带绿地为满铺冷季性草坪，间植黑松、海桐球、红枫，配置南天竹与洒金柏、金叶女贞与洒金柏模纹；路旁绿地或用黄杨作绿篱，间植刺柏、红叶小檗、金叶女贞、洒金柏模纹；或陈列雪松、大叶女贞、银杏、合欢、栾树林，或组团点缀红枫、紫荆、木槿、棕榈、樱花、月季、黄杨球、红叶李等。

禹州市森林植物园的“北岭舒霞”景点，以观赏植物叶色为主要内容，根据树种的季相叶色、群植色彩特点，以巧妙的条状布局和块状布局相结合的手法，构成了色彩斑斓的艳阳晴秋风光。其中，春季嫩叶叶色或红、或紫、或嫩黄、或灰白等；夏季浓阴深浅各异，叶形大小不一；冬季寒林雪景，更别具风光。

随着我国综合国力和人们生活水平的提高，我国城市园林绿化发展很快，绿化水平普遍有很大提高。近几年，相继涌现出一大批国家认定的园林城市和森林城市，城市变得越来越优美、宜居。但是，以我们现在的绿化水平和国外的绿化相比，仍有较大差距。国外的绿化，应用了大量的变色叶和彩色叶树种，利用树种多彩的叶色和季节变化来创造丰富的园林景色，绿化显得优美、宜人。我国的城市绿化目前多数仍存在着树种单一、色彩单调、季节性变化不强等问题。另外，层次和主体感都较差，显得比较单调、乏味等。

未来城市绿化的主导方向是多树种、多色彩、多层次、四季多变的主体绿化，总的要求是优美、宜居。因此，适应性强，观赏性强，多功能、易繁殖的绿化树种将成为发展热点。特别是我国北方城市，为丰富城市色彩，增加绿化的立体感和季节性变化，彩色叶、变色叶树种以及彩叶花灌木、彩叶木本藤本植物已经引起了人们的高度重视。如北京市，除了举办 2008 年奥运会需要大量的彩叶树种外，还开展了一项“彩叶林工程”，在全市的山区大量栽植彩叶树种，变过去的“香山看红叶”为“山山看红叶”。为实现此目标，北京市林业部门不但从全国各地引进了大量适宜北京生长的彩叶树种，而且还从国外引进了许多优良珍贵的彩叶树种，为将来的绿化美化打下了坚实的基础。

我国北方城市的绿化，主栽树种多为杨树、槐树以及松、柏类等，近年来，又发展了不少栾树、女贞、合欢、法桐以及枫杨、椿树等。但是，彩叶树种应用还是较少，城市的绿量增加了，但色彩变化、季相变化不大，特别是秋景较差，立体感不强。要建造优美、和谐、宜居城市，必须高度重视彩叶树种。因此，优良的彩叶树种、彩叶花、灌木类、彩叶木本藤本类的绿化苗木将有一个大的发展，特别是紫红叶类、红叶类、金黄叶类、蓝色叶类、银灰色叶类以及乡土彩叶树种等，将会成为今后城市绿化的新宠。因为乡土树种最适宜当地环境，积极采用通过品种选育和改良而培育出的乡土彩叶树种，可以从根本上提高园林景观营造水平，避免“外来种”适应性差、不易管理的现象发生。总之，彩叶树种的应用在提升我国园林绿地建设水准和文化内涵方面已经起到了卓越的成效。其产业开放的经济效益、生态效益和社会效益均十分显著，彩叶树种随着时代的发展将具有越来越广阔的发展前景。

第二部分

各　　论

11 春色叶树种

11.1 垂柳

学名:*Salix babylonica*

别名:垂柳树

科属:杨柳科,柳属

形态特征:落叶乔木,高达 18 m 以上。树冠卵圆形至倒广卵形。枝条细长,下垂,褐色或带紫褐色。叶狭长,披针形,长 9～16 cm,微有毛,叶缘有细锯齿,表面绿色,背面蓝灰色,叶柄长 6～12 mm。葇荑花序,雌花具一腺体,雄花具 2 雄蕊。

新品种:金丝垂柳(*Salix babylonica* cv'Jinsi')落叶乔木,高达 18 m,树皮灰色,不规则开裂。小枝细长,金黄色,下垂。芽卵状长圆形,先端尖。叶窄披针形或条状披针形,长 9～16 cm,宽 0.5～1.5 cm,先端长渐尖,基部楔形。两面无毛或幼叶微被毛,背面淡绿色,具细锯齿;叶柄长 0.5～1.2 cm;托叶斜披针形。雌雄异株。葇荑花序长 1.5～4 cm,蒴果长 3～4 mm。花期 3～4 月份,果期 4～5 月份。

生态习性:强阳性树种,不耐庇荫,耐寒性强,喜水湿,也耐干旱。对土壤要求不严,在干瘠沙地和低湿河滩上均能生长,而以深厚肥沃、湿润的土壤生长最为适宜。根系发达,萌芽力强。抗污染,可吸收二氧化硫。速生树种,但寿命较短,一般 30 年后渐趋衰老。

繁殖方法:扦插,扦插极易成活。一般春季进行。

1)硬枝扦插。春季采用硬枝扦插,将 1～2 年生枝条截成 15～16 cm 长的插条,按 30～50 cm 株行距扦插,插后加强管理,当年苗高可达 2 m 左右,若需大苗,可移植后继续培育。

2)嫩枝扦插。①插条的选择。选择垂柳半木质化的当年生枝条。②采条及扦插时间。6 月份。③插条的规格及处理。将所采枝条保留 2～3 个叶子,上剪口距芽 1～2 cm、下剪口处平剪,枝条长度 10～15 cm。50 根一捆泡在浓度为 100 mg/L 的 ABT 生根粉溶液中,浸泡插条基部 1～2 h。④扦插床的准备。立体育苗器。⑤插后管理及扦插方法。将处理好的插条,斜插在植物立体扦插培育器的培养基柱上。插后调整自动控温控湿仪控制温、湿度。⑥效果。应用 ABT 生根粉处理枝条能促进枝条快速生根,生根率高达 100%。

栽培管理:因垂柳发芽早,宜在冬季栽植,有“三九、四九河边插柳”民谚。栽前要对苗木截干,干高一般在 2～2.8 m。栽植时宜深栽,植坑深以 70～80 cm 为宜。

病害有柳锈病、斑点落叶病,虫害有柳金花虫、柳干木蠹蛾、柳毒蛾等。

分布范围:全省各地。

园林应用:垂柳生长迅速,枝条细长柔软,早春叶色金黄,古人以“一树春风千万枝,嫩于金色软于丝”咏之。该树种发叶早,落叶迟,秋叶也呈黄色,深受我国人们喜爱,范成大《秋日》有“碧芦青柳不宜霜,染作沧州一带黄”的诗句。在园林中垂柳最宜植于水滨、桥头、池畔、堤岸作绿化树种,也可植于庭院、草坪作庭荫树或行道树。由于种子多毛,一般选择雄株。

11.2 旱柳

学名:*Salix matsudana*

别名:柳树

科属:杨柳科,柳属

形态特征:落叶乔木,高 20 m,胸径 80 cm。树冠广圆形,树皮深灰色,线裂到深裂。小枝淡黄色或淡绿色,芽有柔毛。叶披针形或条状披针形,长 4～10 cm,宽 1～1.5 cm,先端长渐尖,边缘有细锯齿,叶表面鲜绿色,背面苍白色,叶柄长 0.2～0.8 cm,花枝上叶较小,全缘。幼叶疏被绢毛,后无毛。雌雄异株。葇荑花序小,长 1～2 cm,先叶或与叶同时开放。雄花具雄蕊 2,花丝分离,基部被长柔毛,苞片卵形,黄绿色,具腹背腺;雌花序具短梗及 3～5 小叶,序轴被长毛。花期 4～5 月份。

品种及近缘种:

馒头柳(*Salix matsudana* cv *umbraculifera*)树冠阔伞或半圆形,如同馒头状。各地常栽培。

龙爪柳(*Salix matsudana* cv *tortuosa*)枝条扭曲下垂。全国各地庭院常有栽培。

生态习性:耐寒,在年平均温度 2℃,绝对最低温度－39℃条件下,无冻害。喜光,不耐庇荫;喜湿润,不耐干旱。深根树种,侧根庞大,喜通气良好的沙质壤土。

繁殖方法:以插条繁殖为主。春、秋两季均可进行。插条应选择 1 年生苗干或生长健壮、发育良好的幼树上的壮条,粗 0.8～1.5 cm、长 15～20 cm 为宜。春季扦插在芽萌发前进行(2 月下旬至 3 月上旬)。扦插前,可将插条放入清水或流水中浸泡 3 天左右,以促进插条生根发芽。扦插株行距 25～40 cm,插后及时灌水。以后视墒情注意灌水,6～7 月份追肥 2～3 次,及时松土除草。秋季扦插在落叶后至土壤冻结前进行,采用直插,插后加强苗期抚育管理。

栽培管理:以春季栽植为好,有插干(包括高干和低干)、插条和植苗造林。通常选用 2 年生以上壮苗,胸径 3 cm 以上的大苗截干后栽植。栽植时,根系舒展,切勿窝根,栽后踏实,浇透水。河滩和沙土宜采用插干和插条。干旱地区插干,干条必须浸水处理 10 余天,促使生根。栽植时须深埋砸实,固定。

病害有柳锈病、斑点落叶病,虫害有柳金花虫、柳毒蛾等。

分布范围:柳树分布很广,以黄河流域为中心,遍布华北、东北、西北、华东等省(区),南至淮河流域。河南鄢陵等繁育有大批苗木。

园林应用:旱柳生长快,繁殖容易,尤其是馒头柳等,树形美观,春季发叶早,叶色鹅黄,靓丽,给人以清新之美感,是四旁绿化和用材林、防护林的优良树种,亦可植于河边、湖畔、水旁,为城镇、公园绿化的观赏树种。

11.3 红叶腺柳

学名:*Salix cheanomeloides* cv *hongye*

别名:红叶河柳

科属:杨柳科,柳属

形态特征:落叶乔木。小枝红褐色或褐色,叶长圆状披针形,长 4～10 cm,缘有具腺的内曲细尖齿;托叶大,半心形,叶柄端有腺体;嫩叶紫红色,随叶片生长转黄色,然后绿色,三色一体。雄蕊 3～5 枚。

生态习性:喜光、耐寒、喜水湿,对土壤适应性强。喜深厚肥沃土壤,生长迅速,繁殖容易。

繁殖栽培:扦插育苗。秋季落叶后至萌芽前,选择健壮、冬芽饱满的一年生苗或二年生枝作插条。木质化不良,冬芽不饱满,节间太长的不宜选用。插条选好后,剪成长 14～16 cm 的插穗,上切口平滑,下切口马蹄形,距上切口 1 cm 处留一健壮饱满芽,每 100 根一捆,用湿沙分层埋藏于背阴处,保持水分。育苗地选择土层深厚、湿润、排水良好的地方,插前细致整地做床,然后扦插。插后灌足水,以保证成活。园林绿地需栽植 2～3 年生大苗,可分栽培养。培养大苗时,需加强水肥管理。

分布范围:产辽宁南部,黄河中下游及长江中下游。河南虞城县、遂平县、鄢陵县有引种栽培。

园林应用:红叶腺柳是近年来逐渐被认识的优良观叶树种,其叶色由红转黄、进而转绿,三色一体,绚丽多姿,颇具红枫之姿,而且生长较快、繁殖容易、适应性强,可用于湖畔、河旁、滨河公园以及街道、庭院绿化。

11.4 银芽柳

学名:*Salix leucopithecia*

别名:银柳、棉花柳

科属:杨柳科,柳属

形态特征:落叶灌木。小枝绿褐色,具红晕,幼时有绢毛。冬芽红紫色,有光泽。叶长椭圆形,长 6～15 cm,先端尖,基部近圆形,缘有细浅齿,表面微皱,背面密被白毛。雌雄异株,花芽肥大,每芽有一紫红色苞片,先花后叶,柔荑花序,苞片脱落后即露出银白色花芽,形似毛笔;雄花序盛开前密被银白色绢毛,颇为美丽。花期 12 月份至翌年 2 月份。

生态习性:喜潮湿,喜光,耐肥,耐涝,在水边生长良好。

繁殖栽培:用扦插繁殖。可于春季剪取 1～2 年生壮条进行扦插,插后浇足水,加强管理。生根后移植培养大苗。管理粗放,但要注意施肥浇水。栽培方面特别注意冬季花芽肥大和剪取花枝后要施肥,夏季要及时灌溉。

分布范围:原产日本,我国沪、宁、杭一带有栽培。河南许昌鄢陵等有引种。

园林应用:银芽柳是一种观芽和幼叶植物,可植于庭院、河岸等地,春节前后与一品红、水仙等配伍插瓶观赏,效果都不错。

11.5 毛白杨

学名:*Populus tomentosa*

别名:白杨树

科属:杨柳科,杨属

形态特征:落叶乔木,树干通直,树皮灰白色,皮孔菱形,幼枝密被灰白色毛。叶三角状卵形,长 10～15 cm,缘有不整齐浅裂状齿,叶背密被灰白色毛,后期脱落。雌雄异株,蒴果圆锥形或扁卵形。花期 3 月份,蒴果成熟期 4 月上中旬。

生态习性：喜光，喜凉爽湿润气候及肥厚而排水良好的土壤，稍耐碱，抗烟尘及有毒气体；深根性，根萌蘖性强，生长快，寿命长。

繁殖栽培：

(1)扦插育苗

1)硬枝扦插。苗木进入休眠期时，即11月中下旬至12月上中旬进行采条。最好选用生长健壮，发育良好，侧芽萌发少，无病虫害的一年生苗干的中下部、基部做插穗。其中苗干基部生根率最高，中部次之，稍部不能用。插穗长度：一般17～20 cm，粗度1～1.6 cm为宜。此外，插穗上端须具1～2个健壮侧芽。插穗处理：据河南农学院试验，用0.5%～5%的糖液处理24 h，插条的生根率达95%～100%；用0.1%～0.5%的硼酸药液处理的生根率达86%～93%；河南省洛阳地区林科所用玉米素(细胞分裂素)处理毛白杨插穗，成活率达到85%以上；许昌地区林科所试验用温水(水温25～30℃)浸泡毛白杨插穗，生根率达90%以上，且以白天浸水，夜间不浸水，浸水3～7天则效果最好。还可将经过沙藏处理的插条用ABT 1号生根粉50～100 mg/L的溶液浸泡枝条下端2 h，可使毛白杨早生根，生根率达90%～100%。秋冬采条，次春扦插的，一般用湿沙坑藏方法越冬。坑藏的方法是：选择地势高燥地方，挖成50～70 cm深，宽1 m，长1～2 m(以插穗多少而定)的贮藏坑，坑底铺细沙一层，沙上竖放插穗，用干沙填缝后灌水，一般可放两层，每放一层铺一层厚3～5 cm细沙，然后封成土堆。并注意贮藏坑内温度、湿度和通气条件。扦插方法：土壤疏松，扦插不伤害皮层时，可按一定株行距将插穗插入苗床。土壤黏重，插穗较细时，可用锨掘一窄缝时行扦插。一般以浅插封垄的方法较好。若插穗贮藏后已生新根，可用开沟移植的方法。扦插时，应将插穗上部的第一芽露出地面。扦插时，最好将不同部位、不同粗度的插穗分开扦插，以利于苗木生长整齐、苗木质量高的目的。扦插密度以25 cm×30 cm为宜。插后管理：从扦插到新梢开始出现封顶，主要是小水灌溉，灌后松土除草保墒，并注意防治金龟子、象鼻虫等危害幼芽。幼苗从封顶到再次出现生长，要经常用小水浅灌，灌后注意幼苗基部围土，提高地温。以后由于天气干旱、气温较高，要切实注意浇水，中耕除草和施肥，防止锈病等。从6月下旬至10月上中旬，苗木进入速生期，每隔10～15天施化肥一次，每次10～20 kg，施后浇水。

2)嫩枝扦插。①插条及母树的选择。选择6年生毛白杨的半木质化当年生枝条作为插条。②采条及扦插时间。6～7月份。③插条的规格及处理。将所采枝条保留2～3个叶片，插条长10～15 cm，上剪口距芽1～2 cm，下剪口在侧芽基部平切。然后按50根一捆浸泡在50～100 mg/L的ABT 1号生根粉溶液中1～2 h，浸泡深度2～3 cm。④扦插床的准备。采用立体培育装置，自动控制温湿度，亦可用遮阳塑料小拱棚平畦扦插。⑤扦插方法和插后管理。立体扦插时将处理好的插条斜插在立体培育柱上，扦插深度2～3 cm。平畦采取直插，扦插时要边采条、边处理、边扦插，并及时喷雾。⑥效果。应用ABT生根粉进行毛白杨嫩枝扦插生根快，生根率达90%以上。

(2)埋棵育苗　在苗床上开成深3 cm左右，宽5～10 cm的小沟，行距50 cm，把粗细一致的带根1年生苗木，平放沟内，根部挖一浅穴栽入穴中，其余每隔10～15 cm，用湿土堆一碗大土堆。埋株育苗要注意晒芽和促根。晒芽就是每次浇水松土后，将被淤土淹埋的侧芽按株距扒开使其外露出来，以利于萌发生长。促根就是对萌发的幼苗及时培土和灌溉。培土可结合中耕除草进行。以后的管理同扦插育苗。

(3)嫁接繁殖　一般采用的有芽接和枝接两种。

1)芽接。选择一年生1～2 cm粗的沙蓝杨、青杨等苗木作砧木，选择当年生毛白杨枝条的中部生长健壮、发育饱满的芽作接芽，在 8 月上旬至 9 月中旬进行"热贴皮"嫁接，或在当年生已木质化的苗干上，每隔 20 cm 接一芽，接后绑紧，接活后及时解绑。砧木落叶后或次年发芽前，把接活的毛白杨剪成插穗，插穗上切口离芽 1.5～2 cm，然后扦插，该方法也叫"一条鞭嫁接法"。

2)枝接。又称"接炮捻"是河南鄢陵县创造的。嫁接时间，在苗木落叶后到发芽前均可进行。但以冬季嫁接为好，冬季嫁接经过较长时间的贮藏，接口容易愈合，成活率高。嫁接方法：砧木和接穗均采用 1 年生苗干。砧木粗度 1.5～2 cm，截成长 10～12 cm，毛白杨接穗以 0.5～0.7 cm 较好，截成 12～15 cm 长，其上有 4～5 个饱满芽。在接穗下边一个芽的两侧，削成双边斜面，外宽内窄，斜面长 1.8～2 cm。接穗削好后，选择比接穗粗的砧木，在顶端一侧斜切一刀，并在切面中心纵开口，把削好的接穗插入切口内，对准形成层，上"露白"，下"蹬空"，挤紧接穗，即成"炮焓"形的毛白杨嫁接插条。为防止砧木发芽，嫁接后要除去砧木的侧芽。

嫁接时要注意，严防砧木与接穗松动，嫁接后封成土丘，并及时浇水、除草、防治病虫害。

栽培：以大苗、壮苗栽植为好。栽植深度要比原来入土的深度深 20 cm 为好。栽后灌足水，使其充分渗透，然后封成土堆。生长季节注意灌水，防治病虫害。尤其要注意防治天牛危害。

适宜范围：全省各地。以郑州、鄢陵及豫北分布最多。

园林应用：毛白杨树姿雄伟、挺拔，树冠整齐，绿荫如盖。春季新叶银白，清新柔和。是华北地区最优良的绿荫树和行道树之一。

11.6　中华红叶杨

学名：*Populus×euramericana* cv. *zhonghuahongyie*

科属：杨柳科，杨属

形态特征　落叶乔木，高达 25 m 以上。树干通直圆满，冠大丰满；小枝棱形，叶阔卵形或基心形，叶缘具粗钝齿，宽 12～23 cm，长 12～25 cm；叶色季相变化显著，初夏前整株叶片及新发嫩枝为靓丽的玫瑰红色，初夏以后，随季节变化，叶片由上而下逐渐变为紫红色和浅红色，但叶柄、叶脉和嫩梢始终为紫红色，落叶期叶片变为黄色或杏黄色，顶端叶片始终色彩鲜艳，观赏价值极高。与亲本 2025 相比，发芽早、落叶晚、无飞絮、生长快。

生态习性：强阳性树种，喜水肥，喜土壤疏松肥沃，耐盐碱；在河南，凡是杨树栽培的地方，该树种均能栽培种植，且生长速度快，一般 10～15 年可成材轮伐。

繁殖方法：中华红叶杨繁殖容易，方法很多，主要有扦插繁殖和嫁接繁殖两种。

(1)扦插繁殖

1)硬枝扦插。

育苗地的选择：育苗地应选择地势平坦、排水良好、具备灌溉条件和土壤肥沃、疏松的地方。

整地：一般整地在春、秋两季进行，以秋季更好，耕地深度在一般土壤条件下 25～35 cm 为宜。结合犁地，每亩施入经过充分腐熟的农家肥 1 500～2 500 kg。翌年 3 月份耙地前，每亩再施入钾肥 20 kg，氮肥 10～20 kg，硫酸亚铁 15 kg。

做床：多采用低床，床宽 2 m，长 10 m 左右。埂高 20 cm，南北走向。要求做到埂直、床平。这项工作在春季扦插前进行。

截制插穗：插穗的粗度以 0.8～2 cm 为宜，长度 10～15 cm，上切口距芽 1～1.5 cm，下切口距芽 0.5 cm，切口平滑，避免劈裂，注意保护好芽体不被损坏。插穗要按粗细分级，以保证插后便于管理。

插穗的贮藏：对于越冬的插穗，采用室外湿沙贮藏法。要选择地势较高、排水良好的背阴处挖沟，沟宽 1 m，深 0.6～0.8 m，长度以接穗数量而定。其基本要求是：避免插穗接触土壤。扦穗平放或直立。层间用湿沙隔离。湿沙的含水量为 60%（用手用力握之，流不出水来，松手后沙团不散）。插穗贮藏量大时，注意每隔一定距离（1～1.5 m）立秸秆束做通气孔。早春在气温回升时，即在 2 月份，要注意检查，防止插穗发热。

扦插：插穗在扦插前最好用水浸泡，用流水或容器浸泡均可。浸泡时间一般为 10～36 h。扦插时间：硬枝扦插多在春季进行，也可以秋季扦插。春插宜早。一般在腋芽萌动前进行。秋插在土壤冻结前进行。扦插方法：有直插和斜插两种，以直插为佳。扦插深度以地上部分露 1 个芽为宜。插时，可将插穗全部插入土中，上端与地面相平，周围踩实，浇水后插穗最上端的 1 个芽自然露出地面。秋季扦插时，要注意插穗上面覆土或采用覆膜措施。扦插密度：一般为 4 000～4 500 株/667 m^2。

扦插苗的苗期管理：从扦插到展叶、生根一般需 15～30 天，这个时间内，插穗靠自身养分和吸收地下水分来维持生长发育，切不可缺水，但灌水次数也不宜多，以免降低地温，影响它的生长，疏松土壤很重要，它既能保护生根所需的氧气，又能提高地温，为幼苗的生长提供良好的适生条件，一个半月以后，当小苗高度在 20～30 cm 时，在一棵上保留一根壮苗，其他的掰去。5 月中旬，树苗开始进入速生期，在此阶段是红叶杨树苗需要养分最多的时候，需追施化肥 2～3 次，每次追施的数量为 15 kg 左右，追施后应及时灌透水和松土、锄草，每次追施间隔的时间为 30 天左右，施肥的比例应以氨肥为主，磷钾肥适量，最后施肥的时间不应晚于 8 月上旬。在生长阶段，由于红叶杨侧枝多，影响主干的生长，应及时将幼芽除去。

2）嫩枝扦插。

在 5 月下旬至 7 月下旬可利用自动喷雾设备进行嫩枝扦插。根萌条、留根苗、大树根蘖苗、平茬苗等嫩枝均可用于扦插。方法是当枝条生长到 10～15 cm 时，用锋利刀片将枝条从萌条基部切下。插穗长 8～10 cm，保留 4～5 个叶片，清水浸泡 24 h 或用 100 mg/g ABT 生根粉浸泡插穗基部 2 h。扦插营养土最好用腐殖质土，也可用当地土与河沙按 1∶1 比例混合成混合土，装好土的容器放于阳畦内，洒足底水。如果在容器中扦插，先用比插穗微粗的小棍在容器中间插孔，再将插穗约 1/2 插入土内，用手压实，及时喷水，为了给插穗提供适宜的温度与湿度，最好在保护地中进行插穗的培养，插穗生长环境的相对湿度控制在 90%以上，白天温度控制在 25℃左右，夜间温度控制在 18℃左右。扦插后，7～10 天即开始生根，20 天后生根基本结束，这时可进行炼苗，经过 10 天左右的炼苗，即可移入大田，移栽前可摘叶 2～3 片，随移栽随灌水，移栽成活率在 90%左右。

（2）嫁接繁殖　为加快繁育速度，迅速扩繁，可采用嫁接育苗技术，为提高接穗利用率，适宜采用芽接。

1）砧木选择。以一年生 2025 杨为最佳。

嫁接时期：一般春季嫁接成活率最高，每年 3～4 月份，取芽眼饱满的接穗，用带木质部的芽眼进行嵌芽接。接穗随采随用，没用完的接穗要及时用湿沙贮藏于阴凉通风处，以备使用。5 月下旬至 6～7 月份，带木质芽接效果叶较好。秋季芽接成活后，因生长期较短，可“闷芽”越冬至翌年。第二年芽萌发前剪去上部的砧木，进行正常管护。不论采取哪种方法，都要求接穗枝条健壮、芽体饱满、无病虫害，嫁接操作要避开雨天，防止雨水渗入影响成活。

2)嫁接苗管理。

①及时清除萌蘖。接后，砧木嫁接口下部的芽常会萌发，必须经常检查，及时清除萌蘖，以免影响接芽生长。

②补接。嫁接 3 周后，要检查接穗是否成活，如果不成活，要及时补接。

③适时解绑、绑扶。成活后，及时将绑条割断，以免出现缢痕，影响生长。当嫁接苗木长至 20 cm 时，应及时进行绑扶，以防被风吹断。

④肥水管理。待嫁接的苗木成活后，应及时追肥，并结合施肥进行浇水，浇水后或雨后要及时进行中耕锄草。

目前生产上采用“一条鞭”芽接法，该繁殖方法技术简单、繁殖系数大，现介绍如下：

砧木与嫁接芽的选择：砧木一般选美洲黑杨类品种，如 2025 杨、中林 46 杨为佳，以直径 2 cm 以上的当年苗最好，嫁接芽应选择生长健壮、无病害、无机械损伤的 1 年生充实枝条上的饱满芽，芽接时间根据各地气候条件而定，一般在 8 月中旬到 9 月中旬进行，以嫁接后当年愈合，接芽又不致萌发为宜。

3)嫁接方法。从砧木距地表 5～6 cm 处接第一个芽起，每隔 20 cm 左右接一个中华红叶杨的芽，直到砧木的中上部，嫁接时应避免在同一个方向连续嫁接。翌年春季，除留基部一个接芽就地培养成苗外，其余部分按接芽相隔距离剪成插穗，上截面距芽 1 cm，下截面要平滑，不能劈裂。平床扦插，扦插时应将砧木的芽子除去，以后如发现有砧木的不定芽萌发，都要随时除去，扦插深度，以接芽稍露出地表为宜。当接芽萌发长到 30 cm 和 50 cm 时各培土 1 次，促进生根。芽接成活的技术关键是：①削成的芽片要大，一般长 2～2.5 cm，宽 1～1.5 cm；②剥离芽片时，避免拔掉芽基(即维管束)；③动作要快，绑缚要紧，特别是芽上、下两道要绑紧；④种条采集后，随即剪掉所有叶片，只留 1 cm 左右长的柄，以免种条失水；⑤芽接要在阴天进行。

同其他杨树品种，但与 2025 相比，对天牛、叶斑病等有较好的抗性。

分布范围：全省各地。

园林应用：中华红叶杨叶色季相变化明显，新梢幼叶呈靓丽的玫瑰红色，后渐变为紫红色和浅红色，具有很高的观赏价值，是彩叶树种中最速生的红色叶类中的优良树种。可以孤植作为中心景观处理，能达到引导视线的作用，如在大片草坪上，栽植株型高大丰满的中华红叶杨能够独立成景；也可以列植作行道树；也可以群植或片植，形成春季红叶景观。

11.7 金叶榆

学名：*Ulmus pumila* ‘Aurea’

别名：中华金叶榆

科属：榆科，榆属

形态特征：落叶乔木，高 25 m，树冠圆球形。树皮暗灰色，纵裂，粗糙。小枝金黄色，细长，排成二列状。叶卵状长椭圆形，金黄色，长 2～6 cm，先端尖，基部稍歪，边缘有不规则单锯齿。早春先叶开花，簇生于去年生枝上。翅果近圆形，种子位于翅果中部。花期 3～4 月份，果期 4～6 月份。

近缘品种：紫叶榆，叶色紫红。

生态习性：喜光，耐寒，耐旱，能适应干凉气候。喜肥沃、湿润而排水良好的土壤，不耐水湿，但能耐干旱瘠薄和盐碱土。生长较快，30年生，树高可达17 m，胸径42 cm，寿命可长达百年以上。萌芽力强，耐修剪。主根深，侧根发达，抗风、保土能力强，对烟尘及氟化氢有毒气体的抗性强。

繁殖栽培：以扦插繁殖为主。

(1)扦插繁殖

1)选地建插床。选择地势平坦，土层深厚、肥沃，排灌方便的地块建造插床，插床一般南北方向，床宽1 m左右，步道25 cm，长视扦插数量而定。床内铺20～25 cm厚的洁净细沙作插壤，若用沙壤土做插床，可在土中加适量细沙(土∶沙＝7∶3)。插床上方搭建塑料拱棚，拱棚顶部再设置活动遮阳网。

2)插穗。于8月下旬至9月上旬选取健壮植株上一年生壮枝作插条，然后剪截成长度为3～5 cm的超短插穗，每插穗留2～4片被剪去一半的叶，插穗剪好后，用IBA 500×10^{-6}或NAA $(500～800)\times10^{-6}$溶液浸泡插穗条下部2 h。

3)扦插。插穗处理好后立即扦插，插前1～2 h把插壤淋透，使其保持充分湿润。400～500株/m^2的密度进行扦插，原则是插穗叶片互不重叠为准。插后立即喷雾淋水，并在苗床上架设半圆形框架，上覆塑膜保湿。

4)插后管理。插后3周以内要及时喷水，保证棚内相对湿度在85%～95%，3周以后可减少喷水次数降低湿度，但基质湿度应保证在40%～60%。棚内的最适温度为25℃左右，最低不得低于15℃，最高不能超过38℃。温度过高时，应进行遮阳或喷水通风降温，温度过低时，可通过加温设备适当增温。光照有促进插穗生根和壮苗的作用，在湿度有保证的情况下，插后一般不进行遮阳处理。但因阳光强烈导致棚内温度过高，可在上午11:00～14:00短时遮阳，或增加喷水、通风等措施来协调光照和温度之间的矛盾。当插穗全部生根且有50%发出新叶后，逐步除去遮阳网和薄膜炼苗，并喷施叶面肥或浇施低浓度水溶肥促进插苗生长。

5)插苗移栽及大苗培育。8月下旬至9月上旬扦插的小苗到翌年3月底可进行带宿土移栽。移栽前的冬季每667 m^2施入优质农家肥1 500～2 000 kg，施后深耕细耙，再起垄做畦，一般畦宽1～1.2 m，畦长酌情而定。移栽密度：若计划培育一年生小灌木出售，株行距以35 cm×40 cm或40 cm×40 cm；若培育2年生以上的大苗，株行距可酌情加大。幼苗移栽后立即浇透水，移栽后15天为缓苗期，此时应特别注意水分管理，在连续晴天的情况下，一般每隔3～4天浇水一次，以后酌情浇水。苗期应多次少量施肥，移栽前，冬季施优质有机肥，用量1 500～2 000 kg/667 m^2，另外，要及时中耕除草，施后深翻细耙。注意排水防涝等。

(2)硬枝扦插　①插条及母树的选择。选择3～5年生优良母树的一年生枝条作插条。②采条及扦插时间。在2～3月份采条扦插。③插条的规格及处理。将选好的一年生硬枝，剪成15～20 cm长的插条，枝条直径0.5～1 cm，取其中下部木质化的一二段。插条下切口在腋芽基部叶痕处平剪，上端在芽上1 cm以上处平剪，切口要平滑。每个插条保留4～5个芽，上端芽一定要饱满。做到随剪随处理，防止失水影响成活。插条剪好后，下端3～4 cm浸于ABT 1 100 mg/L溶液中2 h。④扦插方法及插后管理。处理好的枝条，取出后放在沙床上，先进行倒立埋沙催根(覆沙厚度10 cm以下)。20～25天后，大部分插条产生根原基，即可在大田开沟扦插。扦后立即浇水，经常保持床面湿润。从6月初到8月底结合田间管理喷施磷酸二铵化肥3次，每次每平方米10～15 g，松土锄草4次。⑤效果。应用ABT 1生根粉进行榆树大田直接扦插育苗,成活率达 95%。一年即可出圃,苗高 0.8~1 m,地径 1.5~2 cm。扦插一次成苗方法简便易行。

虫害:金花虫、天牛、榆毒蛾等,应注意防治。

分布范围:金叶榆为新选育品种,河南遂平、鄢陵、安阳引种较多,全省各地均可栽培。

园林应用:金叶榆树干通直,树形高大,叶色亮黄,是城乡绿化的重要树种,可用做行道树、庭荫树等。木材可供家具、农具、车辆、建筑等用。幼叶、嫩果可食。

11.8 红叶臭椿

学名:*Ailanthus vilmorniana* Dode var. *henanensis*

科属:苦木科,臭椿属

形态特征:由许昌职业技术学院副教授陈建业等,于 1989 年从臭椿中选育出的新品种。落叶乔木。高达 25 m 以上。树冠圆整,阔卵形或近圆形。小枝粗壮,红褐色或灰褐色,有时被锈色疏柔毛。奇数羽状复叶,小叶卵状披针形,长 7~11 cm,宽 2~4.5 cm,春季叶色紫红色或亮红色夏季渐变为绿色。圆锥花序顶生或腋生,长 10~25 cm,花小,单性或杂性,白色带绿色;翅果长圆状纺锤形,质薄,长 3~5 cm,宽 9~12 mm,微带红色,先端扭曲;果熟时褐色或红褐色,花期 6 月份,果熟期 7~9 月份。

近缘品种:金叶臭椿,春季叶色金黄,嫩叶粉红。

生态习性:阳性树,喜温暖,也耐寒,耐干旱、瘠薄,不耐水涝;对土壤要求不严,微酸性、中性和石灰性土壤都能适应,较耐盐碱,在土壤含盐量 0.3%(根际 0.2%)时幼树可正常生长。根系发达,萌蘖性强。

繁殖方法:为保持其优良性状,一般采用嫁接方法繁殖。也可扦插繁殖。

(1)砧木培育　当翅果成熟时连小枝一起剪下,晒干去杂后干藏,发芽力可保持 2 年。在翌年 3 月下旬或 4 月上旬播种。播前用 40℃温水浸种一昼夜,可提前 5~6 天发芽,播种量每亩 5~8 kg。条播,株行 25~40 cm,覆土 1~1.5 cm,根埋育砧可选当年生根,粗度 1~1.5 cm,剪成长度 15 cm,上平下斜的根段,于春季萌芽前埋入(直埋),埋根深度为根段上端露出地面 2 cm 为宜,并封一小土丘,埋根后浇透水。

(2)嫁接

①切接。砧木育好后,于春季 3 月上中旬进行。接时,平截去砧木上部,在其一侧纵向切下 2 cm 左右,稍带木质部,露出形成层;按穗的下端削成长 2 cm 左右的斜形,同时在其背侧末端斜切一刀,插入砧木,对准开成层,然后用塑料薄膜带扎紧即可。

②劈接。先在砧木离地 10~12 cm 处截去上部,然后在砧木横切面中央,用利刀垂直切下 3 cm 左右,再选充实枝条,留 2~3 芽剪成接穗,并将接穗下端削成楔形,插入切好的砧木内,扎紧即可。

③带木质芽接。选粗壮砧木平滑处,用刀纵切长 1.2~2 cm 切口,深达木质部,再用同法削一长 1.2~1.8 cm 的芽片,其内稍带一层木质部,芽片下部呈斜楔形,芽片切好后,立即插入砧木切口内,下部与砧木切口对齐,一侧对准形成层,用塑料带扎紧,并露出叶芽即可。

栽培:农谚说:“椿栽菁荬,楝栽芽。”红叶臭椿休眠期长,发芽迟,移栽和定植宜在春季芽萌动时进行。一般用裸根栽植,但应深挖坑,适当深栽,浇透水,培好土。

主要病虫害有樗蚕、斑衣蜡蝉。

分布范围:适宜全省各地栽培利用。

园林应用:红叶臭椿树体高大,树冠圆整,冠大阴浓,春季新叶紫红至玫红,红叶期长达半年以上,艳丽美观;夏秋红果满树,是一种优良的观赏树种,可用作庭荫树及行道树。

11.9 香椿

学名:*Toona sinensis*

别名:椿芽树、红椿

科属:楝科,香椿属

形态特征:落叶乔木,高达 25 m。树皮暗褐色,条片状剥落。小枝粗壮;叶痕大,扁圆形,内有 5 维束痕。偶数(稀奇数)羽状复叶,有香气,小叶 10～20,长椭圆形至广披针形,长 8～15 cm,先端渐长尖,基部不对称,全缘或具不明显钝锯齿。花白色,有香气,子房、花盘均无毛。蒴果长椭圆球形,长 1.5～2.5 cm,5 瓣裂;种子一端有膜质长翅。花期 5～6 月份,果期 9～10 月份。

生态习性:喜光,不耐庇荫。适生于深厚、肥沃、湿润的沙质壤土,在中性、酸性及钙质土上均生长良好,也能耐轻盐渍,较耐水湿,有一定的耐寒力。深根性,萌芽、萌蘖力均强,生长速度中等偏快。对有毒气体抗性较强。

繁殖方法:繁殖主要用播种方法,分蘖、扦插、埋根也可。秋季种子成熟后要及时采收,否则蒴果开裂后种子极易飞散。果采回后日晒脱粒,去杂干藏。第二年春天条播,行距 30～35 cm,每亩播种量 3～4 kg。播前用温水浸种能提早发芽,出苗整齐。苗床既要保持湿润,又要注意排水良好,否则易发生根腐病。香椿根蘖性强,利用起苗时剪下的粗根,截成 10～15 cm 长埋插,很易成活。

栽培管理:香椿移栽在春季萌芽时进行,栽后要及时摘除萌条。其他栽培管理都较粗放,若能勤施肥、灌水,可明显促进生长。

主要病虫害:积水时易发生根腐病。

分布范围:原产我国中部。现东北、华北至东南和西南各地均有栽培。香椿为我国人民熟知和喜爱的特产树种,栽培历史悠久,是华北、华中与西南的低山、丘陵及平原地区重要的四旁绿化树种。

园林应用:树冠较大,枝叶茂密,树干通直,羽叶潇洒,嫩叶及秋叶红艳,姿色不凡,是良好的庭荫树及行道树,在庭前、院落、草坪、斜坡、水畔均可配植。木材是家具、建筑等优良用材。其嫩芽、嫩叶可食用。种子榨油,可供食用或制肥皂、油漆。根皮及果均可入药。

11.10 红叶皂荚

学名:*Gleditsia sinensis* 'Hong yie'

别名:红叶皂角、红叶扁皂角、红叶平皂角

科属:苏木科,皂荚属

形态特征:落叶大乔木。树干和枝上具粗壮多分枝的圆刺。小枝无毛或仅嫩枝有毛。一回羽状复叶,小叶 6～14,卵形、长圆形或矩圆状卵形,长 3～8 cm,宽 1～3 cm,先端钝,具短小尖头,基部宽楔形或近圆形,叶缘具细钝齿或较粗锯齿。幼叶鲜红色,成熟叶暗绿色,具光泽,下面网状脉明显。总状花序,杂性花,萼 4 裂,裂片卵状披针形。花瓣 4,雄蕊 8,子房线状而扁,柱头浅裂。荚果扁平,长 15～35 cm,宽 2～3.5 cm,基部渐狭成长柄状。花期 5～6 月份,果期 10 月份,熟时紫黑色,有光泽,不开裂,种子卵形,红棕色。

生态习性:深根性树种,喜光不耐庇荫,耐旱性强。喜生于土层深厚肥沃地方,轻度盐碱地及微酸性土壤地也生长良好。较耐寒,抗污染,寿命长。

繁殖栽培:同秋色叶树种一章中的金叶皂荚。

分布范围:皂荚产我国黄河流域及以南地区,红叶皂荚分布范围与皂荚相同。河南遂平有引种栽培。

园林应用:树冠广阔,树形优美,幼叶红艳,叶密阴浓,是良好的庭荫树及四旁绿化树种。木质坚硬,荚果汁可代肥皂作洗涤用。

11.11 金叶梓树

学名:*Catalpa ovata* 'Aurea'

别名:金叶楸

科属:紫葳科,梓树属

形态特征:落叶乔木,树冠宽大,枝条开展。树皮灰褐色,浅纵裂。叶对生,有时轮生,具长柄,宽卵形或近圆形,常 3～5 浅裂,叶亮黄色。圆锥花序顶生。花冠淡黄色,内有黄色线纹及紫色斑点。蒴果细长状如豇豆,常经冬不落。种子扁平,两端生有丝状毛丛。花期 5～6 月份,果期 8～9 月份。

近缘品种:紫叶梓树(*Catalpa ovata* 'Purpurea')新叶紫红色。

生态习性:喜阳光,喜温暖气候,也稍耐阴。在湿润、肥沃、疏松的壤土中生长良好。能耐轻度盐碱地,不耐瘠薄、干旱,抗烟性较强。

繁殖栽培:扦插繁殖为主。具体方法是:采条及扦插时间为秋季落叶后至第二年春天采条,于 3 月下旬至 4 月份初扦插。选择 7 年生母树发育充实、无病虫害的当年生枝条作为插条。将所采枝条经清水浸泡一昼夜后,剪成长 12～20 cm 的插条,插条下切口平切。插条捆好后,浸入 50～100 mg/L ABT 生根粉溶液中,浸泡 1.5～2 h,浸泡深度 3～5 cm,然后进行沙藏越冬。将经过催根处理的插条插在以蛭石、河沙等为插壤的插床内,株行距 3 cm×4 cm,插后喷透水,上覆塑料小拱棚遮阳。温度控制在 22～28℃,湿度 85%～90%。应用 ABT 生根粉进行楸树硬枝扦插,对楸树插条生根有明显的促进作用,13 天产生愈伤组织,64 天后开始生根,可显著提高其生根成活率。也可选择 1～2 年生的粗壮枝条,截成长 15 cm 的插穗,插入土中 3/4,成活率达 85%以上。

嫁接繁殖:用梓树或楸树实生苗作砧木,切接或带木质芽接均可。接后注意除萌,剪砧和培育管理。定植后适当注意修剪整形。注意防治秋螟等。

分布范围:全省各地。河南遂平县有引种栽培。

园林应用:金叶梓树树大阴浓,叶色亮黄,春夏黄花满树,秋冬荚垂如箸,十分美观,适宜做行道树和庭荫树,也可片植建造彩色风景林等。

11.12 红叶樟树

学名:*Cinnamomum camphora* cv. *hongyie*

别名:红叶樟

科属:樟科,樟属

形态特征:常绿乔木,高达 10～30 m 树皮灰黄褐色,纵裂,叶片近革质,卵形圆状椭圆形,长 6～12 cm,宽 2.5～5.5 cm,边缘波状,叶背微有白粉,下面脉腋有腺窝。新叶鲜红色,彩色期长。花序腋生,长 3.5～7 cm,花绿色或带黄绿色。果实近球形,直径 6～8 mm,紫黑色,果托杯状,花期 4～5 月份,果期 8～11 月份。

生态习性:红叶香樟是河南省汝南园林学校高级讲师张汉卿等选育的新品种,该品种喜温暖湿润气候和深厚肥沃的酸性或中性沙壤土,稍耐盐碱,不耐干旱贫瘠,较喜光,能耐－6℃以上的低温。孤立木树冠发达,主干较矮,寿命长,生长速度比原种较慢。在河南栽培红叶香樟要注意低温的影响。

繁殖栽培:以扦插繁殖为主,也可播种繁殖,但叶色易变异。

(1)播种繁殖

①育苗地选择。要选择背风向阳,土层深厚,肥沃的壤土、沙壤土的地方做床苗。

②土壤处理。苗圃土壤为深厚的沙壤土,用腐熟的厩肥、堆肥、人粪尿混合作底肥,每亩 2 500 kg,并混施 25 kg 黑矾,使土壤呈微酸性或中性反应。播种前深翻整平。

③种子处理。播前用 0.5%的高锰酸钾溶液浸种 2 h,再用 50℃温水间歇浸种,然后混 3 倍于种子的湿沙堆放在背风向阳的土坑中进行催芽,上面覆草,每天喷水保持湿润,待种壳龟裂,种胚突起时即可播种。

④播种。3 月底下种,条播,用细土覆土厚 2 cm,每天早晚喷水各一次,约 40 天即可出苗。

⑤苗期管理。5 月中上旬陆续出苗,当苗高 10 cm 时定苗;7～9 月份为苗木生长旺盛期,加强管理,中耕除草、喷水,并施速效肥;10 月份停止浇水,促使枝条木质化,增强抗寒性,防止冬季干梢;11 月份在苗木间填草,圃地北侧用高粱秆和树枝架起防风屏障,提高气温。第二年苗高平均 1.5 m,茎粗 1.5 cm。秋末仍设防风屏障,第三年苗木越冬情况基本正常。移栽香樟必须带土球,大树移栽时应重剪树冠,带大土球,且用草绳卷干保湿,栽后充分灌水和喷洒枝叶以保成活。

(2)扦插繁殖

①插条及母树的选择。选择樟树当年生嫩枝作插条。

②采条及扦插时间。8 月下旬。

③插条的规格及处理。插条长 10～15 cm,顶部保留 2～3 片叶,下部在侧芽基部平切。然后用浓度为 50 mg/L 的 ABT 1 生根粉溶液浸泡 2 h 后扦插。

④扦插床的准备。塑料大棚,同时设有遮阳设备。基质为河沙。水源充足。

⑤扦插方法及插后管理。嫩枝扦插深度为 2～3 cm,插后用手压实,同时浇透水、遮阳。每天浇水 1～2 次,温度保持 25～30℃,湿度 90%以上。成活率可达 80%以上。

分布范围:香樟适于长江以南各地,在苏北、鲁南、豫中、豫南等地选择温暖湿润的环境也可栽植。目前,郑州、禹州、许昌均有栽培。红叶香樟仅汝南有少量分布。

园林应用:红叶樟为常绿大乔木,枝叶茂密,气势雄伟。春叶色彩红艳,且枝叶幢幢,浓阴遍地,是优良的庭荫树和行道树,也可用于营造风景林和防护林。

11.13　厚皮香

学名：*Ternstroemia gymnanthera*

别名：猪血柴、水红树、珠木树

科属：山茶科，厚皮香属

形态特征：常绿阔叶小乔木。小枝粗壮，浅红或灰褐色，无毛；叶全缘，厚革质，蜡质层厚，倒卵形或倒卵状椭圆形。嫩叶呈现紫红、绿红、橙红、黄绿不等。成熟叶长 6～8 cm，宽 2.5～4 cm，表面亮绿色，具光泽，叶近轮生，或簇生于枝顶，叶柄呈红色。花白色至淡黄色，花径 1.5 cm 左右，花稍下垂，单生于叶腋或簇生于当年生小枝下部，有香味。果实成熟时绛红色，花期 6～7 月份，果熟期 10 月份。

生态习性：喜光，耐阴，以阳坡半阴环境更适宜生长。比较耐寒，能忍受－10℃低温。对土壤酸碱度要求不严，但喜酸性土，也能适应中性和弱碱性土壤。须根发达，抗风性强，对大气污染有很强的抗性。

繁殖栽培：播种繁殖，种子成熟后即采种，采后湿沙贮藏，翌春播种。应选择生长健壮，树形圆满的母株采种。扦插育苗应在生长季节选取半木质化的枝条进行，小拱棚密闭扦插或全光照喷雾扦插均可。扦插后经 80 天左右，可形成较好的根系，可移栽培养成大苗。播种苗幼龄期一年有 4～5 次发枝，4～5 年可形成高度 2 m 左右的较为丰满的树形。在栽培中注意施肥浇水，以利生长。河南栽培注意严冬季节适当防寒，或选择小气候环境，背风向阳环境栽植。

分布范围：分布长江以南各地，常生于 1 500 m 以下的山地，河南信阳、遂平已有引种。我省黄河以南地区可种植，但遇极端低温超过－10℃时，注意防寒。

园林应用：厚皮香树冠浑圆，四季常青。枝叶层次分明，嫩叶红润，绿叶光亮，树形美观。花香果红，耐修剪，加之适应性强，孤植端庄秀丽，列植亭亭玉立，是优良的景观树木。

11.14　紫叶桂

学名：*Osmanthus fragrans* 'Ziye'

别名：紫叶木樨

科属：木樨科，木樨属

形态特征：紫叶桂是近年来从桂花中选育出的最新的芳香型彩叶观赏树种。常绿阔叶大灌木或小乔木，树冠球形，分枝性强，分枝点低，枝条密。叶椭圆形，革质，有光泽，幼叶紫红色，渐变为紫色或紫绿色。叶腋间生花，花小而密，淡黄色，香浓，呈腋生或顶生聚伞状花序，9 月份开放，核果卵圆形，蓝紫色。

生态习性：性喜温暖，既耐高温，也较耐寒，在黄河以南地区可露地栽培；较喜光，也能耐阴，但在全光照下其枝叶茂盛，开花多，在阴处生长枝叶稀疏，花也稀少。性好湿润，但也忌积水，且具有一定的抗旱能力，对土壤要求不严，适生于微酸性土壤或中性土壤，宜在肥沃湿润，土层深厚的沙质土生长。盆栽尤需注意有充足阳光，以利于生长和花芽的成形。不耐烟气危害，受害则不易开花。

近缘品种：

四季桂(*Osmanthus fragrans* 'Sijigui')，植株多呈丛生灌木状，树冠圆球形，分枝短密。新叶深红色，老熟叶片绿色或黄绿色；叶片呈椭圆状阔卵圆形，叶质较薄。花量较少，花色较淡，香味也较淡。黄河以南常见栽培。

金满堂(*Osmanthus fragrans* 'Jinmantang')，小乔木，叶常椭圆形，先端渐尖，边缘具锯齿，叶缘外翻，嫩叶红色。花金黄色，无实，花量大，香味浓。

晚银桂(*Osmanthus fragrans* 'Wanyingui')，小乔木，树体较矮，枝条较软，易下垂。树冠开张。新叶红色，有光泽，叶片椭圆形。花朵较小，黄白至乳白色，花冠裂片肥厚、圆阔，开花集中，花朵密集，颜色鲜艳，花期晚(9～10 月份)。香味浓。河南南阳、信阳、潢川等地有栽培。

繁殖方法：紫叶桂主要有嫁接、压条、扦插等方法，一般采用嫁接繁殖较多。

(1)嫁接　春、夏、秋都可以进行。春季嫁接采用靠接、切接、劈接、带木质芽接等方法，3～4 月份进行。一般以大叶女贞或小叶女贞作砧木，砧木粗度要适当，防止后期出现上粗下细的"小脚"现象。夏季采用芽接方法，在 7 月份进行。秋季采用腹接方法，在 9 月上旬进行。接穗长 3 cm，嫁接部位在砧木距地 5 cm 处，鄢陵县花农称此法为"趴知了"，成活率较高，翌春剪去砧木上部。

(2)压条　有地面压条和空中压条两种方法。一年四季除冬季外，随时都可以压条。5～6 月份为最好，视小苗生长情况，1～2 年后分株移栽。

(3)扦插　多采用嫩枝扦插，6 月中旬至 8 月下旬进行。从健壮母树上剪去当年生半成熟枝条作插条，长 8～10 cm，粗 0.3～0.5 cm。扦插株距 3 cm，行距 10～20 cm。插后须使用双重荫棚来及时遮阳，及插后搭盖一个高 2 m 的荫棚，在其上方和四周盖上帘子，再在高荫棚内按每一插床的规格，搭盖 0.7 m 高的低荫棚，同时盖上帘子。10 月份拆除低荫棚，11 月份拆除高荫棚，改装暖棚过冬。据试验，用这种方法扦插每亩可扦插 10 万株左右，成活率可达到 90%以上。

栽培管理：紫叶桂移植常在 3 月中旬至 4 月下旬或在秋季花后进行。切忌在冬季移栽，以免生长不良，推迟花期。小苗移栽要沾泥浆，大苗须带土球。栽植穴要既深又宽，多施基肥(厩肥、粪干、草粪均可)，栽植不宜过深，栽后浇透水。大苗栽植后要设立支架固定，同时进行树枝修剪。花前要注意灌水，开花时控制浇水，以免落花。每年施肥二次，冬施基肥，7 月份追肥。并进行适当的中耕锄草及病虫害防治。

盆栽紫叶桂在 2～3 月份时用泥浆法上盆，浇足水。萌动初期，保持盆土适当湿润即可，不能浇肥水，以免伤根。当枝叶已开始生长旺盛时方可少浇肥水，但不宜施人粪尿，至霜降前停止施肥。冬季如不埋入土里，就要移入室内或土窖越冬，温度宜保持在 0～5℃，相对湿度保持在 50%～80%，光照要充足。盆土湿度保持半干状态为宜。桂花的病害有叶斑病，枯斑病；虫害有卷叶蛾、介壳虫、蛴螬、红蜘蛛等。

分布范围：紫叶桂以安徽、四川繁殖栽培较多，四季桂、金满堂、晚银桂在河南南阳有分布，河南西平、潢川、鄢陵有引种。

园林应用：紫叶桂等是名贵的彩叶常绿观赏植物，春季嫩叶紫红色或橘红色，余则终年翠绿，花香四溢。既可观叶，又可赏花、品香；既是盆栽佳品，又是良好的切花材料。可在公园、庭院栽植观赏，也有成丛成林栽种，也可作行道树栽植，还可与山、石相配，植于亭、台、楼、阁附近。桂花还是食品加工的原料，花可提取香料，其花、果、根等可入药。

11.15　紫叶合欢

学名:Albizzia julibrissin'Atroburpurea'

别名:紫叶绒花树、紫叶夜合树

科属:豆科,合欢属

形态特征:落叶乔木。枝条开展。树冠广伞形。树皮灰棕色、平滑。偶数羽状复叶,互生,各具 10～30 对镰刀状小叶,全缘,无柄,幼叶紫色至紫红色,老叶暗绿色。头状花序簇生叶腋,或花密集于小枝先端耐呈伞房状;花淡紫红色。荚果条形,扁平,边缘波状。种子小,扁椭圆形。花期 6～8 月份,果期 9～11 月份。

生态习性:温带、亚热带、热带三带树种。喜光,能适应多种气候条件。对土壤适应性强,喜肥沃、湿润而排水良好的土壤;也耐瘠薄,具根瘤菌,有改良土壤之功效。浅根性,萌芽力不强,不耐修剪。

繁殖栽培:用嫁接繁殖。砧木培育:10 月份采集合欢种子,干藏到翌年春播。播种前用 80℃热水浸种,每日换水 1 次,第三天捞出种子,混以湿沙堆积温暖处,上盖薄膜,保湿催芽 7～8 天后播种。为使苗齐、苗壮,育苗地需施足基肥,并适当密植,生长期及时追肥浇水。嫁接:春季萌芽前切接,生长季节可进行芽接。以春季切接效果最好。

扦插:①插条的选择。宜选择半木质化的当年生枝条。②采条及扦插时间为 6 月份。③插条的规格及处理。将所采枝条保留 2～3 片叶,上剪口距最上面的芽 1 cm 左右,下切口平切,枝条长 10～15 cm。浸泡在浓度为 100 mg/L 的 ABT 1 生根粉溶液中 1 h,浸泡深度 3～4 cm。④扦插床的准备。一般采用平床,扦插基质以细河沙或蛭石加细河沙(比例 1∶1)均可。⑤扦插方法及插后管理。将处理好的插条插在插床上,然后控制好温度和湿度即可。⑥效果。应用 ABT 生根粉处理合欢嫩枝插条,成活率高达 90%以上。

移栽宜在萌芽时进行,成活率较高。大苗移栽要带好土球,并设立支架,以防风倒。

分布范围:合欢原产我国黄河、长江流域及珠江流域各省。目前黄河以南地区有栽培。紫叶合欢是合欢的栽培变种,河南省郑州市、南阳、遂平及山东等地有引种栽培。

园林应用:紫叶合欢树冠开阔,叶纤细如羽,幼叶叶色鲜艳,红花成簇,是极优美的庭荫树、行道树。树皮与花可供药用。

11.16　日本晚樱

学名:*Prunus lannesiana*

科属:蔷薇科,李属

形态特征:落叶小乔木,树高可达 4～10 m。叶卵形至卵状披针形,先端渐光而呈长尾状,叶缘带有重锯齿,并有刺芒。新叶古铜色,并疏生柔毛。花大而艳丽,重瓣,常下垂生长,粉红色,有香味;花萼和花梗上均有色,开花较晚。核果球形,7 月份成熟。

生态习性:适应性强,喜光和比较湿润的气候。不耐盐碱,怕大风和烟尘。要求深厚、肥沃和排水良好的土壤,对土壤 pH 适应范围为 5.5～6.5,不耐水湿。

繁殖方法:播种繁殖。

栽培管理：苗木移栽时容易成活，可裸根定植。耐贫瘠，多不施肥。在养护中不必经常浇水，但在叶片发黄和生长不良时，应浇灌硫酸亚铁 500 倍液。春天旱季要经常向树冠喷水，保证叶面清洁，不附着粉尘。樱花枝条的顶芽和上部侧芽分化成花芽。因此不要短截。其叶片对敌敌畏特别敏感，喷后易造成落叶，因此在病虫害防治中要注意。

虫害有介壳虫和红蜘蛛，病害有叶斑病、流胶病。

分布范围：原产日本，后引入我国，现河南鄢陵栽培较多。

园林应用：日本晚樱是良好的春季观花观叶植物，可孤植、丛植、群植于庭院，列植于道路两边观赏。

11.17 山麻杆

学名：*Alchornea davidii*

科属：大戟科，山麻杆属

形态特征：落叶丛生灌木，高 1～2.5 m，茎直立而少分枝；幼枝常有浅紫色绒毛。叶互生，圆形至广卵形，长 7～15 cm，叶缘有锯齿，表面绿色，背面红褐色，幼叶鲜红色。花单性同株，花序穗状，蒴果扁球形，密生短柔毛。

生态习性：喜光，也耐半阴。喜温暖气候，不耐严寒；对土壤要求不严，在酸性、中性和钙质土上均可生长。耐旱，忌水涝。萌芽力强，容易更新。生长速度快。

繁殖栽培：分株、扦插或播种繁殖。一般栽后 3～5 年应截干或平茬更新。

分布范围：黄河流域至长江流域。

园林应用：山麻杆幼枝嫩叶胭脂红色至紫红色，成熟叶背面红褐色，是优良的早春观叶树种，适于庭前、石间、路旁、山坡、草地、水滨等各处丛植，以赏干观叶，以白色或绿色为背景能最好地展现其红叶。

11.18 五味子

学名：*Schisandra chinensis*

别名：北五味子

科属：五味子科，五味子属

形态特征：落叶藤本，基长可达 6～15 m，枝褐色，稍有棱。单叶互生，椭圆形至倒卵形，膜质，长 6～10 cm，先端渐尖，基部楔形，边缘疏生不腺齿。叶柄及叶脉红色。花单性，雌雄异株，乳白色或粉红色，芳香，浆果球形，排成穗状，熟后深红色，花期 5～6 月份，果期 8～9 月份。

生态习性：喜光，稍耐阴，喜冬季寒冷，夏季炎热的温带气候。喜肥沃湿润而排水良好土壤。亦耐瘠薄，不耐干旱和低湿地。浅根生。

五味子属常见的种类还有：二色无味子（*Schisandra bicalar*）；华中五味子（*Schisandra sphenanthera*）；翼梗五味子（*Schisandra henrgi*）等。

繁殖栽培：扦插繁殖。①插条及母树的选择。选择五味子当年生嫩枝作为插条。②采条及扦插时间。6 月中旬，五味子开花后。③插条规格及处理。插条长 12 cm，顶端留 4 个叶片（中部、基部仅留 1/2 或 1/3），基部在腋芽下部平剪。然后在浓度 500～1 000 mg/L 的 ABT 2 号生根粉溶液中速蘸处理。④扦插床的准备。塑料小拱棚，上搭遮荫棚。⑤扦插方法及插后管理。将插条按株行距 6 cm×8 cm 扦插。插后灌足水，并经常保持温度在 20～25℃(不能超过 30℃)，空气相对湿度 90%左右，光照强度 30%。⑥效果。应用 ABT 生根粉处理五味子扦插育苗，成活率比对照提高 60%以上。

分布范围：分布于东北、华北、华中、西南，河南各地均可引种栽培。

园林应用：春天新叶翠绿，入秋叶背赤红；硕果串串而鲜艳夺目，为优美的观赏藤木，可用于棚架、花架、岩石、假山等的攀缘材料，也可盆栽。种子为著名中药材。

12 常色叶树种

12.1 黄叶五针松

学名:*Pinus parviflora* var. *variegata* Mayr

别名:日本黄叶五针松

科属:松科,松属

形态特征:本种属日本五针松的变种。常绿乔木,枝斜生较平展,树冠圆头状。小枝绿褐色,有绒毛。树皮幼时暗灰色,光滑,开裂呈鳞状薄片剥落。针叶细短,五针一束,簇生,全部黄色或具黄斑。4~5月份开花,球果卵形,翌年6月份成熟,淡褐色。

生态习性:原产日本,温带树种。喜凉爽干燥气候,能耐阴,幼苗时尤为耐阴,但不耐水湿且怕热。不耐寒,生长慢,在河南结实不正常。对土壤要求不严,除碱性土外都可适应,以微酸生黄壤土最适宜。

繁殖栽培:嫁接繁殖:枝接在3月上中旬进行,以2~3年生黑松苗做砧木。选取健壮母树上一年生粗壮枝作接穗,长8~10 cm,剪去下半部分枝叶腹接于砧木的根颈部,壅土至接穗顶部,若遇到干旱略喷水,保持土壤湿润。接穗萌芽后,先剪去砧木的顶端,抑制其生长,以后分次进行轻度剪除。梅雨期将壅土扒开一部分,使叶舒展,伏后再培土。芽接在3月份至4月中旬,当砧木已萌动时进行,在健壮母树上选取芽嫁接在砧木上,并用砧木针叶包裹庇荫;也可在稍早的时候将芽以腹接法接于主、侧枝上,使其逐渐代替黑松枝叶。五针松芽接成活率高,生长迅速,要及时解除结扎物。无论苗木大小均须带泥球。栽植地宜选择排水良,疏松肥沃的土壤。

日本有扦插法繁殖,插穗为上年生枝条,于3月下旬插入由沙3份、红土7份配合土中,50天后置于半阴无风处,并随时灌水,保持湿润,如果30天后叶还未落,则已生根,可以略见阳光,当年可以发出新芽生长。

分布范围:温带及亚高山带树种,原产日本,后引入我国。河南信阳、洛阳有引种栽培。

园林应用:黄叶五针松枝干苍劲,秀枝舒展,翠叶葱茏,为园林中珍贵树种,最宜植于公园、庭院等,或与假山配置成景,观赏效果很好。国内有规模的研发还没有进行,今后应加强引种和速繁工作。

12.2 根尖五针松

学名:*Pinus parviflom* var. *alb-lerminata*

别名:日本银尖五须松、银尖五钗松

科属:松科,松属

形态特征:常绿乔木。树皮暗灰色,裂成鳞状块片剥落。针叶五针一束,短,微弯,簇生于枝端,蓝绿色,叶先端黄白色,有白色气孔。球果卵形。花期 5 月份,种子翌年 6 月份成熟。

生态习性:温带树种,喜山腹干燥地,能耐阴,忌湿怕热,适生于微酸性土壤。

繁殖栽培:繁殖以嫁接为主,以黑松作砧木。枝接时间在冬末春初,芽接在 3 月份至 4 月中旬,当砧木已萌动时进行。移栽在春初或秋末为宜,不论苗木大小,均应带土球移植。

分布范围:五针松原产日本,我国引种历史悠久,各地广泛栽培。河南信阳、南阳、洛阳等地有引种栽培。鄢陵、许昌、郑州盆栽较多。

园林应用:五针松及银尖五针松叶密针短,叶色奇特,姿态优美,与山石相配,布置于庭院,常能起到主景作用。除地栽外,更适合盆栽,制作高档树桩盆景。

12.3 金叶雪松

学名:*Cedrus deodara* ‘Aurea’

科属:松科,雪松属

形态特征:常绿乔木,高达 10 m 以上。树冠塔形,叶针形,针叶春季金黄色,冬季转为粉绿黄色,叶在长枝上螺旋状散生,在短枝上簇生。雌雄异株,少同株,雌雄球花单生于短枝顶端。球果椭圆状卵形,成熟后果鳞与种子同时散落,种子有宽三角形翅。花期 10~11 月份,球果翌年 10 月份成熟。

生态习性:雪松为阳性树种,但有一定的耐阴能力,大树要求充足的上方光照,否则生长不良或枯萎。抗寒性较强,大苗可耐−25℃的较短期低温;但对湿热气候适应能力较差。喜凉爽、空气湿润,对温度变化适应能力较强,喜土层深厚、排水良好的中性或微碱性土壤;对轻度盐碱也可适应。抗烟害能力差。浅根性树种,主根不发达,侧根分布也不深,一般都在 40~60 cm 的土层内,最深不超过 80~90 cm。根系水平分布可达数米,因此容易发生风倒。

繁殖栽培:以扦插繁殖为主,也可嫁接繁殖。

扦插繁殖:母树年龄越小,生活力越强,扦插成活率越高,因此,插穗最好选择幼年母树上一年生枝条。剪截插穗宜在无风有露水的早晨或阴天。插穗长度 15 cm 左右;扦插的时间和方法:一年四季均可扦插。春季以 3~4 月份为宜;夏季视当年新梢生长情况而定;秋插在 8 月中旬进行;晚秋或初冬扦插,当年只有部分生根或不生根。株行距 5 cm×10 cm,入土深度一般 6~8 cm;雪松扦插生根时间较长。以 5 年生左右母树上的插穗为例,大约 40 天开始形成愈伤组织,90 天后开始生根,120 天后大量生根。扦插后应及时架设荫棚遮阳,立秋后可拆除荫棚。要经常保持土壤湿润状态。

在栽培管理中,移栽必需带土球,应特别注意保护中央领导干的顶梢和下部主枝的新梢。

分布范围:金叶雪松是近年来选育的新品种,河南近年开始引种,现各地均有栽培。

园林应用:雪松树姿优美,与金钱松、日本金松、南洋杉、巨杉为世界五大著名观赏树种,已在我国城市广泛栽植,但金叶雪松在国内尚未大量开发应用,市场潜力巨大。最适孤植于草坪边缘,或于公园干道及街道两侧列植。

12.4 雪松

学名:*Cedrus deodara*

别名:喜马拉雅雪松、喜马拉雅杉

科属:松科,雪松属

形态特征:常绿大乔木,主干端直,大枝不规则轮生,平展,小枝微下垂,形成塔形树冠。树皮灰褐色,老年后呈鳞片状剥落。叶针形,灰绿色,长 2.5~5 cm,先端尖,在长枝上螺旋状散生,在短枝上簇生。雌雄异株,稀同株。球花单生枝顶。雌球花初紫红色,后转淡绿色;雄球花近黄色。花期 10~11 月份。球果椭圆状卵形,形大直立,翌年 11 月份成熟。

栽培变种:银叶雪松(*Cedrus deodara* var. *agrentea*)叶针形,银白色或稍带蓝色。

生态习性:喜光,稍耐阴,喜湿和凉润气候,有一定的耐寒性。对过于湿热的气候适应能力较差;不耐水湿,较耐干旱瘠薄。但以深厚肥沃、排水良好的酸性土壤生长最好。中性及碱性土也能生长。浅根性,抗风力不强;抗烟害能力差,幼叶对二氧化硫及氟化氢极为敏感。

繁殖栽培:一般用扦插繁殖;播种繁殖也可,但性状有变异。扦插在春、秋两季都可进行。用间歇性全光喷雾扦插效果更好。具体方法:①选取 2~4 年生雪松当年生枝条作为插条。②4 月份至9 月上旬采条及扦插。③剪取 8~15 cm 长的嫩枝,去掉基部 3~5 cm 的针叶,放入 50~100 mg/L 的 ABT 生根粉溶液中浸泡基部 2 h,深 3~4 cm。④基质可为沙或泥沙混合物(比例为 1∶1);用 1∶600 倍敌克松溶液消毒。床内沙厚 20 cm,插床长 4 m,宽 1 m。⑤在整好的床面上按株行距 4 cm×5 cm 打洞后进行扦插。扦插深度 6~8 cm,插后踏实,并浇透水,然后用遮阳塑料小拱棚覆盖。棚内相对湿度控制在 90%以上,温度 20~25℃。每天早晚喷雾,炎热天气中午加喷一次。同时,每隔 10 天喷一次 600~800 倍的敌克松溶液防病。每隔 10 天用不同浓度的 ABT 溶液进行一次叶面喷洒。⑥用 ABT 1 生根粉处理雪松嫩枝进行扦插育苗,成活率为 90%~100%。插后 30~50 天可形成愈伤组织生根。此时,可每隔 7~10 天用 0.2%尿素液和 0.1%磷酸二氢钾溶液进行根外追肥。插苗留床 1~2 年后可移植,移植于 3 月份进行,移时植株需带土球,并立支竿。初次移植株行距为 50 cm;第二次移植为培育大苗,株行距需扩大至 1~2 m。生长期应追肥 2~3 次。生长期一般不必修枝,只需疏除病枯枝和阴生弱枝。

注意防治猝倒病和松毒蛾、红蜡蚧等危害。

分布范围:全省各地。银叶雪松在潢川、许昌鄢陵、遂平等有引种栽培。

园林应用:雪松树姿优美,终年苍翠,是珍贵的庭院观赏及城市绿化树种,为世界五大观赏树种之一。银叶雪松是雪松中优良的栽培变种,树形雄伟壮观,叶色银白泛蓝,十分优美。同时又具有较强的防尘、减噪与杀菌能力,对绿化美化城市有着十分巨大的作用。

12.5 火炬松

学名:*Pinus taeda*

别名:火把松

科属:松科,松属

形态特征:常绿乔木。树冠尖塔形至伞形,枝皮红褐色,宽鳞状脱落。针叶三针一束,偶有四针和二针一束,长 15～23 cm,蓝绿色。球果两年成熟,圆锥形,淡红褐色,对称腋生。种子近菱形,深褐色,具黑色斑点。

生态习性:原产美国东南部,为亚热带速生树种,喜温暖湿润气候。较耐阴,对土壤要求不严,能耐干燥瘠薄的土壤;喜酸性及微酸性土壤;不耐盐碱和水湿;主根深,侧根发达,抗虫能力较强。

繁殖栽培:播种繁殖,于 10 月上中旬采种。球果采下后,曝晒取种,去杂后干藏。翌年春季播种。育苗地要选择酸性或微酸性的土壤,冬季施足基肥后深翻,消毒,次春耙平做床。播前,先将种子用 1%石灰水浸一夜,次日用清水洗净,再用清水浸泡 24 h,捞出装入湿麻袋中,上覆麦秸等保温。每隔 4 h 淋 25～30℃温水一次,每天翻动一次,3 天后即可播种。点播时,株行距 6 cm×8 cm 或 8 cm×8 cm,每 667 m^2 播 2～3 kg,播后覆草,种子发芽后要精心管理,及时揭除盖草,防止鸟害。发芽出土 30 天后,用 0.5%尿素溶液喷施,以后每隔 30 天喷一次,浓度可逐步增加到 1%。旱时于傍晚侧方"偷浇",浇水后或雨后注意松土除草。园林绿化用苗较大,要分栽培养。栽植最好在 2～3 月份无风阴天时进行,要求随起随栽,小苗带宿土,大苗带土球。注意防治立枯病、叶枯病、松毛虫、松梢螟及松梢卷叶蛾等。

分布范围:豫西、豫西南山区及豫中丘陵地带。

园林应用:火炬松为我国引种成功的国外松之一。是低山丘陵地带造林绿化树种。该树种姿态雄伟,针叶蓝绿色,可用于营造山区风景林。

12.6 花叶黑松

学名:*Pinus thunbergii* 'Aurea'

科属:松科,松属

形态特征:常绿灌木,树皮灰黑色,不规则片状剥落;冬芽银白色,小枝淡黄褐色,无白粉;针叶粗硬,有斑点,长 6～10 cm,二针一束,中部以下近基有一段呈黄色,其余深绿色;球果圆锥状卵形,长 4～6 cm,栗褐色。花期 4～5 月份,种熟期翌年 10 月份。

近缘品种:白发黑松(*Pinus thunbergii* 'Variegata')纯黄白色针叶与黄白斑针叶混生。

生态习性:温带阳性树种,抗旱能力较强,不耐水湿,在水分过多条件下生长不良,适应多种土壤,最适宜疏松、深厚、含有腐殖质的沙壤土。生长速度较慢。

繁殖栽培:嫁接繁殖,选择生长健壮、无病虫害的外围壮枝作接穗,选择生长健壮的 2～3 年生黑松实生苗作砧木。嫁接最好是在春季树液刚刚流动时进行。一般采用髓心形成层对接法或髓心对髓心的顶接法。嫁接时,接穗、砧木的切面要平,部位要对准,接后用塑料带绑扎要快要紧。嫁接后要经常检查、管护,当接穗和砧木全部愈合后,解除绑带。接株成活后,可逐渐剪去砧木顶梢和粗大侧枝,促进接穗生长。

分布范围:河南中部及以南地区。

园林应用:花叶黑松和白发黑松树干苍劲,叶色优美,是优良的树桩盆景材料,也可与山石相配,或孤植、丛植于草地。

12.7 灰叶杉

学名:*Cunninghamia lanceolata*'Glauca'

别名:灰叶沙、泡杉

科属:杉科,杉木属

形态特征:常绿大乔木。树冠尖塔形,干直。树皮灰褐色,长片状脱落,内皮淡红色,枝轮生。叶螺旋状排列,侧枝的叶排成二列,线状披针形、扁平,先端渐尖且较稀,较软,边缘有锯齿,上下两脉有气孔线,下面更多。嫩枝及新叶常年灰绿色,两面均有明显白粉,叶片较长而软,生长较快。雄球花簇生枝顶,雌球花单生。球果近球形或卵形,苞鳞大,革质,宿存。3月份开花,11月份果熟。

生态习性:喜温,喜湿,怕风,怕旱。耐极端最低气温－17℃。适应红壤、红黄壤及黄壤等多种土壤,但以黄壤土生长最好。根系分布集中在表层土壤,所以喜肥沃、深厚土壤,不耐瘠薄盐碱,在pH 4.5～6.5,肥沃而湿润的黄壤土上生长最好。山区栽培一般在山脚、山冲、谷地、阳坡等地方生长最理想,有所谓"当阳油茶背阴杉,松树山岭杉木洼"的农谚。较喜光,幼苗对光敏感,从真叶出现时顶芽即弯向光源,但随年龄的增加而渐消失。幼树稍耐阴,进入壮龄速生阶段则要求充足的阳光。

繁殖栽培:选生长健壮的15～30年生的树作母树,当球果由青变黄,果鳞微裂,种脐无白点,胚芽淡红,种仁无白浆时即可采摘。采果后立即摊晒,待种子脱粒后除杂、提纯、贮藏。贮藏方法:用0.35 mm的聚氯乙烯薄膜(或双层地膜也可)制成适当大小的袋子,装种后密封,再放入缸或铁箱中,并用石蜡密封盖口,存放于低温干燥场所。贮藏期间要及时检查,遇有破漏、变质,应及时加以处理。育苗地宜选择深厚肥沃的沙壤土和背风的半阳坡地或山窝地,忌选风口地或冷空气汇集的洼地。丘陵平地育苗应选择土壤疏松肥沃,排灌方便的背风面,忌黏重土壤和积水地。老菜园地,育松、杉多年的老圃地及种过瓜类、土豆、烟叶地一般都不能选用。育苗地选好后,细致整地,施足基肥,然后做床,以高床较好,床面要平整、土细、无坷垃。适当早播,也可冬播。播前种子需经水选和消毒,方法是用0.5%高锰酸钾溶液或0.15%～0.3%福尔马林液浸15 min,倒去药液,封盖1 h后播种。若播种期已迟,可将消过毒的种子用40℃温水浸种12～14 h,自然冷却后置于温度25℃左右的条件下,保持种子湿润,经2～4天种子露白后播种。以条播为主,播种沟宽2～3 cm,深约1 cm,沟距20 cm,每667 m^2 播种5～6 kg。播后用筛过的细土覆盖,厚度0.5 cm,上面再盖麦秸或其他草秆,以保温保湿,促进发芽。播后40～45天为出苗期,发芽前要保持床面湿润,发芽后要及时揭草。并注意防鸟,防旱,保湿,防低温,促苗出齐。4～5月份,幼苗生根迅速,形成根系,真叶也成束生长,此期苗木幼嫩,又逢雨季,除防旱、防涝外,要注意防止苗木猝倒病。6～9月份进入速生期,要适时适量追肥、浇水,松土,间苗,定苗,并继续防旱、防涝、防病。10月份以后,停止施肥浇水,防苗木徒长。

栽培:苗木栽植以春季穴植为主。要适当深栽,以抑制根颈萌蘖,扩大生根部位。栽时根系要舒展,不能窝根。栽植天气要选阴雨天或雨后晴天,土壤过干、连续大雨或结冰期间以及大风天气均不宜栽植。

注意防治杉苗猝倒病、炭疽病、细菌性叶枯病以及生理性黄化病和天牛、杉梢小卷蛾等。

分布范围:杉木产于大别山、桐柏山和伏牛山南部,生于山谷、山麓酸性土壤上。灰叶杉常散生于杉木林之中。

园林应用：灰杉树形雄伟、美观，叶色独特，可作为河南中、西部庭院绿化和城市绿化树种栽培观赏。

12.8 云杉

学名：*Picea asperata mast*

别名：粗枝云杉、大果云杉、粗皮云杉

科属：松科，云杉属

形态特征：常绿乔木，株高可达 30 m，平原(如许昌、漯河)栽植呈小乔木或灌木状。树冠广圆锥形，树皮灰色，呈鳞片状脱落，大枝平展，小枝上有毛，一年生枝黄褐色。叶螺旋状排列，辐射伸展，叶片 1～2 cm，先端尖，常弯曲，叶四棱状条形，弯曲，呈粉状青绿色，四面有气孔线，花单性，雌雄同株，5 月份开花，10 月份球果成熟，具有周期性结实现象。种子千粒重 3.6～4.6 g，每千克种子 250 000～350 000 粒，发芽率 20%～45%。种子用麻袋普通干藏，2～3 年后发芽率降低 8%～15%，低温密封干藏，5 年发芽率只降低 5%。

生态习性：云杉耐阴，抗寒性较强，能忍受－30℃以下低温，但嫩枝抗霜性较差。喜欢凉爽湿润的气候和肥沃深厚、排水良好的微酸性沙质土壤，也能适应微碱性土壤。生长缓慢，浅根性树种。

繁殖栽培：云杉以播种繁殖。云杉种子休眠习性不一致，有的需要短期低温层积，一般经过 45℃始温浸种 24 h 消毒催芽后播种即可。云杉种子发芽的有效温度为 8℃，适宜早春播种。由于苗木自然死亡率较高，适当密播，撒播，每亩播种量 7～9 kg，拌沙覆土 0.3～0.6 cm，盖草或薄膜，播种后 7～15 天幼苗出土。幼苗对干燥的抵抗力弱，耐阴湿，应经常浇水以保持湿润，对阳光抵抗力弱，接草后应架设荫棚，以避免日灼危害。苗木生长缓慢，一般当年不进行间苗。幼树期易受晚霜为害，故多设荫棚、栽植在高大苗木下方，冬季进行保护防护。

云杉不易移植，多采取带土移植，移植时应仔细操作，减少对根系和枝叶的伤害，以提高成活率。云杉生长速度缓慢，10 年内高生长量较低，后期生长速度逐渐加快，且能较长时间地保持旺盛的生长。栽培过程中需要通过养护保持云杉的良好树形，形成树形端正，呈圆锥形，枝叶茂密，上有顶枝下枝能长期生存，不露树脚的形态。

分布范围：云杉为我国特有树种，以华北山地分布为广，东北的小兴安岭等地也有分布。河南鄢陵、遂平等有引种栽培。

园林用途：云杉的树形端正，枝叶茂密，在庭院中既可孤植，也可片植。盆栽可作为室内的观赏树种，多用在庄重肃穆的场合，冬季圣诞节前后，多置放在饭店、宾馆和一些家庭中作圣诞树装饰。云杉叶上有明显粉白气孔线，远眺如白方缭绕，苍翠可爱，作庭园绿化观赏树种，可与桧柏、白皮松配植，或做草坪衬景。

12.9 蓝冰柏

学名：*Cupressus*‘Blue Ice’

科属：柏科，柏木属

形态特征：常绿乔木树种。株型垂直、枝条紧凑且整洁，整体呈圆形或圆锥形。鳞叶蓝绿色。

生态习性：喜光，在全日照至 50%遮阳的光照条件下均能生长，耐寒，耐高温，适宜温度 −25～35℃，对土壤条件要求不严，耐酸碱性强，pH 5.0～8.0 生长良好。喜疏松、湿润、排水性较好的土壤。生长迅速。

繁殖培育：繁殖可参考日本花柏。蓝冰柏一定要扦插育苗，嫁接繁殖接口容易折断影响景观效果。

栽培：蓝冰柏须根较多，移栽成活率较高。

移栽需要注意以下几点：

起苗：从苗圃起苗前，应提前 3 天向苗圃地灌水，以便取苗时好带土球，且球径不少于胸径的 7 倍。因为是常绿树种，若不带土球，长途运输过程中叶面的水分蒸发和蒸腾较为严重，会影响移栽成活率。

定植：种苗要遵循随到随种、先到先种的原则。小苗移栽可不带土球，但必须带宿土。栽植深度略深于原来的 2～3 cm，具体需根据土壤特性而定，盐碱度重且黏性较强的土壤宜浅植，相反则深植。带土球苗木剪断草绳(若为麻绳必须取出)，边埋土边夯实。树木栽好后，做好三角支架或铅丝吊桩。支柱与树干相接部分要垫上蒲包片，以防磨伤树皮。

定植后的抚育管理：蓝冰柏是密叶型树种，定植对水分的需求量较大，植后要马上浇透水，连续 7 天，往后根据天气和具体情况而定。苗木过了缓苗期再适当施用复合肥、有机肥等，保证缓苗期过后从新环境中及时吸取养分，快速进入生长期。并注意防治红蜘蛛。

分布范围：我国江苏、上海栽培较多，河南也有栽培，且表现良好。由于该品种适应性，抗寒性强，全省各地均可栽培观赏。

园林用途：蓝冰柏株型垂直，枝条紧凑且整洁，整体呈圆锥形，白天呈现高雅脱俗、迷人的霜蓝色，夜里若配上五颜六色的灯光，则扑朔迷离，是圣诞树的首选。同时还可以用于大型租摆和公园、广场等场所绿化。适用于隔离树墙、绿化背景或树木样本。

12.10 金叶水杉

学名：*Metasequoia glyptostroboides*‘GoldRush’

别名：黄金水杉

科属：杉科，杉属

形态特征：落叶乔木，速生，性强健，树皮红褐色；主干直立性强，树冠宝塔形，树形优美；叶扁平，线形，在短枝上呈 2 列对生；新生叶在一年中的春、夏、秋三季均呈现金黄色。

生态习性：金叶水杉色彩稳定无褪色、变色现象，其叶片在整个生期，均保持靓丽的金黄色；是彩叶类大树，主干直立性强，树形端庄稳重；性强健，生长快，年生长量高度超过 1 m，直径超过 1 cm；耐霜冻、耐水淹；抗污染、抗病虫；适应性强；耐寒耐热，养护成本低；栽培容易，繁殖简单。

繁殖栽培：扦插繁殖采用硬枝和嫩枝扦插均可。嫁接繁殖主要采用枝接、芽接和高接。压条繁殖也可，成活率都很高。尤其是嫁接繁殖，以普通水杉作砧木，无论枝接、芽接，成活率都在 95%以上。

栽培:可参考本书中"水杉"部分。

分布范围:分布范围广,北至河北、山东,南到广东、福建,东到浙江,西到四川等。试验表明:金叶水杉在北京部分地区引种表现不良,而在上海、浙江、江苏、四川引种生长良好,其生长快、干通直、树形优美、叶色稳定、3 年生苗可达 3 m 多高。

园林应用:金叶水杉抗性强,管理容易,是现阶段城市绿化不可多得的彩叶类大型乔木;园林植物配置中,可孤植观赏,也可成列成排作行道树种植,其在广场阵列式种植中,金色尖塔形的树冠,彰显庄重与档次。在行道树的配置中,整齐统一的金黄色树冠,营造出金光大道的难得景象。

12.11 克罗拉多蓝杉

学名:*Picea pungens*

别名:锐尖北美云杉

科属:松科,冷杉亚科,云杉属

形态特征:常绿乔木,原产北美,株高 9～15 m,冠幅 3～6 m,树形柱状至金字塔状,结构紧凑;树皮灰色。一年生小枝棕褐色。针叶幼时柔软,簇生,之后尖或钝,较硬。叶片小,长不足 5 cm,叶色呈蓝色、蓝绿色、银白色、花绿色至橘黄色,雌雄同株,雌蕊绿色或紫色,河南遂平县玉山镇名优植物园艺场于 2002 年成功引入,但生长很慢。

生态习性:喜较为凉爽气候,对光照要求较高,喜湿润、肥沃和微酸性土壤,较耐贫瘠,极耐严寒,耐旱,耐盐碱能力中等,忌高温怕污染。在河南省平原地区生长慢,树形较矮。

繁殖栽培:播种繁殖,种子没有休眠,不需要催芽处理。但易感染立枯病。在播种前一定要对土壤用 3%硫酸铁溶液 30 L 或代森锌 10～12 g,也可以用 75%五氯硝基苯可湿性粉剂 3～5 g,充分搅拌,薄膜密闭覆盖 4～5 天进行消毒处理。

克罗拉多蓝杉一般在春季最后一次霜降时播种,此时土壤温度和空气湿度较低,种子发芽环境湿润但不潮湿,种子发芽率高,同时真菌的生长受到抑制,还有利于防止立枯病的发生。先将种子用 0.3%的高锰酸钾溶液浸泡 2 h 消毒,冲洗干净后,将种子用温水浸泡 24 h,取出种子直接播种或与细沙混匀之后撒播于经消毒处理后的土壤上,其上覆盖一层稀松的土壤或细沙,使种子可以轻松地拱土发芽,覆土厚度为 6～8 mm(种子直径的 2～3 倍)。种子在播种后的 10 天开始开芽,1 周内全部发芽。立枯病易发生,在播种后的第 1 周,最好每隔 1 周进行 1 次土壤消毒(喷洒 0.3%硫酸亚铁或 50%多菌灵可湿性粉剂 0.2%药液等,最好交替使用,以免产生抗药性)。克罗拉多蓝杉除了在春季播种之外,也可以秋季播种,到第 2 年春季土壤温度达到发芽温度时,就会发芽。

克罗拉多蓝杉的根系较浅,但非常发达,最好选择容器苗或带土球在春天移栽。为了使植株周围保持土壤湿润,可用一些富含有机质的覆盖物覆盖树基。干旱季节需要对植株补充水分。一般不用修剪,但可剪去下部已死枝条。如果要对健康枝条进行修剪,最好在仲夏至秋季这段时间。注意防治松针蚧、蚜虫、潜叶虫、螨类和落针病及枝条癌肿病等。

分布范围:近年来从国外引入,北京、上海及河南遂平、商丘等地已引种,但生长较慢,应加紧研究快速繁殖及速生栽培技术。

园林应用:克罗拉多蓝杉树形优美,色彩独特,是近年从欧美引入我国的优良彩叶树种。

也是目前世界上唯一的全年蓝色叶植物，属珍稀名贵彩叶树种。因其独特的叶色和优美的树形，与其他植物配置能达到奇特新颖的园林效果。无论孤植、片植、列植均有高雅、素净之效果，在我国极具观赏和园林应用价值。

12.12 西藏柏木

学名：*Cupressus lorulosa*

别名：藏柏、喜马拉雅柏木

科属：柏科，柏木属

形态特征：常绿乔木，原产地树高达 45 m，在河南郏县石质山地 20 年生树高 6～8 m，树冠圆柱形，小枝方形，径约 1.2 mm，枝片平展。鳞叶先端锐尖，与枝分离，无刺叶，叶色墨绿，具白粉，冬季叶色灰绿(似雪松叶色)。球果圆球形，原产地翌年初夏成熟，果鳞盾状，镊合状排列，每果鳞具 5 至多数种子。

生态习性：适应性强，喜光，稍耐阴，耐干旱瘠薄；喜钙质土，在中性、微酸性土上也能生长；浅根系，侧根发达；生长速度中庸。

繁殖栽培：以播种育苗繁殖为主。一般应选择 20～40 年生健壮树木作采种母树。采前细心观察球果成熟度，待球果充分成熟，微裂，可见到球果内成熟的种子时可人工采摘，净种后盛入木箱内贮藏。育苗地应选择地势平坦，土壤肥沃湿润的沙壤土、壤土或黏质壤土，pH 7 为佳，在酸性土中苗木生长不良。干燥瘠薄土壤中幼苗生长纤弱，不宜育苗。地选好后要细致整地筑床。播前浸种催芽，先用清水选种，再置入 45℃的温水中浸种一昼夜，捞出放于箩筐中催芽，待种子有一半开口露白时即可播种。条播：条距 25 cm，播幅 5 cm，播种量每亩 6～8 kg。播后经常喷水保持苗床湿润。苗木出土后加强田间管理，及时松土锄草。适时排灌，保持苗床湿润。及时间苗、定苗，施肥浇水。以春播为宜，也可秋播，随采随播。

栽培：以春季栽植为主，因藏柏冠窄，栽植密度应大，二年生以上大苗栽植需带宿土或土球。

分布范围：原产西藏东南部，生于石灰岩山地。1986 年河南郏县林场从西藏引入我省，目前生长较好。

园林应用：藏柏树形美观，叶色奇特，为优良园林绿化及观赏树种。

12.13 翠柏

学名：*Sabina squamata* 'Meyeri'

别名：翠蓝松、粉柏

科属：柏科，圆柏属

形态特征：翠柏是高山柏的一个品种。直立多枝常绿灌木或小乔木，嫩枝黄绿色，老枝红褐色，片状剥落。枝斜向上，小枝短直，叶长 0.6～0.8 cm，狭披针形，直立，翠蓝色，有光泽，先端尖，基部宽，背面被有白粉，极美丽。果单个腋生，呈椭圆形，内有种子 1 粒。花期 3～4 月份，果期 10 月份。在我国北方因气候因素，多不开花结籽。

生态习性：翠柏喜光，耐寒，耐旱，幼树稍耐阴。喜湿润气候，怕渍水。不喜大肥，各种土壤均可生长,但在半沙质壤土上生长较好。

繁殖方法:以靠接为主,亦可播种、压条、扦插繁殖。翠柏在南方扦插成活率高,在北方扦插成活率低。鄢陵县花农多采用靠接和腹接法繁殖。

①靠接:用侧柏做砧木,5 月份进行靠接。接时,砧木不要打头,在一侧削 10 cm 左右长的刀口,接穗的一侧也削同样长的刀口,木质部要多带些,对准形成层,用麻绳或塑料条缠紧,50 天左右可愈合,成活后再剪去侧柏的顶端。

②腹接:时间以 11～12 月份为宜,用侧柏作砧木。选当年生健壮新枝作接穗,长 10～15 cm,削成楔形;在砧木向阴的一侧斜切一刀,切到 1 mm 的木质部,切口在土里一半,地上一半的部位,刀口长 3 cm。砧木不要去头,将接穗插入砧木的切口内,对准形成层,用塑料条缠紧,然后封土,封到接穗 1/3 处,用草粪盖 2 cm 厚,上面再封一层土。来年春天“春分”后浇一次水,促其生长,成活后再剪去砧木上部。

③扦插:采条及扦插时间为春季生长季节开始前两个星期(2 月底至 3 月初),夏季以半木质化枝条为佳(7～8 月份)。选择翠柏 3～10 年生母树的枝条作为插条。将所采集的枝条剪成 15～20 cm 插条,带顶梢,下切口平切,在 50～100 mg/L 浓度 ABT 2 号溶液中浸泡 2 h,深 2～3 cm。采用平插床,上面加设电子叶喷雾或遮阳塑料小拱棚,基质为蛭石或细河沙。扦插密度以插条叶子不相互重叠为宜。插后立即喷水,同时进行遮阳,插后保持空气湿度在 90%～100%,气温不超过 30℃。应用 ABT 生根粉处理插条进行扦插育苗、生根率达 95%以上。

栽培管理:苗木移栽宜在春季 3～5 月份进行,要带土球。每年 1 月份可在树周围刨坑或开沟施肥。春季修剪,夏季中耕除草,注意防治病虫害。盆栽翠柏要选择合适的侧柏作砧木,2～3 月份上盆,1 年后再靠接翠柏。成活后要经常向枝叶喷水,保持清洁美观。室内放置的要注意通风,怕热捂,隔三四天要搬到室外晾晒,才能保持叶子翠蓝色,并注意整形修枝。

翠柏在鄢陵县基本上没有病害,虫害有红蜘蛛、天牛等。

分布范围:原产我国中部及西部,分布于川、鄂,在海拔 2 400～2 700 m 的高山上都能生长。鄢陵栽培历史悠久,现在全县均有栽培生产。

园林应用:翠柏叶色翠蓝,自然长成各种姿态,树形优美,是园林绿化优良树种。可作公园、庭院、绿地观赏树种,也适于大型建筑前作园景树及草坪中种植,或于干道两侧列植,也可作盆景观赏。

12.14 墨西哥柏木

学名:*Cupressus lusitanca*

科属:柏科,柏木属

形态特征:常绿乔木。树皮红褐色。小枝下垂,不排成平面,末端小枝四棱形,径约 1 mm。叶鳞形,排列紧密,萌芽枝有时具刺形叶;鳞叶蓝绿色,被白粉,先端尖,背部有纵脊。球果球形,有白粉,径 1～1.5 cm。

生态习性:喜光性树种,适宜温暖、湿润、多雨气候,在排水良好的各种土壤上均能生长,尤以在石灰岩山地钙质土上生长良好。耐瘠薄,不太耐寒。

繁殖栽培:参考西藏柏木。

分布范围:原产墨西哥,我国上海、南京等地有引种,生长良好。河南信阳已有引种栽培。

园林应用:墨西哥柏木树形美观,鳞叶蓝绿色,叶色独特,是为数不多的蓝绿色叶树种之一。许多国家引种作为观赏树木。在城市园林绿化中可作为稀有叶色树种和其他树种配植成景,具有很高的观赏价值。

12.15 洒金柏

学名:*Platycladus orientalis*'Aurea Nana'

别名:金枝千头柏

科属:柏科,侧柏属

形态特征:丛生常绿灌木,无主干,枝密。外形与千头柏相似,高约 1.6 m,对冠球形至卵圆形;小枝扁平,鳞状交互对生。春季嫩枝叶为金黄色,秋冬季叶淡黄绿色。花期 3～4 月份,果期 8～9 月份。

生态习性:喜光,幼苗及幼树亦耐阴。抗风力强;抗烟力较差。耐寒,耐旱,耐盐碱;但不耐涝。对土壤要求不严,耐瘠薄,但喜湿润沃土壤,在向阳干燥土层、瘠薄的山坡上也能生长。

栽培繁殖:以播种为主,也可扦插繁殖。

(1)播种繁殖 选 20～30 年生以上的健壮母树采种,采后晾晒,取种干藏。每千克种子约 4.5 万粒,每 667 m^2 播种量 10 kg 左右。播前进行浸种催芽,采用垄播或床播。床播苗床长 10 m,宽 1 m,可顺床播 3 行,播幅 5～10 cm,播后覆土 2 cm。为培育大苗,鄢陵县花农采用春季集中播种,麦收后苗高 15 cm 左右移栽,株行距 20 cm×40 cm,开沟栽植,随栽随浇水,成活率达 95%以上。一年生苗高可达 30 cm 左右。

(2)扦插繁殖 采条及扦插时间为 8 月份。选择幼树的当年生无病虫害的健壮枝条作插条。插条长 10～15 cm,基部切口平剪。浸泡于浓度为 100 mg/L 的 ABT 2 号生根粉溶液中 2 h,浸泡深度 3 cm。选用排水良好的沙壤土建床。床宽 1 m,高 0.25 m,长 6 m。插前用 3%的高锰酸钾溶液淋床消毒,并搭好双帘遮阳棚。插后采用人工定时清水喷雾叶面保温,及时拔除杂草。应用 ABT 生根粉处理洒金千头柏扦插育苗,愈合生根快,根系壮、多,成活率高达 100%。

春、秋、雨季都可栽植。大苗移栽要带土球,小苗雨季可以不带土球,但要随起随栽。注意适当深栽,埋实;天气干旱时要浇水,雨季要排水。生长期经常松土,锄草。幼树一般不修剪,如作绿篱时在春季修剪。该树基本无病害。虫害有红蜘蛛、侧柏小蠹等应注意防治。

分布范围:几乎遍布全国各地。河南鄢陵栽培甚广。

园林应用:洒金柏树形优美,枝叶金黄,适应性强,耐修剪,很少有病虫害。常植于庭院观赏,也可作绿篱,或与其他彩叶灌木共同配植成各种图案模纹。枝叶及果实可入药。

12.16 日本花柏

学名:*Chamaecypanis pisifera*

别名:花旗松

科属:柏科,扁柏属

形态特征:常绿小乔木,树冠圆锥形或尖塔形,冠形紧密。小枝片平展略下垂。树冠上部有黄色嫩枝金叶点缀，鳞叶先端锐尖或鳞叶、刺叶混生；叶表暗绿色，背面具白色腺。果球形较小，径约 6 mm，暗褐色。花期 4～5 月份，果期 10～11 月份。

本种还有以下栽培变种可供栽培观赏：

(1)金线柏(*Chamaecypanis pisifera* cv. *filifera aurea*) 灌木，大枝斜展，枝叶浓密，叶条状刺形，柔软长 6～8 mm，先端渐尖，但小枝与叶为金黄色。河南有栽培。

(2)羽叶花柏(*Chamaecypanis pisifera* cv. *plumosa*) 又名凤尾柏，树冠紧密；小枝羽状，近直立，先端向下卷，鳞叶刺状，但质软。

(3)银斑羽叶花柏(*Chamaecypanis pisifera* cv. *plumosa argentea*) 又名银斑凤尾柏，枝端之叶银白色。

(4)金斑羽叶花柏(*Chamaecypanis pisifera* cv. *plumosa aurea*) 又名金斑凤尾柏，鳞叶细长，开展，小枝羽状，幼枝新叶呈金黄色。

(5)金叶花柏(*Chamaecypanis pisifera* cv. *aurea*) 叶金黄色。

生态习性：中性，较耐阴；喜温暖湿润气候及深厚的沙质壤土；耐寒性较差，不喜干燥及瘠薄土地。

繁殖栽培：河南鄢陵等多采用扦插繁殖，扦插易成活，具体方法：选择日本花柏几年生枝条作为插条。采条及扦插时间为 8～9 月份。用 ABT 生根粉 50 mg/L 浓度的溶液浸泡 2 h 后扦插。遮阳塑料大棚内普通扦插床，经常喷雾，灌水，保持土壤及棚内的湿度。应用 ABT 生根粉进行日本花柏扦插育苗，成活率可达 100%。

也可嫁接繁殖。嫁接以侧柏和桧柏作砧木，适用于培养各种造型。

移植较易成活，但需带土球。春季移植较好，幼苗期生长较好，生长期管理要精细。根据长势，注意追肥、浇水，追肥以复合肥、磷酸二铵为好，追肥后生长势及叶色美观；最好不施尿素，以防徒长影响株型。注意防治蚜虫和侧柏毒蛾等。

分布范围：我国东部、中部及西南地区城市园林中有栽培，河南许昌市、鄢陵县；信阳潢川县栽培较多。

园林应用：日本花柏及各种栽培变种姿态及枝叶柔和美观，适应性强，耐修剪；可在庭院或花坛内孤植、丛植或作绿篱，也可造型和制盆景。

12.17 洒金云片柏

学名：*Chamaecyparis obtusa* ‘Breviramea Aurea’

别名：黄云柏

科属：柏科，扁柏属

形态特征：常绿灌木或小乔木，主干红褐色，树皮呈薄片状剥落，树冠塔形或近圆锥形，小枝扁平，互生，排成一平面，呈云片状，甚为别致。叶对生，鳞片状，先端钝，小枝顶端的鳞叶金黄色，老枝鳞叶绿色。球果球形。

主要栽培变种为：黄叶扁柏(*Chamaecyparis obtusa*‘Crippsii’)树冠较阔，枝斜展，叶鲜黄色，抗性较弱。

金孔雀柏(Chamaecyparis *obtusa*‘Tetragone Aurea’)为矮生灌木，树冠圆锥形，枝条近直展；生鳞叶的小枝呈辐射状排列，先端四棱形；鳞叶背部有纵脊，亮金黄色。

生态习性:对阳光要求中等略耐阴,喜温暖湿润,较耐干旱,不耐水湿,稍耐寒;小苗怕日光直射;生长速度较慢。

繁殖栽培:扦插和嫁接繁殖。扦插繁殖同雪松,小苗需要遮阳,嫁接繁殖同日本花柏。移栽易成活,小苗移栽要用泥浆沾根,大苗移栽需带土球,栽后浇足水,雨季注意排水,以后一般不需特殊管理。该树种病害不多,但注意防治蚜虫、红蜘蛛、侧柏毒蛾及苗期的蟋蟀危害。

分布范围:黄河以南各地,最适于华东地区露地栽培。河南信阳、洛阳等有引种栽培。

园林应用:洒金云片柏树形整齐,枝叶扁平如云片层层,姿态潇洒,树冠外围枝叶金黄色,如晚霞尽染叶缘,是优良的园景树。可孤植、丛植于房屋角隅,园路交叉点,也可列植作园路。

12.18 金黄球柏

学名:*Platycladus orientalis* 'Semperaurescens'

科属:柏科,侧柏属

形态特征　常绿矮型紧密灌木,树冠近于球形,小枝扁平,排成一个平面;叶鳞形,交互对生,枝端之叶全年金黄色,雌雄同株,3~4 月份开花,球花单生于小枝顶端,球果卵形,长 1.5~2.5 cm,种磷顶端反曲,10 月份成熟。

近缘种:金塔柏(*Platycladus orientalis* 'Beverleyensis'),树冠塔形,叶金黄色。

生态习性:喜光,也能耐阴。耐寒,对土壤要求不严,酸性、中性或碱性土上均可生长,耐瘠薄,并耐轻度盐碱。耐旱力强,忌积水。萌芽力强,耐修剪,抗污染,对有毒气体和粉尘抗生较强。对肥力要求较严,缺肥易提早衰老散枝,降低观赏价植。生长较慢。

繁殖栽培

播种繁殖:在 10 月上旬采收球果,干藏。2~3 月份播种,条播,播种量约 8 kg/667 m^2,播后覆盖稻草。4 月下旬出土,及时揭草。苗高 2~3 cm 时要间苗,留苗约 50 000 株/667 m^2。

扦插繁殖:分休眠枝扦插与半熟枝扦插。休眠枝在 3 月下旬扦插,插后搭棚庇荫;半熟枝扦插在 6~7 月份进行,需搭双层荫棚,插穗长 10~12 cm,剪去下部叶片,插入土中 5~6 cm,插 50 000 株/667 m^2 左右,充分浇水,经常保持空气和土壤湿润。

小苗于翌年 3 月份分栽,株行距 30 cm×30 cm,培养 2~3 年,可供绿化,大苗移植在 2 月中旬至 3 月下旬,须带泥球。

分布范围:河南全省。

园林应用:金黄球柏树形紧密,树冠圆满,叶色金黄,整株若金纱笼罩,尤为美丽;耐修剪,常修剪成球形,最适于规则式园林应用,可环植于花坛、雕塑周围以衬托主景,也可作基础种植材料、绿篱等。金塔柏树形壮观,最适于用作花坛中心树或对植。

12.19 金叶桧柏

学名:*Sabina chinensis* 'Aurea'

别名:黄金柏

科属:柏科,圆柏属

形态特征:常绿灌木或小乔木,树冠球形或圆锥状塔形。叶二型,鳞叶新芽呈黄色,针叶粗壮，初为黄金色，渐变黄白，至秋转绿色。树皮呈赤褐色，纵裂。4 月份开花，雌雄异株，间有同株者。球果近圆球形，两年成熟，熟时呈暗褐色。种子卵圆形。

栽培变种：

(1)金龙柏(*Sabina chinensis* 'Kaizuca Aurea')　叶全为鳞形，枝端之叶金黄色。

(2)银斑叶桧(*Sabina chinensis* Albo-variegata)　部分枝叶为银白色。

(3)金星球柏(*Sabina chinensis* cv. *aureglobosa*)　丛生，球形灌木，幼枝绿叶中杂有金黄色枝叶。

(4)金叶鹿角柏(*Sabina chinensis* cv. *pfitzeriana aurea*)　外形如鹿角柏，但幼叶金黄色。

(5)"灰枭"北美圆柏(*Sabina virgniann* 'Grey Owl')　乔木，叶蓝色，原产北美，近年由北京植物园引入我国，定植于北京植物园绚秋园内。适应性强，抗寒性强，河南各地均可引种栽培，现鄢陵等有少量引种。

生态习性：喜光，但耐阴性也颇强。耐寒；对土壤要求不严，但以深厚而排水良好的中性土壤生长最好。萌芽力强，耐修剪，易整形，抗污染，对多种有毒气体有一定抗性。生长速度较慢，但在温暖稍干燥地区生长较快。

繁殖栽培：播种繁殖，扦插繁殖和压条繁殖。

播种繁殖：11 月份采种，堆放后熟，洗净后冬藏至翌年春播，种皮坚硬不宜透水，其胚又需后熟始能发芽，故播前必须进行催芽处理。方法是：将种子置于 5℃低温约 100 天即可。经过处理的种子，可以提早发芽，而且出苗整齐，否则，当年不会发芽。宽幅条播，行距 20 cm，覆土厚 1～1.5 cm，上盖稻草，保持湿润。播后约 20 天后出土，陆续揭去盖草，搭荫棚遮阳。当年苗高 10～20 cm。小苗移植带宿土，大苗须带泥球。

扦插繁殖：全年均可扦插，以 3～4 月份或 8 月份为最好。一般在插后两个月生根，秋、冬扦插生根慢一些。株行距为 5 cm×8 cm。选取 2 年生枝条，长约 30 cm。扦插前施基肥、灌水。待水下渗后，即可插入泥浆中，深约 20 cm，入土部分不必去叶；露出地面部分，则用土封住，拍紧。直插。插后若干旱，可采用沟灌法，浇后封土 4～7 cm，成活率 90%，生长 3～4 年后便可出圃。

压条：全年皆可进行，而以春季为好。压条后 3～4 月份生根。选用直径 1.5～2 cm、分枝多的枝条，可以多生根，形成良好的树形。

金叶桧柏较少发生病虫害，苗圃栽培管理程序可参照侧柏、桧柏等柏科植物。嫁接可用侧柏和圆柏实生苗木作砧木。

分布范围：河南遂平、鄢陵等有引种栽培。

园林应用：金叶桧柏根系发达，寿命长，叶色金黄，灿烂夺目，"灰枭"北美圆柏树冠优美，叶色独特，是我国南北园林中不可多得的彩色柏科树种之一，可作为庭院主景树，绿篱和有色柏树墙篱，也可作为街道，公路两侧的行道树，是高速公路中隔离带绿化树种的最新替代树种，还是小区阴暗建筑物背侧的理想主栽树种。

12.20　金叶樟树

学名：*Cinnamonum camphora* 'Jin yie'

别名：金叶香樟

科属:樟科,樟属

形态特征:常绿乔木。树皮幼时绿色、光滑,老时变为黄褐色或灰褐色,纵裂。小枝具微棱,绿褐色或紫(红)色,无毛。叶薄革质,互生,椭圆状卵形或矩圆状卵形,长 6~12 cm,宽 3~6 cm,无毛。秋季一年生枝中上部叶亮黄色,无毛。叶缘微呈波状,背面叶脉有腺体。4~5 月份开花,圆锥花序腋生,花小,淡黄绿色。10~11 月份果熟,浆果,球形,紫黑色。

生态习性:较喜光,幼时喜在适当庇荫的环境下生长。喜温湿气候和肥厚的酸性土或中性沙壤土,不耐干旱瘠薄。树冠发达,在与其他树种混生条件下,侧枝少,主干明显而通直。根系强大,主根发达。幼苗期侧须根较少,根系再生能力强。萌芽力强,耐修剪,有一定的耐烟尘和有毒气体的能力,较能适应城市环境。不太抗寒,能耐绝对最低气温 −7℃以上。

繁殖栽培:以扦插、嫁接繁殖为主,也可播种繁殖,但叶色有变异。方法可参考红叶樟树一节。

分布范围:分布长江以南及西南各省。河南南阳、信阳、商城、新县、鸡公山等有栽培。平原地区如许昌、鄢陵、漯河、驻马店等也有引种栽培。在平原地区栽植生长较慢,在豫中以北栽植应选择小气候,且注意防寒。

园林应用:金叶樟树枝叶繁茂,冠大荫浓,树资雄伟。秋季新叶金黄色,老叶浓绿或金黄,金黄色与浓绿色相间,异常美观。是河南中部及以南地区城市绿化的优良树种,可做庭荫树,行道树,孤植于公园、游园可独立成景。豫南地区片植可营造风景林。同时,又是经济价值极高的树种,樟树木材致密,有香气,抗虫蛀,耐水湿,用途广泛。

12.21 红叶石楠

学名:*photinia* ×*Fraseri*

科属:蔷薇科,石楠属

形态特征:红叶石楠(*Photinia glabra*)是石楠的杂交品种。常绿小乔木,株高 4~6 m,树冠近球形,树皮黄褐色,干、枝无刺。叶革质,长椭圆形至倒卵披针形,先端具尾尖。春季新叶红艳,夏季转绿,秋冬季又呈红色,霜越重而色越浓,低温色更佳。叶缘具有规则小锯齿,顶端叶四季如火。但冬季色彩偏暗。

新品种:(1)"红罗宾"红叶石楠(*Phtinia*×*fraseri* 'Red *Robin*') 又名红知更鸟。主要优良特性是:常绿阔叶树种,嫩枝、新叶呈鲜红色,冬叶呈深红色;叶片角质层较厚,叶片光亮;株型高大,生长速度较快,枝干粗壮,株型紧凑;萌芽力强,耐修剪。对土壤适应能力强,能耐 −12℃ 最低温度。

(2)"鲁宾斯" 红叶石楠(*Phtinia glabra* var. *rubens*) 常绿阔叶树种,新枝、新叶红似火漆,秋叶经冬鲜红,叶片光亮;株型较小,适应性强,尤其抗性比红罗宾等强,能耐 −18℃低温;分枝能力一般,耐修剪整形。

生态习性:喜温暖湿润及阳光充足的环境,稍耐阴,能耐短期的 −15℃低温。耐干旱瘠薄,不耐水湿,能在石缝中生长。喜土层深厚、排水良好、湿润、肥沃的沙质壤土。生长较慢,萌芽力强,耐修剪。

繁殖方法:扦插繁殖,也可用组织培养方法繁殖。

扦插繁殖:(1)苗圃地准备 选择地势较高、平坦、排水良好、土层深厚且有灌溉条件交通较方便的地块。地块选好后，搭建塑料小拱棚或塑料大棚，大棚可建成宽 6 m，长 30 m 左右的竹木大棚或宽 8 m，长 50～80 cm 的钢管大棚，也可用竹子架和钢管混搭而成。苗圃地土壤在前一年的冬天进行翻耕，翻耕深度在 25 cm 以上，做床前深耕细耙，捡去较大石砾，苗床底部铺一层细沙以利排水，苗床及基质要用杀菌剂和杀虫剂消毒，以防病虫害。土地整平后建立地面扦插苗床，苗床一般为南北向，以低床为主，灌足底水后晾晒，苗床宽度为 1.0 cm 左右，步道 20～25 cm。扦插基质为洁净的黄心土或洁净的黄心土加少量细沙。施入腐熟厩肥 3 000 kg/667 m^2，过磷酸钙 50 kg。盖上大棚薄膜，外加遮阳网。

(2)扦插时间　在河南中部地区(漯河)，以 8 月中下旬采穗扦插最好。春季、夏季也可扦插，但效果不如 8 月中下旬，且管理成本较高。

(3)插穗处理与扦插　选择生长健壮，无病虫危害的红罗宾、鲁宾斯红叶石楠的单株作母株，于 8 月中下旬选取芽体饱满，无机械损伤的半木质化的嫩枝或木质化的当年生枝条，剪成 2～3 叶一段或一叶一芽的超短插穗，进行扦插，插穗长度 3～4 cm，每穗叶片剪半，切口要平滑，上剪口不要留的过长，下切口尽量为马耳状。插穗剪好后，要注意保湿，尽量随剪随插。扦插前，按下、中、上分级后，将基部对齐，每 50 根一捆，浸入浓度为 500 mg/L 的 IBA 溶液中浸泡 2 h，以加快生根速度，提高成活率。扦插方法：先在苗床上按 400 根/m^2 的密度，用粗度适当的小棍打孔，再将插穗插入孔中挤实，深度以穗长的 1/2～2/3 为宜。要结合当地的气候条件、留圃时间和培育目标确定栽植密度。如计划培育 1 年生小灌木当年用工程苗，株行距以 20 cm×20 cm 或 25 cm×25 cm 为宜。插好后立即浇透水，叶面用多菌灵和炭疽福美混合液喷洒。

为了提高苗木产量、节约管理成本、培育健壮苗木也可采用寄插育苗方法。因为红叶石楠母株进入冬季即停止生长，枝条含水量低，插后易成活，且便于管理和促进早生根。具体方法是：冬季(10 月下旬至翌年 1 月份)采集插穗在苗圃地进行温室扦插，株行距 2.5 cm×2.5 cm，每平方米扦插 1 600 株左右，视需苗量确定温室棚的大小。翌年 3 月下旬大多数苗木生根或伤口愈合后即可进行移栽。用这种方法培育的苗木，粗壮高大，夏季抗旱力强。

(4)插后管理

湿度管理　扦插后 3 周左右，应保证育苗大棚内具有较高的湿度，相对湿度保持在 85%以上，小拱棚扦插湿度要保证在 95%左右。增加湿度的主要方法是：根据湿度表显示情况及时喷水，湿度过大时则开窗透气放风。扦插 3 周后，可以降低棚内湿度，但基质湿度应保持在 40%左右。

温度管理　红叶石楠扦插育苗的棚内温度应控制在 15～38℃，最适温度为 25℃左右，如温度过高，则应进行遮阳、通风或喷雾降温；过低时应使用加温设备加温，加温时易造成基质干燥，故每隔 2～3 天要检查基质情况，并及时浇水，使基质湿度达到 40%～60%，否则，插穗易干枯死亡。

光照管理　光照有促进插条生根和壮苗的作用。在湿度有保证的情况下，扦插后一般不进行遮阳处理，因阳光强烈使棚内温度过高，可采取短时间遮阳(上午 10:00～11:00 到下午 2:00)和增加喷水次数来降低棚内温度。秋季扦插可通过通风、增湿来协调光照与温度之间的矛盾。

当穗条全部发根且 50%以上发叶后，逐步除去大棚遮阳网和薄膜，给以比较充足的光照，开始炼苗，结合喷施叶面肥或浇施低浓度水溶性化肥，以促进扦插苗健壮生长。

(5)幼苗移栽及管理　河南中部地区一般为 8 月份扦插，至第二年 4 月份，扦插苗可长至 25 cm 左右，需要移栽的(如寄插苗)可进行移栽，移栽时要带土团(老娘土)，以保证成活。要特别注意水分管理，如遇连续晴天，在移栽后 3～4 天要浇 1 次水，以后可每隔 10 天左右浇一次水，如遇连续雨天，则要及时排水。约 15 天后，种苗度过缓苗期即可施肥。土壤中的养分随着植物的生长逐渐减少，在肥沃的土壤中苗木生长旺盛，不用施肥。如果新梢生长无力，较快的停止生长，就要及时补充肥料，在春季可每半个月施 1 次尿素，用量约 5 $kg/667\ m^2$，夏季和秋季可每半个月施 1 次复合肥，用量为 5 $kg/667\ m^2$，冬季施 1 次腐熟的有机肥，用量为 1 500 $kg/667\ m^2$，工程苗可以开沟埋施。施肥要以薄肥勤施为原则，不可一次用量过大，以免伤根烧苗。要及时进行除草松土，以防土壤板结。

组织培养：

(1)取材与消毒试验材料和方法　选用生长健壮的良种母株，确定母株后，先置于温室内栽培，栽培期间不进行叶面喷水，但每隔 3～5 天喷施 1 次杀菌剂。约 2 周，选取嫩梢先端未木质化部分，剪成长 1 cm 左右的单芽段，茎段部分去叶，并留 2 mm 左右叶柄，茎尖部分保留半片小叶片，先用洗衣粉液浸泡 3 min，用清水冲洗后备用。洗净后的外植体在接种前进行消毒处理，方法是：在超净工作台上以 75%酒精浸泡 10 min，再转入 0.15%升汞溶液中灭菌 8～10 min，倒去灭菌液，用预先准备好的无菌水冲洗 4～5 遍，沥干水后，切取茎尖分生组织，接种到诱芽培养基上。

(2)诱导芽分化(初代培养)　切取红叶石楠茎尖分生组织接种在 6-BA 2.0 mg/L＋IBA 0.2 mg/L＋蔗糖 30 g/L＋琼脂 5～7 g/L，pH 5.5～5.8，经 1.1 kg/cm^2 高压消毒 15～20 min 的 MS 培养基上，在温度 25～30℃，光照强度 1 500～2 000 lx，每日光照 12 h 的培养条件下培养。接种后 1 周左右腋芽开始萌动，30～40 天可伸长至 2 cm 左右，即可切下进入下一阶段的继代培养。

(3)继代培养　当初代培养的红叶石楠腋芽长到 2 cm 左右时，切下接种在 6-BA 1.0 mg/L＋IBA 0.1 mg/L＋蔗糖 30 g/L＋琼脂 5～7 g/L，pH 5.5～5.8，经 1.1 kg/cm^2 高压消毒 15～20 min 的 MS 培养基上，在温度 25～30℃，光照强度 1 500～2 000 lx，每日光照 12 h，无根的试管苗经 30～40 天培养，丛生苗达到 3 cm 左右时，即可切割以扩大繁殖。一般第一次继代培养时增殖率 2～3 倍，经 2～3 次继代培养后增殖倍数可达到 5 倍左右，当继代苗达到一定数量时，可进行生根培养。

(4)生根培养　当红叶石楠无根苗长至 2～3 cm 时，可转移到生根培养基上培养。生根培养 1/2 MS＋0.2～0.3 mg/L 的 NAA＋0.3%活性炭的基本培养基上，在温度 25～28℃，光照强度 1 500 lx，每日光照 10～12 h，一般一周左右可见红色根形成，经 30～40 天培养后，当根长至 2～3 cm 时，即可进行炼苗移栽。

(5)炼苗及移栽　红叶石楠组培苗炼苗可先在温度 20～30℃的温室内拧松瓶盖放置 3～5 天，然后进行温床过渡移栽。过渡苗床(即温床)可建在普通单体的塑料大棚内，床宽 1.2 m 左右，床四周砌高 30 cm，床底整平，有条件的可加地热线，上铺 15～25 cm 的栽培基质。基质为蛭石：珍珠岩＝1：2。温床做好后要严格消毒，方法是用 1 000 倍敌克松溶液浇透整床基质，再用 0.15%高锰酸钾喷洒苗床表面及四周，24 h 后即可移栽小苗。移栽时，将幼苗从瓶内取出，用清水将根部琼脂清洗干净，同时应尽量减少伤根。种入苗床后，选择清洁水浇灌，移栽当天喷施 0.3%的磷酸二氢钾溶液，并喷施 800～1 000 倍的甲基托布津或 1 000 倍多菌灵药液，以后每隔一周喷施一次，连续3～4次。移栽初期要特别注意保持苗床和空气湿度，一般需全封闭管理一周左右，再半封闭管理两周左右，根据情况在25天左右可以逐步通风，并除去覆盖物。在春秋季节移栽时，需遮阳三周左右；冬季移栽时，遮阳两周左右，但关键是控制苗床温度在15～30℃才有利于成活，如环境温度超过35℃就不宜移栽。一般过渡移栽50天后，小苗就可上盆移栽，春季可直接移入大田。

大田移栽的时机应根据小苗生长情况和天气情况而定，一般过渡苗长至5 cm时就可移栽，但最好待在小苗长到10 cm以上移栽，成活率可达95%以上。大田移栽后的管理和扦插繁殖的小苗移栽后管理一样。

红叶石楠对病虫害的抗性较强，未发现有毁灭性病虫害。如发现扦插苗叶子发黄、卷曲现象可能是温度太高而造成的烧苗，要及时遮阳通风。但如果管理不当或苗圃环境不良，可能发生灰霉病、叶斑病或受介壳虫危害。灰霉病可用50%百菌清800～1 000倍液喷雾预防，发病期可用50%代森锌500倍液喷雾防治。叶斑病可用50%多菌灵500倍液或50%托布津500倍液防治。介壳虫可用蚧死净或速蚧杀1 000倍液喷雾防治。

分布范围：黄河以南地区。

园林应用：红叶石楠为著名彩叶树种。适行植于公园、庭院的路旁，或孤植于园路交叉处。大树也可孤植于草坪上独立成景。也可修成球体和其他几何体用于园林配景，亦可作绿篱材料，1～2年生的红叶石楠小苗可以整形为矮小"灌木"，在园林绿地中作为地被植物片植或与其他色叶植物组合成各种图案和模纹。

12.22 花叶桂

学名：*Osmanthus fragrans* 'Hua ye'

科属：木樨科，木樨属

形态特征：由桂花变异而来，树冠球形。叶革质，幼叶橘红色，渐变为绿色，带白斑；叶背黄绿色。花白色，有香味，花期9～10月份。果蓝色。

生态习性：与紫叶桂基本相同。

近缘品种：

(1)金边桂　桂花新变种，叶绿色，边缘黄白色，为最新彩叶桂花品种。

(2)银边桂　又名银边彩叶桂，是近几年从四季桂中选育出的新品种。幼叶初期为紫红色，中期变为浅绿色，但叶片边缘呈银白色，成熟叶片绿色，边缘呈银白色。花白色，香浓；若管理得当，全年花期可达80～100天，但花在秋季较盛。

繁殖栽培：繁殖方法与紫叶桂基本相同，唯银边桂嫁接砧木以四季桂做本砧最好。繁殖栽培可参考本书紫叶桂一节。

分布范围：花叶桂、金边桂、银边桂以四川、安徽繁殖栽培较多，河南西平、鄢陵、潢川等地有引种栽培。

园林应用：花叶桂、金边桂、银边桂春季幼叶紫红或橘红，以后绿叶中呈现金边、银边、花斑等美丽色彩，既可观叶又可赏花、品香。既是盆栽佳品，又可做切花材料。可在公园、庭院栽植观赏，也可与山、石相配，植于亭、台、楼、阁附近，景色不凡。

12.23 金叶含笑

学名:*Michelia foveolata*'Jin ye'

科属:木蓝科,含笑属

形态特征:常绿乔木,树干通直圆满,干皮灰白色。芽、幼枝、叶柄等均密被红褐色短绒毛。叶片厚革质,长圆状椭圆形,长 17～23 cm,宽 6～10 cm,新叶密被锈色绒毛。花单生叶腋,乳白色并略带黄绿色。花开时,花瓣不完全张开,半开半含,下垂。花瓣基部紫色,芳香。果实为聚合蓇葖果,开裂后露出鲜红色种子,种子千粒重 80～150 g。花期 3 月上旬至 4 月下旬,果期 9～11 月份。

生态习性:喜温暖湿润的中亚热带气候,但能耐短期－10℃低温,惧夏季高温,喜光也较耐阴,抗旱性较强,不耐涝,对土壤要求不严,酸性、中性和微碱性均能适应。

繁殖栽培:嫁接繁殖。

(1)砧木培育　10 月中下旬,选择辛夷或阔瓣含笑的优良植株作母株,在果实的表面颜色由黄色转变为紫红色,并有少量果微裂时,及时采收。从果壳中取出的种子,薄堆室内 2～3 天,让假种皮变黑软化,再置于流水中搓去假种皮,淘洗干净,晾干 2～3 天后,按 3 份沙 1 份种子的比例用干净润沙进行贮藏。到翌年 3 月上旬,种子露白 30%左右,进行播种。施足积肥,播种沟内垫黄心土 1 cm 厚,将已催芽并已消毒的种子均匀撒在黄心土上,再覆盖 1 cm 厚的山灰进行盖种,并覆草保湿。当播种 1 个月后,幼苗开始出土,气温开始上升,要及时搭盖遮荫棚进行庇荫,以利于苗木生长。在苗木生长季节,圃地要勤中耕除草,保持土壤疏松,雨水较多季节要注意排除圃地渍水,以防苗木根腐。含笑须根发达,叶片肥大,需肥量大,每隔 15 天要施肥 1 次,并注意防治病虫害,通过以上技术措施和精心管理,当年生苗高 30～35 cm,地径粗 0.7～1.0 cm。

(2)嫁接　选用一年生地径粗 0.8 cm 以上的苗木作砧木,在每年春季萌芽前或雨水季节后,选择晴天,剪取一年生健壮的金叶含笑枝条作接穗,用切接法嫁接,成活率 90%以上。接后要及时除阴和中耕除草,加强肥水管理,当年生苗高 80～100 cm。移栽需带土球。

分布范围:长江流域及其以南地区。河南遂平县玉山镇、许昌鄢陵、信阳等地有栽培。

园林应用:金叶含笑树形端庄秀美,果实鲜红欲滴,尤其叶色奇特,花大芳香,可用于公园、庭院孤植或与其他常绿树种混植,金黄与绿色相映,更显得其妩媚动人。植于幽静角落或书房窗前,则香幽若蓝,清雅宁静。也可作行道树或盆栽观赏。

含笑开花下垂,开放时,花瓣不完全张开,半开半合,似掩口而笑,故称作含笑,香花浓郁,具有"百步清香透玉肌"讨人喜爱的香气。含笑与瑞香、栀子、米蓝、茉莉、桂花、白蓝、九里香、代代花、蜡梅共称为十大香花树种,是值得河南大力发展的优良植物。

12.24 金叶小蜡

学名:*Ligustrum sinense*'Jin ye'

科属:木樨科,女贞属

形态特征:常绿灌木或小乔木,高 3～6 m。小枝密生短柔毛,单叶互生,椭圆形或卵状椭圆形,长 2~5 cm,宽 1~2 cm,先端钝尖,叶背中脉具柔毛,叶全年金黄色。花白色,花药黄色,花冠裂片长于筒部,花微香,圆锥花序。

常见的栽培变种有:银边细叶小蜡(*Ligustrum sinense* cv. *variegatum*),叶灰绿色,边缘白色或黄白色。

生态习性:喜光,稍耐阴,耐寒耐旱,耐瘠薄;适应性强,繁殖容易。在各种土壤上都能生长,但以肥沃、湿润的轻壤土上生长良好。萌芽力强,整形容易。抗二氧化硫、氟化氢等有毒气体。

繁殖栽培:以扦插繁殖为主。硬枝扦插:春季选择优良植株上一年生壮枝,剪成 8~10 cm 长的插穗,用 ABT 2 号生根粉处理后插入插床,插后浇透水并保持苗床湿润,成活率可达 90%以上。嫩枝扦插:于 6~7 月份剪取半木质化的枝条,剪成 5~8 cm 长的插穗,用生根粉处理后即可扦插。扦插深度 1.5 cm,密度 3 cm×3 cm,插后浇透水,搭塑料棚密封,再搭遮阳网(透光率 30%~40%)遮阳,注意棚内温度、湿度,同时酌时酌情撤棚追肥防病,翌年 3 月份移栽。插床的建造:选择肥沃、疏松、湿润、排灌方便的轻壤土耙平做床,床面铺一层 5~6 cm 厚的黄心土,压实扦插。小苗移栽带宿土,大苗移栽需带土球。

分布范围:小蜡树广布长江流域及南方各省、华北及西北地区也有栽培,金叶小蜡为浙江张正明等于 1999 年培育而成,河南遂平、鄢陵等地有引种栽培。

园林应用:金叶小蜡色彩艳丽,叶片全年为金黄色,夏季不返绿,叶片中间有不明显的小绿斑,并且耐修剪,萌芽力强,树冠可修剪成各种几何图案,在园林中可片植、孤植或做成各种模纹图案等,也可作路旁、工矿区、庭院的绿篱树等。

12.25 银姬小蜡

学名:*Ligustrum sinense*

别名:花叶女贞

科属:木樨科,女贞属

形态特征:常绿灌木或小乔木。老枝灰色,小枝圆且细长。叶对生,叶厚纸质或薄革质,长约 2 cm,宽约 1 cm,椭圆形或卵形,叶缘镶有乳白色边环。花序顶生或腋生,花期 4~6 月份。核果近球形,果期 9~10 月份。

生长习性:喜光树种,稍耐阴,对土壤适应性强,酸性、中性和碱性土壤均能生长,能耐 -25℃低温,对严寒、酷热、干旱、瘠薄、强光均有很强的适应能力。抗污染,具有滞尘抗烟的功能,能吸收二氧化硫。

繁殖栽培:采用扦插繁殖。于秋天或早春进行,不用生根剂,生根率可达 90%以上。生长速度中等,年生长量 30~50 cm。1~2 年生苗即可用于色块和绿篱,3 年生可蓄养成冠径 70~80 cm 的球形。如多株并栽修剪,1~2 年生苗也可快速成型。生长势强,裸根移栽也能成活。修剪时如发现有绿色“返祖”枝条出现应及时从基部剪除。景观应用中一般不追施肥料,为保持其银白色彩,可施些磷钾肥。如偏施氮肥会使苗徒长且叶色偏绿,补救办法是加强修剪,新生叶即会返回到乳白色。

分布范围:我国辽宁、河北、陕西、云南及上海等省(区)均有栽培。

园林用途:银姬小蜡色彩独特、叶小枝细,可以修剪成质感细密的地被色块、绿篱或球形灌丛,也可以蓄养成银绿—乳白色的小乔木,与其他红、黄、紫、蓝色叶树种配植可形成强烈的色彩对比,极具应用价值。同时,也适合盆栽造型。

12.26 红花檵木

学名:*Loropetalum chinense* var. *rubrum*

别名:红檵木

科属:金缕梅科,檵木属

形态特征:常绿或半常绿灌木或小乔木,枝干灰紫色,小枝纤细,密生锈色星状毛,叶互生,椭圆状卵形,长 2~5 cm,表面暗紫色,背面紫红色,两面有星状毛,头状花序,花淡红色至紫红色,花瓣线形,花期长,但以春季为盛花期。同属的变种有金叶红檵木,叶常年金黄色。

生态习性:红檵木为白檵木的变种,野生的红檵木生长在半阴环境,为中性日照植物,适应性强,喜温暖湿润气候,也颇耐寒,耐干旱瘠薄,最适生于微酸性土,虽能耐阴,但在阳光充足的环境条件下,叶色鲜艳,而且花量大,而阴处则观赏价值降低,生长速度较快。

繁殖栽培:扦插、压条或嫁接繁殖。

扦插:以嫩枝扦插为宜。插床准备:选择土质疏松、平坦、pH 6 左右,排灌方便的地块建插床。地块选好后,要细致整地,施足基肥,然后按宽 1~1.2 m,高 15~20 cm 建造插床。插床上方 2 m 左右用黑色遮阳网(透光率 20%~30%)搭设荫棚。扦插:选择半木质化嫩枝作插穗,插穗长 6~8 cm,摘去下端叶片,保留上端 2~3 片叶和腋芽,经消毒处理后备插,插穗选取和剪截要在阴凉处进行,严防失水。扦插时间一般在 5~9 月份均可进行,但 8 月下旬和 9 月份扦插插穗需经生根粉处理,插后浇水。并在苗床上搭高 50 cm 的塑料小拱棚,以保持湿度。

苗床管理:适时浇水,保持苗床水分。棚内温度过高时可放开插床两头塑料膜通风降温。一般插后 120 天左右可揭开苗床两端薄膜,使生根苗适应床外温度变化,5~7 天后,揭去全部薄膜,140~150 天拆除遮荫棚,全光练苗 25~30 天。其间施追肥 2~3 次,用 0.2%复合肥水溶液,或 0.1%尿素和 0.2%磷肥混合水溶液洒施。扦插苗生产周期 6 个月,即可出圃移植或销售。

若培养一年以上大苗,可移植于土层深厚、肥沃的大田。一般株距 35 cm,行距 45 cm,二年生大苗株距 50 cm,行距 60 cm。大苗移植要带土球。栽植后要注意中耕除草,二年以上苗要进行整形修剪,原则是苗木上部分多剪,下部分少剪,修剪后的苗冠呈扁球形。注意防治的病害有立枯病、叶腐病、黑斑病等,虫害有地老虎、金龟子等。

分布范围:檵木分布在大别山、桐柏山和伏牛山南部,红花檵木在河南平顶山、许昌、信阳等有较多栽培。金叶红檵木在河南虞城有引种栽培。

园林应用:红花檵木树姿优美,常年叶片紫红,观花期也长达数月之久,是优良的花叶兼赏树种,最适于庭院、草地、林缘丛植,也可孤植于石间、园路转弯处,还是制作桩景的优良材料。

12.27 紫叶小檗

学名:*Berberis thunbergii* cv. *atropurpurea*

别名:红叶小檗

科属:小檗科,小檗属

形态特征:紫叶小檗为落叶灌木,高 1~2 m。枝丛生,幼枝紫红色,老枝灰褐色或紫褐色,有槽,具刺。叶小全缘,菱形或倒卵形,紫红或鲜红色,叶背色稍淡,在短枝上簇生。花单生或 2~5 朵成短总状花序,黄色,下垂,花瓣边缘有红色纹晕,略有香味,花期 4 月份。果实椭圆形,鲜红色,宿存,果期 8~10 月份。

近缘品种:矮紫叶小檗(cv. Atropurpurea Nana)植株低矮不足 0.5 m,叶片常年紫红。

生长习性:紫叶小檗喜凉爽湿润环境,耐寒也耐旱,不耐水涝,喜阳也能耐阴,萌蘖性强,耐修剪,对各种土壤都能适应,在肥沃深厚排水良好的土壤中生长更佳。

繁殖:采用播种、压条和扦插繁殖。

播种繁殖:于秋季果实成熟采摘后沙藏,翌年 4 月份撒播在消过毒的疏松肥沃的苗床上,覆土 2~3 cm,浇透水,以后保持苗床湿润不积水。当苗高 3~5 cm 时,每周施一次浓度 5%的全元素液肥,翌春按 5 cm×10 cm 的株行距移栽于大田。

压条繁殖:5 月份,把紫叶小檗下部枝条每隔 15 cm 环剥一处,宽 0.5~1 cm,深达木质部。用百分之十的萘乙酸溶液涂抹环剥处,然后把枝条埋入土中。要保证有一个小枝组露在外面,以利光合作用的进行。保持土壤湿润,2 个月左右可以生根,秋后可将子株剪离母体分栽。

扦插繁殖:扦插是繁殖紫叶小檗的重要途径。插床应选在地势高燥无积水的场所,扦插基质要疏松、肥沃、通气性好。一般插床宽 1 m,长 4~5 m,四周用砖砌 50 cm 高,周围留排水孔,下部垫 10 cm 厚的碎石子,上面是阔叶树或针叶树下天然沤制多年的腐叶土。基质要用 50%的多菌灵粉剂消毒,每 100 kg 土施 5 g 药剂。拌土后,覆盖塑料薄膜 3~5 天,能很好地杀死土壤中的多种病原微生物。9~11 月份剪取 1~2 年生或当年生半木质化枝条,剪成 12~15 cm 每段,剪口成斜形,保留 1~3 片叶。插条下部放入 1/1 000 高锰酸钾液中泡 24 h,既能消毒又能促进插条生根。用竹片打孔,把插条垂直插入苗床,浇透水。插后及时搭设塑料薄膜棚架,覆盖 40%~80%遮光网,(随着插条的生根逐步换透光率高的遮光网)根据干湿温度计指数及时喷水、防风,保证空气相对湿度在 80%以上,温度 25℃左右,这样的环境条件能够使插条成活率达 90%以上。

栽培管理:(1)松土与除草　扦插后可根据苗床土壤湿度及时进行松土,一般每隔 15~20 天松土 1 次,第 1 次松土要小心不能碰触插穗,以免影响插穗生根。要结合松土进行苗床除草,除草要求做到除早、除了,前期除草要人工用手拔除。插穗生根后进行定苗,定苗时不要损伤插穗皮部,也不要移动插穗,以免影响成活。选留 1 个长势较好的芽定苗,并及时清除杂草。

(2)施肥　幼苗成活长出新叶后,要注意观察幼苗生长情况,如果出现叶片发黄等现象,要及时进行追肥。追肥可采取根部和叶面施肥,根部施肥以农家肥为主,叶面施肥采用液体肥料进行叶面喷施,可用 0.5%的尿素,每隔 7~10 天喷施 1 次,二级侧根形成之后,喷施 0.5%尿素和 0.5%磷酸二氢钾溶液。

(3)整形与摘叶　紫叶小檗单株式盆栽、地栽时,通常把其修剪成极具观赏价值的小檗球。但依其多抽直立枝条、耐修剪、萌发成枝力强的特性,可采用蓄枝截干法培育飘逸树姿,并及时剪除杂乱枝和无用蘖芽,制作丛林式盆景或作山水盆景等。紫叶小檗是很好的观叶植物,8 月底前摘除老叶,摘叶前后各施 1 次以氮素为主的液肥,同时喷 0.1%尿素。20 天左右新叶长出,叶色鲜红而带绿晕,非常艳丽。

(4)移植　由于紫叶小檗生根期长,为避免插穗移植死亡,一般当年扦插苗不宜移植,最好翌年春季移植至大田。移植时选在阴天进行，移植前施腐熟有机肥 60 t/hm^2，然后整地做畦。移植前要将苗床浇透水 1 次，尽量要做到带土移栽，以保证移植的成活率，移植的密度可根据苗木的培育目的而定。在 6～7 月份结合浇水各施 1 次氮肥，施尿素 150～225 kg/hm^2，当年苗高可达到 30 cm 以上、基部 3～4 枝，即可出圃。

(5)出圃　大田培育的苗木一般二年生可出圃，苗高可达 20～30 cm，起苗要做到不伤根、枝，按照苗木质量分级标准进行分级，按 100 株捆成小捆后进行假植或及时调运。

病虫防治：常见的病害是白粉病。此病是靠风雨传播，其传播速度极快，且危害大，故一旦发现，应立即进行处置。其方法是用三唑酮稀释 1 000 倍液，进行叶面喷雾，每周一次，连续 2～3 次可基本控制病害。虫害主要有蚜虫、介壳虫和鼠类危害，可用烟头浸出液加 10 倍水喷雾，有效率达 90%以上。钻蛀性害虫危害，可及时剪除虫枝烧毁或用注射器注入敌敌畏药剂，再用药棉封住，有效率达 100%。到 7 月份时，由于温度高、湿度大，白粉病就比较容易发生，用 300 倍石硫合剂喷施，治疗效果达 90%以上。6～9 月份受鼠类危害较大，用灭鼠药或甲拌磷喷施防治效果较好。

分布范围：紫叶小檗原产于我国东北南部、华北及秦岭，日本亦有分布。多生于海拔 1 000 m 左右的林缘或疏林空地。我国各地均有栽培。

园林用途：紫叶小檗春开黄花，秋缀红果，是叶、花、果俱美的观赏花木，适宜在园林中作花篱或在园路角隅丛植、大型花坛镶边或剪成球形对称状配植，或点缀在岩石间、池畔。也可盆栽观赏或剪取果枝瓶插供室内装饰用。

12.28　金叶小檗

学名：*Berberis thunbergii* ‘Aurea’

科属：小檗科，小檗属

形态特征：落叶灌木，茎多刺。丛生直立，有角棱，枝幼时黄色，枝条老后呈灰色，角棱消失，内皮鲜黄。叶倒卵形或匙形，金黄色；叶下部有 1～3 刺，不分杈，长枝单叶互生，短枝上几簇生。花轴出自新叶间，簇生伞形花序，花小，下垂，淡黄色。

生态习性：适应性强，喜凉爽湿润环境，耐寒，耐旱，耐半阴，忌积水，萌蘖性强，耐修剪，无性繁殖容易。对土壤的适应性较广。在 pH 5～8 的土壤中均能较好生长，而且表现出叶色纯正，观叶期长。对温度的适应幅度更大，能适应 35℃高温和－25℃低温。能在适当遮阳的生境中良好生长，也能在全日照下生长，在过度遮阳的环境中生长不良，对水分要求不严，土壤过于干燥或水涝均不利其生长。

繁殖：以扦插繁殖为主。扦插可分为硬枝扦插和嫩枝扦插。

硬枝扦插：秋后落叶时选取一年生健壮枝条，每 5 cm 左右一段，下部剪去尖刺，插入土床 2 cm，以每平方米 600 株为宜，插后压实土，浇透水（以溢出苗床为准），水中最好加入多菌灵以杀灭床中的病菌，完成后覆上地膜，促进生根，入夏地膜内温度超过 35℃应覆盖遮阳网降温，否则其茎部易腐烂，影响成活。

嫩枝扦插：其繁殖速度比硬枝扦插快，苗床准备与扦插方法和硬枝扦插基本相同，但插后需搭小塑料棚保湿，其上需遮阳。保持棚内温度在 30℃以下，空气湿度在 70%以上。一般插后 20 天即生新根，而且取穗可 1 个月左右一次，只要管理适当，成活率是较高的。

栽培管理：养护半年后，即可移出苗床，进行移栽定植。株行距可控制在 30 cm 左右，以保持良好的通风及充足的光照。并保证土壤湿润，排水良好。生长期出圃应带土球以保证成活，休眠期则可裸根移栽，但应精心养护，以防脱水致使植株死亡。

病虫防治：金叶小檗虫害较少，病害为茎枯病和白粉病，用多菌灵、敌克松稀释液在地面施洒可控制茎枯病的蔓延，白粉病可用粉锈宁防治。

分布范围：金叶小檗为日本小檗的变种，先由日本引入，现全国各地多有栽培。

园林用途：金叶小檗叶色金黄，其抗旱、抗寒、抗风沙、适应性强，是城市园林中不可多得的彩叶树种。它可做图案配色的黄色系元素，做成球形点缀于园艺小品当中，也可做成各种形状的彩色绿篱、绿带、小盆景及盆栽。

12.29 金叶连翘

学名：*Forsythia suspensa* 'Aurea'

科属：木樨科，连翘属

形态特征：落叶灌木，干丛生，直立。枝拱形下垂，髓中空，枝开展；叶卵形对生，单叶或 3 小叶，先花后叶，花期 4 月份，整个生长季节叶色金黄，叶色的鲜艳程度接近其花色。果期 9 月份。

近缘品种：金脉连翘(*Forsythia suspensa* 'Goldvein')，叶色嫩绿，叶脉金黄色。

金边连翘：叶缘金黄色。

生态习性：性喜温暖湿润，喜光，有一定的耐阴性；耐寒；耐干旱瘠薄，怕涝，对土壤要求不严格。在向阳且排水良好的肥沃土壤中生长旺盛。宜于沙质壤土或排水良好的高燥地栽培。

繁殖栽培：以扦插、压条繁殖为主。

硬枝扦插应在早春发芽前，采一年生枝条作插穗，插于露地，不需要特殊管理。半硬枝扦插则在 5 月中旬采带叶的半硬枝作插穗，在高湿的小环境内扦插。如插入露地苗床或花盆中，要在遮阳条件下覆盖塑料薄膜，以保证空气湿度接近饱和，才能较好生根。2～3 年可以出圃。在 7 月上旬雨季来临之前进行压条，11 月份与母株分离假植，翌春 3 月份定植。

连翘的生长势很旺，定植时不必施肥。春季注意灌水，特别在花期过后更应注意，否则花芽分化不能进行而影响来年的着花数量。对一年生枝条应进行摘心，促使发生更多的侧枝。苗期需注意防治立枯病。

分布范围：全省各地。

园林应用：金叶连翘叶色、花色娇艳明媚，并且繁殖容易，生长势旺，是重要的彩叶灌木树种。园林应用十分广泛。可片植、列植，有效改善城市绿化色彩单一的局面，也可植于花境、花坛观赏，或与其他彩叶灌木一起配置模纹图案。也可植于河坡以固堤岸。连翘全株均可入药。

12.30 金心大叶黄杨

学名：*Euonymus japonicus* 'Aureo-variegata'

别名：金心冬青卫矛

科属：卫矛科，卫矛属

形态特征:常绿灌木。小枝淡黄色,稍呈四棱形。叶对生,倒卵圆形或长椭圆形,厚革质,边缘有锯齿,表面具光泽。叶色绿色,叶片中央呈金黄色,即叶片从基部起沿中脉有不规则的金黄斑块。花绿白色,呈聚伞花序。蒴果球形,内含淡红色种子。花期5～6月份。果期9～10月份。

常见变种还有:银边大叶黄杨(*Euonymus japonicus* var. *albo-marginatus*),叶边缘白色。

金边大叶黄杨(*Euonymus japonicus* var. *aureomarginatus*),叶边缘金黄色。

银心大叶黄杨(*Euonymus japonicus* var. *arginto-variegatus*),叶边缘及叶面均有白色斑纹。

斑叶大叶黄杨(*Euonymus japonicus* var. *viridi-variegatus*),叶亮绿色,叶面有黄色斑点。

生态习性:阳性树种,喜光,较耐阴。在河南露地栽培可自然越冬,但最低气温在－17℃时叶片受冻害。对土壤要求不严,但喜肥沃和排水良好的土壤。耐干旱瘠薄,耐整形修剪。对各种有毒气体和烟尘抗生强。

繁殖栽培:扦插、嫁接、压条均可,以扦插为主,极易成活。硬枝扦插在春、秋两季进行,扦插株行距保持10 cm×30 cm,春季在芽将要萌发时采条,随采随插;秋季在8～10月份进行,随采随插,插穗长10 cm左右,留上部一对叶片,其余剪去。插后遮阳,气温逐渐下降后去除遮阳并搭塑料小棚,翌年4月份去除塑料棚。夏季扦插可用当年生枝,二年生枝也可,插穗长10 cm左右。也可用丝绵木作砧木于春季进行靠接。压条宜选用二年生或更老枝条进行,一年后可与母株分离。

地栽者每年早春应增施1次有机肥料,移植3～4月份进行,小苗可裸根移植,大苗需带土球,不需特殊管理即可移栽成活,按绿化需要修剪成形的绿篱或单株,每年春、夏两季各进行一次修剪,以保持造型美观。

鄢陵县花农利用丝绵木作砧木,培育出了高干金边大叶黄杨、高干金心大叶黄杨、高干银边大叶黄杨,很受市场欢迎。具体方法是:砧木粗度3 cm以上,高度60～80 cm,一般不超过1 m。用切接法进行嫁接。成型后,树势优美,适于园庭院栽植观赏。移植宜在春季3～4月份进行,小苗可裸根,大苗需带土球。

主要虫害有龟蜡蚧、黄杨斑蛾、黄杨尺蛾等,病害有白粉病、叶斑病等,需注意防治。

分布范围:全省各地,河南鄢陵、遂平、潢川广有栽培。

园林应用:可作彩叶绿篱材料,或修剪成球形等各式形体,对植、列植或用于花坛中心,也可作基础种植材料或丛植于草地角隅、边缘。也可盆栽观赏。

12.31　金边冬青卫矛

学名:*Microtropis fokienensis* Dunn

别名:金边贞木

科属:卫矛科,卫矛属

形态特征:常绿,灌木或小乔木。叶片边缘为金黄色。小枝常四棱形。花部4～5基数,花瓣分离,平坦;蒴果,3～5瓣裂,有棱角或翅,每室有种子1～2枚;种子外包有橘红色的肉质假种子皮。

生态习性：为亚热带树种，喜温暖气候，有一定耐寒力。适生于肥沃湿润、排水良好的酸性壤土。较耐阴湿，萌芽力强，耐修剪。对二氧化硫抗性强。

繁殖：一般以嫩枝扦插为主，多在5～6月份进行，苗床地宜选择在通风、耐阴之处。可先从树冠中上部剪取5～10 cm长、生长旺盛的侧枝做插穗，剪除下部小叶，上部叶片全部保留。然后用生根粉处理，剪口向下扦插于苗床内，插深1/2，需用沙土为基质，插后搭棚遮阳，经常喷水，保持湿润，约1个月后即可生根。

栽培：当年栽植的小苗一次浇透水后可任其自然生长，视墒情每15天灌水一次，结合中耕除草每年春、秋两季适当追肥1～2次，一般施以氮肥为主的稀薄液肥。冬青每年发芽长枝多次，极耐修剪。夏季要整形修剪一次，秋季可根据不同的绿化需求进行平剪或修剪成球形、圆锥形，并适当疏枝，保持一定的冠形枝态。冬季比较寒冷的地方可采取堆土防寒等措施。苗木在圃地培养2～3年后，即可移栽定植，移植宜在春季进行，要求挖苗时不伤根，并带土移栽，初栽时要注意中耕除草，干时浇水，加强管理。

病虫防治：冬青的病害以叶斑病为主，可用多菌灵、百菌清防治。同时，易受白蜡介危害，密生枝叶间及焦皮处易发生煤烟病，应注意及时防治。

分布范围：江苏、浙江、安徽、江西、湖北、四川、贵州、广西、福建、河南等地。

园林应用：金边冬青卫矛极耐修剪，为公园、庭院、路边常见绿篱树种。可经整形环植门旁道边，或作花坛中心栽植。可在草坪上孤植，门庭、墙边、园道两侧列植，也可散植于叠石、小丘之上，葱郁可爱。

12.32 金叶锦熟黄杨

学名：*Puxus sempervirens* 'Latifolia Maculata'

别名：金叶小叶黄杨、金叶瓜子黄杨

科属：黄杨科，黄杨属

形态特征：常绿灌木，株型紧凑，新叶亮黄，繁茂成熟后为深绿色具黄斑或金黄色。枝叶茂密，经冬不凋。

生态特征：阳性树种，不耐阴，但幼苗期稍喜阴或阳光不宜过于强烈。喜温暖湿润气候及排水良好的土壤，不耐水湿，能耐干旱，较耐寒，抗烟尘，忌积水涝洼地。萌蘖力强，耐修剪整形。对土壤要求不严，但肥沃的土壤适宜种植。

繁殖栽培：扦插繁殖。冬季在温室里扦插，春季在露地扦插均可生根。其中以5月下旬至6月中旬扦插最好。插时应在健壮母树的顶梢采截插穗，插穗长15～20 cm为宜，剪口要平滑。插后在插床上搭塑料拱棚，并适当遮阳，适时喷水。在愈合生根阶段湿度应保持在85%以上，温度控制在24～26℃，生根后应适当打开棚口通风，使其幼苗逐步适应自然环境。

分布范围：全省各地。

园林应用：金叶锦熟黄杨叶色四季金黄，枝叶茂密，经冬不凋。最宜作色带配置，或在草坪孤植成球，也可路边列植，点缀山石，用途广泛。河南色带植物主要是金叶女贞，但金叶女贞为半落叶灌木，观赏期短，且枝条不紧凑，金叶锦熟黄杨能很好地弥补这一不足。

12.33　金边锦熟黄杨

学名:*Buxus sempervirens*‘Marginata’

别名:金边小叶黄杨、金边瓜子黄杨

科属:黄杨科,黄杨属

形态特征:常绿灌木。小枝密集,稍具柔毛,四方形。叶椭圆形或长卵形,中部或中下部最宽,先端钝或微凹,表面暗绿色,叶缘金黄色,有光泽,背面黄绿色。花簇生叶腋或枝端,黄绿色,花期4月份,果期7月份。另外,还有银边、金斑、银斑等栽培品种。

生态特征:喜温暖气候,耐阴,在无庇荫处生长叶边缘呈黄色,喜中性土及微酸性土,耐寒,耐修剪,对多种有毒气体抗性强。

繁殖栽培:于夏季(应用小塑料拱棚上搭遮阳网)进行嫩枝扦插,插穗长5～10 cm。扦插株行距10 cm×30 cm,3～4周即可生根,成活率可达90%以上。幼苗怕晒,需设棚遮阳,并撒以草木灰或喷洒波尔多液,预防立枯病。幼苗在较寒冷地区要埋土越冬,2年后移植一次,5～6年生苗高约60 cm;移植需在春季芽萌动时带土球进行。

分布范围:产于中国中部,各地庭院均有栽培。鄢陵、潢川等地栽培较多。

园林应用:常用于庭院观赏,在草坪、庭前孤植或丛植,或于路旁列植,点缀山石效果尤佳。可用作绿篱及基础材料。也可做盆景。

12.34　金边大花六道木

学名:*Abelia grandiflora*‘Francis Masom’

科属:忍冬科,六道木属

形态特征:半常绿灌木,高达2 m,蓬径4 m;叶卵形,长2 cm,叶缘有缺刻状疏齿,革质,表面金黄色,有光泽。枝中空,幼枝红色。花小,花冠白色带红晕,5裂,高脚碟状,花数朵着生于叶腋或花枝顶端,呈圆锥聚散状花序,花繁茂而芳香,花期6～10月份,核果瘦果状。

生态习性:耐半阴,耐寒,耐旱,喜湿润,生长较慢。在酸性、中性土壤中均能生长。根系发达,移栽容易成活,耐修剪。开花多而花期长。

繁殖栽培:扦插繁殖。早春3～4月份用成熟枝扦插,当年即可开花,6～7月份用半成熟枝或嫩枝进行扦插,9月份用当年生成熟枝扦插,三者均易生根,生根率90%以上。小苗在夏季需遮阳。

在温室或全光喷雾条件下用部分成熟的当年枝条进行带叶扦插更容易生根成活。

分布范围:大花六道木在我国北京、河北、山西、内蒙古、东北等地均有栽培。金边大花六道木在河南鄢陵、遂平等地有引种栽培。

园林应用:金边六道木花叶均美丽,宜植于草坪、林缘或建筑物前,也可作盆景和绿篱材料。

12.35 银焰火棘

学名:*Pyracantha atalantioides*

别名:全缘火棘、江火棘

科属:蔷薇科,火棘属

形态特征:银焰火棘多为常绿灌木或半常绿小乔木。主枝直立,侧枝平展,有枝刺,枝叶茂密,幼枝和嫩叶被银白色柔毛。老枝无毛,单叶,互生,叶长椭圆形,叶面光亮,叶背面微被白粉,中脉凸起。花白色,着生叶腋,布满枝条,复伞房花序,花序直径 3～4 cm,花梗与萼片被黄褐色柔毛,花期 4～5 月份。梨果,果形小,近球形,橙红色,径约 5 mm,果期 9～11 月份,挂果时间长达 3 个月。

生态习性:银焰火棘属阳性树种,喜光照充足、温暖湿润、通风良好的环境生长。最适生长温度 20～30℃,有较强的耐寒性,在－16℃仍能正常生长,并安全越冬。耐瘠薄,对土壤要求不严,最适土层深厚、土质疏松、富含有机质、较肥沃、排水良好、pH 5.5～7.3 的微酸性土壤。

繁殖:常用播种和扦插繁殖。

播种繁殖:11 月上中旬采种,堆放后熟,捣烂、漂洗、阴干冬播或沙藏至翌年 3 月份条播,见真叶时间苗,并及时松土、除草、浇水、施肥,次春分栽培育大苗。

扦插繁殖:春插一般在 2 月下旬至 3 月上旬,选取一二年生的健康丰满枝条剪成 15～20 cm 的插条扦插。夏插一般在 6 月中旬至 7 月上旬,选取一年生半木质化,带叶嫩枝剪成 12～15 cm 的插条扦插,下端马耳形,并用 ABT 生根粉处理,在整理好的插床上开深 10 cm 小沟,将插穗呈 30°斜角摆放于沟边,穗条间距 10 cm,上部露出床面 2～5 cm,覆土踏实,注意加强水分管理,并搭建小拱棚,用塑料薄膜覆盖,四周密封。扦插成活率一般可达 90%以上,翌年春季可移栽。

扦插后要精心管理,保证棚内基质含水量为 70%左右,空气相对湿度保证在 95%以上。当枝条有 50%左右生根后,可以逐步降低基质湿度,保持在饱和含水量 50%左右。当穗条 90%生根时逐步揭开薄膜开始炼苗。扦插苗生根和发芽前,遮光率 75%,小拱棚内最高温度控制在 38℃以下,因此,夏季扦插应盖两层遮阳网,并进行喷雾降温。结合每次补水,喷施 1 次炭疽福美和多菌灵混合液 1 000 倍液,预防褐斑病的发生。扦插苗前期不需补充养分,当穗条开始生根后,结合病害防治可加入 0.2%浓度的尿素,进行叶面肥喷施,每隔 10 天 1 次,直至出圃。

栽培:

(1)施肥　银焰火棘施肥应依据不同的生长发育期进行。移栽定植时要下足基肥,基肥以豆饼、油柏、鸡粪和骨粉等有机肥为主,定植成活 3 个月再施无机复合肥;之后,为促进枝干的生长发育和植株尽早成型,施肥应以氮肥为主;植株成型后,每年在开花前,应适当多施磷、钾肥,以促进植株生长旺盛,有利于植株开花结果。开花期间为促进坐果,提高果实质量和产量,可酌施 0.2%的磷酸二氢钾水溶液。冬季停止施肥,将有利银焰火棘度过休眠期。

(2)浇水　春季土壤干旱,可在开花前浇水 1 次,要灌足。开花期保持土壤偏干,有利于坐果;故不要浇水过多。如果花期正值雨季,还要注意挖沟、排水,避免植株因水分过多造成落花。果实成熟收获后,在进入冬季休眠前要灌足越冬水。

(3)整形　银焰火棘自然状态下，树冠杂乱而不规整，内膛枝条常因光照不足呈纤细状，结实力差，为促进生长和结果，每年要对徒长枝、细弱枝和过密枝进行修剪，以利于通风透光和促进新梢生长。火棘成枝能力强，侧枝在干上多呈水平状着生，可将火刺整成主干分层形，离地面 40 cm 为第一层，3～4 个主枝组成，第三层距第二层 30 cm，由 2 个主枝组成，层与层间有小枝着生。

(4)整枝　在开花期间为使营养集中，当花枝过多或花枝上的花序和每一花序中的小花过于密集时，要注意疏除。火棘易成枝，但连续结果差，自然状态下仅 10％左右，因此应对结果枝年进行整枝，对多年生结果枝回缩，促使抽生新梢。对果枝上过密的果实也要适当疏除，以提高观赏价值。

(5)移栽　银焰火棘侧根较少，起苗时要深挖，多留须根，随挖随栽，挖时带土球，栽后及时修剪。

银焰火棘盆栽要点：银焰火棘喜湿、喜肥、喜光照充足、通风良好，且抽枝快、生长迅速，因此，需要保证水肥适当，见干见湿，阳光充足，通风良好，火棘盆景才能正常生长。

银焰火棘盆景的季节性管理。经过冬眠后的火棘植株，由于结果多、果期长、发芽早等特点，要及时摘果补肥。摘果是来年花繁果多的必要条件。如果任果实留在植株上，它甚至可以保持到果后次年 5～6 月份不落，这样，既消耗植株本身的大量营养，更不利于当年开花坐果。而及时补给养分是春芽健壮、生长旺盛的又一条件。一般可于夏季适时施以磷钾肥为主的肥料。宁湿勿干。秋季应继续施磷钾肥，促使果实成熟、着色。冬季可于室内观赏，要求通风，温度不可太大，温度不可太高，阳光充足，否则会落叶、发冬芽或过度失水死亡。施肥最好施固体肥料于盆面。如室外越冬，应避干风吹袭，造成伤害。只要盆土干湿得当，－10℃左右的低温都不会造成伤害。

银焰火棘盆景的造型。春末夏初乃至秋季，以修剪和打梢为主。修剪和打梢以保持原株型为主，个别可增加自己的创意。秋季是又一个生长高峰，禁施氮肥，打梢以摘去顶端优势为好。避免秋梢消耗养分，给越冬带来不利。

银焰火棘盆景的翻盆。盆土是火棘盆景赖以生存和吸取营养的介质，肥力要足，要呈微酸性，较疏松。用土以消毒的无病虫害且较肥的园土或山林中的地表土为好，可加入适量腐熟基肥、细沙做培养土。盆土可连用一年至二年。翻盆最好一年翻一次甚至两次。翻盆时间最好在秋末或早春，即新梢生长后停止或新梢开始生长前进行。无论何时换土，均须留宿土，剪掉长根，不可窝根，随倒出随装盆，速度要快，以免影响植株生长。总之，全年在遮光和大棚条件下都可翻盆；在自然条件下，以休眠期翻盆为好。

病害防治：主要病害为白粉病。其防治措施为：①清除落叶并烧毁，减少病源。②平时放在通风干净的环境中，光照充足，生长旺盛，可大大降低发病率。③发病期间喷 0.2～0.3°Be 的石硫合剂，每半个月一次，坚持喷洒 2～3 次，炎夏可改用 0.5：1：100 或 1：1：100 的波尔多液，或 50％退菌特 1 000 倍液。此外，在火棘白粉病流行季节，还可喷洒 50％多菌灵可湿性粉剂 1 000 倍液，50％甲基托布津可湿性粉剂 800 倍液，50％莱特可湿性粉剂 1 000 倍液，进行预防。虫害以蚜虫为害最常见。可及时喷洒敌百虫、乳化乐果等。一般于下午喷药，至少隔三天一次，三次以上即可根治；也可随发现随喷药。效果都不错。

分布范围：我国华东、华南、华中、西南等地区均可栽培。

园林应用：银焰火棘枝叶茂盛，叶色美观，春季树冠银白色，初夏白花繁密、入秋果色橙红，且留存枝头甚久。萌芽力强，耐修剪整形。可孤植、丛植或群植于草坪边缘及园路转角处。是庭院绿篱植物及基础种植材料，也是优良的观叶、观果植物。

12.36　小丑火棘

学名：*Pyracantha fortuneana*'Harlequin'

科属：蔷薇科，火棘属

形态特征：常绿灌木（在河南为半常绿），单叶，叶卵形，叶片有乳白色斑纹，似小丑花脸，故名小丑火棘，冬季叶片粉红色。花白色，花期3～5月份；果期8～11月份，红色的小梨果，挂果时间长达3个月。

生态习性：喜温暖向阳，稍耐阴。喜湿润，疏松肥沃的壤土，萌芽力强，耐修剪。

繁殖栽培：用播种或扦插繁殖。播种：可于果熟后随采随播，或采后堆放后熟，捣烂漂洗，阴干沙藏至次年春播。扦插可在3月份选择1～2年生壮枝，截取10～15 cm长，用ABT生根粉处理后扦插。嫩枝扦插：在生长季节选择半木质化枝条随剪随播，插后保持插床温度湿度，成活容易。采用全光喷雾嫩枝扦插，则效果更好。移栽在春季进行较好，由于须根较少，移时需带土球，枝梢宜重剪。成活后管理比较简单。

分布范围：全省各地。河南虞城县、鄢陵县有引种栽培。

园林应用：小丑火棘春、夏、秋三季叶具花纹，尤其严冬季节，叶色转为粉红，艳丽可爱。在园林中可做绿篱或剪成球状等，孤植于草坪、花坛内。尤其片植，景色非常壮观，是少有的集观花，观果，观叶佳品。

12.37　五彩南天竹

学名：*Nandina domestica* var. *porpgyrocarpa*

别名：五彩天竺

科属：小檗科，南天竹属

形态特征：常绿灌木，干直立，少分枝。叶互生，2～3回羽状复叶，小叶长椭圆状披针形，薄革质，全缘，叶密，叶色多变，常显紫色。圆锥花序顶生，花小，白色，浆果球形，紫色，花期5～7月份，果期10～11月份。

生态特征：喜温暖多湿且通风良好的半阴环境，较耐寒，对土壤适应性较强，各种土壤均能生长，但在阳光强烈、土壤贫瘠干燥处生长较差。

繁殖栽培：以分株为主，也可扦插。播种也可，但叶色有变异。播种：可在果实成熟时随采随播。冬季需覆草，翌年4月上旬前后发芽。也可将种子贮藏于干燥通风处，于次年春播。夏季需搭棚遮阳。分株：易在芽萌动前或秋季进行。扦插：以新芽萌发前或夏季新梢停止生长时进行为好。春、秋两季均可移植。移植时，中、小苗需带宿土，大苗需带土球。栽培后管理：主要是土壤要保持一定的湿润，一年中可酌情追肥，落果后需剪去干花序，以保证植株整洁美观。

分布范围：全省各地。信阳潢川、许昌鄢陵等地有栽培。

园林应用：五彩南天竹叶果紫红，枝叶稠密，为赏叶观果的优良品种。在园林中，常植于山石中，庭院前或墙角阴处。也可盆栽观赏和松、竹、梅相配瓶插更加相映成趣。根、茎、叶、果皆可入药。

12.38　银边海桐

学名：*Pittosporum tobira*'Variegatum'

别名：银斑海桐花

科属：海桐科，海桐属

形态特征：常绿灌木，树冠球形，侧枝轮生，老枝灰褐色，嫩枝绿色，全株有一种淡淡的特殊气味。单叶互生或集生枝顶；叶片倒卵形，全缘，边缘白色，略向背面反卷，厚革质，有光泽，伞形花序顶生，花白色，芳香，花期5月份，果期9～10月份，蒴果近球形，种子鲜红色。

生态习性：喜温暖湿润的气候，喜光，也耐阴，对土壤要求不严，以偏碱性或中性土壤最佳，耐盐碱，萌芽力强，耐修剪，对二氧化硫、氯气、氟化氢等有毒气体抗性较强，生长速度快。

繁殖栽培 以扦插繁殖为主。

扦插：以4～5月份扦插成活率最高，采顶端15 cm长的充实枝条作插穗，保留生长点部分的几枚小叶插入床中。株行距以小叶互不相搭为准，约3 cm×5 cm，入土深5～8 cm，庇荫养护40～50天发根，待立秋后形成大量根系时再进行移栽或上盆。也可雨季用半木质化枝条扦插，成活率也较高，但应遮阳，并保持插床适当温度和湿度。

银边海桐性强健，移植一般在春季3月份进行，也可在秋季10月份前后进行大苗移栽，需带土球。小苗移栽需带母土。海桐栽培容易，不需要特别管理。易遭介壳虫危害，要注意及早防治。河南尚未发现病害。

分布范围：原产于我国中部和南部地区，长江流域及其以南各地庭院内均有栽培观赏，鄢陵、潢川、遂平等地有引种栽培。

园林应用：银边海桐是从海桐中选出的品种，与原种的区别是叶色斑驳，观赏价值尤胜于原种，既可作绿篱或丛植、孤植于草地、建筑周围，也可修剪成球状配植于花坛、假山石旁。

12.39　斑叶女贞

学名：*Ligustrum ovalifolium*'Fureum'

科属：木樨科，女贞属

形态特征：落叶灌木，高2 m左右。叶革质，卵形至卵状披针形，长6～12 cm。新叶鹅黄色，老叶绿色，具宽度不等的黄色斑纹或大型斑块。顶生圆锥花序，长5～10 cm，花白色。果实近球形，黑紫色。花期6～7月份，果熟期11～12月份。

生态习性：性喜光，稍内阴，不耐干旱。适应性强，在各种土壤均能生长，但在微酸至微碱土壤上生长良好。华北地区春秋干旱多风，定植时要选择背风向阳地方。背阴处栽植会导致植株徒长。金黄色斑纹因见不到阳光会逐渐褪减成绿色。

繁殖栽培：斑叶女贞以扦插、分株法繁殖，才能保持"斑叶"性状。扦插可于3～4月份或8～9月份进行。3～4月份扦插，要在上一年的11～12月份剪取当年生枝条作插条，插入以细沙为基质、上盖塑料棚的插床中，经3～4个月开始形成愈伤组织，开春后可生根。若于8～9月份扦插，采半硬绿枝作插条，剪口蘸取ABT生根粉，插于高湿环境中，经45天可生根。分株可在春季进行。

定植时穴内施足底肥，每穴可用 500 g 腐熟鸡粪等有机肥与土混合均匀后栽植，植后浇足定根水，并作适当修剪，每年冬季落叶后可整形修剪，促使次年多生侧枝、叶片茂密美观，也可将其进行整形成多种几何形状。

分布范围：是原产日本的卵叶女贞的栽培品种，由中国科学院植物研究所于 20 世纪 80 年代从日本引入，现我国北方已有栽培。河南鄢陵、郑州市、潢川县等有栽培利用。

园林应用：斑叶女贞枝条细而质硬，树形丰满，色彩明艳，富有光泽，尤以早春所发的新叶叶色格外金黄晶莹，颇得人们钟爱，是庭院栽植和盆栽的好材料。对大气污染有较强抗性，对氟化氢、氯气等抗性强，并能吸收二氧化硫，也能忍受较为严重的粉尘、烟尘污染，是工矿区和城市理想的绿化树种。

12.40 紫叶女贞

学名：*Ligustrum lucidum* ‘Zi yi’

别名：紫叶冬青

科属：木樨科，女贞属

形态特征：常绿乔木，叶对生，革质，卵形至卵状披针形，长 8～12 cm，先端尖或锐尖，基部圆形或阔楔形，全缘。新梢及嫩叶紫红色，老叶绿色。若新枝密集，整个树冠呈紫红色，光彩艳丽。入冬后，全株又呈紫黑色。

生态习性：喜光，也耐阴。河南尚未见有关花果报道。在河南可露地越冬。深根性树种，根系发达，萌蘖、萌芽力强，耐修剪。适应性强，要求半墒，在湿润、肥沃的微酸性土壤生长快，中性、微碱性土壤亦能适应。对二氧化硫抗性强，抗烟尘。

繁殖栽培：扦插繁殖。11 月份剪取春季生长的枝条，入窖埋藏，至次春 3 月份取出扦插。8～9 月份进行嫩枝扦插亦可，但以春插较好。插穗长 10～15 cm，用泥浆法插入土中，入土约一半，株行距 20 cm×30 cm。春插的到次春 3 月份可分移育大苗。

移栽容易成活。春秋季均可栽植，以春栽为好。定植和运输时，苗木要带土球，栽后浇水踏实。必要时，要设立支架，以防风倒影响成活。为促进成活，大苗移栽时，还可剪掉部分枝叶。以保树体水分平衡。注意防治锈病，立枯病等。

分布范围：分布于长江流域及南方各省(区)，河南鄢陵等地有引种栽培。

园林应用：为一稀有的彩叶树种。可用于行道绿化和庭荫树，也可以群植、孤植于花坛造景，或片植作色块图案，也可修剪成球状及多种动物形象观赏。

12.41 金叶女贞

学名：*Ligustrum×vicaryi*

别名：金叶冬青

科属：木樨科，女贞属

形态特征：金叶女贞是金边女贞和欧洲女贞的杂交种，为常绿或半常绿灌木，高可达 3 m，幼枝有短柔毛，叶对生，椭圆形或卵状椭圆形，全缘，叶色鲜黄，尤以新梢叶色为甚。圆锥花序顶生白色花。

生态习性：喜光，稍耐阴，较耐寒，喜湿润，不太耐干旱，萌芽力强，耐修剪，抗污染，对二氧化硫、氯气、氟化氢等多种有毒气体抗生较强，生长速度中等偏快。

繁殖栽培：扦插、嫁接法繁殖，以保持其优良性状。

扦插繁育：主要有硬枝扦插和嫩枝扦插。

硬枝扦插：用完全木质化枝条扦插，主要技术要点：①采集种条。在秋末冬初开始休眠时，选择生长健壮，组织充实，无病虫害的一年生（偶用二年生）的枝条。②剪插穗。插穗长 5～8 cm，剪穗时，上切口应为平面，而且要使上切口离开最上面一个芽子 1 cm 左右；下端切口应在芽下 1 cm 左右剪取，下切口剪成单马耳形，促进愈伤组织生根。③催根。将插穗 50 根一捆，把插条底部 3 cm 范围放入浓度为 100×10^{-6} 吲哚乙酸溶液中，浸泡 12～24 h；或 100×10^{-6} ABT 生根粉溶液中浸泡 4 h。④扦插。将处理好的枝条直接扦插于事先准备好的沙床上，沙床内沙土比例 1∶1，扦插株行距 3 cm×4 cm，冬季用地膜覆盖越冬，15 天检查并浇水一次，第二年春季 3～4 月份插条生幼根并且发出新叶，再将生根发叶的幼苗带宿土移植到苗圃中进行培育。用本方法培育的金叶女贞当年可长 50 cm 以上，扦插成活率可达 90%以上。

嫩枝扦插：在 7～9 月份用半木质化的嫩枝梢进行扦插。插穗剪成长 5～10 cm，每段有 3～4 节，剪除每段下部枝叶，仅留上部 1～2 叶片，深插穗长的 1/2 于土中。插后搭荫棚遮阳，荫棚透光度随苗木生长而增大，10 月份后撤掉荫棚。插后每三天于傍晚浇水一次，苗木成活后 7～10 天浇水一次。嫩枝扦插比硬枝扦插容易发根，但对土壤和空气温度要求严格，使用全光喷雾机械，取代人工浇水管理，可以达到快速繁育目的。其具体方法是：①整好快速繁育苗床。苗床根据机械要求应设成圆形和长方形，苗床上铺盖 15～20 cm 快速繁育土，其成分是沙、土和无机肥分别为 7∶2.5∶0.5。适时扦插。7～8 月份选择阴天、晴天的早晨或傍晚将带叶嫩枝插到苗床上（插条剪取方法同常规嫩枝扦插）。②使用机械喷雾。晴天打开喷雾机械控制系统，开始喷雾。喷雾不能过大，地表不能积水，以叶面能保持一层水膜为宜。正常白天每喷 5 min 停 10 min，夜晚每喷 5 min 停 20 min。阴雨天停止喷雾，苗木生根后减少喷雾。用这种方法繁育金叶女贞 50 天可出圃。

鄢陵县花农用大叶女贞作砧木，采用枝接法，嫁接高干金叶女贞，更具观赏效果。

病害有锈病、立枯病；害虫尚未见到。

分布范围：黄河流域及其以南地区。

园林应用：该树种耐整形修剪，可根据需要修剪成长、方、圆等各种几何或非几何体，用于园林点缀，丛植或孤植于水边、草地、林缘或对植于门前，亦常与紫叶小檗、黄杨、彩叶草等在草坪上布置各种低矮的模纹图案。

12.42 金边女贞

学名：*Ligustrum ovalifolium* var. *aureo marginatum*

别名：金边冻青

科属：木樨科，女贞属

形态特征：半常绿灌木。高可达 3 m。单页对生，椭圆形或卵状椭圆形，全缘，叶色为鲜黄色，尤以新梢叶色为甚。圆锥花序顶生，白色，花冠四裂，核果阔椭圆形，紫黑色。

生长习性：喜光，也耐阴。较抗寒，在河南可露地越冬。深根性树种，根系发达，萌蘖、萌芽力强,耐修剪。适应性强,要求半墒,在湿润、肥沃的微酸性土壤生长快,中性、微碱性土壤亦能适应。对 SO_2 抗性强,抗烟尘。

栽培:移栽易成活,春、秋季均可栽植,以春栽较好。定植或运输时,小苗可在根部沾泥浆,大苗移栽须带土球,栽后浇水踏实。每年 3 月份,可修剪整形,其他季节,可以把一些参差不齐的多余枝条剪去,以保持树冠完整。注意施肥、浇水,防治病虫害。

繁殖栽培:以扦插育苗为主,也可嫁接和分株育苗。

扦插育苗:扦插时间在 3～4 月份或 8～9 月份均可。春插:冬初采取当年生枝条,剪成 15～20 cm 长,然后沙藏,经过 3～4 个月的沙藏后,可形成愈合组织,到翌年春扦插时,就较易成活,用萘乙酸浸枝后提高成活率 1 倍左右。扦插株行距 20 cm×30 cm,深为插穗的 2/3。插后浇水,以保持适当的湿度。经沙藏的插穗,春插 1 个月后可生根。秋插者当年不能生根,冬季只形成愈合组织,至次年春才能生根。成活后管理一年,待次年春季萌动前移植。如欲提早一年获得插苗,可在秋季选取生长较粗壮的一年生枝条,剪成长 25 cm 左右的插穗,经沙藏后翌年春按株行距 30 cm×30 cm 扦插,当年可生根成活。

嫁接育苗:以小叶女贞做砧木,枝接、芽接、切接均可。

分株育苗:在春季将根蘖带根割开后,分栽于苗地,栽时浇透水,以后加强水肥管理。

抚育管理:移植以春季 2～3 月份为宜,秋季亦可。需带土球,栽植时不宜过深。定植时,最好在穴底施肥,以促进生长。如用作绿篱的,可适当进行修剪,并注意修剪枯弱病枝。主要虫害有青虫,吹绵介壳虫等,要注意防治。

分布范围:我国中部及以南地区。

园林应用:金边女贞在园林中应用主要形式以色块、色带群体栽植为主,与叶色浓绿、紫红的树种搭配成图案、彩带、彩环,如立交桥绿化。同时,也是制作盆景的优良树种。它叶小、叶色鲜黄,且耐修剪,生长迅速,盆栽可制成大、中、小型盆景。老桩移栽,极易成活,树条柔嫩易扎定型,一般 3～5 年就能成型,极富自然情趣。

12.43 金边枸骨

学名:*Ilex aquifolium* cv. *aurea marginata*

别名:金边英国冬青、金边圣诞树

科属:冬青科,冬青属

形态特征:常绿灌木,高 2～3 m。叶硬革质,叶面深绿色,有光泽,叶缘金黄色,长椭圆形至披针形,叶缘上端有小规则锯齿,叶尖,基部平截,聚伞花序,花黄绿色,簇生。果实球形,成熟时鲜红色。

近缘品种:银边枸骨(*Ilex aquifolium* cv. *avgenteo marginata*),叶缘银白色。

银心枸骨(*Ilex aquifolium* cv. *argentea mcdiopicta*),叶面中央银白色。

金心枸骨,叶面中央金黄色。

生态习性:喜温暖、湿润和阳光充足环境。耐寒性强,十分耐阴,耐干旱,不耐盐碱。能忍−8℃低温。喜肥沃、排水良好的酸性土壤。

繁殖栽培:常用扦插和嫁接繁殖。扦插,在 5～6 月份梅雨季进行,剪取半木质化嫩枝。长 10～12 cm,留上部 2 片叶,剪去一半,插于沙床,保持室温 20～25℃,和较高空气湿度,遮阳,插后 40～50 天可生根。嫁接,在 3～4 月份进行,以冬青或枸骨为砧木,采用切接法嫁接,成活率高。

移栽应在早春或秋季进行,因根系较少,需带土移植。幼苗期生长缓慢,露地栽培应选择肥沃、疏松的沙质壤土。盆栽一般 2～3 年换盆 1 次。易受叶斑病和白粉病危害,可用 65%代森锌可湿性粉剂 1 500 倍液喷洒。虫害有介壳虫,用 40%氧化乐果乳油 1 000 倍液喷杀。

分布范围:原产于欧洲南部和中部。河南遂平有引种栽培。

园林应用:金边枸骨冬青为观叶、观果兼优的观赏树种,抗污染能力较强,是厂矿区优良的观叶灌木,也是建筑物前、风景区花坛和上千道两侧的优质装饰材料。还可用于插花装饰。

12.44 花叶夹竹桃

学名:*Nerium indicum* cv. *variegata*

别名:柳叶桃、半年红

科属:夹竹桃科,夹竹桃属

形态特征:常绿直立大灌木,高达 4～5 m,枝条黄绿色,含白色汁液;嫩枝条具棱,被微毛,老时毛脱落。叶 3～4 枚轮生,下枝为对生,窄披针形,顶端急尖,基部楔形,叶缘反卷,长 11～15 cm,宽 2～2.5 cm,叶片黄色或黄绿交错,革质,较原种叶片略薄,有多数洼点,幼时被疏微毛,老时毛渐脱落;中脉在叶面陷入,在叶背凸起;叶柄扁平,基部稍宽,长 5～8 mm,幼时被微毛,老时毛脱落;叶柄内具腺体。聚伞花序顶生,着花数朵;总花梗长约 3 cm,被微毛;花梗长 7～10 mm;苞片披针形,长 7 mm,宽 1.5 mm;花芳香;花冠深红色或粉红色,栽培演变有白色或黄色,花冠裂片倒卵形,顶端圆形,长 1.5 cm,宽 1 cm,单瓣或重瓣;雄蕊着生在花冠筒中部以上,花丝短,有特殊香气。种子长圆形,基部较窄,顶端钝、褐色,种皮被锈色短柔毛。花期 6～10 月份,果期一般在冬春季,栽培很少结果。

生态习性:喜温暖湿润气候,不耐水湿;喜干燥和排水良好的土壤条件。喜光好肥,也能适应较阴的环境,但在庇荫处栽培,花少色淡。萌蘖力强,耐修剪,树体受伤后易恢复。

繁殖:以扦插繁殖为主,也可压条繁殖。

扦插繁殖:扦插在春季和夏季都可进行。

春季扦插。具体做法是:春季剪取 1～2 年生枝条,截成 15～20 cm 的茎段做插穗,20 根左右捆成一束,浸于清水中,入水深为茎段的 1/3,每 1～2 天换同温度的水一次,水温控制在 20～25℃,待发现浸水部位发生不定根时即可扦插。扦插时应在插壤中先用竹筷打孔,以免损伤不定根。

夏季嫩枝扦插。由于夹竹桃老茎基部的萌蘖能力很强,常抽生出大量嫩枝,可充分利用这些枝条进行夏季嫩枝扦插。方法是:选用半木质化枝条,剪成 10～12 cm 长的插穗,每插穗保留顶部 3 片小叶,插于基质中,上搭塑料棚保温,棚上再搭荫棚遮阳,成活率可达 90%以上。

压条繁殖:先将压埋部分刻伤或作环割,埋入土中,2 个月左右即可剪离母体,来年带土移栽。

栽培管理:夹竹桃的适应性强,栽培管理比较容易,无论地栽或盆栽都比较粗放。移栽需在春季进行,移栽时应进行重剪。冬季注意做好防寒保护。盆栽夹竹桃,除了要求排水良好外,还需肥力充足。春季萌发需进行整形修剪,对植株中的徒长枝和纤弱枝,可以从基部剪去,对内膛过密枝，也宜疏剪一部分，同时在修剪口涂抹愈伤防腐膜保护伤口，使枝条分布均匀，树形保持丰满。经 1～2 年，进行一次换盆，换盆应在修剪后进行。夏季是夹竹桃生长旺盛和开花时期，需水量大，每天除早晚各浇一次水外，如见盆土过干，应再增加一次喷水，以防嫩枝萎蔫和影响花朵寿命。9 月份以后要控水，抑制植株继续生长，使枝条组织老熟，增加养分积累，以利安全越冬。越冬的温度需维持在 8～10℃，低于 0℃，即要落叶。夹竹桃系喜肥植物，盆栽除施足基肥外，在生长期，每月应追施一次肥料。

夹竹桃的管理，必须抓好以下三点：

(1)适时修剪　夹竹桃顶部分枝有一分三的特性，根据需要可修剪定形。如需三叉九枝形，可于三叉顶部剪去一部分，便能分出九枝。如需九叉十八枝，可留六个枝，从顶部叶腋处剪去，便可生出十八枝。修剪时间应在每次开花后。在北方，夹竹桃的花期为 4～10 月份。开谢的花要及时剪去，以保证养分集中。一般分四次修剪：一是春天谷雨后；二是 7～8 月份；三是 10 月份，四是冬剪。如需在室内开花，要移在室内 15℃左右的阳光处。开花后立即进行修剪，否则，花少且小，甚至不开花。通过修剪，可使枝条分布均匀，花大花艳，树形美观。

(2)及时疏根　夹竹桃毛细根生长较快。三年生的夹竹桃，栽在直径 20 cm 的盆中，当年 7 月份前即可长满根，形成一团球，妨碍水分和肥料的渗透，影响生长。如不及时疏根，会出现枯萎、落叶、死亡等情况。疏根时间最好选在 8 月初至 9 月下旬。此时根已休眠，是疏根的好机会。方法：用铲子把周围的黄毛根切去；再用三尖钩，顺主根疏一疏。大约疏去一半或 1/3 的黄毛根，再重新栽在盆内。疏根后，放在荫处浇透水，使盆土保持湿润。经 14 天左右，再移在阳光处。地栽夹竹桃，在 9 月中旬，也应进行疏根。切根后浇水，施稀薄的液体肥。

(3)适时追肥、浇水　夹竹桃是喜肥水，喜中性或微酸性土壤的花卉。施肥：应保持占盆土 20%左右的有机土杂肥。如用于鸡粪，有 15%足可。施肥时间：清明前一次，秋分后一次。方法：在盆边挖环状沟，施入肥料然后覆土。清明施肥后，每隔 10 天左右追施一次加水沤制的豆饼水；秋分施肥后，每 10 天左右追施一次豆饼水或花生饼水，或 10 倍的鸡粪液。没有上述肥料，可用腐熟 7 天以上的人尿加水 5～7 倍，沿盆边浇下，然后浇透水。含氮素多的肥料，原则是稀、淡、少、勤，严防烧烂根部。浇水适当，是管理好夹竹桃的关键。冬夏季浇水不当，会引起落叶、落花，甚至死亡。春天每天浇一次，夏天每天早晚各浇一次，使盆土水分保持 50%左右。叶面要经常喷水。过分干燥，容易落叶、枯萎。冬季可以少浇水，但盆土水分应保持 40%左右。叶面要常用清水冲刷灰尘。如令其冬天开花，可使室温保持 15℃以上；如果冬季不使其开花，可使室温降至 7～9℃，放在室内不见阳光的光亮处。北方在室外地栽的夹竹桃，需要用草苫包扎，防冻防寒，在清明前后去掉防寒物。

病虫防治：主要病害为褐斑病。主要危害叶片，危害初在叶尖或叶缘出现紫红色小点，扩展后形成圆形、半圆形至不规则形褐色病斑。病斑上具轮纹。后期中央退为白色，边缘红褐色较宽。湿度大时病斑两面均可长出灰褐色霉层，即病菌的分生孢子梗和分生孢子。防治方法为：一是农业防治。合理密植，不宜栽植过密；科学肥水管理，培育壮苗；清除病叶集中烧毁，减少菌源。二是药剂防治。发病初期喷洒 50%苯菌灵可湿性粉剂 1 000 倍液或 25%多菌灵可湿性粉剂 600 倍液、36%甲基硫菌灵悬浮剂 500 倍液。主要虫害为蚜虫，主要发生在春、夏生长季节，顶芽易遭到危害，需注意防治。

分布范围：夹竹桃原产伊朗、印度等国家和地区，现我国各省(区)均有栽培。

园林应用：夹竹桃姿态潇洒，枝叶繁茂、叶色美丽，花色或红、或白，花期长达 4 个月久，是不可多得的夏季观花、观叶树种，可栽植于建筑物四周。其性强健、耐烟尘、抗污染，对二氧化硫，氯气等有毒气体有较强的抗性，是林缘、墙边、河旁及工厂绿化的良好观赏树种，也是极好的背景树种。其植株有毒，栽培应用需特别注意。

12.45　花叶香桃木

学名：*Myrfus communis* 'Variegata'

科属：桃金娘科，香桃木属

形态特征：常绿灌木。小枝密集。叶革质，对生，叶片具金黄色条纹，有光泽，在枝上部常为3～4枚轮生，全缘，有小油点，叶揉搓后具香味，叶长2～5 cm。花腋生，花色洁白。浆果黑紫色。

生态习性：喜温暖、湿润气候，喜光，亦耐半阴，萌芽力强，耐修剪，病虫害少，适宜中性至偏碱性土壤。

繁殖栽培：以扦插繁殖为主，可用嫩枝扦插，也可用硬枝扦插。嫩枝扦插时，在春末至早秋植株生长旺盛时，选用当年生粗壮枝条作为插穗。把枝条剪下后，选取壮实的部位，剪成5～15 cm长的一段，每段要带3个以上的叶节。剪取插穗时需要注意的是，上面的剪口在最上一个叶节的上方大约1 cm处平剪，下面的剪口在最下面的叶节下方大约为0.5 cm处斜剪，上下剪口都要平整（刀要锋利）。进行硬枝扦插时，在早春气温回升后，选取的健壮枝条做插穗。每段插穗通常保留3～4个节，剪取的方法同嫩枝扦插。插穗剪好后，最好用萘乙酸等进行生根处理。

扦插：最好选中性或微酸性土壤打畦做床，然后扦插。嫩枝扦插在打畦后，还需在畦上方搭一塑料拱棚保温，拱棚上方再搭建遮阳棚遮阳以利保湿降温。然后扦插。

栽培：花叶香桃木喜高温高湿环境，要求生长环境的空气相对湿度在70%～80%，若湿度过低，下部叶片黄化、脱落，上部叶片无光泽。冬季温度不低于10℃，在霜冻出现时不能安全越冬。生长旺季肥水管理按照花肥—清水—花肥—清水顺序循环，间隔周期为1～4天。在冬季休眠期，肥水管理按照花肥—清水—清水—花肥—清水—清水顺序循环，间隔周期为3～7天，晴天或高温期间隔期短些，阴雨天或低温期间隔期长些或者不浇。地栽的植株，春、夏两季根据干旱情况，一般施肥浇水2～4次。方法是：先在根颈部以外30～100 cm开一圈小沟（植株越大，则离根颈部越远），沟宽、深都为20 cm。沟内撒12.5～25 kg有机肥，或者0.05～0.25 kg颗粒复合肥（化肥），然后浇上透水。入冬以后开春以前，照上述方法再施肥一次，但不用浇水。

分布范围：花叶香桃木原产于热带地区，我国各地均可栽培。南方可露地栽培，北方需温室栽培。

园林应用：花叶香桃木生长繁茂，适应性强，全株常年金黄，色彩艳丽，叶形秀美，是优良的新型彩叶花灌木。可广泛用于城乡绿化，尤其适用于庭园、公园、小区及高档居住区的绿地栽种。可成片种植作色块、绿篱，亦可修剪成球状，也可根据设计方案选择合理的配置方式。

12.46 金边六月雪

学名:*Serissa foetida* 'Aureo-marginata'

别名:金边白马骨、金边满天星

科属:茜草科,六月雪属

形态特征:常绿矮小灌木,高不足 1 m,分枝细密,叶对生,常聚生于小枝上部,卵形至卵状椭圆形,全缘,长 7~15 mm,宽 3~5 mm,叶缘金黄色,花近无梗,白色或略带红晕,1 朵至数朵簇生于枝顶或叶腋,花冠漏斗状,长约 0.7 cm,花期 6~8 月份,果期 10 月份。

生态习性:性喜温暖,湿润环境,不耐寒,对土壤要求不严,微酸性、中性、微碱性土均能适应,但以肥沃的沙质壤土为好,萌芽力、萌蘖力均强,耐修剪。

繁殖栽培:扦插繁殖,硬枝扦插或嫩枝扦插均易生根,也可分株和压条。休眠枝在 3 月份扦插,半成熟枝在 6~7 月份扦插,扦插时注意保持插床湿度和温度。移植一年四季均可进行,但以 2~3 月份最好。注意防治花叶病、蚜虫等。

分布范围:原产长江流域及其以南地区,河南各地均有栽培。

园林应用:金边六月雪枝叶密集,叶片边缘金黄色,白花盛开时宛如雪花满树,雅洁可爱,既可配植于雕塑或花坛周围作镶边材料,也可做矮篱和地被材料,还可点缀于假山石间或盆栽观赏。

12.47 金丝梅

学名:*Hypericum patulum*

别名:金丝桃

科属:金丝桃科,金丝桃属

形态特征:丛生半常绿小灌木,树高可达 1 m。小枝拱曲,有两棱。嫩枝红色,老枝棕红色。单叶对生,叶卵状长椭圆形,长 3~6 cm,先端尖或钝,全缘,有极短的叶柄。春季嫩叶黄绿色,入秋后叶缘发红,叶面绿色,叶背粉绿色。花金黄色,单生或呈聚伞花序,花瓣圆形,互相重叠,花形如梅,花蕊像金丝,长 2.5~3 cm;花期 5~6 月份,果期 8~10 月份。因气候因素,在鄢陵无见结果实。

生态习性:喜光,耐炎热,耐寒,萌芽力强,耐潮湿,但忌涝。喜沙壤土,其他土质也可生长。

繁殖栽培:用分株和扦插方法繁殖。

分株:从头年 12 月份至次年 3 月份均可进行。分栽后遮阳半月,即可转入正常管理,当年可开花,两年后又可分株。

扦插:9~10 月份扦插,插条长 10~12 cm,插后搭小拱棚,覆膜,第二年春天移栽到大田苗圃。

移栽在春、秋季进行。移栽时,根部可不带土球,但要用泥浆法栽植,栽后浇透水。盆栽时,须带土团上盆,到冬季把盆埋入土中防寒,至次春 3 月份挖出,施肥一次,肥料种类不限。5 月份以后,每周施一次肥,每天浇一次水,促使开花繁茂。雨季注意排水,修剪一般只剪除枯枝即可。花谢后宜剪去花头及过老枝条,进行更新。

金丝梅在鄢陵县没有发现病虫危害。

分布范围:原产我国中部、东南、西南等地。鄢陵县大部分乡镇都有栽培生产。

园林应用:金丝梅叶色秀丽,且花形如梅,蕊如金丝,适于庭院绿化和盆栽观赏。可丛植、群植于草地边缘、花坛边缘、墙隅一角及道路转角处,也可用作花境。根可药用。

12.48 水果兰

学名:*Teucrium fruitcans*

别名:灌从石蚕

科属:唇形科,石蚕属

形态特征:常绿灌木,属香料植物。全株银灰色,叶对生,卵圆形,长 1~2 cm,宽 1 cm。小枝四棱形,全株被白色绒毛,以叶背和小枝最多。春季枝头悬挂淡紫色小花,很多也很漂亮,花期 1 个月左右。叶片全年呈现出淡淡的蓝灰色,远远望去与其他植物形成鲜明的对照。

生长习性:喜光,适应性强,生长迅速,萌芽力强,耐反复修剪。对温度适应性较广,适温环境在 −7~35℃,可适应大部分地区的气候环境;对水分的要求也不严格,据资料,即使整个夏季都不浇水,它也能存活下来;对土壤养分的要求很低,只要排水良好,哪怕是非常贫瘠的沙质土壤也能正常生长。因此,普遍分布于环境多变的欧亚大陆。

繁殖栽培:水果兰因种子较少,主要采用扦插繁殖。扦插繁殖不但成活率高,而且生长速度快。

扦插基质:用 1 份珍珠岩加 1 份蛭石或 1 份黄心土加 1 份河沙混合均匀后装入苗床或穴盘,然后用 5%的高锰酸钾溶液浇施消毒。

扦插时间:水果兰的扦插可在春季(3 月下旬)与秋季(9 月下旬)两个季节进行,以秋插最好。

插穗准备:在采穗前 10 天用百菌清和磷酸二氢钾喷施 1 次,在采穗前 4~5 天再喷施 1 次,然后采条。采下枝条必须注意保湿,在高温晴天应在早晨或傍晚采穗,并注意穗条的保湿。采用当年生枝条,每个穗条保留一对叶片,长度为 2~3 cm,剪好穗条按要求进行分级,一般分成上、中、下三段,切口用生根剂溶液处理,分开摆放以便分开扦插。

扦插:穴盘每孔插 1 株,畦插行株距一般为 30 cm×10 cm 左右,扦插深度 1.5 cm 左右,叶片要朝向一致,插完立即浇透水,叶面用多菌灵 500 倍液和炭疽福美混合液喷 1 次,插后立即搭建塑料小拱棚(畦插)或盖膜密封保湿。

扦插后管理:

(1)水分管理 在扦插初期,保证插穗不失水,间隔 5~10 min 喷 5~10 s,使叶面经常保持一层水膜,一般可待叶片上水膜蒸发减少到 1/3 时开始喷雾;愈伤组织形成之后,可适当减少喷雾,间隔 10~15 min 喷 5~10 s。待普遍长出幼根时,间隔 15~20 min 喷 5~10 s,即在叶面水分完全蒸发完后稍等片刻再进行喷雾;大量根系形成后(根长 3 cm 以上),可以只在中午至下午 3:00 喷雾 3~5 次,并逐步减少喷雾次数。

(2)光照和温度管理 扦插苗生根和发芽前,遮光率应达 75%左右。控制小拱棚内最高温度在 35℃以下。生根完全开始炼苗后应逐步加强光照。

(3)病害防治 每隔 5~7 天喷施如多菌灵、代森锰锌等杀菌剂 1 次,以防病害发生,如发现病株应及时拔除并烧毁。

(4)养分管理　扦插苗前期不需补充养分，当穗条开始生根后每隔 7～10 天追施 1 次肥。

分布范围：原产于地中海地区及西班牙，后引入我国，现我国大部分地区都有栽培。

园林应用：水果兰叶色奇特，是少有的蓝色叶，它既适宜作深绿色植物的前景，也适合作草本花卉的背景，特别适合在自然式园林中种植于林缘或花境。水果兰的萌蘖力很强，可反复修剪，因此，可用作规则式园林的矮绿篱。无论如何配置，它都丰富了园林的色彩，为大自然带来一抹靓丽的蓝色。

12.49　洒金桃叶珊瑚

学名：*Aucuba japonica* var. *variegata*

别名：洒金青木、东瀛珊瑚

科属：山茱萸科，桃叶珊瑚属

形态特征：常绿灌木，小枝粗圆。叶对生，薄革质，椭圆状卵圆形，先端急尖或渐尖，边缘疏生锯齿，叶两面油绿具光泽，并散生大小不等的黄色或淡黄色斑点。圆锥花序顶生，花小，紫红色或暗紫色。浆果状核果，鲜红色。花期 3～4 月份，果熟期 11 月份至翌年 2 月份。

生态习性：极耐阴，夏季怕阳光直射。喜湿润，排水良好，肥沃的土壤，不甚耐寒，对烟尘和大气污染抗性强。

繁殖栽培：扦插繁殖。扦插在雨季进行，插条选用半木质化枝条，扦插基质要疏松透气，排水良好。插后需注意遮阳，保持插床湿润，冬季注意防寒。移栽宜在春季和雨季进行，移栽时根部要带泥球。最好与乔木配植或在建筑物庇荫处种植，以防日灼，也可嫁接繁殖，砧木以排叶珊瑚实生苗为好，枝接、芽接均可。

分布范围：河南南部地区比较适宜，豫北栽培则注意防寒。

园林应用：洒金桃叶珊瑚是珍贵的耐阴彩叶植物，宜在庭院中栽于荫蔽处或树荫下。也可盆栽，作室内观叶植物。其枝叶可进行瓶插观赏。

12.50　丰花月季

学名：*Floribunda roses*

别名：聚花月季

科属：蔷薇科，蔷薇属

形态特征：是由杂种香水月季与小姊妹月季杂交改良的一个近代强健多花品种群。落叶或半常绿灌木。茎直立，幼茎红色，疏生勾刺，无毛。小叶 5，稀 7 个，卵形至卵状椭圆或阔卵形，长 2～7.5 cm，宽 1.5～5.5 cm，新叶红色，后渐变为暗绿色，秋季又转为暗红色或暗紫红色，两面无毛；叶柄和叶轴具皮刺和腺毛；托叶基部与叶柄互生；花数朵，簇生或单生。深红或红色。花重瓣，有香气。果球形，红色，花期 4 月下旬(始花)至 10 月下旬，果期 7～10 月份。

生态习性：对环境适应性强，对土壤要求不严，但在土壤肥沃，排水良好的酸性土壤上生长最好；喜光照充足，空气流通。但忌栽在无光照的高墙下和树荫下，否则生长开花不良。喜温暖，抗寒。但在气温 22～25℃最为适宜，夏季的高温对开花不利，且生长不良，因此，丰花月季虽然在整个生长季开花不断，但以春、秋两季花开最多最好。

繁殖栽培：以扦插繁殖为主，也可分株、压条等。

扦插：一年四季均可进行，7～8 月份选生长适度的枝条，截成长 10～15 cm 的插穗（2～3 节），并将基部叶片剪除，上面的叶片剪除一半，扦插基质可用沙土，也可用珍珠岩。扦插后及时喷水，以薄膜覆盖，并加盖草帘遮阳，温度保持 25℃左右，每天喷水保持湿度，20 天左右即可生根，1 个月后逐渐通风凉苗，60 天左右移栽。11 月份以后扦插应在苗床搭塑料拱棚，以提高温度促进愈伤生根，次年天气变暖后去掉塑料棚，保持苗床湿度，并注意管理，当年年底可出圃。

栽培：栽植时宜选背风向阳之处为好，栽时应施基肥，并浇足水，及时中耕锄草。每年生长期需分期追肥 3～4 次，11 月份后应把上部枝条剪去，促进次年抽枝，使之花茂叶繁。

病害有白粉病、黑斑病，虫害有蚜虫、红蜘蛛。

分布范围：主要分布华北南部，西北、华中、华南等省（区）。河南省栽培普遍，鄢陵栽培最多。

园林应用：丰花月季多分枝，呈较矮的灌丛状，具有梗长、花美、耐寒、耐热、花团锦簇等优点，且新叶和秋叶红艳，非常适宜装饰街心、道旁，作沿墙的花篱，独立的画屏或花圃的镶边。又可按几何图案布置成规则式的花坛，花带，还可与其他品种共同构成内容丰富的月季园以供欣赏。

12.51　金叶扶芳藤

学名：*Euonymus fortunei* 'Jin ye'

别名：金叶爬行卫矛

科属：卫矛科，卫矛属

形态特征：常绿灌木或藤本，茎匍匐或直立攀缘，叶对生，薄革质，长圆形至椭圆状倒卵形，缘具钝齿，基部广楔形；生长季节金黄色，冬季暗黄色，聚伞花序；蒴果淡黄色，花期 5～6 月份，果期 10～11 月份。

常见的栽培品种还有：

①斑叶扶芳藤（*Euonymus fortunei* cv. *gracilis*）叶边缘为乳白色，冬天转为粉红色；

②纹叶扶芳藤（*Euonymus fortunei* cv. *picta*）叶面有白色条纹；

③金心扶芳藤：叶较大，长 2～2.5 cm，深绿色，具金黄色色斑，茎亦为黄色，匍匐或向上生长；

④花叶扶芳藤（*Euonymus fortunei* cv. *variegatus*）叶有白色、黄色或粉红色边缘，各地常温室盆栽观赏。金边扶芳藤叶边缘金黄色。

生态习性：喜温暖，阴湿环境。耐阴，较耐寒。对土壤要求不严，耐干旱瘠薄。

繁殖栽培：以扦插繁殖为主，压条也可。扦插一年四季均可进行。硬枝扦插在春、秋两季进行，嫩枝扦插在生长季进行。硬枝扦插剪取插穗 5～10 cm，嫩枝扦插剪取的插穗带 2 个芽即可。插后 3～4 周生根，易成活。

栽培：耐粗放管理，注意干旱季节浇水即可，在高温季节极易发生白粉病，应注意防治。

分布范围：河南各地均有栽培。许昌、鄢陵、漯河遂平、豫东虞城栽培较多。

园林应用：金叶扶芳藤、金心扶芳藤和花叶扶芳藤等，叶色斑驳多彩，且有很强的攀缘能力，耐阴性强，用以掩盖墙面、山石或古老树干均非常美观。茎叶可供药用。花叶扶芳藤做盆景是为上品。

12.52 金心胡颓子

学名:*Elaeagnus pungens* 'Maculata'

别名:金心羊奶子、斑点胡颓子

科属:胡颓子科,胡颓子属

形态特征:常绿灌木,枝条开展,有枝刺,小枝褐色。叶狭椭圆形,较小,边缘波状,暗绿色,中部黄色,背面银白色并有褐色斑点,革质,有光泽。花银白色,1~3 朵腋生,下垂,芳香。秋季开花,翌年 5 月份果熟,果椭圆球形,长约 1.5 cm,成熟时红色。

近缘品种:

①金边胡颓子(*Elaeagnus pungens* cv. *aurea*),叶边缘金黄色。

②银边胡颓子(*Elaeagnus pungens* cv. *variegata*),叶边缘黄白色等叶色嵌合品种。

生态习性:喜温暖气候,喜光,耐半阴。对土壤适应性强,从酸性到盐碱性土壤都能适应,在湿润、肥沃、排水良好的壤土上生长最好,耐瘠薄干旱,耐水湿,较耐寒,河南可露地越冬或稍加防寒措施。对有害气体抗性强,耐烟尘,耐修剪。

繁殖栽培:以扦插和嫁接繁殖为主。扦插:在雨季取半木质化枝条剪成长 10 cm 左右的插穗,插穗上部留 3~4 片叶,并将每个叶片剪去 1/3,然后用 ABT 生根粉处理后直插,扦插深度 5~6 cm,插后遮阳,经常保持苗床湿润,成活率很高。

嫁接:采用本砧最好。砧木培育:4 月下旬当果实转为红色微带甜味时及时采收,采后将果实堆放后熟,洗净晾干即播,播后覆土 1.5 cm,上盖草,保持苗床湿润,1 个月后发芽出土,并搭棚遮阳,苗经 1 年培育,于次春萌芽前或冬季枝接。

移植需在春季 3 月份进行,小苗需带宿土,大苗需带土球。常有木虱危害叶子,喷敌敌畏或氯氰菊酯农药防治。

河南栽培观赏的同属种还有:狭叶胡颓子(*Elaeagnus angustifolia*),又名桂香柳,落叶灌木或小乔木。幼枝银灰色,叶长椭圆状披针形,背面银白色。花 1~3 朵,有短柄,花冠里面黄色,外面银白色,有芳香。果实黄色,有银色斑点。花期 4 月份,果期 8~10 月份。分布华北、东北及西北各省。

牛奶子(*Elaeagnus umbellata*),落叶灌木,枝开展,常有刺,小枝黄褐色,部分银白色。叶椭圆形至卵状椭圆形,边缘皱卷。花黄白色,有芳香。果球形,熟时红色。繁殖栽培与胡颓子相同。

分布范围:全省各地。

园林应用:金心胡颓子及金边胡颓子、银边胡颓子等枝条交错,叶色秀丽,叶背银白,花含芳香,红果下垂,极为可爱,是公园、街头绿地、庭院等常用的观叶、赏果佳木。还可剪成球形孤植、对植或篱植。盆栽观赏亦佳。

12.53 斑叶络石

学名:*Trachelospermam jasminoides* 'Variegtum'

别名:石龙藤

科属:夹竹桃科,络石属

形态特征:常绿攀缘藤本。茎长达 10 m,赤褐色,有乳汁。叶对生,薄革质,营养枝上叶卵状披针形,花枝上的叶椭圆形或卵圆形,全缘,具白色、红色、紫红色、浅黄色斑纹或边缘乳白色。聚伞花序腋生,花白色,清香。花期 5 月份,果期 11 月份。

生态习性:喜光亦耐阴,喜湿润、凉爽气候,耐寒性不强。常攀附于树干、岩石、墙垣等处,在阴湿和排水良好的酸性、中性土上生长良好,耐旱,忌水湿。

繁殖栽培:播种,扦插,压条均可。移栽易在春季进行,移栽时适当修剪过长藤蔓,栽后应立支架引其攀缘,也可盆栽。

分布范围:产于长江流域,河南鄢陵有引种栽培。

园林应用:斑叶络石叶色秀丽,花白似雪,芳香清幽,即可攀附于假山岩石,也可缠绕于树干之间,可用做墙壁、岩面、假山、枯树、花架的垂直绿化,也可缠绕为花柱、花廊、花亭的装饰,还可做林木或大树下的地表植被。盆栽亦可观赏。

12.54　花叶长春蔓

学名:*Vinca mujor* ‘Variegara’

别名:缠绕长春花、蔓长春花

科属:夹竹桃科,蔓长春花属

形态特征:常绿蔓生亚灌木。营养茎偃卧或平卧地面,开花枝直立,高 30～40 cm。叶对生,椭圆形,先端急尖,叶绿色具黄色斑纹,有光泽;开花枝上的叶柄短。花单生于开花枝叶腋内,花冠高脚碟状,蓝色,5 裂。花期 4～5 月份。

生态习性:适应性强,生长迅速,每年在 6～8 月份和 10 月份为生长高峰,对光照要求不严,尤以半阴环境生长最佳,抗寒性不强。

繁殖栽培:多以分株繁殖,也可扦插、压条。繁殖适期在春季 4 月上旬或秋季 9 月上旬。

分布范围:原产地中海沿岸,印度,热带美洲。我国江苏、浙江、台湾等有栽培。河南遂平有引种栽培。

园林应用:花叶长春蔓是极好的地被植物材料,可在林缘或林下成片栽植,尤其适合于建筑物基地和斜坡,有利于保护水土。河南信阳等地可以栽培,但要注意防寒。

12.55　金叶银杏

学名:*Ginkgo biloba* ‘Aurea’

别名:黄叶公孙树、黄叶鸭脚子

科属:银杏科,银杏属

形态特征:属银杏(*Ginkgo biloba* Linn.)的栽培变种。落叶大乔木。树干端直,冠广卵形。树皮呈淡灰褐色,纵裂。枝有长枝与短枝之分。叶扇形,具长柄,在长枝上互生,短枝上簇生,叶片全部呈金黄色,春季尤为明显,色泽十分可爱。叶裂较浅不及叶片中部,叶缘浅波状。雌雄异株,雄株的大枝耸立,雌株则开展或多少下垂,球花生于短枝叶腋,3～4 月份开花,种子核果状,椭圆形或圆球形,9～10 月份成熟,外种皮肉质,黄色,具白粉。

生态习性:耐寒而喜光;深根性,萌蘖性强。喜生于土层深厚肥沃,排水良好的沙质壤土,酸性、中性或石灰性土壤(pH 4.5～8)也能适应;盐碱土、黏重土及低洼地不宜种植。抗旱性较强,寿命长。

繁殖栽培:以嫁接、扦插为主。

扦插繁殖:采条及扦插时间为4～5月份。选用幼龄银杏作母树,采取当年生未形成顶芽的嫩枝作为插条。插条长12～15 cm,用ABT 1生根粉100 mg/L浓度溶液浸泡基部1 h,浸泡深度3 cm。采用遮阳塑料小拱棚扦插床。床宽1.2 m、长6 m,塑料小拱棚高40 cm,床内铺细河沙,深20 cm。将处理好的插条,按株行距为2 cm×16 cm扦插在插床上,插后塑料拱棚内湿度保持在95%以上,用草帘遮阳降低棚内湿度。必要时喷一次800倍百菌清溶液,防止插条腐烂。采用ABT 1生根粉处理银杏进行扦插育苗,生根率可达100%。

分布范围:银杏分布极广,北起辽宁,南抵广东、广西,东自台湾,西至四川、云南、贵州均有分布。金叶银杏分布范围也很广泛,河南全省各地均可栽培。

园林应用:金叶银杏树姿挺拔雄伟,叶形清秀独特,叶色金黄,是优良的园林观赏树种。孤植则冠形如盖,绿荫遍地;丛植或片植则景色壮丽,气势非凡。与松类、红枫类混植,金黄、苍绿、火红交相辉映,更是奇观。

12.56 金边鹅掌楸

学名:*Liriodendron tulipifera* 'Aureomarginatum'

别名:金边马褂木

形态特征:落叶乔木。主干耸直,树姿端正,树冠近圆柱形。树皮呈灰色具纵纹。叶形似马褂,近方形,先端截形,基部内凹,两边各有一个突起,叶面边缘具有金黄色的宽带。4～5月份开花,单生枝端,杯状,长6 cm,基部有橘红色带,淡绿。聚合果纺锤形,由具翅的小坚果组成。10月份成熟自花托脱落。

生态特征:喜光,稍耐阴。适宜生长于酸性至弱酸性土中,干旱、排水不良及瘠薄处生长不良,风口处不宜栽植。

繁殖栽培:以嫁接和扦插繁殖为主,也可播种繁殖。但播种繁殖的后代性状有分离,一般很少采用。嫁接繁殖方法同于杂种鹅掌楸。河南鄢陵县花农利用杂种鹅掌楸大苗作砧木,通过枝接法,嫁接培育出了大规格金边鹅掌楸苗木,市场很受欢迎。具体做法是:选砧木粗度4～5 cm,高度2.5 m以上,用切接(枝接)法在春季萌芽前嫁接,并加强管理。一般1～2年便可育成大规格彩叶树苗木,大大提高了良种的推广应用速度。

扦插繁殖:硬枝扦插在3月上中旬进行,以优良母树上1～2年生粗壮枝条作插穗,插穗截成长15 cm左右,每穗应具有2～3个芽,插入土中3/4,成活率80%左右。在6～9月份取嫩枝采用全光喷雾法扦插,成活率可达70%左右。

移栽:落叶后和早春萌芽前均可进行,但以芽刚萌动时最佳。移栽应选择土壤深厚、肥沃、湿润的环境,同时,应掌握以下几点:一是必须带土球;二是适当浅栽(深度以苗木原来在苗圃生长时的深度);三是栽后要用支架固定,以防风倒,一旦风倒则不易成活;四是加强土壤管理,保证土壤疏松;五是水肥充足;六是要避免积水;七是防治好卷叶蛾、大袋蛾、樗蚕、凤蝶等。

分布范围:与鹅掌楸同。

园林应用:金边鹅掌楸是极为优美的城市园林绿化树种。金边鹅掌楸干形笔直,叶形奇特,花如金盏,是观姿、观叶、观花的著名的景观树种。与其他彩叶树种(如红色类)配置,则效果更佳,比一般马褂木的发展前景更为广泛。

12.57 花叶鹅掌楸

学名:*Liriodendron chinense* 'Hua ye'

别名:花叶马褂木

科属:木半科,鹅掌楸属

形态特征:落叶乔木。树冠圆锥形,小枝灰色或灰褐色,具环状托叶痕。叶马褂形,长6~12 cm,正面具黄白色、黄色斑或纹,背面苍白色,先端截形或微凹,两边通常各具一大裂。花单生枝顶,黄绿色,杯形,径约5 cm。花期5~6月份,果期9~10月份,聚合果长7~9 cm,翅状小坚果0.6 cm,先端钝或钝尖。

生态习性:中性,偏阴。喜温暖、潮湿、避风的环境。喜土层深厚、肥沃、湿润、排水良好的微酸性或酸性土壤。不耐干旱和水湿,稍耐阴,生长一般,但寿命长,耐寒性强。

繁殖栽培:扦插、嫁接繁殖为主。扦插繁殖一般在3月中上旬,选择健壮母树,剪取1~2年生健壮枝条,每插穗应具2~3个饱满芽,插穗切口上平下斜,按20 cm×30 cm株行距插入土中3/4,成苗率可达80%。当年扦插苗苗高可达60~80 cm,可出圃移栽或继续留床培育大苗。嫁接繁殖以鹅掌楸实生苗作砧木,以春季枝接或切接为主,也可高接换种。

通常采用大苗移栽,因大苗不耐移栽,故起苗时要保护好根系,防止苗木失水干燥。一般3月上中旬春栽或秋栽,移栽时需带土球,且适当浅栽后浇透水,并注意防治日灼病、卷叶蛾等,冬季注意防寒。

分布范围:花叶马褂木由马褂木中选育出的品种,现河南鄢陵、信阳、漯河、洛阳有引种栽培。

园林应用:花叶马褂木树形端庄,叶形奇特,叶色新颖,美而不艳,是优美的行道树及庭荫树,尤其适于孤植、丛植于安静休息区的草坪或庭院,还可与其他彩叶树搭配种植,形成多彩景观。

12.58 花叶青檀

学名:*Pteroceltis tatarinowii* 'Hua ye'

别名:花叶翼朴、花叶金钱朴

科属:榆科,青檀属

形态特征:高15~20 m,树冠广卵形或扁球形,树皮灰色或暗灰色,不规则长片状剥落。叶卵形,长4.5~13 cm,两侧略不对称,三出脉,基部以上叶缘具单锯齿。叶表面具黄色、黄白色块状斑或条纹。花单性,同株,雄花簇生,雌花单生叶腋。小坚果周围有薄翅,种子卵圆形径4~5 mm,种子千粒重28 g。花期4~5月份,果期8~9月份。

生态习性:喜光,稍耐阴,耐干旱瘠薄,根系发达,萌芽力强,常生于石灰岩山地,为喜钙树种,在肥沃壤土上生长良好。寿命长,生长速度较快。

繁殖栽培:嫁接为主。用本砧最好。砧木的培育方法是:果实由青变深黄色时及时采集,以免飞散,采后干藏,翌春播种。条播:行距25～30 cm,每667 m^2 播种量1～1.5 kg,播种覆土厚度以不见种子为宜,播后洒水,盖草保湿。播后约半个月发芽出土,一年生苗高生长约60 cm,再分栽培养1年,即可用做砧木。枝接和芽接均可,接后及时剪砧,并加强管理至出圃。苗木主根较深,侧根不多,起苗时应注意保留主根长度18～20 cm,并尽量多带宿土以保持根系完整,苗木假植时间不宜过长。

分布范围:黄河及长江流域。河南许昌、漯河等均有栽培。

园林应用:青檀为我国特产,是河南省三级珍稀保护树木。花叶青檀由许昌范军科等从青檀实生苗中选出。该品种树冠浓阴,叶色秀丽,可做庭荫树或行道树。

12.59 金叶皂荚

学名:*Gleditsia sinensis* 'Sunburst'

别名:金叶皂荚、皂荚属

科属:苏木科,皂荚属

形态特征:由皂荚树中选育出的芽变新品种,落叶大乔木,树干或大枝具分枝圆刺。一回羽状复叶,小叶3～7对,卵状椭圆形,长3～10 cm,先端钝,缘有钝齿;叶幼时金黄色,夏季浅黄绿色,秋季又变为金黄色。花小,杂性,总状花序。荚果直而扁平,带状,较肥厚,长12～30 cm。

生态习性:喜光,较耐寒,喜深厚、湿润肥沃的土壤,在石灰岩山地、石灰质土、微酸性及轻盐碱土上都能正常生长。深根性,寿命长,耐旱,耐热,抗污染。

繁殖栽培:嫁接繁殖为主。砧木培育:采用皂荚实生苗做砧木。秋末冬初,当种子完全成熟时采种,采后净选,然后将纯净种子放入水中浸泡,待其吸水膨胀后,捞出混湿沙贮藏催芽,第二年种子"裂嘴"后春播。育苗应选择土层深厚,排灌方便,肥沃的壤土、沙壤土为好。入冬施入足够基肥,深耕,翌春细耙、做畦。采用条播,行距40 cm,每667 m^2 用种15～20 kg,播后覆土3～4 cm,并经常保持土壤湿润,苗高10 cm左右时,按株距15～20 cm定苗。嫁接:春季在树开始流动时进行切接,生长季节可以采用带木质芽接法进行芽接,成活率都在80%以上。栽植以秋冬为好,栽后浇透水,封土保墒。

分布范围:全省各地。

园林应用:金叶皂荚树冠广阔,树形优美,叶色金黄,是良好的庭荫和四旁绿化树种。

12.60 花叶朴树

学名:*Celtis sinensis* cv. 'Hua ye'

科属:榆科,朴树属

形态特征:落叶乔木,高达20 m,树冠扁球形,叶卵状椭圆形,长4～8 cm,先端渐尖,基部不对称,叶面具黄白色或乳白色大型彩斑,花杂性同株,核果圆球形,橙红色,果柄与叶柄近等长,花期4月份,果期9～10月份。

生态习性:弱阳性树种,稍耐阴,喜温暖气候和肥沃湿润、深厚的中性土,耐轻度盐碱。根系深，抗风力强，寿命长，生长速度中等。

繁殖方法：播种、扦插、埋根均可。在许昌，10 月份采种，随采随播，或采种后立即层积沙藏至次年 3 月份播种。圃地应选择平坦、肥沃、排灌方便的地方。苗期应注意施肥浇水，培养壮苗。

栽培管理：栽后注意整形修剪，以培养通直和圆满的树冠。

分布范围：主要分布黄河流域以南各地，近年许昌、鄢陵、漯河、信阳等地引种栽培渐多。

园林应用：花叶朴树树形美观，树冠宽广，叶色清奇，是优美的庭院树，宜孤植、丛植，可用于草坪、山坡、建筑周围、亭廊之侧，也可用于行道树。因其抗烟尘和有毒气体，适于工矿区绿化。

12.61 花叶灯台树

学名：*Cornus controversa* cv.'Hua ye'

别名：瑞木

科属：山茱萸科，梾木属

形态特征：落叶乔木，侧枝横展，轮状着生，层次明显，状若灯台，更似倒挂的伞。枝条紫红色，有光泽。单叶互生，卵形至卵状椭圆形，长 7～16 cm，上面浓绿色，下面灰白色，先端突尖。复聚伞花序顶生，花小白色，核果球形，紫红至蓝黑色，4～5 月份开花，9～10 月份果熟。

变种：花叶灯台树(*Cornus controversa* cv.'Huayie')，叶端渐尖。叶表深绿，边缘乳白色。10 月份叶变红变紫。6 月份开白花，伞房状聚伞花序顶生。核果球形紫黑色。树形美丽，叶色斑驳。

生态习性：喜温暖气候及半阴环境，适应性强，耐寒、耐热、生长快。宜在肥沃、湿润及疏松、排水良好的土壤上生长。

繁殖栽培：播种繁殖。也可扦插繁殖。

播种：10 月份采收核果，堆放后熟，洗净阴干，随即播种，或层积沙藏，种子应沙藏 120 天；于翌年春播，行距 50～60 cm，株距 10～15 cm。4～5 月份出苗，幼苗根系不发达，生长量小，第一年苗高可长至 40 cm 左右，第二年可达 80 cm，第三年可达 1 m 以上。扦插：秋末剪健壮的 1～2 年生枝条，冬季沙藏后春季露地扦插；嫩枝扦插：6～7 月份采半木质化枝条，在有遮阳的塑料棚内扦插，保持好温度湿度，成活率较高。也可压条和分株繁殖。第二年秋季落叶后移栽，移栽时小苗需带宿土，大苗需带土球。

分布范围：产辽宁、华北、西北至华南、西南。河南全省均可栽培。

园林应用：该树种树形整齐美观，侧枝轮生状如灯台，其红紫色而有光泽的小枝、奇特亮丽的叶色和白色的繁花，均给人以优美秀丽的感觉。可做行道树和庭荫树，优宜孤植，独立成景。

12.62 花叶柳

学名：*Salix integra* cv. *hakuro nishiki*

科属：杨柳科，柳属

形态特征：落叶灌木，无明显主干，自然状态下呈灌丛状。树形与花叶红皮柳相似。不同的是:新叶先端粉白色,基部黄绿色,密布白色斑点,随着时间推移,叶色变为黄绿色带粉白色斑点,具有很高的观赏价值。

生长习性:喜光或喜 25%遮阳,耐寒性强,在我国北方大部分地区都可越冬,喜水湿,耐干旱,对土壤要求不严,pH 5.0～7.0 的土壤或沙地、低湿河滩和弱盐碱地上均能生长,以肥沃、疏松,潮湿土壤最为适宜。主根深,侧根和须根广布于各土层中,能起到很好的固土作用。

繁殖栽培:花叶柳以扦插繁殖为主。方法有硬枝扦插和嫩枝扦插。硬枝扦插一般在春季 3 月份萌芽前进行,其方法同一般柳树。嫩枝扦插在生长季进行。方法是:先建造宽 1.2 m,深 25～30 cm,长视种条多少而定的嫩枝扦插池,池内填满干净河沙(粗沙、细沙均可),或 1 份土加 1 份沙的混合基质,插前对基质用高锰酸钾消毒。选择当年生无病虫害的壮条,剪成 12～15 cm 长,每穗保留 2 片叶做插穗进行扦插。扦插行株距 20 cm×10 cm,插后浇透水,上搭塑料棚,塑料棚上再加遮阳网以保湿控温。插后一般 7 天左右长根,30 天左右出苗。

栽培管理:花叶柳地栽培育需选择排水良好、阳光充足、土层深厚、肥沃的土地,种前施足基肥,种植行距在 60～100 cm 以上。2 年即可培育出冠幅达到 60 cm 的花叶柳大苗,3.5 年可以培育出冠幅达 100 cm 的大苗。

病虫防治:病害主要是叶斑病,因为生长快,该病发生较多,危害较重,要注意防治。防治方法:主要通过均衡施肥,适当增施磷钾肥,培育壮苗减少病菌的感染、发病。发病后,可采用 75%甲基托布津 800 倍液等进行防治。虫害主要是蛾类幼虫的危害,采用阿维菌素 2 000 倍液、乐斯本 1 500 倍液等,防治效果明显。

分布范围:原产荷兰,后引入我国,现各地均有栽培。

园林用途:观赏价值较高。可广泛应用于绿篱、河道及公路、铁路两侧的绿化美化。也片植或用于公园植物园等的点缀。亦可高接于其他柳树上作为行道树栽培。

12.63 彩色龙须柳

别名:美国变色龙须柳,变色龙须柳

科属:杨柳科,柳属

形态特征:落叶乔木,形态奇异,主干弯曲上长,枝条弯曲波浪形漫垂。叶狭披针形,长 10～12 cm,波浪形弯曲,叶正面深绿色,叶背灰白色,入秋叶色鹅黄,枝干金黄,嫩枝由绛红逐步变为鲜红。

生态习性:适应性强,适合各种土壤栽培。喜光、喜肥水。耐寒,可耐－35℃低温。在哈尔滨可正常越冬。耐旱、耐盐碱。速生,多为雄株;新植幼树一年高生长平均可达 1～2 m,粗生长平均 2 cm 以上,主干通常在 2～3 m 处长出分枝,枝条光滑柔软、下垂。

繁殖栽培:以扦插和嫁接繁殖为主。方法和其他柳树基本相同,但该品种生长更快,扦插苗当年即可长到 1.5～3 m,地径可达 2 cm 以上。嫁接繁殖以普通柳树做砧木,芽接、枝接均可,嫁接繁殖的苗木生长速度比扦插苗更快,一年生树冠可达 2 m 以上。

栽培:移栽及栽后管理一般不需要特殊措施,可参考一般柳树的栽培管理方法。

分布范围:变色龙须柳由美国引进,全国各地均可栽种。

园林应用:变色龙须柳为新引进的珍稀景观彩色环保型树种,该树种春、秋两季叶色鹅黄,枝干金黄、(老枝干)深黄或绛红、鲜红(新枝条),且枝条柔软,婀娜多姿,其形态和色彩都是理想的园林绿化、庭院绿化美化、风景区、别墅和行道树的首选树种,观赏价值极高。

12.64 全红杨

别名:中华全红杨、中国红杨

科属:杨柳科,杨属

形态特征:树干通直、冠形圆满。叶片大而厚吸尘性强,叶面颜色在整个生长期为红色。从发芽期至6月底为深紫红色;7月初至11月初为紫红色;11月初至落叶前为鲜红色。叶柄、叶脉、新梢和树干始终为紫红色,色泽亮丽诱人,观赏价值颇高。

全红杨是由北京万林园生态科技有限公司董事(高级工程师)程相军、公司总经理周春生和河南省林科院于2006年继中红杨培育成功推广以来培育的又一彩叶杨树新品种。该品种已通过河南省林木新品种审(认)定,已经申请国家植物新品种权保护,是中华红叶杨的芽变品种。

生态习性:喜温树种,在气候温暖、年平均气温在15℃左右、年降雨量在800～1 000 mm的地方,生长良好。喜土层深厚、疏松、肥沃、湿润、排水良好的轻壤土和沙壤土。对土壤湿度要求较高。适宜的地下水位应在1.5 m左右,生长期内地下水位应在1 m以下,不低于2.5～3 m。喜光树种,研究表明全红杨无性系生长期间,最适宜林木生长大于1 500 h,否则,其光合强度和呼吸强度随之下降,生长速度会随之降低。因此,在稍隐蔽的地方就难以成林。在豫东地区,全红杨春季展叶期是3月28日至4月6日,比中林46杨早5～9天,比69杨早3～6天,比2025杨晚2～4天;封顶期是从9月15—26日,落叶期为10月20日至11月15日,比中林46杨晚落叶60天左右,比69杨晚落叶20天左右。该品种属雄性、无飞絮,不污染环境。抗病虫、抗旱涝、耐盐碱、适栽区域广。落叶晚,彩化期长。

繁殖栽培:嫁接繁殖。用中华红叶杨和欧美杨作砧木,成活率可达95%左右,而且嫁接成活后生长速度也较快。具体方法可参考中华红叶杨。

分布范围:河南、河北、上海等地均有栽培。

园林应用:全红杨生长迅速、树体高大的全红杨作为中华红叶杨的变异,和中华红叶杨生长特性相近,叶片红色的全红杨从展叶期、初夏、夏季、秋季整个生长期叶片为红色,亮丽别致,有光泽,色感表现极佳,叶脉、叶柄、树干始终为红色,是彩叶树种红色叶类中的珍品。既可广泛用于园林及通道绿化,又可用作草坪点缀,园林置景。同时,也是经济效益较高的用材树种,可大量用于营造速生丰产林,适合集约化栽培和产业化经营。

12.65 银白杨

学名:*Populus alba*

别名:白杨树

科属:杨柳科,杨属

形态特征:落叶乔木,高30 m以上。树冠宽大,侧枝开展。树皮灰白色,基部常粗糙。芽及幼枝、幼叶密被白绒毛。长枝叶呈掌状3～5裂,短枝叶卵圆形或椭圆形,叶缘有不规则钝齿,老叶背面及叶柄均被白绒毛。雌雄异株,蒴果长圆锥形,2裂。花期3～4月份,果期4月份。

生态习性:对温度适应性强,抗寒,耐高温,耐天气干旱,不耐湿热。喜光,不耐阴。适生沙壤土或长流水的沟渠两岸,不适宜黏重瘠薄土壤。稍耐盐碱,在土壤肥沃条件下,生长很快。抗风力和抗病能力也较强。

繁殖栽培:扦插育苗:苗木进入休眠期时,即在11月中下旬至12月份上中旬采条,最好选用生长健壮,发育充实,侧芽萌芽少,没有病虫害的一年生苗干中下部节段作插穗。大树基部的一年生萌芽条也可选用。采条后将种条(平放)与湿沙层积于室外沟中,最上层盖沙30~40 cm。插穗长度一般17 cm左右,插穗粗度以1~1.6 cm为宜。插穗上端具有1~2个饱满芽。一般在春季扦插,扦插前进行浸水催根或ABT根粉速蘸处理,或用100~150 mg/L萘乙酸溶液处理插穗基部,然后扦插。插后立即浇水,在插穗愈合生根期,圃地应保持足够的水分,以后酌情浇水、施肥、松土除草,及时修枝和防治病虫。育苗地应选择肥沃、疏松、透气良好的沙壤地为好。播种育苗:银白杨种子成熟后,立即采种。种子处理和贮藏:果实采来后,摊放于室内水泥地上晾放,厚度5~6 cm为宜,每日翻5~6次,2~3天后果实全部裂口,然后用柳条抽打取种过筛,可随采随播,次年春播时,应在干燥,密封低温下保存。随采随播,出苗整齐,幼苗生长旺盛。播种方法:播前先灌足底水等表土稍干后,用平耙将床面2~3 cm的表土充分搂平,然后条播。播后用细沙覆盖2~3 mm,并稍做镇压,最后用细眼喷壶浇水,以后保持苗床湿润,直至出苗。另一种方法也很简便:播前苗床先灌水,待水快渗完时,将种子播于床面,然后用筛过的"三合土"(细沙1份,细土1份,腐熟农家肥1份)覆盖,以稍见种子即可。一般播后2天幼苗开始出土,3~5天幼苗大量出齐。幼苗期需要充足水分,应经常保持苗床湿润,以后加强肥水管理和中耕除草,防治病虫害等。园林用苗需再移栽培育大苗。栽植时由于银白杨侧枝较多,可适当疏去部分侧枝,以利于成活。

分布范围:银白杨在我国新疆有天然分布。河南、河北等有栽培。

园林应用:银白杨树姿雄伟,树冠宽大,树皮灰白,幼枝、幼叶及老叶背面密被白绒毛,经久不落,是为数不多的"白色叶树种",在园林中可做行道树、庭院树,或与其他彩叶树种配植组景,观赏效果更佳。

12.66 金叶国槐

学名:*Sophora japonica* 'Jin ye'

科属:豆科,槐属

形态特征:落叶乔木,树冠卵圆形或圆形,丰满。小枝金黄色,但落叶后阳面金黄色,阴面浅绿色。上部枝条直立或斜生,下部枝条平展或下垂。叶近卵圆形,金黄色,比普通国槐和金枝槐小,叶面舒展、细嫩、纯净,秋季仅下部叶片部分变为浅绿。金叶国槐是国槐一新变种,1995年在河北辛集市由国槐芽变选育而成,后由河南遂平县玉山镇名优植物园艺场成功引入我省,目前尚未开花结果的报道。

生态习性:温带树种,喜光,喜肥沃、湿润土壤,在石灰性或轻度盐碱土壤上也能正常生长。稍耐阴,耐寒,较耐旱,耐贫瘠,在低洼积水处生长不良,甚至死亡。萌芽力、成枝力均强。

繁殖栽培:嫁接繁殖为主,也可扦插繁殖。

嫁接繁殖:带木质芽接法,此法生产上应用最多。

(1)接穗和砧木的选择　芽接时选择当年生长健壮、叶芽饱满的枝条作接穗,剪去叶片用湿毛巾包好或泡于水中，以备取芽片用。选取1～2年生苗木作砧木，砧木不宜过大。

(2)嫁接时间　春、夏、秋季，也就是5～9月份均可进行，但一般选择春末、秋初两个最佳时机，即5月20日至6月20日和8月20日至9月10日。因为这两个时期降雨少，气温适宜，愈合快，有利于提高嫁接成活率。

(3)嫁接部位　夏季6月份的嫁接一般选择树干上距地面20 cm高，阴面光滑处进行。秋季8月份嫁接，视砧木粗度和芽片大小酌情确定嫁接部位。

(4)嫁接方法　嫁接时先从接穗上削取盾形芽片，用利刀先在接穗饱满芽的上方0.8～1.0 cm处向下斜削一刀，长约1.5 cm，然后在芽的下方0.5～0.8 cm处呈30°角向下斜切一刀，达到第一刀的底部，取下背面带有薄薄一层木质的芽片。砧木的削法与接穗削法相同，但切口比芽片稍长。将芽片嵌入切口时，务必注意使一边的形成层对齐，并在芽片上端露出一线砧木皮层。然后用塑料薄膜条将接芽全部包扎，绑缚严实即可。6月份嫁接时，接后立即在嫁接部位上方10～15 cm处将砧木剪掉。

切接：切接适用较粗大的砧木。一般只在春季进行。嫁接时首先选取二年生壮条作接穗，并剪成长6～10 cm，有2～3个饱满芽的接穗，然后将接穗下端两侧削成长约3 cm的平滑削面，削面要平直并超过髓心，再将长削面的背面末端削1个0.5～0.8 cm的小斜面。砧木在2～5 m处锯断，削平茬口，随即用劈接刀将砧木沿皮层和木质部之间向下垂直切一刀，刀口长约4 cm。把接穗从砧木切口沿木质部与韧皮部中间插入，长削面朝向木质部，对准形成层，削面上部也要"留白"0.3～0.4 cm，然后用塑料布将接穗缠绕固定，外部罩上15 cm×20 cm的塑料袋，用塑料绳缠绕固定。

无论哪种接法，都要做到对准形成层，绑扎要紧要快。一般接后7～10天，可用刀划开塑料带，露出接芽，以利于接芽萌发生长。15～20天后，及时除去砧木萌蘖，并加强肥水管理和病虫害防治。

绿化常用大苗，大苗移栽时，需挖0.8～1 m见方的大穴。栽时短截所有侧枝，并用漆封所有剪口，然后将苗放入穴中，填入表层肥土，踏实，浇透水。待水阴干后封一小土丘以防倒伏。栽后将苗干用湿草绳缠绕以利于成活。以后注意施肥浇水和防治枝干溃疡病和槐尺蛇等。

分布范围：河南各地及河北、山西、陕西、山东、安徽等全国大部分地区。

园林应用：金叶国槐树形高大，树冠圆满，叶色金黄，十分美丽壮观。可孤植独立成景或片植造景，也可作良好的行道树和机关、庭院遮蔽树。如与其他色叶树种科学配置，则更显其光彩夺目的绿化效果。

12.67　金叶刺槐

学名：*Robinia pseudoacacia* 'Aurea'

别名：黄叶洋槐

科属：豆科，刺槐属

形态特征：落叶乔木。树高20 m以上，树皮黄褐色，纵裂。幼枝稍被毛，有托叶刺，奇数羽状复叶，互生，小叶7～9枚，卵形至长卵圆形，长1.5～5.5 cm，先端圆或微凹，具芒尖，基部圆，叶片黄色。总状花序，花白色，具芳香，4～5月份开花，荚果扁平，条状。

生态习性：喜光，不耐庇荫。浅根性，侧根发达，在风口易发生风倒、风折。萌芽和抗烟能力强。耐干旱瘠薄。在石灰性土壤生长较好，酸性土、中性土及轻盐碱土上均能生长，速生。在湿润排水良好的低山丘陵、河滩、渠道边生长最快，不耐水涝，在积水或地下水位过高的地方常烂根、枯梢以至死亡。

繁殖方法主要用嫁接繁殖，也可扦插繁殖。

(1)嫁接繁殖　秋季选生长健壮，无病虫害的刺槐母树采种，干藏，春季经浸种催芽后播种。以畦床条播为宜。每亩播种量 3 kg 左右，播后覆土 0.5～1 cm，加强管理，培育砧木。当砧木达到嫁接粗度时，以芽接方法进行嫁接，成活率很高，也可采用高接方法培育大苗。方法是：选择胸径 5～10 cm 的刺槐作砧木，于春季树液开始流动时进行枝接。可先把砧木从 2～2.5 m 高处截干。用刀在横截面上劈一深 7～10 cm 的纵缝，缝经过砧木的髓心。然后把事先削好的楔形接穗插入劈缝中，砧木与接穗形成层对齐。为提高成活率，每株要接 2～4 个接穗。接后，套白色透明塑料袋并扎紧，以减少接穗水分蒸发，提高温度，促使发芽。接穗萌发后，不要急于摘袋子，以免'回芽'。待新芽长到 2～3 cm 长时将袋子撕一小孔放风，新枝长到 5～7 cm 时，再摘除袋子。

(2)扦插繁殖

嫩枝扦插：采条及扦插时间为 4 月上旬。选择 2 年生刺槐的当年生枝条作插条。把所采的枝条剪成 15 cm 长的插条，下切口用利刀平切，上部保留 35 片叶。50 株一捆在浓度为 100 mg/L 的 ABT 1 生根粉溶液中浸泡 0.5 h。采用普通沙床，塑料拱棚，上搭遮阳。将处理好的插条按株行距 10～15 cm 扦插，插后浇透水一次。然后覆上塑料薄膜，棚内温度控制在 18～28℃，最高不超过 30℃，相对湿度保持在 90%以上。喷水量视棚内温湿度高低和遮阳面积的大小而定，一般每天喷水 1～3 次为宜，阴雨天可不喷水。应用 ABT 1 生根粉进行刺槐扦插育苗，插穗基部愈合快，生根快，根系发达，毛细根多，苗木出圃率、质量、等级均高于对照。

硬枝扦插：采条及扦插时间为 12 月份落叶后采条，早春 3 月份扦插。选用生根健壮、发育充实、无病虫害的直径 1～2 cm 的 1 年生苗的休眠枝为插条。将采集的插条剪去梢部，截成 18～20 cm 长的插条。条粗以 1～1.5 cm 为宜，上剪口在距芽眼 1 cm 处平剪，下剪口在侧芽基部平剪。然后 50 株一捆在 ABT 1 生根粉 50～100 mg/L 溶液中浸泡 10～12 h，浸泡深度 4 cm。有两种扦插床可供选择：①普通插床。选背风向阳，排水良好，地势高燥处作低床。床东西向，宽 1 m、长 7 m、深 35～40 cm。床底铺 15 cm 厚的沙(排水层)，再铺 5 cm 厚的二合土，上面铺 5 cm 的沙，浇足底水。②电热温床。选背风向阳，排水良好处挖底床，床深 40 cm、宽 1 m，床底铺 15 cm 的沙作为排水层，上面铺 5 cm 麦糠、锯屑等作为保温层，然后按 4～5 cm 间距铺设农用电热线，上面铺 10 cm 的干净河沙，灌足水，并用 0.03%高锰酸钾或 0.05%多菌灵溶液进行床面消毒。

扦插方法及插后管理：

①温床催根法。

阳畦催根　将处理好的插条基部朝上一捆捆排放好，每株空隙填满土，插条上面保持 2.5 cm 厚的沙土，搭设塑料拱棚，畦内保持温度 25℃左右。

电热温床催根　按株行距 1 cm×5 cm 将插条插入沙中 6～7 cm，下切口距电热线 3～4 cm，通电保持插条下端的地温在 23～28℃。

②直接扦插法。按株行距 30 cm×70 cm 扦插，插条上切口与床面平，随扦插随浇水，使插条与土壤密接，水渗下后，在插条上部覆 1～2 cm 厚的细土。

应用ABT生根粉进行刺槐硬枝扦插育苗生根率可达90%～100%，当年生苗平均高1.73 m，根颈平均1.42 cm，最大苗高3 m，根颈3.41 cm。

病害有锈病，虫害有刺槐尺蠖、槐坚蚧等。

栽培管理：秋季和春季均是适宜栽植时间，以春芽萌动时成活率最高。若栽植胸径5 cm以上大苗，宜进行截干，干高2～2.5 cm。

分布范围：河南各地

园林应用：金叶刺槐叶片金黄，可植于城区街道两旁，孤植、片植独立成景。茎、皮及叶皆可药用。

12.68 金枝槐

学名：*Sophora japonica* 'Jin zhi'

别名：黄金槐

科属：豆科，槐属

形态特征：落叶乔木，高达20 m以上。树冠圆形。小枝春、夏黄绿色，秋、冬金黄色。奇数羽状复叶。小叶对生或近对生，卵状椭圆形，长2.5～5 cm，全缘。春季叶色金黄色，后渐变为淡黄绿色，至秋季又变为金黄色。河南尚未见到开花结果大树。

生态习性：温带树种，喜光，稍耐阴。喜深厚肥沃、湿润的沙质壤土，但在石灰性及轻度盐碱土上也能生长。过于干旱贫瘠的地方生长较差。耐低温严寒。

繁殖栽培：为保持其优良观赏特性，一般采用嫁接方法繁育，砧木可采用国槐1～2年生壮苗。嫁接时间一般在春季树液流动时为宜。嫁接方法以带木质芽接法为好。接芽成活后及时剪砧，除萌并搞好苗圃地管理。也可进行枝接。枝接在春季萌芽前进行，但砧木应选择2～4年生国槐壮苗。许昌鄢陵等个别育苗者为迎合城市绿化所需大苗(甚至大树)的要求，用胸径15～20 cm的国槐大树高接的金枝槐，移栽后生长极度不良，一般不要采用。金枝槐干性较差，为了培养良好主干，在第二年春将一年生苗按40 cm×60 cm的株行距重新栽植，勤养护、多施肥。秋季落叶后，在接苗饱芽处平茬并施有机肥越冬。第三年春注意水肥管理，去掉多余萌芽，只留一生长势旺盛的萌芽作为主干进行培养，对侧枝生长过强者应及时除去，以促进主干一直向上生长。入秋后停止施肥灌水，促使主干充分木质化以利安全越冬，当年苗可高达2～3.5 m，并在2.5 m处选留适当的3个侧枝作主枝，以培养树冠。

嫩枝扦插：采条及扦插时间为6月份。选择国槐半木质化的当年生枝条。将所采枝条保留2～3个叶子，上剪口距芽1 cm处，剪口在侧芽基部平切，枝条长10～15 cm。然后50根一捆浸泡在100 mg/L的ABT 1生根粉溶液中1～2 h。插床采用植物立体扦插育苗器。将处理好的插条斜插在植物立体扦插培育柱上，扦插深度为2～3 cm。及时喷雾，调节自控温控湿仪进行温湿度管理。应用ABT处理能加快生根，生根率达90%以上。

硬枝扦插：采条及扦插时间为冬季采条贮藏后，早春3月份扦插。选择1～2年生的国槐幼树休眠枝作插条。把插条浸入浓度为100 mg/L的ABT 1生根粉溶液中2 h，插条长15～20 cm。将插条直接插到大田里，最上面的芽露出地面。然后浇一次透水，插条上面用土或草覆盖。生根率高达85%以上。

注意防治腐烂病，国槐尺蠖等。

分布范围:全国各省多有栽培,许昌鄢陵发展最多。

病害有腐烂病、瘤锈病,虫害有槐尺蛾,注意防治。

园林应用:金枝槐树冠宽广,枝叶金黄繁茂,观赏价值颇高。可作良好的行道树和庭荫树,也可孤植、片植于游园、公园、草坪为园林增添色彩。

12.69 紫叶大叶榛

学名:*Corglaceae chinensis* 'Zi ye'

别名:紫叶山白果

科属:榛科,榛属

形态特征:落叶乔木,幼叶密被柔毛及腺毛。叶广卵形或卵状椭圆形,长 8～18 cm,先端渐尖,基部歪心形,缘有不规则细齿。叶红色至紫红色,老叶褐绿色,叶背脉上密生淡黄色短柔毛。坚果常 2～3 枚,紧生。

生态习性:喜温暖湿润气候及深厚肥沃的中性及酸性土壤,在微碱性土壤上也能生长。萌蘖性强,不太抗旱,在干旱瘠薄或重盐碱土壤上生长不良。

繁殖栽培:主要有嫁接和扦插繁殖方法。

嫁接:以华榛实生苗作砧木。嫁接时间以春季萌芽前进行切接,成活率较高。生长季节(7～9 月份)进行带木质芽接或芽接(热贴皮)也可,但当年嫁接苗生长量不如春季枝接。萌蘖性强,可进行分株繁殖。

扦插:生长季节采用半木质化 1 年生壮条,在全光喷雾条件下扦插成活率达 85%以上。移栽要选好栽植地。

分布范围:原产四川、湖南等山地,河南信阳市、遂平县玉山镇名品植物园艺场等有引种栽培,在豫南可适当发展。

园林应用:紫叶大叶榛树冠高大、雄伟,叶色紫红色,叶大绿浓,果美味可食,可植于园林绿地观赏。

12.70 金叶珊瑚朴

学名:*Celtis julianae* 'Jin ye'

科属:榆科,朴属

形态特征:落叶大乔木。树干通直,小枝柔软,具黄色绒毛,二年生枝几无毛。叶斜宽卵形或倒卵状椭圆形,长 7～14 cm,宽 5～8.5 cm,叶柄稍粗,长 5～15 cm。与普通珊瑚朴相比,叶片较薄,叶背绒毛较少,叶片整体呈现金黄色。核果,长 1.5 cm,直径 1.1 cm。在许昌,果实 9～10 月份成熟。

生态习性:金叶珊瑚朴的叶色在不同节位上略有差异。旺盛生长期,枝条顶部 1～4 片幼叶为金黄色,从第 5 叶开始叶色呈现逐渐带绿的倾向。它的叶色有季相变化的特点,进入 10 月份,气温开始下降,黄叶上开始泛有绿晕,到 10 月下旬,叶片绿色逐渐加深。喜光,好生于肥沃、平坦之地。但对土壤要求不严,既有一定的抗旱能力,亦耐水湿或瘠薄土壤。

繁殖栽培:为保持稳定的金叶性状,可采用嫁接方法繁殖。选择生长健壮,无病虫害的优良珊瑚朴树作母株，于10月份采种，采种后立即秧播或将种子去除杂质后（不要晾晒）沙藏至翌年春播，播后加强管理培育砧木。春季劈接和生长季节芽接均可。也可采用扦播的方法进行繁殖。

分布范围：河南西部和南部。许昌有引种栽培。

园林应用：金叶珊瑚朴据报道由许昌范军科等在珊瑚朴中选育而成，该树种冠大阴浓，树高干直，姿态雄伟，叶金黄色，核果大，橙红色，秋日枝上布满鲜艳果实，颇为美观。可植于厂矿、公园、庭院和路旁。

12.71　蓝果树

学名：*Nyssa sinensis*

别名：紫树

科属：蓝果树科，蓝果树属

形态特征：落叶乔木，树皮灰褐色，纵裂，呈薄片状剥落。小枝紫褐色，有明显皮孔。叶纸质，椭圆形或卵状椭圆形，边缘全缘或微波状，表面暗绿色，背面叶脉上有柔毛。聚伞总状花序，腋生。花小，绿白色。核果矩圆形，蓝黑色，花期4～5月份，果期8～9月份。

生态习性：喜温暖向阳，空气较湿润的环境。深根性，宜土层深厚肥沃。微酸性或中性土壤，萌芽力强。

繁殖栽培：播种繁殖，果熟时采收、摊放后熟，将种子洗净阴干后秋播，或沙藏至翌年早春播种。播后苗床需盖草，保持土壤湿润。种子发芽出土后，逐次揭草，搭棚遮阳。幼苗出现3～4片真叶时，择雨后间苗补缺。一年苗高可长至60 cm，培育大苗需移栽继续培养，大苗移栽需带土球。

分布范围：河南大别山新县等有自然分布，河南遂平县、鄢陵县有引种栽培。

园林应用：蓝果树干形挺直，叶茂阴浓，春叶紫色，秋叶绯红，分外艳丽。适宜作庭荫树，在园林中常与常绿阔叶树混植，作上层骨干树种，构成林丛。材质好，可作家具等用。

12.72　金叶栾树

学名：*Koelreuteria paniculatl* 'Jin ye'

别名：金叶栾

科属：无患子科，栾树属

形态特征：落叶乔木，分枝较多，幼枝红色。1～2羽状复叶，小叶卵形或卵状椭圆形，有不规则粗锯齿或羽状深裂。叶片为鲜艳的金黄色。花金黄色，小而不整齐，顶生圆锥花序，6～7月份开花。蒴果膨大，成熟时红色，种子圆形，黑色。果熟期9月底至10月份。

生态习性：喜光，喜温暖湿润气候，对寒冷和干旱忍耐力强，生长快，深根性，萌蘖力较强，对土壤要求不严，对二氧化硫抗性较强，抗烟尘，病虫害较少。

繁殖栽培：同锦花栾。

分布范围：栾树广布于河南各地，金叶栾树是山西省襄垣县花农王国栋由普通栾树的芽变选育出来的，许昌、鄢陵等已有引种。

园林应用:金叶栾树枝叶繁茂秀丽,叶色、花色金黄,果色嫣红,是常用的庭院观赏树种,可做行道树和工厂绿化树。

12.73 锦华栾

学名:*Koelreuteria paniculata* 'Jin hua'

别名:花叶栾树

科属:无患子科,栾树属

形态特征:落叶乔木。树冠近圆球形,树皮灰褐色,细纵裂;小枝稍有棱,春、夏季金黄,秋、冬季橘黄,无顶芽,皮孔明显,奇数羽状复叶,有时部分小叶深裂而为不完全的 2 回羽状复叶,长达 40 cm,生长季复叶呈玫瑰红、金黄、乳白、翠绿色,小叶 7～15 cm,卵形或长卵形,边缘具锯齿或裂片,叶柄粉红色,叶正面具黄、红、白、绿相间的斑块或斑纹,背面沿脉有短柔毛。顶生大型圆锥花序,花小,金黄色。花期 6～7 月份,果期 9～10 月份。

生态习性:喜光,耐半阴,耐寒,耐干旱、瘠薄。适应性强,喜生于石灰质土壤,也能耐盐渍及短期水涝。深根性,萌蘖力强,生长速度中等,幼树生长较慢,以后渐快,有较强抗烟尘能力。

繁殖栽培:以嫁接繁殖为主,扦插繁殖也可。

(1)嫁接繁殖　砧木以黄山栾实生苗作砧木。砧木的培育方法是:秋季果熟时采收,及时晾干去壳。因种皮坚硬不易透水,如不经处理第二年春播常不发芽,可用湿沙层积处理后春播。一般采用垄播,垄距 60～70 cm,因种子出苗率低,故用量大,每 667 m^2 播种量 30～40 kg。出苗后及时浇水、施肥、松土、除草等。嫁接方法采用枝接、芽接均可。枝接在春季萌芽前进行。芽接以带木质芽接最宜,一年四季均可进行。栾树栽培管理较为简单,移植时适当剪短主根及粗侧根,这样可以促进多发须根,容易成活。

(2)扦插繁殖　采条及扦插时间为 6 月份。选择栾树半木质化的当年生枝条。将所采枝条保留 2～3 片叶,上剪口距芽 1～2 cm,下剪口平切,枝条长 10～15 cm。浸泡在浓度为 100 mg/L 的 ABT 1 溶液中,浸泡 2 h。插床采用立体育苗器。将插条斜插在植物立体培养柱上,然后调整自动控温控湿仪,根据插条的需要控制温湿度。应用 ABT 生根粉处理栾树插条,能缩短枝条生根时间,提高扦插生根率。

分布范围:锦华栾由许昌范军科等在黄山栾实生苗中选育,适于河南各地栽培。

园林应用:锦华栾是珍稀栾树新品种,该品种树冠近球形或伞形,叶色独特秀丽,花色金黄,果色嫣红,是优美的庭荫树,可做行道树及园林景观树,也可用作防护林水土保持及荒山绿化树种。

12.74 紫叶稠李

学名:*Prunus virginiana*

别名:紫叶稠梨

科属:蔷薇科,李属

形态特征:落叶乔木,树形大,树冠椭圆形,小枝紫褐色。叶卵状长椭圆形至倒卵形,基部圆形或近心形,先端渐尖,缘有细尖锯齿,红色或紫红色。总状花序,长 7.5～15 cm,花小,白色，有清香。果近球形，径 6～8 mm，黑色，有光泽，花期 4～5 月份，果期 8～9 月份。

生态习性：喜光，稍耐阴，光照差则叶色稍差；耐寒，喜肥沃、湿润排水良好的沙质壤土；在溪边、河岸沙壤土上生长良好；不耐干旱瘠薄；根系发达，抗病虫。

繁殖栽培：播种繁殖，春播、秋播均可。移栽幼苗要带宿土，大苗要带土球。栽植前先行疏枝、挖穴，栽植后浇透水，雨季注意排水。

分布范围：产我国华北、东北等地，河南遂平玉山镇名品植物园艺场有引种栽培。

园林应用：紫叶稠李叶紫红色，花序长而美丽，果实成熟时亮黑色，是园林绿化优良的观赏树种；可孤植于庭院观赏，也可做背景树、行道树，该树种极有市场前景。

12.75　红叶李

学名：*Prunus cerasifera* ‘Atuopurpurea’

别名：紫叶李

科属：蔷薇科，李属

形态特征：落叶小乔木，高达 4～8 m，树冠球形，植株各部分基本呈紫色。小枝细弱，叶片卵形至倒卵形，长 3～4.5 cm，紫红色。花单生，淡粉红色，径 1.5～2 cm，单瓣。果实球形，暗红色，径约 1.5 cm。花期 4～5 月份，果期 6～7 月份成熟。但极少结果。

近缘品种：黑紫叶李（*Prunus cerasifera* cv. Nigra）叶片黑紫色。

生态习性：适应性较强，喜光，在背阴处叶片色泽不佳，喜温暖湿润气候，对土壤要求不严，在中性至微酸性土壤中生长最好。较耐湿，是同属树种中耐湿性最强的种类之一。生长速度中等偏慢。

繁殖栽培：主要采用嫁接繁殖，也可扦插繁殖。可用李、山桃、山杏等为砧木。春季切接，在树液流动后进行。先在距地面 5～10 cm 处栽砧。接穗长度 10～15 cm。嫁接要快，接后培土保湿保温，此法成活率高，成苗快。培育数量较大时，可采用芽接法。芽接时，先培育砧木。方法是将经过沙藏的砧木种子于春季播种，并用塑膜覆盖，至 5～6 月份，砧木生长到一定粗度时，即可进行芽接（T 形芽接法），实生砧苗可按 20 cm×50 cm 株行距定苗，每亩可嫁接 6 670 株。接后加强管理，当年便可培育出成品苗 6 000 株以上。

扦插繁殖：春、秋季均可进行，但秋季扦插成活率高。方法：选择 3～4 年生生长健壮的植株作母树，在母树上选取无病虫害的当年生（直径 5～10 mm）壮枝作插条，最好选用木质化程度较高的种条的中下部截取插穗，插条选好后用湿沙贮藏待用。

整理插床：选择土壤深厚、肥沃、疏松、排灌方便的沙壤土作苗圃地。整地前先行土壤消毒灭虫，然后深耕细耙，打畦做床。床宽 1 m，长依圃地而定。床面耙平备插。河南一般在秋季正常落叶达 50%以上时为最佳扦插时间，插前先将沙藏的枝条剪成 10～12 cm 长的插穗，剪口上平下斜，再将剪截的插穗下端放在水中浸泡 15～20 h，浸泡后蘸浸生根粉，以利生根。扦插株行距 5 cm×5 cm，插后灌水，待床面稍干后用地膜覆盖保墒，并搭一小拱棚保温。插后要注意重点作好棚内温度管理工作。若膜下土壤干燥时，可在膜上扎孔浇水。插后当年冬季棚内最低温度降至－5℃时，每天上午 10:00 以后揭开草苫增温，下午 4:00 以后需盖草苫防冻。当白天棚内气温达到 30℃以上时，应打开拱棚，适当通风，防高温灼伤幼苗。3 月初幼苗高 3～5 cm，白天揭开地膜通风炼苗，随幼苗生长逐渐加大通风量。3 月中下旬至 4 月初注意苗床浇水保湿。4 月中旬揭去棚、膜。及时施肥、除草、浇水。成苗率可达 95%以上。为培养合格苗木,扦插苗成活后需分栽移植,继续培养。一般在 4 月下旬选阴雨天或晴天的下午 4:00 后进行移植。起苗前,苗床灌足水,一是防起苗伤根,二是根系能多带泥土,移植前每亩施 4 000~5 000 kg 腐熟农家肥和含量各 15%的三元复合肥 50 kg,深耕细耙后移植,随起苗随栽植,株行距 20 cm×30 cm。栽后浇足水,保持床面湿润,无病、虫、草害。6 月初阴雨天前或土壤干旱灌溉前每亩撒施尿素 25 kg,促进苗木生长。当年移植苗平均高达 1.5 m 左右,地径达 1.5 cm。

栽培:栽植宜在春季进行。栽植前,要先重截,即将地上部成活后的枝留 7~10 cm 重剪。经过剪截后的苗木不但容易成活,而且生长旺盛。栽植直径 5 cm 以上大苗,要挖大坑起大苗,所起苗木根幅直径 40~45 cm。若在夏季栽植大苗,要带直径 40~45 cm 的土球,并对地上部进行疏枝。对栽培的红叶李,要施肥。孤植树木将主干高度保持在 1~1.5 m。

有金龟子成虫及幼虫危害。

分布范围:红叶李分布于中国西北、东部、南部、中部、西南与台湾山区等。河南栽培极为广泛。

园林应用:红叶李是著名的常色叶树种,新叶红色或暗红色,老叶紫红色,在园林中应用广泛。园林中常用作园路树,或于草坪角隅,建筑物前从植或孤植。红叶李因其叶常年红紫,在选好背景色彩的情况下,更加相映成趣。

12.76 中华太阳李

学名:*Prunus cerasifera* Ehrh.

别名:樱桃李

科属:蔷薇科,李属

形态特征:落叶小乔木,干皮紫灰色,小枝淡红褐色,均光滑无毛。单叶互生,叶卵圆形或长圆状披针形,长 4.5~6 cm,宽 2~4 cm,先端短尖,基部楔形,缘具尖细锯齿,羽状脉 5~8 对,两面无毛或背面脉腋有毛,色暗绿或紫红,叶柄光滑多无腺体。花单生或 2 朵簇生,白色,雄蕊约 25 枚,略短于花瓣,花部无毛,核果扁球形,径 1~3 cm,腹缝线上微见沟纹,无梗洼,熟时黄、红或紫色,光亮或微被白粉,花叶同放,花期 3~4 月份,果常早落。

生态习性:喜光也稍耐阴,抗寒,适应性强,以温暖湿润的气候环境和排水良好的沙质壤土最为有利。怕盐碱和涝洼。浅根性,萌蘖性强,对有害气体有一定的抗性。

繁殖栽培:多以山毛桃作砧木嫁接繁育,也可插条繁殖。

分布范围:原产中亚及中国新疆天山一带,现栽培分布于北京以及山西、陕西、江苏、山东等地的各大城市。河南遂平、鄢陵有引种栽培。

园林应用:中华太阳李抗寒性强,适应性广,全国大部分地区均可种植,该品种树体优美,枝叶鲜红艳丽,全年红叶期可达 260 天左右,比红叶李,紫叶矮樱更鲜艳夺目,是集食用、绿化、观赏为一体的彩色新品种。

12.77 紫叶桃

学名:*Prunus persica* ‘Atropurpurea’

科属:蔷薇科,李亚科

形态特征:落叶小乔木,高 3～5 m。小枝无毛,冬芽密被绒毛,常 3 芽并生。叶长椭圆状披针形,长 7～16 cm,先端渐长尖,基部阔楔形,边缘有细锯齿,叶为紫红色,叶柄长 1～1.5 cm,无毛,顶端具腺体。花单生,单瓣,多粉红色,亦有红、白及红白混杂等色。花期 3～4 月份,果期 6～8 月份。特点是开花多,结果少;果个小,味苦涩,无食用价值。

近缘品种:红叶碧桃,花径大,约 4 cm,复瓣,红色。

红叶绛桃,花重瓣,深红色,萼筒紫褐色,花梗明显。

生态习性:喜光,耐旱,不耐水显,喜排水良好的沙质壤土,忌低洼积水地栽植。在弱酸性和弱碱性土,黏重土上均能生长,在温带地区生长最好。根系较浅,须根多,寿命 20～25 年。

繁殖栽培:多以山桃或毛桃作砧木进行嫁接繁殖;也可用杏砧,虽植后生长略慢,但抗性强,寿命长。砧木种子采收后需经过越冬沙藏,翌年早春播种,也可直接进行秋播。采用开沟播或条播,株行距 10 cm×40 cm,每 667 m^2 可产苗 16 600 株。在鄢陵可做到当年播种、当年嫁接、当年出圃。即早春播种,夏季嫁接,当年嫁接苗高 1.5 m,地径 1.6 cm。若进行枝接,需用 2 年生以上实生苗作砧木,在早春刚刚开始萌动时进行劈接或切接。

可秋植,也可春植。在园林中地栽时要开挖较大的定植穴,同时施入基肥,如果土壤黏重还应换沙质土。以后每年秋后翌年早春都应增施有机肥料。春季注意灌溉,雨季注意排水防涝,立秋以后停止灌水,使枝条充分木质化以增强抗冻能力,入冬前灌足水。也可进行盆栽,用加沙培养土上盆。每年翻盆换土一次,尽量不要换入大盆。夏初花谢后追肥 2～3 次,同时把幼果全部摘掉。

病害有细菌性空孔病、桃缩叶病,虫害有桃蚜、桃小食心虫等。

园林应用:紫叶桃叶色紫红,娇媚可爱,可直接用于美化公园、庭院、绿化道路,又可盆栽观赏,无论山丘、水畔、石旁、墙际、草坪边缘以及大面积游园皆宜栽植。此外,也可作盆栽观赏。

12.78 红叶桃

学名:*Prunus persica f. atropurpurea*

科属:蔷薇科,桃属

形态特征:落叶小乔木,高 3～5 m。小枝无毛,冬芽密被绒毛。叶长椭圆状披针形,长 7～16 cm,先端渐长尖,基部阔楔形,边缘有细锯齿;新叶紫红色或红色。复花芽或单花芽,河南 4 月份开花,花期 10～15 天。

生态习性:与紫叶桃(*Prunus persica* ‘Atropurpurea’)不同,红叶桃是一种集观赏、食用为一体的果树,在园林应用中属于常色叶树种,阳性树种,树姿半开张,树势强健,芽萌发率和成枝力强。对土壤要求不严,在平原、丘陵及山区的沙质土、黏质土、红壤土以及弱酸性和弱碱性土壤中均能正常生长。

原种红叶桃(*Amgdalus persica*)只开花很少结果,且果个小,无食用价值,只能作为观花、观叶品种栽培。河南马玉玺、杜文义等用原种红叶桃做母体,冬桃做父本进行有性杂交,选育出红花复花型红叶桃、红花单花型红叶桃、粉花复花型红叶桃、粉花单花型红叶桃等系列新品种。新品种从4月初开花,花与红叶同时生长,花后结出紫红色果实,红叶一直保持到5月下旬,以后老叶呈铜绿色或绿色,新叶、新梢仍为紫红色。果熟期9月15日至10月中旬,果实性状基本相同,果实近圆形,果形端正,果面均着有紫红色,果肉白色,近果核处红色,果味甜,肉多汁,软果肉,尤其是儿童、老人食用之佳品。

繁殖栽培:嫁接繁殖。多以山桃或毛桃作砧木,芽接、枝接均易成活。栽植地忌长期积水,栽后注意整形修剪,施肥浇水。

分布范围:产自华北及其以南地区。河南郑州、鄢陵等栽培甚多。

园林应用:红叶桃及系列新品种具有观花、观叶、观果、食用四大功能。既可地栽也可盆栽;用于山坡、水畔、石旁、墙际、庭院、草坪边,可做独赏树、庭荫树、行道树等,也可片植成林,建成旅游观光园供人们观叶、观花、采摘,效益显著;同时,也是优良的鲜切花材料。

12.79 花叶复叶槭

学名:*Acer negundo* 'Variegatum'

别名:银花叶羽叶槭、花叶羽叶槭

科属:槭树科,槭树属

形态特征:落叶小乔木。小枝光滑,常被白色蜡粉。羽状复叶对生,纸质。小叶3～6枚,卵状椭圆形,长5～10 cm,叶缘有不整齐粗齿。幼叶呈黄、粉白、粉红色,成熟叶呈现白色、黄白色或绿色相间的斑驳叶色。花单生,无花瓣,两果翅呈锐角。

近缘品种:金叶复叶槭(*Acer negundo* 'Aurea'),叶片金黄色。

金花叶复叶槭(*Acer negundo* 'Aureomarginatum'),叶片黄白绿相间。

粉叶复叶槭,叶具白边,幼叶泛淡粉色,轻微下垂,春季萌发时小叶卵形,有不规则锯齿,十分美丽,是所有耐寒彩叶乔木中最漂亮的品种。

栽培繁殖:嫁接繁殖,以北美复叶槭幼苗或建始复叶槭幼苗作砧木。可采用枝接和芽接等法。芽接要在砧木生长最旺时进行,接口容易愈合。枝接又可分为老枝嫁接和嫩枝嫁接两种方式。老枝嫁接可选用3～4年生较粗的羽叶槭作砧木,在春季当砧木叶芽膨大时进行切接或腹接。嫩枝腹接要在6～8月份进行。砧木和接穗要选用当年生半木质化枝条,采用高枝多头接法,这样可以促使早日形成树冠。苗木移植应选择土壤肥沃疏松,光照好的地方,在秋冬落叶后和春季萌芽前进行。移植时,中小苗需带宿土,大苗需带土球。主要病虫有刺蛾、袋蛾、蚜虫和天牛等,要及时防治。

分布范围:河南各地均有栽培,许昌、鄢陵、遂平等栽培较多。

园林应用:花叶复叶槭姿态优美,叶形秀丽,尤其幼叶粉红、粉白,成熟叶粉白和绿色相间,观赏价值极高,是珍贵的观赏佳品,无论栽植何处,无不引人入胜。在园林中可植于庭院、花境内、路边、街头公园等地,色彩效果上佳。也可制作盆景观赏。

12.80 日本红枫

学名:*Acer palmatum*

别名:日本红丝带

科属:鸡爪槭科槭属

形态特征:与红枫大致相同,主要差别为枝红色,横展直至下垂,分枝较多,主枝上伸,叶较小,猩红色,且披蜡质,有光泽,夏季不灼伤,新叶较红枫早半月出叶,落叶推迟 1 月份左右,耐寒性极强,比红枫生长速度快,嫁接或扦插繁殖。

生态习性:喜光,稍耐阴。对土壤适应性强,尤其微酸性、中性及微碱性的土层深厚、肥沃疏松的土壤生长良好。在河南栽培表现良好,3~4 年生幼树当年新梢可长至 1.5 m 左右,树势强健,生长较快。较耐干旱瘠薄,且较抗寒,在河南能安全越冬。

繁殖栽培:嫁接繁殖。可采用五角枫实生苗作砧木,用芽接和枝接方法进行。但五角枫在河南生长较慢,株型紧凑,而欧洲红枫长势较快,接后容易出现"头重脚轻"现象。许昌市园艺场申建才等采用复叶槭实生苗作砧木,采用芽接和切接方法繁殖获得成功,接苗长势良好,经过近 5 年观察,无发现"小脚"现象,可以推广。

扦插繁殖参考红枫。

栽培:苗木移植应选择土壤疏松肥沃的微酸性、中性或碱性土,在秋冬落叶后至春季萌芽前进行。移植时,中小苗应带宿土,大苗要带土球。

分布范围:河南各地均可栽培,许昌、漯河、郑州引种栽培较多。

园林应用:日本红枫长势强健,适应性强,且叶形秀丽,叶色红艳,比美国红枫、日本红枫等抗性更强,为近年来成功引进的珍贵观叶佳品,无论栽植何处,都十分引人注目。在园林中可以配植于花坛、路边、墙隅以及公园、广场等地,植后红叶摇曳,引人入胜。

12.81 金叶羽叶槭

学名:*Acer negunde* 'Auratum'

别名:金叶复叶槭、金叶梣叶槭

科属:槭树科,槭属

形态特征:落叶小乔木。小枝光滑,常背白色蜡粉;羽状复叶,对生;小叶 3~5 枚,卵状椭圆形,长 5~10 cm,常年金黄色,缘有不整齐粗齿。花单性,无花瓣,两果翅呈锐角。

生态习性:喜光,喜冷凉气候,耐干旱,耐寒冷,耐轻度盐碱地,喜疏松肥沃土壤,耐烟尘。根萌蘖性强,生长较快,在河南生长量一般。

同种的园艺变种还有:银边羽叶槭(*Acer negundo* 'Yin bian'),叶边缘具银白色窄带。

金边羽叶槭(*Acer negundo* 'Elegans'),叶缘具金黄色窄带。

河南遂平县玉山镇植物名品园艺场还引种有粉叶复叶槭,红叶复叶槭等。

繁殖栽培:采用嫁接繁殖和扦插繁殖。

(1)嫁接繁殖　一般以羽叶槭实生苗作为砧木,采用枝接、芽接和靠接法进行繁殖。具体方法参看鸡爪槭的繁殖方法。

(2)扦插繁殖 ①采条及扦插时间。5～6月份。②插条及母树的选择。从嫁接母树上选择健壮、叶片完整的枝条作插条。③插条规格及处理。插条长8～12 cm,顶端留叶2～3枚。浸泡在100 mg/L的ABT 1号生根粉溶液中12 h。④扦插床的准备。插床长10 m,宽1.2 m,高35 cm。表层垫5 cm厚的清河沙,上铺3 cm厚的黄泥土。⑤插扦方法及插后管理。株距2～3 cm,行距5 cm,深度为插条长的1/3或1/2。插床搭拱形架覆盖塑料薄膜,保持床内一定的温度和相对湿度,并搭遮荫棚,遮光率20%～30%。⑥效果。应用ABT 1号生根粉处理羽毛枫,生根率达70%以上,不定根多而发育健壮。

分布范围:原产北美,我国华北、东北及华东地区有栽培,河南遂平县、鄢陵县有引种。

园林应用:金叶复叶槭姿态优美,叶形秀丽,叶色金黄,具有很高的观赏价值,在园林中可植于庭院、花镜,也可植于路边、街头游园等地,无不引人入胜。

12.82 红枫

学名:*Acer palmatum* 'Atropurpureum'

别名:紫红鸡爪槭、紫红鸡爪枫、紫细叶鸡爪槭、红叶鸡爪槭

科属:槭树科,槭属

形态特征:落叶小乔木,树冠近圆形或伞形。小枝细瘦,紫色、紫红色或略带灰色,叶交互对生,常掌状5～7裂,裂深为全叶的1/2～1/3,基部心形,叶的裂片呈狭长的椭圆形,顶端锐尖,裂片有细锐重锯齿。叶色常年红色或紫红色。叶柄较细长,长4～6 cm,无毛。花杂性,由紫红色小花组成伞状花序。双翅果开展呈钝角,向上弯曲,幼时紫红色。花期4～5月份,果期9～10月份。

常见的栽培变种有:红细叶鸡爪槭(*Acer palmatum* cv. *diesectum ormatum*),叶深裂达基部,裂片狭长且又呈羽状细裂,树冠开张,枝略下垂,叶常年古铜色或古铜红色。

暗紫细叶鸡爪槭(*Acer palmatum* cv. *dissectum nigrum*),叶形同细叶鸡爪槭,常年暗紫红色。

红边鸡爪槭(*Acer palmatum* cv. *roseo-marginatum*),嫩叶及秋叶裂片边缘呈玫瑰红色。

生态习性:红枫喜光,也较耐阴,喜温暖湿润气候和肥沃湿润、排水良好的土壤,酸性、中性及碱性土壤均能适应。怕太阳强光直射,在强光、高温下,枝叶、树皮易造成叶尖焦枯或卷叶的"日灼"现象。具有一定的耐寒性,如许昌2009年11月上旬突降的最低气温(-11℃左右),使女贞、枇杷等冻死的很多,但红枫却冻死的较少。较耐干旱,不耐水湿,生长速度偏慢。

繁殖栽培:播种、嫁接和扦插繁殖均可。但播种时叶色易产生变异。

(1)播种繁殖 10月份种子采收,可随采随播(秋播)或将种子用湿沙层积至翌春播种。苗床应选择土壤肥沃、疏松、pH在5.5～7的沙质壤土为好。冬前对苗圃地要深翻,并施入足量基肥和过磷酸钙肥(每667 m^2 200 kg),开春细耙,平整做床。3月中下旬播种,条播行距25 cm,播后覆土1.5～2 cm,浇透水,上盖草,以利于保墒。每667 m^2 播种量1.5～2 kg,3月下旬至4月上旬发芽出土,出苗后分次揭草,幼苗期喜阴湿,出苗后,中午温度超过30℃要适当遮阳,并保持苗床湿润肥沃。当年苗高可达60 cm以上,每667 m^2 产苗2万～3万株。园林绿化一般用苗较大,因此,可再分栽培育1～2年。

(2)嫁接繁殖 红枫主要用嫁接繁殖。砧木可用青枫、五角枫、三角枫实生苗,但以青枫实

生苗最好。河南春、夏、秋季均可进行。接穗应选取红枫优良母株树冠外围中上部的充分成熟、健壮、芽眼饱满的1～2年生枝条作接穗。切接、劈接、芽接、枝接、靠接均可，一般以切接繁殖较多。

切接：在砧木树液开始流动，接穗尚未发芽时进行，砧木宜选用直径1～2 cm的青枫实生苗。砧木切断部位的高度应离地面4～5 cm，接穗与砧木的形成层至少要有一边对齐，对齐后立即用宽1 cm的塑料带从接口处自下而上捆扎紧实，使穗砧紧密结合，并套上小塑料袋防止失水，以利成活。枝接又可分为老枝嫁接和嫩枝嫁接，老枝嫁接是选用3～4年生的鸡爪槭实生苗作砧木，春季在砧木叶芽膨大时进行切接或腹接；嫩枝嫁接在6～8月份进行，砧木和接穗宜选取当年生、半木质化枝条，采用高枝多头的接法，即"高接换种"法，促使早日形成树冠；芽接和靠接在砧木生长最旺盛的时间进行，此时气温高，树液流动快，伤口愈合快，嫁接成活率高。芽接时在砧木距地面10～15 cm处北面(不易风折)，光滑无分枝处进行。秋季(9月上中旬)芽接的还要适当提高嫁接部位，多留茎叶，能提高嫁接成活率。

无论采用哪种接法，接后应及时检查砧穗愈合成活情况，发现接芽干枯，应及时补接。一般春天嫁接的，在接后15～20天即可看出是否接活，当接穗成活后，须及时剪除砧木上的萌芽条，促进接芽生长。

(3)扦插繁殖　①插条及母树的选择。剪取嫁接母树上生长健壮无病虫害、叶片完整的枝条作插条。②采条及扦插时间。5～6月份。③插条规格及处理。插条长7～12 cm，顶端留叶2～3片，基部用利刃切成平切口。然后浸泡在浓度为100 mg/L的ABT 1生根粉溶液中12 h。④扦插床的准备。插床长10 m，宽1.2 m，高35 cm。其表层垫5 cm厚的河沙，上面再铺3 cm厚的干净黄泥土。⑤扦插的方法及插后管理。株距2～3 cm，行距5 cm。用竹片开沟，扦插深度是条长的1/3～1/2。用手压紧，再浇一次透水。搭塑料小拱形棚，保持床内相对空气湿度，并在拱形薄膜拱棚上搭一高的荫棚遮阳，遮光率为20%～30%。⑥效果。应用ABT 1生根粉处理红枫，生根快、健壮、生根率高。

苗木移植应选择阴湿肥沃地，在秋冬落叶后和春季萌芽前进行。移植时，中小苗需带宿土，大苗需带土球。盆栽的鸡爪槭要在8月下旬移至阴凉湿润环境，施入1～2次氮肥，适当整形修剪，促使枝叶繁茂。经1～2次霜后，叶片转黄或红时，移入室内养护。

黄刺蛾、大蓑蛾、蚜虫和星天牛危害枝叶，要及时防治。

分布范围：在我国分布于长江流域，栽培范围较广，现河南黄河以南地市栽培观赏较多。

园林应用：红枫姿态优美，叶色秀丽、鲜艳，是槭树科中最珍贵的观叶树种，可植于溪边、池畔、路隅、墙垣以及草地、窗前和花境之中，几乎无处不适，配置造景自然淡雅，引人入胜。

12.83　黄枫

学名：*Acer palmatum* 'Aureum'

别名：金叶鸡爪槭

科属：槭树科，槭属

形态特征：落叶小乔木，小枝细瘦，紫红或灰紫色。叶交互对生，常掌状5～7裂，裂深为全叶的1/2～1/3，裂片有细锐重锯齿。叶色常年金黄。花杂性，由紫红色小花组成伞状花序。双翅果开展呈钝角，向上弯曲，幼时紫红色，成熟后棕黄色。花期4～5月份，果期9～10月份。

生态习性：与红枫基本相同，但适应性和抗寒性比红枫强。

繁殖栽培：繁殖方法与红枫相同，栽培技术同鸡爪槭、五角枫等。

分布范围：河南各地，黄河以南地区更为适宜。

园林应用：金叶鸡爪槭姿态优美，叶形秀丽，叶色金黄，是珍贵的观叶树种。可植于公园、庭院、路隅，尤其与紫叶李、紫叶矮樱、紫叶小檗等树种科学配置，其观赏效果更佳。

12.84 挪威槭

学名：*Acer platanoictes*

科属：槭树科，槭属

形态特征：株高 9～12 m，树冠卵圆形。枝条粗壮，树皮表面有细长的条纹。叶片光滑宽大浓密，秋季叶片呈黄色。

近缘品种：花叶挪威槭(*Acer platanoides* Drummondii)叶片硕大，叶缘带有较宽的金边，能耐－15℃左右的低温。采用耐寒和抗逆性强的砧木嫁接后可增强其耐寒性和适应性。

红国王挪威槭：单叶星形，春天叶片紫色或红色，夏天红褐，秋季呈黄色、褐色、暗栗色或青铜色。早春开花，伞状花序黄绿色。

生态习性：喜光照充足。在干燥地区种植，需进行深浇水。较耐寒，能忍受干燥的气候条件。适应各种土壤，但最喜肥沃、排水性良好的沙质壤土。生长速度中等。

繁殖栽培：播种和嫁接繁殖。

分布范围：原产欧洲，分布在挪威到瑞士的广大地区。我国可在北至辽宁南部，南至江苏、安徽、湖北北部区域内生长。河南遂平有引种栽培。

园林应用：挪威槭是一种直立生长、树形美观的树种，因其树荫浓密，是良好的行道树。

12.85 紫叶黄栌

学名：*Cotinus coggyria* 'Arropurpurea'

别名：中华红栌、中国红叶树、紫叶栌

科属：漆树科，黄栌属

形态特征：落叶灌木或小乔木，树冠圆形或半圆形。小枝红紫色，髓紫红色。单叶互生，卵形至倒卵形，先端圆或微凹，叶全缘，春季呈红紫色，夏季暗紫色，秋季转为紫红色。叶及枝表面密被白色柔毛。圆锥状花序顶生于新梢，无杂色，小型，4～8 个小穗附生，每个小穗开花 4～6 朵，小花粉紫色，多数花不孕；花梗宿存，紫红色，羽毛状，长 2～3 cm。果序长 5～10 cm，果实紫红色，扁状，肾形。花期 5～6 月份，果期 7～8 月份。

生态习性：喜光，耐寒，耐旱，稍耐阴；忌水湿，适生于向阳、较干燥的阳坡和半阳坡，或通风良好的干原区。在北京西山地区夏季最高 40～42℃，冬季最低－22.8℃的自然条件下，仍能生长。土壤适应性强，耐贫瘠土壤，在中性、微酸和微碱性土壤中都能生长良好，生长较快，在鄢陵育苗，当年生长平均 100～150 cm，最大生长量可达 200 cm 以上。

繁殖栽培：主要是嫁接繁殖，也可采用压条和扦插繁殖，但压条方法繁殖费工且管理复杂，扦插繁殖种条利用率低，扦插成活率低，成苗时间长，生产上以嫁接繁殖应用最为普遍。

嫁接：首先要培育黄栌苗木做砧木。根据实践，对黄栌播种苗采取一定的技术措施，如生长旺季及时抹除下部萌芽，高度达到约 1 m 时及早定干，上部留 2～3 个生长较健壮的枝条进行培养，当枝条生长大量下垂时，及时修剪，都可加速砧木的培育进程，缩短紫叶黄栌的出圃时间。对准备改造的多年生黄栌，如直接在主干上进行劈接或插皮接，接穗成活后虽生长迅速，但易风折，以后做支架的工作量较大，因此宜重修剪，加强肥水管理，促使多生旺条，然后在这些新生枝条上嫁接。①芽接。在接条可以离皮时，选叶色鲜艳、生长健壮、无病虫害、芽眼饱满的枝条做接穗，随剪随用，或剪后用湿布包好备用。嫁接前 10 天对准备嫁接的黄栌砧木进行修剪，留侧上枝，并浇一次透水。嫁接方法主要采用"丁"字形芽接、"工"字形芽接和嵌芽接三种，一般成活率都在 90%以上，操作熟练的成活率可达 100%。②枝接。在紫叶黄栌未萌芽前，于生长健壮、无病虫害的植株上剪取枝条，用湿布包好后放入冰箱中保存。嫁接前 10 天浇一遍透水并修剪，保留上部 3～5 个健壮枝条，其余全部剪除。紫叶黄栌一年中可以枝接的时间较长，4～9 月份都可进行，除了劈接、插皮接外，根据砧木粗细、大小的不同还可进行切接、腹接、舌接等，只要操作熟练，成活率都可达到 90%以上。

移栽出圃：紫叶黄栌对土壤和环境的适应能力较强，耐移栽性和黄栌基本相同，成活率高，但在圃内适宜进行 2 次移栽，确保毛细根多，以培育优质的苗木。

整形修剪：紫叶黄栌的生长特性与黄栌基本相同，生长旺盛，萌芽力、成枝力均较强，生产上采用一定的园艺技术措施，及时抹除萌蘖，留侧上芽修剪，即可培养出优美的树形。

紫叶黄栌的病虫害种类与黄栌基本相同，但目前发现的较少，仅有黄萎病、丽木虱、黄斑直缘跳甲等发生。

黄萎病是一种维管束病害，雨量较多或灌溉充足时发病率高，5 月下旬至 6 月上旬、7 月下旬至 8 月上旬为全年的两个发病高峰期。栽植过深或栽植在微碱性土壤中，发生也较严重。防治方法主要是注意在健株上采取插穗、接穗；增强树势，增施磷、钾肥，少施氮肥；发现病苗立即拔除烧毁，而对大树病枝合理修剪，可明显恢复树势；病苗(株)拔除后的病穴要用 300 倍 50%多菌灵、50%代森铵或 75%敌克松消毒，每平方米灌注 3 kg；苗圃最好要实行 3 年以上的轮作期。

梨木虱　5～7 月份是危害盛期。防治方法：一是保护利用其天敌，即在天敌草蛉、瓢虫、园花叶蛛、三突花蛛等初孵期避免打药；二是发芽前喷 3～5°Be 石硫合剂，可消灭越冬成虫和卵；三是生长季喷洒 5 000 倍 10%吡虫啉或 3 000 倍 3%啶虫脒进行防治。

黄斑直缘跳甲　以黄栌和紫叶黄栌为寄主，从春至秋均可危害。防治方法：一是保护利用其天敌赤眼蜂、鞍形花蟹蛛等；二是用 40%氧化乐果等农药涂干，形成药环，药环长度 15 cm，以杀死上树幼虫；三是幼虫用 3 000 倍 20%速灭杀丁或 50%敌杀死喷杀；四是成虫用 4 000 倍 10%高效氯氰菊酯喷洒，可与其他害虫兼治。

分布范围：河南全省各地。

园林应用：紫叶黄栌叶片终年红色，叶大而美丽，挂叶的时间显著长于黄栌，可以长时间观景；花期长，花序絮状，鲜红如雾，俗称"烟树"，美不胜收；适合孤植、丛植、群植或片植，建成紫叶黄栌风景林。需要注意的是，在园林应用中应考虑紫叶黄栌的生长特性，将其种植在光照充足的地方，才能表现出原有的亮丽色彩；用绿色或其他色差较大的植物作陪衬，能把紫叶黄栌的紫红色表现得更明显。

12.86 美国红栌

学名:*Cotinus coggria*

别名:美国红叶树、美国烟树

科属:漆树科,黄栌属

形态特征:落叶灌木或小乔木,高 3～5 m,树冠圆形至半圆形,树皮暗褐色;小枝紫褐色,被蜡粉;单叶互生,卵形,紫色或紫红色,于初霜来临时,即变为鲜红色。花期 4～5 月份,圆锥花序有暗紫色毛,花小,杂性,黄绿色,不孕花有紫红色羽状花梗宿存;果 6～7 月份成熟,小核果肾形,直径 3～4 mm。

生态习性:喜光,耐半阴,耐寒;对土壤要求不严,耐干旱贫瘠及碱性土壤,不耐水湿。以深厚、肥沃及排水良好的沙质壤土生长最好。生长较快,根系发达,萌蘖性强,对二氧化硫抗性较强。

繁殖栽培:美国红栌用播种法繁殖,苗木分化十分严重,大多数苗木叶片又转成绿色,失去彩叶性状。扦插育苗从各地试验情况看,成活率很低,实用价值不大。为保持美国红栌的优良性状,一般采用嫁接方法进行繁殖。

嫁接繁殖:初冬采集的美国红栌接穗,蜡封处理后,于阴凉处存放,第 2 年春季用 1 年生黄栌为砧木,用舌接法嫁接,成活率高达 94.6%,当年嫁接苗高达 1.5 m 左右。夏季嫁接,以 6 月初至 7 月上旬为宜,选用"T"形芽接,分别用当年生黄栌苗和二年生黄栌苗作砧木嫁接做试验,结果是用当年生黄栌苗作砧木嫁接成活率高,可达 96.6%,当年嫁接苗高可达 1.29 m。秋季嫁接美国红栌成活率较低,表现较好的嵌芽接最高成活率只有 53.3%,成活率低的原因主要是不能解决流胶问题。许昌张文健于 2 月中下旬在塑料大棚内用一年生黄栌为砧木嵌芽接美国红栌,20 天左右红栌开始发芽,嫁接成活率 90%以上。选用地径在 0.5 cm 以上的大田黄栌作砧木,秋季在距地面 10 cm 处,用"T"字形芽接法嫁接美国红栌,成活率达 80%,其他季节嫁接成活率仅为 60%以上,嫁接如遇雨,成活率更低。韦兴笃等用黄栌实生苗嫁接美国红栌进行试验,发现 7 月 20 日前嫁接的苗木,当年嫁接苗均可长到 1.5 m 以上,时间再晚苗木质量会受影响。嫁接美国红栌应分期分批进行,嫁接时间依砧木嫁接部位粗度而定,砧木嫁接部位粗度达 0.3 cm 以上即可嫁接。

组织培养:当年 3 月份剪取健壮无病虫害枝条水培,待其萌发后,剪其幼嫩新梢进行消毒处理。①启动培养。切取嫩梢,剪去叶片,在自来水下冲洗干净后用无菌水冲洗 5 次,再用 70%酒精消毒 10 s 后,在超净工作台上用 0.1%的升汞溶液(加表面活性剂吐温-20 一滴)消毒 8 min(要边消毒边搅拌),然后用无菌水反复冲洗 5 次后,再用消毒滤纸吸干水分,截取嫩梢茎段(带 2 芽或 2 个茎节)接种到添加抗氧化剂(维生素 C)的启动培养基上进行培养,适宜的启动培养基为 1/2 MS+6-BA 2 mg/L+抗坏血酸(维生素 C)15 mg/L。②丛生芽的诱导及继代培养。以启动培养的美国红栌无菌苗新梢为外植体,切成带 2 个茎节腋芽的茎段(长 1.5～2 cm)接种继代增殖培养基上培养。继代增殖培养基为 1/2 MS+6-BA 1.5 mg/L+维生素 C 15 mg/L+维生素 B_6 0.1 mg/L。③生根培养。将增殖培养基上 2～4 cm 高的丛生芽转入生根培养基上进行诱根培养。生根培养基为:1/2 MS+IBA 1 mg/L+活性炭 2 g/L。培养基:启动增殖培养基加蔗糖 30 g/L,生根培养基加蔗糖 25 g/L,各培养基均加琼脂 6 g/L, pH 5.7,121℃灭菌 30 s。培养条件:培养温度为(25±2)℃,光照时间 14 h/d,光照强度 2 000 lx。④试管苗生根后,可移植至珍珠岩∶锯末∶腐殖土＝30∶30∶40 的移植基质上,经 20 天后可移入大田继续培养大苗。

栽培技术:与黄栌基本相同。

分布范围:河南各地。

园林应用:美国红栌因其树形美观,春、夏、秋三季叶片紫红娇艳,开花时,枝条顶端花序絮状鲜红,观之如烟如雾,美不胜收,因其独特的彩叶树种特性和较高的观赏价值,深受到我国人民和广大园林绿化工作者的青睐。宜作公园、机关及庭院绿化,也可片植做绿地彩叶风景观赏林,发展前景十分广阔。

12.87 文冠果

学名:*Xanthoceras sorbifolia* Bungt

科属:无患子科

形态特征:落叶乔木。野生者多为灌木状。树皮灰褐色,扭曲状纵裂。新枝呈绿色或紫红色,有毛或光滑;奇数羽状复叶,互生,小叶 9～19,窄椭圆状披针形,边缘有尖锯齿。花期 4～5 月份,总状花序,杂性,花瓣白色,内侧基部有紫红色斑点。7～9 月份果熟,蒴果成熟时,果皮由绿色变为黄绿色,表面粗糙,种子球形,长 4～6 cm,黑褐色,径约 1 cm。

生态习性:喜光,抗寒,在最低气温－41.4℃的哈尔滨可安全越冬。耐干旱瘠薄,较耐盐碱,在华北、西北、东北等地的黄土丘岭、冲积平原、固定沙地和石质山区都能生长,但以土层深厚、湿润肥沃、通气良好、pH 7.5～8 的微碱性土壤上生长最好。深根性,萌蘖力强,主根发达,根系一遇损伤,愈合较差,极易造成烂根,影响栽植成活率。不耐水湿,低湿地不能生长。

栽培变种:紫花文冠果(*Xanthoceras sorbifolia* Bungt cv. *purpurca*),花紫红色或红中泛紫,异常美丽,为新发现良种,正在推广。

繁殖栽培:主要有播种、嫁接和埋根方法繁殖。

(1)播种育苗

采种:一般在 8 月上中旬,当果皮由绿褐色变为黄褐色,由光滑变为粗糙,种子由红褐色变为黑褐色以及全株有 1/3 以上的果实果皮开裂时进行采种。采种母树应选择树势健壮,连年丰产和抗性强的植株。采时要避免损伤花芽及枝条,影响来年结果。采下的果实要放在阴凉通风处,除掉果皮,晾干种子,然后装入容器,在贮藏中要严防潮湿。

圃地选择:应选择地势平坦,土层深厚肥沃,排灌方便的沙壤土最好。圃地选好后于前年秋季深翻 25 cm,早春浅翻 20 cm,翻后耙平。每 667 m^2 施农家肥 2 500～3 000 kg,结合春耕翻入土内,然后做床。

种子处理:播种前 7 天左右,将选出的种子用 45℃温水浸种任其自然冷却,经 3 天,捞出装入筐篓内,上盖一层湿草帘,放在 20～25℃温室内催芽,每天翻动 1～2 次,并注意保持湿度,待种子有 2/3 裂嘴时进行播种。

播种:一般在 4 月中旬或 5 月上旬播种。每 667 m^2 需种子 15～20 kg。播前 5～7 天灌足底水,等地面土壤疏松时每隔 15～20 cm 宽搂出 3～4 cm 深的沟,在沟内每隔 15～20 cm 点播 1 粒种子,种脐要平放。播后立即覆土,覆土厚度 2～3 cm。播后灌水沉实,畦面稍干及时松土。

幼苗出土后及时灌水，灌水要适量，防止土壤湿度过大，造成根颈腐烂，幼苗倒伏。全年一般应进行中耕除草 3～4 次。

(2)嫁接育苗　有带木质大片芽接、劈接、插皮接和嫩枝嫁接等方法，主要用于良种的繁殖，以带木质部大片芽接效果最好。方法是在 4 月下旬皮层可以剥离时，选用 1～2 年生直径在 1 cm 以上的苗木作砧木，选用生长健壮的发育枝作接穗。接穗应在 3 月中下旬剪下，用潮湿干净的细沙埋藏在地窖内，控制芽眼萌发，以作备用。嫁接采用"T"形芽接法，嫁接时，在砧木距地面 15 cm 处，选平直光滑的一面切一"T"形切口，横切口长约 0.7 cm，顺切口长约 3.5 cm。然后在穗条的接芽上方约 1 cm 处横切一刀，深达木质部内，再在接芽面的下方 2.5 cm 处向上切削，切成两端稍薄中间较厚的带木质部的平滑芽片，立即插入砧木的"T"形切口内，芽片上端要与砧木横切口对紧，并用塑带绑紧扎严，只让接芽露在外面。嫁接 15 天后接芽开始萌发，成活后及时剪砧、除萌。

(3)埋根育苗　在春季起苗后残留于地下的 0.4 cm 以上的根系，截成长 10～15 cm 的根段，作为种根，然后在整好的畦床或垄内，按株行距 15 cm，先以锨开缝后插入，顶端要低于地表 2～3 cm，插后合缝灌水沉实，待表土晾干后松土。插后 15～20 天萌芽，选留一个健壮芽，其余全部抹除，成活率在 75%以上，一年生苗高可达 60 cm 以上。

(4)栽植　最好是早春顶浆栽植，栽植时，要求根系舒展，埋土不要过深，栽后踩实浇透水。

由根瘤线虫病引起的黄化病、煤污病和金龟子要注意防治。

分布范围：自然分布在陕西延安，山西蒲城以及河北等，河南西部分布也较多，其中灵宝等地已建有很大规模的开发基地。

园林应用：文冠果树形优美，叶面深绿色，叶背灰白色，微风吹来，树冠交替显现灰白和深绿两种颜色，十分美丽。且花序大，花朵密，花期长，花色艳丽。春天白花满树，且有光洁秀丽的绿叶相互映衬，具有较高的观赏价值，是优良的园林绿化美化树种，也是我国珍贵的观赏及油料树种。

12.88　紫叶矮樱

学名：*Prunus* ×*istena*

别名：紫樱

科属：蔷薇科，李属

形态特征：落叶灌木或小乔木。枝条幼时紫褐色。单叶互生，叶长卵形或卵状长椭圆形，长 4～8 cm，先端渐尖，叶紫红色或深紫色，叶缘有不整齐的细钝齿。花单生，中等偏小，淡粉红色，花瓣 5 片，微香。花期 4～5 月份。

生态习性：适应性强，在排水良好、肥沃的沙土、沙壤、轻度黏土上生长良好。性喜光及温暖湿润的环境，耐寒能力较强。耐旱，耐瘠薄，但不耐涝。抗病能力强，耐修剪，耐阴，在半阴条件下仍可保持紫红色。

繁殖栽培：紫叶矮樱一般采用嫁接繁殖，也可扦插繁殖，但扦插繁殖成活率很低，据甘肃省武威市林木种苗站冯祥元试验用生根粉处理经沙藏催根的插穗扦插成活率仅 26%多。

(1)嫁接繁殖　可采用切接法和芽接法，砧木一般采用山杏、山桃，以山杏做砧最好。切接在春、秋季进行，芽接在夏季进行。鄢陵县花农应用山杏大苗作砧木，采用切接法嫁接培育出了高干(独干)紫叶矮樱，市场前景更好。

对嫁接成活一年生成品苗，在移栽时要重短截，这样栽植成活率高，抽生出的枝条生长旺盛，有利于整修剪。栽植胸径 5 cm 以上大苗，要带土球。盆栽花谢后换盆，剪短花枝，只留基部 2～3 芽。也可以用截干蓄枝法造型，对主干枝、主导枝及时盘扎。6 月下旬盆栽控制水肥，促使枝条组织充实。紫叶矮樱萌蘖力强，故在园林栽培中易培养成球或绿篱，通过多次摘心形成多分枝，入冬前剪去杂枝，对徒长枝进行重短截。

(2)嫩枝扦插　①插条及母树的选择。选择 3～6 年或 17 年生樱桃母树上当年生半木质化嫩枝和硬枝作插条。②采条及扦插时间。6 月中下旬。③插条的规格及处理。将所采枝条剪成 12～15 cm 长插条，保留 3～5 节，插条的上切口要在距最上一节 5 cm 处平切，下剪口在节下方 1～2 cm 处平切，末节叶片要摘除，其余叶片保留。然后用 ABT 1 生根粉浓度为 50 mg/L 溶液浸泡其基部 30 min。④扦插床的准备。在背风向阳空旷地上建小棚，棚内建苗床。床宽 1.2 m、长 3～5 m、深 30 cm，内铺河沙 20～25 cm。⑤扦插方法及插后管理。插后搭设 70 cm 高塑料小拱棚，并设遮荫棚。插条生根期间用喷雾器人工间歇喷雾，保持叶面经常有水。棚内气温为 18～30℃，相对湿度保持在 85%～95%。⑥效果。采用塑料小拱棚，设备简单，操作容易，周期短，可大大提高生根率。

有铜绿金龟子、卷叶蛾与叶斑病。

分布范围：华北、华中、华东、华南等地区均宜栽培。

园林应用：紫叶矮樱株型类似紫叶李，但株型矮，多为灌木状，色彩更艳，其叶从萌芽到落叶全是紫红色，早期色彩更红，木材鲜红色，整个植株暗紫色。树形紧凑，叶片稠密，耐整形修剪，是世界著名观赏树种。可丛植、片植于草坪和绿地，也可作为绿篱，适宜于街道、公园、庭院等地栽植。也可盆栽制成中型或微型盆景。

12.89　花叶海州常山

学名：*Clerodendrum trichtomum* ‘Variegara’

别名：臭梧桐

科属：马鞭草科，赫桐属

形态特征：落叶灌木或小乔木。叶对生，卵形至椭圆形，全缘或有微波状齿，背面有柔毛，叶面具黄白色叶斑。聚伞花生于上部叶腋，有红色叉生总梗。花萼紫红色，深 5 裂；花冠筒细，白色。核果球形，蓝紫色。花期 8～9 月份，果期 10 月份。

生态习性：喜凉爽湿润、向阳的环境。对土壤适应性强，各种土壤均可生长。耐旱和耐盐碱性均强。

繁殖栽培：扦插、嫁接繁殖。落叶后至萌芽前进行休眠枝扦插，生长季节进行嫩枝扦插；嫩枝扦插应注意保持插床温度、湿度，注意遮阳。嫁接采用“热贴皮”法进行。栽培管理十分简易。

分布范围：原产我国中部、北部各省，河南遂平县、鄢陵县、潢川县有引种栽培。

园林应用：花叶海州常山花形奇特美丽，花期很少，叶色秀丽，栽培管理容易，在园林中可供堤岸、悬崖、石隙及林下等处栽植观赏。

12.90 红叶海棠

学名:*Malus yunnanensis* var. *veitchii*

别名:红宝石海棠

科属:蔷薇科,苹果属

形态特征:落叶小乔木,高可达 8 m,枝干峭立,树冠广卵形,树皮灰褐色,光滑;幼枝褐色,有疏生短柔毛,后变为红褐色。叶互生,椭圆形至长椭圆形,先端渐尖,叶基部心形或圆形,有显著短渐尖小裂片,边缘有平钝锯齿,春秋叶色红艳,夏季叶色绿中泛红。伞形总状花序,有花 8~12 朵。果鲜红色,有斑点。

生态习性:喜光,不耐阴。对严寒气候有较强的适应性,在湿热气候下生长不良。喜肥沃深厚排水良好的、pH 在 5.5~7 的微酸性至中性的沙壤土,对盐碱土抗性较强。抗病能力强,萌芽性强,对二氧化硫抗性较强。

繁殖栽培:通常以嫁接繁殖为主,可扦插繁殖,亦可播种繁殖,但生长较慢,且常产生变异。

(1)嫁接　用山荆子或海棠实生苗作砧木,芽接或枝接。枝接在春季进行,芽接在春、夏季进行。为提高嫁接成活率,无论是芽接还是枝接,在嫁接前要浇一次水。若是嫁接在一年生砧木上,嫁接高度距地面 3~5 cm。若是胸径 5 cm 以上的大砧木,要留干 80~100 cm,劈接时,在砧木上劈一纵缝,接上两根 10~15 cm 长的接穗。对大砧木也可采用高接换头的方法,即截砧时留取 4~5 个枝桩,枝桩长 15~20 cm,把接穗接在所留的枝桩上。春季也可压条或分株繁殖。

(2)播种　秋季采种,采后及时进行 30~100 天的低温层积催芽处理,翌年春季 3 月下旬至 4 月份播种,条播每 667 m^2 播量 3~4 kg,行距 40~50 cm,播后覆土 2~3 cm,并保持床面湿润。也可在秋季采果,稍晾干后即可播在苗床上,让种子自然后熟,并覆土 1 cm,上盖塑膜保墒,出苗后及时掀去塑膜。晚秋或翌春再换床移植培育大苗。

(3)嫩枝扦插　①插条及母株的选择。选择生长健壮的海棠当年生嫩枝作插条。②采条及扦插时间。6~8 月份。③插条的规格及处理。将所采枝条剪成长 8~10 cm 的插条,上剪口距芽 1 cm 平切、下剪口平截,上部保留 2~3 片叶。浸泡在浓度为 100 mL/L 的 ABT 1 生根粉溶液中 0.5~1 h,浸泡深度 3~4 cm。④扦插床的准备。采用有遮阳条件下的塑料小拱棚扦插床,基质为河沙。⑤扦插方法及插后管理。用竹扦在插床上扎孔,放入插条后压实,喷透水。用塑料薄膜撑小拱形棚罩住,棚内温度保持在 25℃左右,空气相对湿度 90%。⑥效果。应用 ABT 1 生根粉处理扦插成活率高达 90%以上。

栽培:早春萌芽前栽植最宜,栽植苗要求根系完整,移栽时根系要带宿土。在栽植胸径 5 cm 以上大苗时,应适当疏去部分枝条,并带土球,栽后浇水,才能保证成活。病害有烂根病,虫害有金龟子、蚜虫等,应注意防治。

分布范围:红叶海棠全国各地多有栽培,河南长葛、鄢陵等地引种栽培较多,其中长葛华根生态园种植最多,为春秋一景。

园林应用:红叶海棠秋叶红艳美观,果色鲜艳亦玲珑可观,可在亭台周围、门庭两侧对植、片植或在丛林、草坪边缘,水边湖畔成片群植,或在公园游步、道旁两侧列植或片植,均妩媚动人。红叶海棠也是制作盆景的材料。其古桩通过艺术加工,可形成苍老古雅的桩景珍品。

12.91　红叶樱花

学名：*Prunus serrulate*‘Hung ye’

别名：红叶山樱花

科属：蔷薇科，梅属

形态特征：落叶小乔木，树皮暗栗褐色，光滑而有光泽，具横纹，小枝无毛。叶卵形及卵状椭圆形，初春叶色红色或深红色，5～7月份为亮红色，高温多雨季节老叶变为深紫色；叶大而厚，晚秋遇霜变为橘红色，为常红观叶、观花乔木树种；边缘具芒齿，两面无毛。花白色或淡粉红色，伞房状或总状花序。核果球形，黑色，径6～8 mm，在许昌花期4月下旬至5月上旬，花先于叶开放或花叶同放，果期7月份。

生态习性：喜光，喜深厚肥沃、排水良好的土壤，不耐盐碱土，忌积水及低洼地，有一定的抗旱耐寒能力，对烟尘及有害气体抗性较差。根系较浅，抗风能力较差。

繁殖栽培：嫁接繁殖：以樱桃、山樱桃实生苗做砧木，在3月下旬萌芽前切接或8月下旬芽接，接后经3～4年培养，可出圃栽植，栽后注意浇透水。生长季节注意修剪、施肥、旱时浇水。花后和早春发芽前，需剪去枯枝、病虫枝、弱枝及徒长枝，以保持冠满花繁。注意防治介壳虫、军配虫、蚜虫、刺蛾、春叶蛾等。病害注意防治叶穿孔、叶斑病等。

分布范围：该品种在樱花中选育而成，河南遂平玉山镇名品植物园艺场育有大量苗木。许昌有引种栽培。

园林应用：红叶樱花花开满树，叶色红艳，十分壮观，是重要的园林彩叶树种。红叶樱花在园林中应用广泛，主要有以下几个方面：一是建造樱花专类园，以红叶樱花为主，兼种其他樱花品种，如中华矮樱、关山樱等，春、夏季红绿相间，互为衬补；秋季红叶樱花叶色变为橙红或橘红，关山樱叶色为蜡黄，中华矮樱叶如玛瑙般悬于枝头，形成“多彩世界”。二是植于庭院、建筑物前、花坛内，也可做行道树或片植于山坡、空地作彩叶风景林等。另外，红叶樱花烂漫轻盈，掩映于红砖碧瓦的亭台楼阁间，既丰富艺术构图，又可协调自然景观；还可临水倚石种植，更加妙趣横生。

12.92　紫叶加拿大紫荆

学名：*Cercis canadensis*‘Forest Pansy’

科属：豆科，紫荆属

形态特征：落叶大灌木，树冠平顶或圆形，树干光滑，棕黑色；单叶，心形，叶长6～12 cm，宽6～11 cm；叶色春季紫红色或亮红色，夏、秋两季枝条新叶仍为紫红色。在河南，花期3～4月份，花期长，花色粉红，先叶开放。果期9～10月份，荚果扁平，红褐色或紫红色，经冬不落，是少有的集观叶、观花、观果于一体的优良彩叶树种。

生态习性：酸性土、碱性土或稍黏重的土壤都可栽培，尤宜排水良好之地；喜阳光足或微阴处，一般冬春花前阳光充足开花良好，夏季酷热时给以适当的庇荫较佳；喜湿润土壤，能耐一定程度的水湿和干旱，成年树耐干旱能力强。耐寒性强，在我国中部、北部大部分地区可栽培。萌蘖性强，耐修剪。对除草剂敏感，使用时应注意。

繁殖方法:硬枝扦插不易成活,嫩枝(半木质化)扦插可以成活。为保持品种特性,一般采用嫁接方法繁殖。据河南许昌范军科等试验,嫁接以枝接成活率最高,插皮接、切接成活率均较低;芽接和嵌芽接均不能成活。嫁接时间以3月下旬至4月上旬为宜。紫叶加拿大紫荆是著名的彩叶树种,苗木供不应求,特别是高干型大苗缺口很大,为此,许昌范军科等同志研究总结出一套高干型大苗培育技术,现介绍如下:

(1)砧木选择　为提高园林观赏价值、又便于日后管理,选用当地易得的多年生巨紫荆(*Cercis gigantea*)作砧木,该树种在自然界表现为乔木状,高可达15 m、胸径可达0.5 m,分布在京、皖、浙、湘、贵、鄂、豫等省市,乔木特征明显,其干直、速生嫁接成活后冠幅形成快。生产上宜选用胸径4~8 cm的巨紫荆作砧木,砧木定干高2.5~2.8 m。为便于嫁接一般用移植苗作砧木,胸径4~6 cm砧木按1.5 m×2 m株行距嫁接后定植,胸径6~8 cm的按2 m×3 m株行距接后定植,苗圃坐地砧木密度不合理的要间移,结合嫁接另行定植,但嫁接后移植苗木生长势不如坐地苗;坐地苗嫁接时爬高下低,费工费时;移植苗则操作方便,但嫁接后要轻拿轻放小心定植,不可触及接穗,二者皆有利弊。

(2)接穗的选择　选树冠外围、发育充实芽体饱满、粗细均匀、无病虫害的一年生健壮枝作接穗。嫁接量小时,可选择相对较近的采穗圃、随采随接,对接穗当天用不完的,要以湿沙藏于背风处保存。嫁接量大时,需提早于冬季采接穗,采后每50条一捆拌湿锯末后用塑料布包严(注意包捆前穗条及基质用50%多菌灵以0.33%浓度液消毒)。贮藏于冷库或窑中,春季用时取出。

(3)嫁接时间　用巨紫荆作砧木嫁接紫叶加拿大紫荆宜用枝接法。在河南于3月下旬至4月上旬进行。

①制接穗。先把接穗截成5 cm左右段长,每段长2~3个芽,再将接穗下端一侧削一较长的平面,长度2~2.5 cm,再从其反面一侧下端稍削一刀,削一长约0.3 cm的短削面,两双面要平整光滑。

②切砧木。选砧木光滑一侧,由其木质部外缘向内0.2 cm左右处,用刀向下直切,切口长度要和接穗的长削面等长,注意砧木横断口也要以利刀削平保持光滑。

③嫁接。用嫁接刀楔部撬开切口把接穗紧靠一边轻轻插入,接穗面略厚的一侧向外,并把二者形成层对准,插穗不要全部插入,要外露3~5 mm的削面在砧木外,有利于切口完全愈合后结合牢固。第一个接穗完毕后,以同样方法在砧木相对方再嫁接一接穗,即达到一边一个,这样形成的树冠丰腴,成活更有保障。最后用适宽塑料条从上往下把接口小心绑紧,绑缚时接口一定不能乱动,尔后用合适大小的透明塑料袋口朝下罩住接穗,下缚到砧木接口下3~4 cm处,以保持接穗湿度、温度,有利愈合。

(4)接后管理

①坐地苗接后浇透水一次,以防春旱发生。

②砧木蘖芽发生一概抹去。

③接穗萌发5~10 cm时开套袋口,一般在阴天的下午进行。

④5月上旬解除套袋,防止塑料条缢进皮层。

⑤接穗新梢长约20 cm时,提前结合去袋用小树枝绑缚,防止大风吹折接穗新梢。

⑥生长期及时中耕除草,并追施全元素复合肥3次,每次10 kg/667 m^2,穴施后浇水,雨前撒施更方便。

⑦春季有蚜虫,用40%氧化乐果800倍液喷洒叶面防治,生长期有天牛幼虫蛀蚀树干可用注射器往孔内注药后以泥封治杀。

栽培管理:栽时注意浇水保活,栽后注意及时除去根部萌蘖和接芽下砧木萌芽,注意防治蝉等害虫危害。

分布范围:原产加拿大,后引入我国。适生于河南省黄河以南地区。许昌、漯河、信阳有引种栽培。

园林应用:高接成活后的紫叶加拿大紫荆树干通直,树冠婆娑妩媚,叶片硕大且叶色富有季相变化。夏季梢头红色嫩叶万头蹿动,甚是可赏;春季粉红色花朵明媚灿烂,盛花期似千万只蝴蝶吸附于枝干,经微风掠过翩翩起舞;而夏秋季其荚果经光照射随即表现出紫红色经冬不落,挂满枝头,情趣非凡,是花、叶、果俱佳的园林观赏新优树种,宜大力推广应用。

12.93 美人梅

学名:*Prunus*×*blireiana*

科属:蔷薇科,李属

形态特征:落叶灌木,枝干灰褐色至紫褐色,叶紫红色,似紫叶李,但色彩更艳。花朵繁密,花色浅紫至淡紫红色,重瓣,先叶或与叶同放。

品种有俏美人梅(*Prunus* × *blireiana* 'Qiao Meiren'),小美人梅(*Prunus* × *blireiana* 'Xiao Meiren')等。

生态习性:适应性强。耐寒,能耐−30℃低温。耐旱,不耐水湿。对土壤要求不严,较耐瘠薄。生长速度较快。

繁殖栽培:嫁接繁殖。以李、梅实生苗为砧木,芽接、切接均可。幼苗期注意整形修剪,一般修剪成自然开心形。其他管理同紫叶李。

分布范围:东北以南。河南许昌、漯河等,尤其是鄢陵栽培最多。

园林应用:美人梅是法国专家用紫叶李作母本,用中国传统的宫粉梅作为父本远缘杂交而成的,既保留了紫叶李的红叶性状,又具备了宫粉梅大花重瓣、芳香、极易成长、春花繁密的特性,同时具有梅花的抗寒性。尤其可贵的是它既可观花又可赏叶。其亮红的叶色和紫红的枝条是梅花品种中少见的,比梅花的观赏价值更高,非常适宜美化庭院,也可广泛植于园林之中。适合片植、殖植、孤植,做行道树栽培及景观配置,也可盆栽观赏。

12.94 花叶构树

学名:*Broussonetia papyrifera* 'Hua ye'

别名:构桃树

科属:桑科,构属

形态特征:落叶乔木,高达16 m;树冠开张,卵形至广卵形;树皮平滑,浅灰色或灰褐色,不易裂,全株含乳汁。单叶互生,有时近对生,叶卵圆至阔卵形,长8~20 cm,宽6~15 cm,顶端锐尖,基部圆形或近心形,边缘有粗齿,3~5深裂(幼枝上的叶更为明显),两面有厚柔毛;叶面具黄白色或乳白色大型彩斑,或沿叶片主脉为界分为半白半绿;叶柄长3~5 cm,密生绒毛;托叶卵状长圆形,早落。椹果球形,熟时橙红色或鲜红色。花期4～5月份,果期7～9月份。

生态习性:强阳性树种,适应性特强,抗逆性强。根系浅,侧根分布很广,生长快,萌芽力和分蘖力强,耐修剪。抗污染性强。

繁殖栽培:采用播种繁殖。

(1)采种 10月份采集成熟的构树果实,装在桶内捣烂,进行漂洗,除去渣液,便获得纯净种子,稍晾干即可干藏备用。

(2)选地、整地 选择背风向阳、疏松肥沃、深厚的壤土地作为圃地。在秋季翻犁一遍,去除杂草、树根、石块。

(3)施基肥 在播种前1个月,将粉碎的饼肥150 kg/667 m^2,撒施于圃地耙入土壤中。

(4)播种 采用窄幅条播,播幅宽6 cm,行间距25 cm,播前用播幅器镇压,种子与细土(或细沙)按1∶1的比例混匀后撒播,然后覆土0.5 cm,稍加镇压即可。对于干旱地区,需盖草。

(5)苗期管理、出圃 对于盖草育苗的,当出苗达1/3时开始第一次揭草,3天后第二次揭草。当苗出齐后1周内用细土培根护苗。此间注意保湿、排水。进入速生期可追肥2～3次。做好松土除草、间苗等常规管理。构树苗期较少见病虫害。秋季,当年苗高可达50 cm。

分布范围:构树分布于中国黄河、长江和珠江流域地区,也见于越南、日本。适应性强,耐旱、耐瘠。常野生或栽于村庄附近的荒地、田园及沟旁。花叶构树由许昌范军科等通过实生选育而成,其分布范围和构树相同。

园林用途:可用作为荒滩、偏僻地带及污染严重的工厂的绿化树种。也可用作行道树,造纸 。构树叶蛋白质含量高达20%～30%,氨基酸、维生素、碳水化合物及微量元素等营养成分也十分丰富,经科学加工后可用于生产全价畜禽饲料。果实酸甜,可食用。

花叶构树外貌虽较粗野,但枝叶茂密,叶色奇特秀丽,抗性强、生长快、繁殖容易等许多优点,仍是城乡绿化的重要树种,尤其适合用作矿区及荒山坡地绿化,亦可选做庭荫树及防护林用。

12.95 金叶水腊

学名:*Ligustrum obtusifolium* cv. 'Jin ye'

科属:木樨科,女贞属

形态特征:落叶或半常绿灌木,小枝具短柔毛,开张成拱形。叶薄革质,椭圆形至倒卵状长圆形,无毛,顶端钝,基部楔形,全缘,边缘略向外反卷;叶柄有短柔毛。圆锥花絮;花白色,芳香,无梗,花冠裂片与筒部等长;花药超出花冠裂片。核果椭圆形,紫黑色。花期7～8月份,果熟期10～11月份。

近缘品种:金边水腊(*Ligustrum obtusifolium* cv. *jinbian*),叶缘金黄色。

生态习性:喜光,耐寒,耐旱,对土壤要求不严。抗病性强。

繁殖栽培:播种或扦插繁殖。

分布范围:产自中国东北部、华北、西北及华中地区,河南遂平、鄢陵有引种栽培。

园林应用:主要作色篱栽植;其枝叶紧密、圆整,庭院中常栽植观赏;抗多种有毒气体,是优良的抗污染树种。

12.96 金边接骨木

学名:*Sambucus nigra* ‘Aureo-marginata’

科属:忍冬科,接骨木属

形态特征:落叶大灌木,高可达 5 m,小枝有突出的粗大皮孔和纵条纹,髓心白色,叶对生,奇数羽状复叶,小叶 3~7,常为 5,椭圆形至椭圆状卵形,长 4~10 cm,宽 2~4 cm,叶缘黄色或乳黄色,聚伞花序,5 分枝,呈扁平球状,直径 12~20 cm,花小,黄白色,浆果黑色,球形,花期 4~5 月份,果期 8~9 月份。

近缘品种:金叶接骨木(*Sambucus nigra* ‘Plumosa Aurea’),植株高 1.5~2.5 m,新叶金黄色,老叶绿色。花成顶生的聚伞花序,为白色和乳白色。浆果状核果,红色,果期 6~8 月份。

银边接骨木(*Sambucus nigra* ‘Variegata’),叶片边缘有白色花纹,花期 5~6 月份。喜光、耐阴、耐寒、耐旱。生长强健,忌水涝。适于水边、林缘草坪种植。

紫叶接骨木(*Sambucus nigra* ‘Purpurea’),奇数羽状复叶,椭圆状披针形,长 5~12 cm,端尖至渐尖,基部阔楔形,常不对称,缘具锯齿,两面光滑无毛,揉碎后有臭味。圆锥状聚伞花序顶生,花冠辐状,白色至淡黄色。浆果状核果等球形,黑紫色或红色。花期 4~5 月份,果 6~7 月份成熟。

金叶裂叶接骨木(*Sambucus nigra* ‘Aurea’),株高可达 4 m,树皮暗灰。奇数羽状复叶,小叶 5~7 片,椭圆形至卵状披针形,长 5~12 cm,叶色金黄,初生叶红色。圆锥花序,花小,白色至淡黄色。花期 4~5 月份。核果近球形,红色或蓝紫色。

生态习性:喜光,亦耐阴;耐寒,耐旱,但忌水涝;根系发达,萌蘖性强。枝叶茂密,耐修剪,抗污染,生长速度较快。

繁殖栽培:扦插繁殖。

分布范围:原产河南各山区,黄河流域至长江流域均可栽培。

园林应用:金边接骨木、金叶接骨木、紫叶接骨木叶色优美,前者叶色绿白相间,后者叶色金黄或紫红,初夏白花满树,秋季红果累累,是优良的斑色叶灌木和彩色叶灌木,宜植于园林绿化观赏,也可在水边、林缘、草坪种植。枝、叶、根、花皆可入药。

12.97 金叶红瑞木

学名:*Conus alba* ‘Aurea’

别名:金叶红梗木、金叶凉子木

科属:山茱萸科,山茱萸属

形态特征:落叶灌木,干直立丛生,老干暗红色,枝落叶后或春季萌芽前呈红色或桃红色,寒冬为鲜红色,无毛。叶对生,卵形或椭圆形,先端骤尖,基部楔形或宽楔形,春季、夏季金黄色,早秋后为鲜红色。花白色或黄白色,圆锥状聚伞形花序顶生。核果长圆形,扁平,熟时白色或蓝白色,花期 5~6 月份,果期 8~9 月份。

生态习性:半阴性树种。喜肥沃湿润土壤。适应性强,极耐寒、耐旱、耐湿热、极耐修剪。

常见的栽培变种:金边红瑞木(*Conus alba* ‘Spaethii’),叶边缘金黄色。

银边红瑞木(*Conus alba*‘Spaethii’),叶边缘银白色。

繁殖栽培:用播种、扦插、压条、分株法繁殖。

扦插:入冬后结合修剪,选取1年生壮枝作插穗,插穗长15～17 cm,剪好后进行湿沙贮藏。翌年早春扦插,或于春季随剪随插。插前将插穗用0.05%的吲哚乙酸速蘸2 s,或用生根粉2号处理插穗基部,取出用清水冲净后插入铺有蛭石或珍珠岩的苗床,并浇透水,上盖塑料拱棚,保湿增温,促进生根,棚内温度达到25℃以上时要适当遮阳。4～5月份当新梢长出,地下生根后,可在阴天将插苗进行苗圃移栽,以培育大苗,栽后及时浇水,确保成活。也可在全光喷雾条件下嫩枝扦插,成活后移栽入苗圃培养大苗。这两种繁殖方法成活率都可保证在95%以上。

工程绿化用苗的栽植一般在春季进行,移栽时应重剪,栽时每穴最好施入一定腐熟堆肥,栽后浇足水。定植后1～2年内每年追肥1次,以后不再追肥。

要注意防治茎腐病和介壳虫。

分布范围:金叶红瑞木是从红瑞木中选育的栽培变种,适生于河南各地。当前河南遂平、鄢陵引种栽培较多。

园林应用:金叶红瑞木春、夏叶色金黄,秋季叶色红艳,枝条终年鲜红,是少有的观叶、观枝彩色灌木,可在园林中丛植,或在建筑物前种植,还可切枝作插花材料。

12.98　金叶山梅花

学名:*Philadeiphus coronarius*‘Aureus’

别名:金叶西洋山梅花

科属:山梅花科,山梅花属

形态特征:落叶灌木,单叶对生,叶卵形或椭圆形。枝光滑无毛,叶具疏齿,叶片金黄色。总状花序,具花5～7朵。花乳白色,较大,具芳香。花期5～6月份,果期9～10月份。

栽培变种有斑叶山梅花(*Philadeiphus coronarius*‘Variegatus’),叶片具黄色或白色斑块。

生态习性:喜光,稍耐阴,较耐寒,耐干旱,怕水湿,喜湿润肥沃而排水良好的轻壤土。忌曝晒和过于干旱瘠薄的土壤,萌蘖力强。

繁殖栽培:以扦插繁殖为主。扦插:多在春季硬枝扦插,也可在7～9月份嫩枝扦插,一般成活率可达80%以上。移栽应在秋季落叶后春季萌芽前进行。成活植株在春季可施腐熟有机肥料,以促进生长和开花。及时修剪枯枝,以使树冠整洁美观。

分布范围:原产欧洲南部及小亚细亚一带,我国北京、上海、杭州及河南遂平、鄢陵有引种栽培。

园林应用:金叶山梅花叶稠密,叶色金黄,花白清香,宜栽植于庭院、公园及风景区,花枝可做切花材料,根、皮可入药。

12.99　斑叶木槿

学名:*Hibiscus syriacus*‘Argenteo-variegata’

别名:花叶木槿、锦植物槿

科属：锦葵科，木槿属

形态特征：落叶灌木或小乔木。分枝多，小枝灰褐色，皮孔明显，幼时密被柔毛，后渐脱落。叶卵形或菱状卵形，不裂或中部以上3裂，有3条明显主脉，叶具鹅黄色或白色斑或条纹。叶长5～10 cm，叶缘有不整齐缺刻，上被稀疏柔毛。花单生叶腋，具短梗，单瓣。花期7～10月份，果期9～11月份。

生态习性：喜光也耐半阴，耐寒，不耐旱；喜湿润、肥沃土壤，耐瘠薄，能在重黏土或盐碱土上生长；萌蘖力强，耐修剪，易整形，抗大气污染。

繁殖栽培：以扦插繁殖为主，也可压条繁殖。春季进行硬枝扦插，插条扦插深度10 cm以上，插后浇透水，成活率在80%以上；嫩枝扦插于5～8月份采条，采条后，将嫩枝剪成长10～15 cm的插条，将下部叶子去掉后平切，放在浓度为50 mg/L的ABT 2生根粉溶液浸泡1 h；然后插入遮阳塑料小拱棚沙床内，棚内保持空气相对湿度90%以上，温度30℃以下。此法扦插生根率达100%。并可缩短生根时间，促进根系生长。

压条生根较慢，一般春季压条到夏季生根，压条时刻伤与否均可生根。春季定植时应深栽。干旱严重时，幼枝较易干枯，落叶早，花期短。因此，木槿定植以后应注意及时浇水。注意防治金龟子危害。

分布范围：河南全省各地，许昌、周口、商丘等地有栽培。

园林应用：花叶木槿为许昌范军科等在实生苗中选出，其花叶性状稳定。该树种枝条密集，叶色秀丽，花期尤长，列植、群植、孤植均可，宜配植于草坪边缘、庭园一角、台阶前、墙垣下、树丛前或池塘边，可在街头、居住区、厂矿等绿化中普遍应用。

12.100 红叶复花矮紫薇

别名：红叶矮干百日红

科属：千屈菜科，紫薇属

形态特征：红叶复花矮紫薇由矮紫薇改良成的红叶中矮紫薇。落叶小灌木，枝形紧凑。株高50～120 cm，新枝红色，具4棱，单叶对生或互生，新叶嫩红色，秋季鲜红，椭圆形至倒卵形。圆锥花序顶生，花瓣6片，近圆形，呈皱缩状，边缘有不规则缺刻，基部具爪。花色由玫红、桃红渐呈粉红，重瓣复花白蕾丝边，夏秋季节开放，花期6～10月份，花色呈现两种色彩。蒴果椭圆形，内有种子多粒。

生态习性：喜阳光充足的环境。适应性广，能耐－20℃左右的低温。喜肥沃、湿润的沙壤土，耐pH为8的碱性土壤，耐水湿，耐干旱，抗病虫害强，偶尔有蚜虫和粉病及时喷药能很好防治。抗性强，耐二氧化硫，氟化氢，氯气等吸收粉尘能力也强。耐修剪，冠高易控制，也易修剪造型。

繁殖栽培：扦插繁殖。①硬枝扦插。春季硬枝扦插2～4月份。冬剪时把头年生开过花的粗壮枝条剪下沙藏，然后浇水，使土壤保持湿润。翌年谷雨后将其挖出，剪成长16 cm左右的插穗，插入预先准备好的疏松沙质土中，苗距15～20 cm，深度为插条的2/3，插完后浇一次水，然后盖一层约5 cm厚的细土。若不下雨，10～15天后再浇水一次，约经40天后即发芽；5月份开始为其遮阳。到7月份，苗高就可长至30 cm左右，此时进行一次锄草松土。至10月份，当苗长至50～60 cm时，浇一次腐熟液肥后过冬。翌年3月份，将苗的上部枝条剪去，留约

30 cm 高的带根苗移植，栽好浇足水后第 2 天覆土踏实。以后注意浇水及施肥。当年即可开花。②嫩枝扦插。在 5～6 月份剪半木质化枝条或一年生木质化较好且无病虫害的壮枝，用消过毒的枝剪成长 15 cm 左右的插穗，将下部叶片剪去，只留上部的二三片叶子，插入已中耕、消毒的苗床中，深度为 10 cm 左右，然后罩以塑料薄膜和苇帘，用于保湿和遮阳。扦插后，每天喷 1 次水，使湿度保持在 70%以上，45 天后可生根。待插穗长出新芽后逐渐使其接受光照，并撤去塑料薄膜，两个月后开始施肥。扦插苗在苗床中越冬时要做好防寒保温工作，翌年 4 月份可移苗定植。

分布范围：主要分布地区为江苏、山东、浙江、安徽、河北、河南、湖北、江西、北京、天津等省市。

园林应用：红叶复花矮紫薇具有株型优美紧凑，开花早，花期长，花量大，花色鲜艳、丰富等特点。春季可观叶，红底白边繁花满枝，夏秋可观花，花色由玫瑰红、桃红、渐呈粉红，重瓣复花白蕾丝边。嫩叶紫红，老叶返绿，花序硕大，花杂纷繁，玫瑰红色外镶白边，重瓣，尤其在盛夏之季，开花时烂漫如火，经久不衰，微风吹拂，婀娜多姿，给我们的环境增添了自然而和谐的美感。既可盆栽观赏，也可广泛用于各种园林绿化工程，是河道、铁路、公路两侧护堤、护坡以及城市园林景观建设的新型花木品种，在园林绿化中用途广泛。

12.101 紫叶欧洲荚

学名：*Viburnum lantana* ‘Zi ye’

科属：忍冬科，荚蒾属

形态特征：落叶灌木，小枝幼时有毛，冬芽裸露。叶卵形至椭圆形，长 5～12 cm，先端尖或钝，基部圆形或心形，缘有小齿，侧脉直达齿尖，两面有星状毛。叶片红色至紫红色。聚伞花序再集成伞形花序，径 6～10 cm。花冠白色，裂片长于筒部，核果卵状椭球形，长约 8 mm，由红变为黑色。花期 5～6 月份，果期 8～9 月份。

生态习性：喜光，也耐半阴。忌夏季阳光直射，耐寒性强，忌积水。适生于排水良好，疏松肥沃的壤土。萌蘖力强，耐修剪。

繁殖栽培：用扦插和分株繁殖。硬枝扦插在春季萌芽前进行，嫩枝扦插在生长季节采用半木质化枝条进行。嫩枝扦插时注意保持适宜的温度、水分和遮阳。移栽时和成活后生长期间应注意适当疏剪，枝条过密影响成活以及开花结果。

分布范围：原产欧洲及亚洲西部，久经栽培，我国早有引种。河南遂平、鄢陵等地有引种栽培。

园林应用：紫叶欧洲荚蒾树形优美，枝叶扶疏，叶色红艳，是集观叶、观花、观果于一身的好树种。可植于庭院、花坛、草坪旷地，也可盆栽观赏。

12.102 紫叶锦带

学名：*Weigela florida* ‘Foliis purpureis’

别名：紫叶文官花

科属：忍冬科，锦带花属

形态特征：落叶灌木。小枝具两行柔毛。单叶对生，短柄，椭圆形或卵状椭圆形，长5～10 cm，边缘有锯齿，表面无毛或仅中脉有毛，背面脉有柔毛，叶带紫红，株型紧密。花冠漏斗状钟形，花粉紫色，花1～4朵组成聚伞花序，生于小枝顶端或叶腋。蒴果柱状，种子细小，无翅。花期5～6月份，果期10月份。

常见的栽培变种还有：金叶锦带，叶金黄色。

金边锦带，叶边缘金黄色。

生态习性：温带树种，喜光耐寒，适应性强，对土壤要求不严，耐干旱瘠薄，怕水涝。在深厚、肥沃、湿润的土壤中生长良好。萌芽、萌蘖力强，发丛快，对氯化氢等有毒气体抗性强。

繁殖栽培：用分株、扦插和压条繁殖。分株：在早春结合植株移栽进行。春季硬枝扦插，于3月中下旬萌芽前，用一年生的健壮成熟枝露地扦插，插前用ABT 2号生根粉或萘乙酸处理插穗，插后成活率高；或于6～8月份采用嫩枝扦插。嫩枝扦插后保温保湿，苗床需搭塑料小拱棚，拱棚上方用遮阳网遮阳，棚内温度保持在25～30℃，湿度70%～80%。压条在6～7月份进行。苗木移栽，多春秋季移栽，需带宿土；夏季需带土球，并酌情疏去部分枝叶，以提高成活率，但此法一般应用较少。栽后注意疏除衰老枝，花谢后剪除花序，以利于植株生长。

注意防治蚜虫、刺蛾等。

分布范围：全省各地。河南鄢陵、遂平等地引种栽培较多。

园林应用：紫叶锦带花、花叶锦带花、金叶锦带花、金边锦带花等叶色秀丽，枝长花密，灿若锦带。适于庭院角隅、湖畔群植，也可作花篱、花丛配植；点缀假山、微地形或做盆景，也颇美观。花枝可插瓶。

12.103　花叶锦带

学名：*Weigela florida* cv. *variegata*

别名：花叶文官花

科属：忍冬科，锦带花属

形态特征：落叶灌木，株高1～2 m，植株紧密，单叶对生，椭圆形或卵圆形，叶端渐尖，叶缘为白色至黄色或粉红色，花1～4朵组成聚伞花序生于叶腋及枝端，花冠钟形，紫红至淡粉色，花期4～5月份，蒴果柱形，10月份成熟。

新品种：金叶锦带：为红王子锦带的变异品种。落叶灌木。嫩枝淡红色，老枝灰褐色。花冠漏斗状钟形，叶长椭圆形，金叶红花，景观效果极佳。

紫叶锦带：花鲜红色，繁茂艳丽，整个生长季叶片为紫红色，抗寒性强，可耐－20℃左右低温，也较耐干旱、耐污染。

生长习性：花叶锦带抗寒、较耐旱、怕积水；喜阳光，较耐阴，适生温度15～30℃。适应性强，中性土、沙壤土均能生长。耐修剪。对二氧化硫、氯化氢有较强的抗性。

繁殖：常采用播种或扦插繁殖。

播种繁殖：种子采收后，放在冰柜或冰箱里进行低温处理，或低温沙藏处理，翌年4月份盆播育苗，株高30 cm进可移植露地，株行距20～30 cm，栽后浇透水，入冬浇封冻水1次，春季花后修剪1次。春、秋两季都需追肥，可用有机肥或复合化肥，施肥后要立即浇水，否则肥料会烧伤根系。

扦插繁殖：扦插一般在10月中旬至11月上旬的阴雨天或晴天的傍晚进行，插前深翻土地，深度在20 cm以上。选择一年生的淡红色枝条，剪成规格为10 cm左右的插穗，并将叶子的1/2剪去，以利插穗快速吸收水分。然后，用生根剂100倍的清水稀释液浸泡10 h左右，浸泡的深度为植株的1/2长度；浸泡后进行扦插。

全光雾育苗：育苗设施为微喷灌系统，由压力罐、电磁阀、潜水泵、过滤器、蓄水池、时间间隔控制仪和主管、支管、毛细管及微喷头组成，应用该设备进行全光雾嫩枝扦插育苗，具体步骤如下：

(1)整地做苗床　高畦育苗，可在夏日多雨时有效排水，苗床宽1～1.2 m，高出地面10 cm左右，苗床与苗床间距为40 cm，作为人行道，方便插苗等工作，要求苗床平整。

(2)铺设管道　连接好主管道后按育苗地大小及压力罐所能带动的支管合理布管，一般每个苗床上安排一条支管，在支管上装毛细管，间距可根据两个微喷头之间的距离和微喷头喷水半径决定。

(3)配制培养土　多采用营养钵育苗。容器苗要求质轻，便于长途运输，所以采用疏松培养土育苗，即草炭土与珍珠岩1∶1，该培养土保水、透气性比较好。将配制的培养土装入6.5 cm×6.5 cm的营养钵或穴盘中，整齐紧密地摆放在苗床上，对其进行消毒处理，扦插前对培养土进行透水喷淋(标准：手握成团但无水下滴，松开手，土即散开)。

(4)采条　选取母株上半木质化的健壮枝条作为插条，剪下的插条立即放入清水中，插穗剪取4～5 cm为宜，一般来说，一节即可作为一个插穗。插条等应随剪随浸泡消毒，然后速蘸生根剂进行扦插。采条和剪插穗应在清晨或遮阳网下进行。消毒可用广谱、内吸性杀菌剂或0.01%的高锰酸钾水溶液，浸泡插穗3～5 s，并采用ABT 1生根粉进行处理效果较好。采用全光照喷雾扦插，扦插过程中就要根据已插苗叶片卷曲情况进行适当喷水，天气太热时，停止插苗，将微喷设备置于循环工作状态，间歇式喷水。

(5)插后管理　插后应立即对苗圃进行一次消毒，消除病源。全光照育苗喷雾要做到：首先，保证无菌。扦插全过程注意消毒，插后3天再消毒；5～6天后花叶锦带皮部气孔萌动，7～8天愈伤组织明显，再次消毒；8～10天生根，此后一周消毒一次。其次，控制好喷水量。喷水原则为当叶片卷曲时进行喷水，喷水量以湿润整个叶片但叶片上水不下滴为准，即设置控制仪的喷水间隔和喷水量时，根据气温和叶面变化而不断调整，达到用最少的水得到最好的效果。插后5～7天可适当多喷水，促进愈伤组织形成，根原基形成后稍控水，促进生根且防腐，2周后可喷施叶面肥及其他促根药，根系发满营养钵需30天左右，但锦带花腋芽萌发生长和株高增长比较缓慢，苗高达到10～15 cm需45～50天，即可出圃。

病虫防治：花叶锦带病虫较少，一般不需防治，但要注意防治蜗牛危害。

分布范围：我国各地均有栽培。

园林应用：花叶锦带春、夏、秋三季观叶，初夏赏花。叶黄绿相间，花初开时呈白色，而后逐渐变为粉红色；可孤植、丛植于庭院、水景处搭配点缀，也可群植于林缘及草坪、花境处，形成壮观的整体景观。同时，对二氧化硫、氯化氢有较强的抗性，并能吸附粉尘，净化空气。因此，花叶锦带不但是美丽的花灌木，而且也是优良的环境保护植物，

12.104 白鹃梅

学名:*Exochorda racemosa*

别名:金瓜果、茧子花

科属:蔷薇科,白鹃梅属

形态特征:落叶灌木,全体无毛。单叶互生,椭圆形至矩圆状倒卵形,长 3.5～6.5 cm,全缘或中部以上有浅钝锯齿,背面粉蓝色。花 6～10 朵,成总状花序顶生于小枝上,白色,径 3～4 cm,花瓣较宽,4 月份与叶同放。蒴果倒卵形,具 5 棱脊,果期 8～9 月份。

主要变种有:匍枝白鹃梅(*Exochorda racemosa* var. *prostrata*),枝匍匐状。

毛白鹃梅(*Exochorda racemosa* var. *dentata*),幼枝、叶背中肋、花序、花轴均疏生短柔毛。

生态习性:喜光,也耐半阴;适应性强,耐干旱瘠薄土壤;酸性、中性土都能生长,在排水良好、肥沃而湿润的土壤中生长良好。有一定耐寒性,在河南能露地栽培。萌芽力强。

繁殖栽培:可用播种、分株和扦插繁殖。

播种:于 9 月份采种,选凉爽湿润地沙藏,次年 3 月份播种;经 30 天左右出苗,苗高 4～5 cm 时间苗、定苗,盛夏需遮阳。翌春可换床分栽。移栽宜在晚秋落叶后或早春萌芽前进行,中小苗可裸根栽植,大苗需带土球。

分株:在早春萌芽前进行,容易成活。

扦插:硬枝扦插,在早春萌芽前进行,插穗需选用上年生的健壮枝,齐节剪下,然后剪成长 12～15 cm 的插穗,插入苗床中 2/3,按实后充分浇水,成活率较高。

分布范围:大别山、桐柏山有自然分布,适生河南全省,北京地区亦可露地越冬。

园林应用:白鹃梅姿态优美,枝叶秀丽,花洁白如雪,清丽动人。适于草坪、林缘、路边及假山岩石间配植。若在常绿树丛边缘配植,宛若层林点雪,饶有雅味。散植于庭院建筑物,路边,草坪内也极适宜。老树古桩可制优美盆景。

12.105 花叶红皮柳

学名:*Salix purpurea* ‘Hua ye’

别名:花叶杞柳(河南、河北)

科属:杨柳科,柳属

形态特征:丛生落叶灌木。枝条细长柔韧,小枝黄绿色、粉红或紫红色,无毛。叶互生,线形或倒披针形,长 3～13 cm;叶缘具细锯齿,叶乳白色或绿白色,仅枝基部少部分老叶绿色;叶背微具白粉,幼叶微被毛,老叶无毛。枝条放射状,紧密,景观效果好。

生态习性:喜生于平坦的石灰性冲积土的细沙地上,在上层沙土较薄、底层为黏壤土或淤土细沙的河滩湿地生长特别良好,另外在土质较好的轻碱地上也能生长。喜光和冷凉气候,耐旱抗涝,在沟坡、河边、低温地上生长迅速。最适土层深厚肥沃,水分条件好的地方;在土壤干旱或土质盐碱的地方生长较慢,且寿命也较短。

繁殖栽培:播种繁殖,也可扦插繁殖。扦插繁殖一般选用一年生芽子饱满、无病虫害的健壮枝条剪成 15 cm 左右的插条,扦插时插穗露出 3～4 cm,插后踩实,浇透水即可。可参考旱柳扦插方法。

栽培:栽植前可局部整地,也可边挖坑边栽植。栽后浇透水,不需要特殊管理,主要是及时松土,除草。注意防治病虫害,一是土黄色的小象鼻虫,在“夏至”前后专咬断柳头,可在此期喷洒“金刚钻”农药或氧化乐果进行防治。二是卷叶蛾,幼虫浅绿色,在“谷雨”前后啃食幼嫩的顶尖,影响生长,可用敌百虫 800～1 000 倍液喷杀。三是金龟子,“立夏”前后危害较重,主要啃食树叶,可用敌百虫 500 倍液喷杀。

分布范围:杞柳主要分布黄河流域和淮河流域,河南省开封至郑州沙地上分布最多。花叶杞柳为杞柳的一个变种,其适生和分布范围与杞柳大致相同。目前,我国南方如扬州等已有引种栽培。

园林应用:花叶杞柳叶色独特,枝条柔韧,为少有的“白色叶”树种之一,可做平原或潮湿滩地园林绿化村种,与其他彩叶树种配置,可增加绿化的色彩效果。

12.106 火焰柳

学名:*Salix* cv. flame

科属:杨柳科,柳属

形态特征:落叶小乔木,枝干呈火红色,顶部叶、花黄色,秋叶橘黄色,落叶较晚。

生长习性:喜光,耐寒,以耐－35℃低温。耐湿,生长势强。喜土层深厚,土质肥沃的沙壤土、中壤土或轻壤土。

繁殖:常采用扦插繁殖。

(1)圃地整理　圃地选择地势平坦,土层深厚,土质肥沃的沙壤土、中壤土或轻壤土,轻微盐碱或沙土中也能生长,忌在重盐碱、土层薄和黏重土壤上栽植。栽植前全面深耕土地 25～30 cm,结合施优质有机肥 4 000～5 000 kg/667 m^2,碳铵 25 kg/667 m^2 或者磷酸二铵 15 kg/667 m^2,同时施入硫酸亚铁 15 kg/667 m^2。耕后整平、耙细、做畦,畦宽 2.5～5 m。

(2)种条选择与储藏　选择生长良好、芽饱满,组织充实、木质化程度高、无病虫害的优质壮条作种条。春、秋扦插时用秋条作种条,粗度 0.5～0.8 cm,剪截成长 15 cm 左右,夏季扦插选用粗度大于 0.7 cm 的伏条作种条,剪截成长 15～20 cm,插穗部位均以种条中下部分为宜。插穗上口剪平,下口剪成马耳形,随剪随扦插,如不能及时扦插,可将剪好的插穗每百株一捆,用湿沙埋在背阴的地方,注意不要风干,避免腐烂。

(3)扦插时间　春季扦插从 2 月中旬到清明前,夏季扦插从 7 月下旬到 8 月上旬,秋季扦插宜在 10 月中旬到 11 月中旬进行。

(4)栽植方法　春季扦插时,将种条枝段垂直(也可倾斜)插入土中,地面上露出 1～2 个芽,芽尖向上,插后立即灌水沉实。秋季扦插,要在土壤封冻前插完,插后将露出地面的部分培土防冻。夏季扦插时可将畦内先灌水耙平,1～2 天后在扦插,种条可随截随插,枝段露出地面 1 个芽,插后不灌水,待地表干皮时及时松土,也可先插,插后插穗浇透水,沉实。

(5)插后管理　①土肥水管理。3 月中旬结合浅耕松土施碳酸氢氨 40～50 kg/667 m^2(隔行开沟施入),也可施有机肥 3 000 kg/667 m^2(撒施),5 月份至 6 月中旬结合中耕除草每亩施尿素 15～20 kg/667 m^2,施肥后立即浇水。生长季节叶面喷施 0.3%尿素水溶液 3 次,并根据土壤墒情及时浇水。②定梢和打杈。定梢:由于火焰柳的萌芽能力较强,每墩能萌发新梢十几个或二十几个，为提高观赏效果，减少无效营养消耗，在条高 3～5 cm 时根据柳条的用途每墩保留 6～10 个壮条(当年扦插的留 1～2 个)，其他从基部疏除。打杈：火焰柳有分杈的习性，当长到 1 m 左右时开始发杈，为培养好的树形，要整枝打杈，打杈要随出随打，打杈时要横向将杈掰去，切勿将杈向下随叶掰掉。

病虫防治：早春清理田间枯枝、杂草，带出园外烧毁，消灭病虫源。4 月上旬喷一遍 25%灭幼脲Ⅲ号悬浮剂 1 000 L/μL 防治柳蓝叶甲、甜菜叶蛾、造桥虫等食叶害虫。5 月上旬喷一遍 40%氧化乐果乳油 1 000 倍液防治杞柳绵蚧，连喷两遍(15 天 1 次)50%退菌特 600 倍液防治白粉病。7 月中旬伏条采收前洒波尔多液或早晨趁露水洒草木灰防治叶锈病。

分布范围：我国各地均有栽培。

园林应用：彩叶杞柳树形优美，春夏秋季节叶片外观迷人，是城乡绿化、美化环境的优良树种之一。其枝条盘曲，也适合种植在绿地或道路两旁。

12.107　金叶莸

学名：*Caryopteris divaricata* Simmonds

别名：金叶蓝香草

科属：马鞭草科，莸属

形态特征：落叶灌木，全体具灰白色绒毛。单叶对生，卵状椭圆形，长 3～6 cm，鹅黄色，叶背具银色毛，先端钝或急尖，基部广楔形或近圆形。花蓝紫色，聚伞花序腋生于基上部，自下而上开放。花期 6～9 月份，花期长达 3 个月以上。蒴果上半部有毛，成熟时裂成 4 小坚果，种子有翅。

生态习性：喜温暖气候，对土壤要求不严，但喜肥沃湿润的中性土。耐寒、耐旱、耐瘠薄、耐粗放管理，生长快，萌蘖力强，耐修剪。抗病虫能力强。

繁殖栽培：扦插繁殖。据银川赵倩等研究，应用沙、珍珠炭等为基质，于 5～9 月份选生长健壮、无病虫害的母株，截取生长健壮、侧芽饱满的当年生壮枝作插条，视节间长短截成 5～8 cm 的枝段作插穗，插穗上端保留 2 对叶片，下端叶片全部去掉，插穗剪好后速蘸生根粉 5 s，随采随插，采穗时避免在阳光下操作，防止萎蔫。扦插密度 400～600 株/m^2，株行距 4～5 cm。扦插深度为插穗长度的 2/3，即顶端节高出沙面 1 cm 左右，压实后喷水。插时注意勿使叶片重叠，互相遮挡。插后搭塑料小拱棚并覆透光度为 50%～70%的遮阳网。插后棚内温度保持在 25～30℃，相对湿度保持在 80%以上，扦插成活率可达 90%以上。为防止病害发生，每 7 天喷 1 次 0.2%浓度的多菌灵或 70%的克露 0.05%浓度的溶液，并及时摘除腐烂叶片和病株，以防病害蔓延。插后约 14 天开始生根；20 天后，结合喷药防病加入 0.2%～0.3%的尿素或复合肥；20～25 天后，酌情揭去遮阳网和小拱棚，或不揭小拱棚只打开拱棚两侧通风透气降温，后逐渐揭棚炼苗，炼苗 30～40 天后可移栽。移栽最好在阴天进行，随起苗随栽植，栽后浇水，并加强肥水管理。

分布范围：全省各名地均可栽培，尤以豫北、豫西最为适宜。河南遂平县玉山镇，鄢陵县柏梁镇有引种栽培。

园林应用：金叶莸株型紧凑，枝叶繁茂，叶色金黄，生长季节愈修剪，叶片愈金黄亮丽，且具别致的香味，花蓝紫色，高雅素静，花期 7 月份，正是夏秋少花季节，可做大面积色块、模纹，可植于草坪边缘、假山旁、水边、路边、公路分车带、高速公路交叉口花坛等。观赏价值不亚于金叶女贞，是春季观叶、夏秋观花的上等佳木。茎、叶可提取芳香油，也可入药。

12.108 花叶丁香

学名：*Syringa persica* 'Hua ye'

别名：花叶紫丁香

科属：木樨科，丁香属，紫丁香亚属，紫丁香组

形态特征：落叶灌木。小枝粗壮，无毛。单叶对生，广卵形，宽大于长，宽 5～10 cm，先端渐尖，基部近心形，全缘，两面无毛；叶具金黄色、黄白色、紫红色斑块或斑纹。花筒细长，裂片开展，花药着生于花冠筒中或中上部，呈密集圆锥花序。河南 4～5 月开花，蒴果长圆形，顶端尖，光滑，种子有翅。

常见栽培品种还有：金叶丁香，叶全年金黄色。河南遂平县玉山镇名品植物园艺场有引种。

生态习性：喜光，稍耐阴，耐寒，耐旱，忌低温；对土壤要求不严，耐瘠薄，除强酸性土外，各种土壤均能适应，但以土壤疏松的中性土为佳。

繁殖栽培：扦插和嫁接繁殖。

扦插：于花后 1 个月，选当年生半木质化健壮枝条作插穗，插穗长 15 cm 左右(具 2～3 对芽)，插穗剪好后，用 50～100 mg/L 的吲哚丁酸液浸泡插条下端 18～20 h，或用 ABT 2 号生根粉速蘸插穗后插在小塑料拱棚内的水床中，30 天左右即可生根。硬枝扦插在春季进行，但需在秋、冬季采条后湿沙贮藏。

嫁接：砧木可用华北紫丁香等，芽接在 5～6 月份进行，枝接需在冬季采条，经露地沙藏后翌春嫁接，此法生产上应用最多。对嫁接成活的植株，应及时剪砧除萌。两种繁殖方法均易成活。

栽植一般在春季萌芽前进行，栽后浇透水，以后每 10 天浇 1 次水，连续 3～5 次。栽植 4～5 年生大苗时，栽后要对地上部分强修剪，即从离地面 30～50 cm 处截干，截干后很快发枝，使树冠圆满。第二年即可开出繁茂的花来。定植后的管理比较简单，主要是修剪和酌情施肥、浇水，防治叶枯病及毛虫、刺蛾等。

分布范围：河南中部以及以南地区。

园林应用：花叶丁香和金叶丁香具优雅的花色，独特的芳香，硕大耐繁茂的花序，斑斓多彩的叶色，丰满秀丽的姿态，在园林中享有盛名；可丛植于路边、草坪、庭院、窗前或与其他丁香品种一起建造丁香花园。

12.109 白斑叶溲疏

学名：*Deutzia scabra* var. *punctata*

别名：白斑叶空疏

科属：虎耳草科，溲疏属

形态特征：落叶灌木。树皮薄片状剥落。小枝中空，红褐色，幼时有星状柔毛。叶对生，长卵状椭圆形，边缘有不明显小齿，叶具白色斑点，两面具星状毛。直立圆锥花序，长 5～12 cm，花瓣 5，白色或外面略带红晕。蒴果近球形，顶端平截，花期 5～6 月份，果期 8～9 月份。

栽培变种:黄斑叶溲疏(*Deutzia scabra* var. *marmora*),叶具有黄白色斑点。

生态习性:阳性树种,稍耐阴。喜温暖湿润,也较耐寒。喜深厚肥沃的微酸性、中性土壤,萌芽力强,耐修剪。

繁殖栽培:扦插、压条繁殖均可。扦插在生长季节进行嫩枝扦插,也可在春季萌芽前硬枝扦插。压条在萌芽前进行。移植在落叶期进行,栽后每年冬季或早春应修剪枯枝,花谢后残花序要及时剪除。常见害虫有蚜虫、刺蛾、大袋蛾,要注意防治。

分布范围:河南大别山区有自然分布,信阳,南阳,许昌鄢陵县等有引种栽培。

园林应用:白斑叶溲疏叶色秀丽,夏季白花繁密素雅,花期长,宜植于草坪、路旁、山坡及林缘观赏,也可栽作花篱。花枝可做切花。

12.110 金边棣棠花

学名:*Kerria japonica* 'Aurea-variegata'

别名:金边地棠、黄榆叶梅、黄度梅

科属:蔷薇科,棣棠属

形态特征:落叶丛生小灌木,高 1～2 m,小枝绿色,无毛,髓白色,质软。叶卵形或三角状卵形,长 2～8 cm,宽 1.2～3 cm,先端渐尖,基部截形或近圆形,边缘有锐尖重锯齿,叶背疏生短柔毛;叶柄长 0.5～1.5 cm,无毛;托叶钻形,膜质,边缘具白毛。花单生于当年生侧枝顶端,花梗长 1～1.2 cm,无毛;花金黄色,直径 3～4.5 cm;萼筒无毛,萼裂片卵状三角形或椭圆形,长约 0.5 cm,全缘,两面无毛;花瓣长圆形或近圆形,长 1.8～2.5 cm,先端微凹;雄蕊长不及花瓣之半;花柱顶生,与雄蕊近等长。瘦果褐黑色,扁球形。花期 5～6 月份,果期 7～8 月份。

常见的栽培变种有:银边棣棠花(*Kerria japonica*),叶缘呈银白色或黄白色。

生态习性:喜温暖湿润气候,稍耐阴,较耐湿,不甚耐寒。对土壤要求不严,但在湿润肥沃的沙质壤土上生长最好,耐旱力较差。根蘖萌发力强,能自然更新。

繁殖栽培:扦插和分株繁殖。扦插在早春 2～3 月份可选一年生硬枝剪成长 10～12 cm,插在整好的苗床,插后及时灌透水,扦插密度以 4 cm×5 cm 为宜,上露 1 cm 左右,保证外露一个饱满芽。保持苗床湿润,生根后即可圃地分栽。分株可在晚秋和早春进行,整株挖出从根际部劈成数株后定植即可。露地栽培,不需要特殊管理。花芽在新梢上形成,需谢花后短截,每隔 2～3 年应重剪 1 次,更新老枝,促多发新枝,使之年年枝花繁茂。

分布范围:分布于我国华北南部及华中、华南各省(区),河南大别山、桐柏山、伏牛山区海拔 400～1 000 m 的山坡、山谷灌丛杂林有自然分布。鄢陵引种栽培较多。

园林应用:金边、银边棣棠花叶色美丽,金花朵朵,枝柔条垂,别具风姿。在园林中易做花篱、花径,也可配植在草坪、林缘、湖畔、建筑和假山的北面等,颇具雅趣。花枝可插瓶。

12.111 金焰绣线菊

学名:*Spiraea* × *bumalda* 'Gold flame'

科属:蔷薇科,绣线菊属

形态特征:矮生直立灌木,高 30～60 cm,生长旺盛。小枝细弱,呈"之"字形弯曲。叶片长卵形至卵状披针形，较大，叶色多变，新叶橙红，老叶黄绿色，秋冬又变为绯红或紫红色。复伞房花序，直径2～3 cm，花色淡紫红，花期6月份，果期8～9月份。

近缘品种：金山绣线菊(*Spiraea* × *bumalda* cv'Gold Mound')，又名金叶绣线菊，矮生灌木，几乎呈匍匐状生长，高30～35 cm，叶片卵圆形或卵形，较小，新叶和秋叶为金黄色，夏季浅黄色。

生态习性：适应性强，对土壤要求不严；喜光，在光照充足条件下，生长旺盛，叶片色彩效果明显；稍耐阴，耐寒，忌积水，萌芽力强，耐修剪，耐干旱、贫瘠；喜排水良好，通透性良好的土壤。金焰绣线菊生长速度比金山锈线菊慢。

繁殖栽培：以扦插繁殖为主。

扦插：硬枝扦插在早春进行。嫩枝扦插在7月上旬盛花期过后，选择半木质化健壮枝条截成8～10 cm长的插穗，进行扦插，插前最好用ABT 2号生根粉处理插穗，然后扦插，插后搭建塑料小拱棚，并用遮阳网适当遮阳，目的是控制好温度(28～30℃)和湿度(60%～70%)，成活率达95%以上。扦插成活后，于翌春萌芽时进行移栽，以培育大苗，移栽前需揭去塑料棚炼苗1周，移植时，对根系适当修剪，以防须根太多造成"窝根"，地上部分适当修剪减少养分消耗，以利成活。移植前，先整地做床，床宽1～1.2 m，长视苗木多少而定。移前先在苗床上做穴，穴深为15 cm，株行距为15 cm×15 cm，将苗置于穴中，使根系舒展；然后培土压实，栽后浇水，水渗干后再覆上一层土。如果天气晴朗、干旱、风大，可采用遮阳网遮阳半个月，待生根缓苗后撤去遮阳网，移栽成活率均达85%以上。移栽后适时拔草、浇水、松土，以培养壮苗。当年冬或翌春可出圃。

金焰绣线菊喜生于排水良好，通透性较好的土壤。作为地被型矮灌木，定植在设计好的模纹图案上时，株行距宜采用25 cm×25 cm，栽后浇透水，水渗干后再覆一层土，保墒保活。以后除必要的施肥、浇水、除草外，注意防治叶斑病和立枯病。

分布范围：河南大别山、桐柏山、伏牛山有自然分布。河南鄢陵县、遂平县等有引种栽培。

园林应用：金山绣线菊植株低矮，叶色金黄；金焰绣线菊植株稍高，叶色多变；而且均具有紫红色的花朵，是花叶兼赏的优良灌木，在现代园林中，最适于作彩色地被植物和基础种植材料，与紫叶小檗等配合，作色块、模纹材料也可。

12.112 蓝叶忍冬

学名：*Lonicera korolkwi* 'Zabclii'

别名：蓝叶吉利子

科属：忍冬科，忍冬属

形态特征：落叶灌木，茎丛生，较粗壮，直立。幼枝中空，皮光滑无毛，常紫红色；老枝皮灰褐色。叶对生，近革质，长2～6 cm；叶形变化较大，通常为卵形至卵圆形或近圆形；叶面无毛，叶正面呈蓝绿色，有光泽；背面呈灰绿色，较粗糙；叶全缘，先端尖、渐尖或钝尖。花成对生于叶腋，花梗细长，花冠唇形，玫瑰红色。浆果红色，直径5～6 mm。种子扁圆形，黄色，直径2～3 mm，花期5～7月份，果熟期8～9月份。

近缘品种：黄脉忍冬(*Lonicera japonica* 'Aureo-reticulata')，叶脉金黄色。

金边忍冬，叶缘金黄色。

生态习性:喜光,喜冷凉湿润气候,稍耐阴,耐寒性极强。喜排水良好,通透性良好的微酸或微碱性土壤;耐瘠薄干旱;根系发达,生长势强;萌蘖性强,茎蔓着地即可生根。

繁殖栽培:可扦插、压条繁殖。扦插在春夏秋三季均可进行,但以雨季用半木质化的枝条中部节段扦插最好,插后2~3周生根,翌春移栽。移植或定植在生长季节均可进行,在春季幼芽萌发时最好,栽后要浇透水。栽后一般不需特殊管理。但生长期应注意浇水,雨季注意排水。注意防治蚜虫、红蜘蛛等。

分布范围:忍冬在河南伏牛山南坡有自然分布,蓝叶忍冬是其新的栽培变种,河南遂平、鄢陵等地有引种栽培。

园林应用:蓝叶忍冬叶色新颖,枝叶繁茂,适宜庭院附近、草坪边缘、园路旁、假山前后及亭际附近栽植,还可用老桩制作盆景。

12.113 花叶凌霄

学名:*Pandorea jasminoides* 'Ensel-variegata'

科属:紫薇科,凌霄属

形态特征:落叶藤本,小枝紫褐色,呈细条状纵裂。叶对生,奇数羽状复叶,小叶7~9枚,叶表面有黄、白斑纹。顶生聚伞状花序或圆锥花序,花萼钟形,外面橙黄色,里面鲜红色。蒴果豆荚状。种子扁平,具翅。花期6~8月份,果期7~9月份。

生态习性:喜阳,略耐阴;喜排水良好的土壤,较耐水湿,并有一定的耐盐碱能力。

繁殖培栽:①扦插繁殖:可在春季萌芽前选择带气根的硬枝扦插,插后浇透水并保持土壤湿润,易成活。②压条繁殖:可在生长季节水平压枝或波状压枝,次春生根后可进行移栽。

春季移栽为宜,栽后浇透水。注意疏除过密枝和干枯枝,花前适量追肥浇水,促进花茂叶繁。

注意防治蚜虫。

分布范围:凌霄在河南大别山有自然分布,花叶凌霄为凌霄的栽培变种,近年全省各大城市公园都有较多栽培。

园林应用:花叶凌霄枝叶纤秀,夏秋开花,鲜艳夺目,适用于攀附墙垣、假山、花架等,用于垂直绿化,花可入药。

12.114 金叶风箱果

学名:*Physocarpus opulifolius* 'Lutein'

科属:蔷薇科,风箱果属

形态特征:落叶灌木。叶三角状卵形或宽卵形,先端急尖或渐尖,基部广楔形,缘有复锯齿,生长期叶呈金黄色,落叶前呈黄绿色。花白色,直径0.5~1 cm,北京地区5月下旬开花,呈顶生伞形总状花序。果期7~8月份,在夏末时果呈红色。

近缘品种:紫叶风箱果(*Physocarpus opulifolius* 'Summer Wine')株高1~2 m。叶片生长期紫红色,落前暗红色,三角状卵形,缘有锯齿。花白色,直径0.5~1 cm,花期5月中下旬,顶生伞形总状花序。果实膨大呈卵形,果外光滑。

生态特征：性喜光、耐寒、耐旱、耐贫瘠、亦耐阴，在光照充足的情况下，叶色金黄，弱光或庇荫环境中则呈绿色，夏季高温季节生长处于停滞状态，对土壤要求不严格。喜酸性土(在石灰性土中会出现萎蔫的黄色)，喜肥，在排水良好的土壤中生长较好。较少病虫害。

繁殖栽培：扦插繁殖。

扦插繁殖：主要以硬枝扦插繁殖为主，冬季结合修剪，将休眠枝剪成 10 cm 长，带有 3～4 个芽的枝段，扦插在温室的蛭石基质内，一般生根率 50%左右。如果用 100 mg/L 吲哚乙酸将插穗末端处理 5 min，生根率 80%以上，移栽成活率 90%以上。

分布范围：原产北美，中国河南遂平、鄢陵县均有引种栽培。

园林应用：金叶风箱果春季叶子金黄色，夏季开花，花白色，花序密集，花色美丽。果在夏末秋初变为红色。花、叶、果均具有较高的观赏价值。花期在夏末秋初的少花季节，是庭院绿化和点缀夏秋景色的好材料，也可在花园假山处单株点缀观赏。

12.115 彩叶常春藤

学名：*Hedera nepalensis* ‘Discolor’

别名：花叶常春藤

科属：五加科，常春藤属

形态特征：常绿攀缘藤本，茎具气根，幼枝具星状柔毛。单叶互生，中革质，叶较小，乳白色并带红晕。叶具长柄。营养枝上叶三角状卵形，全缘或 3～5 浅裂；花枝上的叶卵形至菱形，基部圆形至截形。伞形花序单生或聚生成总状花序，花小，淡黄色。浆果圆球形，橙黄色或黑色。花期 8～9 月份，果期次年 4～5 月份。

常见的栽培品种有：

金心常春藤(*Hedera nepalensis* cv. *goldheart*)，叶 3 裂，中心部分黄色。

银边常春藤(*Hedera nepalensis* cv. *silver Quccn*)，叶灰绿色，边缘乳白色，入冬后变粉红色；

三色常春藤(*Hedera nepalensis* cv. *tricolor*)，叶色灰绿，边缘白色，秋后变深玫瑰红色，春暖又恢复原状。白叶扶芳藤：常绿灌木，半直立至匍匐；变种爬行卫矛为匍匐至攀缘藤本。叶对生卵形或广椭圆形。

生态习性：性极耐阴，但全光照环境也能生长，能耐短时的－5～－7℃的低温。对土壤水分要求不严，但以温暖湿润、疏松、肥沃的中性或微酸性土壤为好。

繁殖栽培：用扦插、压条繁殖。

扦插：除严寒外三季均可进行，剪取插穗长 15～20 cm，摘去下部叶片，只留上部 1～2 片叶，进行扦插时株行距 15 cm×25 cm，插入苗床后浇水，设荫棚遮阳，20～30 天后可生根，40 天后撤除荫棚。

栽培：可于初秋或晚春栽植，在较寒冷地区以晚春栽植为宜。盆栽土多用黄土、煤渣、粪土的混合土，盆栽后表土见干浇水。虫害有卷叶螟、介壳虫、红蜘蛛等，可用内吸式杀虫剂埋于植株基部防治。

分布范围：原产我国秦岭以南各省，河南信阳、潢川、遂平、鄢陵等地栽培较多。

园林应用：彩叶常春藤及其园艺品种枝密叶稠，叶色多彩秀丽，适宜于攀附建筑物、围墙、陡坡、树荫下地面、居民住宅阳台阴面以及室内盆栽观赏。

12.116 粉叶爬山虎

学名:*Parthenocissus thomsonii*

别名:粉叶地锦

科属:葡萄科,地锦属

形态特征:落叶藤本,卷须短而多分枝,叶通常广卵形,长 8~18 cm,常 3 裂,基部心形,缘有粗齿,表面无毛,幼叶期常较小,多不分裂,下部枝叶有分裂。幼枝四棱,幼枝与幼叶均带紫红色或粉红色。聚伞花序通常生于短枝顶端两叶之间,花小,淡黄绿色。浆果球形,熟时蓝黑色,具白粉。花期 6~7 月份,果期 7~8 月份。

同属栽培观赏的还有:花叶爬墙虎(*Parthenocissus henryana*),幼枝四棱,幼叶绿色,叶背具白色或紫色斑块。

红叶爬墙虎(*Parthenocissus thomsonii* var. *rubrifolia*),小叶较阔,幼叶带紫色。

生态习性:参看爬山虎。

繁殖栽培:扦插繁殖。春季 3 月份用硬枝扦插,生长季节用半木质化壮枝扦插,但应注意遮阳和水分供应,无论何时扦插,成活率均很高。

分布范围:产伏牛山南部的西峡、南召、内乡、淅川及大别山的信阳、商城、新县、罗山等,许昌鄢陵有引种栽培。

园林应用:同爬山虎,但比爬山虎的色彩更加绚丽,观赏期更长,观赏效果更佳。

13 秋色叶树种

13.1 金钱松

学名：*Pseudolarix amabilis*

科属：松科，落叶松属

形态特征：落叶乔木，干直挺秀，枝轮生平展，树冠阔圆锥形，大枝不规则轮生。叶条形，扁平、柔软，在长枝上互生，在短枝上15～30枚呈轮状簇生，辐射平展，秋后呈金黄色，长3～7 cm，上面中脉不隆起，下面隆起；雌雄同株，异花；雄球花簇生，雌球花单生；球果卵形，当年成熟；花期3～4月份，果期10月份。

常见栽培品种还有：矮生金钱松（*Pseudolarix amabilis* 'Nana'）和垂枝金钱松等品种。

生态习性：喜光，喜温暖湿润气候，也较耐寒，可耐－20℃低温。适于深厚肥沃，排水良好的中性至酸性土壤，耐寒而抗风，不耐干旱和积水。生长速度中等偏快。枝条坚韧，抗风力强。

繁殖栽培：播种繁殖，种子应沙藏层积60天左右，为典型的菌根共生树种，故育苗地应掺入金钱松林下土壤以便菌根带入。苗期需半阴环境。在晴天可喷1～2次波尔多液防病。移植时需带土球，并保护好菌根，随挖随种。春天移植应在萌芽前进行，秋冬则需在落叶后进行。定植后应注意树形管理，修枝不可过高，要保持树冠匀称。

分布范围：长江流域，向北可达华北南部，河南信阳等地有栽培，漯河、鄢陵等地有引种。

园林应用：金钱松树干通直挺拔，枝条轮生平展，树冠广圆锥形；新春、深秋叶片呈现金黄色，短枝上的叶簇生如金钱状，故有"金钱松"之称，是世界五大园林树种之一。园林中可做行道树，也可孤植或群植，还可与其他常绿树，如雪松、黑松等配置一处，入秋时黄绿相映，极为美丽。亦可盆栽，是制作丛林盆景的极好材料。

13.2 华北落叶松

学名：*Larix principis-rupprechtii* Mayr

别名：红杆、黄杆

科属：松科，落叶松属

形态特征：落叶乔木，高达30 m，枝较平展，树冠圆锥形。一年生小枝淡黄褐色或淡褐色，幼时有毛，后脱落，有白粉。针叶披针形至线形，上面平。短枝上针叶呈簇状，与金钱松相似，生长期叶色嫩绿，质感柔软。雌雄同株，球果卵形至宽卵形，长2～3.5 cm，果鳞近五角状卵形，先端截形、波形或微凹，成熟时黄色，无毛，有光泽，苞磷紫褐色，下部苞鳞长于果鳞的一半以上，具先端实细长尖。花期3～5月份，果期8～10月份。

生态习性：强阳性树种，极耐寒，对土壤适应性强，但喜深厚肥沃湿润而排水良好的酸性或中性土壤，略耐盐碱；有一定的耐湿、耐旱和耐瘠薄能力。寿命长，根系发达，有一定的萌芽能力，抗风力较强。

繁殖栽培：华北落叶松多用种子繁殖，也可扦插繁殖。

(1)种子繁殖　于 8 月末至 9 月份采果后，经摊晒、脱粒、去翅后干藏。通常多春播，在气温达 10℃以上，距地表 5 cm 土壤平均地温达 8℃时播种。播种前可用 0.5%硫酸铜溶液浸种 8 h，再用清水冲洗后即可备用，亦可再用温水浸种 1～2 天，进行催芽，催芽后在高畦上播种。一般进行条播，每 667 m^2 播种量 7～10 kg，幅宽 3～5 cm，条距 10～15 cm，覆土厚度 1 cm 即可。覆土后，若过密，需间苗。夏季应注意防高温日灼和雨季排水。在 7 月下旬和 8 月下旬为苗木速生期，应注意施肥浇水，防治病害。大面积栽植时，不易与其他松树混植，最好与其他阔叶树混植或片植，以防松毛虫和落叶松尺蠖的发生。

(2)扦插繁殖　①插条及采条母树的选择。选择 15～16 年生的生长健壮优良单株，从树冠中、上部采取生长健壮、无病虫害的枝条作插条。②采条及扦插时间。落叶松嫩枝扦插一般在 6 月中旬为宜，不同地区应按树木物候期来确定采条时期。为防止枝条失水，清晨 6:00 以前采集插条，用无毒塑料布包好，运回后浸在背阴处水桶内备用。③插条规格及处理。将新鲜挺直的嫩枝基部针叶摘掉，用锋利刀片从基部底处削平，然后浸入 ABT 1 生根粉 200 mg/L 的溶液中直立浸泡 1 h。④扦插床的准备。选择背风向阳，地势平坦，排水良好，靠近水源的地方做床。床可为平床或半地上床，床宽 1 m 或 1.1 m，深 20 cm，床边用砖砌齐，然后铺基质，浇透底水。扦插前 7 天，用 0.3%的高锰酸钾或 5%的福尔马林溶液进行基质消毒。插床上方用木杆架棚，棚高 2 m，南低北高，棚宽视做床多少而定。棚上铺苇帘，东、西、南三面挂草帘，不使阳光直射插床为宜。⑤扦插方法及插后管理。在扦插前，床面要浇透底水。插前先用硬枝按株行距 5 cm×6 cm 扎成 3 cm 深的小孔，把已浸好的插条插入孔内，按实，随扦插随喷雾。每床插完后，立即用竹片或小细杆搭设 60 cm 高的拱棚。棚内温度控制在 22～27℃，最高不超过 30℃，湿度一般保持在 85%～95%，透光度适度为 30%～40%。⑥效果。应用 ABT 生根粉进行落叶松嫩枝扦插，只要插条优选、地温、气温、湿度调节好，生根率达 80%以上。

分布范围：华北落叶松为我国特产树种，多产于华北高山地带，后陕西、山东、辽宁等相继引种栽培。河南省豫西分布较多，平原亦有引种栽培。

园林应用：华北落叶松树形高大雄伟，株型俏丽挺拔，叶簇状如金钱，尤其秋霜过后，树叶全变为金黄色，可与南方金钱松相媲美，雌球花在授粉时呈现出鲜艳的红色、紫红色或红绿色，鲜艳的颜色一直可以保持到球果成熟前，因此，具有非常高的园林观赏价值。华北落叶松不但树姿优美，而且季相变化丰富，因此，在风景林的设计中，可与一些常绿针叶树（如油松等）和落叶的秋色叶树成片配置，秋季时，可以展现出美丽的宜人风景。也可在公园里孤植或与其他常绿针、阔叶树配置，以供观赏。在大力提倡生态城市建设和增加园林中生物多样性的今天，华北落叶松将逐步从高山走向平原，逐步向人们展示它的迷人风采。

13.3 水杉

学名：*Metasequoia glyptostroboides*

科属：杉科，水杉属

形态特征：落叶大乔木。幼树树冠尖塔形，老树圆锥形，树皮灰褐色，浅裂呈窄长条状脱落，树干基部常膨大。大枝斜向上伸展，不规则轮生，小枝对生下垂。幼树树皮淡褐色。叶交互对生，线形，柔软扁平，羽状，淡绿色，入冬与小枝同时凋零。雌雄同株，球果近圆形，有长柄，下垂，种子倒卵形，扁平。花期 2 月下旬至 3 月份，果期 10～11 月份。

生态习性：较耐寒，不耐阴，不耐干旱、瘠薄，怕水涝。对土壤要求不严，在土层深厚、湿润肥沃、排水良好的水壤土或黄褐土生长良好。在轻盐碱地（含盐量 0.2%以下）也可以生长。

繁殖栽培：用播种和扦插繁殖。

（1）播种繁殖　球果成熟后即采种，经过曝晒，筛出种子，干藏。春季 3 月份播种。每 667 m^2 播种量 0.75～1.5 kg，采用条播（行距 20～25 cm）或撒播，播后覆草不宜过厚，需经常保持土壤湿润。

（2）扦插繁殖　硬枝和嫩枝扦插均可。

1）硬枝扦插。①插条母树的选择。从 2～3 年生母树上剪取一年生健壮枝条作插条。②采条及扦插时间。1 月份采条，3 月 10 日左右扦插。③插条规格及处理。插条剪截长度 10～15 cm，然后按 100 根一捆插在沙土中软化，保温保湿防冻，扦插前用浓度为 100 mg/L ABT 1 生根粉溶液浸泡 10～20 h。④插后管理及扦插方法。采用大田扦插，每 667 m^2 插 2 万～3 万株，插后采取全光育苗，适时浇水、除草、松土。⑤效果。用 ABT 生根粉浸泡过的枝条，提前生根 15～20 天，生根多而粗，成活率达 90%以上，比其他未用 ABT 生根粉的高出 35%左右。

2）嫩枝扦插。在 5 月下旬至 6 月上旬进行，选择半木质化嫩枝作插穗，长 14～18 cm，保留顶梢及上部 4～5 片羽叶，插入土中 4～6 cm，每 667 m^2 插入 7 万～8 万株。插后遮阳，每天喷雾 3～5 次。9 月下旬后可撤去荫棚。圃地经常保持湿润通风，可促进插穗早日生根。苗期注意防治立枯病和茎腐病。

栽培管理：水杉栽植季节从晚秋到初春均可，一般以冬末为好，切忌在土壤冻结的严寒时节和生长季节（夏季）栽植，否则成活率极低，苗木应随起随栽，避免过度失水。如经长途运输，到达目的地后，应将苗根浸入水中浸泡。大苗移栽必须带土球，挖大穴，施足基肥，真入细土后踩实，栽后要浇透水。旺盛生长期要追肥，一般追一次，注意松土、锄草。

分布范围：水杉是稀有珍贵树种，我国特产，天然分布于四川万县和湖北利川一带，现北京以南各地广为栽培。河南信阳等地栽培最多，漯河、许昌、平顶山、洛阳都有栽培。

园林应用：水杉是著名的“活化石”树种。姿态优美挺拔，春季绿叶婆娑，秋叶经霜艳紫，是著名的秋叶观赏树种。在园林中最适于列植，也可丛植、片植，可用于堤岸、湖滨、池畔、庭院等绿化，也可盆栽，也是重要的造林绿化树种。

13.4 池杉

学名：*Taxodium ascendens*

别名：池柏

科属：杉科，落羽杉属

形态特征：落叶乔木。树冠圆锥形或圆柱形，树皮纵裂，呈长条片状脱落。大枝向上伸展，二年生枝褐红色，侧生无芽侧枝入冬与叶齐落。叶锥形略扁，螺旋状互生，柔软，贴近小枝，长 0.4～1 cm。秋叶棕红色，花单性，雌雄同株，雄球花多数集生于下垂的枝梢上，穗状花序，雌球花单生小枝上部，3～4 月份开花，10～11 月份果熟。

生态习性：喜光，喜温热气候，也有一定耐寒性，极耐水湿，也耐干旱，不耐碱性土，抗风力较强，生长较快。

繁殖栽培：播种繁殖。球果成熟时，由青变为褐色时及时采种，采后摊开阴干，剔出杂质，干藏或湿沙贮藏。育苗地要选择肥沃湿润的微酸性沙壤土，中性或微碱性不宜作苗圃地。秋播或春播。秋播即随采随播，春播时，干藏种子在播前可用温水浸泡 5～6 天。条播，行距 25 cm 左右，每 667 m^2 播纯净种子 10～12.5 kg，覆土厚 1.5～2 cm，播后盖草。春播约 20 天发芽，出土可持续 1 个月，出土后初期可适当遮阳，幼苗期注意防治地下害虫，6～8 月份为苗木生长旺盛期，注意施肥浇水，干旱高温时要注意浇水。园林绿化用苗还要分栽移植，经 4～5 年培育方可出圃。还可用 1～2 年幼树上的壮枝进行硬枝扦插和嫩枝扦插繁殖。

分布范围：原产北美东南部，后引入我国。豫南鸡公山区以及豫西等有引种栽培。

园林应用：池杉树高冠美，秋叶棕红色，耐旱耐湿，可用于营造风景林或与其他树种配植以增秋色。

13.5 落羽杉

学名：*Taxodium distichum*

别名：落羽松

科属：杉种，落羽杉属

形态特征：落叶乔木，树皮较池杉薄，稍平滑，褐色，片状剥落。大枝水平开展，幼树树冠塔形，老龄通常开张呈伞状。叶线形，扁平，长 1～1.5 cm，基部扭转排成两列，在一个平面上，呈羽状，淡绿色。球果近球形，径 2～2.5 cm；种子长 1.2～1.8 cm，褐色。花期 4～5 月份，果熟期 9～10 月份。

生态习性：喜光，能耐湿，能生于排水不良的沼泽地上。耐寒性强。树干基部常膨大，具膝状呼吸根。

繁殖栽培：播种、扦插和嫁接繁殖。育苗、造林技术与池杉基本相同。

分布范围：原产北美洲，河南鸡公山已有 60 多年的引种栽培历史。商城黄柏山，新县石门山、罗山等国有林场以及驻马店均有栽培。

园林应用：落羽杉树形美观，秋季叶色变为红褐色；可作为大别山、桐柏山、伏牛山南部及淮河平原湿地、沼泽地营造风景林树种；也可作为城市绿化树种，营造秋叶风景林，或与其他彩叶树种配植以增秋色。

13.6 红豆杉

学名：*Tacus chinesis*

别名：紫杉

科属：红豆杉科，红豆杉属

形态特征：常绿乔木，树皮褐色，裂成条片状脱落。叶稍有卷曲，叶长 1.5～3.2 cm，深绿色，入冬浓绿中带紫，边缘略反卷，背面中脉与气孔带同色，成羽状二裂。雌雄异株，球花单生，

3～4 月份开花，种子倒卵形宽卵形，11 月份成熟。

同属还有：南方红豆杉(*Taxus chinesis* var. *mairei chenget*)常绿针叶乔木，高 16 m，小枝互生，稠密。树皮红褐色，浅纵裂。叶螺旋状着生，排成二列，条形，微弯，边缘不反卷，近镰状，背面中脉与气孔带不同色，成羽状二列。生长慢。

曼迪亚红豆杉(*Taxus media*)常绿针叶树种。树冠卵形，树皮暗红褐色，条状裂剥落；小枝绿褐色；叶条形，表面深绿色，有光泽，背面黄绿色，在枝上两侧羽状排列。生长速度快，紫杉醇含量高，萌发力强，侧根发达。适应性强，易于栽培。采用枝条扦插繁殖，成苗仅需 6 个月，枝条年生长量可达 60～80 cm，开发价值极高。在河南信阳有较大面积引种栽培。

生态习性：强阴性慢生树种，喜温暖湿润气候，喜排水良好、肥沃的酸性土壤，对中性及碱性土壤也能适应，引种到平原干燥坡地栽植时，生长明显受抑制，常呈灌木状。对温度适应性强，在温度高达 41℃时仍能正常生长；耐寒性强，在温度达－6℃时仍可微长。全天候吸收二氧化碳，放出氧气，还可吸收一氧化碳、二氧化硫等有毒气体及甲醛、苯、甲苯、二甲苯等致癌物质。

繁殖栽培：采用播种和扦插方法。

播种：种子休眠期长达 1 年以上，宜秋季采后即播。10～11 月份种子成熟后，及时采摘，略堆沤后搓揉洗净假种皮，去除瘪粒，出种率约 20%。稍晾干后即播。春播宜可，但宜在早春进行。采用条播方式，行距 25 cm 左右，每米播种 20～25 粒，播后覆土厚 0.5 cm。初期生长慢，需留床 2～3 年培育。由于本种耐阴性极强，幼苗出土后应适当遮阳，更宜于生长。

扦插：于每年 10 月中下旬至 11 月上旬选择健壮母株，取 1 年生和当年生壮枝，剪成 8～10 cm 长的插穗。剪取插穗时，要求切口平滑，无机械损伤，无病虫害，上口平，下口呈马蹄形，上下剪口离叶和芽 0.5～1 cm。插穗用 ABT 6 生根粉，浓度为 100 mg/kg，浸泡 2 h 后，插入下层铺有 5 cm 厚的粗沙，上层铺有较细河沙的插壤中。扦插深度为插条的 1/3 左右，插后稍作按压，并浇透水，盖上薄膜，插后再及时搭拱棚覆薄膜保温保湿。空气湿度保持在 70%～80%为宜，温度在 15～25℃，插床遮光度 50%～60%。扦插 60 天后再用 ABT 6 生根粉 20 mg/kg 溶液喷施 2 次。5～10 月份，每月用 0.5%尿素溶液和 1%磷酸二氢钾各喷施 1 次，促其生长，成活率可达 75%～80%。园林绿化宜用 10 年生以上大苗，移栽时需带土球，栽植地应排水良好，土壤疏松、肥沃，并有庇荫条件。

分布范围：红豆杉产于伏牛山，太行山等地，信阳、洛阳等有较多栽培，许昌鄢陵、漯河等有盆栽观赏苗木。

园林应用：红豆杉树姿古朴端庄，叶色苍翠，入冬叶色绿中泛(暗)紫。秋后果实逗人，为美丽的常绿观叶、观果树种，最宜植于庭院阴处或与其他大乔木组成观赏树丛，或于风景林中作为耐阴树种配置。红豆杉也是极好的盆栽观叶植物，置于室内有净化空气和防癌之功效。由于该树种耐阴湿、避阳光、少浇水、好养护，且四季常青，造型美观，观赏性强，发展前景十分广阔。

13.7 枫香

学名：*Lipuidambar formosana*

别名：枫树、路路通

科属：金缕梅科，枫香属

形态特征：落叶乔木，有芳香树液；树冠广卵形，树皮幼时平滑，灰白色；老时黑褐色，有不规则纵裂。叶互生，掌状3裂（萌枝叶常5～7裂），先端渐尖，基部心形或截形，长6～12 cm。花单性，黄褐色，雌雄同株，头状花序，果球形，灰褐色，直径3～4 cm。长江流域及以南地区花期3～4月份，果期10月份。

生态习性：喜光，幼树稍耐阴。喜温暖湿润气候，能耐干旱瘠薄，不耐水湿。前期生长较慢。对二氧化硫、氯气等有毒气体抗生较强。幼年生长较慢，入壮年后生长速度较快。

同属还有：花叶枫香，叶片边缘白色，秋季叶色变红，适应性强，耐部分遮阳。喜光照，在潮湿、排水良好的微酸性土壤上生长更好，是非常好的园林观赏树种。

北美枫香（*Lipuidambar styrac-iflua*）落叶乔木，小枝红褐色，通常有木栓质翅，叶5～7掌状裂，背面主脉有明显白簇毛。

"洒金"北美枫香（*Lipuidambar styraciflua* 'Gold Dust'），叶面有许多金色斑点。

"宝藏"北美枫香（*Lipuidambar styraciflua* 'Gold Treasure'），生长较慢，叶边金色，秋季变成乳白色或白色，同时，叶中心绿色部分变成红色或金黄、粉红色。

"冰碛"北美枫香（*Lipuidambar styraciflua* 'Morine'），生长快，耐寒性强，可耐－35℃低温，秋色美丽。

繁殖栽培：枫香，北美枫香用播种繁殖，栽培变种用嫁接繁殖。播种繁殖，于10月份采种，摊开曝晒数日后筛出种子，于通风干燥处袋藏，翌春土壤解冻后播种。播前将种子浸泡10 min，取下沉种子消毒阴干后播种，条播或撒播，播后上覆浅细土，以不见种子为度，并盖草。播后20～30天发芽，需及时除草、松土、间苗。幼芽细弱，忌日晒，需遮荫棚遮阳，并防地老虎危害。为培育大苗，第二年需移植分栽，移植后注意防治大袋蛾、刺蛾、枫香巢蛾等。土壤黏重时，须防止发生根腐病，但最好选择通透性好的沙壤土或壤土地育苗。移栽大苗时，需先断根，栽后浇透水。

分布范围：枫香在河南大别山、伏牛山南坡和桐柏山有自然分布，北美枫香及栽培变种原产国外，后由上海园林研究所引入我国。河南洛阳、鄢陵有引种栽培。

园林应用：枫香树干通直，气势雄伟，秋叶橙红、橙黄或紫红，灿若披锦，美丽壮观，是著名的秋色叶树种。枫香最适于在低山丘陵地区营造大面积风景林；在城市公园和庭院中，可孤植、丛植于池畔、山坡或建筑物前作庭荫树。对二氧化硫、氯气有较强抗性，并具有耐火性，也适合于厂矿区绿化。

13.8 乌桕

学名：*Sapium sebiferum*

别名：乌果树、桕柳

科属：大戟科，乌桕属

形态特征：落叶乔木，树冠圆球形，树皮幼年灰白色，后逐步变黑褐色，粗糙。小枝纤细，淡褐色，无毛。叶菱形、宽菱形或菱状卵形，先端尾尖，全缘，两面无毛。基部楔形，具2个腺体。花单性，雌雄同株，穗状花序，顶生，花小，黄绿色。蒴果木质，梨状球形，黑褐色，开裂时露出被白色蜡质的种子，终年不落。花期6～7月份，果期10～11月份。

生态习性：暖温带喜光树种，喜温暖湿润气候。较耐寒、耐旱、耐水湿。在排水不良的低洼地及间歇性水淹的河道、湖泊两岸也能正常生长。对土壤要求不严，酸性、中性或微碱性以及沙壤土、黏壤、砾质壤土中均能正常生长。主干发达，抗风能力强，秋梢易枯干。抗二氧化硫及氯化氢有毒气体。

繁殖栽培：一般用播种繁殖，优良品种用嫁接法繁殖。也可用扦插繁殖。

(1)播种繁殖　秋季当果壳呈黑褐色时采收。日晒脱粒后干藏，翌春播种。因种子外面有蜡质，播前种子要浸入草木灰水中浸泡，搓洗，脱蜡后洗净然后播种。条播，行距 25 cm，每 667 m^2 播量 10 kg 左右，播后顺播种沟浇水，并注意保持苗床湿润。

(2)嫁接繁殖　以 1 年生实生苗作砧木，在 3 月底至 4 月初进行。接穗可以从优良品种的母株上选取树冠中上部的 1～2 年生健壮枝条进行切接或腹接。此外，也可埋根繁殖。培育大苗时，需移植。乌桕宜在萌芽前春暖季节进行移植，小苗移栽需带宿土，大苗需带土球。乌桕树干不易长直，主要原因是顶端优势不强，侧枝生长强于顶梢。为了促使高生长，育苗初期要密植，并注意及时除去侧芽，修剪侧枝，增施肥料。

(3)扦插繁殖　①插条及母树的选择。选 10～20 年生乌桕，采取当年萌芽的半木质化营养枝做插条。②采条及扦插时间。5 月上旬至 6 月中旬。③插条规格及处理。插条长 10～15 cm，保留 5～7 片叶。浸泡在浓度为 100 mg/L 的 ABT 1 生根粉中 12 h，深度为插条的 1/3～1/2。④扦插床的准备。扦插畦长不等，宽 1.2 m，高 35～40 cm。并在床面铺垫 3 cm 厚的黄泥，再在其上铺 5～8 cm 厚的细河沙，形成质地疏松、渗透性良好的插壤。⑤扦插方法及插后管理。扦插深度为插条的 1/3～1/2，株行距 4 cm×6 cm。用手压紧，并用清水浇透，使插条下切口跟插壤密接。罩盖好塑料薄膜，用土将插床四边薄膜压紧，成全封闭式。搭盖 2 m 高的遮荫棚，以防太阳光直射。⑥效果。应用 ABT 1 生根粉处理乌桕插条，生根率达 90%。

注意防治刺蛾、大袋蛾、樗蚕等。

分布范围：河南各地，为河南重要的乡土树种。

园林应用：乌桕入秋叶色红艳，不亚于丹枫，绚丽诱人。夏季满树黄花衬以秀丽的绿叶；冬季白色的乌桕子挂满枝头，经久不凋，若白花累树，十分美观。古人有“偶看柏树梢头白，疑似红梅小着花”的诗句赞之。宜从植、群植，也可孤植。最宜与山石、亭廊、花墙相配，也可植于草坪、池畔水边、坡谷等地，或与常绿树种混植点缀秋景。今后会有很好的发展前景。

13.9 银杏

学名：*Ginkgo biloba*

别名：公孙树、白果树

科属：银杏科，银杏属

形态特征：落叶乔木，高可达 40 m；树冠幼时为圆锥形，老后多呈广卵形。主枝轮生，大枝斜上伸展；叶扇形，上部宽 5～8 cm，上缘有浅或深的波状缺裂，有时中部缺裂较深，成二裂状，幼树及萌芽枝的叶常大而深裂，长 13 cm，宽 15 cm，基部楔形，淡绿色或绿色，秋季落叶前变为黄色，在长枝上互生，在短枝上簇生。雌雄异株，球花生于短枝顶端的叶腋或苞腋内，种子核果状，椭圆形，花期 3 月下旬至 4 月中旬，种子 8～10 月份成熟，成熟时黄色。

生态习性：对气候条件的适宜范围很广，在年平均气温 10～18℃，冬季绝对最低气温 −20℃以上，年降水量 600～1 500 mm，冬春温寒干燥或温凉湿润，夏秋温暖多雨的条件下生长良好。对土壤的适应性亦强,酸性土、中性土或钙质土均能生长,但以深厚湿润、肥沃、排水良好的沙质壤土最好;干燥瘠薄耐多石砾的山坡则生长不良,过湿或盐分太重的土壤则不能生长。喜光,深根性,对大气污染有一定的抗性,耐干旱,不耐水涝。一般生长较慢,如在水肥条件较好和精心管理的情况下,幼树生长亦快。一般 20 年生的实生树开始结实,30～40 年进入结果盛期;嫁接树 7～10 年结籽,结籽能力长达数百年不衰,寿命可达千年以上。

繁殖栽培:播种、嫁接、扦插繁殖均可。

播种:于 2 月下旬,把沙藏种子取出,先用温水(30℃)浸泡 2～3 天,每天换温水一次,然后放入麻袋中保温、保湿进行室内催芽,室温可控制在 25℃。20 天左右,种子开始发芽,当发芽率达 15%左右,将发芽的种子挑出播种;之后每 2～3 天挑选一次,3～4 次可播完。也可室外温床催芽,即在播种前,于室外背风向阳之处,用木板或砖石做成温床,温床底层铺 10 cm 厚细沙,将种子混以湿沙或锯末(种∶沙比例为 1∶3),上盖塑料薄膜,晚间加盖草帘,10～20 天,待大部分发芽时播种。播种沟距 25～30 cm,沟深 4 cm,每隔 10 cm 播种子一粒,覆土 3～4 cm,稍加镇压。每 667 m^2 播种量 40～45 kg。

嫁接:以春季为主,劈接、切接适用于 1～2 年生砧木,腹接、插皮接适用于 3～4 年生砧木。以生产种子为主的银杏树,嫁接是必不可少的关键环节。通过嫁接以保证雌雄性别和种子的优良品质。嫁接以优良品种作接穗,银杏实生苗作砧木。

扦插:在夏季,采当年生银杏枝条剪成 7～10 cm 插穗,浸水 2 h 以后,插于沙床,在间歇喷雾条件下,插后第 8～9 天形成愈伤组织,第 27 天生根率达 86%。

栽培:银杏宜在早春栽植。栽植时尽量选用 5 年生以下小苗,小苗移栽后,根系恢复快,缓苗时间短。若需栽植大苗或成龄树,则要采取带土球、截枝等措施。2002 年鄢陵中原植物博览园栽植胸径 60 cm,高 30 m 的银杏树,移栽时只在主干上留取 5～6 个 1.5～2 m 的枝桩,地下部土球直径 2 m,栽后的第二年仍枝繁叶茂。

盆栽要选择生长缓慢的实生树截干后入盆,留干高 40～50 m;成活后,根据设计构思,通过修剪、捏、盘扎等手法,做成各种造型。盆栽还可用于远距离运大苗,即将苗木植入造价较低的栽植盆培养成大苗,然后带盆调运,栽植时去盆,即成为理想的带土球银杏大苗。

病害有苗木茎腐病、叶枯病,虫害有小卷叶蛾、大袋蛾、地老虎、蛴螬。

分布范围:银杏在我国的自然分布范围很广。自北纬 2 130°～4 146°,东经 97°～125°都有栽培。河南各地广为栽培。

园林应用:银杏树体高大,树姿壮观,叶形秀美奇特,入秋叶色金黄,雍容华贵,且寿命长,病虫害少,最适宜作庭荫树、行道树或孤植、丛植、片植效果均佳。

13.10 黄栌

学名:*Cotinus coggygria*

别名:红叶树、烟树

科属:漆树科,黄栌属

形态特征:落叶乔木或小乔木。树冠卵圆形、圆球形至半圆形,树皮深灰褐色,不开裂。小枝暗紫褐色,被蜡粉。叶卵圆形或倒卵形,单叶互生,先端圆或微凹,长宽各 3～8 cm。圆锥花序,顶生,花杂性,小形,黄绿色;核果肾形,不孕花的花梗伸长,并密被紫色羽状毛,远观如紫烟缭绕。花期 5～6 月份，果期 7 月份。

生态习性：喜光，稍耐半阴，但在阴处秋季叶片色泽不佳。耐寒，耐干旱、瘠薄和碱性土壤，忌水湿及黏重土壤。根系发达，萌芽力及萌蘖性均强，秋季气温降至 5℃时，叶绿素开始减退，若昼夜温差在 10℃以上时，秋叶即由绿转红。对二氧化硫有较强抗性，对氯化物抗性较差，生长速度较慢。

繁殖栽培：以播种繁殖为主，扦插繁殖亦可。

(1)播种繁殖　①秋播。种子成熟时应及时采种，种子采后沙藏 40～50 天播种，如不沙藏也可浸种 2 天，或用 80～90℃热水浸烫除去蜡质，捞出后晾干即可播种。播前灌足底水，播后覆土 1.5～2 cm。每 667 m^2 播种量 12 kg 左右。幼苗当年需覆草防寒，春暖后及时去除覆草。②春播。播前种子要经 70～90 天沙藏处理，或用 90℃热水除去蜡质，然后播种。苗期应注意排水。

(2)扦插繁殖　①插条和母株的选择。选择半木质化的当年生枝条作为插条。②采条及扦插时间。6 月份。③插条规格及处理。将所采枝条剪成 10～15 cm 的插条，保持 2～3 个叶片，上剪口距芽 1～2 cm，下剪口平切。然后浸于浓度为 100 mg/L ABT 1 生根粉溶液中 2 h。④扦插床的准备。以干净河沙作扦插基质，并做成畦床。⑤扦插方法及插后管理。以斜向上自然式扦插在立体培育器上，扦插深度 2～3 cm。边采边处理边扦插，并及时喷雾。扦插时间以早上或午后较好。⑥效果。应用 ABT 生根粉处理黄栌进行扦插，能使其插条快速生根。

黄栌苗木须根较少，移栽时对枝应进行强修剪，以保持苗木栽后水分平衡，提高成活率。夏季易发生白粉病和霜霉病，雨水多时亦生霉病，用等量式波尔多液或 0.4°Be 石硫合剂防治，效果均好。

分布范围：河南全省各地。

园林应用：黄栌秋叶红艳可赏，初夏不孕花花梗密被紫色羽状毛，簇集枝稍，远观如紫烟绕林，甚是奇观，为风景园林中重要的观叶树种。宜从植于草坪、游园、山坡等处，在大型风景区内最宜大片成林，以观秋景。如著名的北京香山红叶。木材鲜黄，是家具、器具及建筑装饰、雕刻材料。枝叶可入药，存清热，解表，消炎之功效。

13.11　北方红栎

学名：*Quercus rudra*

别名：北美红栎

科属：壳斗科，栎属

形态特征：落叶大乔木。树干通直，树冠匀称宽大，嫩枝呈绿色或红棕色。叶片互生，7～11 裂，秋季叶色逐渐变为鲜红色。叶长 20 cm，先端渐尖，边缘具芒状锯齿。花单性，雌雄同株。花芽分化于秋梢叶腋；花期 4～5 月份，果实当年或翌年 9～10 月份成熟，坚果棕色。果实富含淀粉，自然含水量很高，怕热怕冻，无休眠期，落地后很快发芽。

生态习性：喜光，抗寒，抗旱，对土壤要求不严。主根发达，萌芽力强；木材坚固，纹理致密美丽。

繁殖栽培：播种繁殖，随采随播同栓皮栎。春播：种子采集后必须及时摊放在通风干燥处阴干。摊放厚度 10 cm 左右，经常翻动，使含水量保持在 30%～60%，以防发芽、变质和干裂。

阴干后，可在 0～3℃的冷湿条件下湿沙储藏越冬，贮藏时间不能超过 6 个月。沙藏期间要经常检查，防止干燥失水、发芽、霉烂、受冻和动物危害。播种：经低温处理的种子，播后 2～3 周即可发芽出土，发芽率一般在 65%以上。播前需进行圃地整理做床，整地前施足基肥。播时按 15～20 cm 沟距开沟，然后将种实横放在播种沟沟底，并覆细土 3～5 cm。以后加强追肥、浇水、除草、松土管理（方法同栓皮栎）。一般每亩播种量 100～250 kg，每亩产苗量可达 2 万～3 万株。苗高可达 20～40 cm。若需培育大苗，可移植分栽，并加强管理。栽培技术同栓皮栎。

分布范围：原产于北美东部，资料记载我国适宜种植范围为东北、华北、西北及长江中下游各地。我省遂平县、潢川县已有引种栽培。

园林应用：北方红栎树干笔直，冠匀称宽大，叶形美观，叶色春夏亮绿，秋季鲜红，落叶晚，观赏期长，效果好。用于城镇园林绿化，可做行道树，庭院遮阳树或片植造景。

13.12 柳栎

学名：*Quercus Salecena* Blume

科属：壳斗科，栎属

形态特征：落叶乔木，冠形优美，主干直立，枝纤细，圆锥或球状树冠，高达 20 m。叶披针形，长 5～11 cm，顶部有硬齿，正面亮浅绿色，背面暗绿色，常有灰毛，秋季鲜红色；树皮灰褐色，硬且光滑。

生态习性：喜光，喜温和湿润气候。最喜酸性肥沃细腻地下水位高的土壤，但能适应多种土壤，抗盐碱能力较强。生长速度快，易移栽。无严重病虫害，耐－29℃以下低温。

繁殖栽培：播种或扦插繁殖。

分布范围：原产美国东部和南部，河南遂平有引种栽培。

园林应用：柳栎冠形优美，秋叶鲜艳，生长速度快，易移栽。多用作行道树和庭院树种。

13.13 欧洲山毛榉

学名：*Fagus sylvatica*

别名：水青冈

科属：山毛榉科，山毛榉属

形态特征：落叶乔木。树冠塔形、卵形至圆形。树皮淡灰色，光滑，老树干有波状褶皱。芽细长，顶部尖。单叶互生，卵形，长 5～10 cm，宽 3.5～6 cm，全缘或具圆齿及波状，叶背淡绿色，秋色叶褐色带红。花单性，雌雄同株，雄花头状花序，雌花 2～4 朵，穗状花序，4～5 月份开花。果壳斗状，长 1.8～2.5 cm，有毛，4 瓣裂，常含三角形坚果 2～3 枚，9～10 月份成熟。

生长习性：生长速度慢至中等，阳性，喜湿润、排水良好的酸性土壤，移植要在早春进行。对环境变化敏感，不适应土壤板结，不适应炎热气候，耐寒极限－34℃。

主要品种："金叶"欧洲山毛榉（*Fagus sylvatica* 'Zlatia'），新叶金黄色或黄色，夏季颜色变淡，秋季又转为黄色或金黄色。

"彩色叶"欧洲山毛榉（*Fagus sylvatica* 'Tricolor'），叶窄，叶边紫色，叶面上有粉红与白色条纹。

"紫罗汉"欧洲山毛榉(*Fagus sylvatica* 'Rohanii'),树形比原种较窄,萌发力强,叶浅裂或具深锯齿,似橡叶树,紫色。

"紫色江河"欧洲山毛榉(*Fagus sylvatica* 'Riversii'),树形似原种,叶深紫色。

"紫色泉"欧洲山毛榉(*Fagus sylvatica* 'Purple Fovntain'),树形较窄,体形小,枝条弯垂,姿态独特。新叶红色,后变紫色。

"紫叶柱形"欧洲山毛榉,树冠窄,柱形,叶紫色。

繁殖栽培:种子繁殖,品种用嫁接或组培方法,早春移栽。

分布范围:由上海园林研究所从国外引入,信阳、潢川已有引种栽培,其他地区可通过试验后逐步发展。

园林应用:欧洲山毛榉及其品种是优秀的庭院乔木,质地细腻,姿态美观,秋色叶褐色带红或紫红,新叶金黄,可作为园林绿地、庭院、公共场所绿化,也可作行道树。

13.14　柿树

学名:*Diospyros kaki*

科属:柿树科,柿树属

形态特征:柿树为落叶乔木。树冠开张,呈自然半圆形,树皮暗灰色,呈块状开裂,小枝暗褐色,新梢有褐色毛。叶互生,长圆形,倒卵或椭圆形,长 6~18 cm,上面暗绿色,质地厚,有光泽。花杂性同株,花冠钟状,黄白色。柿果扁形,卵形或方形,常具四道沟纹,径 3.8~8 cm。成熟时果皮橙色、红色、鲜黄色或黑色。花期 5~6 月份,果期 9~11 月份。

柿树品种很多,全国有 800 多个,河南有 100 多个,其中主要品种有君迁子、大磨盘柿、牛心柿、无核方柿、黑柿、黄金柿等,以及甜柿中的次郎、富有、禅寺丸等。

生态习性:喜光,略耐庇荫,耐寒,较喜湿润温暖气候。较耐干旱。适应性强,对土壤要求不严,山地、平原或沙滩地,酸性至碱性土壤均可生长,但以土层深厚肥沃,透气性好,保水力强,地下水位在 1 m 以下的沙壤土或黏壤土最佳,土壤 pH 6~7.8 为适宜。柿树寿命长,可达百年以上,二三百年的老树尚能结果。对二氧化硫有较强的抗性。

繁殖栽培:君迁子为播种繁殖(采成熟果实,搓去果肉,取出种子,在小雪节前后,用湿沙层积,第 2 年春季播种,也可在 11 月下旬至 12 月上旬直播田间,越冬前浇次透水,翌春即可出苗),其他柿树品种均为嫁接繁殖,常用的嫁接方法为劈接和带木质芽接,成活率均达到 90%以上。

(1)劈接　以君子迁为砧木,砧木粗 1.5 cm 以上。选择品种优良、生长健壮的 1~2 年生枝条作接穗。年前采集的接穗要进行湿沙贮藏,春季可随采随接。嫁接时间在 3 月上旬不出现倒春寒的晴天进行。接穗在嫁接前用清水浸泡 12 h 左右,以补充接穗水分,降低接穗中单宁含量,提高嫁接成活率。嫁接速度要快,劈接刀口按顺行方向,接后用湿润的细土埋实。

(2)带木质芽接　在 3 月上中旬进行。嫁接时先削砧木,后削芽,芽背部带有较薄的一层木质部,接后用塑料条绑紧,剪去接芽部 3~5 cm 砧木,然后在接芽上部留 3~5 cm 剪砧。

栽培管理:柿树为"难栽植"树种,其适宜时期为秋季落叶后及春节萌动时,掘苗及运输时严禁苗木失水,保持一定根幅。大苗要带土球移栽。栽植时注意苗木根颈与地面平齐,不能过深,栽后立即浇水,以后酌情浇水,以保持栽植穴"黑墒"至萌芽为止。生长期松土保墒,若天气干旱及时浇水。萌芽前定干修剪。当苗木新梢生长 10 cm 时,进行施肥,少量多次。结合病虫害防治喷 0.3%尿素液,进行根外追肥。9 月份追施磷钾肥,冬季树干涂白。病害有柿圆斑病、柿角斑病,虫害有柿蒂虫、柿棉介壳虫、柿星尺蠖。

分布范围:在黄河流域至长江流域以南的广大地区均有广泛分布。柿树为河南著名乡土树种,全省各地均可栽植。

园林应用:柿树树形优美,叶大阴浓,秋叶红艳,果实大而橙红、橙黄,是叶果兼供观赏的优良园林树种。可丛植、群植以赏秋叶红果,也作庭荫树或行道树,混植于常绿树间效果也很好。柿树大多数品种有明显的中心树干,可修剪成主干疏层形树冠,少数品种如镜面柿可修剪成自然开心形。在园林配植中还应注意品种之间的搭配,以延长观赏期,提高坐果率。

13.15 漆树

学名:*Rhus verniciflua* Stokes

科属:漆树科,漆树属

形态特征:落叶乔木,高达 12 m;树干灰白色。小枝粗壮,被棕黄色绒毛,后渐无毛。羽状复叶,长 25～35 cm;小叶 9～13,卵形或卵状椭圆形,长 6～10 cm,宽 3～5 cm。圆锥花序腋生,长 15～30 cm。果序多下垂;核果肾形或椭圆形,直径 6～8 mm,黄色,无毛,有光泽。花期 5～6 月份,果期 10～11 月份。

生态习性:喜光,不耐庇荫;喜温暖湿润气候,适生于钙质土壤,在酸性土壤中生长较慢。不耐水湿。侧根发达,主根不明显。生长速度较慢。

繁殖栽培:播种繁殖。秋播在秋季当果实呈黄褐色或灰褐色时,剪取果穗,晾 3～5 天,捋下果实。播种前需去蜡和催芽,可先在水泥地上铺 5～6 cm 厚用木棒敲碎蜡层,再浸入混有草木灰的温水中,搓揉洗净数次,得种子后,再用浓硫酸浸种 20～30 min,清水洗净后播种;也可以用 90℃热水浸种 15 min,后经常淋以 40～50℃温水,约 10 天后播种。春播在早春进行。采用条播方式,行距 25 cm,每 667 m^2 播种量 0.5 kg 左右,播后覆土 1～1.5 cm,盖草保墒。幼苗高 6～7 cm 时第一次间苗,并加强肥水管理,园林用大苗需继续移栽培育。

分布范围:漆树属河南乡土树种,适于全省栽培,以豫西等地栽培较多。

园林应用:漆树是我国著名的特用乡土经济树种。叶片经霜红艳可爱,果实黄色,最适于山地风景区营造秋色风景林和特用经济林,也可用于城镇园林绿化。

13.16 美国皂荚

学名:*Gleditsia tricanthos*

别名:金叶皂荚、三刺皂荚

科属:苏木科,皂荚属

形态特征:落叶乔木。枝干有单刺或分枝刺,基部略扁,1～2 回羽状复叶,常簇生,小叶 5～16 对,长椭圆状披针形,长 2～3.5 cm,缘疏生细圆齿,表面暗绿而有光泽,背面中脉有白毛。荚果镰形或扭曲,长 30～45 cm,褐色,疏生黄色柔毛。

近缘品种:红叶皂荚,幼叶红色;金叶皂荚,幼叶及秋叶均为金黄色。

生态习性:喜深厚、肥沃耐排水良好的土壤,在石灰质土壤和轻盐碱地上均能生长。喜光,不耐庇荫,耐旱性强。

繁殖栽培:以播种繁殖为主,品种用嫁接和扦插繁殖。选择树干通直,生长较快,发育良好,种子饱满,30 年生盛果期的壮龄母树,于 10 月份间采种,采收的果实不要堆放,以免发热腐烂,降低种子质量。要摊开曝晒,晒干后,将荚果砸碎或碾碎,筛去果皮,进行风选,即得净种,种子阴干后,装袋干藏。种子千粒重约 450 g,1 kg 种子约 2 200 粒。种皮较厚,发芽慢且不整齐,播种前,须进行处理和催芽,其方法是:在播种前一个多月,将种子浸于水中,每 5～7 天换水一次,使其充分吸水,软化种皮,等种皮破裂后再播种。或在秋末冬初,将净选的种子放入水中,充分吸水后,捞出混合湿沙贮藏催芽,次春种子裂嘴后,进行播种。

育苗地选择土壤肥沃,灌溉方便的地方,进行细致整地,每亩施有机肥 3 000～5 000 kg,筑成平床或高床。采用条播,条距 20～25 cm,每米播种沟播种 10～15 粒,播后覆土 3～4 cm 厚,并经常保持土壤湿润。幼苗出土前后,要及时防治蝼蛄等地下害虫。幼苗刚出土时,严防床面板结,以免灼伤嫩苗。由于幼苗出土不整齐,所以幼苗出土期间,不能中耕松土,只能用手耙轻轻疏松表土,以免损伤还未出土的幼芽。苗高 10 cm 左右时,进行间苗定植,株距 10～15 cm。6～8 月份苗木生长快,应根据天气和苗木生长状况,适时适量灌溉和追肥,同时注意防治蚜虫。当年苗高可达 50～100 cm。“四旁”绿化,可培育 2 年生大苗,于秋末苗木落叶后,按 0.5 m×0.5 m 的行株距进行换床移植,移植苗除加强水、肥管理,防治病虫外,还要及时抹芽修枝,促进苗干通直生长,培育成根系发育良好,树冠圆满的大苗。

皂荚树生长较慢,栽植时株距可控制在 3～5 m,栽植穴的大小,视苗木大小而定,一般采用 0.7～1 m 的大穴较好,栽后及时灌水,确保成活。2～3 年后,应进行修枝,促进主干迅速生长。

注意防治皂荚豆象、皂角食心虫和介壳虫等危害。

分布范围:美国皂荚原产美国,我国南京、上海及新疆等地有栽培;河南遂平县玉山镇育有金叶皂荚和红叶皂荚苗木,值得推广;鄢陵县有引种栽培。

园林应用:美国皂荚秋叶黄色美丽,树冠阔大阴浓,可做园林观赏树、庭荫树、行道树等。

13.17 元宝枫

学名:*Acer truncatum*

别名:华北五角枫、平基槭

科属:槭树科,槭属

形态特征:落叶乔木。树冠伞形,广卵形或近球形,枝条开展。单叶,纸质,宽矩圆形,掌状 5 裂,中裂片又 3 浅裂,基部常截形,伞房花序顶生,花黄绿色,双翅果,两果翅开张呈直角或钝角。花期 4～5 月份,果期 9～10 月份,果成熟时淡黄色。

生态习性:弱阳性,耐半阴,喜生于阳坡和半阴坡,喜温凉气候和肥沃湿润耐排水良好的土壤,在酸性、中性和微碱性土上均能生长。有一定的抗旱能力,但不耐涝,土壤太湿易烂根。萌蘖性强,深根性,有抗风能力。耐烟尘和有毒气体,对城市环境适应性强,生长速度较快。

同属的还有:五角枫(*Acer mono*),落叶乔木,高达 20 m。叶掌状 5 裂,裂片较宽,先端屋状锐尖,裂片不再分为 3 裂,叶基部常心形,最下部 2 小裂片不向下开展,但有时可再裂出 2 小裂而成7裂。果翅较长为核果的1.5～2倍。产自我国东北、华北至长江流域。喜温暖湿润气候及雨量较多地区，稍耐阴，过于干冷及炎热地区生长较差。秋叶亮黄色，宜作庭荫树、行道树及风景林树种。

青榨槭(*Acer davidii*)落叶乔木，高达7～15 m。枝干绿色平滑，有白色条纹(蛇皮状)。叶卵状椭圆形，长6～14 cm，基部圆形或近心形，先端长尾状，缘具不整齐锯齿。果翅展开呈钝角或近于平角。广布于黄河流域至华北、中南及西南各地。耐半阴，喜生于湿润溪谷；入秋叶色黄紫，甚为美观。

茶条槭(*Acer ginnala*)叶纸质，卵形或长卵圆形，常为较深的3～5裂，边缘具不整齐的疏锯齿。翅果核面突起，2翅张开直立或成锐角，内缘翅多重叠。弱阳性，耐寒；深根性，萌蘖性强。秋叶易变红色，翅果在成熟前也为红色，是良好的庭院观赏树，也可做绿篱及小型行道树。产自东北、黄河流域及长江下游带。河南遂平县有引种。

紫花槭(*Acer pseudo-sieboldiarium*)落叶小乔木，当年生枝背白色疏柔毛。叶掌状，9～11裂，长6～10 cm，基部心形，裂缘有重锯齿。幼时两面有白色绒毛。秋季红叶特别鲜艳，花紫色，杂性，翅果嫩时紫色，果核凸起，两翅展开呈直角或钝角，5～6月份开花，9月份果熟。产自我国东北海拔700～900 m山地。河南鄢陵有引种，做庭院观赏。

杂种元宝枫(*Acer truncatum* ×*Acer platanoides*)槭树科，槭树属。为元宝枫和挪威槭的杂交种。落叶乔木。树势强，生长快。在上海，胸径6 cm大苗，胸径年生长量可达2 cm。树冠圆整，干形端直，秋叶变色时呈现黄-橙-亮红色，可做庭院树、行道树，已经选育出几个品种，上海引种了"挪威落日"(*Acer truncatum*'Norwegian')和'太平落日'(*Acer truncatum*'Pacific sunset')两个品种，与前者相比，后者枝条更开展，秋叶变色期更早，叶色更亮，但受夏季高温的影响，叶片容易焦边，许昌范军科等有引种。

栽培繁殖：采用播种繁殖或扦插繁殖。

(1)播种繁殖　种子采收后干藏越冬，翌年春天播种。播前用40～50℃温水浸2 h，捞出洗净后用2倍干净粗沙掺拌均匀，堆室内催芽。催芽时用湿润草帘覆盖，每隔2～3天翻倒一次，约15天后，待种子有1/3开始发芽时即可播种。每667 m^2 播种量12 kg左右。一年生苗高可达1 m。元宝枫干形较差，应注意培养主干。此外，也可进行扦插。

(2)扦插繁殖　①插条的选择。选择半木质化的当年生枝条作插条。②采条及扦插时间。6月份。③插条的规格及处理。将所采枝条剪成10～15 cm长的插条，保留2～3个叶片，上剪口距芽1 cm，下剪口平切。浸泡在100 mg/L ABT 1生根粉药液中2 h。④扦插床的准备。植物立体扦插育苗器。⑤扦插方法及插后管理。将处理好的插条斜插在植物立体培育器上，然后调整自动控温控湿仪，控制温湿度。⑥效果。应用ABT生根粉处理元宝枫在植物立体扦插培育器上进行扦插，成活率高，根条健壮。

幼苗易遭象鼻虫、刺蛾和蚜虫危害，注意防治。

分布范围：东北南部、华北至长江流域，河南各地均有栽培。

园林应用：元宝枫及同属的五角枫、青榨槭、茶条槭、紫花槭，尤其是杂种元宝枫等树种，树姿优美，叶形秀丽；或春叶紫红(元宝枫)，或秋叶亮黄(五角枫)，或秋叶黄紫(紫花槭)，或秋叶红艳(三角槭等)，都是著名的秋色叶树种，可广泛用做庭院树、行道树，也可配植于建筑物附近，或在针叶林中点缀，或营造小片林与其他树种块状混交，则秋色更为壮观。

13.18　八角枫

学名：*Alangium chinense*

别名：瓜木、华瓜木、八角梧桐、白龙须、白金等

科属：八角枫科，八角枫属

形态特征：落叶乔木，高 8～15 m，胸径 40 cm。树皮淡灰色，平滑；小枝有黄色疏柔毛。单叶互生，纸质，卵圆形，长 10～18 cm，宽 5～12 cm，先端渐尖，基部偏斜，截形或心形；两侧偏斜，全缘或 2～3 裂，表面无毛，背面脉腋簇生毛。二歧聚伞花序，花 8～30 朵，花瓣 6～8，黄白色，长条形，长 10～12 mm，有芳香，核果卵圆形，黑色，长 5～7 mm。花期 5～8 月份，果期 9～10 月份。

生态习性：阳性树种，稍耐阴；对土壤要求不严，喜肥沃，疏松湿润土壤；具有一定抗寒性，幼苗易受冻害；萌芽力强，耐修剪，根系发达，适应性强，一般无病虫危害。

繁殖栽培：种子繁殖。于 9 月下旬至 10 月下旬，种皮呈紫色时采收。采集后随即揉烂种皮，用清水洗净。净种后的种子晾干后装入棉布袋干藏或湿沙贮藏，于翌春播种。干藏种子用温水浸泡后与湿沙混合堆集催芽，湿藏种子在半数以上的种子露白时可播种。一般采用条播，播后覆土，厚度一般为种子的 1.5 倍。播后从出苗至 6 叶时，由于河南春天易旱和阳光直射，应适当遮阳。移栽：1～2 年生苗根幅已达 25～30 cm，3～4 年生苗根幅可达 50～60 cm，故起苗时要深挖多节根，起苗后适当修根，然后栽植。植后立即浇透水，以促成活。

分布范围：产河南大别山、伏牛山、桐柏山区，郑州、洛阳、濮阳有引种栽培。

园林应用：八角枫适应性强，且根系发达，树冠均称，花有芳香，花期长；秋时霜叶橙黄悦目，叶柄红色，叶大如瓜叶，阴浓，是集遮阳、观叶、花、果于一体的优良行道树、庭荫树、景观树。

13.19　鸡爪槭

学名：*Acer palmatum*

别名：鸡爪枫

科属：槭树科，槭树属

形态特征：落叶小乔木。小枝细瘦，紫色或灰紫色。叶交互对生，常掌状 5～7 裂，裂深为全叶的 1/2～1/3，裂片有细锐重锯齿。嫩叶青绿色，秋叶红艳向上弯曲。花期 4～5 月份，果期 9～10 月份。

栽培变种很多，除著名的红枫、黄枫外，还有：

细叶鸡爪槭（*Acer palmatum* var. *roseo-marginatum*），枝条开展下垂，叶掌状，7～11 裂，裂片有皱纹，秋叶深黄至橙红色。

红边鸡爪槭（*Acer palmatum* var. *soseo-marginatum*），嫩叶及秋叶裂片边缘有玫瑰红色。

斑叶鸡爪槭（*Acer palmatum* var. *versicolor*），绿叶上有白色斑或粉红色斑。

条裂鸡爪槭（*Acer palmatum* var. *linearilobum*），叶深裂近达基部，裂片线形，缘有疏齿或近全缘。

深裂鸡爪槭（*Acer palmatum* var. *thunbergii*），叶较小，掌状 7 裂，基部心形，裂片卵圆

形，先端渐尖，翅果短小。

生态特征：弱阳性，耐半阴。喜温暖湿润气候；喜肥沃湿润而排水良好的土壤；酸性、中性及碱性土壤均能适应；较耐干旱，不耐水湿。受太阳强光直射，生长不良。生长速度中等偏慢。

繁殖栽培：参看元宝枫和红枫繁殖栽培方法。

分布范围：河南各地，豫南最适。

园林应用：鸡爪槭姿态优美，叶形秀丽，是珍贵的园林绿化树种；在园林景观配置中，或红叶摇曳（鸡爪槭），或风舞金黄（细叶鸡爪槭等），都格外自然淡雅，引人入胜。深裂鸡爪槭、红边鸡爪槭、斑叶鸡爪槭等可盆栽，也可做切花材料。

13.20 红花槭

学名：*Acer rubrum*

别名：美国红枫

科属：槭树科，槭树属

形态特征：落叶乔木，树形直立、挺拔，原产北美地区东部，高可达 14 m，冠幅可达 10 m。叶交互对生，常掌状 3～5 裂，叶基部心形，叶缘具波状锯齿。嫩叶绿色，秋叶呈现出明亮的红-橙-红的色彩，是构成北美地区秋色景观的主要树种之一。已培育出 10 多个园艺品种，上海引进 3 个品种。

“秋之火”（*Acer rubrum* ‘Autumn Flame’），叶片较其他品种小，生长也较慢，但秋叶变色最早，在变色过程中叶缘首先变红。

“夕阳红”（*Acer rubrum* ‘Red Sunset’），是观赏性最稳定的品种，在秋季昼夜温差小的地区也能表现出优美的秋色，生长速度快，树势强健，变色期比“秋之火”约晚一周。

“十月红”（*Acer rubrum* ‘October Glory’），是最晚变色的品种，耐寒性比其他品种差，但比其他品种更适合夏季的炎热的地区。

生态习性：喜光，但不耐夏季强光直射，耐 pH 6～8 的潮湿土壤，喜深厚、疏松土壤，不耐瘠薄、板结土壤。

繁殖栽培：以播种繁殖为主，品种用嫁接繁殖。据上海胡卫研究资料，移栽在秋冬落叶后到次春萌芽前进行，为确保移栽成活率，定植时一般要剪去苗木叶量的 1/3～1/2，定植时要选择微酸性疏松土壤，忌碱性板结土壤。施肥以动植物有机肥和复合肥为主。首先冬末春初可先施一次菜籽饼肥作为基肥；4 月份落花后，施用硫酸亚铁加复合肥；而后几个月除 7～9 月份外，每月施一次复合肥；晚秋时节每株可施动物肥千克左右，复合肥百克左右。无论基肥和追肥，都以在树穴四周挖 10～15 cm 环状沟施入为佳。施肥能使秋季叶片转红时鲜艳亮丽，持续时间长，落叶也较晚。红花槭根系分布浅，因此在树周围，特别是根系分布范围内切忌践踏，否则会使树势衰弱，寿命短。松土时用小工具在树穴上松 4～5 cm 深即可，以防切断毛细根。松土和除草都要及时。

虫害主要是天牛，要注意防治。

分布范围：该树种近年由上海园林研究所等引入我国，河南目前尚未引进，应及早进行引种。

园林应用：红花槭及其品种树形直立、挺拔，叶红花艳，是极优美的秋色叶树种。可对植、列植或孤植独立成景;亦可片植,营造红色风景林。

13.21 黄连木

学名:*Pistacia chinensis*

别名:楷木、黄楝树

科属:漆树科,黄连木属

形态特征:落叶乔木。树冠圆球形。树皮薄片状脱落。小枝上长有柔毛。偶数羽状复叶,小叶 10～14,纸质,对生或近对生,卵状披针形,基部斜,先端渐尖,契形,全缘。花单性,雌雄异株,先花后叶;雌花为圆锥花序,淡绿色;雄花为从生总状花序,红色,无花瓣。核果倒卵圆形,初为黄白色,后变为红色或蓝紫色。花期 3～4 月份,果期 9～10 月份。铜绿色为发育良好的种子,红色、淡红色核果多为空粒种。冬芽红色,具特殊气味。

生态习性:阳性树种,不耐庇荫,畏严寒。对土壤要求不严,在酸性、中性、微碱性土上均能正常生长。对二氧化硫和烟的抗性较强,据观察,距二氧化硫源 200～300 m 的大树不受害,抗烟力属Ⅱ级,抗病力也较强。

繁殖栽培:用播种繁殖。选择生长健壮,无病虫害,产量高的母树采种。在 10 月中下旬,当核果由红色变为铜绿色时及时采果,否则 10 天后自行脱落。采收的果实及时用草木灰或 5%～10%的石灰水浸泡数日,搓烂果肉,搓去蜡质,再用清水漂洗干净,晾干后沙藏春播,也可以秋播。秋季随采随播,种子不进行处理,于晚秋土壤封冻前播下,但应注意防冻。春播一般 3 月中旬进行,播前将沙藏的种子筛出后,用 0.5%高锰酸钾溶液浸泡 30 s 左右,然后捞出用清水洗净进行种子催芽,待种子 1/3 露白时即可播种,播种采用开沟条播法,行距 20～30 cm,播幅 5～6 cm,播深 3 cm,播后覆土 2～3 cm,喷洒 1 次透水,并覆草保持土壤湿度;出苗时揭去覆草,30 天内苗可出齐。为培育壮苗,育苗地应选择土壤肥沃、排水良好的沙壤土,施足底肥后精细整地作床,然后播种。

幼苗生长 10 cm 以上时,要及时进行定苗,苗距 5～10 cm。春季,干旱季节要适时浇水,并及时追施速效性化肥,促使苗木生长。

用于城市绿化的苗木,一般要用 3 年以上的大规格苗。大规格苗木在移栽时需适当修去部分枝条,以便提高成活率,栽后注意浇水及管理。

分布范围:全国各地均有分布。河南以豫西、豫南、豫北分布较多。

园林应用:黄连木树干挺直,树冠开阔,叶片秀丽、繁茂,入秋叶片呈鲜艳的深红色或橙黄色,是城市及风景区优良的绿化树种,可作行道树、庭荫树或建造风景林。由于对二氧化硫和烟尘抗性强,可用于工矿区绿化树种。木材坚硬致密,可做建筑、家具材料。嫩叶有香味,可制茶,叶、树皮、根、枝可供药用,种子可榨油,是著名的经济树种。

13.22 楝树

学名:*Melia azedarach*

科属:楝科,楝属

形态特征:落叶乔木,高 25 m。树冠倒伞形,侧枝开展。树皮灰褐色,浅纵裂。小枝呈轮生状，灰褐色，被稀疏短柔毛，后光滑，叶痕和皮孔明显。叶互生，2～3 回羽状复叶，长 20～40 cm，叶轴初被柔毛，后光滑；小叶对生，卵形、椭圆形或披针形，长 3～7 cm，宽 0.5～3 cm，先端渐尖，基部圆形或楔形，通常偏斜，边缘具锯齿或浅钝齿，稀全缘；主脉突起明显，具特殊香味；小叶柄长 0.1～1.0 cm；叶色葱绿，入秋黄色。圆锥花序，长 15～20 cm，与叶近等长，花瓣 5 个，浅紫色或白色，倒卵状匙形，长 0.8～1 cm，外面被柔毛，内面光滑；雄蕊 10 个，花丝合成雄蕊筒，紫色。子房球形，5～6 室，花柱细长，柱头头状。核果，黄绿色或淡黄色，近球形或椭圆形，长 1～3 cm，每室具种子 1 个；外果皮薄革质，中果皮肉质，内果皮木质；种子椭圆形，红褐色。花期 4～5 月份，果期 10～11 月份。

生态习性：喜光，不耐庇荫，喜温暖、湿润气候，耐寒力强。对土壤要求不严，在酸性、中性、钙质土及盐碱土均可生长，喜生于肥沃湿润的壤土或沙壤土。萌芽力强，对二氧化硫抗性较强，对氯气抗性较弱。

繁殖栽培：采用播种繁殖。11 月份采种。楝树种子果皮淡黄色略有皱纹，立冬成熟，熟后经久不落，种皮结构坚硬、致密具有不透性。若不经处理，种子发芽率仅为 10%～15%。种子处理方法：将种子在阳光下曝晒 2～3 天后，浸入 60～70℃的热水中，种子与热水的容积之比为 1∶3，为使种子受热均匀，将水倒入种子中，随倒随搅拌，一直搅拌到不烫手为止，再让其冷却，一般浸泡 1 昼夜，取出种皮软化的种子，剩余的种子用 80～90℃热水浸种处理 1～2 次即可，然后进行催芽，在背风向阳处挖深 30 cm，宽 1 m 的浅坑，坑底铺一层厚约 10 cm 的湿沙，将种子混以 3 倍的湿沙，放入坑中，上盖塑料薄膜。催芽过程中要注意温度、水分和通气状态，经常翻倒种子，待有 1/3 种子萌动（露芽）时进行播种。用该法处理的种子发芽率可达到 80%。选择地势平坦稍有缓坡、排水良好的地方做苗床。床面要求平整无积水，采用条播方式，条播行距 35 cm，株距 20 cm。开沟深度为种子短轴直径的 3 倍，深度要均匀，沟底要平。为防止播种沟干燥，应随开沟，随播种，随覆土。楝树要按 15～20 kg/667 m^2 播种量进行播种。播种后应立即覆土，以免播种沟内土壤和种子干燥，要求覆土快、均匀，厚度为种子短轴直径的 3 倍。覆土后立即镇压。

苗期管理：①适时灌溉。播种后立即浇水，并盖上覆盖物来保持土壤温度，出苗期间一般不需要浇水。出苗后及时抽去覆盖物，并根据苗圃地的干旱情况适度浇水，一般做到见干见湿即可。速生期酌情加大浇水量。②合理追肥。追肥以速效性肥料为主，应掌握分期追肥，看苗巧施的原则，即根据幼苗不同的生长时期对不同营养元素的需要控制肥料的种类和数量。幼苗期，应以氮肥、磷肥为主，以促进苗木根系的生长。苗木速生期氮、磷、钾适当配合，因该期苗木生长最快，需肥水最多，同时，应加强松土、除草。苗木硬化期，应以钾肥为主，停施氮肥。

栽培：楝树顶芽通常不能正常发育，以致树干低矮，分枝低，可采用换干法或斩梢灭芽法培育高干大苗。①换干法。将造林后 1～2 年生的幼树于早春萌动前切干，切干高度离地面约 10 cm，待萌芽后，选择 1 个健壮的萌枝培育主干。②斩梢灭芽法。春季在“立春”至“雨水”间，将幼树主梢上部分削成斜面斩掉，萌发新枝后，在靠近切口处选留 1 个粗壮的新枝培育成主干，其余的芽抹去，第二年用同样的方法斩去新梢不成熟部分，尽可能与上年留枝相对的方向选留 1 个新枝培育主干，如此进行 2～3 年，可得高大通直的主干。

病虫防治：楝树苗期的病害主要是立枯病，所以在整个的育苗过程中，始终要重视对该病的防治。常用的方法有50%扑海因处理苗圃地土壤,用量为35 g/m^2;0.1%～0.15%的可湿性粉剂溶液处理种子;幼苗期喷施0.067%的50%苯菌灵溶液;大苗期喷施0.33%的72%农用硫酸链霉素溶液。立枯病的防治要掌握"治早、治小、治了"的原则,苗圃地育苗发病率控制在15%以内,营养钵育苗控制在10%。楝树苗期的主要害虫是蛴螬和蝼蛄,可在育苗前用50%的对硫磷乳油拌麦麸撒于苗床上即可。

分布范围:主产于亚洲南部和澳大利亚。我国的华中、华南、西南等省(自治区)有分布,也是河南的乡土树种。

园林应用:楝树树形优美,叶形秀丽,春夏之交开淡紫色花朵,颇为美丽,且有淡香,加之耐烟尘,是工厂、城市、矿区绿化树种,宜作庭荫树及行道树。

13.23 欧洲白蜡

学名:*Fraxinus excelsior*

别名:欧洲白荆树

科属:木樨科,白蜡属

形态特征:落叶乔木,高达15 m。树冠卵圆形或圆形,树皮灰褐色。奇数羽状复叶,小叶7～11枚,长卵圆形或披针形,长9 cm,新叶出现比其他白蜡树晚。两性花或杂性花,无花冠,圆锥花序,簇生,绿色或带紫色,先叶开放。翅果绿色,冬季变成褐色,长2.5～5 cm。花期3～5月份,果期10月份。

常见的栽培变种有:红叶白蜡,秋季叶色红艳。

"金叶"欧洲白蜡(*Fraxinus excelsior* 'Aura'),枝叶金黄色,生长慢,河南遂平玉山镇有引种。

"金色沙漠"欧洲白蜡(*Fraxinus excelsior* 'Jaspeded'),树冠圆形,树皮黄色,新叶及秋叶金黄色,有时夏季叶色即开始变黄,目前仅上海地区、河南遂平有引种。

生态习性:喜光、稍耐阴。喜温暖湿润气候,能耐-28℃低温,也耐干旱,喜湿耐涝。对土壤要求不严,碱性、中性、酸性土壤上均能生长。抗烟尘,对二氧化硫、氯气、氟化氢有较强抗性。萌芽、萌蘖力均强,耐修剪。生长较快。

繁殖栽培:采用播种、嫁接、扦插繁殖。

(1)播种繁殖　翅果10月份成熟,剪取果枝,晒干去翅后即可秋播,或混干沙贮藏,次春3月份春播。播前用温水浸泡24 h,或用冷水泡4～5天,也可混以湿沙室内催芽。条播,每667 m^2 播种量3 kg,播后加强管理,当年苗高30～40 cm。若春季早播,播后并覆盖地膜,当年苗高可达60 cm。

(2)嫁接繁殖　以当地白蜡实生苗作砧木,在春季萌芽时进行切接,也可在生长季节进行芽接。

(3)扦插繁殖　①插条的选择。选择白蜡半木质化的当年生枝条。②采条及扦插时间。6月份。③插条的规格及处理。将所采枝条保留2～3片叶片,上剪口在芽上1～2 cm,下剪口平切,枝条长10～15 cm。50根一捆浸泡在浓度为100 mg/L的ABT 1生根粉溶液中1～2 h。④扦插床的准备。立体育苗器,扦插基质为蛭石。⑤扦插方法及插后管理。将处理好的枝条斜插在植物立体培养柱上，调整自动控温控湿仪控制温湿度。⑥效果。应用ABT生根粉处理枝条，发根速度快，生根率高达90%以上。

栽培管理：春季移栽为好。幼苗移后生长缓慢，定植后应注意管护。初期修枝不宜过高，以免徒长，上重下轻，易遭风折或使主干弯曲。栽植胸径10 cm以上大苗，应带土球，球径40～45 cm，栽后浇水。病害有紫纹羽病，虫害有双齿刺蛾、褐边绿刺蛾、小黄鳃金龟子、小蠹蛾、白蜡窄吉丁虫等，要注意防治。

分布范围：欧洲白蜡及栽培变种原产欧洲，后由上海园林研究所从国外引入我国，近年来河南遂平、鄢陵有引种栽培。

园林应用：白蜡树形雅致，树干通直，枝叶繁茂，秋叶橙黄或金黄，是优良的秋色叶树种。在园林中可做庭荫树、行道树，也可用于水边、矿区绿化。由于耐盐碱、水涝，也是盐碱低洼区域绿化的优良树种。

13.24 美国白蜡

学名：*Fraxinus americana*

别名：美国白蜡树

科属：木樨科，白蜡属

形态特征：落叶乔木，高18～24 m，宽15～21 m。幼树塔形至卵形，成年后呈球形树冠。树皮菱形一裂或隆起。芽暗褐色，半球形。叶痕"U"形凸出。奇数羽状复叶，对生，小叶7，偶见5或9，长5～15 cm，宽1.5～7.5 cm，椭圆形至披针形，叶渐尖或骤尖，基部弧形，顶生小叶大。花单性，异株，圆锥弧形，花小，无花瓣，花萼绿或紫色，4月份开放。翅果，长3～4 cm，似木桨形。

生态习性：生长速度中等，在深厚、排水良好的土壤中生长良好，对酸性或碱性土壤的反应不敏感，但过于贫瘠和多石的土质不利于生长。喜阳。易移栽。易受病虫危害，如锈病、叶斑病、腐烂病、钻心虫、介壳虫与螨虫等。耐寒极限－28℃。

品种："秋之声"白蜡（*Fraxinus americana* 'Autumn Applause'），雄株，枝叶茂密，树冠卵形，秋色叶紫红色。

"秋之色"白蜡（*Fraxinus americana* 'Autumn Purple'），雄株，冠圆塔形，秋色叶以紫红色为主，伴随橘黄色节奏。

"秋紫"白蜡，落叶乔木，树冠较开张，叶色10月初变为紫红色，鲜艳美丽。喜光，耐寒，萌蘖力强，生长较快，成片栽植效果最佳。

"秋欢"白蜡，树冠较紧凑，长圆形。叶色变色期早，9月下旬即变为褐红色，彩叶期可保持3～4周，耐寒，适应性强，可做行道树，也可片植。

繁殖栽培：播种繁殖，品种苗用嫁接繁殖。春季移栽，成活率高。注意防治病虫害。

分布范围：原产加拿大中东部，后由上海园林研究所从国外引入我国，近年来河南遂平、鄢陵从上海少量引种。适合全省各地栽培。

园林应用：树形美观，秋叶多紫色、紫红色，少见黄色。可做行道树和园林绿化中上层乔木，也可用于校园、公共绿地绿化等。

13.25 花叶白蜡

学名:*Fraxinus ornus*

别名:花叶白蜡树

科属:木樨科,白蜡属

形态特征:落叶乔木,高 12～15 m,宽 10.5 m 左右,圆形树冠。树皮光滑,小枝粗壮,灰白色。芽棕色,有毛。奇数羽状复叶,对生,长 12.5～20 cm;小叶 5～9,披针形,长 5～10 cm,宽 1.8～4.5 cm,中脉附近有毛,叶缘具不规则锯齿。花单性,雌雄异株,白色圆锥状花序,长 12.5 cm,有香味,花期 5～6 月份。翅果细长,长 2.5～5 cm,绿色,秋季成熟时呈褐色,经久不落。

生态习性:生长速度中等,喜阳,易移栽,具一定耐湿性,适应各种不同类型土壤,最喜排水良好的沙壤土、壤土等,结实量大,能耐－28℃低温。

病虫害有钻心虫、虫瘿及枯枝病等。

繁殖栽培:种子繁殖,品种苗用嫁接繁殖。

分布范围:原产欧洲、西亚。后由上海园林研究所从国外引入我国,近年来河南鄢陵有引种,适宜河南各地栽培应用。

园林应用:花、叶均具很高的观赏价值。尤其是秋色叶从紫红色、粉红色至橘红色,异常美丽。可做绿地遮阳树、行道树及公园、校园、居民区绿化。

13.26 狭叶白蜡

学名:*Fraxinus angustifolia*

别名:狭叶白蜡树

科属:木樨科,白蜡属

形态特征:落叶乔木,高 18～24 m,宽 9～12 m,树冠卵形。树皮灰褐色,幼时光滑,成年后渐渐开裂,有隆起。芽大,有棕色鳞片覆盖,常 3 个芽簇生。叶痕半月形,奇数羽状复叶,对生,长 15～25 cm;小叶 7～13,披针形,长 7.5 cm 左右,无毛,叶缘具锯齿。花两性,有时也见雄性花,小花 10～30 朵成总状花序,早春先叶开放。翅果,木浆形,长 2.3 cm 左右,夏末成熟。

生态习性:生长速度快,喜阳光与排水良好的酸性土壤,也能适应中性或石灰质微碱性土壤,但在积水黏重地和重盐碱地生长较差。幼年期整形对以后树形发展很重要。耐寒极限－28℃。

繁殖栽培:播种繁殖,品种苗用嫁接方法。容易移栽。

分布范围:原产欧洲西南部、非洲北部。后由上海园林研究所从国外引入我国,近年来河南鄢陵、遂平有引种,适宜全省各地栽培。

园林应用:树形优美,给人以朦胧感,秋叶呈现黄色或紫红色。绿化应用同美国白蜡,还可用于沿海绿化。狭叶白蜡同其他白蜡相比,有生长快,耐烟尘,抗风等优点。

13.27　美国红梣

学名:*Fmxinus pennsylvanica*

科属:木樨科,白蜡属

形态特征:落叶乔木,高 15～16 m,宽 7.5～9 m,幼时塔形,随着树龄增长,树冠渐呈卵形,有时不规则。树皮灰色或灰褐色,菱形开裂或软木质隆起。芽小,深褐色。奇数羽状复叶,对生,长 30 cm;小叶 7～9,长 5～12.5 cm,椭圆形至卵形,全缘成稀锯齿。花单性,无花瓣,绿色或紫红色,圆锥花序,春天先叶开放。翅果长 2.5～5 cm,9～10 月份成熟。

生态习性:阳性树种,生长快,适应性强,在干或湿、贫瘠或盐碱等土质上都能生长,抗风,易被钻心虫或介壳虫危害,耐寒极限－34～－40℃。

新品种:“红叶”美国红梣(*Fmxinus pennsylvanica* ‘Cimmaron’),雄株,树冠卵形,秋叶呈红色或橘红色。

繁殖栽培:播种繁殖,品种苗用嫁接繁殖。春季移栽,成活率高。注意防治病虫害。

分布范围:原产于北美,从加拿大南至美国德克萨斯州与佛罗里达州。近年来由上海园林研究所从国外引入,河南省仅鄢陵有引种,因其适应性、抗冻性均强,故全省各地均可引种栽培。

园林应用:该树种树体挺拔,秋叶呈亮黄色或橘红色,可做行道树和园林绿化中上层乔木,也可用于校园、公共绿地绿化等。

13.28　栓皮栎

学名:*Quercus uariabilis*

别名:软木栎

科属:山毛榉科,栎属

形态特征:落叶乔木,高 25 m;树冠广卵形,树皮灰褐色,木栓层发达。小枝淡褐色,无毛。叶长椭圆形或长椭圆状披针形,长 8～15 cm,先端渐尖,边缘具芒状锯齿,叶背具白色星状绒毛。雄花序生于小枝下部,雌花单生于总苞内,总苞杯状,有毛。花期 4～5 月份,坚果第二年 8～9 月份成熟。

生态习性:喜光,对气候、土壤适应性强,耐寒,耐旱,耐瘠薄;深根性,抗风力强,不耐移植,萌芽力强,寿命长,树皮不易燃烧。

繁殖栽培:播种繁殖,一般采用秋播方法。首先选择生长健壮母株,在 8 月下旬或 9 月中旬采种,随采随播。播种一般采用筑床条播。株行距 10 cm×20 cm 或 15 cm×15 cm 均可。即每隔 15～20 cm 开一条播种沟,沟深 6～7 cm,每亩播种量 175～200 kg,播后覆土。幼苗出土前后,必须保持苗床一定湿度,并注意松土除草。苗圃地要施足基肥,还要适时追肥,第一次追肥时间在 6 月上中旬生长旺盛期,第二次在 7 月下旬第一次新梢生长基本停止时施,每次亩施尿素等速效氮肥 25～30 kg,当年苗高可达 40～50 cm,亩产苗 1.5 万株左右。栓皮栎幼苗主根很长,细根垂直分布,一般密集在 18～35 cm 土层内,因此,起苗时要留主根 20～25 cm,否则不易成活。同时,植苗尽量用一年生小苗,栽时务必使须根舒展,不能卷曲,适当深栽,栽植在落叶后至放叶前均可进行。

分布范围:为河南乡土树种,全省各地均可栽培。

园林应用:栓皮栎树干通直,树冠雄伟,浓阴如盖,秋叶橙褐色,是良好的绿化、观赏树种,最宜片植,以观秋叶。

13.29 鹅掌楸

学名:*Liriodendron chinense*

别名:马褂木

科属:木蓝科,鹅掌楸属

形态特征:落叶乔木。树冠圆锥形,小枝灰色或灰褐色,具环状托叶痕。叶马褂形,长 6～12 cm,背面苍白色,先端截形或微凹,两边通常各具一大裂,老叶背面有乳头状白粉点;花单生枝顶,黄绿色,杯形,径 5～6 cm,花瓣长 3～4 cm,花丝长 5～6 mm。花期 5～6 月份,果期 9～10 月份。聚合果长 7～9 cm,翅状小坚果 0.6 cm,先端钝或钝尖。

同属的北美鹅掌楸(*Liriodendron tulipifera*),高大乔木,树皮深纵裂。小枝褐色或紫褐色,常具白粉。叶马褂状,长 7～10 cm,近基部具 2～3 侧裂片,上部 2 浅裂,幼叶下面被白色细毛,后脱落无毛;叶柄长 5～10 cm。花杯状,花被 9 片,外轮 3 片,绿色,萼片状,向外开展,内两轮 6 片,绿黄色,直立,卵形,长 4～6 cm,内面中部以下有橙色蜜腺。花丝长 1～1.5 cm;雌蕊群黄绿色,伸出花被片之上。聚合果长约 7 cm,翅状小坚果淡绿色,长约 0.5 cm,先端尖,下部的小坚果常宿存。花期 5 月份,果期 9～10 月份。

生态习性:中性,偏阴树种,喜温暖、湿润、避风的环境。喜土层深厚、肥沃、湿润、排水良好,pH 4.5～6.5 的酸性或微酸性土壤。不耐干旱和水湿,稍耐阴,生长较快且长寿。北美鹅掌楸的习性与鹅掌楸相似,但耐寒性更强,成年大树可耐－25℃低温。

繁殖栽培 :播种繁殖、扦插繁殖,以播种繁殖为主。

播种:①采种。鹅掌楸种子发芽率很低,孤立木的种子发芽率仅 5.6%左右,片植的能达到 20%～34.8%。种子发芽率低的原因,主要由于雌蕊在花蕾待放时已成熟,当花瓣开展时,雄蕊已早熟。采取人工授粉或与北美鹅掌楸进行杂交,种子发芽率可达 75%左右。果实成熟期在 10 月份,当果实呈褐色时即应采收。母树宜选择生长健壮的 15～30 年生的林木。果枝剪下后放在室内摊开阴干,经 7～10 天,然后放在日光下摊晒 2～3 天,待具翅小坚果自行分离去杂后,装入布袋或放在种子柜里干藏。每千克种子 9 000～12 000 粒。②育苗。应选择避风向阳,土层深厚,肥沃湿润,排水良好的沙质壤土,水源充足,便于自流灌溉的地方作为育苗地。育苗地于秋末冬初进行深翻,来年春季结合平整圃地施足基肥,挖好排水沟,修筑高床。苗床方向东西向。采用条播方式,条距 20～25 cm。每亩播种 10～15 kg,3 月上旬播种,播后覆盖细土并覆以稻草。一般经 20～30 天出土,揭草后注意及时中耕除草,适度遮阳,适时灌溉排水,酌施追肥,1 年生苗高可达 40 cm,再留床培育 1 年,可以出圃,或继续留床培育大苗。

扦插:通常在落叶后至来年 3 月中上旬,选择健壮母树,剪取 1～2 年生新枝条,穗长 15 cm 左右,每穗应具有 2～3 个饱满芽,上端切成平口,下端切成马耳形切口,按株行距 20 cm×30 cm,插入土中 3/4,成苗率可达 80%,1 年生苗高 60～80 cm,即可出圃定植,部分小苗可留养一年，再用于定植。或继续留床培育大苗。

通常采用 2～3 年生苗木栽植，大苗不耐移植，起苗要保护根系，从起苗到栽植要防止苗木失水干燥。三年生以上大苗，在栽植前一年把主根切断，促使多生侧根，一般 3 月中上旬或秋季栽植。大苗移栽需带土球，适当浅栽，栽后浇透水。注意防治日灼病、卷叶蛾、大袋蛾、樗蚕等。栽植后，注意中耕除草和整枝等。冬季注意防寒，栽后注意防倒伏。

分布范围：产于长江流域及浙江、安徽南部等地。栽于背风向阳处，能露地越冬。河南鄢陵、郑州、许昌、漯河、信阳、洛阳等地均有引种栽培。

园林应用：鹅掌楸树形端庄，叶形奇特，花朵淡黄色，美而不艳，秋叶金黄，是极为优美的行道树及庭荫树，最适于孤植、丛植于安静休息区的草坪和庭院，或用作宽阔街道的行道树。

13.30　杂种鹅掌楸

学名：*Liriodendron chinense* × *tulipifera*

别名：杂种马褂木

形态特征：杂种鹅掌楸是鹅掌楸和北美鹅掌楸的杂交种，形态特征与鹅掌楸相似，但叶形变化大，花呈黄白色，具有明显的杂种优势。

生态习性：与鹅掌楸和北美鹅掌楸相似。但生长速度明显优于鹅掌楸和北美鹅掌楸，抗寒性更强，成年大树能耐－25℃低温，在北京露地栽培生长良好，适应平原能力强，河南引种栽培无早期落叶现象。

繁殖栽培：杂交鹅掌楸可通过播种、扦插、嫁接等方法繁殖，由于种子稀少难以获得，扦插繁殖难度较大，技术要求很高，一般情况下不易掌握，生产中多采用嫁接繁殖。

嫁接繁殖选材较易，操作简单，成活率较高，基本同于一般的果树嫁接技术。嫁接可采用枝接或芽接法。枝接：以 1 年生的鹅掌楸作砧木，在春季芽未萌动前霜冻过去后进行。芽接最好在初夏(5～6 月份)或秋季(9～10 月份)进行，芽接成活后不要立即剪掉砧木，应在翌年早春时剪除。管理时要注意对成活嫁接植株及时松绑，新梢 20 cm 以上时进行支柱固定，防止风折损伤。

由于杂种鹅掌楸苗木总量很少，目前，还仅限于城市园林绿化应用。近几年来杂种鹅掌楸苗木需求量较大的是大规格苗木。主要培育技术如下：选择地势高燥，土壤深厚肥沃，有灌溉条件，土壤沙质不能过大，无盐碱性的地块做大苗育苗圃。圃地选好后施足基肥深翻，细耙整地。选一年生壮苗于翌春苗木发芽前带土球移栽。株行距 1.0 m×1.0 m 或 1.5 m×1.5 m，尤其是后者，三年生苗木米径生长可达 5 cm 左右。采用 1.5 m×2 m 株行距定植，通过加强肥水管理，4～5 年可培育出米径 8～10 cm 的大规格苗木。

在苗木出苗圃前，植株树干下半部侧枝如未干枯，尽量不要剪除，以利于苗木增粗生长。另外，为提高大规格苗木栽植成活率，在起苗年份的前 1～2 年进行苗木断根，扩大侧根生长数量。一般 5～7 cm 规格苗可提前 1 年进行一次性断根处理，对 8～10 cm 及以上规格苗，分 2 年进行断根处理。通过断根处理，可大幅提高栽植成活率。其他栽培技术同鹅掌楸。

分布范围：杂交鹅掌楸是近年用北美鹅掌楸和鹅掌楸杂交育成。浙江、安徽、江苏及长江流域以南地区以及青岛、西安等地均能栽植，北京能露地生长，并已开花。河南许昌市、鄢陵县、遂平县和禹州市等有引种栽培。

园林应用：叶形奇特美观，秋叶金黄色，是优良的庭荫树和行道树，也可作城市绿地的孤立树、散生树或林阴栽植。景观造林最好与秋季红叶树种如枫树、乌桕、黄连木、火炬树等片状混交，景观效果更佳。

13.31 白桦

学名：*Betula platyphylla*

别名：桦木

科属：桦木科，桦木属

形态特征：落叶乔木，高达 27 m，树皮白色，纸质薄片剥落。叶片三角状卵形、菱状卵形、三角形，长 3～7 cm，先端尾尖或渐尖，基部平截至楔形，叶缘有重锯齿；侧脉 5～8 对。果序圆柱形，长 2～5 cm，果苞长 3～6 cm，中裂片三角形；小坚果椭圆形或倒卵形。花期 4～5 月份，果期 8～9 月份。

同属的红桦（*Betula albo-sinensis*）树皮橘红色，纸状多层剥落；叶卵形或椭圆形，侧脉 9～14 对。

生态习性：白桦为强阳性树种，红桦较耐阴，耐寒，喜湿润。对土壤要求不严，在沼泽、干燥阳坡和湿润阴坡均可生长，生长速度快。

繁殖栽培：播种繁殖。当果穗由青色转为黄褐色，有少数空粒开始从中随风飞出，果穗中轴呈黄色，脆而易折断时采摘，略阴干后揉出种子，种子晾干后，在通风良好、温度变化不大的室内贮藏，以密封干藏为好，翌春播种。圃地宜选择湿润肥沃的微酸性沙壤土，撒播，覆土 0.2 cm，或播后略镇压而不覆土，但需盖薄草。因种子发芽率低，故每 667 m^2 播种量 10～12 kg，播后 15～20 天种子发芽出土，待 1/3 幼芽出土时揭草。幼苗期应适当遮阳，以防幼嫩、纤细的幼苗受风、旱、日晒等危害，并适时细致浇水，始终保持土壤湿度，降低地表温度。到幼苗 5～6 片真叶，主根已长达 5～6 cm 并已形成侧根时，撤去遮荫棚。为使苗木生长均匀，要及时间苗，间苗可在形成 3～5 片真叶时开始，随后定苗，每平方米留苗 300 株左右，翌春按 15～20 cm 株行距移植，当年可长至高 100～120 cm 的苗木，次年可根据绿化用苗的规格，再进行移植，逐步培育出城市绿化用的大规格苗木。

分布范围：自然分布于东北、华北、西北至西南中高海拔地区。河南豫西有引种栽培。

园林应用：白桦树皮洁白，红桦树皮橘红，秋叶金黄，树体亭亭玉立，是中高海拔地区优美的山地风景树种，也可用于城市园林造景，孤植或丛植于庭院、池畔、湖滨，列植于道路两旁均颇美观。

13.32 无患子

学名：*Sapindus mukorossi*

别名：肥珠子、油患子

科属：无患子科，无患子属

形态特征：落叶乔木，树冠为广卵形或扁球形，类似千头椿树冠。树皮灰白色，不滑不裂，小枝无毛，双芽叠生。偶数羽状复叶互生，小叶全缘，披针形至长椭圆形，先端渐尖，基部宽楔形，两侧不等齐，无毛或背面中脉具微毛。花小，淡绿色或黄白色。核果熟时黄色或橙黄色，直径约 2 cm，种子珠形，黑色，光亮，坚硬。花期 5～7 月份，果期 9～10 月份。

生态特征：喜光，稍耐阴，喜温暖湿润气候，夏季能抗 40℃高温，冬季可耐－15℃严寒。对土壤要求不严，甚至在建筑残渣地也能生长。深根性，有一定抗风能力。萌芽力较差，不耐修剪。对二氧化硫抗性强，生长较快，寿命长。

繁殖栽培：通常播种繁殖。一般于 10 月份球果呈黄褐色时采集种子。据许昌范军科等试验，果实采集后投入水池中浸泡半月，捞出搓去果肉，洗净种子，凉 3～5 天后用种子体积的 3～5 倍的净河沙拌匀，沙的湿度以手握成团松手即散为度，装入透气的麻袋或开沟沙藏，种子若不浸泡，即使沙藏，也会因种皮厚而吸不进水导致播后难以发芽。沙藏过程中要注意不要过干或过湿。

春季当种子有 1/3 露胚时即可播种，时间为 3 月上旬至 4 月上旬，播种时按 50 cm×50 cm 株行距开穴，深 5～6 cm，尔后点浇，这一点非常重要。播时采用单粒摆播，随即覆土。出苗这段时间土壤墒情应适中，千万不可干旱。一般播后 25 天发芽，出苗至苗出齐约需半个月时间，这时就要防止立枯病发生，可用 50%甲基托布津可湿性粉剂 0.1%溶液进行预防，以后加强肥水管理，并中耕除草，当年苗可达 1 m 左右。若培养大苗翌年春季每间隔挖去两株留一株即株行距变成 1.5 cm×1.5 m，3～5 年米径即可达 5～8 cm，用于城乡园林绿化。许昌引种无患子 12 年内尚无发现任何病虫危害。

分布范围：河南自然分布于伏牛山、大别山和桐柏山区。目前淮河流域及黄河流域以南都有引种栽培，最北已达安阳，最西已达陕西西安，许昌、鄢陵、长葛、漯河、商丘均有栽培。

园林应用：无患子枝冠开展，叶形奇俏，枝叶稠密，秋季叶色金黄，果实如玉，晶莹剔透，甚是悦目可赏，为园林绿化优良观叶、观果树种。若与欧洲红枫、红叶樱花、红叶复叶槭、红叶石楠等树种混植，则互为补衬，互为映射，效果更佳。无论做行道树还是庭荫树，均可形成良好的园林氛围。孤植可增加绿地观赏植物的种类，丰富园林环境的空间层次，片植可形成宏大的气势和特色的景观。

13.33 连香树

学名：*Cercidiphyllum japonicum*

科属：连香树科，连香树属

形态特征：落叶乔木，树皮灰褐色，粗糙至片状，纵裂。单叶对生，叶常宽卵形、近圆形或扁圆形，长 4～7 cm，6～7 掌状脉，基部心形或圆形，叶缘具圆钝腺齿，叶正面深绿色，下面粉红色，叶柄长 1～3 cm。花单性异株，先叶或与叶同时开放。蓇朵果圆柱形，微弯，长 8～20 mm，种子小，一端具翅。花期 4 月份，果期 8～9 月份。

生态习性：为古老孑遗植物，化石可见于晚白垩纪。喜光，喜温凉气候，耐阴，常生于林中空地，河流两岸，喜湿润肥沃土壤。寿命长，抗性强，萌芽力强。叶形奇特，数量稀少，已列为国家重点保护树种。

繁殖栽培：播种繁殖。入秋 8 月下旬果实由青变黄时采种，采后去杂阴干后密封干藏，翌春播种。可条播或撒播。育苗地应选择湿润肥沃、阴坡或半阳坡的沙壤土，经细致整地后作床。播前最好用 30～40℃浸泡 2 天后捞出，拌入细沙，置塑料小筛中，上盖湿毛巾，进行催芽，当种子 1/3 裂口时可以播种。播后覆土盖草，保持苗床湿润。每 667 m^2 播种量 6～8 kg 为宜。出苗后及时间苗定苗，加强肥水管理，于第 2 年春再分栽移植，以培养园林应用的大规格苗木。园林造景一般春季定植，大苗移栽需带土球。

分布范围：生于我国中部山地，河南西部有分布，洛阳市、遂平县、鄢陵县等有引种栽培。

园林应用：树姿优雅，叶形奇特，幼叶紫色，秋叶黄色、红色、橙色或紫色，是优美的山林风景树、庭院观赏树种。适于成林生长，其景观不俗。

13.34 胡杨

学名：*Populus euphratica* Oliv

别名：异叶杨

科属：杨柳科，杨属

形态特征：落叶乔木，有时呈灌木状。树冠球形，树皮厚，纵裂。幼枝灰绿色，被短毛；小枝细，无顶芽。叶形变化多，幼树及长枝上的叶似柳叶；大树上的叶卵圆形，扁形或肾形，具缺刻或近全缘；叶两面均灰蓝色、灰绿色或浅灰绿色，革质，长 2～5 cm，宽 3～7 cm。雌雄异株；果初被短柔毛，后光滑，基部无宿存的花盘，熟后二瓣裂。

生态习性：喜光，耐盐碱，耐涝，耐热，抗寒，耐风沙。胡杨分布地区年平均气温为 5.8～11.9℃，绝对最高气温 41.5℃，绝对最低气温－39.8℃。胡杨叶片厚，表面被蜡质层，对大气和土壤干旱适应能力非常强。胡杨具有分泌盐碱的能力，常在树干或大枝上凝成白色结晶，称为胡杨碱，这是它对盐碱地的适应性的表现。它的抗盐碱能力还随树龄的增大而加强。胡杨的根蘖能力极强，极利于树木更新和扩大繁殖。

繁殖栽培：以播种繁殖为主。选择生长健壮的植株作母树，当果皮由绿变黄，个别蒴果微裂时即可采种。采种后，将果穗放在通风室内等蒴果开裂吐絮时，即可脱粒。脱粒方法可参照毛白杨。胡杨种子易丧失发芽率，应随采随播，也可密封贮藏到翌年播种。幼苗坑盐碱能力较差，育苗地应选择无盐碱或轻盐碱地为宜。育苗地应在头年秋季施入基肥后深耕。播种前细耙作垄或低床，低床一般 1 m 宽，长酌情而定，要求床面平整，土壤松细。播前灌足底水，等水下渗时立即将混加细沙的种子横着苗床条播，条距 30 cm，播后用细沙土覆盖，覆盖厚度以微见种子即可。播种量 300 g /667 m^2 左右。种子发芽到幼苗出现 5～6 片真叶期间，要经常保持土壤湿润，苗高 5～10 cm 时间苗，株距 5～8 cm。速生阶段（苗茎转为灰白色）苗木较抗旱，可适当减少灌溉次数，及时中耕除草。

栽培：胡杨对土壤适应能力很强，一般采用挖穴栽植的方式，栽后浇透水即可，不需特殊管理即可正常生长。注意防治叶斑病、锈病等。可参考毛白杨、银白杨部分。

分布范围：原产新疆、青海、宁夏等省（自治区）荒漠地，沙漠地及盐碱地带，有"大漠之魂"的称号。河南豫东及豫中鄢陵等有少量引种。

园林应用：胡杨是当今最古老的杨树品种，被誉为"活着的化石树"。适应性、耐寒性、抗旱性、抗盐碱性极强，入秋叶色金黄，在荒漠、干旱地区建造风景林十分壮观；亦可作为优良的彩色叶树种与其他彩叶树种配植，以增加城市园林绿化的色彩效果。

13.35 重阳木

学名：*Bischofia polycarpa*

科属：大戟科，重阳木属

形态特征：落叶乔木，高达 15 m。树冠近球形，树皮褐色，纵裂，小枝红褐色，无毛。叶互生、三出复叶，小叶圆卵形或椭圆状卵形，长 5～10 cm，先端渐尖或短渐尖，基部圆形或近心脏形，边缘有细锯齿，无毛；叶柄长 4～8 cm，小叶柄长 0.3～1.0 cm，顶生小叶柄长 1～3 cm。雌雄异株，总状花序腋生，花淡绿色，雌花具 2 个或稀 3 个花柱，核果球形，直径 0.5～0.7 cm，红褐色。花期 4～5 月份，果期 10～11 月份。

生态习性：喜光，稍耐阴，喜温暖气候，耐寒力弱。对土壤要求不严，在湿润、肥沃土壤中生长最好，能耐水湿。根系发达，抗风力强，速度中等，对二氧化硫有一定抗性。

繁殖栽培：繁殖多用播种法。果熟后采收，用水浸泡后搓烂果皮，淘出种子，晾干后装袋于室内干藏或沙藏。翌年早春 3 月上旬条播，行距约 20 cm，每 667 m^2 播量 2～2.5 kg，覆土厚约 0.5 cm，上盖草至出苗可去除。苗木主干下部易生侧枝，要及时剪去使其在一定的高度分枝。春季芽萌动时移栽，移栽时应带土球。注意防治介壳虫、刺蛾、杏丁虫等。

分布范围：分布我国秦岭以南各地，河南郑州、开封、南阳及许昌鄢陵等有引种栽培。

园林应用：重阳木树姿婆娑优美，绿阴如盖，嫩叶亮绿，秋叶红色，艳丽夺目。在湖边、池畔、草坪上丛植点缀，颇为相宜。也适于作行道树，重阳秋日，均蔚为壮观。也可用于堤岸绿化和风景区造林。河南郑州市、鄢陵县、长葛市等有用做行道树和庭院树，效果颇佳。

13.36 檫木

学名：*Sassafras tzumu*

别名：檫树

科属：樟科，楠木属

形态特征：落叶乔木。枝绿色、无毛。单叶互生，卵形至倒卵形，长 9～18 cm，全缘，常有 3 裂，背面有白粉。花小，两性，黄色，有香气，成腋生总状花序。核果球形，径约 8 mm，蓝黑色，有白粉，果梗渐粗，橙红色，中国特产。花期 2～3 月份，果期 7～8 月份。

生态习性：檫树属亚热带树种。喜光，喜温暖湿润气候及深厚、肥沃、排水良好的酸性土壤。较耐旱，耐一定湿。深根性，萌蘖能力强，生长快。抗逆性、抗病虫害能力也较强。繁殖容易。

繁殖栽培：播种繁殖。盛夏 7～8 月份采种，采后及时用碱性水洗净后晾干（忌曝晒），出种率 25%～35%，沙藏（室温 25℃以上）至次春播种。春播宜早，但以出土幼苗不受晚霜伤害为度。条播行距 20～25 cm，每米长播种 60～80 粒种子，覆土厚度 1～1.5 cm，播后盖草，每 667 m^2 播种量 3.5～4 kg。播后 1 个月左右开始发芽出土。苗高 8～10 cm 时开始间苗，以后注意加强中耕除草，施肥浇水，排水工作。苗木生长后期注意多施钾肥，促使苗木木质化并形成良好顶芽，一年生苗木高度 70～80 cm，园林绿化用苗应再移植培养成大苗。

也可萌蘖和分根繁殖。

分布范围:河南大别山新县等有分布。信阳地区从70年代引入该树种,现栽培面积较大。

园林应用:檫树树形端正优美,干直材优,秋叶红艳,具有较高的观赏价值。可作为庭院树、行道树观赏。

13.37 黄榆

学名:*Ulmus macrocarpa*

别名:大果榆、毛榆

科属:榆科,榆属

形态特征:落叶乔木,高达10～20 m。枝常具木栓翅2(4)条。小枝淡褐色。叶倒卵形,长5～9 cm,质地粗厚,先端突尖,基部常歪心形。重锯齿或单锯齿。翅果大,径2～3.5 cm,全部具黄褐色柔毛。4～5月份开花,5～6月份果熟。

生态习性:喜光,耐寒,耐干旱瘠薄,稍耐盐碱。根系发达,侧根萌蘖力强,寿命长。

繁殖栽培:黄榆的繁殖栽培方法基本与中华金叶榆相同。

园林应用:黄榆秋叶红艳,点缀山地或营造山区风景林甚为壮观。材质比白榆好。

13.38 绿瓶榉

学名:*Zelkova seriata* 'Green Vase'

科属:榆科,山毛榉属

形态特征:落叶乔木,枝条向上伸展,树形似瓶,姿态优美。叶卵状长椭圆形,基部稍不对称,叶面粗糙,秋季变为黄红色。

生态习性:稍耐阴,喜温暖气候及肥沃湿润的土壤,抗性强,生长较慢,寿命长。

繁殖栽培:参考欧洲山毛榉。

分布范围:原产我国南部,近几年来河南许昌、鄢陵有引种栽培。

园林用途:树形优美,秋叶黄、红,可做庭荫树和园林观赏树木。

13.39 大叶榉

学名:*Zellcova schneideriana*

别名:榉树

科属:榆科,榉属

形态特征:落叶乔木,树冠倒卵状伞形。幼树皮青紫色,后渐变为灰褐色,不开裂,老树皮呈薄片状脱落。1年生枝细,密被柔毛。叶长椭圆状卵形,长3～8 cm,先端渐尖,羽状脉;叶缘单锯齿,整齐;叶背密被淡灰色柔毛。小坚果,不规则扁球形,上部歪斜,有皱纹。花期3～4月份,果期10～11月份。

生态习性:中等喜光,喜湿润性气候,对土壤要求不严,在微酸性、中性及轻盐碱地上均能生长,但尤喜肥沃的酸性土壤。忌积水,也不耐干旱。抗污染,对烟尘和二氧化硫抗性强。深根性,侧根庞大,抗风力强,树冠大,落叶多,生长速度中等偏慢,寿命较长。

繁殖栽培:当果实由青转为黄褐色时(10月中下旬)采种,去杂,阴干,随即播种或混沙室外贮藏,也可装布袋置阴凉通风处干藏,翌年播种。育苗地应选用深厚肥沃的沙壤土或轻壤土,深翻细整,施足基肥作床育苗。干藏种子在播前浸水2～3天,除去上浮瘪粒,将下沉种子晾干后条播,行距20 cm,每667 m^2 播量6～10 kg。播后覆土覆草保持苗床土壤湿润。播种后及种苗出土时应注意防止鸟害。出苗后要及时揭草,并注意及时间苗,松土除草,浇水追肥。当苗高长至10 cm以上时,常出现顶部分叉现象,要注意修整。城市园林绿化用苗,一般选用大苗,因此,要及时分栽,并加强肥水管理,经4～5年培育可出圃。榉树苗根细长耐柔韧,起苗时,要先将四周苗根切断(留一定根幅),然后挖掘,以免拉破根皮。

栽植:一般在春季进行,栽植前应细致整地,挖大穴栽植,栽后浇透水。榉树病虫害不多,但要注意防治大袋蛾危害。

榉树是合轴分枝,发枝力强,梢部弯曲,顶芽常不萌发,常于春季由梢部侧枝萌发3～5个竞争枝,直干性不强,幼龄树时主干较柔软,常下垂,易被风吹斜。在自然生长情况下,易形成庞大树冠,不易生出端直树干,因此,可在栽植时进行截梢,栽植后及时将主梢上部一段瘦弱弯曲部分截去,留芽尖向上的饱满剪口芽,并将剪口芽以下5～6个侧芽除去,同时适当剪去强壮侧枝,连续进行几年,可培育出圆满树冠。

分布范围:河南辉县、西峡、南召、栾川等有分布,河南许昌等地有引种栽培。

园林应用:本种枝叶细密,树形优美,尤其秋叶红艳,是良好的秋色叶树种。在江南园林中常见。河南许昌、长葛、洛阳等地园林应用较多。可孤植、丛植、列植于庭院,公园及道路两旁。

13.40 七叶树

学名:*Aesculus chinensis*

别名:桫罗树、梭罗子

科属:七叶树科,七叶树属

形态特征:落叶乔木。树冠庞大,呈圆球形,树皮灰褐色,有片状剥落。主枝开展,小枝稀疏,粗壮,交互对生,棕黄色,无毛。冬芽卵圆形,有树脂。叶柄长6～10 cm,小叶5～7个,纸质,长倒披针形或矩圆形,长9～16 cm,宽3～5.5 cm,边缘具钝尖的细锯齿,背面基部幼时有疏柔毛,侧脉13～17对;小叶柄长5～10 mm。圆锥花序,被微柔毛。花杂性,白色或微带红晕;花萼5裂;花瓣4个,不等大;雄蕊6个。蒴果球形,顶端平略凹下,直径3～4 cm,密生疣点,果壳干后厚5～6 mm;种子近球形,种脐淡白色,约占种子近一半。花期5～6月份,果期9～10月份。

生态习性:喜光性树种,适于温和气候和湿润环境,也能耐寒;喜肥沃,土层深厚,排水良好的沙壤土,忌低洼积水地势。生长较慢,寿命长。深根性,萌芽力不强,不耐移植。

繁殖栽培:采种播种繁殖。种子生命力不强,如去果皮,不满1个月便丧失发芽力,故于9月上旬采种后应立即播种,或带果皮拌沙在低温处贮藏至翌年春播。贮藏的种子在4月初可陆续发芽,可选发芽者进行点播。一般采用低床条播,株行距15 cm×25 cm,播种沟深6 cm,播时种脐向下,播后覆土约4 cm,为保持湿润,可覆草至不见土为宜。胚芽露出地面之际,可适当遮阳以防灼伤幼苗。对秋末冬初出土的幼苗,需覆草防寒(还有次年才出苗的现象)。5～6月份,幼苗进入生长旺季,要加强肥水管理,当年苗高可达70～80 cm,翌春即可分栽培育大苗。以后每隔一年分栽一次，培育5～6年可培育绿化大苗。移栽在落叶后至发芽前进行，栽时需带土球，栽后需用草绳卷干，以防树皮灼裂。栽前应施足底肥，生长过程中一般不需整形修剪。干旱时应注意浇水。

主要病害有叶斑病、白粉病和炭疽病，主要虫害有金龟子等，要注意防治。

分布范围：产于太行山的济源及伏牛山的卢氏、栾川、嵩县、西峡、南召、内乡等地，全省各大城市园林绿地均有引种栽培。

园林应用：七叶树树姿壮丽，冠如华盖，叶大荫浓，秋叶红艳，白花绚烂，是世界上著名的观赏树种，宜作庭荫树和行道树，也可片植营造红叶景观。种子可入药，也可榨油制肥皂。木材黄白色，细致，轻软，易加工。

13.41 银鹊树

学名：*Tapiscia sinensis*

别名：丹树、泡花

科属：省沽油科，银鹊属

形态特征：落叶乔木。树皮具清香。奇数羽状复叶互生，小叶5～9枚，狭卵形或卵形，先端渐尖，基部圆形或心形，边缘有锯齿，下面粉绿色，叶柄粉红色。圆锥花序腋生，杂性异株，花小，黄色，有芳香，花萼钟状，5浅裂。核果卵形，果熟时由黄绿色转为黄红色，最后呈紫黑色。花期5～6月份，果熟期8月下旬至9月份。

生态习性：喜光，幼树较耐阴。喜温暖湿润气候，喜酸性的黄红壤土。

繁殖栽培：播种，9月份采种，采后湿沙贮藏，翌年3月份播种。采用条播方式，行距25～30 cm，播后覆土盖草保墒。播后30～40天发芽，发芽率50%左右。出苗后及时松土、除草、间苗、定苗、施肥、浇水，当年苗高可达1 m，园林绿化大苗需培养2～3年。注意防止叶蝉、天牛等危害。

分布范围：我国特有的珍稀树种之一，已列为国家保护的三级濒危树种。产云南、四川、湖南、湖北、浙江、安徽、河南伏牛山的内乡、西峡(宝天曼)等有自然分布，适宜在黄河以南各地市栽培。

园林应用：银鹊树树形端正，黄花芬芳，秋叶黄灿，为理想的园林观赏树种。可做行道树和庭院树。在自然风景区的沟谷、坡地可与檫树、蓝果树等混种，营造美丽的风景林。

13.42 盐肤木

学名：*Rhus chinensis*

别名：五倍子树

科属：漆树科，漆树属

形态特征：小乔木，小枝、叶柄及花序都密被褐色绒毛，冬芽被叶痕所包围。奇数羽状复叶，互生，叶轴有翅，小叶7～13枚，纸质，卵状椭圆形，边缘具粗壮锯齿，叶具密绒毛。圆锥状花序顶生，花小，杂性，乳白色。果扁圆形，红色或橘红色，花期7～8月份，果期10～11月份。

生态习性：喜温暖湿润气候，也能耐一定的寒冷和干旱。对土壤要求不严，酸性、中性或碱性土壤上都能生长。耐瘠薄，不耐水湿，根系发达，萌蘖性强。

繁殖栽培：扦插、播种、分株均可。扦插：春季进行，选一年生壮枝，截成 12～15 cm 长插条，插入已整好的插床上，插时插穗上端必须露出芽节，插后浇透水。播种：秋天采种，采后层积贮藏。次年春播前取出，以 80℃热水浸种，经搅拌使水冷却后浸泡一昼夜捞出，混沙（沙：种为(2～3)：1)置背风向阳处搭小塑料棚层积催芽，经 10～15 天种子发芽约 1/3 时即可播种。播种后注意保持苗床温湿度，及时间苗、定苗、除草、浇水。深秋至翌春移植，栽植后要踏实，灌透水，一般不需特殊管理。

分布范围：产河南各山区，分布很广。河南各地均有栽培。

园林应用：盐肤木秋叶红艳，甚美丽，可为秋景增色。叶上寄生的虫瘿，即为著名的五倍子，是我国主要的经济树种。在园林绿化中，可作为观果、观叶树种，大面积栽植时，还具有相当的经济效益。

13.43 火炬树

学名：*Rhus typhina*

别名：鹿角漆树

科属：漆树科，漆树属

形态特征：落叶灌木或小乔木。树形不整齐，小枝粗壮，密生灰色绒毛。小叶 11～23 枚，椭圆状披针形，长 5～12 cm，先端渐尖，边缘具锯齿，背面带白粉，幼时有细毛，后光滑。圆锥花序顶生，密被绒毛，长 10～20 cm，花淡绿色。核果深红色，密集成火炬形。花期 6～7 月份，果期 8～9 月份。

生态习性：喜光，不耐阴；喜温暖，湿润气候；耐寒冷和干旱，在酸性及石灰性土壤以及瘠薄干燥的沙砾地上都能生长，但不耐水湿。根系发达，萌蘖力极强，生长速度较快。

繁殖栽培：播种、分蘖和插根均可。播种于 9 月份采集成熟果穗，曝晒脱粒，以低温混沙贮藏翌春 3 月份播种，播前用 80℃热水浸种并搅拌约 0.5 h，经一昼夜后捞出，与 2 倍沙混合后上盖湿草帘，催芽 2 周，待种芽有 30%左右裂口时进行播种。分蘖：挖出健壮根蘖苗，稍带须根栽植，即可成活。插根：苗木出圃后，挖据遗留根段，直埋圃地育苗。移栽在落叶后至萌芽前，大苗移栽要立支柱。

分布范围：分布于海拔 300～1 800 m 的山坡、沟谷，溪边的疏林、杂灌丛中。我国除东北部、内蒙古和新疆外，其他各省均有栽培。河南近年来郑州、洛阳、南阳、许昌栽培较多。

园林应用：火炬树秋叶红艳，比黄栌更易变红。果穗红色，状如火炬，大而显目，且宿存持久。宜片植于园林中观赏，可做行道树等。

13.44 石榴

学名：*Punica grantum*

别名：安石榴、花石榴

科属：石榴科，石榴属

形态特征 落叶灌木或小乔木，高 7 m。树冠多不整齐。幼枝常呈四棱形，枝端多为刺状。叶对生或簇生，矩圆形或倒卵圆形。初春紫红色至鲜红色，秋季黄色或杏黄色。花一朵或数朵生于枝顶或叶腋；花萼钟形，红色，顶端5～6裂；花瓣倒卵形，稍高出花萼裂片，通常红色；浆果近球形，红色或黄色，果皮厚，顶端有宿存花萼；种子多数，具肉质外种皮。花期5～6月份，9～10月份果熟。

品种：月季石榴（*Punica grantum nana*）又名月月石榴。花红色，半重瓣，5～9月份陆续开花。植株矮小，小枝密生，顶端多呈针刺状，果实小，果径仅3～4 cm，果皮黑紫色，是主要的观花树种。

重瓣红石榴（*Punica grantum pleniflora*）花重瓣，红色，花期长。

玛瑙石榴（*Punica grantum legrellei*）花重瓣，红色，有红色及黄白色条纹。

生态习性：喜光及温暖气候，叶芽萌动期要求温度在10℃以上，生长期有效积温在3 000℃以上，冬季休眠期温度不得低于－18℃。对土壤要求不严，在酸性土、碱性土上都能生长，但以肥沃而排水良好的沙壤土或壤土为宜；耐干旱瘠薄，不耐涝。

繁殖方法：扦插、压条、分株、播种均可繁殖。

分株繁殖：在需苗量不多的情况下，可在早春用丛生状的老株分株繁殖，或挖掘根蘖苗另栽，成苗快，第二年即可开花。

压条繁殖：在早春进行，夏季割离母体，来年早春再挖苗另栽，第三年即可开花。

扦插繁殖：硬枝扦插和嫩枝扦插均可。

1）硬枝扦插。①插条及母树的选择。选择优良石榴母树的枝条作为插条。②采条及扦插时间。于11月份采集石榴枝条，经沙藏于第二年春天3月份扦插。③插条的规格及处理插条长15 cm，上下切口平切。按粗细分级每100株为一捆，浸于浓度为100 mg/L的ABT 1生根粉溶液中3 h，浸泡深度2～3 cm。然后进行湿沙贮藏。藏条量大时，每隔50 cm插一草把（使之通风通气，以防腐烂）。再在插条上撒一层湿沙土，随气温降低，适度增加土层，以防冻条。④扦插床的准备。大田直插。⑤扦插方法及插后管理。3月下旬扦插，插后马上灌水。⑥效果。应用ABT生根粉进行石榴扦插育苗，以药液浓度100 mg/L处理插条，成活率最高，达98%。当年育苗、当年成苗。

2）嫩枝扦插。①插条及母树的选择。选择石榴母树上当年生半木质化枝条作插条。②采条及扦插时间。4月上旬至8月下旬。③插条的规格及处理。插条长15 cm，用浓度为50 mg/L的ABT 1生根粉溶液浸泡0.5～2 h。④扦插床的准备。塑料大棚，同时设有遮阳设备。水源充足，插壤为一半土一半沙。⑤扦插方法及扦后管理。按株行距10 cm×10 cm扦插，深度为插条的一半。插后盖膜，不断浇水、保持插壤湿润。⑥效果。应用ABT生根粉处理后成活率达95%。

栽培与造型：地栽植株每年需重施1次有机肥料。盆栽时用加肥培养土上盆，1～2年翻盆换土1次，在生长旺季还应追施液肥，并经常保持土壤湿润。用石榴的老桩可以制作出名贵的树桩盆景，挂果时间长，观赏价值颇高。

分布范围：原产于伊朗和地中海沿岸的一些国家，现在我国栽培甚广，以河南、陕西、山东等地栽培最多。

园林应用：石榴枝繁叶茂，初春新叶红嫩，入秋叶色金黄，硕果高挂，是深受我国人民喜爱的传统植物之一。在园林应用中，常配置植公园游廊、亭榭旁，墙角、山坡、台阶前，草坪一角，竹丛外缘，常绿或落叶树丛中，可篱植也可盆栽，可行植或片植观赏，也可做行道树或修剪成球状作花坛配置。

13.45 野樱桃

学名:*Prunus tomentosa*

别名:毛樱桃

科属:蔷薇科,李属

形态特征:落叶乔木。叶卵形或椭圆状卵形,边缘有大小不等的小锯齿,齿尖有腺,具稀疏柔毛。成熟叶暗绿色,秋冬呈红色或黄色。伞状花序或有梗的总状花序,花先叶开放,花有白色、粉红色等,4～7 朵呈总状花序或 2～7 朵簇生;花瓣卵圆形或至近圆形;核果近球形,较小,红色、橙色或黄色,果肉多汁。花期 3～4 月份,果期 5～6 月份。

河南主要栽培的种类还有:樱桃(*Prunus pseudocerasus*),落叶乔木,高 6～8 m,果实较大。欧洲甜樱桃(*Prunus avium*),乔木,高达 10 m 以上,果实更大。

生态习性:喜光,不耐阴。喜温暖湿润,喜疏松、肥沃、湿润的沙质壤土,微酸性、微碱性土壤也能生长。耐瘠薄,有一定耐干旱和耐寒力。结果期如光照条件好,果实成熟早,色泽亦佳。

繁殖栽培:野樱桃种子出苗率高,扦插易生根,主要采用播种、扦插繁殖,此外也可用分株、高压和嫁接的方法繁殖。

播种:应选择优良单株,采集充分成熟的种子,苗圃地宜选择沙质壤土,播后适时喷水,保持土壤湿润,以提高出苗率。播后 30 天左右开始出苗,加强水肥管理,促进幼苗健壮生长。扦插从 4 月中旬到 9 月份均可进行,采集健壮无病虫害的当年生枝条,在阴凉处将枝条剪成 15～20 cm,有 5～6 枚正常叶的插穗,插条随采随插,也可用吲哚丁酸 100 mg/L 的溶液浸泡插穗,提高生根率。插后注意遮阳和喷水,一般 30～35 天后即可生根。

野樱桃对土壤要求不严,但以透气、排水良好、能保持湿润的沙壤土为最理想。苗木可秋植或春植,栽后立即浇一次透水,并培土保墒或用地膜覆盖树盘,这样有利于提高栽植成活率和植株早期生长。株行距依树冠大小而异,一般为 4～5 m。野樱桃是喜光树种,光照条件好时树体健壮,果枝寿命长,花芽充实,坐果率高,果实成熟早,着色好。野樱桃干性不强而分枝多,在栽培中一般可根据应用需要修剪成自然圆头形、自然开心形和中心主干形等树形。施肥应根据花果生长期早而短的特点,以采后肥及冬前基肥为主,以促进花芽分化,增加树体的贮藏营养。此外,在开花着果期间要适当追肥(以速效氮肥为主)和根外追肥(花期喷 0.1%～0.3%尿素或 600 倍磷酸二氢钾),对提高着果率和促进枝叶生长有明显效果。土壤缺水常引起落果,从开花后至采收前如遇干旱,应适量灌水,并及时中耕松土保墒;雨季应做好田间排水工作,注意防涝。病害主要有穿孔病、根颈腐烂病和流胶病,防治方法主要是避免在植株根颈部长期培土,防止地下害虫啮伤树皮,同时要经常检查,发现病株及时刮治,刮后用波尔多液或石硫合剂消毒。为害野樱桃的虫害主要有红颈天牛、金线吉丁虫、小透翅蛾、球坚介壳虫和舟形毛虫等,防治措施主要是在成虫羽化高峰期喷药,在枝干涂白防产卵,以及田间发现幼虫排粪时及时药杀或挖除。

分布范围:分布较广,适宜在我国长江流域及其以南比较凉爽的地区。豫南、豫西山地有自然分布,平原地区许昌、鄢陵等有引种栽培。

园林应用:野樱桃及樱桃秋叶红色或黄色,既可与早春黄色系花灌木迎春、连翘配植,也适宜以常绿树为背景配置。另外,也适宜在草坪上孤植、丛植,配合小灌木构建疏林草地景观。

13.46 四照花

学名:*Dendrobenthamia japonica*

别名:石枣

科属:山茱萸科,四照花属

形态特征:落叶小乔木。嫩枝被白色柔毛。叶对生,纸质,卵形或卵状椭圆形,长 5～10 cm,先端渐尖,基部圆形或宽楔形,表面暗绿色,疏生白柔毛;背面粉绿色。花白色、细小,20 余朵集成头状花序,4 枚苞片黄白色,长 2.5～5 cm。果球形,肉质,紫红色。花期 5～6 月份,果期 8～9 月份。

生态习性:暖温带阳性树种。耐寒耐阴,喜温暖湿润环境。对土壤要求不严,以土层肥沃、深厚、排水良好的土壤为宜。对有毒气体及烟尘抗性较差。

繁殖栽培:播种繁殖。秋播:果实成熟时采收,堆放后熟,洗净种子阴干后即可播种,或层积沙藏,翌年春季播种。苗期应适当遮阳,并加强肥水管理。当年秋季落叶后或第二年春季萌芽前分床移栽,继续培养成大苗。萌芽力较差,无论分栽或定植后,不宜重剪。

分布范围:自然分布于伏牛山和大别山。许昌鄢陵及遂平等有引种栽培。

园林应用:四照花树姿优美,花朵奇特,尤以 4 枚苞片光彩照人,且叶片秀丽、光亮,入秋变红,核果也呈红艳,是园林中著名的观赏树种,已被欧美各大植物园引种栽培。可孤植于庭前或山坡、亭榭旁,春赏亮叶,更观玉花,秋赏红叶红果。

13.47 丝棉木

学名:*Euonymus bungeanus*

别名:白杜、明干夜合

科属:卫矛科,卫矛属

形态特征:落叶小乔木。树冠圆形或卵圆形。小枝细长绿色,近四棱形,无毛。叶对生,卵形至卵状椭圆形,长 5～10 cm,先端长渐尖,基部近圆形,叶缘有细锯齿,叶柄细长 2～3.5 cm。聚伞状花序腋生,花淡绿色,径 0.7 cm,3～7 朵,蒴果 4 裂粉红色,径约 1 cm。种子具橘红色假种皮。花期 5 月份,果期 9 月份。

生态习性:喜光,稍耐阴,耐寒,耐干旱,也耐水湿,对土壤要求不严,而以肥沃、湿润、排水良好的土壤生长最好。根系深而发达,能抗风,根蘖萌发力强,生长速度中等偏慢。对二氧化硫的抗性中等。

繁殖方法:多采用播种及扦插法。

播种:9 月份果实充分成熟后采收,日晒至果皮开裂后收集种子并晾干、收藏。翌年 1 月初将种子用 30℃温水浸种 24 h,然后湿沙混堆背阴处,上覆湿润草帘防干。3 月中旬土地解冻将种子移背风向阳处,并适当补充水分催芽,4 月初即可播种。一般采用条播,行距 35 cm,株距 5～10 cm,覆土厚度 3 cm 左右,每 667 m^2 用种 10 kg,当年苗高可达 1 m 以上。

扦插:硬枝扦插在每年 3 月中旬进行,嫩枝扦插在 7～9 月份进行,嫩枝扦插插后需保持插床 28℃左右的温度和 60%～70%的湿度。分株在春季萌芽前进行,育苗期不需过多施肥。

本种适应性较强，移植在冬、春两季进行，移植后只要保证土壤湿润疏松，并每年分别在3、6、9月份追肥2～3次，即可保证枝繁叶茂。

分布范围：产于我国东北辽宁以南，华北、华中、华南各省，河南伏牛山区也有分布。许昌、漯河、鄢陵等有引种栽培。

园林应用：丝棉木枝叶娟秀细致，树冠饱满，树姿优美，秋季果实开裂后露出橘红色的假种皮挂满枝梢，引人注目。叶片经霜转红，鲜艳可爱。可做庭荫树或植于林缘、草坪、路旁、河畔及假山石旁。也可用护林和厂矿绿化。花、果与根、皮可入药。

13.48 山胡椒

学名：*Lindera glauca*

别名：牛筋条、车轮条

科属：樟科，山胡椒属

形态特征：落叶灌木或小乔木。幼枝被褐色毛。叶宽椭圆形或倒卵形，长4～9 cm，宽2～4 cm，选端宽急尖，背面稍有白粉，具灰色柔毛，侧脉5～6对；叶柄长3～6 mm，冬季叶柄枯而不落。花序近无总柄，具3～8花；花绿黄色，花梗长1.5 cm，有柔毛。果球形，约6 mm，黑褐色，无毛。花期4月份，果熟期8～9月份。

生态习性：喜光，耐干旱瘠薄。

繁培繁殖：种子繁殖。可于果熟期8～9月份随采随播，也可采种后贮藏至翌春播种。具体方法参考本书种子繁殖部分。

栽培：多穴状栽植，栽后浇透水，即可成活，无须特殊管理。

分布范围：产于大别山、桐柏山，生于山坡灌丛以及疏林中。分布于陕西、安徽、浙江、广东、广西、湖北、湖南、四川等省（自治区）。近年南京、扬州等有引种栽培。

园林应用：山胡椒秋叶金黄，且叶、果、根均可入药，可作为金黄色秋叶树种与其他红叶类、灰蓝叶类彩叶树种搭配种植，营造湿地、干旱地色叶林，也可用于城市园林绿化。

13.49 球穗花楸树

学名：*Sorbus glimerulata*

别名：绒花树

科属：蔷薇科，花楸属

形态特征：落叶小乔木。小枝及芽无毛。奇数羽复叶长10～17 cm，小叶10～14对，长圆形或卵状长圆形，长1.5～2.5 cm。复伞房花序大型，花瓣卵形，雄蕊20，花柱5，无毛。果实卵形，白色，直径6～8 mm，萼片宿存。花期5～6月份，果期9～10月份。

同属种类有水榆花楸（*Sorbus alnifolia*）单叶，卵形至椭圆状卵形，长5～10 cm，果实红色或黄色，直径0.7～1.1 cm。

生态习性：喜凉爽湿润气候，耐寒冷，惧高温干燥；较耐阴，常生于中、高海拔山地阴坡或半阴坡；喜酸性至中性土壤，生长速度中等。鄢陵引种生长较差。

繁殖栽培：播种繁殖。种子采后沙藏层积，春播。移植宜在落叶后和萌芽前进行。小苗需带宿土,大苗需带土球。

分布范围:河南太行山、伏牛山北部有分布。洛阳、信阳有引种栽培。

园林应用:花楸类树种是著名的观叶、观花和观果树种。花序洁白硕大,果实或红或白,秋叶红艳绚丽。最适于山地风景区中,高海拔地区营造风景林,但在东部平原地区生长不良。

13.50 稠李

学名:*Prunus padus*

别名:稠梨、橼木

科属:蔷薇科,李属

形态特征:落叶小乔木。小枝红褐色或褐绿色。叶椭圆状披针形,先端长渐尖,基部阔楔形,边缘有粗锯齿,无毛或仅背有毛。花单生,几无柄,5 瓣,多粉白色、白色,有清香,径 1～1.5 cm,约 20 朵排成下垂之总状花序,长 7.5～15 cm。果黑色,径 6～8 mm,花期 4～5 月份,果期 8～9 月份。

近缘种有山桃稠李(*Prunus maackii*),又叫斑叶稠李,落叶乔木,小枝幼时密被柔毛,树皮亮黄色至红褐色。叶椭圆形至卵状圆形,长 5～10 cm,锯齿细尖,背面常生暗褐色腺点。花白色,有香气,径约 1 cm,总状花序长 5～7 cm,有时 3 cm。5 月份开花,8 月份果熟。

繁殖栽培:用播种繁殖。春播、秋播均可。移栽幼苗要带宿土,大苗移栽则应带土球。

分布范围:河南太行山和伏牛山有分布,许昌鄢陵等有引种栽培。

园林应用:球穗花楸树花序长而美丽,果实成熟时亮黑色,秋季叶色黄、红,是良好的庭院观赏树种。春季有白花朵朵,秋季叶色黄红,冬季红褐色亮黄的树皮在白雪的衬映下显得格外美丽。宜成丛、成片栽植。叶可药用。

13.51 黄檗

学名:*Phellodendron amurense*

别名:黄波罗

科属:芸香科,黄檗属

形态特征:落叶乔木,枝条粗壮广展,树冠广圆形。小枝棕褐色。奇数羽状复叶,互生,小叶 5～13 枚,对生,卵状椭圆形至卵状披针形,先端长渐尖,叶缘有细锯齿,表面光滑。花单性,黄绿色,排成顶生聚伞状圆锥花序。核果球形,成熟时蓝黑色。花期 5～6 月份,果期 10 月份。

生态习性:喜光,稍耐阴,耐寒性强。喜湿润、深厚、肥沃排水良好的土壤,能耐轻度盐碱,不宜在黏土和低湿地栽植。深根性,抗风力强。萌蘖力亦较强。

繁殖栽培:播种繁殖,也可采用根蘖繁殖。可于秋季果实由青变为蓝黑色时采种。宜随采随播,或采集后浸泡,揉去果肉取种。然后,用水洗净晾干,混沙贮藏至春季播种,采用条播方式,行距 20 cm,每 667 m^2 播种量 4～5 kg,播后覆土 0.8～1 cm,盖草保墒。幼苗出土后注意灌水和遮阳,忌土壤板结,应勤松土除草。园林绿化所需大苗,要及时间苗,分栽,加强土肥水管理。根蘖繁殖在冬春进行。

分布范围:河南辉县、西峡、南召、栾川、嵩县等有分布,许昌、新乡等有少量栽培。

园林应用:黄檗树形浑圆,秋叶金黄色,可作庭荫树和园景树,适于孤植、丛植于草坪、山坡、池畔、水滨、建筑周围,在大型公园中可用作行道树,北美园林中早有应用。在山地风景区,黄檗可大面积栽培形成风景林。

13.52 苏格兰金链树

学名:*Laburnum alpinum*

别名:金满园

科属:蝶形花科,毒豆属

形态特征:小乔木,树冠开展,树皮灰色,厚鳞片状开裂。叶对生,广卵形至卵状椭圆形,长15～30 cm,宽10～20 cm,背面被白色柔毛,叶色深绿,入秋黄色。圆锥花序顶生,花冠白色,形稍歪斜,下唇裂片微凹,内面有2条黄色脉纹及淡紫褐色斑点;花色橙黄如金,花序长达30～45 cm。蒴果长9～50 cm,宽约1.5 cm,成熟时2瓣裂,果皮;种子长圆形,扁平,宽3 mm以上,两端有长毛。花期5月份,果期9月份

生态习性:适应性强,喜光,也耐半阴;抗病虫力强。容易栽培,移栽成活率高。苏格兰金链树根部带根瘤菌,具有固氮作用,可促进树木的生长,同时对周边植物的生长也有促进作用。

繁殖栽培:以播种繁殖为主,也可扦插繁殖。

1)播种繁殖:金链树种子无明显的休眠性,可先将种子消毒后,用浓硫酸浸泡10～15 min,注意观察种皮颜色,颜色发暗即可取出用清水冲洗;冲洗干净后用25～30℃温水浸泡12～24 h,注意换水,当种子已经吸水明显膨胀后即可取出放在25℃左右的温暖处催芽;当有30%～50%裂嘴时(1～2天)即可播种;播种可于3月中下旬低床条播,播种深度0.6 cm,也可采用点播的方式播种于穴盘中(基质草炭土、蛭石或细沙混合即可),播种后覆土1 cm左右,不能太厚,保持一定的温度和湿度,一周左右即可发芽。种子繁殖出芽率较高,出苗整齐,出苗后生长速度较快,一般播种后3个月即可出圃栽植到大田中,3年左右即可应用到工程中。

2)扦插繁殖:可从根部采集种条,按一般扦插繁殖的方法操作即可,生根率可达99%。扦插苗成苗后根系不如籽播苗发达,生长势也较籽播苗弱,而且抗风性较差,故在风势较强的地区最好栽培籽播苗。

分布范围:原产美国中部,我国广为栽培。河南鄢陵(于水中)、遂平(王华明)等有引种栽培。

园林用途:苏格兰金链树种植3～4年即可开花,且花期较长,一般为2～3个月。苏格兰金链树春观繁花美景,秋赏鲜艳叶色,用于长廊绿化,开花时金灿灿的黄色花序挂满整个长廊,甚是美丽;也可孤植或群植,利用其柔软的枝条,塑造成不同的造型,或与其他色彩植物搭配在一起,成为园林景观中一道亮丽的风景;尤其是春夏之交,串串花序下垂,金色小花环环相扣,犹如金链,美不胜收。

13.53 红叶紫薇

学名:*Lagerstroemia indica* ‘Hong ye’

别名:红叶百日红、红叶痒痒树

科属:千屈菜科,紫薇属

形态特征:落叶灌木或小乔木。树冠不整齐,枝干多扭曲,有少部分直立。树皮淡褐色,薄片状剥落后干特别光滑。小枝 4～5 棱或多棱,棱角无刺或有刺。叶对生,近对生或轮生,椭圆形、倒卵状椭圆形或圆形,长 1.5～10 cm,先端尖或钝圆,基部广楔形或圆形,全缘,无毛或背脉有毛,叶脉红色或绿色,叶具短柄,叶色春、夏、秋分别呈现出红色、绿色和红色。花色有深红色、绯红色、紫色、浅紫色、白色和复(红、白)色,花瓣 6～7,基部有爪,萼外光滑,无纵棱,成顶生圆锥花序。蒴果近球形,基部有宿存花萼。花期 6～9 月份,果期 10～12 月份。

生态习性:喜光,喜温暖湿润,稍耐阴,耐寒性中等。对土壤要求不严,但喜肥沃、湿润的沙壤土和碱性土壤。耐旱耐涝性强。萌蘖力强,耐修剪。生长势中等,当年栽植苗地径可达 1～2 cm。抗病力强,并能吸收一定量的有毒气体,吸附烟尘能力亦强。

繁殖栽培:常用的方法为播种和扦插。

播种:秋末采收种子,可随采随播,亦可于 2～3 月份进行条播或畦播。4 月份可出苗。在小苗生长期,要保持土壤湿润,当苗高 10～15 cm 时,每隔 10～15 天施薄肥一次。立秋后施一次过磷酸钙,施肥量为 15 kg/667 m^2 左右。实生苗生长健壮者当年即可开花,但开花对苗木有影响,应摘去花蕾促苗生长。第 2～3 年移植,移植时应将各花色分栽。若培养乔木紫薇,应在移植床上施足基肥,移植后离地留 2～3 芽平茬,以促发壮枝,培养主干。以后凡干基长出的萌枝按去弱留强留若干个壮梢,其余萌条一律去除,并将所留数枝扭绞在一起。一般在春天树液流动时扭绞,因此时扭绞不易折断。扭绞时,凡枝间相贴处,用刀将皮部削去扎紧,使其相互愈合。这样,随枝条的生长,连续进行 2～3 年的扭绞,使能形成乔木状的“绞木紫薇”,可做庭院树和行道树。鄢陵花农除培育了“绞木紫薇”外,还用平茬、抹芽、留一个壮梢、加强肥水管理的措施,培育出了“独干紫薇”,近年来很受市场欢迎。

扦插:春季萌芽前选 1～2 年生旺盛枝条,截成长 1.5～2.0 cm 的插穗,用 ABT 1 生根粉浓度为 50 mg/L 液浸泡 1 h 后插入土中 2/3。插壤以疏松、肥沃、排水良好的沙壤土为好,插后注意保湿,成活率可达 95%以上,一年生苗可长至 50 cm 以上。也可用半木质化枝条夏季扦插,但应注意遮阳、保湿。秋季扦插在 10 月下旬至 11 月初,但必须有塑料拱棚或地膜覆盖对苗床保温,在豫北地区应注意幼苗防寒越冬。利用全光喷雾法扦插,一年四季新老枝干均可进行,成活率都在 95%以上。

培育树桩盆景,可用 3 年生以上枝干进行扦插,方法是将老枝干截成 20～30 cm 的插穗,插入土中 2/3,以后注意保持土壤湿润,当年即可发根成活,次春翻栽整形,便可酌情上盆。也可分蘖繁殖。

栽培:移栽宜在春季进行,北方宜选背风向阳处栽植,早春对枯枝进行修剪,幼树冬季要包草防寒。盆栽紫薇宜在谢花后修剪,勿使结果,以积蓄养分,有利下年开花。要注意施肥浇水和修枝整形,促进紫薇孕蕾开花。修枝应以枝冠圆满、枝条均匀为原则。方法是把影响树冠的枝条疏去,留下的枝条适当短截,可达到满树繁花的效果,注意防治蚜虫、介壳虫和白粉病等。

分布范围:全省各地。

园林应用:红叶紫薇树形优美,树干光滑,花色多样而艳丽,秋叶鲜红,且花期极长,具有极高的观赏价值。适宜孤植、丛植、片植于建筑物前,庭院内,路旁,草坪边缘及居民小区、公园、游园等地。也是工矿、街道绿化抗烟尘,抗污染的优良品种。

13.54 红叶野蔷薇

学名:*Rosa multiflora*'Hong ye'

别名:红叶蔷薇、红叶多花蔷薇

科属:蔷薇科,蔷薇属

形态特征:落叶灌木。枝细长,上升或攀缘状,皮刺常生于托叶下。小叶 5～7(9),倒卵状椭圆形,缘有细锯齿,背面有柔毛,幼叶及秋叶鲜红色、暗红色;托叶齿状,附生于叶柄上,边缘有毛。花白色、红色、粉红色,多瓣,径 2～3 cm,芳香,多朵密集成圆锥状伞房花序。5～6 月份开花。果近球形,径约 6 mm,褐色。

生态习性:性强健,喜光,耐寒,耐旱,也耐水湿。对土壤要求不严,但喜肥、喜疏松土壤和空气流通、日照充足的环境,黏重土壤上也能生长。

繁殖栽培:主要采用扦插繁殖和嫁接繁殖。扦插在春季(气温达 15℃以上时)和初夏、早秋进行。冬季在塑料大棚内扦插。扦插时使用 ABT 2 生根粉或吲哚丁酸、萘乙酸处理插穗,能提高生根率,插后要加强管理。夏季应用全光喷雾装置,雾插效果良好。嫁接:以野蔷薇苗为砧木,休眠期采用枝接方法。河南宜在春季芽萌动前进行,生长季节嫁接宜采用丁字形和带木质芽接法,接后加强管理。

栽培:于春季萌芽前后裸根栽植,暖地也可在初冬进行。嫁接苗栽植应注意去除砧木上萌条。

分布范围:红叶野蔷薇是野蔷薇的栽培变种,河南鄢陵、信阳等有引种栽培。

园林应用:适宜作花篱,也可做嫁接月季类的砧木。

13.55 南天竹

学名:*Nandina domestica*

别名:天竹

科属:小檗科,南天竹属

形态特征:常绿灌木,高达 2 m,丛生而少分枝,干直立,黑紫色,枝梢常为红色。2～3 回羽状复叶,互生,中轴有关节,小叶椭圆状披针形,长 3～10 cm,近无柄,薄革质,全缘,两面无毛,深绿色,秋季常变红色。圆锥花序顶生,花小而白,浆果球形,鲜红色。花期 5 月份,果期 10～11 月份。

近缘品种:火焰南天竹(*Nandina domestica*'Firepower')耐低温,常绿,叶片致密,色泽好,春夏季淡绿色,秋冬季火红色,植株低矮,株型紧凑,生长较快。黄河以南地区可露地栽培,室内可作为盆栽观赏植物。

生态习性:喜温暖多湿及通风良好的半阴环境,怕涝,耐寒。喜肥沃、排水良好、富含腐殖质的沙壤土,在阳光强烈、土壤瘠薄干燥处生长不良。在树荫地四季常青,秋季见阳光叶子变红。

繁殖栽培:以播种、分株为主。

播种:播种发芽较难,需 3 个月才能出苗。春播在 3 月份进行,播种前先施肥、整地、打畦、灌水,待水渗下后播种,(秋季采种,采种后,将种子贮藏在干燥通风处,待翌年春播。)播后覆盖

2～3 cm 厚掺有马粪的混合土,并搭棚遮阳,夏、秋间种子发芽,8～9 月份不能断墒,若土壤干旱,芽就不易顶出土面而折断。秋播在果熟后随采随播,苗床土壤含水量保持在 70%左右,冬季床苗保持半墒。越冬需覆草,来年 3 月份去掉盖草,清明前后发芽,出苗后喷水管理。入冬覆草,保苗越冬。播种苗长缓慢,第一年苗高约 3 cm,第二年 20 cm,3～4 年达 50 cm,才能开花结果。

分株:在 2～3 月份芽萌动时结合栽植分株,或在秋季亦可。分株方法有两种,一是将母株起出后分株;二是不起出母株,直接切开根部丛生枝分株。

扦插:一般在 3 月上中旬进行,选取 1～2 年生粗壮、芽体饱满、组织充实、无病虫害的基干作插穗,然后将选好的插穗下端靠近芽点处截成马耳形斜面。斜面与芽点相对,插穗上部留 2～4 个饱满芽点,并将枝叶全部剪去。插前将插穗用 ABT 2 生根粉溶液速蘸插穗下端 2 s,捞出扦插。插深为插穗长度的 1/2 左右。扦插株距 3～4 cm。插后喷透水。以后经常保持床面湿润。入夏后注意遮阳。空气湿度保持在 60%～70%,可搭小塑料拱棚,插壤(沙土)湿度保持在 40%～50%,经 20 天,可生根成活,成活率可达 90%左右,当年扦插苗可长 20～25 cm,苗床培育一年,第二年可出圃,或分栽培育大苗。

南天竹移栽在 2～3 月份或秋季均可,小苗移栽用沾泥浆法移植,不能晾根,大苗须带土球。栽时要高封土,栽后要浇透水。移栽后第 1～2 年须加强管理,春旱和夏季炎热天气及时浇水,保持半墒。5～6 月份于根部四周施些粪肥并进行除草松土,不必整形修剪。

盆栽要先在盆内打好泥浆,将植株带土球放入,再覆土砸实。3～5 年需换盆一次,一年中可追 2～3 次液肥,忌浇人粪尿。盆土含水量要保持 70%左右,花期不要浇水过多,以免引起落花。

分布范围:河南各地及长江流域均有栽培。

园林应用:南天竹枝叶秀丽,幼叶红艳,秋冬叶色变红,且红果累累,经久不落。为赏叶、观果的优良树种。可植于山石旁、庭院、墙角及小径转弯处,也可盆栽、地栽、制作盆景以供观赏,也是传统的切花材料。

13.56 卫矛

学名:*Euonymus alatus*

别名:四棱树

科属:卫矛科,卫矛属

形态特征:落叶灌木,小枝具通常四棱形的 2～4 列阔木栓翅。叶对生,倒卵状长椭圆形,边缘有细锐锯齿。聚伞花序,花黄绿色,蒴果 4 深裂,或仅 1～3 个心皮发育,棕紫色。种子有橘红色假种皮。花期 5～6 月份,果期 9～10 月份。

近缘品种:金心卫矛,叶心金黄色。

生态习性:喜光,也较耐阴,耐干旱瘠薄,耐寒性强。在中性、酸性和石灰性土壤上均可生长。萌芽力强,耐修剪,对二氧化硫抗性强。

繁殖栽培:繁殖以播种为主,亦可扦插和分株繁殖。播种:9 月下旬采种后脱粒,用草木灰液浸泡,搓去假种皮,洗净阴干,沙藏春播。采用条播方式,先在播种沟顺沟浇水,待水阴干后将种子撒入,并覆 0.8 cm 左右细土,然后覆草,保持苗床湿润。幼苗喜阴和湿润,可酌情遮阳,幼苗期加强肥水管理。第二年春移栽，经 3～4 年培育后可供绿化。扦插：采用半木质化枝条，应用全光喷雾装置或塑料小拱棚在生长季节扦插，成活率也很高。移栽：落叶后至萌芽前进行，土壤封冻后不宜进行。

注意防治黄杨尺蠖、黄杨斑蛾等。

分布范围：河南各山区均有分布，各大城市公园均有栽培。

园林应用：卫矛早春嫩叶和秋叶均为紫红色，鲜艳夺目，落叶后紫果悬垂，开裂后露出橘红色假种皮，绿色小枝上着生的木栓翅也很奇特，日本称为"锦木"。可孤植、丛植于庭院角隅、草坪、林缘、亭际、水边、山石间，以油松、雪松等常绿树为背景效果尤佳。

13.57　大花卫矛

学名：*Euanymus grandiforus*

别名：野杜仲

科属：卫矛科，卫矛属

形态特征：半常绿小乔木，叶对生，近革质，长倒卵形至椭圆状披针形。花黄白色，成稀疏状聚伞花序。蒴果近圆形，常具 4 条翅状窄棱。种子蓝色，外包红色假种皮。花期 5～6 月份，果期 9～10 月份。

近缘品种：美洲卫矛，原产北美洲，半常绿灌木，冠常呈丛生状球形，树姿优美，秋叶鲜红色。

生态习性：喜光，在光照充足的条件下生长良好。也较耐阴。对土壤要求不严，一般在酸性、中性土壤上都能生长。鄢陵引种在微碱性土壤上生长稍差。

繁殖栽培：采用播种繁殖，可随采种随播种（秋播），多数采用种子沙藏后春播。秋播可不去假种皮采后直接播种。春播需在沙藏前将果实浸泡后搓去假种皮。播后干旱时注意浇水。培育大苗需分栽。

分布范围：分布于我国中、西部，河南大别山、桐柏山、伏牛山有分布，许昌鄢陵等地有引种栽培。

园林应用：卫矛树姿优美，秋叶红艳，果实开裂后露出橘红色假种皮，二者色彩艳丽，倍增秋色。可与其他树种配植于草坪、墙沿及假山旁。

13.58　密冠卫矛

学名：*Euonymus alatus* 'Compact'

科属：卫矛科，卫矛属

形态特征：落叶乔木，分枝多，长势整齐，树冠顶端较平整，树形丰满，长势较慢。叶秋季变为鲜红色，在阳光下色彩鲜艳。

近缘品种：密实卫矛（*Euonymus alatus* 'Compactus'）落叶灌木，原种产中国、日本、朝鲜，高可达 1.8 m，耐霜冻，在侧阴、土壤肥沃的地方生长良好，密实卫矛生长较慢，株型紧凑，枝叶繁茂，秋叶呈鲜艳的亮紫红色，被称为"火焰木"，可孤植、群植观赏。观赏效果极佳，上海市园林研究所有栽培，河南有引种。

生态习性：适应性强，耐寒。

繁殖栽培：扦插、播种繁殖。

分布范围：密冠卫矛在我国南方分布较多，近年来河南信阳、鄢陵等有引种栽培。

园林应用：卫矛秋叶鲜红，宜做色篱，也可数株丛植、单株孤植，秋景美观；尤以密实卫矛观赏效果最佳。

13.59 野鸦椿

学名：*Euscaphis japonica*

别名：鸡眼椒

科属：省沽油科，野鸦椿属

形态特征：落叶灌木或小乔木，树皮灰色，具纵裂纹。小枝及芽红紫色。叶厚纸质，奇数羽状复叶对生，小叶7～11枚，长卵形，长5～11 cm，先端渐尖，缘有细锯齿。圆锥状花序，顶生，花小，黄绿色，蓇葖果，果皮软革质，紫红色。种子近球形，假种皮肉质，蓝黑色。花期5～6月份，果期8～9月份。

生态习性：喜温暖、阴湿环境，忌水涝。对土壤要求不严，最适于排水良好、肥沃的微酸性土壤，中性土、碱性土壤也能生长。

繁殖栽培：采用播种繁殖，9月份采种，去杂后沙藏，翌春3月中下旬播种，条播、撒播均可，播后覆土盖草，应足墒播种，并保持苗床湿润。幼苗喜阴，夏秋需搭棚庇荫。留床一年后可分栽。移栽可在春季3月下旬萌芽前进行。小苗可裸根移植，中等苗、大苗移植需带土球。

分布范围：河南大别山、桐柏山及伏牛山均有分布，信阳、南阳及许昌鄢陵等有引种栽培。

园林应用：野鸦椿树姿优美，秋季红果满树，霜后叶色红艳，颇为美观，为观叶观果树种。在园林中，可植于庭前、院隅、路旁观赏。根及干、果皆可入药。

13.60 红瑞木

学名：*Cornus alba*

别名：红梗木

科属：山茱萸科，梾木属

形态特征：落叶灌木，高3 m，干直立丛生，老干暗红色，枝血红色，无毛，初时常被白粉，髓大而白色。叶对生，卵形或椭圆形，长4～9 cm，叶端尖，叶基圆形或广楔形，全缘，侧脉5～6对，叶表暗绿色，叶背粉绿色，入秋鲜红色，两面均疏生贴生柔毛。花小，黄白色，排成顶生的伞房状，聚伞花序。核果斜卵圆形，成熟时白色或稍带蓝色，核扁平。花期5～6月份，果期8～9月份。

生态习性：半阴性树种。喜生于肥沃湿润的较冷凉地方，也能适应湿热环境。极耐寒，也耐旱，适应性强。极耐修剪，耐低洼水湿。

繁殖栽培：可用播种、扦插、分株法繁殖。

播种：9月份采集种子，沙藏至翌年3月中下旬即可播种，可条播或畦播，播后覆土厚度2 cm左右，并保持苗床湿润，促使出苗齐、苗壮。

扦插、分株繁殖及栽培技术同金叶红瑞木。

分布范围：分布于我国东北华北。河南许昌、信阳等地有栽培。鄢陵柏梁镇、陈化店镇及大马乡园林植物区育有大量苗木。

园林应用：红瑞木秋叶鲜红，落叶后枝干红艳，是少有的观叶、观茎树种。植于庭园草坪、建筑物前或常绿树间，可作自然绿篱，还可切枝作插花材料，赏其红枝白果。植于河边堤旁、湖畔可护岸固土。种子含油 30%，可供工业用及食用。

13.61　珍珠黄杨

学名：*Buxus micorphylla* var. *parvifolia*

科属：黄杨科，黄杨属

形态特征：常绿灌木，最高可达 2.5 m；分枝密集，节间短，叶细小、椭圆形，长不及 1 cm，略作龟背状突起，深绿而有光泽，入秋渐变为红色。为黄杨(*Buxus sinica*)一变种。

生态习性：喜温暖气候，耐阴，通常在湿润庇荫下生长得枝茂叶繁，幼树尤喜生长在大树的庇荫下，凡阳光强烈的地方，叶多呈黄色。对土壤要求轻松肥沃的沙质壤土，但在山地、河边、溪旁及溪流的石隙中同样能生长良好，耐碱性较强，在石灰质土壤中也能生长。萌芽力强，耐修剪、扎型。

繁殖栽培：用播种或扦插繁殖。种子成熟后阴干，果壳开裂后种子脱出，除杂干藏，冬播或春播，播后覆土切忌过厚，覆土后应适当予以镇压，以使种子与土壤能紧密结合，有利于种子吸收土壤中的水分而促使发芽。播种后，为保证种子发芽出土齐全，要对苗床进行覆盖，待种子开始发芽出土后逐步揭除，并加强管理，保持苗床湿润而适时灌水。当年生小苗在入冬后应注意防寒，至翌春 3 月中下旬换床移植，增大株距。苗期生长极为缓慢，在移植后仍需留床培育 3、4 年，苗高 30～40 cm，且树冠的蓬径达到 30 cm 时，方可出圃。扦插多在梅雨到来之前半月进行，取长 10 cm 左右的半成熟带踵嫩枝扦插，容易生根成活。采用全光照间歇性喷雾育苗，不仅当年生嫩枝，即使采用 3 年生的带踵老枝扦插，同样可以取得较高成活率。扦插苗床用砖砌成，宽 1m，高 30 cm，长视育苗量而定，铺以 20 cm 厚的干净河沙或珍珠岩、蛭石之类的介质。扦插时，将带踵的黄杨枝条插入苗床介质内 1/2～2/3，不需遮阳，施行自动间歇性喷雾，经 60～90 天就可发根。采用 3 年生老枝，一旦扦插成活就可成大苗。苗木移植和定植多在冬、春两季进行，挖掘苗株需带土球。生长期间经常会发生黑缘螟为害叶片，矢尖蚧为害枝叶，要及时防治。

适当范围：全省各地。

园林应用：珍珠黄杨枝条柔韧，叶厚有光泽，翠绿可爱，入秋叶渐变为红色或暗红色，园林中常作绿篱和大型花坛镶边，或修剪成圆球形点缀山石，也可制作盆景。对多种有毒气体抗性强，并能净化空气，是厂矿绿化的重要材料。根、枝叶可供药用。

13.62　朝鲜黄杨

学名：*Buxus micorphylla* var. *koreana Nakai*

科属：黄杨科，黄杨属

形态特征：常绿小灌木，植株较矮，高约 0.6 m，小枝方形，幼时有短毛。叶对生较小，长 6～15 mm，倒卵形至椭圆形，表面中肋及叶柄有短毛。花小，簇生叶腋和枝端。

生态特征：对土壤适应性强，耐寒性强，耐阴，但在阳光充足的条件下株型更紧密，通常叶到秋冬变为紫褐色。

繁殖栽培：同珍珠黄杨。

分布范围：许昌鄢陵有栽培利用。

园林应用：朝鲜黄杨植株矮小，株型紧凑，秋冬叶色呈紫褐色，园林中可做绿篱或大型花坛镶边，或作模纹图案基础材料。

13.63 扶芳藤

学名：*Euonymus fortunei*

别名：爬行卫矛

科属：卫矛科，卫矛属

形态特征：常绿藤木。茎匍匐或攀缘，小枝微起棱，不小瘤状突起皮孔，如任其匍匐生长则随地生根。叶对生，薄革质，长卵形或椭圆状倒卵形，边缘有锯齿。花小，绿白色，5～15 朵或更多成聚伞花序。蒴果淡黄紫色。花期 5～6 月份，果期 10～11 月份。

白叶扶芳藤：常绿灌木，半直立至匍匐；变种爬行卫矛为匍匐至攀缘藤本。叶对生卵形或广椭圆形。

金边扶芳藤：卫矛科卫矛属常绿灌木。叶卵形，有光泽，镶有宽的金黄色边。

银边扶芳藤：卫矛科卫矛属，常绿木质灌木状藤本或呈匍匐或以不定根攀缘，花期 5～7 月份，耐干旱瘠薄，耐寒性强。

金叶扶芳藤：生长强健，分枝多而密，其叶春叶鲜黄色，老叶呈金黄色，对土壤的适应性广，四季均可扦插。

生态习性：温带树种，较耐寒，适应性强，对土壤要求不严，能耐干旱、瘠薄。若生长在干旱瘠薄处，则叶质增厚，气根增多。常生于林缘，绕树、爬墙或匍匐于石上。

繁殖栽培：以扦插繁殖为主，压条也可。扦插一年四季均可进行，春、秋两季用成熟硬枝，夏季用嫩枝，剪取插穗长度 5～10 cm，梅雨季节剪取插穗带 2 个芽即可，3～4 周生根，易成活。若连同 2 年生枝条剪下作长枝扦插，可以提前得到较大苗木。为了控制其生长，每年 6 月份或 9 月份进行适当修剪。其栽培管理较为粗放。播种亦可，但前期生长较慢。栽培中除注意适当在干旱季节浇水外，无特殊要求。此外，在高温、干旱季节时容易发生介壳虫、白粉病，应加强管理。

分布范围：产于各山区，全省各城市均有栽培。

园林应用：因其入秋霜降后，叶片全部变红，故有“落霜红”之美誉。是垂直绿化、地面覆盖常用的藤本植物材料。或将其攀附至假山、岩石上，可使山石景观更为生色。也可盆栽。

13.64 平枝栒子

学名：*Cotoneaster horizontalis*

别名：铺地蜈蚣、矮红子

科属：蔷薇科，栒子属

形态特征：常绿低矮灌木，枝开展成整齐二列状。叶小，厚革质，近圆形或宽椭圆形，先端急尖，基部楔形，全缘，背面疏被平伏柔毛。花小，无柄，单生或两朵并开。果近球形，鲜红色。花期 5～6 月份，果期 9～11 月份。

栽培变种有：红叶栒子，叶常年红色。

生态习性：喜光，也稍耐阴，喜空气湿润和半阴环境。耐土壤干燥、瘠薄。亦较耐寒，但不耐涝。

繁殖栽培：常用播种繁殖，扦插繁殖也易成活。新鲜种子可以采后即播，干藏种子宜在早春 2～3 月份播种。干藏种子播后如当年发芽不多，可继续养护管理，第二年还可出苗。扦插：春季和雨季均可进行。春季扦插要注意保温、保湿，雨季扦插要注意透气透水，以河沙或蛭石较好。

因该树种原产高山带，不耐湿热，故种植时宜选择排水良好、土层疏松、高燥地方。移栽时大苗要带土球，小苗要带宿土。移栽在早春最好。生长期内要注意防治蚜虫、草履蚧和日灼病、角斑病等。

分布范围：河南西峡、南召有分布，许昌鄢陵、遂平有引种栽培。

园林应用：平枝栒子枝叶横展，叶小而密，花密集枝头，晚秋叶色红亮，红果累累，是布置岩石、庭院、绿地和墙角的优良材料，也可作地面覆盖植物和盆景材料。根可药用。

13.65 爬山虎

学名：*Parthenocissus tricuspidata*

别名：地锦、爬墙虎

科属：葡萄科，地锦属

形态特征：落叶大藤本，枝蔓的长度无限。卷须短而多分枝。叶通常广卵形，长 8～18 cm，常 3 裂，基部心形，缘有粗齿，表面无毛，背面脉上常有柔毛；幼苗期叶常较小，多不分裂；下部枝的叶有分裂成 3 小叶者。聚伞花序通常生于短枝顶端两叶之间。花小，淡黄色。浆果球形，径 6～8 mm，熟时蓝黑色，有白粉。花期 6～7 月份，果期 7～8 月份。

近缘品种：五叶爬山虎（五叶地锦）（*Parthenocissus puinpuefolia*），幼枝圆柱状，叶小，5 枚。

生态习性：在原产地多野生在湿润的山间、海边的岩石缝隙中，并吸附在岩石上生长，耐阴性极强，也不怕日晒并具有较强的耐寒力。在我国除亚寒带地区外均能露地越冬。对土壤要求不严，耐瘠薄但不耐干旱，在碱性和酸性土壤中均能生长，在阴湿、肥沃的土壤中生长最好。

繁殖栽培：用播种、扦插、压条均可。

(1)播种繁殖　可在秋季果熟时采收，堆放数日后搓去果肉，用水洗净种子，阴干，秋播或沙藏越冬春播。条播行距约 20 cm，覆土厚度 1.5 cm，上盖草，幼苗出土后及时揭草。

(2)扦插繁殖　①插条及母株的选择。选择爬山虎一年生休眠枝或当年生嫩枝作插条。②采条及扦插时间。硬枝扦插在 2～3 月份，嫩枝扦插在 6～8 月份。③插条的规格及处理。将所采枝条剪成长 10～15 cm，保留 2～3 片叶，上剪口距芽 1cm，下剪口在侧芽基部平切。50

根一捆浸泡在浓度为 50 mg/L 的 ABT 2 生根粉溶液中 1 h。④扦插床的准备。硬枝扦插在大田即可,嫩枝扦插需搭建遮阳塑料小拱棚,基质为河沙,亦可沙加土混合(1∶1)。⑤扦插方法及插后管理。插条处理后,直插入扦插床,压实,扦插深度 2～3 cm。及时灌水,保持插条湿润。成活率可达 90%以上。

栽培:移栽要在落叶后至发芽前进行。可适当剪去长藤蔓,以利操作,最好带宿土栽植,也可裸根栽植。在沿建筑物四周栽种时,株距 60～80 cm,初期每年追肥 1～2 次,干旱时注意浇水,使它尽快沿墙壁吸附而上,2～3 年后可逐渐将数层高楼的壁面布满。

分布范围:我国东北南部从吉林,南至广西均有分布。河南省有自然分布。全省各地均有大量栽培。

园林应用:本种是优良的室外垂直绿化材料,它能借助吸盘爬上墙壁或山石,枝繁叶茂,层层密布,入秋叶色红艳,十分美丽,适宜配植宅院墙壁、围墙、庭院入口处等。同时夏季对墙面的降温效果显著。根颈可入药。

13.66 南蛇藤

学名:*Celastrus orbiculatus*

别名:落霜红、霜红藤、过山风

科属:卫矛科,南蛇藤属

形态特征:落叶藤本,蔓茎可达 12 m,小枝皮孔粗大而隆起,髓充实。单叶互生,近圆形或倒卵状椭圆形,边缘有锯齿,长 6～10 cm,入秋叶变红。花通常单性异株,聚伞花序腋生或顶生。蒴果球形,橙黄色;假种皮鲜红。花期 5～6 月份,果期 9～10 月份。

同属较常见的还有:灰叶南蛇藤(*Celastrus glaucophyllus*);苦皮藤(*Celastrus angulatus*)等。

生态习性:喜光,耐半阴,抗寒,抗旱。要求肥沃湿润而排水良好的土壤。

繁殖栽培:播种、扦插、压条繁殖均可。播种可秋播,也可春播。栽培中要注意修剪枝藤,控制蔓延或高攀附物,或靠墙垣、山石栽植。

分布范围:广布各山区。河南各城市公园均有栽培。

园林应用:南蛇藤秋叶红艳,假种皮鲜红,且适应性强,长势旺,南北皆可应用。可做棚架、墙垣、岩壁攀缘材料。如在河畔、溪涧旁、池塘边种植,倒映成趣。也可任其匍匐生长,用做地被。成熟果枝可瓶插观赏。

13.67 蛇葡萄

学名:*Amepelopsis sinica*

别名:山葡萄、野葡萄、蛇白蔹

科属:葡萄科,白蔹属

形态特征:落叶藤本,茎粗壮,长达 10 m 左右。幼枝红色,初有棉毛,合脱落,卷须分叉,与叶对生。叶互生,纸质,宽卵形,先端渐尖,基部心形,常 3 浅裂,边缘有粗锯齿,表面暗绿色,背面淡绿色,秋叶红艳或紫色,聚伞花序顶生或与叶对生。花黄绿色,浆果近圆球形。花期 5～6 月份,果期 9～10 月份。

生态习性：喜光，也耐阴。对土壤要求不严，喜腐殖质丰富的黏质土，酸性、中性、微碱性壤土均能适应。抗寒，抗旱性强。

繁殖栽培：播种，扦插，压条均可。

(1)播种繁殖　种子于9～10月份采收后沙藏至翌年春播。

(2)扦插繁殖　硬枝扦插和嫩枝扦插均可。

1)硬枝扦插。①插条及母树的选择。选择2～3年生山葡萄母树当年生枝条作插条。②采条及扦插时间。12月份。于冬季采条经沙藏后，生长季节前20天取出，进行处理扦插。③插条的规格及处理。将经沙藏后的枝条取出后，剪成10～20 cm长的插条，保留1～2个芽眼，上切口距芽眼1 cm平剪，下剪口在侧芽基部或节下处平剪。然后按50株一捆，在浓度为50 mg/L ABT 1生根粉溶液中浸泡2～6 h，浸泡深度3～4 cm。④扦插床的准备。在预先建好的电热温床或火炕上铺20 cm厚的黑土或净河沙。⑤扦插方法及插后管理。按株行距2 cm×5 cm进行扦插，保持顶芽距床面1 cm。插后浇透水，温度控制在20～28℃，室温在10℃左右。基质湿度不宜太高，保持在20%～30%。⑥效果。插后20天左右开始生根，25天后所有插条从切口处生出不定根，且根数达4～6根，扦插生根成活率达95%以上。

2)嫩枝扦插。①插条及母树的选择。选择山葡萄生长旺盛期半木质化的枝条作为插条。②采条及扦插时间。6月上旬。③插条的规格及处理。将所采枝条留1～2片叶，在ABT1生根粉100 mg/L浓度的溶液中浸泡30 min。④扦插床的准备。可采用遮阳塑料小拱棚或大田扦插，插前进行催根。⑤扦插方法及插后管理。插前将插床浇透水，搭好遮荫棚，相对湿度控制在90%以上。也可以利用扦插箱置于阴凉处进行扦插。

(3)压条繁殖　压条后要及时断蔓与插干引蔓，以利幼苗生长。

注意防治霜霉病、炭疽病及天牛危害。

分布范围：豫西、豫南山区等有自然分布，许昌、漯河等地有引种栽培。

园林应用：山葡萄生长旺盛，秋叶红艳或紫色，果熟时蓝果串串，悬挂枝间，别具风趣，宜植于庭院墙垣、公园池畔或石旁。果实美味可口，生食或酿酒俱佳。根皮可入药。

14 一二年生及多年生草本类彩叶植物

14.1 紫叶草

学名:*Tradescantia reflexa*

别名:紫鸭趾草

科属:鸭跖草科,鸭跖草属

形态特征:茎多分枝,带肉质,紫红色,下部匍匐状,节上常生须根,上部近于直立,叶互生,披针形,全缘,基部抱茎而生叶鞘,下面紫红色,花密生在2叉状的花序柄上,下具线状披针形苞片;萼片3,绿色,卵圆形,宿存,花瓣3,蓝紫色,广卵形;雄蕊6,能育2,退化3,另有1花丝短而纤细,无花药;雌蕊1,子房卵形,3室,花柱丝状而长,柱头头状;蒴果椭圆形,有3条隆起棱线;种子呈三棱状半圆形,淡棕色。

生态习性:喜日照充足,但也能耐半阴,紫露草生性强健,耐寒,在华北地区可露地越冬。对土壤要求不严。

繁殖栽培:扦插繁殖。把茎秆剪成5~8 cm长一段,每段带三个以上的叶节,也可用顶梢做插穗。扦插后应注意管理:①温度。插穗生根的最适温度为18~25℃,低于18℃,插穗生根困难、缓慢;高于25℃,插穗的剪口容易受到病菌侵染而腐烂,并且温度越高,腐烂的比例越大。扦插后遇到低温时,保温的措施主要是用薄膜把用来扦插的花盆或容器包起来;扦插后温度太高时,降温的措施主要是给插穗遮阳,要遮去阳光的50%~80%,同时,给插穗进行喷雾,每天3~5次,晴天温度较高喷的次数也较多,阴雨天温度较低湿度较大,喷的次数则少或不喷。②湿度。扦插后必须保持空气的相对湿度在75%~85%。可以通过给插穗进行喷雾来增加湿度,每天1~3次,晴天温度越高喷的次数越多,阴雨天温度越低喷的次数则少或不喷。但过度地喷雾,插穗容易被病菌侵染而腐烂。③光照。扦插繁殖离不开阳光的照射,但是,光照越强,则插穗体内的温度越高,插穗的蒸腾作用越旺盛,消耗的水分越多,不利于插穗的成活。因此,在扦插后必须把阳光遮掉50%~80%。

分布范围:全国各地广泛种植。

园林应用:适应性广,在绿化规划设计中可用作布置花坛,如成片或成条栽植,围成圆形、方形或其他形状,中心种植灌木、低乔木或其他花卉。也可在城市花园广场、公园、道路、湖边、山坡、林间等处呈条形、环形或片形种植,并用灌木或绿篱作背景形成亮丽的园林画面。

14.2 五彩石竹

学名:*Dianthus barbatus* L.

别名:须苞石竹、美国石竹、十样锦

科属：石竹科，石竹属

形态特征：多年生草本，高 30～60 cm，全株无毛。茎直立，有棱。叶片披针形，长 4～8 cm，宽约 1 cm，顶端急尖，基部渐狭，合生成鞘，全缘，中脉明显，叶色青翠。花多数，集成头状，有数枚叶状总苞片；花梗极短；苞片 4，卵形，顶端尾状尖，边缘膜质，具细齿，与花萼等长或稍长；花萼筒状，长约 1.5 cm，裂齿锐尖；花瓣具长爪，瓣片卵形，通常红紫色，有白点斑纹，顶端齿裂，喉部具髯毛；雄蕊稍露于外；子房长圆形，花柱线形。蒴果卵状长圆形，长约 1.8 cm，顶端 4 裂至中部；种子褐色，扁卵形，平滑。花果期 5～10 月份。

生态习性：其性耐寒而不耐酷暑，喜向阳、高燥、通风，和排水良好的肥沃壤土，种子发芽最适温度为 21～22℃。

繁殖：常用播种、扦插和分株繁殖。种子发芽最适温度为 21～22℃。播种繁殖一般在9 月份进行。播种于露地苗床，播后保持土壤湿润，播后 5 天即可出芽，10 天左右即出苗，苗期生长适温 10～20℃。当苗长出 4～5 片叶时可移植，翌春开花。也可于 9 月份露地直播或11～12 月份冷室盆播，翌年 4 月份定植于露地。扦插繁殖在 10 月份至翌年 2 月下旬到 3 月份进行，枝叶茂盛期剪取嫩枝 5～6 cm 长作插条，插后 15～20 天主根。分株繁殖多在花后利用老株分株，可在秋季或早春进行。例如，可于 4 月份分株，夏季注意排水，9 月份以后加强肥水管理，于 10 月初再次开花。

栽培：五彩石竹是宿根性不强的多年生草本花卉，多作一二年生植物栽培。盆栽石竹要求施足基肥，每盆种 2～3 株。苗长至 15 cm 高摘除顶芽，促其分枝，以后注意适当摘除腋芽，不然分枝多，会使养分分散而开花小，适当摘除腋芽使养分集中，可促使花大而色艳。生长期间宜放置在向阳、通风良好处养护，保持盆土湿润，每隔 10 天左右施一次腐熟的稀薄液肥。夏季雨水过多，注意排水、松土。石竹易杂交，留种者需隔离栽植。开花前应及时去掉一些叶腋花蕾，主要是保证顶花蕾开花。冬季宜少浇水，如温度保持在 5～8℃条件下，则冬、春季不断开花。

病虫防治：常有锈病和红蜘蛛危害。锈病可用 50％萎锈灵可湿性粉剂 1 500 倍液喷洒，红蜘蛛用 40％氧化乐果乳油 1 500 倍液喷杀。

分布范围：分布于中国东北、华北、长江流域及东南亚地区。

园林应用：石竹株型低矮，茎秆似竹，叶丛青翠，自然花期 5～9 月份，从暮春季节可开至仲秋，温室盆栽可以花开四季。花朵繁茂，此起彼伏，观赏期较长。花色有白、粉、红、粉红、大红、紫、淡紫、黄、蓝等，五彩缤纷，变化万端。可用于花坛、花境、花台或盆栽，也可用于岩石园和草坪边缘点缀。大面积成片栽植时可作景观地被材料，另外石竹有吸收二氧化硫和氯气的本领，凡有毒气的地方可以多种。切花观赏亦佳。石竹可以全草或根入药，具清热利尿、破血通经之功效。

14.3 金边麦冬

学名：*Liriope spicata* var. *variegata*

别名：花叶麦冬

科属：百合科，山麦冬属

形态特征：植株高约 30 cm，根细长，分枝多，有时局部彭大成纺锤形小肉块根，有匍匐茎；

叶宽细形，革质，叶边边缘为金黄色，边缘内侧为银白色与翠绿色相间的竖向条纹，基生密集成丛；花红紫色，4～5 朵簇生于苞腑，排列成细长的总状花序，长达 8～16 cm，花期夏秋季节，花茎长 30～90 cm，通常高出叶丛；种子球形，初期绿色，成熟时黑色。

生态习性：喜温暖和湿润气候，主产区年平均气温都在 16～17℃，年降雨量在 1 000 mm 以上。稍耐寒，冬季−10℃的低温植株不会受冻害，但生长发育受到抑制，影响块根生长，在常年气温较低的山区或华北地区，虽亦能生长良好，但块根较小而少。在南方能露地越冬。宜稍荫蔽，在强烈阳光下，叶片发黄，对生长发育不利。但过于荫蔽，易引起地上部分徒长，对生长发育也不利。干旱和涝洼积水对麦冬生长发育都有显著的不良影响。喜土质疏松、肥沃、排水良好、土层深厚的壤上和沙质壤土，过沙或过黏的土壤以及低洼积水的地方均不宜种植。忌连作，轮作期要求 3～4 年。麦冬生长期较长，休眠期较短。1 年发根 2 次：第 1 次在 7 月份以前，第 2 次在 9～11 月份，11 月份为块根膨大期，2 月底气温回升后，块根膨大加快。种子有一定的休眠特性，5℃左右低温经 2～3 个月能打破休眠而正常发芽。种子寿命为 1 年。

繁殖：主要以小丛分株进行繁殖。圃地选择在疏松、肥沃、湿润、排水良好的中性或微碱性沙壤土，积水低洼地不宜种植，忌连作。前茬以豆科植物如蚕豆、黄花苜蓿和麦类为好。施农家肥 3 000 kg/667 m^2，配施 100 kg/667 m^2 过磷酸钙和 100 kg/667 m^2 腐熟饼肥作基肥，深耕 25 cm，整细耙平，做成 1.5 m 宽的平畦。一般在 6 月下旬至 8 月下旬移栽。选生长旺盛、无病虫害的 2 年生以上苗木，剪去块根和须根，以及叶尖和老根颈，拍松茎基部，使其分成单株，剪出残留的老茎节，以基部断面出现白色放射状花心（俗称菊花心）、叶片不开散为度。按行距 20 cm、穴距 15 cm 开穴，穴深 5～6 cm，每穴栽苗 2～3 株，苗基部应对齐，垂直种下，然后两边用土踏紧做到地平苗正，及时浇水。

栽培：①中耕除草。一般每年进行 3～4 次，宜晴天进行，最好经常除草，同时防止土壤板结。②追肥。麦冬生长期长，需肥量大，一般每年 5 月份开始，结合松土追肥 3～4 次，肥种以农家肥为主，配施少量复合肥。③排灌。栽种后，经常保持土壤湿润，以利出苗。7～8 月份，可用灌水降温保根，但不宜积水，故灌水和雨后应及时排水。

病虫防治：麦冬的病害主要有叶枯病、黑斑病，一般 4 月中旬始发，主要为害叶片，每 667 m^2 可用 1∶1∶150 的波尔多液喷洒防治。虫害主要有蝼蛄、地老虎、蛴螬等，每 667 m^2 可用 40％甲基异柳磷或 50％辛硫磷乳油 0.5 kg 加水 750 kg 灌根进行防治。

分布范围：全国各地均有栽培，安徽、江苏、四川、浙江等省（自治区）为主产区。

园林应用：金边麦冬因其叶缘金黄色，故比一般山麦冬更令艺花者珍爱。金边麦冬是我国南北园林不可多得的四季常绿耐旱，既可观叶也可观花，即能地栽也可上盆的新优彩叶类地被植物，是现代景观园林中优良的林缘，草坪，水景，假山，台地修饰类彩叶地被植物。

14.4　斑叶麦冬

科属：百合科，山麦冬属

形态特征：多年生草本。根纤细，通常在近末端处具纺锤形的小块根；地下横走茎较长，粗 1～2 mm。地上茎短，包于叶基之中。花葶比叶稍短或几乎等长，总状花序长 1～7 cm，具数朵或 10 余朵花，花被片卵状披针形，长 4～6 mm，白色或稍带紫色，种子近球形或椭圆形，直径 5～6 mm。

生态习性：原产中国和日本。喜温暖、湿润和半阴环境。耐寒性较强，怕强光曝晒和忌干旱。宜在疏松、排水良好的沙壤土中生长。

繁殖栽培：常用分株繁殖。每年 4 月份将老株掘起，剪去叶片上部，保留叶片下部 5～7 cm 长，以 2～3 株丛栽一穴，深 6～8 cm。每隔 4～5 年当植株拥挤时再分株。地栽以肥沃的沙壤土最好，栽植前施足基肥。生长期施肥 2～3 次，夏季保持盆土湿润，冬季低温时，可干一些。盆栽每年换盆 1 次，否则地下块根布满盆内，根系易枯死，叶片会发黄。

病虫防治：主要发生叶斑病和炭疽病，用 50%多菌灵可湿性粉剂 1 500 倍液喷洒。虫害有介壳虫和蚜虫危害，可用 40%乐果乳油 1 500 倍液喷杀。

分布范围：全国各地多有栽培。

园林应用：花叶麦冬黄绿色的叶丛中，抽出细长挺拔的蓝紫色花序，清秀幽雅，是庭院、花园中优良的边缘植物及地被植物，可用作花坛或草地镶边材料，又可供盆栽观赏。

14.5 花叶麦冬

科属：百合科，山麦冬属

形态特征：多年生常绿草本植物。植株高约 30 cm，根细长，分枝多，有时局部彭大成纺锤形小肉块根，有匍匐茎；叶宽细形，革质，叶边边缘为金黄色，边缘内侧为银白色与翠绿色相间的竖向条纹，基生密集成丛；花红紫色，4～5 朵簇生于苞腑，排列成细长的总状花序，长达8～16 cm，花被片卵状披针形，长 4～6 cm，白色或稍带紫色；花茎长 30～90 cm，通常高出叶丛；冬季叶片不凋，4 月中旬新叶发芽，花期长，6 月下旬至 9 月上旬花茎不断抽出。种子球形，初期绿色，成熟时黑色，9 月中旬成熟。

生态习性：金边麦冬性喜阴湿，忌阳光曝晒，较耐寒；适生于丛林下阴暗处，或草地边缘，或水景四周，不择土壤，但又以湿润肥沃的壤土最适于它生长。

繁殖栽培：繁殖以分株繁殖为主，栽培管理同普通麦冬。

分布范围：在我国南北方地区可广泛应用栽培。

园林应用：金边麦冬叶色浓绿、叶缘金黄、终年常绿，加上细长挺拔的蓝色花序，清香幽雅，是花园、草坪、水景、假山、台地等修饰类彩叶地被植物和花坛草地镶边材料，也是优良的盆栽观赏植物。

14.6 蓝色松塔景天

学名：*Sedum nicaeense* All.

别名：松叶景天

科属：景天科，景天属

形态特征：多年生草本。早期直立，后倒卧地面。叶三出轮生，排列紧密，顶部呈密集的开裂松果状，叶长 0.3～0.5 cm，叶色蓝绿，老茎由绿变为浅暗红色。花白绿色，5 裂。花期 5 月份。

生态习性：耐干旱，极耐寒，耐修剪，长江流域可露地越冬，即使冰冻，一经化冻，仍可恢复生机。喜光，稍耐阴。对土壤要求不严，但以排水良好、富含腐殖质的沙壤土更为适宜。

繁殖栽培：多用扦插繁殖，也可播种繁殖。

扦插繁殖：将插穗剪成长 3～4 cm 的顶梢，以 4～5 支成束直接插入装有培养土的小花盆中，第一次浇足水分，以后每天洒 1～2 次水，经 3～4 天即可生根成活。用作地被种植的可将插穗直接撒在耕作好的地面，加以轻轻镇压，浇以透水即可。屋顶绿化可将生根的穴盘苗以 5～6 cm 株行距进行种植。养护中避免过度干旱或瘠薄。

播种繁殖：将种子均匀地撒于苗床上，再盖一层薄土，浇上 2～3 次水即可生根成活，可不作遮阳。

病虫防治：病害主要有灰霉病。此病在气温 20℃左右、空气湿度大的条件下，发病最为严重。防治方法：①加强栽培管理，增强植株的抗病能力，保持通风透气，降低空气湿度，以控制病害的发生和蔓延。②及时清除病叶、病株。盆土用 7 cm 五氯硝基苯粉剂，按 8～9 g/m^2 的适当掺细土的药土做底土或表层覆盖进行消毒。③发病前期用 1∶1∶(150～200)波尔多液喷雾，保护新叶、花蕾不受侵染，发病期间用 65％代森锌可湿性粉剂 700～800 倍液或 70％甲基托布津 1 000 倍液喷雾防治。也可用 1∶50 多菌灵、草木灰混匀后撒于土表，可收到较好的防治效果。

分布范围：华北地区、长江流域均有栽培。

园林应用：植株矮小，生长紧密，且叶色四季皆为蓝绿色，具有极高的观赏价值，适于在园林中配置成模纹花坛。也可用作垂吊式盆栽、庭院花坛布置、假山、盆景山石的附石式种植或作地被栽培。

14.7　萱草

学名：*Hemerocallis fulva*

别名：黄花菜，金针菜

科属：萱草科，萱草属

形态特征：多年生宿根草本。具短根状茎和粗壮的纺锤形肉质根。叶基生、宽线形、对排成两列，宽 2～3 cm，长可达 50 cm 以上，背面有龙骨突起，嫩绿色。花葶细长坚挺，高 60～100 cm，着花 6～10 朵，呈顶生聚伞花序。初夏开花，花大，漏斗形，直径 10 cm 左右，花被裂片长圆形，下部合成花被筒，上部开展而反卷，边缘波状，橘红色。花期 6 月上旬至 7 月中旬，每花仅放一天。蒴果，背裂，内有亮黑色种子数粒。果实很少能发育，制种时常需人工授粉。

生态习性：性强健，耐寒，华北可露地越冬。适应性强，喜湿润也耐旱，喜阳光又耐半阴。对土壤选择性不强，但以富含腐殖质，排水良好的湿润土壤为宜。

繁殖栽培：春秋以分株繁殖为主，每丛带 2～3 个芽，施以腐熟的堆肥，若春季分株，夏季就可开花，通常 5～8 年分株一次。播种繁殖春秋均可。春播时，头一年秋季将种子沙藏，播种前用新高脂膜拌种，提高种子发芽率。播后发芽迅速而整齐。秋播时，9～10 月份露地播种，翌春发芽。实生苗一般 2 年开花。现多倍体萱草需经人工授粉才能结种子，采种后立即播于浅盆中，遮阳、保持一定湿度，40～60 天出芽，出芽率可达 60％～80％。待小苗长出几片叶子后 6 月份移栽露地，行株距 20 cm×15 cm，次年 7～8 月份开花。

萱草生长强健，适应性强，耐寒。在干旱、潮湿、贫瘠土壤均能生长，但生长发育不良，开花小而少。因此，生育期(生长开始至开花前)如遇干旱应适当灌水，雨涝则注意排水。早春萌发前穴栽，先施基肥，上盖薄土，再将根栽入，株行距 30～40 cm，栽后浇透水一次，生长期中每 2～3 周施追肥一次，喷施新高脂膜保肥保墒。入冬前施一次腐熟有机肥。作地被植物时几乎不用管理。

分布范围：自欧洲南部经亚洲北部直至日本。主产于秦岭以南的亚热带地区，山西、山东、河南、陕西、黑龙江、内蒙古、江苏、浙江、江西、湖南、湖北、四川、贵州、福建、台湾、广东、广西、云南、西藏等省（自治区）均有栽培。

病虫防治：萱草锈病主要危害萱草的茎、叶，发生严重时可使全株叶片枯死，花蕾干枯凋落，影响观赏。发病初期，叶子和茎干上散生褪黄色小疱斑，后疱斑破裂，散出黄褐色粉囊，有时整个叶片都变为黄色。后期，病部产生椭圆形且排列紧密的黑色小疱斑。萱草锈病是由柄锈菌属的一种真菌侵染引起的，多在病残组织中越冬。每年 6～7 月份发生严重。种植过密、湿度过高、土壤黏滞贫瘠、氮肥使用过多等，都易诱发本病。防治措施：①要加强栽培管理措施，保持适当株行距，以利通风透光，避免栽植在低洼潮湿的地段，并注意少施氮肥。②及时清除病残植物体并集中烧掉。③药剂防治。可在发病时喷洒 0.3～0.5°Be 石硫合剂或 80％代森锌可湿性粉剂 500 倍液 20％粉锈宁乳油 4 000 倍液等药剂，每隔 10～15 天喷 1 次，连喷 2～3 次。

园林应用：萱草花色鲜艳，栽培容易，且春季萌发早，绿叶成丛极为美观。园林中多丛植或于花境、路旁栽植。萱草类耐半阴，又可做疏林地被植物。

14.8　金娃娃萱草

学名：*Hemerocallis fulva*（L.）L.

科属：百合科，萱草属

形态特征：金娃娃萱草全株光滑无毛，株高 30 cm，地下具根状茎和肉质肥大的纺锤状块根。根颈短，有肉质的纤维根，叶自根基丛生，狭长成线形或条形，排成两列，长约 25 cm，宽 1 cm。叶脉平行，主脉明显，基部交互裹抱。花葶粗壮，由叶丛抽出，高约 35 cm，上部分枝，呈螺旋状或圆花序，数朵花生于顶端，花大黄色。先端 6 裂钟状，下部管状。花期 5～11 月份（6～7 月份为盛花期，8～11 月份为续花期），单花开放 5～7 天。蒴果钝三角形，熟时开裂，种子黑色，有光泽。

生态习性：喜温暖和充足的阳光。耐干旱、湿润与半阴，对土壤适应性强，但以土壤深厚、富含腐殖质、排水良好的肥沃的沙质壤土为好，也适应于肥沃黏质土壤生长。病虫害少，在中性、偏碱性土壤中均能生长良好。性耐寒，地下根颈能耐－20℃的低温。北方需在下霜前将地下块茎挖起，贮藏在温度为 5℃左右的环境中。露地栽培的最适温度为 13～17℃。

繁殖栽培：常采用分株繁殖。金娃娃萱草年繁殖系数一般为 1∶6，肥沃土壤可达 1∶10。分株可在休眠期进行。于春季 2～3 月份将 2 年生以上的植株挖起，一芽分成一株，每株须带有完整的芽头，然后按行距 40 cm，株距 25 cm，种植穴深 10～12 cm，先将基肥施入坑中，略盖细土，然后栽上，栽后覆土 4～5 cm，压实，然后再浇透水。分栽也可 3 月份进行。江浙一带在 2 月初之前，将繁密的株丛切开，每丛带二三个芽，重新栽植，当年可开花。

金娃娃萱草属矮型品种，又是繁殖系数较高的宿根花卉，稀植观赏效果不好，密植影响通风和分生。一般株行距以 20 cm×20 cm 或 15 cm×25 cm 为宜。一二年分栽一次。栽培土要求湿润，肥沃，排水良好的沙壤土，栽植后喷施新高脂膜，可有效防止地上水分不蒸发，苗体水分不蒸腾，隔绝病虫害，缩短缓苗期。

肥水管理：金娃娃萱草开花期长，喷施花朵壮蒂灵，可促使花蕾强壮，花瓣肥大，花色艳丽，花期延长。绿色期也长，在肥水管理上要求施足基肥，盛花期后要追施有机肥和复合肥。培育期间，春夏松土除草 1～2 次；3～6 月份内，每月施 3～5 倍水的腐熟人粪尿液，如花前施 1 次磷肥，可提高花的质量，金娃娃萱草喜湿润，要适时浇水，喷施新高脂膜保肥保墒。

病害防治：金娃娃萱草锈病、叶斑病和叶枯病的预防，应在加强栽培管理的基础上，及时清理杂草、老叶及干枯花葶。在发病初期，锈病用 15％粉锈宁喷雾防治 1～2 次，叶枯病、叶斑病用 50％代森锰锌等喷雾防治。

分布范围：金娃娃萱草原产美国，20 世纪经中科院引进至北京，在江苏、河南、山东、浙江、河北、北京等地都有分布。

园林应用：金娃娃萱草萌芽早，抗寒、耐旱、耐湿、耐热，适应性强，生态幅宽，不择土壤，花期长，叶丛绿色期长，花径大，单花时间长，株型矮壮。它适合在我国华北、华中、华东、东北等地园林绿地推广种植。绿地点缀金娃娃萱草花期长达半年之久，且早春叶片萌发早，翠绿叶丛甚为美观。加之既耐热又抗寒，适应性强，栽培管理简单，适宜在城市公园、广场等绿地丛植点缀。在园林绿化中主要用作地被植物，可布置花坛和花境，也可用于栽植公路绿化、小区绿化、边坡绿化、河堤绿化等，管理简单，成本低廉。

14.9　花叶菖蒲

学名：*Acrous gramineus*

别名：金钱蒲、金线石菖蒲

科属：天南星科，菖蒲属

形态特征：常绿、多年生草本，根颈横走，外皮黄褐色，叶茎生，剑状线形，叶宽 0.5 cm，长 25～40 cm，叶片纵向近一半宽为金黄色。肉穗花序斜向上或近直立，花黄色。浆果长圆形红色。花期 3～6 月份。

生态习性：喜湿润，耐寒，不择土壤，适应性较强，忌干旱。喜光又耐阴。最适宜生长的温度 20～25℃，10℃以下停止生长。

繁殖栽培：分株繁殖。在早春(清明前后)或生长期内进行。方法是：用铁锹将地下茎挖出，洗干净，去除老根、茎及枯叶、茎，再用快刀将地下茎切成若干块状，每块保留 3～4 个新芽，进行分栽，或在生长期内将植株连根挖起，洗净，再分成块状，在分株时要保持好嫩叶及芽、新生根。栽植时，选择池边低洼地，栽植地株行距小块 20 m、大块 50 m，但一定要根据水景布置地需要，可采用带形、长方形、几何形等栽植方式栽种。栽植的深度以保持主芽接近泥面，同时灌水 1～3 cm。盆栽时，选择不漏水、内径 40～50 cm 的盆，盆底施足基肥，中间挖穴植入根颈，生长点露出泥土面，浇水 1～3 cm。菖蒲在生长季节的适应性较强，可进行粗放管理。在生长期内保持水位或潮湿，施追肥 2～3 次，并结合施肥除草。初期以氮肥为主，抽穗开花前应以施磷肥钾肥为主；每次施肥一定要把肥放入泥中(泥表面 5 cm 以下)。越冬前要清理地上部分的枯枝残叶，集中烧掉或沤肥。露地栽培 2～3 年要更新，盆栽 2 年更换分栽 1 次。

分布范围：广布世界温带、亚热带。我国南北各地均有栽培。生于池塘、湖泊岸边浅水区，沼泽地。

园林应用:花叶菖蒲叶片挺拔,而又不乏细腻,色彩明亮。可栽于池边、溪边、岩石旁,作林下阴湿地被。也可在全光照下,作为色彩地被。做花径、花坛的镶边材料也十分漂亮,亦可室内盆栽观赏。

14.10 紫叶酢浆草

学名:*Oxalis triangularis purpurea*

别名:紫蝴蝶、幸运宝石

科属:酢浆草科,酢浆草属

形态特征:多年生草本植物,株高 15～30 cm。地下部分生长有鳞茎。叶丛生于基部,为掌状复叶,整个叶面由三片小叶组成,每片小叶呈倒三角形或倒箭形,叶片颜色为艳丽的紫红色,部分品种的叶片内侧还镶嵌有如蝴蝶般的紫黑色斑块。紫叶酢浆草几乎全年都会开粉红带浅白色的伞形小花,如遇阴雨天,粉红带浅白色的小花只含花苞但不会开放。紫叶酢浆草另一个有趣的现象是会有睡眠状态,到了晚上叶片会自动聚合收拢后下垂,直到第二天早上再舒展张开。

生态习性:喜温暖湿润的环境,在肥沃而湿润的土壤中生长旺盛,叶片鲜艳肥大。较耐寒,冬季温度不低于 5℃ 时即可安全越冬,温度在 5℃ 以下停止生长,进入冬眠。在有霜雪的地区,如遇霜雪冰冻后地上叶片冻死枯萎。而在冬季地面只要稍加覆盖,紫叶酢浆草生长于地下部分的鳞茎即可露地越冬,到次年春天再发新芽。在冬季较寒冷的地区,冬季来临时,也可将紫叶酢浆草地下部分的鳞茎挖起沙藏,待第二年春暖时再种植。

繁殖栽培:以分株为主,也可播种或组培繁殖。分株繁殖,即分殖球茎,全年皆可进行。分株时先将植株掘起,掰开球茎分植,也可将球茎切成小块,每小块留 3 个以上芽眼,放进沙床中培育,15 天左右即可长出新植株,待生根展叶后移栽。播种繁殖在春季盆播,发芽适温 15～18℃。

病虫防治:紫叶酢浆草常见病害有叶斑病、根腐病和灰霉病,虫害有朱砂叶螨、紫酢浆草岩螨、烟蓟马、桃蚜、华北蝼蛄、同型巴蜗牛和野蛞蝓。其防治方法为:

(1)叶斑病 ①农业防治。加强田间管理,结合紫叶酢浆草的整形修剪,及时清除保护地内的病叶、残叶和枯叶等侵染源。尽量避免连茬种植,应采用两年以上的轮作。加强栽培养护,合理施肥浇水,注意通风透光,保持土壤湿度适中。②化学防治。发病初期使用 70%的甲基托布津 1 000 倍液、50%的多菌灵 500 倍液,交替喷洒紫叶酢浆草叶片,每隔 7～10 天喷洒一次,连续喷洒 2～3 次。也可用草木灰 3 kg、生石灰粉 1 kg 混合拌匀后撒施,每盆施用 40～60 g,对紫叶酢浆草叶斑病有明显的防治效果。

(2)根腐病 ①农业防治。及时清洁栽培场所,科学施肥浇水,防止大水漫灌,保持土壤湿度适中。栽培紫叶酢浆草之前,对基质进行杀菌,使用五氯硝基苯或福尔马林进行喷施消毒。发现病株及时拔除销毁。根腐病菌是厌氧菌,紫叶酢浆草定植后,3～5 天松土 1 次,增强土壤透气性,是有效的防治措施。②化学防治。发病初期用 50%的甲基托布津 500 倍液、50%的多菌灵 500 倍液等喷洒或灌根进行防治。发病后可用 50%的退菌特 700 倍液、50%的甲基托布津 1 000 倍液、65%的敌克松 600～800 倍液、75%的百菌清 600 倍液等药剂灌根或喷雾防治。

(3)灰霉病　①农业防治。加强田间管理,合理密植,以保证植株间通风透光;科学浇水,发病后控制浇水,必要时在叶片和鳞茎周围淋浇。温室要及时通风换气,降低湿度到 80%以下,尤其是在连阴之后晴天升温时,要及时做好此项工作。定植时施足基肥,尽量施用腐熟的有机肥,增施磷、钾肥,控制氮肥用量,以保持植株健壮,提高抗病能力。发现枯花病叶应及时清除,集中起来进行高温堆沤或深埋。生长季节结束时,应将植株残体清理干净,以减少病菌生存的场所。②化学防治。在无风的浓密地块或封闭温室内进行喷粉,使用 5%的百菌清复合粉剂、6.5%的万霉灵,9~10 天喷施 1 次,连用或与其他方法交替使用 2~3 次,喷粉时对准紫叶酢浆草上方,傍晚或阴雨后发病高峰期喷施效果较好。在雨季到来之前或发病初期可使用 50%的灭霉灵 800 倍液、50%的多菌灵 500~800 倍液、70%的甲基托布津 800~1 000 倍液等防治。

(4)朱砂叶螨　①农业防治。紫叶酢浆草花多叶繁,应及时进行整形修剪,彻底清除枯花败叶及周围杂草,减少虫源,增加湿度,恶化朱砂叶螨的生存条件。强化日常养护管理,叶片上出现黄白色或黄绿色小斑点时,摘除并集中销毁。②化学防治。4 月份温度升高时开始喷施 40%的三氯杀螨醇乳油 1 000~1 500 倍液、20%的三氯杀螨砜 500~800 倍液,不能等到朱砂叶螨大规模发生时才进行防治。家庭栽培紫叶酢浆草可自制杀虫药,用烟叶 50 g 加清水 500 g 煮沸 30~40 min,去渣取清液喷洒即可。也可用大蒜浸液或红辣椒熬煮后过滤按 1∶500 倍液喷施对朱砂叶螨有较好的防治效果,尤其对朱砂叶螨这类个体小的害螨效果很好。③生物防治。保护朱砂叶螨的天敌,如中华草蛉(*Chrysopa sinica*)、小花蝽(*Oriusminutus*)、大草蛉(*Chrysopa septempunctata*)、深斑食螨瓢虫(*Stethorus punctillum*)、塔六点蓟马(*Scolothrips takahashia*)等,对朱砂叶螨的种群数量消长,有显著的抑制作用。

(5)酢浆草岩螨　对酢浆草岩螨宜采用化学防治,以 50%的久效磷乳油、40%的乐果乳油 1 500 倍液防治效果较好。一般的触杀性杀螨剂基本无效,其原因是紫叶酢浆草株丛低矮,药剂难以喷施到叶片背面,酢浆草岩螨接触不到药剂。久效磷毒性较强,使用时要注意安全。为了减少对环境的污染,建议防治酢浆草岩螨时应抓住其点片发生阶段,即酢浆草岩螨危害扩散前,在中心及其周围喷药防治。由于该螨世代重叠,同时种群中有很多的卵,因此喷药需连续进行几次,每次间隔 7 天左右。此外要注意不要长期使用单一品种的杀虫剂,以免诱发该螨的抗药性。

(6)烟蓟马　①农业防治。及时灌水、喷水,彻底清除田间及周围植株残体和杂草,入冬前深翻土壤破坏化蛹场所,减少烟蓟马基数。②物理防治。以蓝色水盘或蓝色粘板诱杀烟蓟马。③化学防治。选用 10%的吡虫啉 50 g,加水 250 g 于上午、傍晚在叶片背面或叶心处喷雾两次。喷施 40%的氧化乐果、50%的杀螟硫磷等内吸剂 1 000 倍液,氧化乐果对花色有影响,要慎用。应用蓟马粉虱净的防治效果也较好。④生物防治。保护并利用小花蝽(*Orius minutus*)、华姬蝽(*Nabis sinoferus*)、横纹蓟马(*Aeolothrips fasciatus*)等烟蓟马的自然天敌,对其种群数量消长,有显著的抑制作用。

(7)桃蚜　①农业防治。结合园林抚育和养护管理,清洁保护地,铲除杂草,剪除残花败叶,特别注意剪去虫叶、间去虫苗,防止虫害传播和扩散。②物理防治。可使用黄皿或黄色薄塑料板诱杀有翅桃蚜;在畦间或温室内张设铝箔条或覆盖银灰色塑料薄膜,避桃蚜效果显著。③化学防治。在桃蚜危害初期可选用 40%的乐果乳油 50 mL 加水 50 kg、50%的马拉硫磷乳油 50 mL 加水 40 kg 喷雾。也可选用 10%的吡虫啉 50 g 加水 150 g 喷雾,防治效果显著。④生物防治。保护并利用桃蚜的自然天敌,如异色瓢虫(*Leis axyridis*)和龟纹瓢虫(*Propylaea japonica*)等进行防治。

(8)华北蝼蛄　①农业防治。华北蝼蛄不耐水淹,灌水会迫使成虫从土中浮出,便于捕杀。避免施用未腐熟的有机肥。查找华北蝼蛄的虫窝,将卵和雌虫一并消灭。②物理防治。利用华北蝼蛄的趋光性,在其羽化期间,设置黑光灯诱杀成虫。③化学防治。先将秕谷、麦麸、豆饼、棉籽饼或玉米碎粒 5 kg 炒香,尔后用 90%的敌百虫 30 倍液 0.15 kg,适量加水,拌潮为度,在无风闷热的傍晚撒施效果更佳。也可用 40%的乐果乳油 10 倍液或其他杀虫剂拌制饵料。

(9)同型巴蜗牛　①农业防治。清洁田园,雨后中耕、松土,清除田间杂草、石块和植物残体等杂物,破坏同型巴蜗牛栖息地和产卵场所。秋季深翻土壤,造成部分越冬成贝和幼贝机械伤亡,并暴露地表被天敌啄食或冻死,卵被日晒爆裂。控制土壤中水分对防治同型巴蜗牛起着关键作用,上半年雨水较多,特别是地下水位高的地区,应及时开沟排除积水,降低土壤湿度。人工捕捉虽然费时,但很有效,坚持在其每天日出前或阴天活动时,在土壤表面和叶片上捕捉,捕捉的同型巴蜗牛一定要杀死,不能弃之不管,以防其体内的卵在母体死亡后孵化。②化学防治。当清晨同型巴蜗牛潜入土中时(阴天可在上午)用硫酸铜 1∶800 倍液或 1%的食盐水喷洒防治。用灭蜗灵 800～1 000 倍液或氨水 70～400 倍液喷洒防治。建议对上述药品交替使用,以保证杀蜗保叶,并延缓同型巴蜗牛对药剂产生抗药性。用多聚乙醛、薯瘟锡、密达等药剂配成毒土于傍晚撒施也有一定的效果。也可以撒施茶籽饼粉末、在根际土面上撒施 8%的灭蜗灵颗粒剂,同样可以起到防治同型巴蜗牛的效果,在花盆周围喷洒敌百虫、溴氰菊酯、石灰粉都能够有效杀死或驱走同型巴蜗牛。

(10)野蛞蝓　①农业防治。在大棚中挖好排水沟,注意排水,降低地下水位,及时清除杂草。晴天中耕除草,使卵暴露于土表自行死亡。在露地摆放紫叶酢浆草场所边缘撒石灰粉或草木灰,降低湿度,造成不利于野蛞蝓活动的环境,当野蛞蝓爬过后身体会因失水死亡。②化学防治。于野蛞蝓盛发期喷洒碳酸氢铵 100 倍液、40%的蛞蝓敌浓水剂 100 倍液等药剂。由于蛞蝓白天不活动,药液不易喷到野蛞蝓体上,一般防治效果不理想。因此,在进行化学防治前应对温室内地面和花盆内浇水,增大环境湿度,以利蛞蝓活动,于傍晚施药。为了达到持续有效的防治效果,要连续进行 2～3 次防治。利用野蛞蝓的趋香习性,用蜗牛敌配成含有效成分 4%的油枯粉或玉米粉毒饵,于傍晚撒于花盆缝隙间地面或花盆边缘处诱杀,防治效果也可达 85%以上。

紫叶酢浆草的病虫害防治是一项复杂的工作,综合性较强。应该以农事活动为基础,以防为主,杜绝病虫害的来源,结合物理方法、化学药剂和生物天敌进行综合治理。遵循"治早、治小、治了"的原则,将病虫害消灭在发生的初始阶段,而不能等到紫叶酢浆草受害严重后再去治理。

分布范围:原产美洲热带地区。我国各地均有栽培。

园林应用:紫叶酢浆草叶形奇特,叶色深紫红,小花粉白色,色彩对比感强,且植株姿态俊美,雍容秀丽,绚丽娇艳。在 2001 年 9 月第五届中国花卉博览会上引起轰动。专家一致认为是一种值得大力推广应用的优异的彩叶绿化植物。紫叶酢浆草无论是在种植还是在使用上都具有很大的自主性、选择性、灵活性。

紫叶酢浆草除了可以当作盆栽植物观赏外,也可栽植于庭院草地,或大量使用于住宅小区，园林绿化以及道路河流两旁的绿化带，让其蔓连成一片，形成美丽的紫色色块。若与其他绿色和彩色植物配合种植就会形成色彩对比感强烈的不同色块，产生立体感丰富、层次分明、凝重典雅的奇特效果，显示出其庄重秀丽的特色，能够进一步增强人和自然的亲和力，是极好的盆栽和地被植物。

14.11　银叶菊

学 名：*Senecio cineraria*

别 名：雪叶菊

科 属：菊科，千里光属

形态特征：银叶菊属多年生草本植物，植株多分枝，一般株高 50～80 cm，全株具白色绒毛，成叶匙形或一至二回羽状裂叶，正反面均被银白色柔毛，叶片质较薄，叶片缺裂，如雪花图案。头状花序单生枝顶，花小，花紫红色或黄色，花期 6～9 月份，种子 7 月份开始陆续成熟。

生态习性：银叶菊较耐寒，不耐酷暑，高温高湿时易死亡。喜凉爽湿润、阳光充足的气候和疏松肥沃的沙质土壤或富含有机质的黏质土壤。

繁殖栽培：主要采用播种和扦插繁殖。

播种繁殖：于 8 月下旬至 10 月上旬播种。元旦上市的 7 月下旬播种，春节上市的 8 月上中旬播种。播种适温 15～20℃。苗床整理参照本书瓜叶菊部分。种子每克 4 000 粒左右，播种量为 1 g/m^2，约可育成苗 3 000 株。播后覆土 3～4 mm，15～20 天即可出苗。

育苗要点：①苗床播前或播后盖种前要浇足水。播后浇水要喷细雾或遮阳网喷浇。②出苗时间较长，出苗前要保持苗床湿度。③出苗前为保湿降温可在苗床上方盖网遮阳，晚播的出苗后必须全光照管理。④幼苗生长较慢，注意勤施水肥。苗期施肥 2～3 次；肥料为浓度 0.5‰～1‰的尿素，间施一次 0.5%～0.8%的 45%高浓复合肥或稀释 20 倍左右的饼肥水。

分苗：3～4 片真叶时分苗。用 10 cm×8 cm 钵，分苗土为 2 份堆肥土加 1 份熟木屑，再加 3.5%复合肥。栽植深度与子叶平。分苗时应剔除细弱苗、高脚苗。分苗后用 40%遮阳网遮阳 4～5 天，早盖晚揭，缓苗后全光管理(7～8 月份早播的由于分苗后气温尚高，光线强烈，遮阳要达 10～15 天)。苗期施肥 3～4 次；肥料为浓度 0.8%～1.5%高浓复合肥或尿素，或稀释 15 倍左右的饼肥水。移栽上盆：一般在翌年开春后 6～7 叶时移栽上盆，盆径 14～16 cm。盆土为 3 份堆肥土加 1 份腐熟木屑，另加复合肥 1 kg/m^3。移栽上盆深度为略过原土坨。为增加分枝，移栽上盆前后可摘心一次。如用于组合盆栽，拉钵一次(每两排钵抽出一排另放)8～9 叶时拼栽。

扦插繁殖：剪取 10 cm 左右的嫩梢，去除基部的两片叶子，在 250 倍的矢达生根营养液中浸泡 30 min 左右，插入珍珠岩与蛭石混合的扦插池中，进行全光照喷雾，约 20 天形成良好根系。需要注意的是，在高温高湿时扦插不易成活。

插后管理：

(1)温度　插穗生根的最适温度为 18～25℃，低于 18℃，插穗生根困难、缓慢；高于 25℃，插穗的剪口容易受到病菌侵染而腐烂，并且温度越高，腐烂的比例越大。扦插后遇到低温时，保温的措施主要是用薄膜把用来扦插的花盆或容器包起来；扦插后温度太高温时，降温的措施主要是给插穗遮阳，要遮去阳光的 50%～80%，同时，给插穗进行喷雾，每天 3～5 次，晴天温度较高喷的次数也较多，阴雨天温度较低温度较大，喷的次数则少或不喷。

(2)湿度　扦插后必须保持空气的相对湿度在75%～85%。可以通过给插穗进行喷雾来增加湿度，每天1～3次，晴天温度越高喷的次数越多，阴雨天温度越低喷的次数则少或不喷。但过度地喷雾，插穗容易被病菌侵染而腐烂，因此，喷水要适时适度。

(3)光照　扦插繁殖离不开阳光的照射，但是，光照越强，则插穗体内的温度越高，插穗的蒸腾作用越旺盛，消耗的水分越多，不利于插穗的成活。因此，在扦插后必须把阳光遮掉50%～80%，待根系长出后，再逐步移去遮光网：晴天时每天下午4:00除下遮光网，第二天上午9:00前盖上遮光网。

移栽：小苗装盆时，先在盆底放入2～3 cm厚的粗粒基质或者陶粒来作为滤水层，其上撒上一层充分腐熟的有机肥料作为基肥，厚度为1～2 cm，再盖上一层基质，厚1～2 cm，然后放入植株，以把肥料与根系分开，避免烧根。上盆用的基质可以选用下面的一种：3份菜园土加1份炉渣，或者4份菜园土加1份中粗河沙加2份锯末，或者水稻土、塘泥、腐叶土中的一种，或者2份草炭加2份珍珠岩加1份陶粒，或者3份菜园土加1份炉渣，或者2份草炭加2份炉渣加1份陶粒，或者2份锯末加2份蛭石加1份中粗河沙。上完盆后浇一次透水，并放在略荫环境养护一周。小苗移栽时，先挖好种植穴，在种植穴底部撒上一层有机肥料作为底肥（基肥），厚度为4～6 cm，再覆上一层土并放入苗木，以把肥料与根系分开，避免烧根。放入苗木后，回填土壤，把根系覆盖住，并用脚把土壤踩实，浇一次透水。在开花之前一般进行两次摘心，以促使萌发更多的开花枝条：上盆1～2周后，或者当苗高6～10 cm并有6片以上的叶片后，把顶梢摘掉，保留下部的3～4片叶，促使分枝。在第一次摘心3～5周后，或当侧枝长到荫道6～8 cm长时，进行第二次摘心，即把侧枝的顶梢摘掉，保留侧枝下面的4片叶。进行两次摘心后，株型会更加理想，开花数量也多。

栽后管理：

(1)浇水与施肥　上盆后的浇水应把握“见干见湿”的原则，即两次浇水之间必须有一个盆土变干的过程。干的程度以土表发白为准。银叶菊有较强的耐旱能力，所以冬季从控制株高、提高抗寒性、降低湿度预防病害等考虑，保护地栽培条件下银叶菊的浇水总体上要适度偏干。但干、湿不是绝对的，应看具体情况。应把握“度”。湿而不烂，干而不燥。在旺长期应保证充足的肥水供应，但如表现有徒长趋势时，则应适当控水控肥。银叶菊较喜肥，上盆2周后，每10天左右施肥一次，以氮肥为主，冬季间施1～2次磷、钾肥。肥料用尿素和45%三元复合肥，浓度1‰～1.5‰（前期稍淡，旺长期稍浓）。或用0.1%的尿素和磷酸二氢钾喷洒叶面，由于银叶菊是观叶花卉，成株的浇水施肥注意不要沾污叶片，尽量点浇，勿施浓肥。

(2)冬季管理　银叶菊苗期可耐－5℃低温，商品盆花栽培，南方地区可露地或单层大棚栽培，长江中下游地区可单层棚或双层棚栽培。北方－10℃以下地区如在大棚内栽培，应有三层的保温覆盖为宜。盆花初次进棚或棚架覆膜应在秋冬最低气温降至0℃前进行。保护地温度管理。白天20～22℃，夜间0～1℃为宜（银叶菊生长较慢，夜温过低时生长缓慢，生育期延长，栽培成本加大）。银叶菊的生长适温比瓜叶菊稍高，因此通风要略晚些，小些。其他如防寒保温等请参照瓜叶菊。银叶菊喜光，冬季宜保证充足的光照。作花坛布置及镶边栽培时，需摘心1次。盆栽的生长期间可通过摘心控制其高度和增大植株蓬径。优质盆花的株型和长相是：矮壮丰满，叶片舒展、厚实，分枝多而健壮、紧凑，叶色银白美观。总的来说，银叶菊应注意适当稀播、及时分苗、及时上盆、及时拉盆。作组合盆栽栽培时可不摘心。

病虫防治：除苗床偶有地下害虫危害，银叶菊未见有病虫害发生。

分布范围：银叶菊原产南欧，较耐寒，在长江流域能露地越冬。

园林应用：银叶菊植株紧凑，高仅 50～80 cm，枝叶正、反两面均密被白色柔毛，尤其是银白色叶片远看如片片白云，与其他色彩的纯白花卉配置栽植，效果极佳，是重要的花卉“白色”观叶植物。可用于花坛及大型容器栽培、风景园林和花园地栽。

14.12　薰衣草

学名：*Lavandula angustifolia* Mill.

别名：灵香草，香草，黄香草

科属：唇形科，薰衣草属

形态特征：为多年生草本或小矮灌木，丛生，多分枝，常见的为直立生长，株高依品种而异，有 30～40 cm、45～90 cm，在海拔高的山区，单株能长到 1 m。叶互生，椭圆形披尖叶，或叶面较大的针形，叶缘反卷。穗状花序顶生，长 15～25 cm；花冠下部筒状，上部唇形，上唇 2 裂，下唇 3 裂；花长约 1.2 cm，有蓝色、深紫色、粉红色、白色等，常见的为紫蓝色，花期 6～8 月份。全株略带木头甜味的清淡香气，因花、叶和茎上的绒毛均藏有油腺，轻轻碰触油腺即破裂而释放出香味。

生长习性：薰衣草易栽培，喜阳光、耐热、耐旱、极耐寒、耐瘠薄、抗盐碱，栽培的场所需日照充足，通风良好。播种到开花（或采收）所需的时间为 18～20 周。薰衣草宜用大型容器栽培。但盆栽时为预防过湿可选用陶盆或较小的塑料盆，不宜使用大盆，除非已生长到相当的大小。薰衣草忌炎热和潮湿，若长期受涝根烂即死。室外栽种时注意不要让雨水直接淋在植株上。5 月份过后需移置阳光无法直射的场所，增加通风程度以降低环境温度，保持凉爽，才能安然地度过炎夏。注意阳光、水分、温度、耐心。

繁殖栽培：主要有播种、扦插、压条、分根等方法。目前，在生产上主要采用扦插的办法，这样可以保持母本固有的优良品质。

播种：薰衣草种子细小，宜育苗移栽。播种期一般选春季，温暖地区可在每年的 3～6 月份或 9～11 月份进行，寒冷地区宜 4～6 月份播种，在温室冬季也可播种。发芽天数 14～21 天。发芽适温：18～24℃。发芽后需适当光照，弱光照易徒长。种子因有较长的休眠期，播种前应浸种 12 h，然后用 20～50 mL/L 赤霉素浸种 2 h 再播种。播种前把土地平整细，浇透水，待水下渗后，均匀播上种子，然后盖上一层细土，厚度为 0.2 cm，盖上草或塑料薄膜保墒。保持 15～25℃，要求苗床湿润，约 10 天即出苗。播前最好用赤霉素处理，如不用赤霉素处理则要 1 个月方能发芽。另外，低于 15℃需 1～3 个月发芽。苗期注意喷水，当苗子过密时可适当间苗，待苗高 10 cm 左右时可移栽。

扦插繁殖：扦插一般在春、秋季进行。夏季嫩枝扦插也可。扦插的介质可用 2/3 的粗沙混合 1/3 的泥炭苔。选择发育健旺的良种植株，选取节距短粗壮且未抽穗的一年生半木质化带顶芽枝条，于顶端 8～10 cm 处截取插穗。插穗的切口应近茎节处，力求平滑，勿使韧皮部破裂。将底部 2 节的叶片去除，插入水中 2 h 后再扦插于土中，2～3 个星期就会发根。也可选 8～10 cm 的一年生枝条，扦插在排水良好、湿润、20～24℃床温的条件下，40 天左右生根。不要用已出现花序的顶芽扦插，因为开花的枝条已老化，会发根不良影响将来长势。地膜扦插，整地做畦。浇透水后覆膜，立即扦插。深 5～8 cm，行距 20～25 cm。注意提高地温，促进根系发育；勤修剪延伸枝，及时摘除花穗，促进分枝，培育壮苗。定植株距 60 cm，行距 120 cm。栽后立刻浇水。

分株：春、秋季均可进行，用 3～4 年生植株，在春季 3～4 月份用成株老根分割，每枝带芽眼，然后栽种。

栽培：包括春季管理、生长期至盛花期管理及收割。

春季管理：新定植的薰衣草小苗和多年生苗在 3 月底要及时扒土放苗，在 4 月上旬气候回升时浇水，为小苗定根、老苗返青浇好关键水。浇水一周后对小苗及时人工松土，保墒提温，老苗田要一次施入尿素 19 kg/667 m^2、过磷酸钙 15 kg/667 m^2、油渣 30 kg/667 m^2，施入行间人工深翻。该项利于加快薰衣草春季返青。

生长期至盛花期管理：对新定植的薰衣草小苗地块，要浇好定根水，一年浇水 4～5 次，及时中耕锄草。对小苗在 6 月 20 日前出现的花蕾要及时人工打掉，促进植物健康生长、多发枝，为来年高产打下基础。对老苗地块要做到田间无杂草，在 5 月初要浇好现蕾水，6 月浇好花期水。

分布范围：原产地为地中海地区，南至热带非洲、东至印度，包括加那利群岛、非洲北部和东部、欧洲南部、阿拉伯半岛和印度等地区。近年我国各地多有栽培。

园林应用：其叶形花色优美典雅，蓝紫色花序颖长秀丽，是庭院中一种新的多年生耐寒花卉，适宜花径丛植或条植，也可盆栽观赏。剪取开花的枝条可直接插于花瓶中观赏，干燥的花枝也可编成具有香气的花环。适合庭院、盆栽、切花、花坛栽培等；在花园，花店，宾馆，餐厅，百货商场等公共场所可作为时尚花卉摆放；开业庆典更助欢庆的气氛。

14.13　红三叶

学名：*Trifolium pratense* L.

别名：红车轴草、红菽草

科属：豆科，车轴草属

形态特征：多年生草本植物。株高 60～90 cm，直根系，侧根发达，着生大量的须根，根系多集中在土表 30 cm 的地层；茎圆形、中空、直立或斜上，有分枝、多茸毛；掌状三出复叶，小叶卵形或者长椭圆形，叶面有“V”形斑纹；头形总状花序，聚生于茎顶端或自叶腋处长出，每个花序有 50～100 朵小花，红色或者淡红色；种子椭圆形或者肾形，表面光滑，呈棕黄色或紫色，千粒重 1.5～2.2 g，细胞染色体为 16 或 32。

生态习性：红三叶喜温暖湿润气候，以夏天不太热冬天不太冷的地区种植最为适宜。生育期内的适宜温度为 18～25℃，耐高温又耐低温；不耐旱，适合在年降水量为 800～1 000 mm 的地区生长，在年降水量低于 500 mm 的情况下生长不良；不耐淹，长期水淹会烂根死亡；喜光不耐阴，光线不足时产量低、质量差；耐碱不耐酸，适宜的土壤 pH 为 6.6～7.5。

红三叶草主根系较短(约 20 cm)，但侧根、须根发达，并生有根瘤固定氮素。据国内外专家测定，在达到一定覆盖率的情况下，每 667 m^2 红三叶草可固定氮素 20～26 kg，相当于施 44～58 kg 尿素，四年生草园片全氮、有机质分别提高 110.3%和 159.8%，果园种植红三叶草可大大降低乃至取代氮肥的投入。在红三叶草的植被作用下，冬季地表温度可增加 5～7℃，土壤温度相对稳定。

红三叶草属突根性多年生植物，如管理适当，可持续生长 7 年以上。能在 20%透光率的条件下正常生长，适宜在果园种植。形成群体后具有较发达的侧根和匍茎，与其他杂草相比有较强的竞争力。具有一定的耐寒和耐热能力，对土壤 pH 的适应范围为 4.5～8.5，南方北方皆能生长。

繁殖栽培：以播种繁殖为主。

春、夏、秋季均可播种，最适宜的生长温度为 19～24℃。春季播种可在 3 月中下旬气温稳定在 15℃以上时播种。秋播一般从 8 月中旬开始至 9 月中下旬进行。秋季墒情好，杂草生长弱，有利于红三叶草生长成坪，因此秋播更为适宜。播种前需将果树行间杂草及杂物清除，翻耕 20～30 cm 将地整平，墒情不足时，翻地前应灌水补墒。可撒播也可条播，条播时行距 15 cm 左右。播种宜浅不宜深，一般覆土 0.5～1.5 cm。播种量 0.5～0.75 kg/667 m^2。苗期应适时清除杂草，以利红三叶草形成优势群体。

管理：红三叶草属豆科植物，自身具有固氮能力，但苗期根瘤菌尚未生成需补充少量氮肥，待形成群体后则只需补磷、钾肥。苗期应保持土壤湿润，生长期如遇长期干旱也需适当浇水。

栽培：忌连作，不耐水淹。在同一块土地上最少要经过 4～6 年后才能再种，易积水地块要开沟，以利随时排水。喜在土层深厚，肥沃，中性或微酸性土地上生长，适宜 pH 为 6～7，在肥沃的黏壤土上生长最佳。

幼苗生长缓慢，易被杂草危害，苗期要及时松土锄草，以利幼苗生长，出苗前如遇水造成土壤板结，要用钉齿耙或带齿圆形镇压器等及时破除板结层，以利出苗。红三叶在生长过程中，所需磷、钾、钙等元素较多，结合耙地追施过磷酸钙 20 kg/667 m^2，钾肥 15 kg/667 m^2 或草木灰 30 kg/667 m^2。红三叶病虫害少，常见病害有菌核病，早春雨后易发生，主要侵染根颈及根系。施用石灰，喷洒多菌灵可以防治。

分布范围：原产小亚细亚和南欧，是世界上栽培最早和最多的重要牧草之一。红三叶种植历史悠久，用于发展畜牧业早于紫花苜蓿。目前，红三叶草在欧洲、美国、澳大利亚各地大量栽培，是人工草地的骨干草种，是我国南、北广泛种植的重要栽培草种之一。

园林应用：红三叶叶形美观，花期长，适应性强，抗性强，在我国华北地区绿期可达 270 天左右，是庭院及草坪绿化的良好草种。

14.14　蓝绒毛草

科属：禾本科，羊茅属

形态特征：多年生常绿草本植物。根系呈伞状竖直生长，次生根密集发达。一年生露地苗根深可达 0.6～0.8 m 并逐年深进。从根部放射性分蘖枝和叶，分蘖力强，枝叶茂盛，叶为披针形，叶片宽 1 mm。叶表有反光绒膜层，并随四季光照强弱而转换颜色，春季呈现翠绿色、夏季呈现银蓝色、秋季呈现蓝绿色、冬季呈现深绿色。

生态习性：喜通风、喜光并耐遮阳。根系决定了很强的耐旱、抗寒特性，如松枝的叶形特征更少水分蒸发。耐高温 45℃，一般在－32℃仍可保持深绿色，当温度回升到负 5℃以后便开始分蘖。春、秋季分蘖速度快。耐贫瘠，基本无病害。在 pH 6～10 的土壤中能正常生长，成活率达 95%以上；在 pH 9.5～11 重盐地上生长的植株，成活率达 86%。

繁殖栽培：以分株繁殖为主。在春、秋季均可进行。栽培管理技术粗放。一般春季和夏季视干旱情况酌情浇水，初冬浇水 1～2 次，即可满足全年水分供应。为使枝叶生长旺盛，每年秋季可酌情适量追肥。基本无病虫害。

分布范围：全国各地均有栽植。

园林应用：蓝绒毛草有坚实、密集的根系，有精细、韧性的枝叶，能有效拦截地表径流的冲刷和侵蚀而起到固土作用，良好的遮阳有效抑制太阳照射地表蒸发。可用于公路、道旁、河堤护坡、园林坡地、城乡大绿化带、盐碱地区绿化。同时，叶色春季绿色、夏季银蓝色、冬季蓝绿色，具有极高的观赏效果。

14.15 玉带草

学名：*Phalaris arundinacea* var. *picta* Linn.

别名：斑叶芦竹、彩叶芦竹

科属：禾本科，芦竹属

形态特征：为多年生宿根草本植物。根部粗而多结。干高 1.2 m 左右，茎部粗壮近木质化。叶片宽条形，抱茎，边缘浅黄色条或白色条纹；圆锥花序，花序形似毛帚。其叶扁平、线形、绿色且具白边及白色条纹，质地柔软，形似玉带，故得名。

近缘品种：花叶玉带草。其根部粗而多结。干高 1～3 m，在北京地区株高仅 20～30 cm，可露地越冬。茎部粗壮近木质化。叶宽 1～3.5 cm。圆锥花序长 10～40 cm，小穗通常含 4～7 个小花。花序形似毛帚。叶互生，排成两列，弯垂，具白色条纹。地上茎挺直，有间节，似竹。

生长习性：根系发达，适应性强，各种土壤均能生长。抗旱、抗寒、抗病虫害。喜光，喜温暖湿润气候，湿润肥沃土壤，耐盐碱。通常生于河旁、池沼、湖边，常大片生长形成芦苇荡。

繁殖栽培：花叶芦竹可用播种、分株、扦插方法繁殖，一般用分株方法。早春用快锹沿植物四周切成有 4～5 个芽为一株(丛)，然后移植。扦插可在春天将花叶芦竹茎秆剪成 20～30 cm 一节，每个插穗都要有间节，插入湿润的泥土中，30 天左右间节处会萌发白色嫩根，然后定植。

栽培管理非常粗放，可露地种植或盆栽观赏，生长期注意拔除杂草和保持湿度。无须特殊养护。

分布范围：原产地中海一带，华北、华中、华南、华东及东北地区等都已广泛种植。

园林应用：在园林中可以布置路边花境或花坛镶边。主要用于水景园背景材料，也可点缀于桥、亭、榭四周，可盆栽用于庭院观赏。花序可用做切花。

14.15 银边草

学名：*Chlorophytum capense* var. *variegatum hort*.

别名：银边吊兰、金边草

科属：百合科，吊兰属

形态特征：常绿草本。具根颈和肉质根。叶基生，宽线形宽 1～2 cm，长 30 cm 左右，绿色。叶片边缘为白色；花梗细长，超出叶上，花梗弯曲，先端着花 1～6 朵，总状花序，花小，白色，花被 2 轮共 6 片，雄蕊 6 枚，子房绿色。花期 6～8 月份。

近缘品种：

金边吊兰：叶片边缘为淡黄色。

金心吊兰：叶片中部有淡黄条斑。

生长习性：栽培土质以沙质壤土或腐质土为佳，喜排水良好，栽培处宜荫蔽，喜高温多湿，耐旱。生长适温 20～28℃。忌全天强光直射。日照强度以 50%～70%较好。

繁殖栽培：以分株繁殖为主，生长季都可进行，但以 3 月份和 9 月份休眠后刚萌发时为佳。分株时先将大丛老株连同地下念珠状茎分割成小丛，每丛带有地下茎段和新芽，并对老叶进行短剪，然后栽植。栽好后，置半阴的环境中，保持土壤湿润，生长期内，每月施 1～2 次饼肥水。但施肥不可过多，若施肥过多或过阴，会长出许多全绿的叶子而影响观赏效果，对少数变绿的叶片可随时摘除。入夏气温渐高，银边草逐渐进行休眠，部分叶片会发黄，要将黄叶清理掉，适当控水，并移至阴凉处，中午还应进行喷水降温，如此进行管理可保持较好的观赏效果。秋凉后，应追肥 1～2 次，又可旺盛生长。冬季放避风处就可越冬。若室内保持 5℃以上，则叶可不落。

分布范围：原产西非热带地区，我国各地均有栽培。

园林应用：叶形美丽清秀，花葶低垂姿态优美，经常被用作盆栽悬挂在室外廊下、窗前，或放置于门厅、高架之上。银边草不仅是居室内极佳的悬垂观叶植物，而且也是一种良好的室内空气净化花卉。

14.17 羽衣甘蓝

学名：*Brassica oleracea acephala* Linn *f. tricolor*

别名：叶牡丹、花包菜

科名：十字花科，芸薹属

形态特征：二年生草本植物，株高 15～30 cm，4 月份抽薹开花时高可达 1 m 以上，冠幅可达 25～30 cm。叶宽大匙形，无毛，被有白粉；边缘叶有翠绿、深绿、灰绿色；有皱叶、不皱叶和深裂叶；中间叶片有红、白、粉红、玫瑰红色等，气候变冷时颜色更明显。

生态习性：羽衣甘蓝原产欧洲北部，喜光、喜凉爽湿润气候，耐寒，可耐－10℃的低温，其最适合生长温度 17～20℃。生长势强健，喜肥，生长早期氮肥需求多，在疏松肥沃的土壤中生长最为适宜。不耐高温潮湿。主要观赏期为 1～4 月份(华东地区为 12 月份至翌年 3 月份)。

繁殖栽培：常用播种繁殖。作花坛或盆花宜在 7 月中旬播种，播种推迟将影响生长和发株质量。播种前应对播种苗床进行杀虫灭菌处理，播时覆土不宜过深，播后需浇透水，播后 1 周左右发芽。小苗期间，为避免晴天烈日曝晒，中午前后要进行遮阳，同时要进行追肥、除草、间苗。当苗长到有 4 片叶时，进行分栽；当长至 6～7 枚叶时，进行第二次分栽。分栽的苗床要施足基肥，生长季节可结合松土、除草，每月施粪肥 2～3 次，盆栽的 7～10 天施肥一次，在此期间，要特别注意蚜虫及菜青虫的防治工作，11 月上旬羽衣甘蓝叶色更美，可分栽上花坛，也可分栽上盆供家庭观赏。

分布范围：羽衣甘蓝为我国重要的观叶植物，全国各地多有栽培。

园林应用：羽衣甘蓝叶色极为丰富、鲜艳、美丽，是冬季和早春的重要观赏花卉，适用于布置冬、春季城市的大型花坛，也是中心广场和商业交通绿化的盆栽摆花材料。由于其茎干修长，还可作为切花材料使用。

14.18　花叶水葱

学名：*Scirpus validus* cv. *zebrinus*

别名：管子草、莞蒲、冲天草

科属：莎草科，藨草属

形态特征：花叶水葱为多年生宿根草本植物。水葱的变种。株高 1～2 m，茎干高大通直。秆呈圆柱状，中空。根状茎粗壮而匍匐，须根很多。基部有 3～4 个膜质管状叶鞘，鞘长可达 40 cm，最上面的一个叶鞘具叶片。线形叶片长 2～11 cm。圆锥状花序假侧生，花序似顶生。苞片由秆顶延伸而成，多条辐射枝顶端，长达 5 cm，椭圆形或卵形小穗单生或 2～3 个簇生于辐射枝顶端，长 5～15 mm，宽 2～4 mm，上有多数的花。鳞片为卵形顶端有小凹缺，中间伸出凹缺成短尖头，边缘有绒毛，背面两侧有斑点。具倒刺的下位刚毛 6 条呈棕褐色，与小坚果等长；雄蕊 3 条，柱头两裂，略长于花柱。小坚果倒卵形，双凸状，长 2～3 mm。花果期 6～9 月份。

生态习性：性喜温暖湿润，在自然界中常生于沼泽地、浅水或湿地草丛中。对土壤、气候的适应性很强。

繁殖培育：分株繁殖。可露地种植，也可盆栽。水葱生长较为粗放，没有什么病虫害。冬季上冻前剪除上部枯茎。生长期和休眠期都要保持土壤湿润。每 3～5 年分栽一次。水葱生长较为粗放，病虫害较少。

分布范围：原产北美，我国于 20 世纪 60 年代初引种栽培。主要分布于我国东北、西北、西南各省。

园林应用：花叶水葱茎干黄绿相间，株丛挺立，色泽美丽奇特，飘洒俊逸，观赏价值尤胜于绿叶水葱，最适宜作湖、池水景点；花叶水葱不仅是上好的水景花卉，而且可以盆栽观赏；剪取茎秆可用作插花材料。

14.19　花叶蒲苇

学名：*Carex oshimensis*'Evergold'

科属：禾本科，蒲苇属

形态特征：多年生常绿草本，宿根，高 10～15 cm，丛生；圆锥花序，羽毛状，银白色；叶带金边，花期 8～11 月份。

生长习性：喜光，耐干旱，忌涝，耐半阴，对土壤要求不高，耐盐碱，湿旱地均可生长，可以短期淹水 30～40 cm，可耐 −15℃ 低温。

繁殖栽培：春季进行分株繁殖。易栽培，管理粗放，我国中部及以南地区可露地越冬。

分布范围：主要分布在我国华北、华中、华南、华东及东北地区。全国各地均有栽培。

病虫防治：主要虫害为钻心虫。喷药防治必须抓住成虫盛发期和幼虫孵化期进行。21% 灭杀毙乳油 2 000 倍液，或 2.5% 功夫乳油 3 000 倍液，或 5% 来福灵乳油 3 000 倍液进行喷雾防治。

园林应用：花叶蒲苇花穗长而美丽，叶带金边，可丛植于庭院，壮观而雅致；也可植于岸边，入秋赏其银白色羽状穗的圆锥花序；还可用作干花，或花境观赏草专类园内使用，具有优良的生态适应性和观赏价值。

14.20　花叶芒

学名：*Miscanthus sinensis* 'Variegatus'

科属：禾本科，芒属

形态特征：多年生草本，具根状茎，丛生，暖季型。株高 1.5～1.8 m。开展度与株高相同。叶片呈拱形向地面弯曲，最后呈喷泉状，叶片长 60～90 cm。叶片浅绿色，有奶白色条纹，条纹与叶片等长。圆锥花序，花序深粉色，花序高于植株 20～60 cm。花期 9～10 月份。

近缘品种：斑叶芒(*Miscanthus sinensis* 'Zebrinus')斑叶芒是花叶芒中特殊的一个类群，它们的斑纹横截叶片，而不是纵向的条纹。

生态习性：喜光，耐半阴、耐寒、耐旱、也耐涝，全日照至轻度隐蔽条件下生长良好，适应性强，不择土壤。

繁殖栽培：常用播种和分株繁殖。管理粗放。

分布范围：花叶芒原分布于欧洲地中海地区，适宜在我国华北、华中、华南及东北地区种植。

园林应用：花叶芒宜作园林景观中的点缀植物，也可单植，片植或盆栽观赏效果俱佳。与其他花卉及各色萱草组合搭配种植景观效果更好，可用于花坛、花境、岩石园，可做假山、湖边的背景材料。

14.21　白花三叶草

学名：*Trifolium repens*

别名：白车轴草

科属：豆科，三叶草属

形态特征：为多年生草本，着地生根。茎细长而柔软，匍匐生长；株高 30～60 cm。复叶有 3 小叶，小叶倒卵形或倒心形，绿色，叶面具白色纹斑。托叶椭圆形，顶端尖，抱茎。花序头状，有长总花梗，高出于叶；花冠白色或淡红色。荚果倒卵状椭圆形，有 3～4 种子；种子细小，近圆形，黄褐色。

生态习性：耐寒，耐热，耐霜，耐旱。喜欢温凉、湿润的气候，最适生长温度为 16～25℃，耐热耐寒性比红三叶及绛三叶强，适应亚热带的夏季高温，在东北、新疆有雪覆盖时，均能安全越冬。较耐阴，在部分遮阳条件下生长良好。对土壤要求不高，耐贫瘠、耐酸，最适排水良好、富含钙质及腐殖质的黏质土壤，不耐盐碱。

繁殖：以播种繁殖为主。白三叶种子硬实率较高，播种前要用机械方法擦伤种皮，或用浓硫酸浸泡腐蚀种皮等方法，进行种子处理后再播。硫酸浸泡方法是：浸泡 20～30 min，捞出用清水冲洗干净，晾干播种。播种量一般 0.4～0.5 kg/667 m^2，湿润地区播种量要小，干旱地区播种量要大。播种深度 1～2 cm。播种过深不易出苗，要根据土壤质地和干湿情况适度掌握。播种期春、夏、秋三季均可，但较高寒地区，以春、夏两季播种为好，如行秋播，则应早播，可使幼苗有1个月以上的生长时间，以利越冬。播种方法条播或撒播，也可单播或混播。单播或混播，条播行距20～30 cm；混播适宜的禾本科和豆科牧草较多，协调性最好的有鸡脚草、草地狐茅、草地羊茅、多年生黑麦草，其次是牛尾草、猫尾草、红三叶等。与禾本科牧草混播比例，白三叶占40%～50%；与红三叶混播，白三叶占50%～60%。

播种后出苗前，若遇土壤板结时，要及时耙耱，破除板结层，以利出苗。苗期生长慢，为防杂草危害，要中耕松土除草1～2次；发现害虫危害，要及时防治。生长二年以上的草地，土层紧实，透气性差，在春、秋两季返青前要进行耙地松土，并结合松土追肥，施过磷酸钙20～25 kg/667 m^2，或磷酸二氨5～8 kg/667 m^2，以利新芽新根生长发育。白三叶对土壤水分要求较高，有灌溉条件的，在土壤干旱时，或结合追肥进行灌溉。

栽培：白三叶抗逆性强，适应性广，对土壤要求不严，只要在降水充足，气候湿润，排水良好，不是强盐碱的各种土壤中都能正常生长；甚至在园林下也能种植。白三叶种子细小，幼苗纤细出土力弱，苗期生长极其缓慢，为保全苗，整地务必精细，不论春播或秋播，都要提前整地，先浅翻灭茬，清除杂物，蓄水保墒，隔10～15天，再行深翻耙地，整平地面，使土块细碎，播层土壤疏松，以待播种。结合深耕施足底肥，施有机肥料1 500～2 000 kg/667 m^2，混入过磷酸钙15～20 kg/667 m^2，在湿润环境下堆积发酵腐熟20～30天，然后施用，播种前再浅耕土壤，施入硝酸铵等5～8 kg/667 m^2，促进幼苗生长。

病虫防治：主要害虫有金龟甲类、小地老虎、蛴螬、蚜虫、黏虫和斜纹夜蛾。其防治措施为：

(1)白三叶草坪播种前，先进行土壤处理　对播种地块进行翻耕耙压，可消灭土壤中地下害虫的幼虫，并在土壤中施足一定的肥料，如磷酸氢铵、碳酸氢铵等化学肥料，其散发的氨气对白三叶草坪中的地下害虫具有一定的驱避作用，并能改善土壤理化结构，促进白三叶草坪根系发育，增强抗虫能力，降低虫口密度。

(2)农业防治　白三叶草坪耐修剪、再生能力强，在病虫危害期，可结合对白三叶草坪修剪来进行防治，用镰刀收割或剪草机修剪，促进白三叶草坪更新复壮，并达到抑制并消灭病虫害的目的。地下害虫和夜蛾科幼虫喜湿，有潜土习性，在修剪或收割白三叶草坪的同时，把剪下的白三叶分堆堆在草坪上，每天早上，用人工捕捉，连续3天，可有效地防治虫害，有效率可达到98%。修剪过后，幼虫从白三叶草坪表层爬出，被绿地、广场中的益鸟进行捕捉，又促进了生物群落的生长，并有效地抑制了病虫害的蔓延。

(3)生物防治　在白三叶草坪病虫害发生期，可利用绿地、广场中生物有机体或它的代谢产物来控制害虫，发挥天敌的自然控制力，在绿地、广场中，宣传和引导广大市民保护鸟类、蛙类、寄生蜂等益鸟或有益昆虫；有条件的可人工饲养食蚜瓢虫；并可在绿地、广场中挂巢引过路益鸟，壮大生物种群，抑制害虫的蔓延；也可采用Bt乳剂等细菌杀虫剂，稀释喷洒，防治虫害。笔者通过长期观察，发现鸟类经常出现的白三叶草坪与其他的白三草坪相比，害虫虫口密度大大降低，并能减少绿地、广场中因农药残留带来的负面影响。

(4)自制植物杀虫剂　绿地、广场中树种多样化，许多树种本身具有杀虫功能，对白三叶草坪病虫害的防治，可通过自制植物杀虫剂来进行防治，自制植物杀虫剂无残毒、对人体无害、不污染环境，并且来源广泛，制作方法简单，成本低廉，有利于充分发挥白三叶草坪的景观效益，可广泛应用于绿地、广场中，方法如下：①银杏果实的外皮按1∶20的比例加水沤制，浸泡1昼夜，直接用来喷施，可防治白三叶中蚜虫和红蜘蛛。②桃树叶按1∶10比例煮沸，冷却后过滤喷洒，不可久存，可防治白三叶草坪中蚜虫及软体害虫。③臭椿种实1 000 g，加少量的清水捣烂，榨取原液，然后按 1∶1 比例加入石灰水，调匀后浇灌白三叶，可防治白三叶草坪中地老虎。④取桑树叶 1 000 g，水煮捣烂，榨取原液，然后按 1∶4 的比例加水稀释喷洒，可防治白三叶草坪中蚜虫。

(5)黑光灯诱杀　在白三叶草坪害虫危害期，可采用黑光灯诱杀成虫。

分布范围：广泛分布于温带及亚热带高海拔地区。我国云南、贵州、四川、湖南、湖北、新疆等地都有野生分布，长江以南各省有大面积栽培。

园林应用：白三叶作为优良的园林地被植物，具有抗干旱、耐贫瘠、耐修剪、再生能力强、花期长等优点，在园林绿化中发挥了越来越重要的作用。城镇用于建植草坪，绿化美化环境，可与紫羊茅、早熟禾、小糠草、多年生黑麦草、红三叶等植物混播配植。

14.22　金叶番薯

学名：*Ipomoea batatas*

科属：旋花科，番薯属

形态特征：多年生草本，茎呈蔓生性。叶呈心形或不规则卵形，偶有缺裂，叶色为黄绿色，花喇叭形。

生态习性：金叶番薯性强健，不耐阴，适合在全日照的强光下生长，强光下叶色嫩黄，生机勃勃；若光照不足，叶色暗淡发旧，观赏效果不佳。喜高温(可耐 35～40℃及以上)，生长适温为 20～28℃。喜肥沃的沙质壤土。

繁殖栽培：选取正常生长的藤蔓，剪成 5～10 cm 的插条，直接插入盆中或地里，保持湿润，3～5 天就可生根移栽。每年春季修剪一次，施肥时应提高氮肥比例，增进叶色美观。

分布范围：全国各地均可栽培。

园林应用：适合盆栽、悬吊；也可进行地被栽植，适合在阳光充足的地段做地被美化，也可与其他彩叶植物配植，起到很好的对比与衬托作用。

14.23　银边翠

学名：*Euphorbia marginata* Pursh.

别名：高山积雪、象牙白

科属：大戟科，大戟属

形态特征：一年生草本，株高 70～100 cm，全株具柔毛。茎直立，叉状分枝，茎叶具乳汁。单叶对生，叶矩圆形，卵圆或矩圆状披针形，全缘，无柄，夏季枝梢叶片边缘或大部分变为白色呈花瓣状，叶变色期为 7～9 月份，远望叶色似积雪而得名。当叶色变白时，也正是开花期，花小而无观赏价值。蒴果成熟时不开裂。

生态习性：银边翠喜充足的阳光，不耐阴，喜高温，怕潮湿。要求排水良好、土层深厚、肥沃的疏松的土壤，耐干旱，忌积水，不耐瘠薄，能在轻碱土中生长。直根性，不耐移栽，能自播繁衍。

繁殖栽培：播种、扦插繁殖均可，但以播种为主。

播种繁殖：春季播种一般是在 3 月下旬至 4 月中旬进行。将种子直接播于露地苗床或盆播。播前苗床耙平整细，浇足水，待水阴干后将种子均匀地撒播于苗床，并覆盖细土。覆土后，盖上塑料薄膜以保温、保湿。一般温度保持 20℃左右，约 1 周即可出芽。幼苗出土后，要及时把薄膜揭开，一般在每天上午的 9:30 之前，或者在下午的 3:30 之后让幼苗见光最好，大多数的种子出齐后，进行间苗，把病、弱苗拔掉，当大部分的幼苗长出 3 片或 3 片以上叶子后即可移栽或上盆。

扦插繁殖：选取生长健壮、无病虫危害的嫩枝做插穗，插穗长 10 cm 左右，上端削成平口，下端马耳形，按一定株行距扦插，插深 3～4 cm。因基茎内含有乳液，因此插后不能立即浇水，否则易导致插入土中的部分腐烂，而应待乳液被吸干后，方可浇水。或在插前蘸草木灰，插后用塑料薄膜进行覆盖，放于阴凉处，要求湿度在 95%以上，约 10 天即可生根。

插后管理　温度：插穗生根的最适温度为 18～25℃，低于 18℃，插穗生根困难、缓慢；高于 25℃，插穗的剪口容易受到病菌侵染而腐烂，并且温度越高，腐烂的比例越大。插后遇到低温时，及时覆膜保温。插后温度太高时，及时遮阳降温。

湿度：扦插后必须保持空气的相对湿度在 75%～85%。一般每天 1～3 次，晴天多喷，阴雨天少喷或不喷。

光照：扦插不宜强光照射，否则，插穗会因高温容易失水，因此，插后必须搭阳棚遮阳（透光率 20%～50%），待根系长出后，再逐步去掉遮光网，一般晴天时每天下午 4:00 除下遮光网，第二天上午 9:00 前盖上遮光网。

病虫防治：此花生长健壮，几乎无病虫为害。会有苍蝇穿飞在花丛间舐吸花朵分泌的蜜汁，一般可用喷洒乐果乳剂 1 200 倍液防治。

分布范围：原产北美，我国各地均有栽培。

园林应用：银边翠叶色白绿相间，具有清凉感觉，为夏季良好的观赏植物，宜混植于花丛、花境之中，也可作为良好的花坛背景材料，还可插花配叶。

14.24　鸡冠花

学名：*Celosia cristata*

别名：别称鸡冠、鸡冠头花、鸡冠苋鸡花、鸡冠头、鸡髻花、鸡公花、鸡米花、鸡骨子花、鸡角枪、白鸡冠花、红鸡冠花、红鸡冠、大鸡公苋、海冠花、家鸡冠花、塔黑彦-色其格-其其格、老来少

科属：苋科，青葙属

形态特征：鸡冠花为一年生草本植物，体轻，质柔韧，无臭，味淡。鸡冠花植株有高型、中型、矮型三种，一般株高 0.3～1 m。茎红色或青白色，直立粗壮，互生。叶互生，全缘，有柄，披针形至卵状披针形，叶有深红、翠绿、黄绿、红绿等多种颜色。顶生扁平状穗状花序，顶生及腋生，肉质，也有呈圆锥状的，表面红色、紫红色或黄白色，中部以下密生多数小花，每花宿存的苞片及花被片均呈膜质。鸡冠花的花期较长，自然花期 7～12 月份，花有紫、橙、红、淡黄、白等色。秋季花盛开时采收，晒干。胞果卵形，盖裂。种子细小，扁圆肾形，黑色有光泽，藏于花冠绒毛内。

因植株高矮不同，可分为“大鸡冠”“矮鸡冠”两个品种。“矮鸡冠”又分成“绒鸡冠”、“广鸡冠”、“黄鸡冠”三种。“大鸡冠”高 1.2～1.5 m；“绒鸡冠”高约 20 cm，分枝很多，中央主干顶梢花序形似绒球，而四周具多数侧枝所生之小型花序，红色；“广鸡冠”高 15～20 cm，株丛不大，

无或少分枝,"黄鸡冠"高约 50 cm,全株呈广圆锥形,花黄,茎部也显黄色。

生活习性:生长期喜高温,喜阳光充足、湿热的环境,每天至少要保证有 4 h 光照,适宜生长温度 18～28℃,较耐旱不耐霜冻,不耐涝。温度低时生长慢,入冬后植林死亡。对土壤要求不严,喜疏松肥沃和排水良好的土壤,不耐瘠薄。一般土壤庭院都能种植,是当前发展庭院经济的一种新途径。

繁殖栽培:繁殖能力强,常用种子繁殖。谷雨播种于露地,10 多天苗出土。播种后 1 个月移苗,灌 2 次水后松土。移苗后 20 多天定植,浇水 1 次。鸡冠花雨季需注意排水防涝。白露采种,以采花序中、下部的种子最佳。

春季幼苗长出 2～4 片时栽植上盆。栽时应略深植,仅留子叶在土面上,并使盆土稍微干燥,诱使花序早日出现。在花序发生后,换 16 cm 盆。翻盆前应浇透水,如要得到特大花头,可再换 23 cm 盆,同时注意花盆配套。小盆栽矮生种,大盆栽凤尾鸡冠等高生种。矮生多分枝的品种,在定植后应进行摘心,以促进分枝;而直立、可分枝品种不必摘心。

施肥与浇水:盆土宜肥沃,用肥沃壤土和熟厩肥各一半混合而成。在生长期间必须适当浇水,但盆土不宜过湿,以潮润偏干为宜。防止徒长不开花或迟开花。生长后期加施磷肥,并多见阳光,可促使生长健壮和花序硕大。在种子成熟阶段宜少浇肥水,以利种子成熟,并使较长时间保持花色浓艳。

病虫害防治:幼苗期发生根腐病,可用生石灰大田撒播。生长期易发生小造桥虫,用稀释的洗涤剂,乐果或菊酯类农药叶面喷洒,可起防治作用。

(1)轮纹病

主要症状:叶片出现周边呈褐色的大型圆病斑,病斑表面有明显的同心轮纹,以后病斑中央灰褐色,散生黑色小粒点。

(2)疫病

主要症状:叶上初为暗绿色的小斑,后扩大,病斑在高湿时呈软腐状,低湿时呈淡褐色,干燥状。

(3)斑点病

主要症状:叶上病斑多角形或圆形,直径 1～5 mm,周边暗褐色,中间淡褐色。

(4)立枯病

主要症状:病菌主要侵染根颈部。出苗前发病,种芽腐烂在土中,表现为地面缺苗,出苗后发病,受害根颈部表现为黑褐色,变软,水渍状,后期植株顶部萎蔫,最后枯死。发病重时,接触地面的叶片也易产生深绿色至褐色的水渍状大斑,引起叶腐。

(5)茎腐病

主要症状:此病多为害茎基部,初期受害处出现黄褐色的斑点,后逐渐扩大成椭圆形或长条病斑,边缘呈褐色,中央黄色或灰白色,最后病斑上产生黑色小粒点。

①化学防治。发病初期及时喷药防治,药剂有 1∶1∶200 的波尔多液,50%的甲基托布津可湿性粉剂、50%的多菌灵可湿性粉剂 500 倍液喷雾,40%的菌毒清悬浮剂 600～800 倍液喷雾;或用代森锌可湿性粉剂 300～500 倍液浇灌。

②生物防治。除了使用稀释的洗涤剂外,还可以在周围种植一些让虫子避而远之的植物,或者放些吃那些害虫的益虫。

分布范围:鸡冠花主要分布在安徽、北京、福建、甘肃、广东、广西、贵州、海南、河北、黑龙江、河南、香港、湖北、湖南、江苏、江西、吉林、辽宁、内蒙古、宁夏、青海、陕西、山东、山西、四川、台湾、新疆、西藏、云南、浙江。

园林应用:高型多用于布置花境、点缀树丛外缘,做切花、干花等。矮型则适于布置花坛或作盆栽。鸡冠花是园林中著名的露地草本花卉之一,花序顶生、显著,形状色彩多样,鲜艳明快,有较高的观赏价值,是重要的花坛花卉。鸡冠花对二氧化硫、氯化氢具良好的抗性,可起到绿化、美化和净化环境的多重作用,适宜作厂、矿绿化用,是一种抗污染环境的大众观赏花卉。

14.25 毛地黄

学名:*Digitalis purpurea* L.

别名:洋地黄、自由钟、俄国金钟、指顶花、金钟、心脏草等 、狐狸手套

科属:玄参科,毛地黄属

形态特征:二年生或多年生宿根草本花卉,株高 0.6～1 m。除花冠外,全体被灰白色短柔毛和腺毛,有时茎上几无毛,高 60～120 cm。茎单生或数条成丛。基生叶多数成莲座状,叶柄具狭翅,长可达 15 cm;叶卵形或卵状披针形,长 5～15 cm,先端尖或钝,基部渐狭,边缘具带短尖的圆齿,少有锯齿,叶面粗糙,两面具柔毛,多自基部簇生,叶柄短直至无柄而成为苞片。萼钟状,长约 1 cm,果期略增大,5 裂几达基部;裂片矩圆状卵形,先端钝至急尖;花冠紫红色,内面具斑点,长 3～4.5 cm,裂片很短,先端被白色柔毛。蒴果卵形,长约 1.5 cm。种子短棒状,除被蜂窝状网纹外,尚有极细的柔毛。总状花序,花形似悬钟,花色紫、白或有斑点等,花期 5～6 月份。

生态习性:毛地黄耐寒,性喜凉爽,畏炎热,夏季若在露天放置,遭雨淋和日晒后,嫩梢易腐烂。一般放置于少见阳光而稍多荫的篱笆下,下雨时最好能加席防雨。夏天灌水不宜过多,可待叶面略呈萎蔫时再浇。夏至可施少量粪干作追肥,并松土。天气炎热时,植株生长甚慢。

繁殖栽培:一般用种子繁殖,播种期在 1～2 月份。种子甚小,在中温温室播种,播种方法与瓜叶菊同。播后 20 天左右发芽。在幼苗期间,用盆浸法灌水,不宜过湿(盆土以达六成湿润为宜);若太湿,则幼苗易发生烂根。毛地黄亦可在伏天扦插繁殖。

发芽后 40 余天,当幼苗已具有 2～3 片真叶时,可分苗,栽于浅盆中,盆土用旧盆土或“一九”粪土。株行距 1.5 cm×1.5 cm,每盆种 80～90 棵。栽后将浅盆放于温室“前口”,1 周内浇水时,应注意防止冲倒小苗。立夏移出温室,放在篱笆下。这时可将苗栽于“三号筒”(也可先在温室内移入“牛眼”,此时再换“三号筒”)。

施肥与浇水:需肥量较大,喜欢持续的 100～150 mL/L 的液态氮肥(15∶5∶15 或 15∶10∶15),湿度保持在 2～4 标准水平(湿度标准 4 是指基质的湿度保持在接触时可感知潮湿但没有浸透)。在开花时节,考虑到花的质量和数量,可适当地增加光照。日照长度不会影响开花。虽然毛地黄是略喜阴植物,但当有充分的湿度和适当的低温时是可以在一定光照强度下生长的。在开花之前,植物会出现 8～12 枚叶子。尽管植物生长的温度适应幅度在 12～19℃,但在收尾阶段最理想的夜间温度为 12～16℃。将植物种植在有一定保护冷床的条件下,就能生长出高质量的植物和花穗。相反,如果植物种植在有相对强光照和夜间温度超过 19℃的温室里,植物虽然也会开花,但会出现徒长和开花稀少的现象。

立秋后,视植株大小,换入“二号筒”、“头号筒”或“菊花缸”中,用“二八”粪土。秋分追肥 1

次。寒露移入低温温室"前口",看生长情况可浇酱渣子水5～6次。要勤"倒盆",注意摘烂叶。立春换"二缸子",用"二八"粪土,施4～5块蹄片做基肥;清明前还可追肥1次。这样,到4～5月份,便可开花,花期45天左右。

立夏移出温室,选出留种母株,加强管理,待种子成熟,即可摘下,晒干保存。

病虫害防治:在幼苗期,如有虫害,需随时防治,天气炎热而干燥时,常有蚜虫和红蜘蛛为害,可用鱼藤精喷治蚜虫,用石灰硫黄合剂喷杀红蜘蛛。

(1)褐腐病

主要症状:受害植株在靠近土面的茎基部初生暗色斑点,扩大后呈棕褐色,收缩腐烂。病菌侵染叶片引起暗绿色水渍状圆斑;侵染叶柄则呈褐色腐烂。潮湿时在病斑处可见白色丝状物,严重病株倒伏。

发病规律:病菌不产生孢子,以菌丝侵入传播。菌丝初期无色,后期淡褐色。腐生性较强。习居土壤或病残组织内越冬。气温适宜(20～24℃)湿度较大,有利于病菌生长繁殖。

防治方法:

①选用有机质丰富的新土或经晒干后颜色较深、质地坚实、碎泥时泥粉较少的塘泥及河泥作栽培土。最好不用旧盆土。施用的基肥要充分腐熟。

②加强田间管理。空气湿度大时少浇或不浇水,以保持盆中泥土湿润为度。少施氮肥,多施磷、钾肥,及时摘除下部接触土壤的病叶、老叶并销毁。

(2)茎腐病

主要症状:病株叶片浅绿色。多数在割麻留下的叶桩上呈水渍状湿腐,产生黄褐色或红褐色病痕,手压之有汁液流出。腐烂逐渐蔓延到邻近未割的叶片基部,染病组织湿腐。湿腐的叶基和茎干组织有臭味。纵剖病株躯干,可见从染病叶基向内扩展而形成的黄褐肥坏死病痕,病健交界处有红色晕圈。在叶桩切口、心叶轴心内可见许多黑色霉状物。

防治方法:

①施用石灰。施用石灰既能防病,又能增长。一般病田按0.5 kg/株,非病田按0.25 kg/株的用量施用,连施2～3年。

②调整割叶期。感病田和易感病田的割叶期可调整到低湿期。原来6月前割叶的提前至3月上旬前割叶;原7月份后割叶的推迟到11月上旬后割叶。注意不要反刀割叶。

③药剂防治。感病田和易感病田应在割叶后3天内用40%灭病威200倍或25%多菌灵400倍药液喷洒割口,药液用量为20～25 kg/667 m^2。

④培育和种植抗病品种。

分布范围:欧洲原产,中国台湾各地零星栽培,阿里山、太平山、清境农场、南天池等地。

园林应用:因其高大、花序花形方面的特点,可在花境、花坛、岩石园中应用。可作自然式花卉布置。适于盆栽,若在温室中促成栽培,可在早春开花。

14.26 霞草

学名:*Gypsophila paniculata*

别名:满天星、小白花、绿石竹

科属:石竹科,石头花属

形态特征：一年生草本。株高 40～50 cm，茎直立光滑，有多数直立叉状分枝，粉红色，有白霜。叶双生，基部叶矩圆状匙形，上部叶条状披针形。聚伞花序顶生，稀疏，花有长梗瓣 5 枚，顶端凹缺，花色有白、粉红或玫瑰红等。蒴果球形，种子细小。花期 4～6 月份。

生长习性：喜温暖湿润和阳光充足环境及干燥土壤，耐寒，也耐碱性土。在土质较瘠薄的地方也能生长，忌高温多湿，生育适温 10～25℃。

繁殖及栽培管理：播种和扦插繁殖。9 月份直接播于栽培地，也可盆栽，盆播的幼苗在子叶展开后直接上 9.3 cm 左右的盆，及时间苗。春季将植株新枝剪下 10 cm，3～4 根为一丛扦插在沙床里喷水保湿，大约 15 天生根。生长期注意中耕除草，灌水量酌量减少，稍干旱能促进开花，尤其开花后排水不良或长期淋雨，根部易腐烂。采收种子需待蒴果发黄而呈麦秆色时方可，过早采收会影响发芽率，种子寿命 5 年。

分布及原产地：原产于新疆阿尔泰山区和塔什库尔干。现各地广泛栽培。

园林应用：主要用于切花，也可布置花坛和花境。

15 球根宿根类彩叶植物

15.1 紫叶美人蕉

学名:*Canna generalis* ‘America’

别名:红叶美人蕉

科属:美人蕉科,美人蕉属

形态特征:多年生半常绿丛生草本植物。植株高 80～150 cm,假茎紫红色,粗壮,地下根颈肉质。叶互生,叶片卵形或卵状长圆形,长 20～50 cm,宽 15～20 cm,革质,顶端渐尖,基部心形,暗绿色,叶色紫色或古铜色,叶全缘。总状花序长 15 cm 左右,顶生,高出叶之上,具 2～3 个分枝;苞片紫色,被天蓝色粉霜,萼片披针形,紫色;花冠裂片披针形,深红色或橙黄,外稍染蓝色,顶端内陷。花期 5～11 月份。

生态习性:喜温暖和充足的阳光,不耐寒,忌干燥。对土壤要求不严,在疏松肥沃、排水良好的沙壤土中生长最佳,也适应于肥沃黏质土壤生长。生长季节需经常施肥。在 22～25℃温度下生长最适宜,5～10℃将停止生长,低于 0℃时就会出现冻害。

繁殖栽培:常采用分株和播种繁殖。

分株繁殖:在 4～5 月份芽眼开始萌动时进行,将根颈每带 2～3 个芽为一段切割分栽。在北方为了使其提早开花,多在 3 月初将冬藏的根颈分割,每 3～4 株用素面沙上盆假植,放在中温室内催芽,经常保持盆土湿润,室温在 18℃以上,4 月中旬根颈萌发,5 月上旬成苗即可脱盆整坨定植花坛。

播种繁殖:其种皮相当坚硬并带一层不透水的物质,播种前可用砂纸搓磨把表皮磨薄,放 30℃的温水中浸泡一昼夜,然后在高温室内盆播。早春 2 月播种,苗高 10 cm 时带土坨分苗移栽,上盆或下地,当年即可开花。

地栽前应充分施肥并进行深翻。单行栽植时株距应保持 60～80 cm,地下茎在一年中不断横向伸展并不断萌发新株,因而株行距不可太小。常年管理简单粗放,保持土壤湿润,不必追肥。北方早霜后把根颈挖出,晾晒数日至外皮发干入冷室盖上干沙贮藏。盆栽宜选 5 片叶开花的矮型速生品种,3 个株芽一组上内径 25 cm 大盆养护,2 月初放中温室,保持温度平稳、光照充足、空气流通、水肥适度,“五一”即可开花展出。

病虫防治:①花叶病。感病植株的叶片上出现花叶或黄绿相间的花斑,花瓣变小且形成杂色,植株发病较重时叶片变成畸形、内卷,斑块坏死。防治方法:由于美人蕉是分根繁殖,易使病毒年年相传,所以在繁殖时,宜选用无病毒的母株作为繁殖材料。发现病株立即拔除销毁,以减少侵染源。该病是由蚜虫传播,使用杀虫剂防治蚜虫,减少传病媒介。用 40%氧化乐果 2 000 倍液,或 50%马拉硫磷、20%二嗪农、70%丙蚜松各 1 000 倍液喷施。②芽腐病。美人蕉展叶、开花之前,芽腐病细菌通过幼叶和花芽的气孔侵入危害,展叶时,叶片上出现许多小点病斑，并逐渐扩大，沿叶脉互相连接而成大斑，有时病斑形成条纹。病斑初显灰白色，很快转为黑色。受侵染的花芽在开花前变黑而枯死。病斑可沿叶柄向下扩展，引起幼茎和芽死亡。老叶受害时，病斑扩展缓慢，形态不规则，黄色，边缘带水渍状。防治方法：一是选用健康的根颈作繁殖材料，对怀疑带菌的根颈，在栽植前用链霉素的500～1 000倍液浸泡30 min，既可防病，又可促进芽、枝生长。二是栽植在阳光充足、肥沃湿润、排水良好的地段，避免栽植过密。三是植株发病早期喷施波尔多液(1∶1∶200)或77%可杀得可湿性粉剂500倍液，14%络氨铜水剂400倍液等。四是随时清除严重病株及病残体，予以烧毁。③卷叶虫。每年5～8月份易发生为害，主要伤其嫩叶和花序。可用50%敌敌畏800倍液或50%杀暝松乳油1 000倍液喷洒防治。④地老虎。可进行人工捕捉，或用敌百虫600～800倍液对根部土壤灌注防治。

分布范围：原产美洲热带地区。我国华北及其以南地区均有栽培。

园林应用：紫叶美人蕉枝叶茂盛，花大色艳，叶色紫红，花期长，可大大丰富园林绿化中的色彩和季相变化，美观自然。可应用于道路分车带绿化、城市公共绿地绿化、厂区绿化，也可用来布置花径、花坛，可增加情趣。

15.2 花叶玉簪

学名：*Hosta undulata*

科属：百合科，玉簪属

形态特征：花叶玉簪多年生宿根草本，玉簪的品种之一。株丛紧密，叶卵形至心形，有黄色条斑，夏季开蓝紫色花，栽培品种非常多，叶形、叶色和株型的差异很大，大型的花叶玉簪，株高和冠幅都能够达到1 m，小型的，三年生的植株冠幅只有20 cm，不同品种却同样美丽。绿者青翠、蓝者幽幽，似雾似纱、俊秀典雅，绚丽多彩的叶片呈现出魔幻般的渐变色彩。

生态习性：性强健，耐寒，喜阴湿，忌阳光直射，光线过强或土壤过干会使叶色变黄甚至叶缘干枯。喜排水良好湿润的沙质壤。

繁殖：花叶玉簪一般采用分株繁殖的方法，由于花叶玉簪芽萌动晚，一般在5月中下旬进行分株。分株期间要做好遮阳工作，玉簪是阴性植物，暴晒会导致生长不良。花叶玉簪分株时，一般选择二三年生的老根萌发的植株。由于花叶玉簪的老根株型比较大，分株时需要进行切割，切割工具一般选用锋利的菜刀。先选好分割点，然后再进行切割。可以用一些坚硬的工具进行辅助分割。萌动后分株要特别小心，避免碰伤萌发的芽。为了保证长大后的花叶玉簪株型丰满，分株时每株需要有3～5个芽，分株后马上消毒。方法是：将分株后的花叶玉簪浸在1 000倍的普力克消毒液中10～15 min进行消毒，然后将消好毒的花叶玉簪取出，阴干；上盆前首先需要配制基质，基质配制需要准备的材料有草炭、松针和珍珠岩，方法是：将草炭、松针和珍珠岩按照5∶3∶2的比例混合在一起，按每千克基质6 g的比例加入缓释放性肥料，缓释放性肥料可以使小苗随着每次的浇水不断获得营养。然后加水使基质湿润，搅拌均匀。盆具：由于花叶玉簪的根比较大，一般选用18 cm×18 cm盆。上盆：上盆时，先在盆具中填充一部分基质，将分株后的花叶玉簪放入盆中，用手扶好，然后沿根部缓缓倒入基质，栽植深度最好是使花叶玉簪的芽入土1～2 cm。基质要充分填充，没有空隙，留2 cm盆沿用来浇水，上盆完成后要马上浇透水。

栽培：

(1)春季管理　由于花叶玉簪刚刚完成分株过程，需要一段时间适应新的环境。这段时间最好不要施肥，保持基质的湿润即可。3～5天后进行日常的管理。花叶玉簪是典型的低维护品种，日常管理十分简单。主要有搭设遮阳网：玉簪类植物都喜欢有斑驳阳光的阴处，夏季光照很强，需要提前人工搭设遮阳网。搭设遮阳网时，先按照行距、株距，在地上挖深度为50 cm的坑，然后将准备好的杆子栽在挖好的坑里。埋好所有的杆子后，将铁丝固定在杆子旁边稳固的建筑上，例如墙壁。把固定好的铁丝拉到每一根杆子上，形成一个长方形或圆形的铁丝架。用麻袋片将每个杆顶铁丝头处牢牢包裹住，固定好，防止刮坏遮阳网。遮阳网的大小一般是按照需要定做。搭设时，用竹竿卷好一边固定在铁丝头处，然后拉网，直到覆盖住整个铁丝架，固定好。这样遮阳网就搭设好了。水分：花叶玉簪经过了适应期后，就可以进行干湿循环了。所谓干湿循环就是根据小苗根部基质的湿润程度及时浇水。方法是：将小苗从花盆中磕出，检查根部基质，如果颜色是黑褐色，用手指触摸基质，感觉黏滑，基质是一个完整的坨，说明还不需要浇水。如果表土颜色变浅，用手指触摸基质，有松散颗粒掉落下来，说明基质变干，需要马上浇水。由于上盆前基质已施入了相应的肥料，因此，花叶玉簪一般在2～3个月内不用施肥。

(2)夏季管理　夏季晴朗干燥的天气，每天上午10:00之前要浇一次透水，下午4:00之后要再次检查玉簪的水分情况，如果发现叶子有打蔫的现象，需要再次浇水，如果只是个别植株叶子打蔫，就可以有针对性的进行浇水。浇水量根据植株的具体情况控制。阴雨天可以根据基质的干湿情况处理。6月初花叶玉簪进入花期，在花期来临前10～15天，需要施用氮、磷、钾的配比为10∶30∶20的水溶性复合肥料，浓度为200～250 g/kg。花叶玉簪为总状花序，花序上的花朵很多，花有白色、紫色等，大都属于冷色系，很适合夏季观赏。花期从6～8月份长达2个月。6月底，花叶玉簪进入盛花期。此期内要注意及时浇水，还要注意病虫害的防治，如菜青虫等，可以采用杀虫剂好年冬500～1 000倍液进行喷施。

分布范围：原产中国长江流域，现我国各地均有分布。

园林应用：花叶玉簪花繁叶茂，花色有白有紫，花期很长，植于林下可做观花地被，布置在建筑物北面和阳光不足的园林绿地中，开花时清香四溢，可盆栽点缀室内，叶和花是切花常用材料。

15.3 德国鸢尾

学名：*Iris germanica*

科属：鸢尾科，鸢尾属

形态特征：多年生宿根草本。根状茎肥厚，略成扁圆形，有横纹，黄褐色，生多数肉质须根。基生叶剑形，长20～50 cm，宽2～4 cm，直立或稍弯曲，无明显的中脉，淡绿色或灰绿色，常具白粉，基部鞘状，常带红褐色，先端渐尖。花茎高60～100 cm，中下部有1～3枚茎生叶；花下具3枚苞片，革质，边缘膜质，卵圆形或宽卵形，长2～5 cm，宽2～3 cm，有1～2朵花，花大，鲜艳，直径可达12 cm，淡紫色、蓝紫色、深紫色或白色，有香味，花被管呈喇叭形，长约2 cm，花被裂片6枚，2轮排列，外花被裂片椭圆形或倒卵形，长6～7.5 cm，宽4～4.5 cm，反折，具条纹，爪部楔形，中脉上密生黄色须毛状附属物，内花被裂片圆形或倒卵形，长、宽均约为5 cm，直立，上部向内拱曲，爪部狭楔形，中脉宽而向外隆起；雄蕊长2.5～2.8 cm，花药乳白色；雌蕊子房纺锤形,长约 3 cm,直径约 5 mm,花柱分枝扁平,花瓣状,淡蓝色、蓝紫色或白色,长约 5 cm,宽约 1.8 cm,先端裂片宽三角形或半圆形,有锯齿。蒴果三棱状圆柱形,长 4～5 cm,先端钝,无喙;种子梨形,黄褐色,表面有皱纹,有白色附属物。花期 4～5 月份,果期 6～8 月份。

生态习性:喜温暖、稍湿润和阳光充足环境。耐寒,耐干燥和半阴,怕积水。宜疏松、肥沃和排水良好的含石灰质土壤。

繁殖栽培:分株繁殖。在花后休眠期至新芽萌发前进行,将根颈挖出分割,每段带 1～2 个芽。一般每 3 年分株 1 次。播种繁殖。发芽适温为 18～22℃,播后 30～50 天发芽。播种苗需培育 2 年才能开花。

栽培管理:盆栽前将叶片剪去一半,栽后根颈要压紧,栽植不宜过深,根颈顶部应露出盆土。在 4 月开花前和 6 月花后各施肥 1 次,以磷、钾肥为主。在生长期盆土保持湿润,花谢后根颈休眠时,应停止浇水。软腐病、花叶病和鸢尾锈病等为常见病害,用稀释 500 倍的 65%代森锌可湿性粉剂喷洒防治。常见虫害有蚀夜蛾幼虫为害根部,可用稀释 1 000 倍的 40%氧化乐果乳油喷雾防治。

分布范围:原产欧洲中部和南部。我国各地均有栽培。

园林应用:德国鸢尾耐寒性强,生长健壮,叶丛美观,色彩幽雅,花大色艳,有深紫、纯白、桃红、淡紫等,是极好的观花地被植物,在园林绿化中常用于花坛、花境布置。同时,可盆栽观赏,也是重要的切花材料。

15.4 彩色马蹄莲

科属:天南星科,马蹄莲属

形态特征:球根植物。彩色马蹄莲具有肉质球茎,节处生根,根系发达粗壮。叶茎生,叶片圆形或戟形,按段尖锐有光泽,全缘,多数品种叶片有半透明斑点。花序具有大型的漏斗状佛焰苞,似马蹄,先端尖反卷。佛焰苞依品种不同,颜色异、有白、粉、黄、紫、红、橙、绿等色彩。在佛焰苞的中央有无数的小花构成肉穗花序多为鲜黄色,淡绿色圆柱形。盛花期 3～4 月份。

生态习性:喜温暖,而耐严寒,生长适宜温度为 18～23℃,夜间温度保持在 10℃以上,能正常开花,但最好低于16℃。能忍耐 4℃低温,高于 25℃或低于 5℃易造成休眠,低于 0℃球茎就会冻死。喜光,冬季需要充足的光照。夏季避免阳光直晒。要避免过分干旱,而水分过多易引起根腐病。喜潮湿。要求疏松、排水良好、肥沃或略带黏性的土壤。花期比较长,长江以北地区室内栽培一般花期为 12 月底至翌年 4 月,其中 3～4 月份为盛花期。长江以南地区露天养殖花期在 5～6 月份。花期主要受温度光照的影响,通过控制温度光照可以周年供花。在华北,一般夏季休眠,休眠期不浇水,置于干燥、有柔和光线处。越冬温度 10℃以上。

繁殖栽培:彩色马蹄莲的繁殖多用分球繁殖法和组织培养法。前者一般在休眠期进行,取小块茎进行分割即可用于种植,第二年即可开花,该法繁殖系数较低,不适宜大面积种植,且多代无性繁殖后易引起品种退化。组织培养法是取彩色马蹄莲丛生块茎纵切成若干块,每一小块保留 2～3 片小叶,接种到含有各种激素的 MS 培养基上,培养基的组成为 MS+6-BA 2.0 mg/L+0.2 mg/L,培养条件:温度控制在(25±1)℃,光照在 2 000 lx,12 h/d 的光照,培养 3～4 周后可得到大量的不定芽。再转移到生根培养基上进行生根培养,培养基质为 MS+IAA 0.2 mg/L+NAA 0.3 mg/L,10～15 天后产生大量的细根。从试管中将分化苗移出进行驯化,1 个月后即可用于各种种植。

若用种球进行栽植的，选择花色艳丽、健壮、无病毒感染、芽眼饱满、色泽光亮的种球，大小直径在 4～5 cm 的范围内为宜。经赤霉素处理 10 min 后，即可用于栽植。注意处理的时间不宜过长，使用浓度不要过高，否则产生畸形花。种球需种植在疏松、透气、微酸性的土壤基质中，种植深度为 10 cm 左右。种植后浇透水，盖上一层塑料薄膜，保湿保温，促进种球发芽。生长期适宜温度白天 20～25℃，晚上不得低于 10℃。

彩色马蹄莲性喜阳光，但在夏秋季仍需部分遮阳，遮去 25%～35% 的阳光。对水分要求严格，在生长初期要求较湿，后期则控制水分，使其开花和休眠。注意初期水分不宜过多，否则引起根的腐烂。生长初期用 1 000 倍 $Ca(NO_3)_2$ 叶面喷施 2 次，间隔时间为 7 天，注意不要将肥水浇入叶柄内，以免腐烂。开花后施入复合肥促进种球充实成熟。

彩色马蹄莲从到开花大约需要 60 天，采花时间选在早晨或者傍晚进行。切花的工具都要消毒，避免病毒传染，切花后的种球第二年还可使用。种球收获的时间一般在彩色马蹄莲地上部叶片全部枯黄时进行，将种球从土中取出，洗净土壤，置于阴凉通风处或冷库贮藏待用。在生长期间，若长期处于高温高湿环境下，易引起细菌性软腐病，常用 50% 多菌灵 1 000 倍液防治。有时也有蚜虫发生，一般用 40% 氧化乐果 1 200 倍液防治。

分布范围：我国各地寒冷地区以温室栽培为主，温暖地区以露地栽培为主。

园林应用：主要用于切花，可制作花饰、花篮、花束等，也可盆栽观赏，全株药用。

15.5 虎眼万年青

学名：*Ornithogalum thyrsoides*

别名：珍珠草

科属：百合科，眼珠花属

形态特征：常绿多年生草本植物，鳞茎呈卵状球形。叶 5～6 枚，带状，端部尾状长尖，叶长 30～60 cm，宽 3～5 cm，中间有白色凹陷中肋。花亭粗壮，高可达 1 m；总状花序边开花边延长，长 20～30 cm；花多而密集，常达 50～60 朵，花梗 2 cm，花被片 6 枚，分离，白色，中间有绿脊，花径 2～2.5 cm。花期 4～5 月份。蒴果倒卵状球形，种子小，黑色。

栽培变种有橙色及绿瓣者。

生态习性：虎眼万年青原产非洲南部。喜阳光，亦耐半阴，耐寒，夏季怕阳光直射，好湿润环境，冬季重霜后叶丛仍保持苍绿。鳞茎有夏季休眠习性，鳞茎分生力强，繁殖系数高。

繁殖栽培：常用分球繁殖。分球繁殖：8～9 月份掘起鳞茎，按大小分级栽种，一次栽种后经数年待鳞茎拥挤时再行分球。分球栽植时，不要把小球种的太深，通常盖土的厚度不要超过球径的 1 倍。一般栽植深度为 5～6 cm，栽后土壤需保持一定湿度。生长期每半月施肥 1 次，土壤要疏松、湿润和排水好。花后应去掉残花梗，翌年开花。鳞茎贮藏温度为 25℃，需干燥通风。

随着鳞茎的长大，叶片跟着伸长，为了使植株紧凑优美，盆栽的必须修整叶片。修整时将叶片剪短约 2/3，剪口力求多样化和艺术化，可根据需要将末端剪成椭圆形或楔形(羊角形等，但不可平剪)。这样株型紧凑、奇特、大方。

另外，虎眼万年青盆栽种植时有两种方法：①多株种植。以奇数为好。选取理想的植株合植于紫砂盆中；也可在多鳞茎的盆中选留理想的植株，余者剔除。对于前侧滋生的小植株，为了起到点缀的作用,也可保留。②独球造型。选择优美粗壮的大球单独种植在一个花盆内,加强肥水管理,使鳞茎加速膨大。为了突出观球效果,可将距鳞茎高 3 cm 以上的叶片全部剪除。后从剪口处逐渐长出新叶,如此既可长期观赏丰满、晶莹剔透的鳞茎。

鳞茎的“美容”:虎眼万年青由于新陈代谢的原因,久而久之表层易形成一层赤色干瘪的薄膜,随着鳞茎的膨大,这层薄膜自然扯裂,降低观赏效果,故应将这层外皮剥除,以提高观赏效果。

病害防治:主要有花叶病危害,病毒由蚜虫传播,可用 2.5%鱼藤精 800 倍液喷杀防治。

分布范围:我国华北及以南地区,北方温室均广为栽培。

园林应用:虎眼万年青春季星状白花闪烁,幽雅朴素,是布置自然式园林和岩石园的优良材料,也适用于切花和盆栽观赏。

15.6 紫叶车前草

学名:*Plantago major rubrifolia*

科属:车前科,车前属

形态特征:多年生宿根草本。根颈短缩肥厚,密生须状根。无茎,叶全部基生,叶片紫色,薄纸质,卵形至广卵形,边缘波状,主脉 5 条,叶基向下延伸到叶柄。春、夏、秋三季从植株中央抽生穗状花序,花小,花冠不显著。结椭圆形蒴果,顶端宿存花柱,熟时开裂,撒出种子。

生态习性:喜向阳、湿润的环境,耐寒、耐旱。对土壤要求不严,一般土壤均可种植。

繁殖栽培:以播种繁殖为主。选择肥沃的沙质壤土,翻挖晒垡后,施有机肥 4 000 kg/667 m^2,普通过磷酸钙 30 kg/667 m^2,平整碎垡,做成宽 1～1.5 m 的墒。7 月上中旬种子成熟时应立即采收,随采随播,或采收后的种子贮藏至翌年 2 月中旬再播。可条播或撒播,条播行距为 15～20 cm,株距 6 cm 左右。播种时开浅沟,深 1～1.5 cm,播后覆土盖种,盖土厚度以不见种子为宜,稍镇压,浇透水,浇水时最好用喷壶撒浇,以防冲起细小的种子影响出苗。撒播时要均匀,播后需轻轻镇压墒面,使种子落入土隙中,适当盖土,浇透水。用种量为 0.3～0.5 kg/667 m^2。

移栽适期 8 月下旬至 9 月上旬。每畦栽 4 行,规格 30 cm×20 cm,每穴栽带土壮苗一株,每 667 m^2 栽 8 500～9 000 株。栽后浇施含尿素 0.2%的定根水。栽后第二天,若遇晴天干旱,应在傍晚灌水,使畦内湿透。第一次追肥,霜后 7 天进行,施尿素 5 kg/667 m^2,对水 1 000 kg 浇施;过 10 天追第二次肥(用量同前)。栽后 25 天左右,硼砂 100～150 g、甲胺磷 150 g,对水 50 kg 进行叶面喷施,促使花芽分化,并注意防治蚜虫。10 月 1 日前后,要求植株高度达到 20 cm 以上,叶宽 10 cm 以上,每株有大叶片 10 片左右,促花繁叶茂。

病虫防治:病害主要有叶斑病,可喷洒多菌灵 800 倍液防治。虫害主要有蚜虫等,可用 10%吡虫啉喷雾防治。

分布范围:全国各地均有栽培。

园林应用:紫叶车前草全株亮紫色。作为地被类彩叶植物,可种植在林下、路旁、公园、庭院中点缀,在花境中作彩色配色植物。也可做彩色叶浅水生植物使用,栽种在溪边、河岸、湖旁及浅水中均表现良好,同时增添水景绿化的色彩。

15.7 晚香玉

学名:*Polianthes tuberose*

别名:夜来香

科属:石蒜科,晚香玉属

形态特征:多年生草本。块茎长圆形,上部呈鳞茎状,下部呈块茎状。基生叶条形。花茎自叶基部抽出,花对生、白色,排列为穗状花序,自下而上陆续开放,漏斗形状,有浓香在夜晚开放时香味更浓。蒴果卵形,种子稍扁。栽培种还有重瓣种,其花被外侧有淡紫晕,花香不及单瓣种,但着花多。

生长习性:喜温暖湿润、阳光充足环境及深厚肥沃排水好的沙质壤土,耐盐碱。在原产地没有休眠期,一年四季均可开花,但以夏季最盛。在其他地区冬季落叶休眠。花期为7月上旬至11月上旬,盛花期8～9月份。

繁殖及栽培管理:分球繁殖。4月份栽小球和子球,栽培地要深翻,施足基肥,种时大球浅种,小球深种,在种植前种球须放在冷水中浸泡一夜,促其迅速发芽。初栽时,因苗小、叶少,生长缓慢,浇水不能多,促进花芽萌动以后随生长量,再增加水分。晚香玉喜肥,应经常施追肥:一般花期施1～2次追肥,花后再追肥1～2次。夏季要勤浇水,南方生长期长,可以收到一次秋花。11月份将球根挖起把上部茎叶及下部须根切去,选干燥地将球置上,再覆土越冬,露地需加覆盖物。在北方则需贮存于室内越冬。

分布及原产地:原产墨西哥,现各地广泛栽培。

园林应用:主要用于切花,制作花束,花篮,也可布置花坛或混栽于花境中。此外可提取香精。

15.8 兰花

学名:*Cymbidium* sp.

别名:兰草

科属:兰科,兰属

形态特征;多年生草本。种类繁多,生态各有不同,现按生态习性可分气生兰与地生兰两大类。

(1)气生兰　多产于热带雨林地区。花朵美丽无香味,喜温暖湿润的环境,根裸露在空气中,大部分地区于温室中培养。

(2)地生兰　多产于温带我国长江流域以南,云贵高原及西藏等地。常见的有以下几种:

①春兰。根肉质,白色,假鳞茎小而密集呈小球形。叶丛生而坚韧,长20～25 cm,叶窄而尖,暗绿色,叶缘有细锐锯齿。花在上一年夏季形成,8月下旬出土,停止生长,早春抽芽,顶端生一花,黄绿色,香味清淡,花被6枚,二层排列。蒴果,种子细小。花期2～3月份。春兰品种常以外三瓣(花萼)的形态变异又分为5种类型。

梅瓣:外三瓣短圆而带肉质,内瓣圆而起兜。

水仙瓣:外三瓣厚实而先端略尖或圆形,形如水仙,但内瓣短圆起兜。

荷花瓣:外三瓣长宽几乎相等,萼片厚而肉质,内瓣近椭圆。

蝴蝶瓣:花小,在外三瓣中靠基部两瓣微向后翘,展开如蝴蝶,唇瓣大而卷,上有紫红色斑点。

素心瓣:唇瓣无紫红斑点,纯白色,淡黄色或绿白色,花瓣翠绿。

②蕙兰。又名九节兰,夏兰。叶稍长,直立性强,叶脉透亮明显,叶缘粗糙。根肉质,淡黄色。初夏抽出花茎,总状花序着花5～11朵,淡黄色,唇瓣绿白色,上有红紫斑点,花香,花期4～5月份。根据苞片的色泽可分赤壳类、绿壳类、赤绿壳类、蝴蝶类、素心类5种。

③建兰。根长,粗厚,海绵质。叶线状披针形,有光泽,多直立,叶有阔狭长短之分,叶缘光滑,叶色有黄、绿、暗绿之分。总状花序着花6～12朵,花黄绿色或淡黄褐色,有紫褐色条纹,花瓣狭椭圆形或狭卵状椭圆形;唇瓣近卵形,略3裂。香味甚浓,花期7～9月份。品种极多。

④墨兰。又名报岁兰,叶长40～80 cm,叶带形,有光亮,先端尖,直立性。花茎直立,较粗壮,可达60 cm,着花5～10朵,花瓣多紫褐色条纹,花期12月份至翌年2月份。

生长习性:喜温暖湿润气候及含腐殖质丰富微酸性沙质壤土,春兰、蕙兰的耐寒力较强,长江以南地区可露地越冬,建兰则需在温室越冬。生长期适宜半阴,冬日则需日光充足,总状花序的花自基部向上开放。

繁殖及栽培管理:分株繁殖。春兰、蕙兰在10月份停止生长后进行,建兰则在春季新芽未抽出前进行。一般每3～4年分株一次,分株前盆土略干,使根变软,分株时去除枯根,然后从自然处分开,分后植株先放通风处阴干。使其变软再栽,栽时注意将根向四方伸开、逐渐加土。种子极细,发芽率差,故要采取培养基接种,才能生出小苗,此法多不用。栽培管理要细致,现分述如下:

(1)上盆　盆土用林中腐殖质土俗称“山泥”,在土中掺和细沙促使排水良好,盆底多垫瓦片,瓦片相互搁空,上填粗沙,再填粗土块,一般春兰填5 cm,蕙兰填8 cm,再填部分腐殖质土,堆成圆锥形;然后将分株放入盆中,新芽向外,根要分布均匀,将细土填入盆中距盆口约8 cm,将植株略向上提一下,使根舒展从四周压实,使中心较高,浇透水,置阴处数日,10天后恢复,再接受半阴的光线。

(2)浇水与喷水　要求空气和土壤均湿润。平时为了增加空气湿度,一天喷水喷雾数次,既喷盆面,又喷地面。夏季浇水宜在清早或傍晚,浇水要从四面浇,不能当头冲。雨天盆土宜稍干,秋季气温降低,浇水次数减少,甚至停止喷水。用水以河水雨水为好,忌碱性水。

(3)施肥　可用饼肥腐熟后浇灌,春、秋两季各施液肥2次。

(4)遮阳　从春末到秋初,均要置于荫棚下,芦帘早上8:00左右盖,傍晚对拉开。夏日阳光强烈,要遮以浓荫,春秋季只需避去中午前后直射的阳光。冬季宜见日光。春兰蕙兰需日光较多,建兰次之。

分布及原产地:原产我国,现各地均有栽培。

园林应用:盆栽观赏。整株入药,建兰叶治咳嗽,根可催生,花梗治癣。兰花还可作香料。

15.9 桔梗

学名:*Platycodon grandiflorus*

别名:梗草

科属:桔梗科,桔梗属

形态特征:多年生草本。株高 50～80 cm,有乳汁,下具白色肉质根,圆锥形。叶互生或 8 叶轮生,卵状披形,边缘有锐锯齿,叶面绿色,叶背蓝绿色。花单生于枝顶,花径 3～6 cm,花冠大、钟形,前部 5 裂,蓝紫或白色。蒴果,成熟时上部 5 瓣裂开,内含种子多粒。

生长习性:喜温暖向阳湿润的环境,忌高温高湿及阴的环境,适于含腐殖质多的沙质壤土,花期 7～9 月份。采期 9～10 月份,种子寿命 1 年。

繁殖及栽培管理:播种和分株繁殖。可秋播、冬播或春播,以秋播最好。每亩用种量 500～750 g。分株在春秋季均可进行。6～7 月份开花前后可施液肥 1～2 次,以利开花和长根,可露地越冬。秋后挖根入药,播后 2～3 年即可收根。

分布及原产地:原产中国及日本,现各地均有栽培。

园林应用:用于花境及丛植。根入药。

15.10 石蒜

学名:*Lycoris radiata*

别名:蟑螂花、红花石蒜、龙爪花

科属:石蒜科,石蒜属

形态特征:多年生草本。地下鳞茎近球形,外被紫褐色薄膜,叶细长带状,先端钝,深绿色。花鲜红色,漏斗形,5～7 朵呈顶生伞形花序。筒部很短,花被裂片狭倒披针形,向外翻卷,雌雄蕊伸出花被外很长。蒴果,由于子房下位一般不结实,结实需人工授粉。变种有班花石蒜。

生长习性:耐寒,喜阴湿环境,土壤要求含腐殖质多的沙质壤土。夏季休眠,开花时无叶,花期 8～9 月份。

繁殖及栽培管理;分球繁殖。鳞茎地栽每 3～4 年掘起分栽一次,在休眠期或开花后将植株挖起来,栽植深度 8～10 cm。夏季气温过高,要充分灌水,生长期间管理粗放,一般园土栽培不必施肥。

分布及原产地:原产我国长江流域及西南各省均有野生,现各地都有栽培。

园林应用:常用作背阴处绿化或林下地被花卉,花境丛植或山石间自然式栽植。因开花时无叶,应与其他较耐阴的草本搭配为好。亦可作盆栽水养及切花。鳞茎有毒,入药,有催吐祛痰,消肿止痛之效。

16 温室类彩叶植物

16.1 西瓜皮椒草

学名:*Peperomia sandersii*

别名:豆瓣绿椒草

科属:胡椒科,豆瓣绿属

形态特征:为多年生常绿草本植物,簇生型植株,高 15～20 cm。茎短丛生,叶柄红褐色,长 10～15 cm,尾短尖长,约 6 cm。叶卵圆形,长 3～5 cm,宽 2～4 cm,肉质,叶面绿色,叶背为红色;主脉 11 条,浓绿色;叶面间以银白色的规则色带形似西瓜的斑纹。穗状花序,花小,白色。

生长习性:喜温暖、多湿及半阴环境。疏松、排水透气良好的土壤。耐寒性稍弱,冬季温度应保持在 10℃以上。生长适温 20～25℃,超过 30℃和低于 15℃则生长缓慢,温度低于 10℃易受寒害。

繁殖栽培:分株和扦插繁殖。

分株繁殖:可于春、秋两季进行,挑选母株根基处发有新芽的植株,结合翻盆换土取出植株,抖去附着的土,用利刀根据新芽的位置,切取新芽盆栽。分株时,注意保护好母株和新芽的根系。也可在植株长满盆时,将植株倒出分成数盆栽植。

扦插繁殖:有枝插和叶插两种方法。扦插时避免用塑料薄膜或玻璃覆盖,否则易腐烂。

(1)枝插　可在春、夏季进行,选取健壮的枝条,剪取 5～8 cm 的接穗,去除下部叶片,晾干剪口,然后插入湿润沙床中。在半阴下,保持 18～25℃的温度,即可生根。

(2)叶插　多在 5～10 月份进行。选择健壮充实的叶片,将带有叶柄的充实叶片全部摘下,带 2～3 cm 的叶柄,晾干 2～3 h 待伤口稍干后,斜插于沙床或盆中,叶柄与苗床的角度为 35°～45°,基质用洗净的河沙配上 20%～30%的蛭石。保持湿润,置于半阴下,20～25℃下,4～5 周即可生出不定根和不定芽,2 个月左右即可长成小苗。待苗长至 4～5 cm 时移植上盆。但忌介质过湿,以避免插穗腐烂。

栽培方法:西瓜皮椒草喜高温、湿润、半阴及空气湿度较高的环境。若要使其保持叶片美丽斑纹,必须做到以下几点:

(1)壮苗栽植　上盆苗应选择专业生产的,苗高 5～8 cm,具 6～10 片叶,无病虫害,无枯叶、黄叶的优质种苗做上盆苗。

(2)基质　需要栽培于疏松肥沃、排水良好的土中,在黏土中生长差。盆土宜选用腐叶土与粗沙或煤渣灰混合后使用。也可用泥炭土加珍珠岩栽培。无土栽培多采用疏松、透气良好的国外进口泥炭土做基质。

(3)温度　西瓜皮椒草既不耐严寒,又不耐酷暑,生长最适温度为 20～30℃,气温超过

30℃和低于15℃时，生长就变缓慢，冬季最低温度不能低于10℃，否则易受冻害。甚至出现生理性病害。

(4)土壤　盆土选用以腐叶土为主，加少量河沙混合的培养土。

(5)光照　因西瓜皮椒草较耐阴，故平时应放在室内明亮散射光处，切忌强光直射。春、秋两季应移至室外通风良好而又稍见阳光处养护。喜半阴或散射光照，只在冬季可以全阳养护，夏季一定要遮阳50%，否则易灼伤叶片。但过于荫蔽，叶色暗淡，呈灰绿色，且斑纹不明显。

(6)水分　生长季节需保持盆土湿润，但盆内不能积水，否则易烂根落叶，甚至整株死亡。夏季及干旱季节应每天向叶面喷2～3次水，以提高空气湿度，促使叶片斑纹形成。既怕干旱又怕涝渍，干旱会萎蔫、枯黄，甚至死亡；涝渍会发生根腐病。以盆土保持微湿润即可，也可在盆土表面见干时就浇水，冬季如果温度稍低时，则应控制浇水，让盆土干湿交替。

(7)肥料　通常每月需施1次稀薄饼肥水或复合肥，氮肥不能过多，如缺磷肥时，易引起叶面斑纹消失，降低观赏效果。要以均衡的肥料施用，不可单施氮肥，否则会造成“西瓜”条纹不明显，观赏价值大大降低。最好采用稀薄液态肥料浇灌盆土，过浓的肥料易造成植株坏死。

(8)湿度　需要较高的空气湿度，不耐干燥，除正常浇水外，还要经常向植株喷水，如有条件最好在生长环境中洒水增湿，效果良好。在干燥的环境中，叶片生长极不正常。

病虫防治：病虫害较少。病害以叶斑病常见，可喷施多菌灵、敌力脱等防治。虫害主要有红蜘蛛、介壳虫多见，喷施专杀药剂即可，如三氯杀螨醇、尼索朗防治红蜘蛛；杀扑磷、毒死蜱防治介壳虫。应注意栽培场所、盆罐和用土的消毒。根颈腐烂病和栓痂病危害，喷波尔多液可控制病害蔓延。

分布范围：原产美洲和亚洲热带地区。我国各地均有引种栽培。

园林应用：西瓜皮椒草株型玲珑，秀叶丛生，形态圆润，绿如翡翠，白若美玉，雅洁娇莹，用作室内装饰植物独具风韵。可作小型盆栽置于茶几、案头，细细观赏，别有风味，是一种非常适合案头摆设的小型观叶植物。

16.2　白纹草

学名：*Chlorophytum bichetii*

别名：白纹兰

科属：百合科，吊兰属

形态特征：多年生宿根观叶草本植物，株高10～15 cm，叶线形，丛生，叶自然下垂，细致柔软，叶面上有白色条纹，与镶边吊兰极相似，地下根肥大呈纺锤状，有贮存养分及水分的功能。夏季时会开白色的小花，但因花观赏价值较低，通常还没开放，就被剪除，以避免植株耗费太多养分。

生态习性：白纹草性强健，稍耐旱，耐湿，耐阴，怕强光直射。栽培场所只要有明亮的散射光即可，生育最适温度为20～28℃，冬季低温时，叶片易发黄。适合任何土壤，也可水培。

繁殖栽培：白纹草栽培容易，可土栽培也可水培，尤适宜盆栽。栽植时只要将植株种好压实，浇透水即可。水培：可取一透明的不透水容器，用发泡炼石或贝壳砂、彩色石头等当介质固定根部，再加水约至植株根部的1/2即可(水位不要淹过整个根部，以免根腐)。无论有土栽培还是水培，都可以长得很好，无须特殊管理。

施肥可用好康多二号当基肥，每 3 个月施用一次；夏季再以花宝四号当追肥，稀释 2 000 倍，每 7～10 天施用一次；如果采用水培方式，可以用花宝二号或四号稀释 4 000～5 000 倍，当作培养液使用。白纹草可以分株法繁殖，于每年的春、夏季，植株生长旺盛时进行，只要将植株小心分成数份后，再分别种植即可。如果采用有土栽培的方式，1～2 年换盆一次，将拥挤的植株分开种植，改善成长状况。

分布范围：原产亚热带西非，后引入我国长江以南地区。

园林用途：白纹草株型小巧玲珑，十分可爱，其美丽的叶色，飘逸的叶形，深受人们喜爱，是常见的室内观叶植物，尤其适于小型盆栽，摆放于台案、花架之上。

16.3 变叶木

学名：*Codiaeum variegatum*

别名：变色月桂

科属：大戟科，变叶木属

形态特征：常绿灌木或小乔木。高 1.1～2 m。单叶互生，厚革质；叶形和叶色依品种不同而有很大差异，叶片形状有细长、线形、卵形、披针形至椭圆形，色彩鲜艳、光亮，边缘全缘或者分裂，叶长 10～15 cm，波浪状或螺旋状扭曲，甚为奇特，叶片上常具有白、紫、黄、红色的斑块和纹路，全株有乳状液体。总状花序生于上部叶腋，花白色不显眼。

近缘品种：

常见栽培的有长叶变叶木，叶片长披针形。其品种有黑皇后，深绿色叶片上有褐色斑纹；绯红，绿色叶片上具鲜红色斑纹；白云，深绿色叶片上具有乳白色斑纹。

复叶变叶木，叶片细长，前端有 1 条主脉，主脉先端有匙状小叶。其品种有飞燕，小叶披针形，深绿色；鸳鸯，小叶红色或绿色，散生不规则的金黄色斑点。

角叶变叶木，叶片细长，有规则的旋卷，先端有一翘起的小角。其品种有百合叶变叶木，叶片螺旋 3～4 回，叶缘波状，浓绿色，中脉及叶缘黄色；罗汉叶变木，叶狭窄而密集，2～3 回旋卷。

螺旋叶变叶木，叶片波浪起伏，呈不规则的扭曲与旋卷，叶先端无角状物。其品种有织女绫，叶阔披针形，叶缘皮状旋卷，叶脉黄色，叶缘有时黄色，常嵌有彩色斑纹。

戟叶变叶木，叶宽大，3 裂，似戟形。其品种有鸿爪，叶 3 裂，如鸟足，中裂片最长，绿色，中脉淡白色，背面淡绿色；晚霞，叶阔 3 裂，深绿色或黄色带红，中脉和侧脉金黄色。

阔叶变叶木，叶卵形。其品种有金皇后，叶阔倒卵形，绿色，密布金黄色小斑点或全叶金黄色；鹰羽，叶 3 裂，浓绿色，叶主脉带白色。

细叶变叶木，叶带状。其品种有柳叶，叶狭披针形，浓绿色，中脉黄色较宽，有时疏生小黄色斑点；虎尾，叶细长，浓绿色，有明显的散生黄色斑点。

近年来，又有莫纳、利萨、布兰克夫人、奇异、金太阳、艾斯汤小姐等品种。

生态习性：喜高温、湿润和阳光充足的环境，不耐寒。生长适温为 20～30℃，3～10 月份为 21～30℃，10 月份至翌年 3 月份为 13～18℃。冬季温度不低于 13℃。短期在 10℃，叶色不鲜艳，出现暗淡，缺乏光泽。温度在 4～5℃时，叶片受冻害，造成大量落叶，甚至全株冻死。喜湿怕干。生长期茎叶生长迅速，给予充足水分，并每天向叶面喷水。但冬季低温时盆土要保持稍干燥。如冬季半休眠状态，水分过多，会引起落叶，必须严格控制。喜光性植物，整个生长期均需充足阳光，茎叶生长繁茂，叶色鲜丽，特别是红色斑纹，更加艳红。若光照长期不足，叶面斑纹、斑点不明显，缺乏光泽，枝条柔软，甚至产生落叶。土壤以肥沃、保水性强的黏质壤土为宜。盆栽用培养土、腐叶土和粗沙的混合土壤。

繁殖：播种、扦插、压条均可。

播种繁殖：选择当年采收的、籽粒饱满、无残缺或畸形、无病虫害的优质种子进行播种。隔年种子不宜采用，因变叶木种子贮藏时间越长，发芽率越低。播前用60℃左右的热水浸种15 min，或用5%多菌灵500倍液浸种。基质用0.1%～0.5%高锰酸钾溶液进行消毒。

催芽：用温热水(30～35℃)把种子浸泡12～24 h，直到种子吸水并膨胀。

播种：因变叶木种子较小，播时可先将催芽后的种子混入适量的细沙，然后均匀撒播。播后用细土覆盖，覆盖厚度为种子直径的2～3倍。播后用细眼喷雾器将苗床撒湿，撒时力度不宜过大，以免把种子冲出来。

对于直接播种在盆中的，可把播种后的花盆放入水中，水的深度为花盆高度的1/2～2/3，让水慢慢地浸润基质，以减少淋水工序，效果更好。

播种后的管理：在深秋、早春季或冬季播种后，遇到寒潮低温时，若是盆栽，可搭塑料小拱棚保温，也可用塑料薄膜把花盆包起来，以利保温保湿；幼苗出土后，要及时把薄膜揭开，并在每天上午的9:30之前，或者在下午的3:30之后让幼苗接受太阳的光照，否则幼苗会生长得非常柔弱；大多数的种子出齐后，要适当地间苗：把有病的、生长不健康的幼苗拔掉，使留下的幼苗相互之间有一定的空间；大部分的幼苗长出了3枚或3枚以上的叶子后就可以移栽。

扦插繁殖：在春末秋初进行嫩枝扦插，或于春季进行硬枝扦插。

扦插基质：一般采用河沙、泥炭土等，也可用中粗河沙，但在使用前要用清水冲洗几次。

插条选择和扦插：嫩枝扦插，在春末至早秋植株生长旺盛时，选用当年生粗壮枝条作为插穗。把枝条剪下后，选取壮实的部位，剪成5～15 cm长的一段，每段要带3个以上的叶节。剪取插穗时需要注意的是，上面的剪口在最上一个叶节的上方大约1 cm处平剪，下面的剪口在最下面的叶节下方大约为0.5 cm处斜剪，上下剪口都要平整(刀要锋利)。硬枝扦插，在早春气温回升后，选取去年的健壮枝条做插穗。每段插穗通常保留3～4个节，剪取的方法同嫩枝扦插。

插后管理：

(1)温度　插穗生根的最适温度为20～30℃，低于20℃，插穗生根困难、缓慢；高于30℃，插穗的上、下两个剪口容易受到病菌侵染而腐烂，并且温度越高，腐烂的比例越大。扦插后遇到低温时，保温的措施和播种育苗一样，搭建塑料小拱棚保温，若是盆栽可用薄膜把用来扦插的花盆或容器包起来；扦插后温度太高温时，降温的措施主要是给插穗遮阳，要遮去阳光的50%～80%，同时给插穗进行喷雾，每天3～5次，晴天温度较高喷的次数也较多，阴雨天温度较低温度较大，喷的次数则少或不喷。

(2)湿度　扦插后必须保持空气的相对湿度在75%～85%。插穗生根的基本要求是，在插穗未生根之前，一定要保证插穗鲜嫩能进行光合作用以制造生根物质。但没有生根的插穗是无法吸收足够的水分来维持其体内的水分平衡的，因此，必须通过喷雾来减少插穗的水分蒸发：在有遮阳的条件下，给插穗进行喷雾，每天3～5次，晴天温度越高喷的次数越多，阴雨天温度越低喷的次数则少或不喷。但过度地喷雾，插穗容易被病菌侵染而腐烂，因此，喷水要适度。

(3)光照　扦插繁殖离不开阳光的照射，因为插穗还要继续进行光合作用制造养分和生根的物质来供给其生根的需要。但是，光照越强，则插穗体内的温度越高，插穗的蒸腾作用越旺盛，消耗的水分越多，不利于插穗的成活。因此，扦插后必须把阳光遮掉 50％～80％，待根系长出后，再逐步移去遮光网：晴天时每天下午 4:00 除下遮光网，第二天上午 9:00 前盖上遮光网。

压条繁殖：选取健壮的枝条，从顶梢以下 15～30 cm 处把树皮剥掉一圈，剥后的伤口宽度在 1 cm 左右，深度以刚刚把表皮剥掉为限。剪取一块长 10～20 cm、宽 5～8 cm 的薄膜，上面放些淋湿的园土，像裹伤口一样把环剥的部位包扎起来，薄膜的上下两端扎紧，中间鼓起。4～6 周后生根。生根后，把枝条边根系一起剪下，就成了一棵新的植株。

上盆或移栽：小苗装盆或养了几年的大株转盆时，先在盆底放入 2～3 cm 厚的粗粒基质作为滤水层，其上撒上一层充分腐熟的有机肥料作为基肥，厚度为 1～2 cm，再盖上一薄层基质，厚 1～2 cm，然后放入植株，以把肥料与根系分开，避免烧根。

上盆用的基质可以选用下面的一种：3 份菜园土加 1 份炉渣，或者 4 份园土加 1 份中粗河沙加 2 份锯末，或者水稻土、塘泥、腐叶土中的一种。上完盆后浇一次透水，并放在遮阳环境养护 1 周。小苗移栽时，先挖好种植穴，在种植穴底部撒上一层有机肥料作为底肥(基肥)，厚度为 4～6 cm，再覆上一层土并放入苗木，以把肥料与根系分开，避免烧根。放入苗木后，回填土壤，把根系覆盖住，并用脚把土壤踩实，浇一次透水。

湿度管理：喜欢湿润的气候环境，要求生长环境的空气相对湿度在 70％～80％，空气相对湿度过低，下部叶片黄化、脱落，上部叶片无光泽。

温度管理：由于它原产于热带地区，喜欢高温高湿环境，因此对冬季的温度要求很严，当环境温度在 10℃以下停止生长，在霜冻出现时不能安全越冬。

光照管理：喜欢半阴环境，在秋、冬、春三季可以给予充足的阳光，但在夏季要遮阳 50％以上。放在室内养护时，尽量放在有明亮光线的地方，如采光良好的客厅、卧室、书房等场所。在室内养护一段时间后(1 个月左右)，就要把它搬到室外有遮阳(冬季有保温条件)的地方养护一段时间(1 个月左右)，如此交替调换。肥水管理：对于盆栽的植株，除了在上盆时添加有机肥料外，在平时的养护过程中，还要进行适当的肥水管理。

春、夏、秋三季：这三个季节是它的生长旺季，肥水管理按照“花宝”—清水—“花宝”—清水顺序循环，间隔周期为 1～4 天，晴天或高温期间隔周期短些，阴雨天或低温期间隔周期长些或者不浇。

冬季：在冬季休眠期，主要是做好控肥控水工作，肥水管理按照“花宝”—清水—清水—“花宝”—清水—清水顺序循环，间隔周期为 3～7 天，晴天或高温期间隔周期短些，阴雨天或低温期间隔周期长些或者不浇。对于地栽的植株，春、夏两季根据干旱情况，施用 2～4 次肥水：先在根颈部以外 30～100 cm 开一圈小沟(植株越大，则离根颈部越远)，沟宽、深都为 20 cm。沟内洒进 12～25 kg 有机肥，或者 1～5 两颗粒复合肥(化肥)，然后浇上透水。入冬以后开春以前，照上述方法再施肥一次，但不用浇水。

修剪：在冬季植株进入休眠或半休眠期，要把瘦弱、病虫、枯死、过密等枝条剪掉。也可结合扦插对枝条进行整理。

换盆：当植株生长到一定的大小时，为加大根系营养面积，要根据植株大小适当换上大盆，以让它继续旺盛生长。换盆用的培养土可以选用下面的一种：3 份菜园土加 1 份炉渣，或者

4份园土加1份中粗河沙加2份锯末，或者水稻土、塘泥、腐叶土中的一种。

换盆方法：选一适当大小的花盆，盆的底孔用两片瓦片或薄薄的泡沫片盖住，既要保证盆土不被水冲出去，又要能让多余的水能及时流出。瓦片或泡沫上再放上一层陶粒或是打碎的红砖头，作为滤水层，厚2～3 cm。排水层上再放有机肥，厚1～3 cm，肥料上再放一薄层基质，厚约2 cm，以把根系与肥料隔开，最后把植物放进去，填充营养土，离盆口剩2～3 cm即可。

病虫防治：常见黑霉病、炭疽病危害，可用50%多菌灵可湿性粉剂600倍液喷洒。室内栽培时，由于通风条件差，往往会发生介壳虫和红蜘蛛危害，用40%氧化乐果乳油1 000倍液喷杀。

分布范围：原产印度尼西亚、澳大利亚，后引入我国，现各地温室均有栽培。

园林应用：变叶木叶形、叶色极富变化。叶片呈椭圆形，称为广叶变叶木；叶片呈蜂腰形，称为飞叶变木；叶片呈螺旋状，称为螺旋叶变叶木；叶片呈现形状，称为细叶变叶木。变叶木叶色五彩缤纷，有红色、黄色、粉红色、橙色、紫色、白色、褐色等，其中，有的叶片以绿色为基调，其上有各色斑纹和斑点；有的叶片则有几种颜色混杂在一起，组成斑斓的叶色，是珍贵的室内观赏植物。

16.4 金边龙血树

学名：*Dracaena marginata*

别名：七彩千年木、金边朱蕉

科属：百合科，龙血树属

形态特征：常绿灌木，茎干细而圆，直立。叶无柄，革质，坚硬，叶片细长，新叶向上伸长，老叶垂悬，叶长披针形，长15～50 cm，宽1～2 cm，叶面绿色，边缘镶嵌紫红色细边。

生态习性：原产热带、亚热带。特性喜光、喜热、喜湿润的环境，也较耐旱、耐阴，属中性植物，适合种植在半阴处。其叶片与根部能吸收二甲苯、甲苯、三氯乙烯、苯和甲醛等有害气体，并将其分解为无毒物质，起到净化空气的作用。

繁殖：可采用扦插或分株繁殖。①扦插。将茎切成长3～4 cm的茎段，插在准备好的消毒灭菌过的基质中，夏、秋两季均可扦插。插后喷透一次灭菌水，用薄膜盖好，并用遮阳网罩上。晴天每天中午揭膜喷雾一次，然后盖好。阴雨天不需喷雾。5～7天喷一次灭菌药液。20～25天可以生根。母株切除上部茎后，最好也用塑膜罩好催芽，在顶端能发出几个分枝，这样株型更美观。②分株。母株茎留1～2 cm切除后在根部会发出几个分株来。长大可将分株用利刀在根部切断，带部分新根，另行栽植，便成新株。

栽培管理要点：一是光要亮。彩色千年木，因艳美夺目的色彩而特殊。唯一的要求，植株必须置于室内明亮处，否则叶面的彩色要褪淡，绿色要增多，同时叶片会发软而不挺拔，严重影响观赏价值。但要注意，夏天不能受到阳光直射，否则易影响生长。

二是温度要高。彩色千年木，因原产在热带，温度在20～35℃生长旺盛，长势良好。在冬季低于10℃，必须采取保温措施。在温室条件下，无论在我国南方还是北方越冬都比较安全。但我国中部地区必须套有双层塑膜，控制盆土适度干燥，并置于室内南窗向阳处，让其休眠。到翌春，当气温升到10℃以上，才能逐步揭膜。一般中午打开，早晚再扎好封好，当气温升到15℃左右，再全部解除塑膜。

三是根要干。一般盆土以不干不湿为宜,但以干为好。因彩色千年木根细而白嫩,所以宜干透才浇,浇到湿度适中即可,盆内不得积水或过湿。

四是叶要湿。彩色千年木由于原来在湿润的环境中生长。因而,空气相对湿度要在 80% 左右,尤其是夏、秋两季,可向叶面用软水(以酸性水和雨水为好)喷雾,保持叶片湿度。

五是土要松。彩色千年木根系发达、白嫩,支根较多,但须根很少,吸收肥水能力相对较差。因而,必须采用渗透性、通气性较强的土质,如北方的草炭土,南方的疏松的山泥,还有泥炭土均较好。

六是肥要薄。在生长期即在气温上升到 20℃以上时,可以做到薄肥常施,每周施肥一次,以氮为主。夏、秋两季也可施些进口的复合肥。切忌施生肥、浓肥。叶面沾肥要冲洗干净,以免伤害叶片,影响观赏效果。

分布范围:原产热带、亚热带,后引入我国,现已是我国著名的室内盆栽花木。

园林应用:金边龙血树株态、叶色十分诱人。可作小型或中型盆栽,是室内茶几、桌、案头、窗台上陈设的观叶佳品。如果将单干独头顶端打掉后,在母株的顶端部位上发出几个芽,即长出几个分枝,每个分枝上都发出密集美观的叶片来,其观赏价值就更高。盆栽适用公共场所、会场、厅室入口处摆放,十分优雅别致。小型盆景可点缀橱窗、阳台、窗台,自然协调,其装饰效果十分清新悦目。

16.5 金心香龙血树

学名:*Dracaena fragrans* cv. *massangeana*

别名:金心巴西铁

科属:百合科,龙血树属

形态特征:直立单茎灌木。茎干粗壮,灰褐色,幼茎有环状叶痕。叶群生,长椭圆状披针形或剑形,长 40~70 cm,宽 5~10 cm,绿色叶片中央有很宽的金黄色纵条纹,边缘为绿色。

近缘品种:金边香龙血树(*Dracaena fragrans* Ker-Gawl. cv. *vicotoria*)常绿灌木,茎直立,无分枝,茎灰褐色,幼茎有环状叶痕。叶簇生于茎顶,叶片宽大,长椭圆状披针形,长 30~90 cm,绿色,叶缘具深黄色带。顶生圆锥花序,花小,乳黄色,芳香。

白纹龙血树(*D. deremensis* cv. *Longii*)叶披针形,簇生抱茎,浓绿色有光泽,叶面有纵向的白色阔斑条,在白斑条中常有绿色细线条。耐阴。

生态习性:喜高温、多湿和阳光充足环境,不耐寒,怕积水,但耐阴,要求肥沃、含钙量高、排水良好的土壤,冬季温度不低于 5℃。

繁殖:常用扦插繁殖为主,也可压条繁殖。5~6 月份选用成熟健壮的茎干,剪成 5~10 cm 一段,以直立或平卧的方式扦插在以粗沙或蛭石为介质的插床上,保持 25~30℃室温和 80% 的空气湿度,30~40 天可生根,50 天可直接盆栽。也可用水培法促其生根,具体方法是把切下的茎段,插入水中,切面要平滑,上端为防止水蒸发可以涂上蜡(这在干燥的季节中显得特别重要),下端浸入水中 2~3 cm,温度在 25℃以上,水和容器要保持清洁。带叶片的顶尖生根较快,3~4 周可生根上盆;茎段生根较慢,有时需 2~3 个月才能长出新根和新芽。

压条繁殖:将整根枝条(茎段)去掉叶片后,横向埋入湿润的基质中,注意所用基质或水要清洁,否则会产生霉菌而引起腐烂。

栽培：培养土一般用排水良好的略黏质土壤，可以用腐叶土 1 份、河沙 1 份以及园土 2 份混合配制。夏季遮阳，冬季尽量增加光照。越冬温度为 15℃以上，最低不低于 10℃。

盆栽每年 4 月份换盆，新株每年换 1 次，老株 2 年换 1 次。使用肥沃的培养土或腐叶土，盆土不宜过湿。盛夏季节注意叶面喷水，生长期每月施肥 1 次，以磷、钾为主。植株生长过高或茎干下部叶片脱落时，可进行修剪。剪后位于剪口以下的芽就会萌发长成新的枝条。

病虫防治：①叶斑病。用 70%福美铁 1 000 倍液喷洒防治。②黄化病。光照不足导致叶黄或叶色灰暗，条纹淡化，甚至消失，可移至光照充足处养护。③介壳虫。可用 40%氧化乐果乳油 500～1 000 倍液或速蚧杀、蚧死净等喷杀防治。

分布范围：原产非洲西部，现我国中、南部地区广为栽培。

园林应用：金心香龙血树等株型美观，叶片中心或边缘，或金黄或乳白，为常见中型室内观叶植物。大型盆栽可用来布置会场、客厅。小型盆栽植株，点缀居室的窗台和客厅，更显华丽、高雅。

16.6　血草

学名：*Imperata cylindrical* 'Rubra'

别名：日本血草

科属：禾本科，白茅属

形态特征：多年生草本，株高 50 cm。常保持深血红色。茎高 30～50 cm，含红色汁液，通常不分枝，无毛。叶丛生，剑形，基生叶约 5 枚，长 20～45 cm；叶片大头羽状深裂近中脉，裂片 4～7 对，侧面的斜卵形，边缘生粗牙齿，顶生叶片最大，宽卵形，长 7.5～10 cm，宽 5～7.5 cm；叶柄长 7.5～10 cm。茎生叶 2～3 枚，生茎上部，近对生或近轮生，长达 20 cm。聚伞花序伞状，有 4～6 朵花；花苞狭卵形，长 1～1.5 cm；花瓣 4，黄色，倒卵形，长约 2 cm；雄蕊多数，长约 1.2 cm；子房有短毛。蒴果细圆筒形，长达 8 cm，粗约 4 mm，有短柔毛。

生态习性：喜光或有斑驳光照处，耐热，喜湿润而排水良好的土壤。

繁殖栽培：播种、分株繁殖均可。

分布范围：原产日本，现全国各地均有栽培。

园林应用：血草叶色奇异，是优良的彩叶观赏草种，可做花境和色块配置。

16.7　紫露草

学名：*Tradescantia fluminensis*

别名：鸭跖草

科属：鸭跖草科，鸭跖草属

形态特征：多年生草本植物。茎通常簇生，粗壮或近粗壮，直立。叶片线形或线状披针形、渐尖，稍有弯曲，近扁平或向下对折；叶色紫红。花冠深蓝，花蕊黄色，宽 3～4 cm，花瓣近圆形，直径 1.4～2.0 cm。蒴果长 5～7 cm，种子长圆形，长约 3 mm。在华北地区花期为 5～10 月份。华东地区为 4 月中下旬至 10 月份，其中 5～6 月份为盛花期，7～10 月份为续花期，清晨开花，午前闭合。

近缘品种:金叶紫露草,叶金黄色,喜日照充足,但也能耐半阴。生性强健,耐寒,在华北地区能露地越冬。适应性强,对土壤要求不严。

生态习性:紫露草喜温暖、湿润及半阴环境。不耐寒,最适生长温度是18～30℃,越冬温度需保持在10℃以上,在冬季气温降到4℃以下时进入休眠,环境温度接近0℃时会因冻伤而死亡。对土壤要求不严,但在疏松、肥沃的沙壤土中生长最好。

栽培繁殖:扦插繁殖以秋季进行最好。扦插生根的最适温度为18～25℃,低于18℃,插穗生根困难,缓慢;高于25℃,插穗剪口易腐烂,且温度越高,腐烂情况越严重。扦插方法:于每年秋季将基干剪成5～8 cm一段,每段带3个以上叶节做插穗,然后扦插;扦插深度为插穗长的1/2即可。插后管理:温度要保持在18～25℃,温度过高时,需进行遮阳(遮去阳光的50%～80%),每天酌情喷水3～5次降温。插后半月生根发芽。紫露草栽植易成活,栽时要浇透水,成活后及时补肥,旱时及时浇水即可,不需特殊管护。

分布范围:南方露地栽培,北方温室栽培。

园林应用:紫露草红花紫叶,株型奇特秀美,可片植、条植、环植布置花坛、花园、广场、公园、道路、湖边、山坡、林间等,尤其与金叶紫露草、蓝花紫露草配置,效果更佳。也可做插花材料。

16.8 花叶艳山姜

学名:*Alpinia zerumbet* cv. *variegata*

别名:斑纹月桃

科属:姜科,小姜属

形态特征:常绿草本观叶植物。高1～2 m,盆栽高度多在1 m以下。根颈横生,肉质。叶革质,有短柄,短圆状披针形;长30～80 cm、宽15～20 cm;叶面深绿色,并有金黄色的纵斑纹、斑块,富有光泽。圆锥花序下垂,苞片白色,边缘黄色,顶端及基部粉红色,花弯近钟形,花冠白色,花期夏季。

近缘品种:花叶山姜(*A. pumila*),植株矮小,叶1～3枚,侧脉与侧脉之间不同色,花红色。

红花月桃(*A. purpurata*),株高2.5 m左右,深绿色叶片,圆锥花序长30 cm,苞片红色,小花白色。

斑叶山姜(*A. sanderae*),株高1 m左右,长25 cm,灰绿色,从中脉两侧散满白色斑纹。

生态习性:喜高温多湿环境,不耐寒,怕霜雪。喜阳光,又耐阴。生长适温为22～28℃,冬季温度不低于5℃。对光照比较敏感,光照不足,叶片则呈黄色,不鲜艳;光线过暗,叶色又会变深。喜肥沃而保湿性好的壤土。

繁殖:分株繁殖。于早春(2～3月份)土壤解冻后进行。把母株从栽培地取出,抖掉多余的盆土,并把盘结在一起的根系尽可能地分开,然后用锋利的小刀把它剖开成两株或两株以上,分出来的每一株都要带有相当的根系,并对其叶片进行适当地修剪,以利于成活。同时,把分割下来的小株在百菌清1 500倍液中浸泡5 min后取出晾干,即可上盆。也可在栽植后马上用百菌清灌根。

分株栽植后灌根或浇一次透水。由于根系受到很大的损伤,吸水能力极弱,需要3～4周才能恢复萌发新根,因此,在分株后的3～4周内要节制浇水,以免烂根,由于叶片的蒸腾没有受到影响，为了维持叶片的水分平衡，每天需要给叶面喷雾 1～3 次（温度高多喷，温度低少喷或不喷）。同时，还要注意太阳光不要过强，要放在遮荫棚内养护。

栽培：一是要求土质肥沃而排水良好，栽培土壤可用壤土、泥炭土、腐叶土等量混合，并加入一些河沙和木炭粉。室内盆栽要放在比较明亮的地方，室外栽培，春末夏初可多日照，盛夏宜稍加遮阳，让叶片上的花纹更能充分表现出来，如过于阴暗，则叶色不够鲜艳。二是地栽一定要植于向阳避风处，能抗轻微霜冻。立冬后可将叶丛剪除，根部用干草覆盖好，以免遭受霜冻，损坏根部。盆栽只要放置室内，温度不过低便能安全越冬。春分前后植株开始大量萌发新芽，在长叶之前可施以氮肥为主的液肥，促其萌生更多的新叶。立夏前后改施磷、钾肥，促其孕蕾开花。花叶艳山姜是大叶植物，蒸腾量大，在生长期间必须充分浇水。盆栽。生长期每月施肥 1 次，以磷、钾肥为主，盆土保持湿润，夏秋季经常给叶面喷水。

病虫防治：①叶枯病。发病初期，每隔 7～10 天喷 1 次 200 倍波尔多液 2～3 次。②褐斑病。用 70％甲基托布津 1 000 倍液喷洒防治。③蜗牛。可用 80％的敌敌畏 1 000 倍液喷杀，还可以进行人工捕捉。

分布范围：原产于中国和印度，我国各地均可栽培。

园林应用：花叶艳山姜叶色秀丽，植株挺拔潇洒。6～7 月份开花，花姿雅致，花香诱人、盆栽适宜美化厅堂、窗台、楼梯旁陈设，室外栽培可点缀庭院、池畔或墙角处，翠绿光润，别具一格。也可做切花。

16.9　斑叶万年青

学名：*Aglaonema pictum*

别名：花叶万年青

科属：天南草科，亮绿草属

形态特征：多年生常绿草本。株高 60～70 cm，基直立不分枝，节间明显。叶互生，叶柄长，卵形，先端渐尖，柄基扩大成鞘状；叶绿色，叶片大而洁净，颜色青翠，有很多不规则的白色斑点。秋季开花，花序腋生。

生态习性：喜温暖湿润气候，喜半阴，怕阳光直射。不耐寒，怕干旱，冬季温度不低于 12℃，才能正常越冬。喜微酸性土壤。

繁殖：常用分株、扦插繁殖。

分株繁殖：在春天结合换盆时进行。方法是将植株从盆内托出，将茎基部的根颈截断，涂以草木灰以防糜烂，或稍放半天，待切口干燥后再栽入盆中，浇透水一次，以后浇水不宜过多。

扦插繁殖：扦插在春、夏季均可进行。以 7～8 月份高温期扦插最好，剪取茎的顶端 10～15 cm 的粗壮嫩茎，切掉局部叶片，减损养分蒸发，切口用草木灰或硫黄粉涂敷，插于沙床或用水苔绑扎切口，维持较高的空气湿润程度，置半阴处，太阳照射 50％～60％，在室温 24～30℃下，插后 15～25 天生根，待茎段上萌发新芽后移栽上盆。也可将老基段截成具备 3 节的茎段，直插土中 1/3 或横埋土中引诱生根发芽。

栽培管理：(1)斑叶万年青的成长适温为 25～30℃，白天温度在 30℃，晚间温度在 25℃生长好。最适生长温度为 18～30℃。因该品种怕寒，10 月中旬就要移入温室内，保持温室温度在 12℃以上最好，温度低于 10℃时，叶片易受冻害。尤其是温度低于 10℃时，加上浇水过多，会引发落叶和茎顶溃烂。

(2)水分 花叶万年青喜湿怕干，盆土要维持湿润，在生长时间应充分浇水，并向四周喷水，向植株喷雾。夏天维持空气湿润程度在60%～70%，冬季在40%左右为宜。

(3)采光 花叶万年青耐阴怕晒。若阳光直射，叶面容易变得粗糙，叶缘和叶尖还易焦枯；若光线过弱，会使黄白颜色的斑块变绿或褪色，因此，以散射光最好，可使叶色鲜亮更美。故春、秋季中午前后及夏季都要遮阳。

(4)栽培基质 花叶万年青栽培以肥沃、疏松、排水良好、保肥效果好的土壤为宜。盆栽宜用腐叶土和粗沙等的混合土。栽植1～2年后，如植株生长较高，可留基部2～3节平茬，留下的茎节仍可萌芽发新枝，且能维持较好株型。

(5)施肥 花叶万年青6～9月份，每10天施一次饼肥水，入秋后可增施2次磷钾肥。春季至秋季，每1～2个月使用1次氮肥能增进叶色富光泽。室温低于15℃以下，则停止施肥。

寒冬管理：一是10月份需换盆一次。换盆时，要剔掉衰朽根颈和宿存枯叶，用腐叶土2份、泥煤1份、沙1份混合栽植。浇透水后放于遮阳处养上几天，移入温室或室内。二是科学浇水。花叶万年青喜高湿，室内的盆土要见干见湿，不可以过干，盆土过干，则会显露出来叶尖黄焦，枯死，甚至于整个植株干枯萎缩。所以，寒冬要维持空气潮湿和盆土潮湿。每周浇一次水，还需用温水清洗叶片一次，维持叶色鲜艳。三是适宜的温度和采光。平时要用软布洗擦叶面，去掉除掉尘土，增加观赏性。

病虫防治：主要有球菌性叶斑病、褐斑病和炭疽病，可用50%多菌灵可湿性粉剂500倍液，0.5%～1%的波尔多液或70%托布津1 500倍液喷雾防治。根腐病和茎腐病的防治，除注意通风和降低湿度外，还要用75%百菌清可湿性粉剂800倍液喷雾防治。虫害主要是褐软蚧，可用刮治法或40%氧气化乐果乳油1 000倍液喷射散落防治。

分布范围：主要分布于热带美洲，现我国各地均有栽培。

园林应用：花叶万年青叶片宽大、黄绿色，有白色或黄白色密集的不规则斑点，有的为金黄色镶有绿色边缘，色彩明亮强烈，优美高雅，观赏价值高，是目前备受推崇的室内观叶植物之一；适合盆栽观赏，点缀客厅、书房。花叶万年青摆放在光照强度较低的公共场所，仍可生长正常，碧叶青青，枝繁叶茂，充满生机，特别适合在现代建筑中配置。

16.10 铁十字秋海棠

学名：*Begonia massoniana*

别名：马蹄秋海棠、斑叶秋海棠、彩叶秋海棠

科属：秋海棠科，秋海棠属

形态特征：多年生常绿草本。株高约30 cm。根颈肉质、肥厚、匐匍横生。叶阔卵形或近心形，从基部抽生；有皱褶和刺毛，黄绿色；叶脉中央呈不规则紫褐色环带，状如马蹄；或中间有一似十字形的紫褐色斑纹。夏季开花，花小，绿白色。

生态习性：喜温暖湿润气候，冬季湿度不得低于10℃；夏季要求凉爽、半阴和空气湿度大的环境，温度以22～25℃为宜，不耐高温，超过32℃，则生长缓慢，怕强光直射。空气湿度80%左右。喜疏松、排水良好、富含腐殖质的土壤。

繁殖：常用分株、扦插和播种繁殖。

分株：在春季换盆时进行，将根状茎掰开，选择鲜嫩具顶芽的根颈 2～3 段栽 1 盆。刚分栽植株浇水不宜过多，放半阴处养护。

扦插：以叶插为主，常在 5～6 月份进行。选择健壮成熟叶片，于叶柄 1 cm 处剪下，将叶片剪成直径 6～7 cm 大小，插入沙床，叶柄向下，叶片一半露出插壤，保持室温 20～22℃，插后 20～25 天生根，插后 3 个月长出 2 片小叶时即可上盆。

播种：4～5 月份采用室内盆播，种子细，不需覆土，只需轻压一下。发芽适温 18～22℃，播后 14～16 天发芽，幼苗当年即可观赏。

栽培：盆栽土壤宜采用培养土、腐叶土加粗沙配制的混合土。刚盆栽的苗需保持较高的空气湿度，盛夏季节需遮阳，给予散射光，叶面多喷水。生长旺盛期每半月施肥 1 次，使用液肥时切忌玷污叶面，施肥后最好用清水冲淋叶面。冬季叶片需多见阳光，减少浇水，暂停施肥。盆栽 3～4 年后，可把地下根颈挖出，除去萎瘪根颈、老叶和过长须根，选择鲜嫩根颈重新栽植或通过叶插繁殖培育新苗。

病虫防治：常有灰霉病、白粉病和叶斑病危害，可用波尔多液喷洒预防。铁十字秋海棠最易发生焦叶烂叶，其防治要点是：一是喜明亮。除幼苗夏季需在光线较暗处荫养外，其他季节均需在光线明亮处，但忌阳光直射，否则会焦叶。二是喜湿润。铁十字秋海棠不宜喷叶面水，以防烂叶，但可喷地面水，以增加空气湿度，盆土过干会焦叶，但过湿也会烂叶烂根，夏季可将铁十字秋海棠连盆放在水盆中的卵石上，以增加湿度，对生长很有利。三是喜温暖。生长室温为 20～25℃，冬季 10～18℃，可保持休眠，此期间必须节制浇水并停肥，夏季要注意通风换气。四是每年 4～5 月份换盆，以疏松肥沃的腐叶土为宜，可加适量的骨粉做基肥，生长期可每半个月施薄液肥一次，注意肥水勿溅污叶面，否则叶宜溃烂。虫害有蓟马，可用稀释的洗衣粉液或肥皂液喷洒防治。

园林应用：铁十字秋海棠植株较小，叶片美丽，是秋海棠中较为名贵的品种，适用于宾馆、厅室、橱窗、窗台摆设点缀。可作中、小型盆栽，也可吊篮种植，悬挂室中，或作景箱种植。

16.11 竹节秋海棠

学名：*Begonia maculata*

别名：红花竹节秋海棠、慈姑秋海棠

科属：秋海棠科，秋海棠属

形态特征：多年生小灌木，株高 50～100 cm，全株无毛；茎直立，茎节褐色，明显肥厚呈竹节状。叶互生，长椭圆形，叶表面绿色，有许多白色小斑点，新叶尤为明显；叶背深红色，边缘波浪状。花柄深红色，从茎节处抽出。假伞形花序，长 12 cm 左右，花鲜红色，成簇下垂，十分美丽。

生态习性：浅根系植物，性强健。喜温暖湿润的环境，喜欢疏松肥沃的沙壤土。忌暴晒、炎热和水涝。较耐寒，冬季室温 5℃左右，仍鲜绿如常。冬季适温为 15℃左右。喜阳光充足，耐阴性也较好。栽培基质不宜过湿，需控制浇水次数。

繁殖：以扦插繁殖为主。扦插时间在 5～6 月份效果最好。选取生长健壮的顶端嫩枝作插穗，剪成长 10～15 cm 的有 3～4 节的小段做插穗，下部切口在最下节 0.5 cm 处为宜。晾 1 天，插入河沙苗床中，扦插深度在 5 cm 左右，入土部分的叶片要全除去，保留上部 2～3 个叶片，为防止水分蒸发，可适当剪去一部分叶片。基部按实，用喷壶浇水，遮阳保湿，月余可生根移栽。

栽培：春季生长旺盛期，每 10～15 天施一次稀薄液肥，施肥后适当浇水。夏季高温季节，植株停止生长，应减少施肥。开花期和冬季暂停施肥。加强光照时间，竹节秋海棠喜阴怕暴晒，春、秋、冬季宜给予充分的阳光。夏季避免强光照射，否则会使植株叶片发黄，生长缓慢。加强植株修剪，有利保持良好的株型。对生长多年的植株，或植株生长得过高，或茎下部的叶片脱落，造成株型不美观、影响观赏效果的，可结合春季换盆进行修剪，以利植株萌发新枝，可开出更多的鲜艳花朵。

病虫防治：竹节秋海棠主要病害有叶斑病，主要虫害有红蜘蛛等。防治方法是加强通风透光，盆土不能偏湿，更不能让盆内积水。若发现有病虫发生，可喷洒甲基托布津、多菌灵等，预防病害的发生。如发现有红蜘蛛危害时，可喷洒三氯杀螨醇 1 500 倍液进行防治。

园林应用：竹节秋海棠株型如竹，姿态优美，花朵累累，鲜艳夺目，适用于宾馆、厅室以及庭院或展览温室等摆设观赏；同时，也是上好的切花材料。

16.12 银星秋海棠

学名：*Begonia argenteo guttata*

别名：麻叶秋海棠

科属：秋海棠科，秋海棠属

形态特征：多年生小灌木，是白斑秋海棠与富丽秋海棠的杂交种。须根系。茎半木质化，直立，全株无毛，高 60～120 cm。叶歪卵形，先端锐尖，边缘有细锯齿。叶面绿色，有银白色斑点；叶背肉红色。花大，白色至粉红色，腋生于短梗。花期 7～8 月份。

生态习性：银星秋海棠为多年生小灌木，夏季生长适温 25℃左右，较耐寒，怕日光直射。冬季生长适温 15℃，需阳光充足，应适当控制水分。

繁殖：扦插繁殖，四季均可进行。具体方法参考竹节秋海棠。也可进行叶插，但不定芽的产生较为困难。

栽培：施肥和浇水。盆土宜选择肥沃、排水性能好，中性或微酸性的培养土，为了有利于排水，原盆底孔要凿大一些，并要施入基肥。生长期间要保持盆土湿润，每 2 周施 1 次淡液肥，夏季和冬季停止施肥。平时需向叶面、地面喷水，以增加环境湿度。夏天气温不能超过 30℃。忌阳光直射，故要采取遮阳、喷水等降温措施；冬天温度不能低于 10℃，需进行保温，并置于有散射光、通风良好的条件下培养。

银星秋海棠丛生性不强，为了增加分枝，需进行摘心。同时在每年春季翻盆时，对植株进行强修剪，每根枝条的基部仅保留 2～3 个芽，促使新枝萌发。

分布范围：原产巴西，现全国各地广泛栽培。

园林应用：株型、叶色小巧玲珑，美丽可爱，可盆栽观赏。

16.13 蟆叶海棠

学名：*Begonia rex* Putz.

别名:毛叶秋海棠

科属:秋海棠科,秋海棠属

形态特征:多年生草本,根颈肥厚,多匍匐地下。叶出自根颈,扁耳形,似象耳;叶面有深绿色皱纹,叶中间有银白色斑纹,叶背紫红色,叶及叶柄密生茸毛。花淡红色,花期较长。

生态习性:性喜温暖、湿润、半阴及空气湿度大的环境,忌强光直射。不耐寒,冬季低温不能低于10℃,生长适温为22～25℃,不耐高温,气温超过32℃则生长缓慢。喜含丰富腐殖质、保水力强而又排水畅通的沙质壤土。

繁殖:常用分株和叶插繁殖,也可播种繁殖。分株结合春季换盆时进行;方法是:将根状茎扒开,选择鲜嫩具顶芽的根颈切下上盆,每盆2～3段即可。叶插在5～6月份进行最好,选用健壮成熟叶片,留叶柄1 cm剪下,将叶片剪成直径6～7 cm大小,插入沙床,插后3周生根,2个月长出新叶。也可以用嫩叶进行组培繁殖。

栽培:刚分株栽植的幼苗,土壤不宜过湿,还要保持较高的空气湿度。夏季需遮阳,盛夏季节除注意浇水外,更要注意叶面喷水,以增湿降温,保持一个凉爽湿润的环境,这对其健壮生长极为重要。高温干燥易引起植株生长不良甚至死亡。切忌向叶面上喷不清洁的水,否则极易产生病斑,影响观瞻。生长季节浇水不能过多,以保持盆土湿润为宜。生长旺季约每半个月施1次以氮肥为主的复合化肥或稀薄饼肥水。施肥时应注意不要让肥液沾污叶片,若叶片上沾有肥液时需立即用清水喷洗叶面,把肥液冲洗干净。生长季节还应注意摘心。越冬期间室温需保持在10℃以上,停止施肥,控制浇水,即可安全越冬。一般生长4年之后植株长势日渐衰弱,因此宜每隔4～5年用叶插法进行1次更新。生长期间若通风不良,易受白粉虱危害,要注意防治。

分布范围:原产印度,后引入我国,现全国各地均有栽培。

园林应用:蟆叶海棠叶片很大,形似象耳,色彩丰富,是著名的观叶植物,可室内盆栽观赏。

16.14 四季秋海棠

学名:*Begonia semper florens*

别名:虎耳海棠、瓜子海棠、玻璃海棠

科属:秋海棠科,秋海棠属

形态特征:多年生草本植物,茎直立,多分枝,肉质,高25～40 cm,有发达的须根;叶互生,有光泽,卵圆至广卵圆形,基部斜生,绿色;雌雄同株异花,聚伞花序腋生,花色淡红,数朵成簇。

常见的栽培品种主要从国外引进,其中:有威士忌,千奇红,吉姆,琳达,蝴蝶,灰姑娘,欢乐,魅力等。

生态习性:四季海棠性喜阳光,稍耐阴,怕寒冷,喜温暖,稍阴湿的环境和湿润的土壤,但怕热及水涝。夏天注意遮阳,通风排水。

繁殖:四季海棠用播种、扦插、分株繁殖。

播种繁殖:种子采收后,随即播种,一般8～9月份播种,注意表土宜细,因种子细小,发芽力又强,播时不要太密。播后不覆土,将土浸湿,适当遮阳,置半阴处,保持一定湿润,一周后可出苗。

扦插繁殖:扦插多在3～5月份或9～10月份进行,用素沙土作扦插基质,也可直接扦插在塑料花盆上，插时将节部插入土内。在庇荫和保温的条件下，20 多天发根。

分株繁殖：一般在春天换盆时才采用。切分出来的新株用木炭粉涂抹伤口，以防止腐烂造成植株死亡。该方法因为繁殖系数太低，很少在园林生产中应用。

栽培：

(1)浇水　浇水的要求是“二多二少”，即春、秋季节是生长开花期，水分要适当多浇，保持盆土稍微湿润；夏季和冬季是四季秋海棠的半休眠或休眠期，水分可以少些，盆土稍干些，特别是冬季更要少浇水，盆土要始终保持稍干状态。浇水的时间：冬季浇水在中午前后阳光下进行，夏季浇水要在早晨或傍晚进行，以避免气温和盆土温差过大，不利植株正常生长。浇水的原则为“不干不浇，干则浇透”。

(2)施肥　在生长期每隔 10～15 天施 1 次腐熟发酵过的 20%豆饼水，菜籽饼水，鸡、鸽粪水或人粪尿液肥。施肥时，要掌握“薄肥多施”的原则。如果肥液过浓或施以未完全发酵的生肥，会造成肥害，轻者叶片发焦，重则植株枯死。施肥后要用喷壶在植株上喷水，防止肥液粘在叶片上而引起黄叶。生长缓慢的夏季和冬季，少施或停止施肥，可避免因茎叶发嫩，降低抗热及抗寒能力而发生腐烂。

(3)摘心　它同茉莉花、月季等花卉一样，当花谢后，一定要及时修剪残花、摘心，才能促使多分枝、多开花。否则，植株容易长得瘦长，株型不很美观，开花也较少。

总之，光、水、温度、摘心是种好四季海棠的关键。定植后的四季海棠，在初春可直射阳光，随着日照的增强，须适当遮阳。同时应注意水分的管理，水分过多易发生烂根、烂芽、烂枝的现象；高温高湿易产生各种疾病，如茎腐病等。定植缓苗后，每隔 10 天追施一次液体肥料。及时修剪长枝、老枝促发新的侧枝，加强修剪有利于株型的美观。栽培的土壤条件，要求富含腐殖质、排水良好的中性或微酸性土壤，既怕干旱，又怕水渍。

分布范围：原产巴西，现我国各地均有栽培。是传统的多年生的温室盆花。

园林应用：四季秋海棠株型圆整，花多而密，花期长，花色多，变化丰富，是一种花叶俱美的花卉。既适应于庭园、花坛等室外栽培，又是室内家庭书桌、茶几、案头和商店橱窗等装饰的佳品。

16.15　花叶芋

学名：*Caladium bicolor*

别名：彩叶芋

科属：天南星科，花叶芋属

形态特征：多年生草本。株高 15～40 cm，块茎扁球形，有膜质鳞叶。叶基生，卵形、卵状三角形至圆卵形；叶长 8～20 cm，宽 5～10 cm；叶暗绿色，叶面有红色、白色或黄色等各种透明或不透明的斑点；主脉三叉状，侧脉网状；叶柄纤细，圆柱形，基部扩展成鞘状，有褐色小斑点。佛焰状花序基出，花序柄长 10～13 cm；佛焰苞下部管状，长约 3 cm，外面绿色，内面绿白色、基部青紫色；肉穗花序稍短于佛焰苞，具短柄；花单性，无花被；雌花生于花序下部，雄花生于花序上部，中部为不育中性花所分隔；中性花具退化雄蕊，浆果白色；花期 4～5 个月。

栽培品种有：白叶芋：叶白色，叶脉翠绿色。

亮白色叶芋：叶白色呈半透明。

东灯：叶片中部为绛红色，边缘绿色。

海鸥：叶深绿色，具突出的白宽脉。

红云：叶具红斑。

Edith Mead：叶近乎白色，边缘绿色，主脉红色。

Attala：叶深绿色，具红斑。

Mad Altred Rubra：叶大而圆，深绿色，表面具不规则白斑，主脉红色。

John Pecd：脉粗，叶片全红色。

生态习性：喜高温、多湿和半阴环境，不耐寒。生长适温为 25～30℃。土壤要求肥沃、疏松和排水良好的微酸性土壤。喜散射光，不宜过分强烈，烈日暴晒叶片易发生灼伤现象，叶色模糊、脉纹暗淡，观赏性差。如光线不足，叶彩斑变暗，叶徒长而显软弱。如遮阳时间过长，叶片柔嫩，叶柄伸长，叶色不鲜，叶柄容易折断。

繁殖：以分株繁殖为主，也可播种、叶柄水插、组培繁殖均可。

分株繁殖：在块茎开始发芽长叶时，用利刀切割带芽块茎，待切面干燥愈合后栽植。也可在换盆时，将块茎周围萌生的小块茎用利刀切下，切下的每个小块茎必须带 1 个芽，晾干后直接栽植。或将切割的块茎排放在沙床上，上盖 1 cm 厚的细沙，室温保持在 20～22℃进行催芽，待发芽生根后移栽。

播种繁殖：花叶芋种子不耐贮藏，否则发芽率很快下降，采种后需立即播种。幼苗阶段叶片呈绿色，出现一定数目叶片后叶面开始呈现彩斑。

叶柄水插繁殖：叶柄水插可在生长期进行。方法是选择成熟的叶片，带叶柄一起剥下，插入盛有清水的器皿中，叶柄入水深度为叶柄长度的 1/4 左右，每隔一天换一次水，保持水质清洁即可，大约经过 1 个月就可以形成球茎。

组培繁殖：选择健壮、无病虫、叶面色彩明艳雅致的花叶芋作为母本，剪取新抽出约 10 cm 的叶柄或子叶作为外植体，用 10%的新洁尔灭清洗 20 min(装在玻璃瓶中不停振荡)，然后用自来水冲洗干净，再用升汞二次消毒法进行消毒，将外植体切成 0.5～1 cm 的小段，接种于改良 MS+6BA+KT 诱导培养基上。置于室温 25～28℃，培养 25～30 天，子叶、叶柄形成愈伤组织。将愈伤组织切成小块，分别接种在分化培养基改良 MS+6BA(0.5～1 mg/L)+KT(0.5～1.5 mg/L)上，可形成大量健壮丛生芽，每两周分割转瓶一次。在温度 26～28℃，光照强度 1 500～2 000 lx，光周期 8 h 的条件下培养。每月试管苗的分化增殖可达 5.6 倍。在分化过程中，芽苗能长出大量须根。将根、茎长得比较粗壮的瓶苗，放置到栽植处(大棚)炼苗 3～5 天，使瓶苗适应栽植地环境后将苗移出，洗净根部培养基，移植到富含有机质的肥沃沙质壤土或泥炭土的基质中，放置在温室中，3～5 天可以筛苗出圃或上盆，再经 3～5 个月可长成大苗。

栽培管理：土壤一般采用普通园土加腐叶土及适量的河沙混合并加一些基肥，如堆肥、骨粉、油粕等。无土栽培一般采用 1 份蛭石与 1 份珍珠岩混合，配以浓度为 0.2%的营养液，氮磷钾比例为 3∶2∶1。

在生长期(4～10 月份)内，每半个月施用一次稀薄肥水，如豆饼、腐熟酱渣浸泡液，也可施用少量复合肥，施肥后要立即浇水、喷水，否则肥料容易烧伤根系和叶片；立秋后要停止施肥。

彩叶芋喜散射光，忌强光直射，要求光照强度较其他耐荫植物要强些。当叶子逐渐长大时，可移至温暖、半阴处培养，但切忌阳光直射，经常给叶面上喷水，以保持湿润，可使叶子观赏期延长。

栽培时为了发芽整齐，首先要为块茎催芽，并将块茎放在铺有基质的苗床或大口径花盆里，给水保温，发根后上盆，覆土 2 cm 厚。初期不要给水太多，发根后逐渐增加给水量。保持温度 25℃，4～5 周后出叶。生长期若温度低于 18℃，叶片生长不挺拔，新叶萌发较困难。气温如果高于 30℃，新叶萌发快，叶片变薄，观叶期缩短。6～10 月份为展叶观赏期，盛夏季节要保持较高的空气湿度。除早晚浇水外，还要给叶面、地面及周围环境喷雾 1～2 次。入秋后叶子逐渐枯萎，进入休眠期控制用水，使土壤干燥，待叶片全部枯萎，剪去地上部分，扣盆取出块茎，抖掉泥土，在室内光照较好的通风干燥处晾晒数日，储藏于经过消毒的蛭石或干沙中。室温保持在 13～16℃。在储藏过程中，注意不要损伤块茎，以免造成块茎腐烂。

分布范围：原产南美巴西，现我国各地普遍分布。

园林应用：花叶芋绿叶嵌红、白斑点，夏秋季节似锦如霞，艳丽夺目，作为室内盆栽，极为雅致。在南方地区可室外栽植，点缀花坛、花境，十分动人；也可做观叶为主的地被植物。

16.16　金边吊兰

学名：*Phnom Penh Chlorophytum*

科属：百合科，吊兰属

形态特征：多年生常绿草本植物。叶片呈宽线形，嫩绿色，叶边缘金黄色，着生于短茎上，具有肥大的圆柱状肉质根。总状花序长 30～60 cm，弯曲下垂，小花白色。

近缘品种：银心吊兰（*Argentum cor Chlorophytum*）多年生草本，根颈短肉质。叶细长，条状披针形，叶中心具 10 cm 宽的银白色纵条纹，叶基抱茎，叶色鲜绿。叶腋中抽出匍匐枝，弯曲，并长出带气生根的子株。总状花序，小花，白色，花期春夏季。

常见栽培的品种还有：金边吊兰，叶色金黄；金心吊兰，叶中心呈黄色纵向条纹；银边吊兰，叶边缘为白色。

生态习性：适应性强。喜温暖湿润的半阴环境。叶片对光照反应特别灵敏，忌夏季阳光直射。喜疏松肥沃的土壤。喜充足水分，有一定的耐寒能力，越冬温度不宜低于 10℃左右。怕积水。

繁殖：采用扦插、分株繁殖均可。

扦插繁殖：从春季到秋季可随时进行。金边吊兰适应性强，成活率高，一般很容易繁殖。扦插时，只要取长有新芽的匍匐茎 5～10 cm 插入土中，约 1 周即可生根，20 天左右可移栽上盆，浇透水放阴凉处养护。

分株繁殖：可将吊兰植株从盆内托出，除去陈土和朽根，将老根切开，使分割开的植株上均留有三个茎，然后分别移栽培养。也可剪取吊兰匍匐茎上的簇生茎叶（上有叶，下有气根），直接将其栽入花盆内培植即可。

栽培管理：吊兰是一种耐肥植物。栽培时，肥水要充足，生长期每 15 天左右施肥 1 次，在干旱季节和夏季高温时，要及时浇水，并经常在植株叶面和周围喷水，增大湿度。肥水不足时，叶片发黄，植株衰老，失去观赏价值。光线对吊兰的生长十分重要，春、秋季以半阴为好，夏季早晚见光，中午需遮阳；冬季要多见些弱光，叶片会更加漂亮，黄色的金边更明显，叶片更亮泽。要经常清除枯叶，修剪花茎，保持枝叶姿态匀称。

分布范围：原产非洲南部。我国各地均有栽培。

园林应用：金边吊兰（银心吊兰等）叶片细长柔软，从叶腋中抽生的匍匐茎长有小植株，由盆沿向下垂，舒展散垂，似花朵，四季常绿；它既刚且柔，形似展翅跳跃的仙鹤，故古有"折鹤兰"之称，具有极高的观赏价值，是居室内极佳的悬垂观叶植物。同时，金边吊兰还有极强的吸收有毒气体的功能，是一种良好的室内空气净化花卉，常用于吊盆观赏，适应于宾馆、酒店等公共场所；也可镶嵌在路边、石缝等处，别具特色。

16.17 菱叶粉藤

学名：*Cissus rhombifolia*

别名：假提、葡叶吊兰

科属：葡萄科，白粉藤属

形态特征：多年生常绿藤本。蔓生，枝条柔软下垂或呈爬藤状。掌状复叶，小叶3～5枚；每片叶长3～5 cm，两边2枚小叶相等，中间小叶较大，菱形，有短柄，中叶柄较长；新叶常被银色的茸毛，成熟叶呈亮绿色或深绿色，叶背有棕色小茸毛。茎蔓节位上长有卷须，卷须末端分叉弯曲。生长快，年可长60～90 cm。

同属植物约200种，广泛分布于世界各热带至温带地区。有少数几个种作为观赏植物栽培。主要有：锦叶葡萄（*C. discolor*），又称花叶粉藤、青紫葛，为常绿多年生蔓生草本。单叶互生，叶面浓绿色，羽状脉间有银绿色至淡粉色的斑纹，中脉紫红色，叶背、叶柄、茎枝紫色。托叶紫色，呈半透明状，极为别致。

栎叶粉藤（*C. rhombifolia* cv. *ellen Danica*），为常绿多年生草本。1～2回羽状复叶，小叶呈羽状裂叶，叶基一侧另出一小羽片，新叶被毛。

生态习性：喜明亮半阴环境，忌直射阳光，在较阴暗的地方也可生长，性喜温暖、湿润。不耐寒，但对环境温度适应性较强，在10～16℃环境下仍可见其生长，如温度低于5℃则会出现受冻现象，叶片变黄，失去光泽。

繁殖：播种或扦插繁殖。通常在春、夏、秋三季选择一年生的半木质化顶梢或侧枝作插穗。剪取长10～15 cm，把下部叶片一半剪去，插于蛭石或泥炭土和粗沙混合的基质中，温度保持25～30℃。经10天左右即可生根。也可将插条插于水中（注意保持水的清洁），待生根后栽植。

栽培：菱叶粉藤在生长期需经常喷水。夏季浇水要见干见湿，最好每天向叶面喷雾，以利生长；冬季浇水应稍喷水，以防叶片卷曲和红蜘蛛为害；其他季节也应经常保持盆土湿润。最好每半月施肥一次。菱叶粉藤适于明亮光照环境，在较阴暗处也可适应；忌直射阳光，如强光直射则会出现烧褐斑。一般室温下即可生长，但冬季温度低于5℃，容易受寒，叶片变黄、失去光泽，甚至脱落。

病害以白粉病常见，大部由于浇水过多、通风不良引起，冬季在生产关系上尤其要注意。家庭栽培，每2～3周清洗一次叶面，以去除烟尘，保持叶片光亮。枝条过长，要经常修剪零乱的枝条，引导枝条伸展，以保持良好的株型。

分布范围：原产于美洲热带地区。目前，我国各地均有栽培。

园林用途：菱叶粉藤枝条柔软下垂或爬藤，叶色浓绿明快，且被有棕黄色小茸毛，十分悦目，适于中小盆栽作悬吊植物，能使室内凭添野趣。还可立支架整形，使其蔓缠绕，颇耐观赏。

16.18　艳凤梨

学名：*Ananas comosus* cv. *variegatus*

别名：斑叶凤梨、菠萝花

科属：凤梨科，凤梨属

形态特征：多年生地生性草本，株高可达 120 cm。叶莲座状着生，叶片长 60～90 cm，厚而硬，两侧近叶缘处有米黄色纵向条纹。花葶生于叶丛中，呈稠密球状花序，小花紫红色，结果后顶部冠有叶丛。植株粗犷，富有野趣，果形如菠萝，经久耐赏。

同属种类有：斑叶红凤梨（*A. bracteatus* cv. *striatus*），又名红菠萝。叶扁平较短，中央铜绿色，两边具淡黄色条纹，花及果鲜红色。苞片、果实鲜红色。

生态习性：喜温暖、阳光直射的环境，生长适温 21～35℃，越冬室温在 12～15℃，根系生长适温 29～31℃；耐旱能力较强；适于疏松、肥沃的酸性或微酸性的沙质壤土。

繁殖：常用分割茎基部的蘖芽及花葶顶端的叶状苞片丛扦插繁殖。方法是：将蘖芽及花葶顶端的叶状苞片丛切下后，最好在阳光下晒 1～2 h 再扦插在河沙、蛭石、珍珠岩混合基质中，生根后栽在培养土中，栽时不浇水，只向叶片少量喷水保持盆土微潮湿即可，扎根后再移到阳光下生长。

分株繁殖：在早春（3 月份）土壤解冻后进行。把母株挖出，抖掉多余土，把盘结在一起的根系尽可能地分开，用锋利的小刀把它剖开成两株或两株以上，分出来的每一株都要带有相当的根系，并对其叶片进行适当地修剪，以利于成活。把分割下来的小株在百菌清 1 500 倍液中浸泡 5 min 后取出晾干，栽入苗床中。分株后灌根或浇一次透水。在分株后的 3～4 周内要节制浇水，以免烂根；为了维持叶片的水分平衡，每天需要给叶面喷雾 1～3 次（温度高多喷，温度低少喷或不喷）。然后放在遮荫棚内养护。

栽培：室内盆栽可用微酸性沙壤土或泥炭土。生长期要有适宜的温度（18～30℃），充足的阳光和水分。温度低于 6℃时，就不能安全越冬；高于 35℃时，生长会受到阻碍。生长期间要充分浇水，同时，要求生长环境的空气相对温度在 65%～70%，若环境空气相对湿度太低，枝叶易向下弯垂，失去观赏价值；若生长环境的空气相对湿度太高（长时间大于 85%），会使叶片暂时停止蒸腾作用，长势衰弱，导致各种病害的发生。

施肥：一般保持每月施肥（氮肥）一次外，每年应酌情增施磷钾肥 2 次。

病害防治：主要病害有叶枯病、褐斑病等，发病时可用 25%多菌灵 1 000 倍液喷洒防治。

分布范围：原产巴西、阿根廷，我国各地均有栽培。

园林应用：艳凤梨株态优美，莲座状叶丛。花序小巧玲珑，美丽典雅，鲜艳夺目，是室内摆设、会议装饰和切花插花的优良材料。也可露地栽培（南方）于花庭、公园、花坛，亦有很高的观赏价值。

16.19　蓖叶姬凤梨

学名：*Cryptanthus acaulis*

别名：小花姬凤梨

科名：凤梨科，姬凤梨属

形态特征：多年生常绿草本植物。地下部分具有块状根颈，地上部分几乎无茎。叶从根颈上密集丛生，每簇有数片叶子，水平伸展呈莲座状；叶柄较长；叶片坚硬，边缘呈波状，且具有软刺；叶片呈长椭圆状披针形，先端渐尖；叶背有白色磷状物，叶肉肥厚革质，表面绿褐色，具淡绿色条纹。花两性，白色，雌雄同株，花葶自叶丛中抽出，呈短柱状，花序莲座状，4 枚总苞片三角形，白色，革质。

近缘品种：二色姬凤梨（*C. bivttatus*），又名双条带姬凤梨。叶面绿色，有红色和黄色的纵向条纹。虎斑姬凤梨（*C. zonatus*），叶片丛生，中间的叶片较大，叶片上有红色、黄色、白色的横向交错条纹，似虎斑。红叶姬凤梨，叶片较短，红黄色或红褐色相间。银边姬凤梨（*C. zebra*），异叶姬凤梨（*C. diversifolius*），三色姬凤梨（*C. lricolor*）等。

生态习性：性喜高温、高湿、半阴的环境，怕阳光直射，怕积水，不耐旱，要求疏松、肥沃、腐殖质丰富、通气良好的沙性土壤。不耐寒，冬季低于 3～6℃，就不能安全越冬。生长适温为 18～30℃。

繁殖：蓖叶姬凤梨采用播种、扦插和分株繁殖。

播种繁殖：种子需要人工授粉方能获得，在春季 4 月下旬至 5 月中旬于室内盆播，在室温 25℃条件下，1～2 周可发芽，但播种苗生长缓慢，3 年后方可成株。

扦插繁殖：将母株旁生的叶轴自基部剪下，保留先端 3 枚小叶，插入沙床中，遮阳养护，保护较高的湿度，30℃左右的温度下，3 周左右即可生根，7 周后就可以分苗。

分株繁殖：是生产上常用的方法，一般在早春（2～3 月份）土壤解冻后进行。把母株从花盆内取出，抖掉多余的盆土，把盘结在一起的根系尽可能地分开，用锋利的小刀把它剖开成两株或两株以上，分出来的每一株都要带有相当的根系，并对其叶片进行适当地修剪，以利于成活。把分割下来的小株在百菌清 1 500 倍液中浸泡 5 min 后取出晾干，即可上盆。也可在上盆后马上用百菌清灌根。分株栽植后立即浇一次透水。由于分割后根系受到很大的损伤，吸水能力极弱，需要 3～4 周才能恢复萌发新根，因此，在第 1 次浇水后的前 3～4 周内要节制浇水，以免烂根，但它的叶片的蒸腾没有受到影响，为了维持叶片的水分平衡，每天需要给叶面喷雾 1～3 次（温度高多喷，温度低少喷或不喷）。分株后，还要注意太阳光过强，最好是放在遮荫棚内养护。

栽培：蓖叶姬凤梨既不耐旱，又怕积水，如土壤过干或空气太干燥，叶片容易卷曲萎缩，但若水太多，盆土久湿不干，会引起根系腐烂。所以浇水要掌握见干见湿、守干勿湿的原则；要保持较好的透气性；冬季保持土壤稍湿就行；空气干燥时，应注意向周围喷水，以提高空气湿度。姬凤梨生长适温在 25℃左右，在生长期，要每隔半个月施一次以氮为主的肥料。另外，除冬季可接受全日照外，其他季节都应遮阳，掌握好给予 40%～50%的透光率。

蓖叶姬凤梨在栽培 3～5 年后，生长势会逐渐衰弱，甚至枯萎。要注意不断进行淘汰更新。

病虫防治：主要病害有炭疽病、灰霉病、茎腐病等。炭疽病可用 25%炭特灵可湿性粉剂 500 倍液或 27%铜高尚悬浮剂 600 倍夜、1∶1∶160 倍式波尔多液。隔半个月一次，共防 2～3 次。灰霉病可使用 50%异菌脲按 1 000～1 500 倍液稀释喷施，5 天用药 1 次；连续用药 2 次，即能有效控制病情。茎腐病可用喷施 38%恶霜嘧铜菌酯 1 000 倍液或 30%甲霜恶霉灵 800 倍液或福美双 500 倍药液。虫害以粉蚧和介壳虫危害严重，要注意防治。

分布范围：原产于南美热带地区，主要分布在巴西。中国各地均有盆栽种植。

园林应用:莨叶姬凤梨株型规则,色彩绚丽,适宜作桌面、窗台等处的观赏装饰,是优良的室内观叶植物。也可作为旱生盆景、瓶栽植物的一部分。亦可在室内作吊挂植物栽培或栽植于室外架上、假山石上等,是较好的绿化美化材料。

16.20 虎纹凤梨

学名:*Vriesea splendens*

别名:红剑凤梨

科属:凤梨科,丽穗凤梨属

形态特征:虎纹凤梨为多年生常绿草本。叶丛莲座状,深绿色,两面具紫黑的横向带斑。花序直立,呈烛状,略扁,苞片互叠、鲜红色,小花黄色。

常见品种有大虎纹凤梨(*Majus*),其穗状花序比虎纹凤梨长而宽;为中型附生种,叶片线形,硬革质,叶面橄榄绿色,上有深绿色、横走向、似虎纹状的斑条;叶丛中抽出单支挺直的穗状花序,高 50～60 cm,苞片艳红色或黄色,叠生成扁平状。斑叶莺歌凤梨(*V. carinatacv.* var. *iegata*),叶具纵向白色条斑。大凤梨(*V. glgantea*),大型种,叶宽阔,长 75 cm,淡蓝绿色,苞片绿色,小花黄色。网状凤梨(*V. fenestralis*),叶绿色,具黄绿色斑点。其品种斑叶网状凤梨(*Variegata*)叶片绿色,叶右侧边缘具乳白色,花黄色,晚间开放。蓝绿叶凤梨(*V. bituminosa*),叶宽蓝绿色,顶端紫色,具绿色线纹。凤梨王(*V. hieroglyp Hica*),大型种,叶长 60 cm,灰绿色,具紫褐色横向斑纹。

生态习性:不耐寒,不耐高温,生长适温为 16～27℃,3～9 月份为 21～27℃,9 月份至翌年 3 月份为 16～21℃。夏季温度超过 35℃,易腐烂;冬季温度低于 5℃,叶片边缘易遭受冻害,出现枯萎现象。喜湿润,又怕积水。在盆土湿润、空气湿度 50%～60%和叶筒中有水的情况下,莲座状叶片生长迅速。较耐干旱。如盆土稍干燥,叶筒内短时间缺水,对虎纹凤梨的生长没有明显影响。喜光,但忌强光直射,除夏季强光条件下需遮阳 30%～40%以外,其余时间均需充足阳光,其鲜红色的苞片才能鲜艳夺目。若光线不足,虎纹凤梨的叶色和花色就不能充分展现,同时蘖芽的发育也受影响。喜肥沃、疏松、透气和排水良好的沙质壤土。盆栽土壤以培养土、腐叶土和蛭石的混合基质为好。

繁殖:常用分株、播种和组培繁殖。

分株繁殖:虎纹凤梨萌蘖力较差,且蘖芽生长较慢。分株时,应将母株两侧的蘖芽培养成小植株后,切割下来直接栽于泥炭土或腐叶土中,保持湿润,待根系较多时,再浇水施肥。

播种繁殖:春季采用室内盆播,发芽适温为 24～26℃,播种土用泥炭和粗沙的混合基质,经高温消毒,将种子撒入不需覆土,轻压一下,待盆土湿润后盖上薄膜,播后 10～15 天发芽。播种苗 3～4 片叶时移至 4 cm 盆中,培育 3～4 年开花。

组培繁殖:常用侧芽作外植体,经常规消毒后接种到添加 6-BA 2 mg/L 和 IAA 0.2 mg/L 的 MS 培养基上,30 天后形成不定芽,再转到添加 IAA 0.2 mg/L 的 1/2MS 培养基上,25～30 天形成生根的小植株。

栽培:生长期浇水适量,盆土不宜过湿,经常向叶面喷水。在莲座状叶筒中要灌水,切忌干燥。冬季低温时,少浇水,盆土保持不干即行。每月施肥 1 次,每隔 2～3 年于春季换盆 1 次。

病虫防治:主要有叶斑病和褐斑病在春、夏季危害叶片,可每隔半个月用等量式波尔多液喷洒1次，喷2～3次。也可用50%多菌灵可湿性粉剂1 000倍液喷洒防治。有粉虱和介壳虫危害，用40%氧化乐果乳油1 000倍液喷杀。

分布范围：原产南美洲，在欧美栽培十分盛行。虎纹斑梨在新中国成立后就有引入，现我国各地均有栽培。

园林应用：虎纹凤梨株型优美，叶色奇特；花序亭亭玉立，苞片互叠重生，鲜艳夺目；花小，黄色，观赏期长，适合盆栽观赏。摆放客室、书房和办公室，新鲜雅致，十分耐观。也是理想的插花和装饰材料。

16.21 仙客来

学名：*Cyclamen persicum*

别名：萝卜海棠、兔耳花、一品冠、篝火花、翻瓣莲

科属：报春花科，仙客来属

形态特征：多年生草本。块茎扁圆球形或球形、肉质。叶片由块茎顶部生出，心形、卵形或肾形，叶缘有细锯齿，叶面绿色，具有白色或灰色晕斑，叶背绿色或暗红色，叶柄较长，红褐色，肉质。花单生于花茎顶部，花朵下垂，花瓣向上反卷，犹如兔耳；花有白、粉、玫红、大红、紫红、雪青等色，基部常具深红色斑；花瓣边缘多样，有全缘、缺刻、皱褶和波浪等形。花瓣通常5瓣。花期12月份至翌年5月份。

常见品种：

(1)大花型　花大，花瓣全缘、平展、反卷、有单瓣、重瓣、芳香等品种。

(2)平瓣型　花瓣平展、反卷，边缘具细缺刻和波皱，花蕾较尖，花瓣较窄。

(3)下垂型　花半开、下垂；花瓣不反卷，较宽，边缘有波皱和细缺刻。花蕾顶部圆形，花具香气。叶缘锯齿较大。

(4)皱边型　花大，花瓣边缘有细缺刻和波皱，花瓣反卷。

生态习性：喜凉爽、湿润及阳光充足的环境。生长和花芽分化的适温为15～20℃，湿度70%～75%；冬季花期温度不得低于10℃，若温度过低，则花色暗淡，且易凋落；不耐炎热，夏季温度若达到28～30℃，则植株休眠，若达到35℃以上，则块茎易于腐烂。要求疏松、肥沃、富含腐殖质，排水良好的微酸性沙壤土。

繁殖：以播种和分株繁殖为主。

播种繁殖：一般以秋播(9月上旬)最好，过晚影响发芽或出苗不齐。播时选择籽大、粒饱的种子，先将种子洗净，再用磷酸钠溶液浸泡10 min消毒，或者用温水浸泡一天做催芽处理。种子浸泡之后在常温下放两天，然后播入疏松肥沃的沙土里，播后注意保湿保温，一般播种完1个月就可以发芽。

分株繁殖：分株时间一般选在仙客来开花后，对球状根颈，按照芽眼的分布进行切割，保证每个分株都有一个芽眼，然后将切割处抹一些草木灰再移栽到其他盆土中压实，分株后浇水要浇足，然后放在阴凉处即可。分株繁殖一般用于良种的繁殖。

另外，还可用叶插法，以及用幼苗子叶、叶柄、块茎和根为材料进行组织培养繁殖。

栽培：适时换盆，9月中旬，休眠茎开始萌芽，应时行换盆。换盆时，盆土稍盖没球茎即可。仙客来刚发根时，浇水不宜过多。生长期注意通风透光，叶片繁茂拥挤时，拉开盆距，以免拥挤

造成叶黄腐烂。春节进入盛花期，要注意通风，以免温度过大造成花朵凋零。6 月中旬，球茎进入休眠期，盆土不宜过湿，否则球茎容易腐烂。生长期要加强肥水管理，一般每 10～15 天施薄肥一次，以磷钾肥为主，少施氮肥，以后逐步多见阳光，光照宜温不宜烫，避免强光直射。当花梗抽出含苞欲放时，增施一次磷肥。冬季室温不要低于 10℃。

促花技术：

(1)精选种子并进行种子处理　选择饱满有光泽的褐色种子，放在 30℃左右的水中浸泡 3～4 h，然后播种，比未浸种的种子提前开花 10 天左右。

(2)合理浇水　仙客来属喜湿怕涝植物，水分过多不利于其生长发育，甚至引起烂根、死亡现象。因此，每天保持土壤湿润即可，水量不宜过大。

(3)增施肥料　仙客来属喜肥植物，盆土宜选择腐殖质较多的肥沃沙壤土，一年更换一次盆土，并在每年春季和秋季追施 2‰的磷酸二氢钾各 1 次，切忌施用高氮肥料，可提前开花 15～20 天。

(4)创造适宜的温度条件　温度对仙客来生长影响极大，过高会使其进入休眠状态。一般情况下，仙客来适宜生长在白天 20℃左右，晚上 10℃左右，幼苗期温度可稍低一些。此外，花芽分化和花梗伸长时温度稍低一些，有利于开花。仙客来在夏季因气温高而进入休眠阶段，如果创造低温条件，可以不休眠，有利于开花。

(5)延长光照条件　仙客来喜阳光，延长光照时间，可促进其提前开花，因此，应将仙客来放置在阳光充足的地方养护。

(6)激素处理　在仙客来的幼蕾出现时，用 1 mg/kg 的赤霉素轻轻喷洒到幼蕾，每天喷 1～3 次，可提早开花 15 天以上。

花后管养：夏季气温超过 35℃易腐烂，冬季气温低于 5℃以下球茎易遭冻害。立秋后当气温在 25℃左右时开始少量浇水，保持盆土湿润，但不能过湿，以防腐烂。9 月下旬，当仙客来即将萌发生长时，进行一次翻盆换土。盆土选用腐殖质丰富的沙质土壤，最好高温消毒半小时(水蒸或直接用开水烫)。球茎露出土面 1/3 的同时摘除黄叶。发育期间，每隔 10 天施一次以磷为主的稀薄液肥(日常养护浇水施肥不要淹没球顶，也不能浇在花芽和嫩叶上，否则容易造成腐烂)，并逐步多见阳光，不使叶柄生长过长。当花梗抽出含苞欲放时，可增施一次骨粉。花期可施一些水溶性高效营养液。

仙客来周年工作历：

12 月份至翌年 3 月

适期播种：仙客来的播种时间一般在上一年的 12 月份至来年的 3 月份之间。如果培养较大株型，或者想提前上市，如“十一”上市，可以适当早播。

播种后 1～3 周：仙客来自播种到上盆一般需要 14～16 周的时间，前 3 周需要在育苗室中度过，此时要注意仙客来保持 18℃的恒温，90％的湿度和黑暗的条件，这样苗子出得又快又整齐。

播种后 4～7 周：3 周以后要将刚刚出芽的小苗搬出育苗室，放入温室，此时小苗需要 18～20℃的温度，90％左右的湿度和 5 000 lx 左右的光照。在此期间要注意天天检查小苗的生长情况，保证种苗所需要的生长条件。如有带帽出土的苗子要及时进行脱帽，以免影响其子叶生长。

播种后 8～9 周：此时开始对苗子进行随水施肥，肥料 pH 在 6.0～6.3。此阶段要注意及时进行分苗,分苗工作不能过迟,否则将影响以后仙客来的生长和发育。

播种后10～16周:分苗时注意小苗不要埋得过深,否则会降低植株的抗性,同时还会延迟花期;也不能埋得太浅,过浅将会使植株的主根不能正常下扎,同时植株也缺乏稳定性。此阶段夜间的温度保持在17～19℃,白天23～25℃,最大的光照强度不要超过20 000 lx,相对湿度保持在75%左右,营养液的N、P、K比例为1∶0.7∶2左右。

4～6月份

仙客来上盆一般在每年的4～6月份,一般选用15～17 cm的花盆或根据需要自行选择花盆大小,基质要求疏松透气。刚上盆后,由于盆内湿度较大,再加上室外天气逐渐变暖,此时一定要注意仙客来黄萎病的发生,所以上盆后一定要浇透药水。药剂主要用可以防治真菌和细菌性的药剂,如甲基托布津、农用链霉素等。此外还要注意加强温室内的空气流通,以减少病害发生概率。

7月份至9月上旬

此期天气炎热,仙客来生长忌炎热高温条件,所以,此期温室内的温度尽可能地降低,最好能够保持在30℃以下。并降低氮肥使用量,同时增加磷钾肥的比例,控制叶片生长,减少蒸发量,促进根系和种球的生长,使植株安全越夏。

另外,这个时期也是仙客来虫害发生最厉害的时期,一定要注意及时防治。主要的虫害有螨类、蓟马、蚜虫等,进入6月中下旬就要进行重点防治。

9月上旬至11月份

此期室外的温度已经明显降低,种植者要注意温室内的保温,白天温度在23～25℃,夜晚在17～18℃。此期是仙客来生长旺盛期,施肥时要增加氮肥的比例,促进植株的快速生长。

另外,由于室外温度的降低,温室内外的通风减少,室内的湿度增加,此期还要着重预防灰霉病、黄萎病和芽腐病的发生。主要的防治方法为:9月底左右用杀菌药液对仙客来进行浇灌,发现带病的植株及时清理干净,清除病源。

12月份至上市

仙客来经过前几个阶段的养护,其株型基本上已经形成,并且已经开始开花。此期要注意仙客来花期的控制,使其盛花期刚好赶到其上市期。控制方法:主要是控制温度,一般温室内的温度控制在白天15～20℃,晚上5～10℃,上市时植株健壮,商品价值高。

病虫防治:

①灰霉病。症状:病害处有水渍状直径1～2 mm的小斑,后逐渐扩大,呈褐色腐烂。叶柄或花柄部位染病时,叶片或花朵倒折,病害处有灰色霉层,后变为土黄色霉层,致病原因是湿度过高且通风差的原因。防治上一是及时通风降低空气湿度;二是及时摘除病叶,减少传染源;三是喷施代森锌、多菌灵等广谱性杀菌剂。

②软腐病。由细菌侵染所致,病害部位呈现软化腐烂,发生部位多见于球茎。病因多为基质消毒不彻底或没有消毒,高温或高湿情况下易发生。防治方法可喷施农用链霉素或多菌灵等。

③叶斑病。以5～6月份发病最多,叶面出现褐斑,逐渐扩大,最后造成叶片干枯。病叶必须及时摘除。线虫常危害球茎,被害植株生长缓慢、叶片凋萎转黄,常因盆土过湿所致。生长期还发生蚜虫和卷叶蛾危害叶片和花朵,可用40%氧化乐果乳油1 000倍液喷杀。

分布范围:原产地中海一带,现我国各地广为栽培。

园林应用：仙客来花形别致，娇艳夺目，烂漫多姿，有的品种有香气，观赏价值很高，深受人们喜爱。是冬春季节名贵盆花，也是世界花卉市场上最重要的盆栽花卉之一。仙客来花期长，可达 5 个月，花期适逢圣诞节、元旦、春节等传统节日，市场需求量巨大，生产价值高，经济效益显著。常用于室内花卉布置；并适合做切花，水养持久。同时，仙客来对空气中的有毒气体二氧化硫有较强的抵抗能力，它的叶片能吸收二氧化硫，并经过氧化作用将其转化为无毒或低毒的硫酸盐等物质。

16.22 粉黛叶

学名：*Dieffenbachia picta* Schott

别名：花叶万年青

科属：天南星科，花叶万年青属

形态特征：多年生草本。茎多肉质，高 1 m 左右，粗 1.5～2.5 cm，节间长 2～4 cm；下部叶柄具长鞘，中部叶柄达中部具鞘，上部叶柄长，鞘几达顶端，有宽槽；叶片长圆形、长圆状椭圆形或长圆状披针形，长 15～30 cm，宽 7～12 cm，基部圆形或锐尖，先端稍狭具锐尖头，暗绿色，发亮，脉间有许多大小不同的长圆形或线状长圆形斑块，斑块白色或黄绿色，不整齐；一级侧脉 15～20 对，二级侧脉较纤细，背面隆起。花序柄短。佛焰苞长圆披针形，狭长，骤尖。肉穗花序，下部雌花序达中部，不育中性花序占全长 1/3，花星散；子房心皮 2 或 3，柱头近分离。浆果橙黄绿色，2～3 室。

常见栽培品种有：乳斑黛粉叶（*D. maculata* cv. *rudolph raehrs*）、金雪黛粉叶（cv. *golden Snow*）、黄绿黛粉叶（cv. *lucy small*）、白雪黛粉叶（cv. *superba*）和同属种类白黛粉叶（*D. picta*）、星点黛粉叶（*D. bausei*）、白斑黛粉叶（*D. seguine*）和大王黛粉叶（*D. amaena*）等。

生态习性：喜高温、多湿。不耐寒，冬季温度不低于 15℃，易受冻害。怕干旱，耐半阴，忌强光曝晒。要求疏松、肥沃和排水良好的沙质土壤。

繁殖：采用分株繁殖和扦插繁殖。

分株繁殖：利用基部的萌蘖进行分株，一般在春季结合换盆时进行。操作时将植株从盆内托出，将茎基部的根颈切断，涂以草木灰以防腐烂，或稍放半天，待切口干燥后再盆栽，浇透水，栽后浇水不宜过多。10 天左右能恢复生长。

扦插繁殖：以 7～8 月份高温期扦插最好，剪取茎的顶端 7～10 cm 做插穗，切除部分叶片，减少水分蒸发，切口用草木灰或硫黄粉涂敷，插于沙床或用水苔包扎切口，保持较高的空气湿度，置半阴处，光照 50%～60%，在室温 24～30℃下，插后 15～25 天生根，待茎段上萌发新芽后移栽上盆。也可将老基段截成具有 3 节的茎段，直插土中 1/3 或横埋土中诱导生根长芽。花叶万年青的汁液有毒，扦插时不要使汁液接触皮肤，更要注意不沾入口内，否则会使人皮肤发痒疼痛或出现其他中毒现象，操作完后要用肥皂洗手。

栽培管理：

(1)温度　花叶万年青的生长适温为 25～30℃，白天温度在 30℃，晚间温度在 25℃效果好。可生长范围，在 2～9 月份为 18～30℃，9 月份至翌年 2 月份为 13～18℃。由于它很不耐寒，10 月中旬就要移入温室内。如果冬季温度低于 10℃，叶片易受冻害。特别是冬季温度低于 10℃时，如果浇水过多，还会引起落叶和茎顶溃烂。但低温引起的植株落叶，若茎部未烂时,待温度回升后,仍能长出新叶。

(2)水分 花叶万年青喜湿怕干,盆土要保持湿润,在生长期应充分浇水,并适时向植株周围喷水,向植株喷雾,如久不喷水,则叶面粗糙,失去光泽。夏季保持空气湿度 60%～70%,冬季在 40%左右。土壤湿度以干湿有序最宜,夏季应多浇水,冬季需控制浇水,否则盆土过湿,根部易腐烂,叶片变黄枯萎。放在室内观赏的,要常用软布擦洗叶面,保持叶片清洁,使之亮艳生辉。

(3)光照 花叶万年青耐阴怕晒。光线过强,叶面变得粗糙,叶缘和叶尖易枯焦,甚至大面积灼伤。光线过弱,会使黄白色斑块的颜色变绿或褪色,以明亮的散射光下生长最好,叶色更鲜明美丽。光照强度以 40%～60%最理想。因此,春秋季除早晚可见阳光外,中午前后及夏季都要遮阳。绿叶多的品种较耐阴耐寒,因此乳白斑纹愈多的品种,愈缺乏叶绿素,故应特别注意给以充足的、适宜的光照。

(4)栽培基质 花叶万年青的栽培土壤以肥沃、疏松和排水良好、富含有机质的壤土为宜。盆栽土壤用腐叶土和粗沙等的混合土壤,如用腐叶土 2 份,锯末或泥炭 1 份,沙 1 份混合后使用。盆栽常用 15～20 cm 盆。盆栽植株生长 1～2 年后,基部的萌蘖较多,可结合换盆进行分株繁殖。如植株生长较高,可留基部 2～3 节剪除地上部,留下的茎节仍可萌芽发枝,保持较好株型。

(5)施肥 花叶万年青 6～9 月份为生长旺盛期,10 天施一次饼肥水,入秋后可增施 2 次磷钾肥。春至秋季间每 1～2 个月施用 1 次氮肥能促进叶色富光泽。室温低于 15℃以下,则停止施肥。

(6)病虫害防治 主要有细菌性叶斑病、褐斑病和炭疽病危害,可用 50%多菌灵可湿性粉剂 500 倍液喷洒。有时发生根腐病和茎腐病危害,除注意通风和减少湿度外,可用 75%百菌清可湿性粉剂 800 倍液喷洒防治。

分布范围:原产南美巴西及我国福建、广东等地。现我国各地多有引种栽培。

园林应用:粉黛叶是布置自然式园林和岩石园的优良材料,也适用于切花和盆栽观赏。因其叶片宽大苍绿,浆果殷红圆润,故非常美丽,历来是一种观叶、观果兼用的花卉。叶姿高雅秀丽,常置于书斋、厅堂的条案上或书、画长幅之下,秋冬配以红果更增添了色彩。还具有去除尼古丁,吸收甲醛等有害气体,净化室内空气的作用。

16.23 一品红

学名:*Euphorbia pulcherrima*

别名:圣诞花、圣诞红、猩猩木、墨西哥红叶

科属:大戟科,大戟属

形态特征:常绿灌木,茎直立,全体光滑,茎叶含白色乳汁。嫩枝绿色,老枝深褐色。单叶互生,卵状椭圆形,全缘或波状浅裂,有时呈提琴形,顶部叶片较窄,披针形;叶被有毛,叶质较薄,脉纹明显。杯状聚伞花序,每一花序只有 1 枚雄蕊和 1 枚雌蕊,其下形成鲜红色的总苞片,呈叶片状,色泽艳丽。一品红的"花"由形似叶状、色彩鲜艳的苞片(变态叶)组成,真正的花则是苞片中间一群黄绿色的细碎小花,不易引人注意。果为蒴果,果实 9～10 月份成熟,花期 12 月份至翌年 3 月份。

常见品种:一品白,苞片乳白色。一品粉,苞片粉红色。一品黄,苞片淡黄色。深红一品红,苞片深红色。三倍体一品红,苞片鲜红色。重瓣一品红,叶灰绿色,苞片红色、重瓣。亨里埃塔·埃克,苞片鲜红色,重瓣,外层苞片平展,内层苞片直立,十分美观。球状一品红,苞片血红色,重瓣,苞片上下卷曲成球形,生长慢。斑叶一品红,叶淡灰绿色、具白色斑纹,苞片鲜红色。保罗·埃克小姐,叶宽、栎叶状,苞片血红色。喜庆红,矮生,苞片大,鲜红色。皮托红,苞片宽阔,深红色。胜利红,叶片栎状,苞片红色。橙红利洛,苞片大,橙红色。珍珠,苞片黄白色。皮切艾乔,矮生种,叶深绿色,苞片深红色,不需激素处理。

生态习性:喜温暖、湿润及充足的光照。不耐低温,为典型的短日照植物。强光直射及光照不足均不利其生长。忌积水,保持盆土湿润即可。短日照处理可提前开花。一品红喜湿润及阳光充足的环境,向光性强,对土壤要求不严,但以微酸型的肥沃,湿润、排水良好的沙壤土最好。耐寒性较弱,华东、华北地区温室栽培,必须在霜冻之前移入温室,否则温度低,容易黄叶、落叶等。冬季室温不能低于5℃,以16～18℃为宜。对水分要求严格,土壤过湿,容易引起根部腐烂、落叶等,一品红极易落叶,温度过高,土壤过干过湿或光照太强太弱都会引起落叶。

繁殖:以扦插繁殖为主。

硬枝扦插:春季2～3月份进行,选择一年生木质化、无病虫危害的健壮枝条,剪成长8～10 cm作插穗,剪除插穗上的叶片,切口蘸上草木灰,待晾干切口后插入细沙或排水良好的土壤中,深度约5 cm,充分灌水,并酌情遮阳,保持温度在18～24℃,2～3周可生根,再经2周可移栽或上盆。小苗移栽后要给予充足的水分,置于半阴处1周左右,然后移到早晚都能见光的地方炼苗2周左右,再放到阳光充足处养护。

嫩枝扦插:选当年生半木质化的嫩条,生长到6～8片叶时,取6～8 cm长,具3～4个节的一段嫩梢,在节下剪平,去除基部大叶后,立即投入清水中,以阻止乳汁外流,然后扦插,并保持基质潮湿,大约20天可以生根。

栽培:

(1)培养土的配制　一品红喜疏松、排水良好的土壤,一般用菜园土3份、腐殖土3份、腐叶土3份、腐熟的饼肥1份,加少量的炉渣混合使用。

(2)温度　一品红喜温暖怕寒冷。每年的9月中下旬进入室内,要加强通风,使植株逐渐适应室内环境,冬季室温应保持15～20℃。此时正值苞片变色及花芽分化期,若室温低于15℃以下,则花、叶发育不良。至12月中旬以后进入开花阶段,要逐渐通风。

(3)光照　一品红喜光照充足,向光性强,属短日照植物。一年四季均应得到充足的光照,苞片变色及花芽分化、开花期间显得更为重要。如光照不足,枝条易徒长、易感病害,花色暗淡,长期放置阴暗处,则不开花,冬季会落叶。为了提前或延迟开花,可控制光照,一般每天给予8～9 h的光照,40天便可开花。

(4)施肥　一品红喜肥沃沙质土壤。除上盆、换盆时,加入有机肥及马蹄片作基肥外,在生长开花季节,每隔10～15天施一次稀释5倍充分腐熟的麻酱渣液肥。入秋后,还可用0.3%的复合化肥,每周施一次,连续3～4次,以促进苞片变色及花芽分化。

(5)浇水　要根据天气、盆土和植株生长情况灵活掌握,一般浇水以保持盆土湿润又不积水为度,但在开花后要减少浇水。

(6)矮化和整形　一品红的茎生长直立,植株较高,有的高达1～3 m,若让其自然生长,就没有什么观赏价值,因此,栽培中必须对其进行矮化和整形处理,达到造型丰满、矮化美观效果。

矮化处理：目前，矮化剂多种多样，有 CCC、B_9、PP_{333}、多效唑等，但用得较多的是 B_9、多效唑两种。但不管选用哪一种矮化剂，都要按照该种药剂的使用说明去使用，使用剂量要经过不同的浓度对比试验，筛选出最优的使用浓度。

矮化剂使用的几个时期：①母株苗或用扦插盘扦插后成活的苗上盆后的矮化，此时的矮化主要是为培养强壮的主茎，防止徒长；②扦插前 1 周左右对母株苗的矮化，主要目的在于培养健壮的插穗，提高扦插成活率；③扦插后的 3 周左右对扦插苗的矮化，主要目的在于防止扦插苗的徒长；④当发现圣诞红植株的节间明显增长时，要及时喷施矮化剂；⑤在短日照处理时喷施矮化剂，以防止因高温而产生的徒长；⑥在圣诞红的叶片转红前喷施矮化剂，因为在转红后喷施矮化剂会对圣诞红的生殖生长产生影响。据资料记载：用 200 mg/L 的 CCC 溶液，每月喷洒地上部一次，可有效控制一品红的高度。在摘心前 7～10 天喷洒 2 500 mg/L 的 BA 溶液一次，可促使一品红多分枝，有利于造型。

整形修剪：生长期视幼苗分枝及生长情况摘心 1～2 次，必要时可达到 3～4 次，以促进侧枝生长，在株高 30 cm 时打顶，第一级侧枝各保留下部 3～4 个芽，剪去上面部分，一般整株保留 6～10 个芽即可，其他新芽全部抹去。摘心也可结合扦插进行，一般在扦插苗成活后长到 15～20 cm 时，嫩芽剪去扦插，剪后的植株须经修剪使其高度统一。在成型植株上采取插条后，也要重新修剪，每株可留 5～6 个分枝，小芽全部抹去，高度控制在 20 cm 左右。造型也可用曲枝绑扎法，其方法是：当枝条长至 20～30 cm 时，每盆留 3～4 个分枝，随茎干的伸长进行曲枝绑扎至苞片变色时停止，目的是使植株短小，花头整齐，均匀分布，提高观赏性。

花期调控：主要方法是短日照处理。一品红是短日照植物，在短日长夜的情况下，开始花芽分化，进入生殖生长时期。一般来说短日照处理的方法大同小异，栽培中常用黑布遮光处理，即在遮阳棚里面大约 2 m 高处用竹子横竖连接，把黑布盖上即可。黑布遮光期间要注意如下几个问题：

(1)处理的时间　品种不同，处理的时间也不同，一般来说，要提前 60～70 天处理，如：若要在国庆期间销售，则在 7 月 5～20 日就要开始处理，处理时苗高要求一般在 12～15 cm 为好，高度小于 10 cm 的，不宜处理。

(2)温度的调节　因为 7～9 月份正值夏季，温度比较高，黑布一盖，温度会骤升，处理不好时会造成植株徒长，而使花期延迟，最好在温室内悬挂温度计，早期的温度控制在 23～28℃，中后期的温度控制在 19～22℃，若条件不允许，可通过通风设备或水帘来降低温度。

(3)每日处理时间的调节　黑布处理时间不能太长，也不能太短，一般每日处理的时间控制在 3～4 h 为宜，具体时间以清晨 6:00～8:00 和下午 5:00～7:00，因为这段时间的温度比较低，不会造成植株徒长。

(4)处理期间要注意矮化　处理时因温度高而导致植株徒长而使花期推迟，所以在处理时要视植株的生长情况使用矮化剂，一般 10～15 天可用矮化剂处理一次，但浓度不能太高，在 1 000～2 500 倍为宜，一般在叶片见红时便停止使用。若植株过于徒长，可酌情使用，但在使用矮化剂处理时，必须保持好的光照和通风。

(5)肥水管理　浇水要根据植株的生长情况，大小，介质的干湿程度、温度而定，最好每天早晚各喷一次水。在肥料管理方面，据试验，10～15 天灌一次花多多(肥料的选择要根据植株的大小而定)，每星期喷一次叶面肥。“彼得之星”的短日照处理时间为 45 天左右，“千禧”生长势强，较耐高温，光周期短，暗处理时间只需 42 天。

长日照处理：一品红进行长日照处理的情况有两种：一种是当年的扦插苗要留到第二年作母株时要进行长日照处理；另一种是当年的扦插苗或母株要留到春节销售时要进行长日照处理。

(1)长日照处理的时间　一般长日照处理结束后的 60～75 天就可以销售，所以进行长日照处理要考虑市场情况，制订长日照处理的计划，当然，不同的品种，长日照处理的时间也是不同的。长日照处理的时间在每年的 9 月 20 日左右，因为 9 月 21 日后光周期缩短，植株在短日照下开始进行生殖生长。

(2)长日照处理的方法　主要是通过加装日光灯，人工控制光照时间来完成。不同品种需不同的长日照处理时间，例如，彼得之星，在每年 8 月 26 日扦插的小苗，在 9 月 24 日开始照灯，10 月 26 日摘心完毕，准备供应春节市场，那么，在 10 月底以前，以每天进行长日照处理 3 h 为宜，中期调至 3.5 h 为宜，后期调至 4 h。原因是随着时间的推移，白天一天比一天变短，故长日照处理应越来越长。

病虫防治：主要病害有灰霉病、根腐病、茎腐病、叶斑病等，虫害主要有粉虱、叶螨、蓟马等，需注意防治。

分布范围：原产于墨西哥，目前欧美及日本等广泛栽培。我国两广和云南地区有露地栽培，其他地区多温室栽培。

园林应用：一品红是冬季重要的盆花和切花，广泛用于公共场所和家庭美化、装饰。尤其是在节日期间布置于公共场所或家庭居室，顿时满堂生辉，呈现一片热烈、欢乐的气氛。数盆点缀窗台、阳台或书房，铺红展翠，娇媚动人。

16.24　白网纹草

学名：*Fittonia verschaffeltii* var. *argyroneura*

别名：费道花、银网草

科属：爵床科，网纹草属

形态特征：多年生常绿草本植物，具匍匐茎，茎具粗毛。叶椭圆形，纸质，呈十字对生，叶端、叶基均为钝圆，枝、叶柄、叶背中肋皆密布毛茸，叶面上布有白色的网脉。花着生于茎顶，穗状花序，花小，黄色。

近缘品种：小叶白网纹草，为矮生品种，株高 10 cm，叶小，叶长 3～4 cm、宽 2～3 cm，叶片淡绿色，叶脉银白色。大网纹草，茎直立、多分枝，叶先端有短尖，叶脉红色。

生态习性：室内植物，生命力极强。喜高温、高湿、半阴环境，怕寒冷、干旱。生长适温 25～30℃，越冬温度应在 12℃以上。喜通透性良好的疏松土壤。忌阳光直射。室内最低温度不可低于 15℃。

繁殖：用扦插、分株繁殖。

扦插繁殖：5～8 月份选生长健壮的枝条，剪取的插穗应带踵，每段长 8～10 cm，最好有 4～5 个节间，保留顶端 2～3 片叶。扦插前可根据插穗的多少制作苗床。基质可用经高温消毒处理过的素沙土，床面平整后按 5 cm×5 cm 的株行距进行扦插，深度为 4～6 cm。插后用细孔喷壶喷透水，置于荫蔽通风和湿润的环境。发根适温为 22～28℃，温度在 20℃以下很难生根。北方地区春季扦插要注意倒春寒,应及时加温保护,其他地区主要是保持基质湿润,防止过度蒸发失水。白网纹草具有较强的再生能力,在适宜的环境中 7～8 天就可产生愈伤组织,15～20 天就能长出不定根,并在节间萌发新芽,1 个月后便可定植栽培。

分株繁殖:结合换盆时将生长满盆的植株分切,分离部分带根,即可上盆,并浇透水。

栽培:白网纹草喜高温高湿半阴环境,怕寒冷、干旱,宜肥沃疏松保水力强的土壤。冬季室温不能低于 15℃,如过低会引起落叶,甚至死亡。

(1)浇水　喜多湿的环境。春、夏季生长期宜多浇水,掌握"宁湿勿干"的浇水原则,但不宜盆内积水。夏季干旱天气要注意每天向附近地面洒水 2～3 次,以保持空气湿度,而其叶片质地薄嫩,故应尽量少向叶面喷水,否则易引起叶片腐烂和脱落。另外,维持较高的空气湿度,有利于生长。但尽量避免向叶面喷水,否则易引起叶片腐烂和脱落。秋末过了生长期,就应该逐渐减少浇水的次数,叶片不发干即可。

(2)温度　喜高温,不耐寒。生长适温为 20～30℃。养好白网纹草比较关键的一点就是温度。白网纹草对温度非常敏感,越冬温度不可低于 15℃。冬季需将盆栽移至温暖、防风处。

(3)光照　喜半阴的环境。白网纹草不能接受强烈直射的阳光,尤其是夏季要避免光线过强,否则易导致叶子边缘发焦、脱落。但在长期的栽培过程中,也必须有适宜的光照。长期置于阴暗处,叶片会失去光泽,茎干纤细。因此,适宜每天有 4～6 h 的散射光照为好,不能够晒太阳,否则会灼伤叶子,甚至萎蔫。

(4)土壤　需要肥沃疏松,微酸性的土壤。盆土可用富含有机质的沙质壤土,并加少量基肥配成,也可用疏松和保水性好的草炭营养土。

(5)施肥与维护　一般不施肥也可生长良好。若每 1～2 个月施颗粒状复合肥或稀薄液肥一次,可使叶色光泽亮丽。施肥时应注意避免肥料接触叶面。

(6)为保持株型优美,新栽的盆苗应多次摘心,促进多分枝　栽培一年以上的较老植株,特别是因冬季室温较低而导致叶片脱落的盆株,可结合繁殖进行重剪,以达到更新的目的。

病虫防治:常见的病虫害有菜青虫、蚜虫、红蜘蛛、炭疽病、叶枯病等,可用 40%的氧化乐果乳油 1 000～1 500 倍液防治虫害,50%的多菌灵可湿性粉剂 1 000 倍液喷洒防治病害。白网纹草叶片易受鼠妇、蜗牛的危害而出现洞孔,此外,过强阳光直射,也会灼伤叶片出现洞孔。

分布范围:原产于南美洲秘鲁境内的亚马孙河流域和热带雨林。我国各地均有栽培。

园林应用:植于口径 10 cm、高 13 cm 左右彩色陶盆中,植株周围用彩色石子或青苔装饰,置于桌面或案头,格外雅致。或用作吊盆栽培,待满盆时,置于室内,显得春意盎然。白网纹草还是组合盆栽的主要辅助用材之一,用几株颜色或形态各异的灌木种植于盆中,配以网纹草、常春藤、吊兰等低矮植物可组成一幅生动的立体画。

16.25　花叶木薯

学名:*Manihot esculenta* cv. *variegata*

别名:斑叶木薯

科属:大戟科,木薯属

形态特征:灌木,株高 1.5 m 左右,长块根,根部肉质。叶掌状 3～7 深裂,裂片披针形,全缘,裂片中央有不规则的黄色斑块。叶面绿色,背面粉绿色;叶柄红色,花序腋生,有花数朵。

花期 9～10 月份。

同属常见的栽培种类有：盾叶木薯(*M. peltata*)，叶片盾状，全缘，叶面灰绿色。叶脉凸出明显，粉红色。

生态习性：喜温暖和阳光充足的环境，不耐寒，怕霜冻，耐半阴，栽培环境不宜过干或过湿。生长适温为：3～9 月份为 25～30℃；9 月份至翌年 3 月份为 18～20℃，越冬温度要求高于 15℃。若室温低于 10℃，则可使植株停止生长，且会引起落叶。

繁殖：常用扦插繁殖。以春、夏季最好，选择健壮茎干，剪成长 10 cm 茎段，用水清洗晾干后扦插，约 20 天生根。

栽培：花叶木薯生长迅速，萌发力强，扦插苗盆栽后高 20～25 cm 时，需进行摘心，促其多分枝。盆栽植株，宜每年换盆一次，并结合对地上部枝条进行修剪，每盆留 3～4 主枝即可。压低株型，剪除杈枝和枯枝，使植株保持优美的株型。全年均需充足阳光。生长期应充分浇水，但盆土湿度过大，会引起根部腐烂；若土壤过于干燥会产生落叶。每月施肥 1 次，增施 2～3 次磷、钾肥。秋后应减少浇水。

病虫防治：常见褐斑病和炭疽病危害，用 65％代森锌可湿性粉剂 500 倍液喷洒。虫害有粉虱和介壳虫危害，用 40％氧化乐果乳油 1 000 倍液喷杀。

分布范围：原产热带美洲。我国各地均有栽培。

园林应用：花叶木薯叶片掌状深裂，绿色叶面镶嵌黄色斑块，红色叶柄，显得十分绚丽，是非常耐看的观叶植物。盆栽可点缀阳台、窗台和小庭院。大型盆栽摆放宾馆、商厦、车站等公共场所，呈现喜庆欢乐气氛，使人们流连忘返。南方布置在亭阁、池畔、山石等处，亦令人格外惬意。

16.26 斑叶龟背竹

学名：*Monstera deliciosa* var. *variegata*

别名：斑叶莱蕉、斑叶龟背蕉、斑叶龟背芋

形态特征：常绿藤本植物。茎绿色、粗壮，似罗汉竹，具深褐色气生根，纵横交错。叶片大而厚，革质，长达 50 cm，叶面上带有黄色和白色的斑纹；幼叶心形、无孔，长大后成广卵形、羽状深裂；叶脉间有椭圆形的穿孔，极像龟背；叶具长柄，深绿色。佛焰花序，佛焰苞舟形；11 月份开花，淡黄色。

生长习性：喜温暖湿润环境，不耐寒，冬季室温不得低于 10℃，不耐高温，当气温升到 32℃以上时生长停止。最适生长温度为 22～26℃。成熟植株可耐短时间 5℃低温，低于 5℃易发生冻害。耐强阴，在直射阳光下叶片很快变黄干枯，可在明亮的室内常年陈设。要求深厚和保水力强的腐殖土，pH 为 6.5～7.5，既不耐碱，也不耐酸。斑叶龟背竹怕干燥，耐水湿，要求高的土壤湿度和较高的空气湿度，如果空气干燥，叶面会失去光泽，叶缘焦枯，生长缓慢。

繁殖：可用播种、扦插、压条和分株繁殖。

播种繁殖：播种在 5 月份进行，播种适温为 25～28℃，播后 15 天发芽。播时温度太低种子易腐烂。播种苗当年可盆栽观赏。

扦插繁殖：扦插在早春进行，将斑叶龟背竹 2～3 个茎节截为一段，去除气生根，带叶或去叶插入沙床中，保持一定的温度和湿度，两个月左右即可扎根，长出新芽。

压条繁殖：可在立冬时节进行，将茎端部分气生根埋于另一盆中，在茎上每隔 1～2 节切一刀，深度约为茎粗的 2/3，至翌年立春，便可在叶腋处长出新芽。清明可从切口处割断，依芽的大小分栽于不同的盆中。立夏移出室外，放在荫棚下，要经常浇水，保持湿润，每天可用喷壶对龟背竹茎叶喷清水。立秋后要浇稀饼肥水，不宜过浓，寒露前移入室内。

分株繁殖：在春、秋季将斑叶龟背竹的侧枝整枝劈下，带部分气生根，直接栽植于木桶或水缸中，成活率高；需要迅速成型时，可在盆中立支柱，让它攀附。

栽培：斑叶龟背竹生长期间，植株生长迅速，栽培空间要宽敞，否则会影响茎叶的伸展，显示不出叶形的秀美。盆栽土要求肥沃疏松、吸水量大、保水性好的微酸性壤土，以腐叶土或泥炭土最好。温室越冬要求温度在 5℃以上。夏季移至室外，宜半阴，避免阳光直射。在夏季生长期间，需每天浇水 2 次，叶面常喷水，保持较高的空气湿度。生长期间，每隔半个月施 1 次稀薄饼肥水。初栽时，一般应设架绑扎，定型后注意整形修剪和更新，以求株型美观。

病虫防治：常见病害有叶斑病、灰斑病和茎枯病，虫害为介壳虫，需注意防治。

分布范围：斑叶龟背竹由日本培育，近年引入我国。

园林应用：斑叶龟背竹株型优美，叶形奇特，终年碧绿，青翠欲滴，深绿色气根常伸延很长，可以盘绕，饶有风趣，给人以特殊美感，是观叶花卉中的佼佼者；它耐阴，适宜盆栽，作室内装饰。大型植株适宜大型门厅、客厅、会议室摆放，中小型植株适宜家庭居室摆放，片片如扇之绿叶，像巨大的手臂向客人招手致意，使环境具有清雅的气氛。在华南用以布置庭院，栽植在树旁或屋角等稍阴处，任其生长攀缘，不但生长茂盛，而且自然大方。

16.27　花叶豆瓣绿

学名：*Peperomia abtusifolia* cv. *variegata*

别名：花叶椒草

科属：胡椒科，豆瓣绿属

形态特征：多年生草本。株高 15～20 cm。无主茎。叶簇生，近肉质较肥厚，倒卵形，灰绿色杂以深绿色脉纹；穗状花序，灰白色。

栽培种有斑叶型，其叶肉质有红晕；花叶型，其叶中部绿色，边缘为一阔金黄色镶边；亮叶型，叶心形，有金属光泽。皱叶型，叶脉深深凹陷，形成多皱的叶面。

生态习性：喜温暖湿润的半阴环境。生长适温 25℃左右，最低不可低于 10℃，不耐高温，要求较高的空气湿度，忌阳光直射；喜疏松肥沃，排水良好的湿润土壤；常用腐叶土，表层土加少量粗沙的混合土壤。喜湿润，5～9 月份生长期要多浇水，天气炎热时应对叶面喷水或淋水，以维持较大的空气湿度，保持叶片清晰的纹样和翠绿的叶色。每月施肥 1 次，直至越冬。

繁殖：多用扦插和分株法繁殖。

扦插繁殖：在 4～5 月份选健壮的顶端枝条，剪成长约 5 cm 为插穗，上部保留 1～2 枚叶片，待切口晾干后，插入湿润的沙床中。也可叶插，用刀切取带叶柄的叶片，稍晾干后斜插于沙床上，10～15 天生根。在有控温设备的温室中，全年都可进行。

分株繁殖：春季换盆时将茎基蘖生的小植株带一部分毛根用利刀切下装盆。生长期每半个月施 1 次追肥，浇水用已放水池中 1～2 天的水为好，冬季节制浇水。冬季适温 18～20℃，炎夏怕热，可放荫棚下喷水降温，但应注意，过热、过湿都会引起茎叶变黑腐烂。冬季置光线充足处，夏季避免阳光直晒。

栽培：花叶豆瓣绿喜温暖、湿润的半阴环境，耐干旱，虽然对空气湿度要求不高，能在空气干燥的居室内正常生长，但在空气湿润的环境中植株生长更繁茂，更具生机。生长适温 20～30℃，在此条件下保持盆土湿润而不积水，注意浇水宁少勿多，以免因土壤过湿引起根部腐烂。春、夏、秋三季适当遮阳，太强的光线会导致植株生长不良，而光线不足又会使叶色变淡无光泽。宜放在光线明亮又无直射阳光处养护。生长期每 2～3 周施一次腐熟的稀薄液肥。冬季放在室内阳光充足处，节制浇水，保持 10℃ 以上的温度。可经常向叶面喷水，以保持较高的空气湿度。每 2～3 年翻盆一次，盆土宜用疏松肥沃、含腐殖质丰富、排水良好的沙质土壤。叶片变黑的原因是由于养护环境不适、浇水过多、施肥不当。

病害防治：主要有环斑病毒病为害，受害植株产生矮化，叶片扭曲，可用等量式波尔多液喷洒。另有根颈腐烂病、栓痂病为害，用 50%多菌灵可湿性粉剂 1 000 倍液喷洒。虫害偶有介壳虫和蛞蝓危害，要及时防治。

分布范围：原产西印度群岛、巴拿马、南美洲北部。我国各地均有栽培。

园林应用：可用做盆栽材料。常用白色塑料盆、白瓷盆栽培，置于茶几、装饰柜、博古架、办公桌上，十分美丽。或任枝条蔓延垂下，悬吊于室内窗前或浴室处，也极清新悦目。花叶豆瓣绿还具有吸收电脑和手机的电磁辐射的功能，同时，对甲醛、二甲苯、二手烟有一定的净化作用。

16.28　绿萝

学名：*Scindapsus aureun*

别称：黄金葛

科属：天南星科，绿萝属

形态特征：绿萝为常绿攀缘藤本植物。茎蔓粗壮，可长达数米，分枝多，茎节处有气根。叶互生，绿色；幼叶卵心形，刚繁殖的幼苗叶片较小，色较淡，随着株龄的增长，成熟的叶片则为长卵形，长约 15 cm，宽约 10 cm。浓绿色的叶面镶嵌着黄白色不规则的斑点或条斑。因肥水条件的差异，其叶片的大小有别。

主要品种：青叶绿萝：叶子全部为青绿色，没有花纹和杂色。

黄叶绿萝(黄金葛)：叶子为浅金黄色，叶片较薄。

花叶绿萝：根据叶片上颜色各异的斑纹和特点，目前发现的有 3 个变种，即：银葛(叶上具乳白色斑纹，较原变种粗壮)、金葛(叶上具不规则黄色条斑)、三色葛(叶面具绿色、黄乳白色斑纹)。

生态习性：性喜温暖、潮湿环境，要求疏松、肥沃、排水良好的偏酸性土壤。热带地区常攀缘生长在雨林的岩石和树干上，可长成巨大的藤本植物。属阴性植物，忌阳光直射，喜散射光，耐阴。室内栽培可置窗旁，向阳处可四季摆放，但要避免阳光直射；阳光过强会灼伤绿萝的叶片，过阴会使叶面上美丽的斑纹消失，通常以接受 4 h 的散射光，绿萝的生长发育最好。喜湿热环境，越冬气温不能低于 15℃，否则易受冻害。

繁殖：常采用扦插和压条繁殖。

扦插繁殖：选取健壮的绿萝藤，剪成两节一段，注意不要伤及气生根，然后插入素沙或煤渣中，深度为插穗的 1/3，淋足水放置于荫蔽处，每天向叶面喷水或盖塑料薄膜保湿，环境温度不低于 20℃，成活率均在 90%以上。绿萝也可用顶芽水插，方法是：剪取嫩壮的茎蔓 20～30 cm 长为一段，直接插于盛清水的瓶中，每 2～3 天换水一次，10 多天可生根成活。

压条繁殖：在夏季选择生长健壮的茎蔓（带根）埋藏于沙床或泥炭土中，保持土壤湿润和较高的空气湿度（但不能积水），1 个月即可生根发芽，当年就能长成具有观赏价值的植株。

栽培：栽培绿萝应选用肥沃、疏松、排水性好的腐叶土，以偏酸性为好。绿萝极耐阴，在室内向阳处即可四季摆放，在光线较暗的室内，应每半月移至光线强的环境中恢复一段时间，否则易使节间增长，叶片变小。绿萝喜湿热的环境，越冬温度不应低于 15℃，盆土要保持湿润，应经常向叶面喷水，提高空气湿度，以利于气生根的生长。旺盛生长期可每月浇一遍液肥。长期在室内观赏的植株，其茎干基部的叶片容易脱落，降低观赏价值，可在气温转暖的 5～6 月份，结合扦插进行修剪更新，促使基部茎干萌发新芽。绿萝对温度反应敏感，夏天忌阳光直射，在强光下容易叶片枯黄而脱落，故夏天在室外要注意遮阳。冬季在室内明亮的散射光下能生长良好，茎节坚壮，叶色绚丽。生长期间对水分要求较高，除正常向盆土补充水分外，还要经常向叶面喷水，做柱藤式栽培的还应多喷一些水于棕毛柱子上，使棕毛充分吸水，以供绕茎的气生根吸收。可每 2 周施一次氮磷钾复合肥或每周喷施 0.2%的磷酸二氢钾溶液，使叶片翠绿，斑纹更为鲜艳。

整形修剪：每盆栽植或直接扦插 4～5 株的，盆中间设立棕柱，便于绿萝缠绕向上生长。整形修剪在春季进行。当茎蔓爬满棕柱、梢端超出棕柱 20 cm 左右时，剪去其中 2～3 株的茎梢 40 cm。待短截后萌发出新芽新叶时，再剪去其余株的茎梢。由于冬季受冻或其他原因造成全株或下半部脱叶的盆株，可将植株的一半茎蔓短截 1/2，另一半茎蔓短截 2/3 或 3/4，使剪口高低错开，这样剪口下长出来的新叶能很快布满棕柱。

水养绿萝时，水量不可过多，淹没根部即可，水量过多时容易腐烂茎叶。

绿萝为蔓生植物。一般采用柱藤式和垂帘式栽培。柱藤式：即在花盆中央竖立支柱，支柱上包扎一些棕毛，支柱的直径达 10～12 cm，然后盆中栽种 3～4 株幼苗，使其茎蔓围绕柱子攀缘生长。垂帘式：即把绿萝栽植于花盆中，置于花架上，让其茎蔓像绿帘一样自然悬挂而下。

病虫防治：主要病害为根腐病、叶斑病，虫害为介壳虫、红蜘蛛。

分布范围：原产印度尼西亚群岛，我国各地均有栽培。

园林应用：绿萝耐阴性强，是非常优良的室内装饰植物之一。其茎蔓细软，叶片娇秀，叶色艳美。在家具的柜顶上高置套盆，任其蔓茎从容下垂，或在蔓茎垂吊过长后圈吊成圆环，宛如翠色浮雕。这样既充分利用了空间，净化了空气，又为呆板的柜面增加了线条活泼、色彩明快的绿饰，极富生机，给居室平添融融情趣。同时，还能有效吸收空气中甲醛、苯和三氯乙烯等有害气体，净化室内空气。

16.29　红背卧花竹芋

学名：*Stromanthe sanguium*

别名：红背竹芋、紫背竹芋

科属：竹芋科，卧花竹芋属

形态特征：多年生草本植物。株高 80～100 cm，直立。叶片长卵形或披针形，长 40 cm 左右,厚革质,深绿色有光泽,中脉浅绿色,沿中脉两侧有斜向绿色条斑,叶背血红色并有绿色条斑。花序圆锥状,苞片及萼鲜红色,花瓣白色。

生长习性:喜温暖湿润和半阴环境,不耐寒,怕干旱,忌强光暴晒,土壤以肥沃、疏松的培养土或泥炭土为好,冬季温度不低于10℃。

繁殖:用分株和扦插繁殖。

分株繁殖:生长旺盛的植株每1～2年可分盆一次。分株宜于春季气温回暖后进行,沿地下根颈生长方向将丛生?植株分切为数丛,然后分别上盆种植,置于较荫蔽处养护,待发根后按常规方法管理。另外,也可利用抽长的带节茎叶进行扦插繁殖。

扦插繁殖:在梅雨季节进行,把母株上部的节间剪下,插于培养土或泥炭土中,发根后移栽。

栽培:红背卧花竹芋盆栽可用腐叶土、园土和河沙等量混合并加少量基肥作为培养土。生长季须给予充足的水分,保持盆土经常湿润,并注意向叶面喷水;尤其夏秋季气温较高、空气干燥时,还须经常向叶面及周围喷水,以保持较高的空气湿度。但要注意不宜使盆土积水,以免影响根系通气性,导致生长不良或烂根;秋末后气温较低,要控制浇水量,保持盆土微湿即可。在生长季每月施1～2次液肥,以保证其生长健壮、枝叶繁茂。红背竹芋喜阴,忌阳光直晒,不可置于阳光下,否则叶片褪绿,失去光泽,严重的会造成日灼病;但也不宜长期放在阴暗及通风不良处,以免叶片发黄、脱落。

病虫防治:主要有叶斑病和叶枯病危害,用65%代森锌可湿性粉剂600倍液喷洒防治。有时有介壳虫危害,可用50%杀螟松乳油1 000倍液喷杀。

园林应用:红背卧花竹芋枝叶茂密挺拔、株型丰满优美;叶面浓绿亮泽,叶背紫红色,形成鲜明的对比,是优良的室内喜阴观叶植物。用来布置卧室、客厅、办公室等场所,显得安静、庄重,可供较长期欣赏。盆栽用来装饰宾馆的厅堂、车站、码头的休息室和商店橱窗,效果极佳。

16.30 斑叶非洲堇

学名:*Saintpaulia ionantha* var. *grandiflora*

别名:非洲紫罗兰

科属:苦苣苔科,非洲紫苣薹属

形态特征:多年生草本。无茎,全株被毛。叶卵形,绿色,具黄、白色斑纹;叶柄粗壮,肉质。花多朵或单朵在一起,淡紫色。

其栽培品种繁多,有大花、单瓣、半重瓣、重瓣、斑叶等,花色有紫红、白、蓝、粉红和双色等。常见的栽培品种有单瓣种雪太子,花白色;粉奇迹,花粉红色,边缘玫瑰红色;皱纹皇后,花紫红色,边缘皱褶;波科恩,大花种,花径5 cm,花淡紫红色;狄安娜,花深蓝色。半重瓣种有吊钟红,花紫红色。重瓣种科林纳,花白色;闪光,花红色;蓝峰,花蓝色,边缘白色;极乐,花蓝色;蓝色随想曲,花淡蓝色;羞愧的新娘,花粉红色。观叶种露面皇后,花蓝色,边缘皱褶,叶面有黄白色斑纹;雪中蓝童,花淡紫色,叶有白色条块纹。

生态习性:斑叶非洲堇喜温暖,阴湿环境。喜肥沃疏松的土壤。夏季怕强光和高温。生产适温为16～24℃,4～10月份为18～24℃,10月份至翌年4月份为12～16℃。白天温度不超过30℃,高温对非洲堇生长不利。冬季夜间温度不低于10℃,否则容易受冻害。相对湿度以

40％～70％较为合适，过于潮湿，容易烂根。

繁殖：常用扦插、分株和组培法繁殖。

扦插繁殖：主要用叶插。花后选用健壮充实叶片，叶柄留 2 cm 长剪下，稍晾干，插入沙床，保持较高的空气湿度，室温为 18～24℃，插后 3 周生根，2～3 个月将产生幼苗，从扦插至开花 4～6 个月。扦插过程中，用维生素 B_1 处理对非洲堇生根后幼苗生长有利，采用 25 mg/L 的激动素处理叶柄 24 h，有利于不定芽的形成。从扦插至开花需要 4～6 个月。若用大的蘖枝扦插，效果也好，一般 6～7 月份扦插，10～11 月份开花，如 9～10 月份扦插，翌年 3～4 月份开花。

组培繁殖：近年来，斑叶非洲堇用组织培养法繁殖较为普遍。以叶片、叶柄、表皮组织为外植体。用 MS 培养基加 6-苄氨基腺嘌呤 1 mg/L 和萘乙酸 1 mg/L 做诱芽培养基。接种后 4 周长出不定芽，不定芽长至一定长度时，剪下接种到用 MS 培养基加萘乙酸 1 mg/L 的培养基上，3 个月后生根小植株可栽植。小植株移植于腐叶土和泥炭苔藓土各半的基质中，成活率 100％。

栽培：栽培斑叶非洲堇，合理浇水十分重要，早春低温，浇水不宜过多，保持盆土湿润即可，否则茎叶容易腐烂，影响开花。夏季高温、干燥，应多浇水，并喷水增加空气湿度，否则花梗下垂，花期缩短。但喷水时叶片溅污过多水分，也会引起叶片腐烂。秋冬，气温下降，浇水应适当减少。非洲堇属半阴性植物，每天以 8 h 光照为最合适。若雨雪天光线不足，应添加人工光照。如光线不足，叶柄伸长，开花延迟，花色暗淡。盛夏光线太强，会使幼嫩叶片灼伤或变白，需遮阳防护。要求晚间温度高于白天，晚间 24℃，白天 16℃，茎叶生长繁茂，花大而多。生长过程中，肥沃、疏松的腐叶土最为理想，每半个月施肥 1 次，如肥料不足，则开花减少，花朵变小。花后应随时摘去残花，防止残花霉烂。

病虫防治：在高温多湿条件下，易发生枯萎病、白粉病和叶腐烂病，可用 10％抗菌剂 401 醋酸溶液 1 000 倍液喷雾或灌注盆土中。介壳虫和红蜘蛛在生长期常危害斑叶非洲堇，可用 40％氧化乐果乳油 1 000 倍液喷杀。

分布范围：原产热带非洲，目前欧美栽培最多，我国各地均有栽培。

园林应用：斑叶非洲堇叶形秀美，开花时间长，繁殖容易。盆花点缀案头、书桌、窗台，十分典雅秀丽。

16.31 紫凤梨

学名：*Tillandsia cyanea*

别名：铁兰、细叶凤梨

科属：凤梨科，铁兰属

形态特征：为多年附生常绿草本植物。株高约 30 cm，莲座状叶丛，中部下凹，先斜出后横生，弓状。淡绿色至绿色，基部酱褐色，叶背绿褐色。总苞呈扇状，粉红色，自下而上开紫红色花。花径约 3 cm。苞片观赏期可达 4 个月。

近缘品种，淡紫花凤梨。又名章鱼花凤梨，植株比较矮小，茎部肥厚，叶先端又长又尖，叶色为灰绿色，开花前内层的叶片变为红色，花为淡紫色，花蕊呈深黄色。

银叶花凤梨。银叶花凤梨无茎，叶片呈长针状，叶色为灰绿色。基部为黄白色，花序较长而且弯曲,花为黄色或者蓝色,排列比较松散。

紫花凤梨。株高不超过 30 cm,叶片簇生在短缩的茎上,叶片比较窄,呈线形,先端比较尖,叶长 30～35 cm,宽 1.5 cm,颜色为绿色,基部带紫褐色斑晕,叶背呈褐绿色,花葶由叶丛中抽出,直立,短穗状花序,总苞为粉红色,叠生成扁扇形,小花由下向上开放,颜色为蓝紫色。

生态习性:喜干燥、阳光充足及空气湿度高的环境,耐旱性极强,生长适温为 15～25℃,要求排水良好的沙壤土。喜温热和空气湿度较高的环境,宜光线充足,土壤要求疏松、排水好的腐叶土或泥炭土,冬季温度不低于 10℃。

繁殖:用播种和分株繁殖。

播种繁殖:开花后经人工授粉可以收到种子。种子细小,拌沙或细土后再播,一般在 5～6 月份播种,播种后 15～20 天发芽,播种苗 3 年开花。

分株繁殖:春季花后进行分株,等蘖芽长到 8 cm 左右较成熟时,切下带根的子株,可直接盆栽,放半阴处养护。一般 2～3 年分株 1 次。

栽培:常用苔藓、蕨根、树皮块、碎砖块作基质,盆底部应填充一层颗粒状排水物。盆栽材料需经常保持湿润,但不积水;叶面经常喷水,干旱和炎热夏季,每日喷水 2～3 次。冬季盆栽材料稍干,不喷水或少喷水。如果用腐叶土或泥炭土等盆栽,应特别注意盆土不可太湿,应经常保持稍干才好。当盆土表面 1～2 cm 已干时再浇水。生长季节每 3～4 周施用 1 次液体肥料,浇灌根部。也可叶面喷施液体肥料,叶片施肥浓度应为根部浓度的 1/3 左右。本属植物叶片上有比较发达的吸收鳞片,大部分水和养料靠叶片吸收,故叶面施肥效果十分明显。该种植物喜半阴的环境,春、夏、秋三季应遮去 50%～60%的阳光,冬季不遮光或少遮。家庭中可长年放在明亮的房间或靠近窗台,若每日能有 2～3 h 直射光,则生长较好。

病虫防治:容易受红蜘蛛和介壳虫危害,可用 40%乐果乳油 1 500 倍液喷杀。

分布范围:分布于厄瓜多尔、危地马拉、美洲热带及亚热带地区。我国各地均有栽培。

园林应用:铁兰适于盆栽装饰室内,可摆放阳台、窗台、书桌等,也可悬挂在客厅、茶室、还可做插花陪衬材料。铁兰具有很强的净化空气的能力,能很好地美化家居,净化环境,深受人们的喜爱。

16.32 白网纹瓶子草

学名:*Sarracenia leucophylla*

别名:捕虫草

科属:瓶子草科,瓶子草属

形态特征:白网纹瓶子草为多年生草本,根状茎匍匐,有许多须根。叶长筒状,长可达 60～90 cm,边缘有一狭翅,捕虫囊漏斗形,下部绿色,瓶口唇非常大,褶边缘明显;近开口处白色,有网纹,口盖阔卵形,其捕虫叶全为白色,有红色脉纹;叶基生成莲座状叶丛,叶瓶状或管状直立,瓶状叶有一捕虫囊,囊壁开口光滑,并生有蜜腺,分泌香甜的蜜汁,以引诱昆虫前来并掉入囊中,囊壁光滑,内含消化液,可分泌消化酶将昆虫分解,然后由内壁的薄壁细胞构成的腺体分解出来的蛋白分解酶加以吸收;此外,瓶子草在秋冬季节会长出剑形的叶,这种叶片无捕虫囊,只通过光合作用来制造养分。

同属品种:紫色瓶子草(*S. purpurea*)是瓶子草属的食虫植物里最矮小的品种,具有紫色的瓶子，瓶子很小，长只有 30 cm 左右，生长着偏向一侧的花朵，颜色鲜艳。

生态习性：喜温暖和水湿环境。在冬暖夏凉和半阴环境下生长最好。繁殖力强，易于管理。土壤以酸性泥炭土为基质。生长适温为 20～25℃，冬季温度不低于 5℃。

繁殖：常用分株繁殖。分株繁殖于 4～5 月份进行，将根颈切断分开栽植即可。

栽培：瓶子草属植物的原生地主要是泥炭沼地和瘦瘠的湿地，常年均处于湿润的状态，因此，人工栽植瓶子草，首选的植料应是活的白水苔最好，其次是干的白水苔，可将其吸透水后直接作为植料。此外，泥炭土亦可直接用来栽植瓶子草，如果能够在其中拌入 1/3 的酸性粗沙，以利于其根部的透气，则有更好的效果。值得注意的是，紫色瓶子草在原产地生长于稍碱的沼泽地，故其植料应用稍为偏碱者较好，方法是在白水苔中加入适量的熟粉或蚬壳粉，将其 pH 调至 6 左右便可直接应用。

在栽培用盆方面，由于瓶子草需要有少许水分浸泡会生长更好，应选择一个半腰水的花盆栽植较好。这类盆具在市场上较少，自己动手制造，方法是在普通的素烧红砖盆或塑料盆上套入一个水仙盆即可，关键是水仙套盆应处于栽植盆的上半部，亦即“腰部”，以便浇水后漏出的水浸于栽植盆的齐腰处。此外，瓶子草盆栽一般以吊盆或塑料盆栽植，购回后为其选一个腰水水碟，对口后栽培会更好。

温度控制：要成功栽植瓶子草，控制所需温度十分重要，一般夏季所需温度应在 21～35℃，冬季在 1.7～7.1℃较为适宜。瓶子草属植物具有耐轻霜的能力，因此，人工栽培，冬季无需移入温室，极度严寒时除外。

浇水和湿度：瓶子草是一种湿生食虫植物，在野外可长年浸于沼泽地中生长，因此需要一个极湿的环境，其生长才会壮旺。在人工栽培条件下，如果用腰水套盆种植的话，浇水时可直接将水灌入套盆中或浇至套盆水满为止。如用漏水的普通花盆栽植，在生长旺盛季节，要保持每天浇水 1 次和喷雾，以制造高湿度的环境条件，尤其是炎热的夏季，浇水次数可适当增加为 2 次，以补烈日迅速蒸腾水分的不足。到了冬季休眠期，可节制浇水，保持盆中植料稍湿即可。

光照：瓶子草在充足和直射阳光下才能繁茂生长。创造充足的阳光照射，较冷凉的地下土壤对它的生长十分有利。到了休眠期，光照可减至最低或在完全无光环境下休眠。因此，人工栽培的瓶子草，每天要有 6～8 h 的阳光照射最好。如果光照不足，盆栽的瓶子草会变得色泽晦暗和徒长，植株原有的鲜红色泽会消失并变成暗绿色。

施肥：在野外，瓶子草生长于贫瘠的沼泽地中，以其捕虫囊诱捕昆虫作补充养料来吸收。在人工栽培环境下，尽管虫源不少，但为了使盆栽的瓶子草快速长大，还需定期施肥。一般来说，在生长旺盛期，施肥应每隔 3～4 周 1 次，施用方法可喷施或淋施，亦可将稀释的液肥灌入捕虫囊中让其吸收。施肥浓度一般以 2 000～5 000 倍为宜，较稀的液肥施用后有利于植株快速的吸收，尤其是灌入捕虫囊中液肥更要注意浓度。冬季休眠期，一般不进行施肥。

病虫防治：危害瓶子草的病虫害主要是栽培环境欠佳所致，如通风不良、过于荫蔽，过冷或过热以及空气污染等。常见的虫害有红蜘蛛和蚜虫，可用氧化乐果或三氯杀螨醇 1 000 倍液喷杀。病害主要是由于水苔腐烂引致的根腐病。防治方法是及时换盆，除去老旧的植料，剪去烂根后再用新植料再植。此外，如通风不良和过阴会易生黑斑病。防治方法是剪去病叶，然后用百菌清或石硫合剂喷洒防除。

分布范围：原产西欧、北美和墨西哥。我国各内均有栽培。

园林应用：白网纹瓶子草，叶形奇特，形似彩色小喇叭，顶端有盖，是捕捉昆虫的能手。常用于盆栽点缀室内阳台，十分潇洒；也可在庭院劈长方形花坛，种植色彩不一的瓶子草，也别有趣味。

16.33 褐斑伽蓝

学名：*Kalanchoe tomentosa*

别名：月兔耳

科属：景天科，伽蓝菜属

形态特征：褐斑伽蓝为多年生肉质草本植物；茎直立，多分枝，叶生于枝上，肉质叶片匙形，上面密被白色绒毛，下部全缘，叶缘上部有缺刻，缺刻处有深褐或棕色斑块。

生态习性：喜温暖干燥和阳光充足环境。不耐寒，耐干旱，不耐水湿。土壤以肥沃、疏松的沙壤土为宜。冬季温度不低于10℃。

繁殖：主要用扦插繁殖。在生长期选取茎节短、叶片肥厚的茎做插穗，插穗长5～7 cm，以顶端茎节最好。插穗剪截后，待剪口稍干燥后再插入沙床，插后20～25天生根，30天即可盆栽。如大量繁殖也可用单叶扦插，将肥厚充实的叶片平放在沙盆上，用力把叶片茎部紧压一下即可。25～30天可生根并逐渐长出小植株。

栽培：刚上盆或换盆时，浇水不宜多，以保持稍干燥为宜。盆土过湿或过干，均会引起基部叶片的萎缩脱落，影响观赏效果。生长期要充足阳光，夏季适当遮阳，但过于荫蔽，茎叶柔弱，绒毛缺乏光泽。冬季搬室内养护，应放阳光充足的窗前。

病虫防治：褐斑伽蓝主要病害有萎蔫病和叶斑病，可用50%克菌丹800倍液喷洒防治。虫害有介壳虫和粉虱危害，可用40%氧化乐果乳油1 000倍液喷杀。

分布范围：褐斑伽蓝原产非洲的马达加斯加岛。

园林应用：褐斑伽蓝植株被满白色绒毛，肥厚的肉质叶片形似兔子的耳朵，其叶片边缘着生的深褐色斑纹，又酷似熊猫，故又有熊猫植物的美称，奇特而美丽，是多肉植物中的观叶佳品，深受人们特别是少年儿童的喜爱。常作小型盆栽，用于装饰客厅、卧室、阳台和窗台等处，极富情趣。也可与其他多肉植物合栽，制作组合式盆景，效果很好。

16.34 令箭荷花

学名：*Nopalxochia ackermannii*

别名：荷令箭，红孔雀，荷花令箭，孔雀仙人掌

科属：仙人掌科，令箭荷花属

形态特征：多年生草本植物，高约50 cm，多分枝。叶退化，以绿色叶状茎进行光合作用。茎扁平披针形，形似令箭。基部圆形，鲜绿色；边缘略带红色，有粗锯齿，锯齿间凹入部位有细刺（即退化的叶）。中脉明显突起。花着生于茎的先端两侧，花大美丽，不同品种直径差别较大，小的有10 cm左右，大的达30 cm左右。花色多，有红、黄、白、粉、紫红等，盛开于4～5月份。花被开张，反卷，花丝及花柱均弯曲，花形尤为美丽。浆果，种子小，多数，黑色。

同属品种：小花令箭荷花（*N. phyllanthoides*），花小，着花繁密。

生长习性：令箭荷花属附生仙人掌类。喜温暖湿润和阳光充足的环境，忌阳光直射，耐干

旱,耐半阴,怕雨淋,忌积水。喜肥沃、疏松、排水良好的中性或微酸性(pH 5~6 最适宜)的沙质壤土。生长期最适温度 20~25℃,花芽分化的最适温度在 10~15℃,冬季温度不能低于 5℃,花期 4 月份。易于栽培。

繁殖方法:主要采用扦插和嫁接繁殖。

扦插繁殖:在每年 3~4 月份进行为好。首先剪取 10 cm 长的健康扁平茎作插穗,剪下后要晾 2~3 天,然后插入湿润沙土或蛭石内,深度以插穗的 1/3 为度,温度保持在 10~15℃,经常向其喷水,一般一个月即可生根并进行盆栽。扦插苗培育一年就可开花。

嫁接繁殖:砧木可选一般仙人掌和"量天尺"品种,在砧木上用刀切开个楔形口,再取 6~8 cm 长的健康令箭荷花茎片作接穗,在接穗两面各削一刀,露出茎髓,使之呈楔形,随即插入砧木裂口内,用麻皮绑扎好,放置于荫凉处养护。大约 10 天,嫁接部分即可长合,除去麻皮,进行正常养护。也可用多年生老株下部萌生形成的枝丛进行分株繁殖。

栽培管理:令箭荷花每年或每 2 年换盆一次,一般每隔一年于春季和秋季换盆一次。盆土以配有有机质的沙性土为宜。换盆时,去掉部分陈土和枯朽根,补充新的培养土(腐叶土 4 份、园土 3 份、堆肥土 2 份,沙土 1 份混合配制),并放入骨粉作基肥。换盆后需先遮阳养护,然后置于阳光下生长,盛夏要进行遮阳,避免叶片因光照强度过大时造成危害,雨天要移入室内。立秋后可充分见光,否则光照不足,不易开花。

肥水管理:浇水以见干见湿为原则。生长季节每隔 15~20 天施一次腐熟的稀薄饼肥水。春节过后,改为 10 天一次液肥,并要及时抹去过多的侧芽和从基部萌发的枝芽,减少养分的消耗,保持株型整齐美观。现蕾期增施 1~2 次速效性磷肥,促进花大色艳。每次施肥后都要及时浇水和松土。生长发育期间,浇水要见干见湿,切忌盆内积水,不然易烂根。在花蕾已现而未开放时,只浇七八成水,否则易引起落花落蕾。在干燥多风的春季和炎热的夏季,须经常用清水喷洒变态茎,并向花盆周围地面洒水,以保持较高的空气湿度,有利于生长和开花。冬季应停止施肥,控制浇水。否则盆土过于潮湿和低温,最易引起烂根。

温度控制:令箭荷花不耐寒,北方地区可于寒露节前后入室。入室后放阳光充足处。11 月份至翌年 3 月份,温度宜保持在 10~15℃,温度过高,变态茎易徒长,影响株型匀称;3~6 月份,温度易保持在 13~18℃,温度过低,影响孕蕾。

捆绑护理:由于令箭荷花变态茎柔软,须及时用细竹竿作支柱,最好扎成椭圆形支架,将变态茎整齐均匀地分布在支架上加以捆绑。这样既可防止折断,又利于通风透光,及时摘除分枝、抹去不必要的侧芽,注意用剪刀齐顶,不要在顶端在长新芽,使株型匀称美观。

蕾期管理:孕蕾期,植株需水量比平时要多一些,此时最好用浇水和喷水方式轮流进行,以保持盆土处于微湿状态,既不可浇水过多,也不能使盆土过干,否则均引起枯蕾。生长期要保证植株的正常日照,一般每日要在 5~6 h。保持温度在 15~20℃时,有助于植株孕蕾开花;温度过高,正在分化的花蕾则有逆转成嫩芽的倾向。处于孕蕾期,植株长出的分枝过多,也会和花蕾争夺养料,使花蕾所需养料不足,导致枯蕾,所以此时就及时摘除分枝。空气流通,能排除滞留的促使花蕾早衰的乙烯等类气体,起保护花蕾的作用。植株孕蕾前,要及时追肥,现蕾后则不宜多施追肥。植株长得过于繁茂影响开花,主要是由于放置地点过分荫蔽或肥水过大,引起植株徒长所致,须控制肥水,注意避免施过量的氮肥。孕蕾期间增施磷、钾肥,有利现蕾开花。冬季转入中温温室越冬。

病虫防治:常发生茎腐病、褐斑病危害,可用 50%多菌灵可湿性粉剂 1 000 倍液喷洒;根结线虫用80%二溴氯丙烷乳油1 000倍液释液浇灌防治。通风差，易受蚜虫、介壳虫和红蜘蛛危害，可用50%杀螟松乳油1 000倍液喷杀。

分布范围：原产美洲热带地区，以墨西哥最多。我国以盆栽为主，全国各地均可栽培。

园林应用：令箭荷花花色品种繁多，以其娇丽轻盈的姿态，艳丽的色彩和幽郁的香气，深受人们喜爱。以盆栽观赏为主，在温室中多采用品种搭配，可提高观赏效果。用来点缀客厅、书房的窗前、阳台、门廊，为色彩、姿态、香气俱佳的室内优良盆花。

16.35 虎尾兰

学名：*Sansevieria trifasciata*

别名：虎皮兰，千岁兰，虎尾掌，锦兰

科属：龙舌兰科，虎尾兰属

形态特征：多年生肉质草本植物。地下具匍匐的根状茎，叶从地下茎生出，丛生，直立，线状倒披针形，先端渐尖，基部有槽，灰绿色，有不规则暗绿色横带状斑纹。花从根颈单生抽出，总状花序，花淡白、浅绿色，3～5朵一束，着生在花序轴上，花香较浓郁，1～2月份开花。

近缘品种：金边虎尾兰（*S. trifasciata* var. *laurentii*）别名黄边虎尾兰。为虎尾兰的栽培品种。叶缘具有黄色带状细条纹，中部浅绿色，有暗绿色横向条纹，宽1～1.6 cm。

银脉虎尾兰。表面具纵向银白色条纹。全株叶片高1.2 m以上。花从根颈单生抽出，总状花序，花淡白、浅绿色，3～5朵一束，着生在花序轴上。花香较浓郁。

短叶虎尾兰（*S. trifasciata* var. *hahnii*）。植株低矮，株高不超过20 cm。叶片由中央向外回旋而生，彼此重叠，形成鸟巢状。叶片短而宽，长卵形，叶端渐尖，具有明显的短尾尖，叶长10～15 cm，宽12～20 cm，叶色浓绿，叶缘两侧均有较宽的黄色带，叶面有不规则的银灰色条斑。叶片簇生，繁茂。

银短叶虎尾兰。别名银边短叶虎尾兰。株型和叶形均与短叶虎尾兰相似。叶短，银白色，具有不明显横向斑纹。

金边短叶虎尾兰。别名黄短叶虎尾兰。除叶缘黄色带较宽、约占叶片一半外，其他特征与短叶虎尾兰相似。叶短，阔长圆形，莲状排列。观赏价值更高。

石笔虎尾兰。叶圆筒形，上下粗细基本一样，叶端尖细，叶面有纵向浅凹沟纹。叶长1～1.5m，叶筒直径3 cm左右。叶基部左右互相重叠，叶升位于同一平面，呈扇骨状伸展。形态特殊，观赏价值较高。

葱叶虎尾兰（亦称柱叶虎尾兰）。叶呈圆筒形，整叶上下粗细差不多，端稍尖细，叶面有纵走的浅凹沟状，每叶独立生长。

圆叶虎尾兰。又名棒叶虎尾兰、筒叶虎尾兰、筒千岁兰等，茎短或无，肉质叶呈细圆棒状，顶端尖细，质硬，直立生长，有时稍弯曲，叶长80～100 cm，直径3 cm，表面暗绿色，有横向的灰绿色虎纹斑。总状花序，小花白色或淡粉色。

姬叶虎尾兰。植株呈放射状，叶质硬，广锥形，叶面凹槽形，背面半圆形，叶缘黄褐色。叶色暗绿，具横向浅绿色虎纹斑。

生长习性：适应性强，性喜温暖湿润，耐干旱，喜光又耐阴。对土壤要求不严，以排水性较好的沙质壤土较好，忌水涝。其生长适温为20～30℃，越冬温度为10℃。

繁殖:常用分株法、扦插法繁殖。

分株繁殖:全年均可进行,但以春、夏时节最佳,春季结合换盆进行。先将全株从盆中脱出,去除旧的培养土,露出根颈后沿其走向分切为数株(使每株至少含有 2～3 枚叶片),在切口涂抹愈伤防腐膜,并随即在植株喷施新高脂膜保温防冻,稍晾后便可上盆。上盆时在植株根部可撒一些细沙,以利成活。盆土要选疏松、肥沃、通透性能好的沙质培养土。每盆可栽 2～3 株。

扦插繁殖:以 5～6 月份最好。将成熟的叶片(一年生以上)横切成 8 cm 左右的小段(也可长些),阴晾 1～2 天后直立插于干净的河沙(或珍珠岩、蛭石)中,插入 3～4 cm 即可。扦插时注意不要倒插。插后注意保持一定的湿度,当扦插基质稍干后,用细眼喷壶喷水,但也不宜过湿,以免腐烂,并喷施新高脂膜能防止病菌侵染,增强光合作用强度,提高成活率,后放置于有散射光、空气流通的地方。在夏季,插穗 1 个月左右可长出不定根,之后从其基部萌发出新芽。待新芽长出叶子后,便可连插穗一起上盆移栽。其他季节扦插,生根的时间相对要长些。只要气温在 15～25℃,何时扦插都可。对于根部已腐烂的虎尾兰,如果上部叶片没腐烂,照样可以剪下来进行扦插,一样可以成活。

栽培:虎尾兰适应性强,管理较为粗放,盆栽可用肥沃园土 3 份,煤渣 1 份,再加入少量豆饼屑或禽粪做基肥。虎尾兰对肥料无很大要求,但在生长期若能 10～15 天浇一次稀薄肥水,则可生长得更好。虎尾兰在光线充足的条件下生长良好,除盛夏须避免烈日直射外,其他季节均应多接受阳光。如长期摆放于室内,不宜突然直接移至阳光下,应先移在光线较好处,让其有个适应过程后再见阳光,以免叶片被灼伤。浇水要适量,掌握宁干勿湿的原则。平时用清水擦洗叶面灰尘,保持叶片清洁光亮。春季根颈处萌发新植株时要适当多浇水,保持盆土湿润;夏季高温季节也应经常保持盆土湿润;秋末后应控制浇水量,盆土保持相对干燥,以增强抗寒力。

病虫防治:①细菌性软腐病。浇水时应避免溅到叶片上,发现病叶,及时清除并销毁。发病时可喷施 12%绿乳铜 600 倍液或 72%农用链霉素 4 000 倍液。每 7～10 天喷 1 次,连续 2～3 次。②镰孢斑点病。发现病叶及时剪除。避免直接喷淋植株,应从花盆边缘浇水,尽量不沾湿叶片,可减少病传染;必要时喷洒 1∶0.5∶100 波尔多液或 53.8%可杀得干悬浮剂 1 000 倍液、47%加瑞农可湿性粉剂 700 倍液、50%甲基硫菌灵 · 硫黄悬浮剂 800 倍液;新栽虎尾兰时,对栽培的基质要进行高温或化学灭菌消毒。若茎基腐烂,及时浇灌 50%甲基硫菌灵 · 硫黄悬浮剂 700 倍液或 50%多菌灵可湿性粉剂 500 倍液。③炭疽病。冬春季剪除病部叶片及枯病叶,增施磷钾肥,发病初期及时喷施 50%炭疽福美可湿性粉剂 800 倍液,或 75%的百菌清+70%托布津可湿性粉剂(1∶1)1 000 倍液。④矢尖蚧。利用天敌,抑制为害。若虫孵化期,喷施 50%辛硫磷或杀螟松 1 000 倍液。越冬期间喷施 3～5°Be 的石硫合剂,可减少来年病源。

分布范围:虎尾兰原产非洲西部。我国各地均有栽培。

园林应用:虎尾兰叶片坚挺直立,叶面有灰白和深绿相间的虎尾状横带斑纹,姿态刚毅,奇特有趣;其品种较多,株型和叶色变化较大,精美别致;它对环境的适应能力强,栽培利用广泛,为常见的家内盆栽观叶植物。适合布置装饰书房、客厅、卧室等场所,可供较长时间欣赏。同时,还可以吸收甲醛等有害物质,起到净化空气的作用。

16.36 红千层

学名:*Callistemon rigidus*

别名:瓶刷木、金宝树

科属:桃金娘科,红千层属

形态特征:红千层为常绿灌木或小乔木,高1～2 m。树皮暗灰色,不易剥离;老枝银白色,嫩枝红棕色;幼枝和幼叶上有白色柔毛。单叶互生,条形或披针形,长3～8 cm,宽2～5 mm,坚硬,无毛,有透明腺点,中脉明显,无柄。穗状花序着生于枝顶,长10 cm似瓶刷状,花无柄,苞片小,花瓣5枚,雄蕊多数,长2.5 cm,花稠密,簇生于花序上,花色初为鲜红色,后为粉红色,花期较长,较集中于春末夏初。

生长习性:阳性树种,性喜温暖湿润气候,能耐－5℃低温和45℃高温,生长适温为25℃左右。对水分要求不严,但在湿润的条件下生长较快。喜肥沃潮湿的酸性土壤,也能耐瘠薄干旱的土壤。萌芽力强,耐修剪,抗风,抗大气污染。长江以南可露地栽培,自然条件下每年春、夏季开两次花。北方地区冬季需进入温室栽培,人工催花可在元旦、春节开花。

繁殖:采用播种或扦插繁殖。

播种繁殖:4月采成熟果实,凉后取种,因种子极细小,需要用沙拌种撒播,稍覆细土,保持湿度,10天左右可发芽,当苗高3 cm时即可移栽。

扦插繁殖:扦插一般在6～8月份进行。选择当年生、健壮、无病虫害的成熟或半木质化枝,剪成8 cm长一段,将其外轮的叶片进行疏剪,基部剪成斜面制成插穗,按8 cm×8 cm的株行距插入以黄心土和沙(1∶1)混合基质苗床,深度3 cm,插好后浇一遍透水,白天要进行喷水,保持环境相对湿度80%左右,温度25～35℃,30天后大部插穗生根。也可以温室地面做苗床,或选择阳光充足的地方,建塑料棚,棚高50 cm以上,面积可视插穗多少而定,插法同上,待根系发达,插穗放出新叶,即可上盆,盆土以素沙土为宜,经正常管理,18个月后进入开花期。

栽培:栽培基质喜肥沃潮湿的酸性土,也能耐瘠薄干旱的土壤。盆栽应用疏松透水、保水保肥的培养土。幼苗带土坨定植,20 cm盆栽1株,地栽株距80 cm。肥水生长期薄肥勤施,冬季勿施肥。盆栽春秋季保持土壤湿润即可,盛夏应加强浇水,还要在盆周围的地面上洒水,以提高空气湿度。红千层萌芽力强,耐修剪,幼苗可根据需要,修剪成各种图形。栽植小苗时用竹子扶持,以防倒伏。盆栽植物每3年宜重剪1次,以促进开花。

病虫防治:病害主要有茎腐病。发病重时,宜拔除病苗;发病轻时,可喷洒波尔多液防治。虫害有地老虎、蝼蛄、绿象鼻虫等,可用敌百虫1 000倍液或敌敌畏1 000倍液防治,7天喷1次,连喷2～3次。

分布范围:红千层原产澳大利亚,属热带树种。我国各地均有栽培。

园林应用:红千层株型飒爽美观,开花珍奇美艳,花期长(春至秋季),每年春末夏初,火树红花,满枝吐焰,盛开时千百枝雄蕊组成一支支艳红的瓶刷子,甚为奇特。性强健,既抗旱,也耐涝,耐盐碱,栽培容易,深受人们的喜爱,为高级庭院美化观花树、行道树、风景树,还可作防风林、切花或大型盆栽,并可修剪整枝成为高贵盆景。

16.37 彩叶朱槿

学名：*Hibiscus rosa-sinensis*

别名：彩叶灯笼花、彩叶桑槿、彩叶扶桑

科属：锦葵科，木槿属

形态特征：常绿灌木，高 1～3 m；小枝圆柱形，疏被星状柔毛。叶阔卵形或狭卵形，长 4～9 cm，宽 25 cm，先端渐尖，基部圆形或楔形，边缘具粗齿或缺刻，叶白、红、绿相间。花单生于上部叶腋间，常下垂；花冠漏斗形，红色，直径 6～10 cm，花瓣倒卵形，先端圆。蒴果卵形。花期全年。

生态习性：强阳性植物，性喜温暖、湿润，要求日光充足，不耐阴，不耐寒、旱，在长江流域及以北地区，只能盆栽，在温室或其他保护地栽培要保持 12～15℃气温越冬。室温低于 5℃叶片转黄脱落，低于 0℃，即遭冻害。耐修剪，发枝力强。对土壤的适应范围较广，但以富含有机质，pH 6.5～7 的微酸性壤土生长最好。

繁殖栽培：以扦插繁殖为主，也可嫁接繁殖。

扦插繁殖：

(1)插床准备　以排水良好，疏松透气又清洁无菌的沙壤土、蛭石、河沙等为基质。插床建好后，铺入经过淘洗的河沙，厚度 15 cm 左右。沙面上部距床壁的上口宜留有相当的余量，然后再用 1‰～3‰的过锰酸钾水浇灌消菌杀毒。如用盆插，也可参照上述要求进行处理。

(2)选择接穗　插穗要选择一年生健壮的枝条，剪截长度 10 cm 左右，切口要平滑并应靠近节的基部。切后将下部叶片剪除，将上部每一片叶剪去 1/2，以减少水分的蒸发。选取插穗可结合修剪整枝进行。

(3)扦插　扦插时最好用竹签或粗铁丝于插床的沙面上扎孔，然后再将插穗按孔插入，以免插穗直接插入时搓伤皮层。扦插的距离以插穗的叶片互不接触为准，一般约 4 cm，深度可 2～3 cm。插后喷水使插穗与沙粒密切结合，最后盖上塑料薄膜小棚保湿，并搭棚遮阳。

(4)插后管理　插床应建在有阳光的温暖处。盆插或箱插的，可用空花盆适当垫高架，放在火道上，以增高插床的底温，促使插穗加快生根。棚内温度过高时，每天要打开塑棚，向叶面喷水 1～2 次，以保证叶片不因缺少水分而蔫萎。棚内空气相对湿度应经常保持在 90%左右。扦插温度最好能保持在 20～25℃，插后 20 天即可生根，这时可逐渐打开塑棚并减少喷水，以锻炼小苗，使之增强对外界环境的适应能力。

(5)上盆及管理　扦插后约 40 天即可上盆。花盆要选用和插苗大小相适宜的瓦筒盆（内径 10 cm），盆土以沙质壤土为，掺入肥料拌和均匀。上盆前，先将花盆的排水孔用碎瓦片垫好，并覆盖一层粗粒土，以使排水顺利。栽苗后，填土，敦实，浇水，并置荫凉处使其“缓苗”。以后酌情逐渐见阳光，10 天后即可进行正常管理。

嫁接繁殖：嫁接时间以春季最佳，温室条件下嫁接可四季进行。以原种实生苗为砧木。嫁接方法可用切接、劈接及靠接。一般多选用简单易行的劈接法。接穗要选用健壮的枝梢，粗细应与砧木相同。保留顶芽及 2～3 枚叶片，下部削成楔形。将砧木顶梢剪掉，中间用利刀劈开，再将削成楔形的接穗插入摆正，对齐形成层，然后用塑料带绑紧，再将接穗用塑料袋套好，置于室内无日光直射处，保持适当湿度，防止接穗上的叶片萎蔫。嫁接约 1 个月后成活，再逐渐去掉塑料袋及增加光照。

栽培：

①土壤。朱槿对土壤要求不高，除盐碱土外一般均可适应。但以疏松、肥沃、排水良好的微酸性壤土或黏土壤为好。②光照。如光照不足会使花蕾脱落，花朵缩小，花色暗淡。因此，朱槿每日要有 8 h 以上的光照。在盛夏需遮阳，以防止烈日灼射植株。生长期间，春、夏、秋、冬每季除草、培土一次。10 月份后，盆栽朱槿要移至室温在 15～22℃的室内培植，并注意通风和适当光照。③浇水。朱槿浇水要充足。通常每天浇水一次，以浇透为度。伏天每天早、晚各浇水一次，并需对地面喷水多次，以降温和增加空气的湿度，防止花叶早落。冬季则应减少浇水、停止施肥，使之安全过冬。④施肥。朱槿对“肥”的需要量较大，圃地育苗或盆植时，每株施干猪粪肥 50 g，与磷肥、腐熟堆肥适量拌合作为基肥；每月追施 0.2%尿素水溶液及磷肥为主的淡薄肥 2～3 次。如遇多雨季节，可改施复合颗粒肥于根部，每株 100 g。

盆栽管理：

(1)换盆及修剪　盆栽用土宜选用疏松、肥沃的沙质壤土，每年早春 4 月移出室外前，应进行换盆。换盆时盆土要换成新的培养土，并剪去部分过密的卷曲的须根，施足基肥，盆底略加磷肥。为了保持树型优美，着花量多，根据朱槿发枝萌蘖能力强的特性，可早春出房前后进行修剪整形，各枝除基部留 2～3 芽外，上部全部剪截，以促发新枝，使长势将更旺，株型也更美观。

(2)出房后管理　5 月初要移到室外阳光充足处。每隔 7～10 天施一次稀薄液肥，浇水应视盆土干湿情况，过干或过湿都会影响开花。秋后管理要谨慎，要注意后期少施肥，以免抽发秋梢。同时，加强松土、除草等。

(3)及时进房　在霜降后至立冬前必须移入室内保暖。越冬温度要求不低于 5℃，以免遭受冻害；不高于 15℃，以免影响休眠。

病虫防治：常发生叶斑病、炭疽病和煤污病，可用 70%甲基托布津可湿性粉剂 1 000 倍液喷洒。虫害有蚜虫、红蜘蛛、刺蛾危害，可用 10%除虫精乳油 2 000 倍液喷杀。

分布范围：彩叶朱槿多分布在热带及亚热带地区。广东、广西、福建、云南、台湾等地栽培极多。北方需温室栽培。

园林应用：彩叶朱槿具鲜艳夺目的花朵，朝开暮萎，姹紫嫣红，在南方多散植于池畔、亭前、道旁和墙边，盆栽扶桑适用于客厅和入口处摆设。

16.38　彩叶草

学名：*Coleus blumei*

别名：五色草、锦紫苏

科属：唇形科，彩叶草属

形态特征：多年生宿根草本植物，茎四棱形，基部半木质化，叶对生，叶形因品种不同而富于变化。顶生总状花序，花淡蓝色或带白色。花期 8～9 月份。小坚果平滑有光泽。

园艺变种：五色彩叶草(var. *verschaffeltii*)，叶片上有淡黄、桃红、朱红、暗红等色斑纹。

小纹草(*C. pumilus*)，原产菲律宾和斯里兰卡。株高 15～20 cm，多年生草本，茎横卧。叶对生，菱形，长 2～3 cm，叶面暗褐色，边缘绿色，背面色淡。花蓝绿色圆锥花序长 10～12 cm。

从生彩叶草(C. thyrsoideus)，亚灌木，株高 80～100 cm，叶鲜绿色，呈心脏状卵形。缘具粗锯齿。花亮蓝色，轮伞花序，着花 3～10 朵，呈穗状排列。花期 11～12 月份。

生态习性：彩叶草喜温暖，不耐寒，怕霜冻，怕积水。越冬气温不宜于 5℃，生长适宜温度为 20～25℃。喜阳光充足的环境，也能耐半阴，忌烈日暴晒。适应性强，对土壤要求不严，在疏松而肥沃土壤上生长良好。

繁殖栽培：播种或扦插繁殖均可。

播种繁殖：一般在 3 月于温室中进行。用充分腐熟的腐殖土与素面沙土各半掺匀装入苗盆，将盛有细沙土的育苗盆放于水中浸透，然后按照小粒种子的播种方法下种，微覆薄土，以塑料薄膜覆盖，保持盆土湿润，给水和管护。发芽适温 25～30℃，10 天左右发芽。出苗后间苗 1～2 次，再分苗上盆。播种的小苗，叶面色彩各异，此时可择优汰劣。

扦插繁殖：扦插一年四季均可进行，极易成活。可结合植株摘心和修剪进行嫩枝扦插。方法是：剪取生长充实饱满枝条，截取 10 cm 左右，插入干净消毒的河沙中，入土部分必须带有叶节生根，扦插后疏荫养护，保持盆土湿润。温度较高时，生根较快，期间切忌盆土过湿，以免烂根。15 天左右即可发根成活。

水插繁殖：

(1)准备容器　扦插容器各种盆、瓶均可。容器务必要干净，用水也一定要水质清洁。

(2)剪取插穗　当主枝或侧枝长有 4 个节或长 10 cm 左右时，挑选粗壮者，基部仅留 1～2 节的对生叶片，剪下做插穗，剪口要平滑，然后将插穗最下部的一对叶片剪掉待插。

(3)水插管理　一般插穗自瓶口入水 3～4 cm 最好。插后，置之于散射光处摆放，注意每 2～3 天换一次清水(备贮水)，并注意每天及时补足瓶内因蒸发而下降的水位。一般在 18～25℃条件下，7～10 天就可生出新根。

(4)及时上盆　当见插穗基部生有多条 1～2 cm 不定根时，可及时上盆或定植。上盆时，不要损伤根系，上盆后，在遮阳处养护 10 天左右，进入正常管理。

栽培：浇水以见干见湿为原则。生长期注意及时摘心，控制株型，施肥应以磷肥为主，以保持叶面鲜艳。忌施过量氮，否则叶面暗淡。

病虫防治：幼苗期易发生猝倒病，应注意播种土壤的消毒。生长期有叶斑病危害，用 50％托布津可湿性粉剂 500 倍液喷洒。室内栽培时，易发生介壳虫、红蜘蛛和白粉虱危害，可用 40％氧化乐果乳油 1 000 倍液喷雾防治。

分布范围：原产印度尼西亚。我国各地均有栽培。现江苏、浙江、安徽等地栽培较多。

园林应用：彩叶草色彩鲜艳、品种甚多、繁殖容易，为应用较广的观叶花卉，除可作小型观叶花卉陈设外，还可配置图案花坛，也可作为花篮、花束的配叶使用。

16.39 大岩桐

学名：*Sinningia speciosa*

别名：落雪泥

科属：苦苣苔科，大岩桐属

形态特征：多年生草本。有肥大块茎，全株密被白绒毛，地上茎极短，绿色常在二节以上转变为红褐色。叶对生，肥厚而大，卵圆形或长椭圆形，叶脉间隆起，边具锯齿。花腋生或顶生，大而美，花径 3～7 cm，花梗长。花冠呈钟状 5～7 裂，裂片先端浑圆。花色有红、白、粉红、淡紫等。蒴果,种子细小而多,褐色。

生长习性:喜高温湿润及半阴的环境及肥沃疏松的微酸性土壤,夏季宜保持凉爽,忌阳光直射。从1～10月份适温为18～23℃。冬季休眠期叶片全脱落,11月份至翌年1月份温度保持在12℃左右。土壤要求肥沃疏松。

繁殖及栽培管理:

(1)播种　自花授粉不孕需人工授粉。2月播种到10月可开花。8～10月份播于盆中,翌春8～4月份开花,秋播开花好。

(2)扦插　用叶插法,插于沙床中,除保留品种外一般不用此法。

(3)割球　在上年块茎上带芽眼分割后,蘸草木灰防腐,阴干后裁于盒中,管理同播种苗。

(4)管理中不能浇水过多,过多则烂根。叶面与芽上有水珠需吸掉,花后少浇水,使之进入休眠。生长期过于,叶面会发黄,秋季翻盆后适当浇水可重新萌发新叶。生长期每10天施一次肥。适宜疏松肥沃的壤土。

(5)花期控制　若提前开花可增加温度。如在开花期温度降至12～15℃使花期能延长。如分批播种可陆续开花。

分布及原产地:原产巴西,现各地广泛栽培。

园林应用:大岩桐叶茂翠绿,花朵姹紫嫣红,园艺品种繁多,有蓝、白、红、紫和重瓣、双色等品种。每年春秋两次开花,是节日点缀和装饰室内及窗台的理想盆花。

16.40　蒲包花

学名:*Dicentra spectabilis*

别名:猴子花、荷包花

科属:玄参科,蒲包花属

形态特征:一年生草本。株高20～40 cm,茎叶均有茸毛,叶卵形或椭圆形,黄绿色,对生。花自基部向上开放,花具二唇花冠,上唇小向前伸,下唇膨大成蒲包形,柱头在两个囊状物之间,柱头两边各有一枚雄蕊,花径约3 cm,黄色或上有橙褐色斑点,此外还有淡黄,赤红及淡褐色等,上具密集的斑点,果淡褐色,种子褐色极小。

生长习性:喜光照、凉爽湿润、通风的气候环境及富含腐殖质、通气、排水良好的微酸性土壤,惧高热、忌寒冷、土湿,夏季避免烈日曝晒,需庇荫。

繁殖及栽培管理:播种繁殖。8月份盆播,移植2～3次即定植于5寸盆中,生长期适温为5～10℃,每周施肥一次,花后浇水不能多。人工授粉,受精后去除花冠。日光要充足,提高结实率。

花期控制:提前开花可每天加光6～8 h,从11月份开始加光至翌年1月末开花。延长花期可在开花时,室温适当降低。

分布及原产地:原产南美墨西哥、秘鲁、智利一带,现各地广泛栽培。

园林应用:盆栽观赏。由于花形奇特,色泽鲜艳,花期长,观赏价值很高,蒲包花是初春之季主荷包花要观赏花卉之一,能补充冬春季节观赏花卉不足,可作室内装饰点缀,置于阳台或室内观赏。也可用于节日花坛摆设。荷包花的观赏范围较窄,很少用于园林景点或公园花坛栽培,也极少作为切花瓶插,大多适应在温室做小巧盆栽,供人们家居摆设。在21世纪以欧美推广得最快最多。现今全世界共有530多个品种，按花型可分“大荷包”、“中荷包”和“小荷包”三大类。“大荷包”的朵头大如鸡蛋。内部充气较多，显得非常饱满，最受消费者欢迎。荷包花的开花时间有先有后，往往先开的就会先枯萎，后开的后枯萎。当在厅堂清供时，要注意及时把枯花摘掉，以免影响观赏效果。

16.41　非洲紫罗兰

学名：*Saintpaulia ionantha* wendl

别名：非洲苦苣苔、非洲堇、非洲紫苣苔、圣包罗花

科属：苦苣苔科，非洲紫罗兰属

形态将征：常绿宿根草本。全株有毛；叶基部簇生，稍肉质，叶片圆形或卵圆形，背面带紫色，有长柄，叶柄红褐色，全缘，叶面波浪形，肉质圆柱状。花1～6朵簇生在有长柄的二歧聚伞花序上；花有短筒，花梗红褐色，花冠2唇，裂片不相等，花色多样，有白色、紫色、淡紫色或粉色。蒴果，具毛，种子极细小。花期从夏季到冬季均能开花，种子4～6月份成熟。

生长习性：喜温暖、湿润、荫蔽通风环境及腐殖质多，排水好的壤土，夏季怕高温及阳光直射，生长适温为20℃左右，4～10月份为18～24℃，10月至翌年4月份为12～16℃。白天温度不超过30℃，高温对非洲紫罗兰生长不利。冬季夜间温度不低于10℃，否则容易受冻害。相对湿度以40％～70％较为合适，盆上过于潮湿，容易烂根。空气干燥，叶片缺乏光泽。非洲紫罗兰夏季需遮阳，叶色青翠碧绿；冬季则阳光充足，才能开花不断；雨雪天加辅助光对非洲紫罗兰的生长和开花十分有利。

繁殖及栽培管理：繁殖方法有4种。

(1)播种　温室栽培需人工授扮，9～10月份盆播，20天发芽，翌年春季开花。2月份播种则8月份开花，由于天热开花少，2～3个月后移苗，从播种到开花约8个月。

(2)叶插　花后选健壮充实的叶片，叶柄留2 cm剪下，略晾干，仅使叶柄插于沙床中，叶片在沙面上。温度为18～24℃，20天生根，8月后移栽于小盆。也有在扦插过程中用维生素B_1，对幼苗生长有利。6～7月份扦插，10～11月份开花；9～10月份扦插，翌年3～4月份开花。

(3)分株　除春季换盆时进行分株繁殖外，每当长出侧芽时，也可切下另行扦插成一小株。

(4)组培繁殖　非洲紫罗兰用组织培养法繁殖较为普遍。以叶片、叶柄、表皮组织为外植体。用MS培养基加1 mg/L-苄氨基腺嘌呤和1 mg/L萘乙酸。接种后4周长出不定芽，3个月后生根小植株可栽植。小植株移植于腐叶土和泥炭苔藓土各半的基质中，成活率100％。美国、荷兰、以色列等国均有非洲紫罗兰试管苗生产。

在栽培过程中，浇水很重要，冬季早春气温偏低，浇水多易引起腐烂，夏季气温高，除浇水外，需要喷水增加空气湿度，叶片粘了水珠要及时吸去以免烂叶。夏日要遮阳和加强通风。在生长过程中可以施饼肥水1～2次。

分布及原产地：原产非洲热带，现各地均有栽培。

园林应用：盆栽观赏。植株矮小，四季开花，花形俊俏雅致，花色绚丽多彩。由于其花期长、较耐阴，株型小而美观，盆栽可布置窗台、客厅，茶几良好的点缀装饰，是优良的室内花卉。放置室内可净化室内空气、改善室内空气品质、能美化环境、调和心情及舒解压力，亦为园艺治疗的理想材料。

17 彩色观赏竹

17.1 毛竹

学名:*Phyllostachys pubescens*

别名:楠竹(陕西、河南)、茅竹、猫头竹、孟宗竹

科属:禾本科,刚竹属

形态特征:地下茎单轴散生,具有粗壮竹鞭,径 1.5～3 cm,节间 3～6 cm,竹杆高 18 m,最大胸径可达 15.5 cm。新杆密被柔毛,有白粉,杆环不明显,箨环隆起,初被一圈毛,后脱落,杆箨密生棕褐色毛和黑褐色斑点。枝、叶二列状排列,每小枝保留 2～3 叶,叶片较小,长 4～11 cm,宽 0.5～1.2 cm。笋期 4 月上中旬。

生态习性:喜温暖湿润气候及深厚、肥沃、湿润且排水良好的土壤。在有风害的地区,应设风障或防风林保护,否则生长不良。竹鞭寿命约 14 年,竹鞭在良好的土壤中,一年可穿行 4～5 m。

繁殖方法:母竹移栽。选 1～2 年生健壮母株,带鞭繁殖,挖母竹时需注意保护鞭根,多带宿土。

分布范围:秦岭、淮河以南,河南大别山和陕西汉中、安康为我国毛竹自然分布的北界。分布高度可达海拔 1 100 m。福建、浙江、江西、湖南为其栽培中心。

园林应用:毛竹高大端直,杆圆挺秀,四季常青,是绿化造林的优良竹种。此外,同种彩杆类变型有:绿皮花毛竹、黄皮绿筋毛竹、黄皮毛竹、绿槽毛竹、黄槽毛竹、金丝毛竹、白叶毛竹等,色彩丰富,色泽多样,为极富景观、极具经济开发价值的优良群体竹种。

17.2 刚竹

学名:*Phyllostachys viridis*

别名:斑竹(陕西)、金竹(河南)、黄竹(河南)、麦粒黄(山东)

科属:禾本科,刚竹属

形态特征:乔木状,杆高达 16 m,胸径最大可达 14 cm,共 52 节。幼杆绿色无白粉,有时节下有白粉环,杆环、箨环均隆起。箨鞘具脱落性黄色刺毛和淡墨色斑点,有箨耳或不发达,箨片外卷,并常皱折。每小枝具 3～6 叶,叶质较厚,基部略圆形,叶舌发达,叶耳具长肩毛。笋期 5 月中旬至 6 月中旬,盛笋期在 5 月下旬。

生态习性:刚竹抗性强,喜温暖湿润和肥厚、排水良好的沙质土壤。较毛竹耐寒、耐旱、耐瘠薄。出笋期晚,当年生幼竹容易遭受风雪压折。

繁殖方法:繁殖力强,可埋杆育苗。母竹移栽。选 1～2 年生母株,带鞭移植。

分布范围:原产于我国。陕西秦岭、大巴山和河南伏牛山、大别山有栽培。山东东南沿海、

山西、河北和辽东半岛都有引种。

园林应用：刚竹杆形挺拔清秀，色泽鲜明亮丽，可片植独立组景，亦可配置于山径旁、大道边，亦可丛植于山石、亭榭旁。刚竹竹材坚硬致密、弹性强，适宜作建筑、造纸、扁担、农具柄和箱筐材料，也可以编织。竹笋食用。在北方刚竹多代替毛竹用于打井和水利建设。刚竹是华北地区大型的、耐寒的优良乡土竹种。

刚竹的变型：斑竹

学名：*Phyllostachys bambusoides* f. *lacrima-dece*

别名：湘妃竹（山西）

形态特征：杆高达 15 m，胸径最大可达 14 cm，河南博爱生产的最大杆重达 35 kg。植株型态与刚竹相似，主要特点是一年生杆绿色，以后渐次出现大小不等、边缘不清晰的淡墨色或紫黑色斑点，故名"斑竹"。

生态习性：喜温暖湿润气候及排水良好土壤，在年平均气温 15℃，1 月份气温不低于 5℃，雨量充沛的地带生长最佳。若在湿润的土壤中生长，则竹杆上的斑纹过黑。在林相稀疏、阳光直射强烈的环境下，竹杆则发黄，无光泽；在气候干燥的稍阴处生长，则杆色清秀雅致。

繁殖方法：母竹移栽。选 1～2 年生母株，3～4 竹成丛挖取栽植。

分布范围：原种分布于长江流域各省，以湖南洞庭湖君山的斑竹最为著名。河南、山西、河北南部有栽培。北京有引种。斑竹是优良乡土竹种。

园林应用：斑竹杆形清秀，色泽绮丽，宜于精心配置。可栽于居室、书房的门前、窗下，也可栽于亭台、楼阁的檐前、角隅。

17.3 美竹

学名：*Phyllostachys decora*

别名：水竹（河南）、火竹（山东）、岩金竹（陕西）

科属：禾本科，刚竹属

形态特征：杆高达 8 m，胸径 2～5 cm，中部节间长达 35 cm，幼杆鲜绿色，节下有白粉环，老杆绿色或黄绿色，杆环和箨环微隆起。笋黄绿色或淡紫色（小笋淡绿色）。箨鞘淡黄绿色，下部杆箨常具黄白色条纹，边缘带紫红色，先端宽截形（下部杆箨先端钝圆），无毛，无或疏生紫褐色斑点。箨耳弯镰形或箨片基部延伸成宽卵形箨耳，有时无箨耳，耳缘有紫色长硬毛，箨舌紫褐色，宽短，先端具白色短纤毛，背面有一列紫青色长毛，箨片长三角形至宽带状，黄绿色或淡紫色，直立或反曲，基部与箨鞘先端近等宽。每小枝有 2～3 叶，偶有一叶，鞘口具脱落性毛，叶片带状披针形，长 5～15 cm，宽 1～2 cm，下面无毛或近基部中脉有细毛。笋期 5 月上旬。

生态习性：美竹喜生于湿润沙质土壤，在山沟谷地、河旁生长良好。出笋多，成林快，较耐寒冷，是北方推广发展的用材竹林。

繁殖方法：母株繁殖。

分布范围：河南大别山和伏牛山、陕西南部、山东临沂有栽培。

园林应用：美竹竹材韧性强，易劈篾，最宜编织竹器，也可作柄材，晒杆等用。笋可食用。

17.4 京竹

学名：*Phyllostachys* sp.

科属：禾本科，刚竹属

形态特征：杆高达 8 m，胸径 4 cm，最长节间 38 cm。幼杆绿色，密被灰色细毛，有白粉，老杆黄绿色粗糙，杆环较箨环突隆起。箨鞘淡黄色，有绿白色条纹和紫色脉纹，具薄白粉，有稀疏散生细小的紫褐色斑点或无，上部边缘微带紫红晕，并具灰白色短纤毛，箨耳宽镰刀形，耳缘具长毛，箨片长三角形至宽带形，直立，黄绿色，边缘带淡紫红色，下部具白粉，基部常两侧下延成箨耳，箨舌宽短，高约 4 mm，与箨鞘顶端近等宽，弧形，有波状齿，先端有纤毛。分枝一大一小，每小枝 2～3 叶，叶舌隆起，叶耳不显或无，肩毛疏生，后脱落，叶片带状披针形，长 6～15 cm，宽 1～2 cm，背面灰绿色略具白粉，基部具稀疏细毛。笋期 4 月下旬至 5 月上旬。笋淡黄色。

生态习性：喜生于湿润、背风向阳环境。

繁殖方法：母株繁殖。

栽培技术：深挖穴，浅栽竹，起苗后及时栽植，及时浇水，空气湿度低适度叶面喷水。

分布范围：北京和河南淮阳有栽培。

园林应用：本种杆色鲜丽，多栽培供观赏，笋食用。

京竹的变型：

(1)金镶玉竹

学名：*Phyllostachys* sp. f.

形态特征：幼杆黄绿色，渐为金黄色，分枝一侧的纵槽绿色，或节间有绿色条纹，竹鞭也有绿色条纹。

分布范围：江苏云台山、山东东南部有栽培。北京有引种。

(2)玉镶金竹

学名：*Phyllostachys* sp. f.

形态特征：杆绿色，分枝一侧纵槽金黄色。

分布范围：北京有栽培。分布高度在海拔 450 m。

生态习性：为耐寒竹种。

园林应用：多栽培供观赏。

17.5 乌哺鸡竹

学名：*Phyllostachys vivax* McClure

别名：风竹(河南)、雅竹(山东)

科属：禾本科，刚竹属

形态特征：杆高达 13 m，胸径 8 cm，中部节间最长 38 cm。幼杆绿色，微被白粉，老杆黄绿色，节下有白粉环，杆梢略下垂，杆环常在向阳面显著突起，使节间多少不对称。笋乌棕色箨鞘淡黄褐色，干后稻草黄色，密生黑棕色斑点和斑块，略具蜡粉，无箨耳和肩毛，箨片带状披针形，绿色，边缘橘黄色，强烈皱折，反曲，箨舌短，弓形隆起，先端撕裂状，有灰色短纤毛，两侧下延成肩状。枝细长略弯垂，每小枝 2～4 叶，叶片带状披针形，微下垂，长 10～20 cm，宽 1.2～2 cm，下面基部有毛。笋期 5 月上旬。

生态习性：乌哺鸡竹喜光，喜湿润疏松沙质土壤，抗寒性较强，在 －23.4℃时未受冻害，微碱性土也可生长。

繁殖方法：母竹移栽和鞭段育苗。选 1～2 年生母株，3～4 竹成丛挖取栽植，成活率高。

分布范围：山东南部和河南东部有栽培。可为华北引种栽培的竹种。山西有引种。

园林应用：乌哺鸡竹常片植于公园路两侧，形成曲径通幽的迷人氛围。又可与太湖石配植，黄白色调相得益彰。也可与紫竹等小型彩杆竹混植，景观效果更加显著。笋味鲜美，供食用。

乌哺鸡竹的新变型：黄纹竹

学名：f. *huangwenzhu*

形态特征：同乌哺鸡竹，区别点在于杆绿色，纵槽为金黄色。

分布范围：河南东部有栽培。

17.6　胖竹

学名：*Phyllostachys viridis*（Young）McClure

别名：刚竹（山东）、焦皮竹（河南）、江苏刚竹（陕西）

科属：禾本科，刚竹属。

形态特征：杆高达 13 m，胸径 8 cm，中部节间最长 35 cm。杆淡绿色，微具白粉，尤以节下为多，用放大镜可见杆壁有蜡粉质小突起或小凹点，分枝以下杆环不显，箨环隆起。笋黄绿色。箨鞘淡黄绿色，无毛，微被白粉，有绿色脉纹、褐色斑点和斑块，无箨耳，偶见有鞘口肩毛，箨片窄三角形至带状，绿色具橘黄边，开展或外翻，箨舌截平或弧形，绿黄色先端具纤毛。小枝 2～5 叶，具叶耳和肩毛，叶背基部常具毛。笋期 5 月上中旬。

生态习性：胖竹耐寒性较强，山区、冲积平原、河漫滩均可栽植。

繁殖方法：移植母株或播种繁殖培育实生苗。

分布范围：河南永城和商水、陕西周至、山东青岛和沂山、蒙山、北京有栽培。

园林应用：胖竹竹材坚硬，可供小型建筑和柄材用。

胖竹的变型：

(1)黄皮绿筋竹

学名：*Ph. viridis*（Young）McClure cv. Robert Young McClure

形态特征：与胖竹的区别在于植株较小，杆和枝黄绿色，后渐变为黄色，节间常具一至数条宽窄不等的绿色条纹。笋期同胖竹。

分布范围：河南永城和陕西周至有栽培。

(2)绿皮黄筋竹

学名：*Ph. viridis* McClure cv. Houzeau

形态特征：与胖竹区别在于杆绿色，分枝一侧纵槽为黄色。

分布范围：河南永城和商水、陕西周至有栽培。

17.7 毛环竹

学名：*Phyllostachys meyeri* McClure

科属：禾本科，刚竹属

形态特征：杆高达 9 m，胸径 6 cm，杆环和箨环略同高，箨环嫩时有一圈白色纤毛，以后脱落。箨鞘淡褐色，上部有较密的细斑点或斑块，底部有灰白色细毛，无箨耳和肩毛，箨片带状。叶片长 6.5～16 cm，宽 1～1.5 cm。笋期 5 月上旬。

繁殖方法：分蔸繁殖和移鞭繁殖。

分布范围：河南有栽培。山区平原均可栽植。

园林应用：毛环竹材质坚韧，供作农具柄和棚架，编织性能好，为良好工艺编织材料。笋可食用。

17.8 砂竹

学名：*Phyllostachys angusta* McClure

别名：水什竹（河南）。

科属：禾本科，刚竹属

形态特征：杆高达 7 m，胸径 3 cm，中部最长节间 25 cm。杆劲直，幼杆微有白粉，节下尤显，杆环、箨环略隆起。笋黄绿色，稀疏散生棕色细小斑点。等鞘淡黄白色，光滑，散生淡烟棕色斑点，无箨耳；箨片带状，绿黄色，边缘黄白色，直立，箨舌窄狭，截平形或中部稍突起，易破裂，具长达 0.6 cm 的白色长纤毛。每小枝 2～3 叶，叶片长 8～16 cm，背面近基部有毛，叶舌显著突出。笋期 5 月上旬。

生态习性：砂竹稍耐寒冷，喜生于水边河旁沙质土壤。

分布范围：河南有栽培。河北和辽宁有引种。

园林应用：砂竹竹材坚硬致密，匀齐劲直，不易变形、破裂，最适合编织细竹器，为优良的编织用材竹种，也常用于搭棚架和烤烟杆。笋可食。

17.9 桂竹

学名：*Phyllostachys propinqua* McClure

别名：圆竹（河南）

科属：禾本科，刚竹属

形态特征：杆高达 8 m，胸径 5 cm 以下，中部最长节间 32 cm。幼杆绿色具白粉，节下尤多，箨环与杆环均隆起。笋淡紫褐色，有紫黑色斑点。箨鞘淡紫褐色，散生有紫棕色斑点和不明显条纹，有枯焦边，无毛，箨耳缺，箨片紫褐色，有极狭的黄白边，带状，反曲或直立，箨舌淡紫棕色，先端弧形有凸起，具褐色纤毛。小枝 3～5 叶，叶舌显著突出有缺裂，叶背基部中脉有细毛。笋期 4 月中旬。

生态习性：桂竹阳性，喜温暖湿润气候，耐寒冷，能耐－18℃低温，适应性较强，山地和平原,沙土和低洼地均能生长,以水旁、宅旁和肥沃土壤生长最好。

繁殖方法:分蔸繁殖和母竹移植。

分布范围:分布于中国黄河流域至长江以南各省区。河南有栽培。河北和辽宁有引种。湖北省红安县产此竹,其北部山区几乎都有。从武夷山脉向西经五岭山脉至西南各省区均可见野生的竹株。早年引入日本。

园林应用:桂竹竹材劲直,多作农具柄和搭棚架,也用于编织篮筐。笋无苦味,可供食用。

17.10 淡竹

学名:*Phyllostachys glauca* McClure

别名:青竹(山西、陕西、山东)、水竹(山东)

科属:禾本科,刚竹属

形态特征:杆高达 15 m,胸径 11 cm,节间最长 41 cm。幼杆被雾状白粉,呈蓝绿色,光滑,老杆暗绿或黄绿色,节下有白粉环或污垢,杆环与箨环略同高。箨鞘淡红褐色或淡绿褐色,有紫晕,干后黄褐色,有紫色条纹或不明显,具紫褐色斑点(上部杆箨斑点稀疏),无箨耳,箨片带状披针形,绿色,边缘黄色,直立或外展,箨舌紫色,先端平截,具灰色短纤毛。每小枝 2~3 叶,叶片披针形,长 8~18 cm,宽 1.2~2.5 cm,初时有肩毛,后渐脱落,叶舌紫色。笋期 4 月中下旬。笋淡紫红色(小笋绿褐色)。

生态习性:淡竹适应性较强,山区、平原、河旁滩地、微酸性至微碱性土壤均可生长。在河流两旁、山区谷地、土壤湿润肥沃、背风向阳处生长茂密,能长成大径材,也能耐寒冷和稍耐瘠薄土壤。

繁殖方法:母竹移栽、移蔸繁殖和埋鞭繁殖。

分布范围:陕西中部、河南淮河以北、山东东南沿海和沂山、蒙山、山西中条山、河北太行山有栽培。北京、辽东半岛有引种。分布高度可达海拔 1 250 m,为黄河流域中、下游栽培最普遍的乡土竹种。

园林应用:淡竹竹材节长壁薄,材质优良,易劈篾,为华北良好的编织材料,也可作农具柄、晒杆、烤烟杆、瓜架等用。笋味鲜美,供食用。

淡竹的新变型:筠竹

学名:*Phynostachys glanca* McClure var. *glance* cv. Yunzhu J. L lu

别名:青竹(山西)、斑竹(陕西)

形态特征:与淡竹区别在于幼杆绿色,以后杆面由下而上渐次出现斑点或斑纹。与斑竹的斑点和斑纹不同,其斑点和斑纹为茶褐色,边缘色深、整齐。

分布、园林应用与淡竹略同。

17.11 甜竹

学名:*Phyllostachys flexuosa*(Carr.)A. et C. Riv.

别名:青竹(山西)

科属:禾本科,刚竹属

形态特征：杆高达 13 m，胸径 2～7 cm，中部最长节间 32 cm。箨鞘绿褐色或淡红褐色，有紫褐色斑点，箨片带状，直立或开展，箨舌淡绿褐色或微带淡紫色。小枝 2～4 叶，具叶耳和肩毛，叶舌突出，淡绿褐色或淡绿黄色，叶片披针形，长 6～11 cm，宽 1.2～1.6 cm，叶背面基部有疏毛。笋期 4 月中旬。甜竹近似淡竹，但甜竹箨鞘常具宽窄不等的绿白条纹，箨舌和叶舌均淡绿褐色，斑点较密，箨舌较高。叶片鞘口常具肩毛。笋绿褐色。

生态习性：甜竹适应性强，能耐－20℃低温，在酸碱度为 8.2 的沙质土壤也能生长。

繁殖方法：母竹移栽、分蔸繁殖和埋鞭繁殖。

分布范围：河南淮河以北、陕西中部、山西运城、河北南部有栽培。北京有引种。

园林应用：甜竹杆壁较薄，柔韧性强，最宜编织器具，但因节处坚硬，劈篾时较困难。常用作帐杆、棚架和农具柄材。笋味极甘美。

17.12 石竹

学名：*Phyllostachys nuda* McClure

别名：山竹(陕西)

科属：禾本科，刚竹属

形态特征：杆高可达 8 m，胸径 4 cm，中部节间最长 30 cm。幼杆绿色，有白粉，节常带紫色，节下有紫色纵纹，老杆灰绿色，节下有白粉环，杆环突起。笋灰绿紫色。箨鞘淡绿紫色，有紫褐色细斑或斑块，但小笋箨鞘为绿色无斑块，无箨耳，箨片三角形至带状，黄绿色，有皱折，外翻，箨舌黄绿色，先端平截，有缺刻和纤毛。每枝幼时四叶，后为 1～2 叶，叶鞘无叶耳和肩毛，叶背面近基部有毛。笋期 4 月中旬。

生态习性：石竹适应性较强，对土壤、水分要求不严，在山坡上野生成林。

繁殖方法：母竹移栽和分蔸繁殖。

分布范围：陕西秦岭有野生。分布高度在海拔 500～1 000 m。

园林应用：石竹竹节突起，硬性大，不易劈篾，竹壁厚，杆重。用于柄材、支架和篱笆。笋可食。

17.13 紫竹

学名：*Phyllostachys nigra*

别名：黑竹(河南、陕西)

科属：禾本科，刚竹属

形态特征：杆高达 4～8 m，胸径最大可达 5 cm，中部节间长 30 cm。幼杆绿色，密被细毛，具白粉，一年生后杆渐变为紫黑色以至纯黑色，杆环和箨环微隆起，箨环有一圈纤毛。笋淡红褐至淡黄褐色。箨鞘红褐色，略带绿色，短于节间，无斑点，具红褐色直立刺毛，箨鞘边缘密生纤毛，箨耳长圆形至镰刀形，紫色，有长肩毛，箨片宽三角形至三角形，绿色，先端带紫，直立，皱曲，箨舌紫色，弧形，具纤毛。每小枝 2～3 叶，叶片窄披针形，质地较薄：长 5～12 cm，宽 1～1.5 cm，鞘口具肩毛，后脱落，叶耳不显。笋期 4 月下旬至 5 月上旬。

生态习性：紫竹喜光，耐阴，抗寒性较强，能耐－18℃低温，稍耐水湿，在低湿地也可生长，对土壤要求不严,适应性较强,山区、平原均可栽培。

繁殖方法:母竹移栽。选 1～2 年生母株,3～4 竹成丛挖取栽植。

分布范围:原产于我国。陕西、河南、山东、河北和北京市(北京紫竹院露地栽植)均有零星栽培。分布高度在海拔 400～1 000 m。

园林应用:紫竹杆形清秀,杆色鲜明,景观效果奇佳。庭院一隅或门角一侧,栽紫竹一二,配笋石二三,则生机盎然,情趣陡升。紫竹杆壁较薄,韧性强,常用作箫笛、伞柄、手杖和工艺品等。杆色紫黑优美,为庭园观赏竹种。或点缀于山石一旁,我国传统的风水园林理论认为,紫竹宜植于宅园东部,以应"紫气东来"之吉相。

紫竹的新变型:金竹

学名:*Phyllostachys nigra* var. henonis(Mitf.)Stapt ex. Rendle

别名:冬瓜皮竹(河南)、白竹(河南)。

形态特征:与紫竹相近,区别点在于杆较高大,杆高达 15 m,胸径最大可达 10 cm,杆壁较厚,杆灰绿色,不变为紫黑色。笋期 4 月下旬。

由于立地环境的不同,有的杆灰白,节间长,壁较薄,一竹材拉力强,叫线冬瓜竹,有的杆淡灰色,节间较短而密,杆壁厚,竹材硬度大,叫柴冬瓜竹。

生态习性:金竹稍耐寒冷和干旱瘠薄土壤。喜生于山谷、河沟两旁一水源充足的地方,山区平原均可栽植,是北方优良乡土竹种。

分布范围:陕西南部、河南西部和山东东南沿海有栽培。分布高度可达海拔 1 500 m。

园林应用:金竹竹材坚硬,韧性强,大径级的可代替毛竹作建筑和农具用材,也是群众喜爱的编织竹材。叶可代茶。笋供食用。

17.14 花竹

学名:*Phyllostachys nidularia* Munro

别名:扫帚竹(河南)

科属:禾本科,刚竹属

形态特征:杆高达 5 m,胸径 1～3 cm,中部节间最长 36 cm。竹杆劲直,密集,幼杆绿色有蜡粉,节下有灰色柔毛,老后脱落,杆环较箨环隆起。箨鞘短于节间,革质,淡绿色,干后黄白色,有宽窄不等的紫褐色条纹,无斑点,箨鞘边缘具纤毛,箨耳极大,紫褐色,肿胀弯曲包住笋体,耳缘具稀疏紫色肩毛,箨片宽三角形,绿色,有紫红色条纹,直立并贴生笋体,基部两侧延伸成箨耳,箨舌短,与箨鞘顶部等宽,先端平截具白色纤毛。每小枝一叶,偶有二叶,叶鞘易落,叶柄微弯,叶片略下垂,无毛或仅下面基部疏生毛。笋期 4 月下旬。笋淡绿色,有紫色条纹和蜡粉。

生态习性:花竹适应性强,耐干旱又耐水湿,在土壤瘠薄的山坡常与杂灌木混生。

分布范围:陕西秦岭和河南伏牛山有野生。分布高度可达海拔 1 000 m。

园林应用:花竹竹壁薄而脆,通常用作篱笆、棚架、扫帚。笋味鲜美,供食用。

17.15　直杆黎子竹

学名:*Phyllostachys purpurata*

别名:水竹(河南、陕西)

科属:禾本科,刚竹属

形态特征:杆高达 8 m,胸径可达 4.5 cm。杆绿色,茎直,有白粉,箨环稍隆起,杆环略平,节内宽 0.5～0.7 cm。箨短于节间,箨鞘绿色,带紫褐色,有脱落性毛或无,无斑点,边缘具短纤毛,箨耳稍发达,紫褐色,卵形,具稀疏弯曲肩毛,箨舌短,微平截或略弧形,具纤细灰色毛,箨片三角形,绿色内卷,略近船形,基部两侧下延成箨耳。每小枝 2～3 叶,叶片线状披针形,无叶耳。笋期 4 月下旬至 5 月上旬。本种与水竹近似,区别在于直杆黎子竹杆大,箨鞘较宽,箨耳较明显,呈卵形,叶背面小横脉不明显。

生态习性:直杆黎子竹喜雨量充沛、气候温暖及避风向阳、土壤湿润的环境,不耐干旱瘠薄的土壤,要求肥力较高。

分布范围:陕西南部和河南伏牛山有栽培或野生。

园林应用:直杆黎子竹竹材节长壁薄,韧性强,最宜编织,常用于编织凉席和精致生活用具,也是帐杆、晒杆的好材料。笋可食用。

17.16　水竹

学名:*Phyllostachys congesta* Rendle

科属:禾本科,刚竹属

形态特征:杆高达 5 m,胸径 1～4 cm,中部节间长可达 38 cm,节内宽约 0.6 cm。幼杆有蜡质白粉和疏生毛,杆环略平(小的竹杆则突隆起)。箨鞘绿色,短于节间,有时有紫褐色脉纹,无斑点,有时稀疏散生白色长毛,边缘略带紫色,并具整齐的灰色缘毛,下部杆箨和小的竹杆箨无箨耳或只具小形突起和几根刺毛,中部杆箨有淡紫色小箨耳和紫色长肩毛,上部杆箨的箨耳常呈镰刀形,箨片窄三角形,绿色,边缘紫色,扁平或隆起成舟形,直立紧贴杆面,箨舌淡紫红色,先端平截,有灰色短纤毛。每小枝常二叶,偶有 1～3 叶,叶片披针形,长 7～13 cm,宽 1.3～1.7 cm,下面灰绿色,基部具细毛。花序头状,顶生,下有叶状苞片。笋期 4 月中下旬。笋暗绿色,略带紫晕。

生态习性:水竹喜湿润土壤,常生于山沟、河溪旁,适于水源充足的地方栽培。

分布范围:河南大别山、陕西南部、山东东南沿海有野生或栽培。分布高度在海拔 300～1 300 m。

园林应用:水竹竹杆通直,节间长,大竹节平,纤维细韧,拉力强,劈篾平滑,最适合编织凉席,具有光滑、凉爽、不受虫蛀、经久耐用的特点,为优良的篾用竹种。也常用作鱼竿、棚架等。笋可食用。

17.17 罗汉竹

学名：*Phyllostachys aurea* A. et C. Riv.

科属：禾本科，刚竹属

形态特征：杆高达 8 m，胸径可达 4 cm，中部最长节间 27 cm。杆绿色或黄绿色，杆下部数节常呈畸形短缩肿胀，幼杆有白粉，箨环有一圈稀疏脱落性细毛。箨鞘淡黄褐色，有褐色小斑点或斑块，边缘常枯焦，无箨耳，箨片紫绿色具黄边，微皱折，外翻，箨舌短，截平形，具纤毛。小枝 2～3 叶，叶片长 6～15 cm，宽 1～1.8 cm，初有叶耳和肩毛，后脱落。笋期 5 月上旬。笋淡褐黄色，微带淡红色(小笋绿褐色)。

生态习性：罗汉竹适应性稍强，能耐－20℃低温，稍耐干旱瘠薄土壤。

繁殖方法：分株繁殖和扦插繁殖。

分布范围：陕西安康、河南大别山有野生，山东南部、山西太行山也有零星栽培。

园林应用：罗汉竹竹杆常作手杖、伞柄和工艺品材料。材质脆，不宜篾用。笋味鲜美。竹杆畸形多姿，为观赏竹种。

17.18 黄槽竹

学名：*f'hy' llostachys attreosltfcata*

别名：玉镶金竹(北京)

科属：禾本科，刚竹属

形态特征：单轴散生型竹种。乔木状，杆高 5～8 m，直径 1～3 cm。新杆有白粉，绿杆分枝一侧纵槽呈黄色。杆环略隆起与箨环同高。箨鞘淡灰色，具淡绿色、淡红色或淡黄纵披针形反转。末级小枝 2 或 3 叶；叶耳微小或无，繸毛短；叶舌伸出；叶片长约 12 cm，宽约 1.4 cm，基部收缩成 3～4 mm 长的细柄。花枝呈穗状，长 8.5 cm，基部约有 4 片逐渐增大的鳞片状苞片；佛焰苞 4 或 5 片，无毛或疏生短柔毛，无叶耳和鞘口繸毛，缩小叶呈锥状，每片佛焰苞内生 5～7 枚假小穗，惟最下方的 1 片佛焰苞内常不生假小穗。小穗含 1 或 2 朵小花；小穗轴具毛；颖 1 或2 片，具脊；外稃长 15～19 cm，在中、上部被柔毛；内稃稍短于外稃，上半部具柔毛；鳞被长 3.5 mm，边缘生纤毛；花药长 6～8 mm；柱头 3，羽毛状。笋期 4 月中旬至 5 月上旬，花期 5～6 月份。

生态习性：适应性强，能耐－20℃低温。在干旱、瘠薄地上，呈低矮灌木状。

繁殖方法：母竹移栽和带鞭移植。深挖穴，浅栽竹，起苗后及时栽植，及时浇水，空气湿度低适度叶面喷水。

分布范围：分布于浙江、北京，美国在 1907 年从浙江余杭县塘栖引入栽培。

园林应用：黄槽竹杆形挺拔，杆色明亮，为应用极广泛的优良竹种。常丛植于山石、亭榭旁，典雅清亮；配置于建筑物、广场边，气势鲜明。

17.19 方竹

学名:*Chimonobambusa quadragalaris*(Prenxi)Makino

别名:钉钉竹(陕西)、刺刺竹(陕西)

科属:禾本科,方竹属

形态特征:灌木状或小乔木状竹类。地下茎单轴型。杆圆筒形或微呈四方形,杆高达3 m,胸径1～3 cm。杆基部几节略呈钝圆角的方形,上部圆形,幼杆绿色,老杆灰绿色,表面粗糙,杆环隆起,小枝从枝环处折断,断痕成马蹄形,在节内有一圈下弯的易脱落的刺。箨鞘黄白色,长不及节间的一半,有紫色斑点,箨鞘上部边缘具棕色纤毛,背面有稀疏的棕色小刺毛,箨片细小三角形,直立,箨舌不发达。每小枝2～5叶,叶柄短,叶片呈狭披针形,长5～19 cm,宽0.7～1.3 cm,叶舌短矮,叶鞘革质,无毛,鞘口有波状长繸毛。笋期9～11月份。

生态习性:方竹喜光,喜肥沃、湿润及排水良好的土壤,喜生于湿润山坡和林地。

繁殖方法:通常采用母竹移植或埋鞭繁殖。母竹宜选植株健壮而较低矮者,移植时留竹鞭1 m,切勿伤笋芽,且带宿土,竹杆截去枝梢,只留3～4盘枝丫。栽后沟穴埋土踏实,浇透水,盖以稻草保湿。以早春移植为宜。

分布范围:分布在华东、华南以及秦岭南坡,高度在海拔700～2 000 m。

园林应用:方竹竹杆壁厚,质脆,多用作棚架材料,也可作为观赏竹种,供庭园观赏。笋味鲜美,供食用。

17.20 苦竹

学名:*Pleioblastus amarus*(Keng)Keng f.

别名:伞柄竹,石竹(河南)

科属:禾本科,苦竹属

形态特征:地下茎为复轴混生,有横走竹鞭。竹杆直立,杆高达5 m,胸径1～3 cm,节间最长达50 cm。幼杆具白粉,圆筒形,箨环隆起,杆环略平,节内宽5～9 mm。箨鞘细长三角形,背面具棕色小刺毛,尤以中部为多,上部较少或无毛,底部密生棕色刺毛,箨耳微弱或无,具直立肩毛数根,箨片线状披针形,外翻,易脱落,箨舌截平,先端具短纤毛。杆每节3～6分枝,分枝直立开展,每小枝2～4叶,叶片长8～20 cm,宽1～2.8 cm,质坚韧,下面淡绿色,微具毛。笋期5月上中旬。

生态习性:阳性,喜温暖湿润气候,适应性强,较耐寒,喜生于山谷、河沟和肥沃湿润的沙质土壤,适应性较强,常与杂灌木混生。

繁殖方法:移植母竹或竹鞭,雨季移植成活率较高。

分布范围:主产于江苏、安徽、浙江、福建、湖南、湖北、四川、贵州、云南等省。陕西秦岭、河南大别山和伏牛山有栽培或野生。

园林应用:常植于庭院观赏。苦竹杆直节长,壁厚,质坚硬有弹性,可作伞柄、帐杆、鞭杆、支架,较细的杆可作笔管、篱笆和筐篮用,也可作造纸原料。笋味苦,故名“苦竹”,需要煮后用水浸泡,才可食用。

17.21 木竹

学名：*Pleioblastus* sp.

别名：扁担竹

科属：禾本科，苦竹属

形态特征：杆高达 12 m，胸径可达 6 cm。幼杆圆筒形，具白粉，箨环隆起，具残留箨鞘环，节内宽 5～9 mm，节间最长达 70 cm。箨鞘革质，边缘微带紫色，背面具锈褐色刺毛，无箨耳，箨片直立，披针形或卵状披针形，基部常溢缩，箨舌先端具短纤毛。每节分枝 3～7 枚，小枝 2～4 叶，叶片长 10～18 cm，宽 1～2 cm，背面光滑。花序圆锥状，着生于叶枝下部各节的上面。笋期 5 月上旬。笋棕褐色。

生态习性：生于丘陵旷地或村落附近。成纯林或与箭竹混生。

繁殖方法：移植母竹或竹鞭，雨季移植成活率较高。

分布范围：产于福建、广东、广西、四川。陕西秦岭、巴山有野生或栽培，分布高度在海拔 500～1 650 m，山西南部、河北南部有栽培。

园林应用：用途同苦竹。

17.22 青苦竹

学名：*Pleioblastus simoni*(Carr.)Nakai

别名：长叶苦竹

科属：禾本科，苦竹属

形态特征：亚灌木状竹类。杆高达 6 m，胸径 2～4 cm。箨环隆起，杆环略平，幼杆具白粉和白色纤毛。箨鞘有稀疏散生的褐色斑点和刺毛，基部密生棕色刺毛，箨耳不发达，具肩毛，箨舌平截，先端有纤毛，箨片绿色，外翻，边缘波状，基部有长毛。叶片线状披针形，长 15～24 cm，宽 0.7～1.5 cm，上表面绿色，下表面草绿色，两面无毛或下表面疏生不明显微毛，次脉 5 或 6 对，小横脉明显，呈正方格状，叶缘一边具紧贴的透明刺状锯齿，另一边则具不明显的细齿或齿脱落而全缘，叶基楔形。笋期 5 月中旬至 6 月中旬。

生态习性：青苦竹喜生于湿润山坡和土壤肥沃的地方。

繁殖方法：移植母竹或竹鞭。

分布范围：陕西、上海、浙江杭州等地有栽培。

园林应用：青苦竹用途与苦竹相同。

17.23 阔叶箬竹

学名：*Indocalamus latifolius*(Keng)McClure

别名：石竹(山西、河南)、簝竹(河南、山东、陕西)

科属：禾本科，箬竹属

形态特征：杆高达 1 m，地径 0.6～1 cm，节间最长 21 cm。杆灰绿色，杆环平，箨环微隆起，杆基部常残留有箨鞘。箨鞘坚硬而脆，边缘内卷，背面密生有锈色小刺毛，无箨耳，箨片披针形，箨舌截平，高 0.5～1 mm。每枝常 1～3 叶，长 10～35 cm，宽 1.3～7 cm，次脉 6～12 对，表面翠绿色，背面灰绿色。笋期 5 月上中旬。

生态习性：阔叶箬竹喜生于气候温暖湿润地区，稍耐寒冷，在旱地枝梢和叶常枯萎，耐庇荫，林下、林缘有野生。

繁殖方法：分株繁殖、带母竹繁殖和移鞭繁殖。

分布范围：陕西南部山地、山东南部、河南大别山、伏牛山、山西、河北有野生或栽培。分布高度在海拔 1 000 m 以下。

园林应用：阔叶箬竹杆挺直，壁厚，适作笔杆、鞭藤、筷子和编织筐篮等材料。叶宽大，避水湿，并略有香气，多用于制斗笠、衬垫物和包棕子等，也常作庭园观赏竹类。笋小无味，一般不食用。颖果称“竹 m”，粒大饱满，供食用或药用。

17.24　御江箬竹

学名：*Indocalamus* Migoi(Nakai)Keng f.

别名：簝叶竹(陕西)

科属：禾本科，箬竹属

形态特征：杆高 1～2 m，地径 1～1.5 cm，节间最长达 30 cm。杆环平，杆基常残留有箨鞘。箨鞘革质而脆，但边缘为膜质，背面密生脱落性锈色短刺毛，无箨耳，肩毛长达 6 mm，箨片披针形，直立，箨舌高 1～2 mm，背面具毛。叶片矩状披针形，通常长 25～36 cm，宽 4～6 cm，更大的长达 50 cm，宽 10 cm，上面暗绿色，背面灰绿色，次脉 10～12 对，叶舌 2～4 mm，叶柄长 5～10 mm，有白粉。

繁殖方法：分株繁殖、带母竹繁殖和移鞭繁殖。

分布范围：陕西秦岭有野生，河南信阳有栽培。分布高度可达海拔 1 000 m。

园林应用：御江箬竹用途与阔叶箬竹相同。

17.25　箬叶竹

学名：*Indocalamus longiauritus* Hand-Mazz.

别名：簝竹(河南)

科属：禾本科，箬竹属

形态特征：杆高 1.5 m，地径 0.4～0.8 cm，节间最长达 20 cm。杆圆筒形，节下具小刺毛。箨鞘较节间为短，背面贴生有多数棕色刺毛，箨耳发达，通常呈半月形，脱落性，耳缘具长肩毛，箨片长三角形，边缘具细锯齿，箨舌平截，先端具纤毛。每小枝 1～3 叶，叶片长 13～21 cm，宽 1.5～6 cm，次脉 6～12 对，叶耳呈半月形，耳缘具长肩毛，叶舌高 0.5～1.5 mm，先端具毛。笋期 6 月上旬。

生态习性：箬叶竹喜雨量充沛、空气湿度大的山地，也能耐寒冷和稍耐干旱瘠薄土壤，耐庇荫，在杂木林下仍生长茂密。以肥沃深厚的山坡谷地和沟溪两旁生长最好。

繁殖方法：带母竹繁殖和移鞭繁殖。

分布范围:分布于浙江西天目山、衢江县和湖南零陵阳明山,生于山坡路旁。陕西南部和河南大别山区有野生。分布高度可达海拔 1 300 m。

园林应用:箬叶竹用途与阔叶箬竹相同。箬竹丛状密生,翠绿雅丽,适宜种植于林缘、水滨,也可点缀山石,也可作绿篱或地被。

17.26 凤凰竹

学名:*Bambusa multiplex*(Lour,)Raeusch.

别名:罗汉竹(河南)

科属:禾本科,簕竹属

形态特征:地下茎为合轴型,杆丛生,圆筒形,杆高 2～7 m,地径 1～4 cm,节间最长 44 cm。杆密集丛生,梢端外倾,幼杆有白粉和稀疏刺毛。革质,硬脆,淡黄色,无毛,箨耳甚小或无,箨片三角形,直立,箨舌不显著。具叶小枝着生 5～10 叶,叶片质薄,长 4～14 cm,宽 0.5～2 cm,次脉 4～8 对,无小横脉,叶耳明显,叶舌截平。笋期 7～9 月份。

生态习性:喜阳光,喜温暖湿润的气候及疏松和富含腐殖质的土壤,在酸性土中生长良好,不耐盐碱,较耐旱,怕水涝。

分布范围:原产我国,华东、华南、西南以至台湾、香港均有栽培。河南桐柏山有栽培。

繁殖方法:分株繁殖,早春于新叶长出前脱盆,将丛生性的老株地下茎剪开,同时撕开缠绕在一起的须根后,随即上盆栽培。

园林应用:凤凰竹是丛生竹类中分布最广、适应性最强的竹种,常栽培于庭园间以作矮绿篱,或盆栽以供观赏。凤凰竹材质优良,节长强韧,用于工艺品材料,也可作为造纸原料。

凤凰竹的变种:凤尾竹

学名:*B. multiplex* var. nana(Roxb.)Keng f.

形态特征:较原种矮小,每小枝具叶 10 余片,叶片长 2～7.5 cm,宽 0.5～0.8 cm。

生长习性:喜温暖湿润和半阴环境,耐寒性稍差,不耐强光曝晒,怕渍水,宜肥沃、疏松和排水良好的壤土,冬季温度不低于 0℃。

分布范围:山东青岛有栽培。

17.27 花孝顺竹

学名:*Bambusa glaucescens* f. *alphonsekarri*

别名:小琴丝竹

科属:禾本科,簕竹属

形态特征:合轴丛生型竹种。杆高 2～8 m,径 1～4 cm。新杆浅红色,老杆金黄色,并不规则间有绿色纵条纹。箨鞘厚纸质,硬脆,初夏出笋不久,竹箨脱落,杆在阳光下显鲜红色。每支小枝有叶 5～9 枚,排成 2 列状;叶鞘无毛;叶耳不明显;叶舌截平;叶片线状披针形或披针形,长 4～14 cm,质薄,表面深绿色,背面粉白色。笋期 6～9 月份。

生态习性:中性,温暖湿润的气候。不耐寒,在较严寒地区栽种,应选择小气候环境较好的地带,以防冻害发生。

繁殖方法:分蔸繁殖和扦插繁殖。

栽培方法:该竹子喜湿润,怕积水。如盆栽该竹管理中水分管理很重要,装盆后第一次水要浇透,以后保持盆土湿润,"干透浇透",不可浇水过多,否则易烂鞭烂根。从装盆至成活阶段还要经常向叶片喷水。如果盆土缺水,竹叶会卷曲,此时,应及时浇水,则竹叶又会展开。夏天平均1~2天要浇水一次,冬天浇水少,但要保证盆土湿润,以防"干冻"竹子成活后适当追肥,薄肥勤施,在春夏可水施复合肥。盛夏高温季节,应把盆栽竹移至阴凉处,避免烈日暴晒,大棚要覆盖遮阳网,还需经常向叶片喷水,保持竹子叶色翠绿。到严寒冬季,须将盆栽竹移至背风向阳处或室内,大棚用塑料薄膜覆盖保温。

病虫防治:盆栽竹子虫害主要有竹蚜虫、竹介壳虫等,可用杀虫剂喷洒。病害主要有煤污病、丛枝病等,应加强管理,及时修剪病株。

分布范围:原产中国、东南亚以及日本;长江以南地区有栽培。

园林应用:花孝顺竹杆形清秀,枝叶密集下垂,丛态优美,为庭园观赏或盆栽的优良竹种。多3~5丛于开阔场地上作配置栽植。亦可配植于门旁、窗侧或湖畔、池边,对植、列植皆可,曲直相映,刚柔相间,构图效果极强。

17.28 粉单竹

学名:*Bambusa chungii*

别名:单竹

科属:禾本科,簕竹属

形态特征:合轴丛生型竹种。乔木状,杆高12~18 m,直径3~5 cm,最粗可达7 cm。节间长50~100 cm,最长可达120 cm。生长初期被白粉,背面遍生淡色细短毛。箨环隆起成一圈木栓质,其上有倒生刺毛。杆壁厚5 mm,质韧。箨鞘坚硬,箨耳长而狭。箨舌宽短,箨片反转。花枝极细长,无叶,通常每节仅生1或2枚假小穗,后者宽卵形,长可达2 cm,无毛,先端渐尖,含4或5朵小花,下方有1或2朵小花较大,上部的1或2朵则退化。笋期6~8月份。

生态习性:适性强,喜温暖湿润气候及疏松、肥沃的沙壤土,普遍栽植在溪边、河岸及村旁。具有生长快,成林快、伐期短、适性强、繁殖易等特点。其垂直分布达海拔500 m,但以300 m以下的缓坡地、平地、山脚和河溪两岸生长为佳,无论在酸性土或石灰质土壤上均生长正常,其分布区年均温18.9~20.0℃,年降水量999.1~2 136 mm。

繁殖方法:移鞭繁殖。

母竹选择及保护:选择1年生、发枝低或隐芽饱满、健壮无病虫害的竹株为母竹,胸径1.5~4 cm,竹杆留枝3~4盘,长1~2 m,砍去竹梢。挖好母竹,不要劈裂竹蔸和保护好竹蔸上的笋芽和须根,用湿稻草包蔸。母竹运回后,若等第二天栽植,应放在流动的小河里浸,然后将竹蔸上的竹箨剥掉,露出笋目和隐根,可用ABT生根粉调泥浆蘸根,以促进生根。

分布范围:产中国南部,分布于两广、湖南、福建。

园林应用:粉单竹株丛密集,杆形挺硕,杆色粉白艳丽,是良好的园林绿化竹种。常植于园林的山坡、院落或道路、立交桥边。竹材韧性强,为中上等劈篾用材,可供精细编织。

17.29　桂绿竹

学名:*Bambusa vulgaris* var. *striata*

科属:禾本科,簕竹属

形态特征:合轴丛生型竹种,为龙头竹的变种。乔木状,杆高 8～10 m,直径 7～10 cm,节间长可达 45 cm。新杆具绿色条纹。箨鞘间有绿色纵条纹。箨耳椭圆形,上举。笋期夏秋季节。

生态习性:喜温暖湿润气候及疏松、肥沃的沙壤土。

繁殖方法:分蔸繁殖。3～5 株为一丛栽植。

分布范围:分布于华南、西南各省区,浙江有引种栽培。

园林应用:普遍栽植在水边、河岸,或在主景区草坪丛植,为南方高温多湿地区重要观赏竹种。

17.30　慈竹

学名:*Sinocalamus affinis*(Rendle)McClure

别名:茨竹、甜慈、酒米慈、钓鱼慈、丛竹、吊竹、子母竹

科属:禾本科,慈竹属

形态特征:地下茎为合轴型。丛生,根窠盘结,杆高 5～10 m,胸径 4～6 cm,节间长达 50 cm。杆圆形,有脱落性细刺毛,杆环平,箨环隆起,节下有灰色绒毛,杆梢细长略呈弧形下垂。分枝为多枝型,枝条细长,略作水平展开,密集成半轮生状。竹箨革质,硬脆,内面光滑,背面密生棕黑色刺毛,但右侧下方被覆盖的三角地带无此刺毛,箨耳缺,箨舌先端具縫毛,呈"山"字形,箨片反卷,基部圆形。每小枝有 10 余枚叶片,叶片质薄,侧脉 5～10 对。笋期 7 月初至 9 月份。

生态习性:慈竹最喜温暖湿润气候和肥沃土壤,在土壤肥沃处生长茂密。耐庇荫,不耐干旱、寒冷、风雪。

繁殖方法:母竹移栽。母竹要求直径 2 cm 以上,杆长 60 cm(杆上带 2 个节以上),竹苗杆基左右两侧各具 2 个以上饱满笋芽,根点发育成熟,一般无须根或须根较少,杆基、竹杆无破损,无明显失水,无病虫害。栽好后,应立即用清洁水浇灌,将栽植穴中土壤湿透,并用稻草或农膜覆盖。病虫害有慈竹常见病害有竹丛枝病、竹根腐病和笋腐病等 ,常见虫害有竹螟、竹蚜、竹象、竹蝗和竹螨等。

分布范围:广泛分布在中国西南各地。陕西南部和甘肃文县有栽培。

园林应用:慈竹竹壁薄,节间长,材质柔软,是编织竹器的优良篾用竹种。笋味苦,煮后去水可食。植株优美,密集丛生,顶端弧垂,枝叶茂盛秀丽,于庭院内池旁、石际、窗前、宅后栽植,是优良的庭园绿化竹种。

17.31 箭竹

学名：*Sinarundinaria nitida*（Mitford）Nakai

别名：松花竹（陕西、河南、甘肃）

科属：禾本科，箭竹属

形态特征：灌木状竹类，地下茎合轴型，杆柄在地下延伸，使杆呈散生。杆高达 3 m，地径 1 cm，节间长 6～8 cm。分枝为多枝型，丛生于节上。竹箨迟落，箨环显著突出，杆环不显，箨鞘紫绿色，背面尤其是中上部被棕色刺毛，箨片细长外翻，绿紫色，箨舌截平，黄绿色，有黄色纤毛。小枝具 2～4 叶，叶柄短，叶片线状披针形，长 5～13 cm，次脉四对，叶鞘紫色具黄色肩毛，叶缘一侧有锯齿。笋期 8 月中下旬。

生态习性：箭竹适应性强，耐寒冷及干旱瘠薄土壤，在避风、湿润的山谷生长茂密，成大片纯林，有时也生于乔木林下。

繁殖方法：分株繁殖。

分布范围：陕西秦岭、河南伏牛山、甘肃南部、青海东部山区和宁夏六盘山有大面积纯林，为高海拔山区野生竹类。分布高度可达海拔 3 000 m。

园林应用：箭竹杆小，分枝细长，可作扫帚、竹筷、篮筐、篱笆等用。

17.32 大箭竹

学名：*Sinarundinaria chungii*（A. Camus）Keng

别名：龙头竹（陕西）

科属：禾本科，箭竹属

形态特征：灌木状竹类，地下茎合轴型，杆柄在地下延伸，使杆呈散生。杆高 2～3 m，地径 1～2 cm。杆中空细小，幼杆紫黑色。箨环特隆起，箨鞘黄棕色，有黄褐色毛，边缘具黄色毛，具箨耳，耳缘具长毛，箨片窄长，易脱落，箨舌截平，有纤毛。每节分枝多数，簇生于节上，小枝具 2～4 叶，叶耳棒状，有肩毛，叶舌坚硬，暗褐色，叶片长披针形，长 6～11 cm，宽 0.5～1 cm，侧脉 3～4 对。笋期 4～6 月份。

生态习性：大箭竹适应性和用途与箭竹相同。

繁殖方法：靠地下横走的根状茎进行营养繁殖。

分布范围：特产于我国四川西部雅安、阿坝藏族自治州南部、甘孜藏族自治州东部及凉山彝族自治州部分地方。陕西秦岭、巴山有野生，分布高度可达海拔 3 000 m。

园林应用：大箭竹除作为大熊猫的饲料外，亦为牛、羊所喜食，在四川凉山州及部分地区中山及亚高山带，大箭竹在冬、春季节仍保持青绿，为牛、羊冬季放牧所喜食的饲料。

17.33 冷箭竹

学名：*Sinarundinaria fangiana*（A. Camus）Keng.

别名：龙头竹（陕西）

科属:禾本科,箭竹属

形态特征:灌木状竹类,地下茎合轴型,杆高 2～3 m,杆绿色,中空很小,分枝近实心,分枝多数,呈轮生状。箨环隆起,杆环平,箨鞘黄紫色,干后为稻草色,背面无毛,无箨耳,边缘具纤毛,鞘口无肩毛,箨舌短,呈椭圆形。叶鞘光滑无毛,鞘口具长棒状暗褐色的叶耳,其上有长毛,叶片长 9～14 cm,宽 0.7～1.3 cm。笋期 3～5 月份。

生态习性:冷箭竹适应性和用途与箭竹相同。

分布范围:陕西佛坪有野生。分布高度可达海拔 1 000 m。

园林应用:杆可用于覆盖茅屋,或作毛笔杆及算盘的桥杆。在四川是大熊猫在自然保护区最主要的食用竹。

17.34 赤竹

学名:*Sasa longiligulata*

别名:蒲竹

科属:禾本科,赤竹属

形态特征:小型灌木状竹类,地下茎复轴型。杆散生,杆高 1.5 m,直径 1 cm。箨鞘宿存,幼时带紫红色,有斑点,干燥后呈锈色至草黄色。箨片短而直立,每节 1 分枝。叶集生于枝顶,披针形,先端渐尖,表面深绿色而具光泽。笋期 4～5 月份。

生态习性:喜阴湿,忌强光。

分布范围:主产于日本,分布于福建、湖南、广东等省。

繁殖方法:分蔸。选 1～2 年生健壮株,以 5～8 杆为一丛,截杆保留 1 m 左右,杆上保持 3～4 个节,节上有枝或有芽苞,剪取横走而带有鞭根、鞭芽的地下茎,埋鞭栽植。

园林应用:杆细枝少,稀疏低矮,为庭院小竹的优良竹种。

17.35 菲白竹

学名:*Sasa fortunei*

科属:禾本科,赤竹属

形态特征:灌木状,低矮竹类,杆高 10～30 cm。杆环较平坦或微有隆起;杆不分枝或每节仅分一枝。小枝具 5～8 枚叶,叶鞘淡绿色,鞘口有数条白色縒毛。叶片狭披针形,叶面通常有黄色或浅黄色乃至于近于白色的纵条纹。笋期 4～5 月份。

生态习性:喜温暖湿润气候及疏松、肥沃、排水良好的沙壤土。耐阴,夏季忌烈日曝晒。

繁殖方法:分蔸繁殖和埋鞭栽植。在 2～3 月份将成丛母株连地下茎带土移植,母株根系浅,有时带土有困难,应随挖随栽。生长季移植则必须带土,否则不易成活。栽后要浇透水并移至阴湿处养护一段时间。

分布范围:原产日本,中国华东地区有栽培。浙江的安吉、杭州、南京、上海有引种栽培。

园林应用:菲白竹杆丛矮密,叶形秀丽,色泽鲜明,常栽植于庭院观赏。栽作地被、绿篱或与假石相配都很合适,也是盆栽或盆景中配植的好材料。

17.36 菲黄竹

学名:*Sasa auricoma*

科属:禾本科,赤竹属

形态特征:复轴混生型地被竹种。杆高 20～40 cm,直径 2～3 mm。每杆数分枝,每小枝着叶 6～8 枚,叶披针形。黄色的叶片上具绿色条纹。

生态习性:喜温暖湿润气候及疏松、肥沃、排水良好的沙土壤。耐阴,夏季忌高温曝晒。

繁殖方法:分蘖繁殖和埋鞭栽植。

分布范围:原产日本。我国江苏、浙江有引种栽培。

园林应用:菲黄竹杆茎低矮,适于做园林绿化彩叶地被、色块或嵌植于山石旁作景观配置;还适宜盆栽。

17.37 铺地竹

学名:*Sasa argenteistriatus* E. G. Camus

科属:禾本科,赤竹属

形态特征:地被竹种。杆高 30～50 cm,直径 2～3 mm,节间长约 5 cm,杆绿色无毛。叶片卵状披针形,绿色,具黄或白色纵条纹。笋期 4～5 月份。

生态习性:喜温暖湿润气候及疏松、肥沃、排水良好的沙土壤。耐阴,夏季忌高温曝晒。

繁殖方法:分蘖繁殖。

分布范围:原产日本。分布于我国江苏、浙江。

园林应用:铺地竹杆丛矮密,常在树下栽植或用于地表绿化。

17.38 矢竹

学名:*Pseudosasa japonica*

别名:箭竹、日本箭竹

科属:禾本科,矢竹属

形态特征:复轴混生型竹种,杆散生兼为多丛性。杆环较平坦,直立,无刺,杆高 2～5 m,直径约 1.5 cm,绿色,杆的每节具 1 芽,生出 1～3 枝,至杆上部则每节分枝可更多,枝上举而基部贴杆较紧,叶片长披针形,箨鞘宿存,质脆,细长,草绿带黄色,全缘。圆锥花序位于叶枝的顶端,颖果无毛,具纵长腹沟,其顶端与花柱基部无关节,种子翌年萌发。笋期 6 月份。

生态习性:耐寒,适宜北方栽植。

繁殖方法:分蘖繁殖。选二年生健壮株为母竹,以 3～5 杆为一丛,剪取横走而带有鞭根、鞭芽的地下茎,埋鞭栽植。

分布范围:原产于日本。我国江苏、上海、浙江、台湾等地有栽培。

园林应用:矢竹杆挺直,冠较窄,姿态优美,常用于庭园观赏绿化。

17.39 黄筋金刚竹

学名:*Pleioblastus kongosanensis*

科属:禾本科,大明竹属

形态特征:单轴散生型竹种。杆小型至大型,直立,杆高 1~2 m,直径 3~9 mm,杆箨宿存,长三角形,厚草质或厚纸质,缘生棕红色纤毛。叶片长圆状披针形或狭长披针形,小横脉明显而呈长方格状,叶缘具细锯齿或一边的锯齿不明显,叶面翠绿。圆锥花序具数朵乃至多朵小花,颖果长圆形。笋期 5~6 月份。

繁殖方法:分蔸繁殖和母竹移栽。

分布范围:原产日本。我国江苏有栽培。

园林应用:常用于庭院绿化,亦可作大型地被竹栽培。

17.40 江山倭竹

学名:*Shibataea chiangshanensis*

科属:禾本科,倭竹属

形态特征:复轴混生型竹种。灌木状,低矮。杆高仅 0.5 m,直径 0.2 cm。杆直立,每节 3 分枝,节间分枝一侧甚扁平,呈近似半圆筒形。老杆带红棕色。小枝具叶 1 枚,长卵状时缘有细锯齿,叶面具黄白色短线状斑纹。杆箨初期为淡红色,密被白色细柔毛。箨舌短截状,箨叶紫红色,直立锥状。花期 3~5 月份,花枝生于具叶枝的下部各节,颖果。笋期 4~6 月份。

繁殖方法:分蔸繁殖。

分布范围:分布于浙江、福建等地。

园林应用:常用于庭院等小空间栽培,亦可作地被竹栽培应用或用以制作盆景材料。

17.41 花叶芦竹

学名:*Arundo donax* var. *versicolor*

别名:斑叶芦竹、彩叶芦竹、花叶玉竹

科属:禾本科,芦竹属

形态特征:多年生宿根草本植物。根部粗而多结,茎高 1~3 m,茎部粗壮近木质化。叶宽 1~3.5 cm,叶互生,排成两列,弯垂,具黄白色条纹,颜色依季节不同而不同。地上茎挺直,有间节,植株整体似竹。圆锥花序长 10~40 cm,小穗通常含 4~7 朵小花,较密,花序花似毛帚,初花时带红色,后转白色,颖果细小黑色。花期 10 月份。

生长习性:喜光、喜温、耐湿,也较耐寒。常生于河旁、池沼、湖边,常大片生长形成芦苇荡。北方需保护越冬。

繁殖:可用分株、扦插繁殖。

分株繁殖:早春用快锹沿植物四周切成具有 4~5 个芽的一丛,然后移植。或挖出地下茎,清洗泥土和老根,用快刀切成块状,每块具 3~4 个芽进行繁殖。栽植的方法是根据园林绿化的要求，一般株行距 40 cm 左右，栽植成各种几何式图案为宜。在栽植的初期水位应保持浅水，以便提高土温、水温，促使植株的长生。栽后要及时清除杂草，酌情施肥，防治病虫害等。

扦插繁殖：一般在 8 月底 9 月初进行，将植株剪取后，不能离开水，随剪随扦，插床、池的水位保持在 3～5 cm，20 天左右就可生根；来年进行盆栽观赏。露地栽培，可选择池塘边缘、假石山边及低洼积水处挖穴栽培；盆栽，选内径 50～60 cm，不漏水的花盆为宜，栽植后保持盆内潮湿或浅水。生长季节，及时清除杂草，以免与苗争夺养分，夏季气温达 42℃时要给叶面喷水，防止叶片日灼。在生长旺季，追施 1～2 次肥，以提高植物的生长发育能力和观赏价值。

栽培：花叶芦竹的栽培管理非常粗放，生长期注意拔除杂草和保持湿度，无须特殊养护。

分布范围：原产地中海一带，我国各地均有栽培。

园林应用：花叶芦竹茎杆高大挺拔，形状似竹。早春叶色黄白条纹相间，后增加绿色条纹，盛夏新生叶则为绿色。主要用于水景园林背景材料，也可点缀于桥、亭、榭四周，可盆栽用于庭院观赏。花序可用做切花。

18 水生及多肉植物类彩叶植物

18.1 睡莲

学名:*Nymphaea alba*

别名:水芹花、瑞莲、水洋花、小莲花

科属:睡莲科,睡莲属

形态特征:多年生水生植物,根状茎,横生于泥土中。叶丛生,具细长叶柄,浮于水面,纸质或近革质,近圆形或卵状椭圆形,直径 6～11 cm,全缘,无毛,上面浓绿,幼叶有褐色斑纹,下面暗紫色。花单生于细长的花柄顶端,多白色,漂浮于水面,直径 3～6 cm。萼片 4 枚,宽披针形或窄卵形。雄蕊多数,雌蕊的柱头具 6～8 个辐射状裂片。浆果球形,为宿存的萼片包裹。种子黑色。长江流域花期为 5 月中旬至 9 月,果期 7～10 月份。

同属种类及近缘品种:黄睡莲。叶圆形或卵形,具不明显的波状缘,上面深绿色,有褐色斑纹,下面红褐色,有黑色小斑点。花黄色,径约 10 cm。

白睡莲。叶革质,近圆形,基部深裂至叶柄着生处,全缘,稍波状,两面无毛,幼叶红色。花白色而大,径 10～13 cm。

蓝莲花。根状茎呈不规则球形。叶近圆形或椭圆形,直径 13～40 cm,叶片深裂至叶柄着生处,近全缘或分裂处有少数齿状。叶正面绿色,背面有紫色斑点,两面光滑无毛,叶柄绿色,无毛。花蓝色,花瓣 15～20 枚,花径 15 cm,花瓣星状,顶端蓝色较深,基部渐淡,雄蕊金黄。萼片狭窄,呈线形或长圆状披针形。

柔毛齿叶睡莲。热带睡莲。花浮于水面,白色或粉红色,先端圆钝,花萼绿色,矩圆形,先端钝,具纵条纹。叶近革质;卵圆形,基部深裂;叶缘有不等的三角状锯齿;叶面深绿色、无毛,叶背红褐色,密生柔毛或近无毛,叶柄盾状着生。

延药睡莲。根状茎粗壮。叶圆形或近圆形,较大,边缘具不规则齿裂,叶正面绿色,无毛,背面粉红色或淡紫色。花淡蓝色,花瓣呈星状放射。花瓣尖部狭窄,基部稍宽,有香味,花瓣 15～18 枚,花径 15 cm 左右,雄蕊金黄。花萼上有黑色小斑点,萼片线形或长圆状披针形。花梗挺出水面,上午开花,下午闭合。

红睡莲。叶圆形或近圆形,基部深裂,幼叶紫红色。老时上面转为墨绿色,有光泽,下面暗紫红色,叶缘有浅三角形齿牙。花大,径 30～34 cm,玫瑰红色。

香睡莲。花上午开放,午后闭合,浮水。单朵花期 3～4 天,群体花期 5 月中下旬至 9 月中旬。花杯状,粉白色,浓香。叶圆形或长圆形,革质全缘,叶表绿色,叶背紫红色。地下茎横走,少分支。适宜水深 45～90 cm。

玛珊姑娘。花上午开放,午后闭合,浮水。单朵花期 3～4 天,群体花期 4 月下旬至 10 月上旬。花杯状,内轮花瓣枚红色,外轮淡一些;微香。叶近圆形,革质全缘,叶表绿色,叶背绿色，幼叶紫红色。适宜水深 45～90 cm。

墨西哥黄睡莲。中午开花，傍晚闭合，挺水。单朵花期 2～3 天，群体花期 5 月下旬至 9 月上旬。花杯状而后星状，花瓣深黄色、甜香。叶卵形，边缘稍具锯齿。叶表绿色，新叶橄榄绿色，密布紫色或红褐色斑点；叶背铜红色，具小的紫色斑点。适宜水深 45～75 cm。

洛桑。花上午开，午后闭合，浮水。单朵花期 3～4 天，群体花期 5 月中下旬至 9 月上旬。花杯状，浅粉色，浓香。叶近圆形，叶表绿色；叶背紫红色。适宜水深 35～75 cm。

白仙子。花上午开放，午后闭合，浮水。单朵花期 4 天，群体花期 5 月下旬至 9 月下旬。花球形，白色，芳香。叶卵圆形，叶表绿色，叶背深紫铜色。适宜 35～75 cm 的水深。

海尔芙拉。花午后开放，晚上闭合，浮水。单朵花期 3～4 天，群体花期 5 月下旬至 9 月下旬。花杯状而后星形，中黄色，淡香。叶卵形，叶表绿色，具深色条纹及深紫色斑块；叶背红色，带深紫斑点。适宜水深 15～23 cm。

日出。花晨开午合，挺水。单朵花期 2～3 天，群体花期 5 月下旬至 10 月上旬。花星形，黄色，淡香。叶圆形，叶长稍大于叶宽，叶表绿色，叶背黄色。适宜水深 45～90 cm。

科罗拉多。花上午开放，午后闭合，挺水。单朵花期 3～4 天，群体花期 6 月上旬至 11 月上旬。花低温时呈橙黄色，高温时呈橙红色；星状。叶圆形，叶表绿色，叶背边缘稍带红晕。适宜水深 45～90 cm。

火冠。花晨开午合，挺水。单朵花期 3 天，群体花期 6 月上旬至 9 月上旬。花星形，淡紫粉色，微香。叶圆形，叶表绿色，新叶深紫色；叶背深紫色。适宜水深 30～60 cm。

奥毛斯特。花上午开放，午后闭合，浮水。单朵花期 3～4 天，群体花期 6 月下旬至 10 月上旬。花杯状，墨红色，有香气。叶圆形，叶表绿色，叶背浅绿色。马利列克型块茎。适宜水深 45～90 cm。

宽瓣白。上午开放，下午闭合，浮水开放。单朵花期 3～4 天，群体花期 5 月下旬至 9 月下旬。花杯状至星形，白色，开花当天淡香。叶圆形，叶表绿色；叶背淡黄绿色。适宜水深 45～90 cm。

亚克。花晨开午合，挺水开放，单朵花期 3～4 天，群体花期 6 月上旬至 9 月下旬。花星形，先壳粉红色而后白色或近于白色，清香。叶圆形，叶表橄榄绿色，具辐射状的黄色、奶黄色、粉红色、红色的斑点，或粉红色或微带红色的斑块；叶背棕红色。适宜水深 45～90 cm。

埃莉丝。花上午开放，午后闭合，浮水。单朵花期 3～4 天，群体花期 5 月中下旬至 9 月下旬。花星状，花瓣红色。叶马蹄形，幼叶及成叶均为绿色。适宜水深 15～23 cm。

渴望者。花上午开放，下午闭合，浮水。单朵花期 3 天，群体花期 5 月下旬至 9 月下旬。花杯状，淡橙黄色，淡香。幼叶面有密集的红褐色斑点。成叶正面斑点变淡，但是背面还较明显。适宜水深 30～45 cm。

霞妃。花上午开放，下午闭合，浮于水面。单朵花期 4～5 天，群体花期 6 月上旬至 9 月下旬。花先杯状后星形，深玫瑰红色。叶马蹄形，幼叶暗红色，有少量深红色斑点；成叶绿色。适宜水深 45～90 cm。

克罗马蒂拉。花上午开放，午后闭合，浮水。单朵花期 3 天，群体花期 5 月下旬至 9 月下旬。花杯状，淡红黄色，淡香。叶圆形，叶表绿色，新叶绿色具紫色斑点；叶背紫红色，新叶绿色，具小的紫色斑点。适宜水深 45～75 cm。

彼得。花上午开放，午后闭合，挺水。单朵花期 3～4 天，群体花期 6 月上旬至 9 月下旬。

花牡丹型，中粉红色，浓香。叶圆形，叶表绿色，叶背红色，叶片挺出水面时叶背为绿色。适宜水深 35～75 cm。

佛琴纳莉斯。花上午开放，下午闭合，浮水。单朵花期 3～4 天，群体花期 5 月中下旬至 9 月下旬。花杯状，白色，基部稍带红晕，略有香气。叶正面绿色，反面淡褐色。适宜 35～75 cm 的水深。

小白子午莲。微型睡莲，花朵精致芳香。花白色。花径在 2.5 cm 左右。叶片小，卵形。叶正面绿色，背面紫色。能结实，可播种繁殖。

生活习性：睡莲喜强光，通风良好。对土质要求不严，pH 6～8，均生长正常，但喜富含有机质的壤土。生长季节池水深度以不超过 80 cm 为宜。长江流域 3～4 月份萌发长叶，5～8 月份陆续开花，每朵花开 2～5 天，6～8 月份为盛花期，日间开放，晚间闭合。花后结实。10～11 月份茎叶枯萎。翌年春季又重新萌发。

繁殖：以分株繁殖为主，也可播种繁殖。

分株繁殖：在 3～4 月份，气候转暖，芽刚刚萌动时，将根颈掘起用利刀切分若干块，每块根颈带有 2 个以上的芽眼，栽植于河泥中。

播种繁殖：在花后用布袋将花朵包上，这样果实一旦成熟破裂，种子便会落入袋内不致散失。种子收集后，装在盛水的瓶中，密封瓶口，再投入池水中储藏。翌春捞起，将种子倾入盛水的三角瓶，置于 25～30℃的温箱内催芽，每天换水，约经 2 周种子萌发，待芽苗长出幼根便可在温室内用小盆移栽。移栽后将小盆投入缸中，水深以淹没幼叶 1 cm 为度。4 月份当气温升至 15℃以上时，便可移至露天管理。随着新叶增大，换盆 2～3 次，最后定植时缸的口径不应小于 35 cm。有的植株当年可着花，多数次年才能开花。或将黑色椭圆形饱满的种子放在清水中密封储藏，直至第二年春天播种前取出。浸入 25～30℃的水中催芽，每天换水，两周后即可发芽。待幼苗长至 3～4 cm 时，即可种植于池中，并保证足够的水深。

栽培管理：睡莲可盆栽或池栽。池栽应在早春将池水放净，施入基肥后再添入新塘泥然后灌水。灌水应分多次灌足。随新叶生长逐渐加水，开花季节可保持水深在 70～80 cm。冬季则应多灌水，水深保持在 110 cm 以上，可使根颈安全越冬。盆栽植株选用的盆至少有 40 cm×60 cm 的内径和深度，应在每年的春分前后结合分株翻盆换泥，并在盆底部加入腐熟的豆饼渣或骨粉、蹄片等富含磷、钾元素的肥料作基肥，根颈下部应垫至少 30 cm 厚的肥沃河泥，覆土以没过顶芽为止，然后置于池中或缸中，保持水深 40～50 cm。高温季节的水层要保持清洁，时间过长要进行换水以防生长水生藻类而影响观赏。花后要及时去残，并酌情追肥。盆栽于室内养护的要在冬季移入冷室内或深水底部越冬。生长期要给予充足的光照，勿长期置于阴处。栽时应注意根颈的种植角度。

栽培睡莲时应注意：一要选好栽培土。睡莲性喜腐殖质丰富、肥沃的黏性土壤。因此，栽培要选用长期淤积在河内或塘内的淤泥为好。二要选择好种茎。睡莲多采用分株法栽培。种茎选择的好坏，也是栽培成败的关键一环。地下根状茎，要选取生长旺盛健壮、无病毒、无损伤、无腐烂，带有新芽的一段，切成 6～10 cm 长的段块。三要适当浅栽。地下茎如果入泥过深，一是泥土温度偏低；二是氧气贫乏，不利于早生快发，栽培深度一般保持地下茎上的新芽与土面相平为适中。四要光照充足。睡莲性喜阳光充足、温暖潮湿、通风良好的气候。采取盆缸栽培的睡莲，一定要置于光照充足的位置，让其接受全光照。

睡莲提早开花的措施。要使睡莲在“六一”前开花，可在 3 月下旬至 4 月上旬用分株法育苗。新分的根颈栽种到花盆中,定植时间不宜迟于要求开花之日前的 50～60 天,栽培基质需保持 10～20 cm 高的水层,在此条件下,睡莲的生长十分迅速。肥料供应必须保证充足,除在定植时可以施用适量基肥外,生长旺盛阶段最好每隔 10 天在栽培基质中插入做成棒状的有机肥料作为追肥。睡莲是水生植物,花朵开放后的水分管理同开花前。最好经常追肥,否则容易出现哑蕾。注意不要摆放在荫蔽之处,因睡莲在日光充足时才能正常开花。此外,还要注意摆放环境的温度不宜过低,以免植株开花受到抑制。

根颈的贮藏保鲜。在入秋后植株的茎叶枯黄,可将根颈从泥中挖出,然后把它们按照不同品种归类、分组后进行贮藏。需要注意的是,睡莲是水生植物,因此操作要迅速,不要使根颈失水,否则新芽会受到伤害。可将已处理好的根颈置于相对湿度为 95%～100%、温度为 4～6℃的环境中保存。通常在上述条件下睡莲根颈可贮藏 110～120 天。

切花的贮藏保鲜。当花蕾充分透色时采收,采收最好在上午气温较低时进行。采后的切花花枝先暂放在无日光直射之处,尽快预冷处理,采收后还要进行分级。将相同等级、品种的睡莲带梗花朵每 20 支用 1 个塑料袋进行包装,然后分别码入标有品名、具透气孔衬膜的瓦楞纸箱中,置于相对湿度为 90%～95%、温度 5～6℃的环境中贮藏,通常能存放一两天。运输时,睡莲仅可短期干藏,开箱后需马上将其插入水中。

病虫防治:

(1)黑斑病　主要危害叶片。发病初期,叶上出现褪绿的黄色病斑,后期呈圆形或不规则形,变褐色并有轮纹,边缘有时有黄绿色晕圈,上生黑色霉层,直径 5～15 mm。严重时,病斑连成片,除叶脉外,全叶枯黄。此病是由真菌引起,雨季发生严重,荷塘或盆栽连作,以及氮肥施入过多或夏季水温过高等情况下,病害均很严重

防治方法:加强栽培管理,及时清除病叶。发病较严重的植株,需更换新土再行栽植,不偏施氮肥。发病时,可喷施 75%的百菌清 600～800 倍液防治。

(2)褐斑病　危害荷花叶片。在病叶上出现直径 0.5～8 mm 大小的圆形斑点,呈淡褐色至黄褐色,边缘颜色较深。病害后期,病斑上生出许多黑色小霉点。秋季多雨时发病较严重。病菌多在残体上越冬。

防治方法:清除残叶,减少病源。发病严重的可喷施 50%的多菌灵 500 倍液或用 80%的代森锌 500～800 倍液进行防治。

(3)棉水螟　全国各地多有分布,睡莲、荷花等都受其危害。以幼虫取食植株叶片,为害严重时,常将叶肉食尽,留下网状叶脉。成虫头部及触角上部白色;胸部腹面白色,胸及腹背黄褐色,各部前缘有白色鳞片。前翅橙黄色,翅基有 2 条较宽的白色波纹;后翅橙黄色,基部白色,中央具宽白带,缘毛白色,近翅基部为灰褐色。1 年发生 2 代,以幼虫在杂草丛间越冬。翌年 5～6 月份幼虫化蛹,7 月上旬成虫产卵,随后幼虫孵化。幼虫为害时,常把莲叶咬成 2 片,然后吐丝将叶征重叠做成保护鞭,生活于其中,能在水面漂浮。保护鞭干燥后,另营护鞭。幼虫多在夜间活动取食,成虫具趋光性。

防治方法:在成虫羽化期,水面设置黑光灯诱捕成虫。发现水面上漂浮的幼虫保护鞭,及时用网捕捞处理。若池养睡莲,可在池内养鱼捕食幼虫。

分布范围:睡莲大部分原产北非和东南亚热带地区,少数产于南非、欧洲和亚洲的温带和寒带地区,日本、朝鲜、印度、苏联、西伯利亚及欧洲等地。我国各省(区)均有栽培。主要生于池沼、湖泊中,一些公园的水池中也常有栽培。

园林应用:睡莲花色丰富,开花期长,深为人们所喜爱,常做盆景观赏。睡莲的根能吸收水中的铅、汞、苯酚等有毒物质,是难得的水体净化的植物材料,因此在城市水体净化、绿化、美化建设中备受重视。睡莲还可结合景观的需要,选用考究的缸盆,摆放于建设物、雕塑、假山石前,常可收到意想不到的特殊效果。睡莲中的微型品种,可用于布置居室,将其栽在考究的小盆中,配以精致典雅的盆架,置于恰当的位置,那么这株小生命,碧油油的叶子,娇滴滴的花蕾,若隐若现的幽香,在室内灯光的沐浴下,与室内的其他装饰相映成趣,使人赏心悦目。

18.2　条纹十二卷

学名:*Haworthia fasciata*

别名:锦鸡尾、雉鸡尾

科属:百合科,十二卷属

形态特征:多年生肉质草本植物。肉质叶排列成莲座状,株幅 5～7 cm。叶长 3～4 cm,宽 1.3 cm,三角状披针形、渐尖,稍直立,上部内弯,叶面扁平,叶背凸起,呈龙骨状,绿色,具较大的白色疣状突起,排列呈横条纹。

生态习性:喜温暖及半阴条件,冬季要求冷凉,室内以不超过 12℃为宜。生长适温 16～18℃,冬季要求阳光充足。要求排水良好的沙壤土。

繁殖:采用分株繁殖。在早春(2～3 月份)土壤解冻后进行。把母株从花盆内取出,抖掉多余的盆土,把盘结在一起的根系尽可能地分开,用锋利的小刀把它剖开成两株或两株以上,分出来的每一株都要带有相当的根系,并对其叶片进行适当地修剪,以利于成活。把分割下来的小株在百菌清 1 500 倍液中浸泡 5 min 后取出晾干,即可上盆。也可在上盆后马上用百菌清灌根。分株装盆后灌根或浇一次透水。由于分株后根系受到很大的损伤,吸水能力极弱,需要 3～4 周才能恢复萌发新根,因此,在分株后的 3～4 周内要节制浇水,以免烂根,但叶片的蒸腾没有受到影响,为了维持叶片的水分平衡,每天需要给叶面喷雾 1～3 次(温度高多喷,温度低少喷或不喷)。这段时间也不要浇肥。分株后,还要注意太阳光过强,最好是放在遮阳棚内养护。

栽培管理:条纹十二卷喜欢较干燥的空气环境,若阴雨天持续的时间过长,易受病菌侵染。怕雨淋,晚上保持叶片干燥。最适空气相对湿度为 40%～60%。最适生长温度为 15～32℃,怕高温闷热,在夏季酷暑气温 33℃以上时进入休眠状态。忌寒冷霜冻,越冬温度需要保持在 10℃以上,在冬季气温降到 7℃以下也进入休眠状态,如果环境温度接近 4℃时,会因冻伤而死亡。

夏季管理:一是加强空气对流,以使其体内的温度能散发出去;二是放在半阴处,或遮阳 50%;三是适当喷雾,每天 2～3 次。

冬季管理:一是搬到室内光线明亮的地方养护;二是在室外,可用薄膜把它包起来越冬,但要每隔两天就要在中午温度较高时把薄膜揭开让它透气。

光照管理:在夏季放在半阴处养护,或者给它遮阳 50%时,叶色会更加漂亮。在春、秋两季,由于温度不是很高,就要给予它直射阳光的照射,以利于它进行光合作用积累养分。在冬季,放在室内有明亮光线的地方养护。平时放在室内养护的,要放在东南向的门窗附近,以能接收光线,并且每经过 1 个月或 1.5 个月,要搬到室外养护两个月,否则叶片会长得薄、黄,新枝条或叶柄纤细、节间伸长,处于徒长状态。

肥水管理:它的耐旱能力很强,在干旱的环境条件下也能生长,但也需要施肥浇水。其根系怕水渍,如果花盆内积水,或者给它浇水浇肥过分频繁,就容易引起烂根。给它浇肥浇水的原则是"见干见湿,干要干透,不干不浇,浇就浇透",浇肥浇水时昼避免把植株弄湿。

病虫防治:病害主要有根腐病和褐斑病,一般来说,根腐病是由于浇水、施肥不当造成的,可以通过合理的管理来预防,另外,在根系腐烂时要及时清理烂根,并用500倍液的高锰酸钾溶液进行消毒,然后置于阴凉处晾晒2～3天后,再重新栽培。褐斑病需要喷施代森锌、多菌灵等药物进行防治。虫害主要有粉虱和介壳虫等,用吡虫啉、扑虱蚜等防治粉虱;用蚧克、杀扑磷等防治介壳虫,也可通过擦拭或刷除防治介壳虫。

分布范围:原产南非亚热带地区。我国各地均有栽培。

园林应用:条纹十二卷在肥厚三角状披针形叶片上镶嵌有带状白色星点花纹,清新高雅,常配以造型美观的盆钵栽植,用来装饰居室;同时,也是插瓶观赏的好材料。

18.3 大叶落地生根

学名:*Kalanchoe daigremontiana*

别名:宽叶落地生根、花蝴蝶

科属:景天科,伽蓝菜属

形态特征:多年生肉质草本。高达50～100 cm,茎单生,直立,褐色。叶交互对生,叶柄长5 cm,下部的叶较大且常抱茎。叶片肉质,长三角形,长15～20 cm,宽2～3 cm,具不规则的褐紫斑纹,边缘有粗齿,缺刻处长出不定芽。复聚伞花序,顶生,分枝,花钟形,灰紫色。

生长习性:喜温暖、阳光充足环境及排水良好的肥沃沙质壤土。耐干旱,生长适温13～19℃,越冬温度7～10℃。花期4～6月份。

繁殖及栽培管理:扦插和栽植不定芽繁殖。扦插繁殖,在温室可全年进行,但以5～6月份最适,叶插,茎插均可。叶插可将健壮叶片平铺沙土上,保持潮润,1周后即可从叶片缺刻处长出小植株,稍大后分栽到小盆即可。茎插可剪取顶端8～10 cm长的茎段,稍晾干后,插入素沙土中,1周即可生根。栽植不定芽更为简便,较大的不定芽可直接上小盆。盆栽宜用排水良好的肥沃沙壤土。盆栽肥水不宜过大,否则易引起徒长,以保持盆土稍干燥为宜。生长季节可放到阳台或庭院里阳光充足处,适当摘心,促其分枝、保持株型丰满,植株生长过大时,可在早春更新换盆。

分布及原产地:原产非洲马达加斯加岛的热带地区。现多地可栽培。

园林应用:盆栽可用于观赏和点缀风景。其独特的繁衍后代的方式,可作为一种园艺学科普教育的良好材料。

18.4 褐斑伽蓝

学名:*Kalanchoe tomentosa*

别名:月兔耳

科属:景天科,伽蓝菜属

形态特征:多年生肉质草本。茎直立,多分枝,叶生枝端。叶片肉质,匙形,形似兔耳,密被白色绒毛,下部全缘,叶端具齿。缺刻处有深褐或棕色斑。

生长习性:喜温暖干燥环境及肥沃、疏松排水良好的沙壤土。夏季适当遮阳并放通风凉爽处,并控制浇水。

繁殖及栽培管理:扦插繁殖。可在生长季节按 5～8 cm 的长度剪取分枝顶端部分作插穗,插于沙土中,极易生根。也可将叶腋滋生的小芽掰下进行芽插。还可进行叶插,在生长季节剪取生长充实的叶片平铺沙质壤土面上,将叶柄略压入土中,然后放半阴处保持盆土潮润,20～30 天即可生根并长出小芽。栽培中要求充分见光,过于荫蔽则枝、叶柔弱,绒毛没有光泽。生长期间应控制浇水次数,每周 2～3 次即可,保持盆土不干,否则基部的叶片容易脱落而降低观赏价值。冬季放室内阳光充足处,保持温度 10℃即可安全越冬。

分布及原产地:原产非洲马达加斯加岛干燥、阳光充足的热带地区。

园林应用:褐斑伽蓝全株被白色绒毛与叶端的褐斑,对比强烈,很像兔子耳朵,非常奇特美丽,作室内小型盆栽极为相宜。

18.5　棒叶落地生根

学名:*Kalanchoe tubifdia*

别名:花蝴蝶、叶爆芽、天灯笼、倒吊莲、土三七、叶生根

科属:景天科,伽蓝菜属

形态特征:多年生肉质草本。茎直立,粉褐色,高达 1 m,无或仅有少数分枝。叶圆棒形,上表面具沟槽,粉色,有红褐斑,交互对生,交叉排成十字形。叶端锯齿上有许多已生根的幼株,即不定芽,落地即可生根成活。花序顶生,小花红色。

生长习性:耐干旱、半阴。喜阳光充足环境及排水良好的沙质壤土。

繁殖及栽培管理:扦插繁殖。春季将叶端的不定芽取下栽于盆中即可成活。浇水不宜太多,保持盆土稍干燥为宜。冬季室内温度保持 10℃左右。植株长到一定高度时应立支柱,以防倒伏。生长太高而影响观赏时,可用小苗更新替换。

分布及原产地:原产马达加斯加岛南部干燥的热带地区。

园林应用:其叶片肥厚多汁,边缘长出整齐美观的不定芽,形似一群小蝴蝶,飞落于地,立即扎根繁育子孙后代,颇有奇趣。具有很好的观赏性,常用于盆栽,是窗台绿化的好材料,点缀书房和客室也具雅趣。

18.6　生石花

学名:*Lithops* spp.

别名:石头花、曲玉、象蹄、元宝

科属:番杏科,生石花属

形态特征:生石花是一种多年生多肉植物,茎很短,通常看不见,人们看见的地上部分是两片对生联结的肉质叶,形似倒圆锥体。颜色不一,各具特色,有淡灰棕、蓝灰、灰绿、灰褐等变化,顶部近卵圆,平或凸起,上有半透明树枝状凹纹,可透过光线,进行光合作用。顶部中间有一条小缝隙,3～4 年生的生石花在秋季就是从这条缝隙里开出黄、白色的花。一株通常只开

1 朵花，但也有开 2～3 朵的，午后开放，傍晚闭合，可延续 4～6 天，花直径 3～5 cm。花后可结果实，易收到种子，种子非常细小。

生长习性：喜温暖、干燥、阳光充足环境及疏松的中性沙壤土或营养土，生长适温 20～24℃。夏季高温时呈休眠或半休眠状态，此时要稍遮阳并节制浇水，防止腐烂。冬季要求充分阳光，维持室内温度 13℃以上。

繁殖及栽培管理：种子或扦插繁殖。种子很容易发芽，大多数繁殖靠种子，宜春播。因种子非常细小，常和细沙土拌和撒播促使播种均匀；覆土要薄，播后 10～20 天可出苗，盆土干时，不可直接浇水，应采取洇灌的方法，使水分从盆底小孔慢慢洇湿盆土。栽培要求排水良好的沙质土，由于其主根很深，栽培宜用深筒盆，盆土表层可铺以小卵石，一方面可增加观赏效果，同时还可使盆底部的土壤温度不至太高，而有利于根系生长。有些栽培者常常把种有生石花的花盆埋在石砾中，或在盆外再套一个盆，植株生长更好，也是这个道理。生长期间可用洇灌的方法来补充水分，使水从盆底小孔慢慢洇湿盆土，使用套盆的则可在外盆里浇水。秋季开花后，要逐渐节制浇水，冬季更要控制水量。尤其在冬季室内温度达不到 13℃的地区，要保持盆土干燥，并连盆将苗放在室内向阳处的封闭玻璃箱中。在长江流域地区晚上还要用棉垫包住保温，这样也可安全过冬。

生石花属有 70～80 种，另外还有很多园艺品种，常见栽培的种类有：琥珀玉（*L. bella*），株高 3 cm，直径 2～3 cm，肉质叶淡棕黄色，顶部树枝状凹纹黄褐色，花直径 2.5 cm，白色；日轮玉（*L. aucampiae*），大型种，肉质叶扁平，淡红棕色，高 1.5 cm，直径 5 cm，顶部深褐色，树枝状凹纹浅细，花直径 2.5 cm，金黄色；福寿玉（*L. eberlanzii*），小型种，株高 2 cm，直径 1～2 cm，肉质叶淡青灰色，顶部紫褐色，树枝状凹纹红褐色，花大，白色；丽春玉（*L. peersii*），株高 1.5 cm，肉质叶褐绿色，顶部红褐色，树枝状凹纹细，花直径 2.5 cm，黄色；曲玉（*L. pseudotruncatella*），植株卵圆形，高 2～3 cm，直径 3～5 cm，肉质叶淡灰褐色，顶部褐色，树枝状凹纹浅褐色，半透明，花直径 3.5 cm，金黄色；紫勋（*L. lesliei*），扁平大型种，高 5 cm，直径 4 cm，肉质叶橄榄绿色，顶部暗褐色，花直径 4 cm，浅黄色。

分布及原产地：原产南非及西南非洲的干旱地区。

园林应用：生石花外形非常奇特，而且开花非常美丽，小盆栽植非常秀气，盆栽可放置于电视、电脑旁，可吸收辐射，亦可栽植于室内以吸收甲醛等物质，净化空气，很受人们欢迎的室内小型盆栽植物。国外不少花卉爱好者专门收集与栽培这类植物，国内近年来也开始引起人们的兴趣。

18.7　露美玉

学名：*Lithops turbiniformis*

别名：小石头花、小生石花、富贵玉

科属：番杏科，生石花属

形态特征：植株为倒圆锥状的倒卵圆形，高 2～2.5 cm，截形，顶部扁平或稍凸起，近圆形，直径 2～2.5 cm，侧面灰色，顶部褐色，有暗褐色的树枝状凹纹。花黄色，直径 3.5～4 cm，花丝黄色，基部白色，花药橙黄色。花后易结果实和种子。

生长习性：喜阳光，生长适温为 20～24℃，春秋季节是其生长旺盛期，高温季节暂停生长，进入夏季休眠期，秋凉后又继续生长并开花，花谢之后进入越冬期。

繁殖及栽培管理：同生石花。

分布及原产地：原产南非极度干旱少雨的沙漠砾石地带。

园林用途：花较大，适于作室内小型盆栽。

18.8 酒瓶兰

学名：*Beaucarnea recurvata*

别名：象腿树

科属：龙舌兰科，酒瓶兰属

形态特征：树状多肉植物。茎干直立，基部膨大，酷似酒瓶，高可达 10 m。叶簇生于茎干顶部，线形，长 1 m 以上，宽 12 cm，粗糙，稍革质，叶全缘或细齿缘，缘近光滑，革质而下垂，蓝绿或灰色。圆锥花序，小花白色。

生长习性：喜温暖、湿润、阳光充足环境及排水通气良好、富含腐殖质的沙质壤土；不耐寒，越冬应放室内维持 10～12℃。

繁殖及栽培管理：播种或扦插繁殖。插穗多在春季切取植株自然滋生的侧枝，晾 1～2 天后插于素沙土中，并罩以塑料薄膜以保持湿度，在 21～23℃的条件下很易生根。生长过程中应加强肥水管理，生长季节每半月可施用一次稀薄液肥，以利茎部膨大充实。甚耐干旱，茎干贮水可供 1 年之用。性喜阳光，一年四季均可直射。夏季浇水不宜太多。盆栽要求肥沃的沙质壤土，可用壤土、腐叶土及粗沙等份配成。

分布及原产地：原产墨西哥干旱的热带地区。现世界各地广泛栽植。

园林用途：观茎赏叶花卉，树干膨大、叶姿婆娑。多作盆栽装饰室内。

18.9 玉米石

学名：*Sedum album*

别名：白花景天

科属：景天科，景天属

形态特征：丛生低矮的多年生肉质草本。叶膨大互生，圆筒形至卵形，长 0.6～1.2 cm，端钝圆，亮绿色，常带红晕，光滑或有极小突起。花序为下垂的聚伞花序，花白色。花期 6～8 月份。

生长习性：喜阳光充足环境及排水良好的沙壤土。耐半阴，在半阴处叶色更翠绿，但在强阳光下则叶色变红。冬季要求冷凉，维持 10℃以下的温度为宜。极耐干旱，忌湿涝。

繁殖及栽培管理：分株或扦插繁殖。扦插可用小枝或叶片为插穗，极易生根。分株可从春至秋随时进行，将株丛过密者扣盆抖去盆土，掰分成若干份，分别栽入小盆即可。扦插则宜春、夏进行，用小枝或叶片插，插后不要浇水太多，保持盆土稍有潮润，很易生根成活。

分布及原产地：原产欧洲、西亚及北非阳光充足的干旱地区。

园林应用：极具观赏价值，株丛小巧秀气，叶肉质。亮绿带紫红，晶莹如翡翠珍珠，作室内盆栽，点缀书桌、几案非常适宜。

参考文献

[1] 马杰,李留振,黄广远.彩叶植物生产栽培及应用[M].北京:中国农业大学出版社,2014.

[2] 李振卿,陈建业,李红伟.彩叶植物栽培与应用[M].北京:中国农业大学出版社,2011.

[3] 陈俊愉,程续珂.中国花径[M].上海:上海文化出版社,1990.

[4] 王遂义,等.河南树木志[M].郑州:河南科学技术出版社,1994.

[5] 中国树木志编委会.中国主要树种造林技术[M].北京:中国农业出版社,1976.

[6] 熊济华,等.观赏树木学[M].北京:中国农业出版社,2004.

[7] 张天麟.园林树木1000种[M].北京:学术书刊出版社,1990.

[8] 刘青林,等.鄢陵花卉[M].北京:中国林业出版社,2004.

[9] 张宜河,等.花卉栽培技术[M].北京:高等教育出版社,1989.

[10]《北方竹林栽培》编写组.北方竹林栽培[M].北京:中国农业出版社,1978.

[11] 杜莹秋.宿根花卉的栽培与应用[M].北京:中国林业出版社,1990.

[12] 北京林学院城市园林系,北京黄土岗中匈友好人民公社.北京黄土岗花卉栽培(修订本)[M].北京:中国林业出版社,1981.

[13] 南京林产工业学院竹类研究室.竹林培育[M].北京:中国林业出版社,1981.

[14] 何小弟,金飚,马东跃,等.彩色树种栽培与应用[M].南京:江苏科学技术出版社,2006.

[15] 苏州市园林技工学校.花卉基础理论知识[M].北京:中国环境科学出版社,1986.

[16] 徐民生,谢维荪.仙人掌类及多肉植物[M].北京:中国经济出版社,1991.

[17] 陆帅,董永辉,陈佳.非洲紫罗兰形态特征及繁殖技术[J].现在农业科技,2009(6):39.

[18] 中国科学院中国植物志编辑委员会.中国植物志[M].北京:科学出版社,1996.

[19] 侯元凯,等.新世纪最有开发价值的树种[M].北京:中国环境科学出版社,2001.

[20] 张家骥.中国造园史[M].哈尔滨:黑龙江人民出版社,1986.

[21] 赵世伟.园林工程景观设计[M].北京:中国农业出版社,2000.

[22] 谭文澄,等.观赏植物组织培养技术[M].北京:中国林业出版社,1991.

[23] 程金水,等.园林植物遗传育种学[M].北京:中国林业出版社,2006.

[24] 伊建平,等.常见植物病害防治原理与诊治[M].北京:中国农业大学出版社,2012.

[25] 薛金国,等.园林植物病害诊断与防治[M].北京:中国农业大学出版社,2009.

[26] 薛金国,等.植物病害防治原理与实践[M].郑州:中原农民出版社,2007.

[27] 中国农科院作物品种资源研究所.农作物病虫害,中国作物种植信息网,http://icgr.caas.net.cn/disease/default.html ,2002.

[28] 周仲铭,等.林木病理学[M].北京:中国林业出版社,1981.

[29] 柴立英,等.园艺作物保护学[M].北京:电子科技大学出版社,1999.

[30] 曾士迈,等.植物病害流行学[M].北京:中国农业出版社,1986.

[31] 江苏农学院植物保护系.植物病害诊断[M].北京:中国农业出版社,1978.

[32] 刘正南,等.东北树木病害菌类图志[M].北京:科学出版社,1981.

[33] 戴芳澜,等.中国经济植物病原目录[M].北京:科学出版社,1958.
[34] 张际中,等.落叶松早期落叶病的研究[M].中国科学院林土集刊,北京:科学出版社,1965.
[35] 中国科学院植物研究所,等.拉汉种子植物名称[M].北京:科学出版社,1974.
[36] 景友三,等.松苗立枯病的研究[J].植物保护学报,1963,2(2):399-408.
[37] 纪明山,等.生物农药研究与应用现状及发展前景[J].沈阳农业大学学报,2006,37(4):545-550.